编委会

主　编　韩雪涛

副主编　吴　瑛　韩广兴

编　委　张丽梅　张湘萍　吴鹏飞　韩雪冬

吴　玮　周文静　唐秀鸯

自学宝典系列

扫描书中的"二维码"
开启全新的微视频学习模式

PLC自学宝典（第2版）

精彩微视频讲解

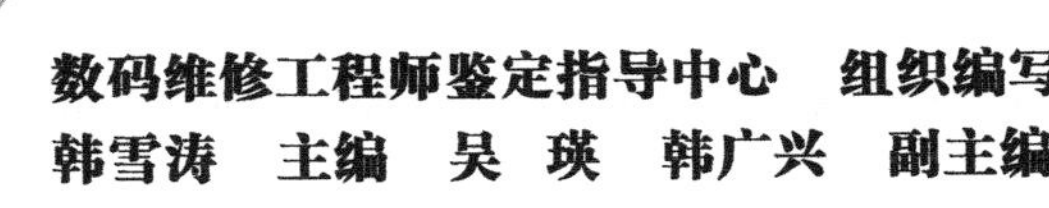
数码维修工程师鉴定指导中心　组织编写
韩雪涛　主编　吴　瑛　韩广兴　副主编

電子工業出版社
Publishing House of Electronics Industry
北京·BEIJING

内容简介

本书采用全彩+全图+微视频的全新讲解方式，系统全面地介绍PLC实用知识和综合技能。通过本书的学习，读者可以了解并掌握PLC的结构、工作原理、编程方式、安装、调试、应用等。本书开创了全新的微视频互动学习体验，使微视频教学与传统纸质的图文讲解互为补充。在学习过程中，读者通过扫描相关页面上的二维码，即可打开相应知识技能的微视频，配合图文讲解，轻松完成学习。

本书适合相关领域的初学者、专业技术人员、爱好者及相关专业的师生阅读。

使用手机扫描书中的“二维码”，开启全新的微视频学习模式……

图书在版编目（CIP）数据

PLC自学宝典 / 韩雪涛主编. --2版. -- 北京：电子工业出版社，2021.6
（自学宝典系列）
ISBN 978-7-121-41069-7
Ⅰ. ①P… Ⅱ. ①韩… Ⅲ. ①PLC技术－基本知识 Ⅳ. ①TM571.61
中国版本图书馆CIP数据核字（2021）第075528号

责任编辑：富　军
印　　刷：固安县铭成印刷有限公司
装　　订：固安县铭成印刷有限公司
出版发行：电子工业出版社
　　　　　北京市海淀区万寿路173信箱　邮编 100036
开　　本：787×1 092　1/16　印张：23.5　字数：601.6千字
版　　次：2020年 6 月第 1 版
　　　　　2021年 6 月第 2 版
印　　次：2025年 4 月第 6 次印刷
定　　价：98.00元

凡所购买电子工业出版社图书有缺损问题，请向购买书店调换。若书店售缺，请与本社发行部联系，联系及邮购电话：（010）88254888，88258888。

质量投诉请发邮件至zlts@phei.com.cn，盗版侵权举报请发邮件至dbqq@phei.com.cn。

本书咨询联系方式：（010）88254456。

前言

这是一本全面介绍PLC实用知识和综合技能的自学宝典。

随着电气自动化技术的发展，PLC已经广泛应用于电工领域。PLC的应用需要读者对电气控制有一定的了解，PLC编程又需要读者了解不同的编程语言。如何能够让读者从零开始，在短时间内快速掌握并精通PLC 的相关知识是编写本书的初衷。

本书第1版自2020年出版以来深受读者欢迎，特别适合初学者及相关院校的师生阅读。为了更加贴近实践，方便阅读，我们对书中的内容进行了修订，增加了工程实践应用案例，力求内容更加准确、实用。

为了能够编写好本书，我们依托数码维修工程师鉴定指导中心进行了大量的市场调研和资料汇总，从PLC的岗位需求出发，对PLC所涉及的实用知识和综合技能进行了系统的整理，以国家相关职业资格标准为核心，结合岗位的培训特点进行全面讲解。

明确学习目标

本书的目标明确，使读者从零基础起步，以国家相关职业资格标准为核心，以岗位就业为出发点，以自学为目的，以短时间掌握PLC实用知识和综合技能为目标，实现对PLC相关知识的全精通。

创新学习方式

本书以市场导向引领知识架构，按照PLC岗位的从业特色和技术要点，以全新的培训理念编排内容，摒弃传统图书冗长的文字表述和不适用的理论讲解，以实用、够用为原则，依托实际的应用展开讲解，通过结构图、拆分图、原理图及大量的资料数据，让读者轻松、直观地学习。

升级配套服务

本书由数码维修工程师鉴定指导中心组织编写，由全国电子行业资深专家韩广兴教授亲自指导。编写人员有行业资深工程师、高级技师和一线教师。本书无处不渗透着专业团队的经验和智慧，使读者在学习过程中如同有一群专家在身边指导，将学习和实践中需注意的重点、难点一一化解，大大提升学习效果。

值得注意的是，若想将PLC活学活用、融会贯通，须结合实际工作岗位进行循序渐进的训练。因此，为读者提供必要的技术咨询和交流是本书的另一大亮点。如果读者在工作学习过程中遇到问题，可以通过以下方式与我们交流。

数码维修工程师鉴定指导中心
联系电话：022-83718162/83715667/13114807267　E-mail:chinadse@163.com
地址：天津市南开区榕苑路4号天发科技园8-1-401　邮编：300384

编　者

目 录

第1章 PLC的种类和功能特点

1.1 PLC的种类

1.1.1 按结构形式分类

PLC按结构形式分类可分为整体式PLC、组合式PLC和叠装式PLC。

1 整体式PLC

图1-1为常见整体式PLC的实物图。

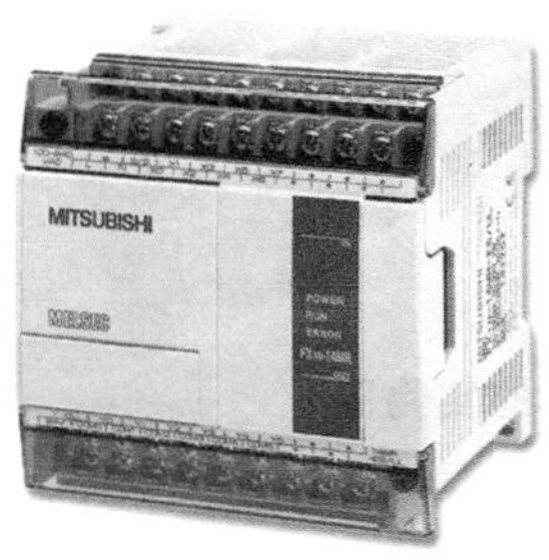

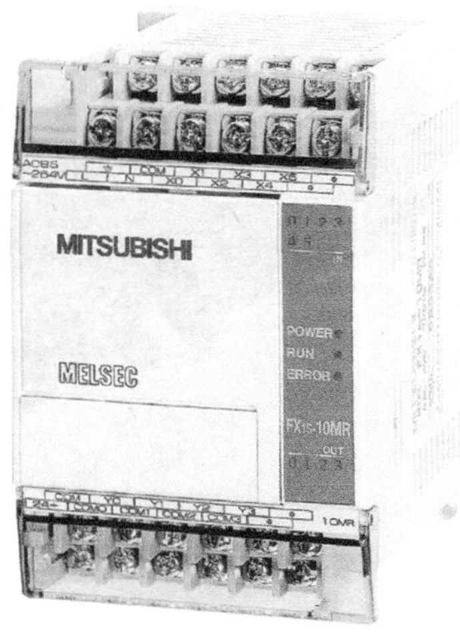

图1-1　常见整体式PLC的实物图

2 组合式PLC

组合式PLC的CPU、I/O接口、存储器、电源等部分以模块形式按一定规则组合配置而成，也称模块式PLC，可以根据实际需要灵活配置。

划重点

PLC是可编程序控制器的英文缩写，是一种将计算机技术与继电器控制技术结合起来的现代化自动控制装置，广泛应用于农业、机床、建筑、电力、化工、交通运输等行业中。

整体式PLC是将CPU、I/O接口、存储器、电源等部分固定在一块或几块印制电路板上，当控制点数不符合要求时，可连接扩展单元，以实现较多点数的控制，体积小巧。目前，小型、超小型PLC多采用这种结构形式。

组合式PLC的实物图如图1-2所示。目前，中型或大型PLC多采用这种结构形式。

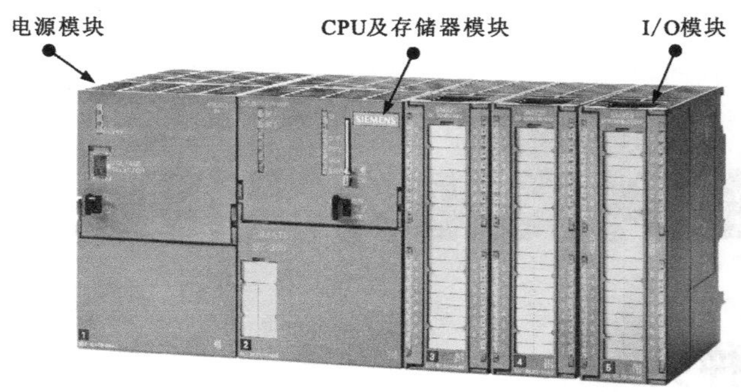

图1-2　组合式PLC的实物图

叠装式PLC是将CPU（CPU和I/O接口）独立出来作为基本单元，其他模块为I/O模块扩展单元，各单元可一层一层地叠装，连接时，使用电缆进行单元之间的连接即可。

3 叠装式PLC

叠装式PLC是一种集合整体式PLC的结构紧凑、体积小巧和组合式PLC的I/O点数搭配灵活于一体的PLC，如图1-3所示。

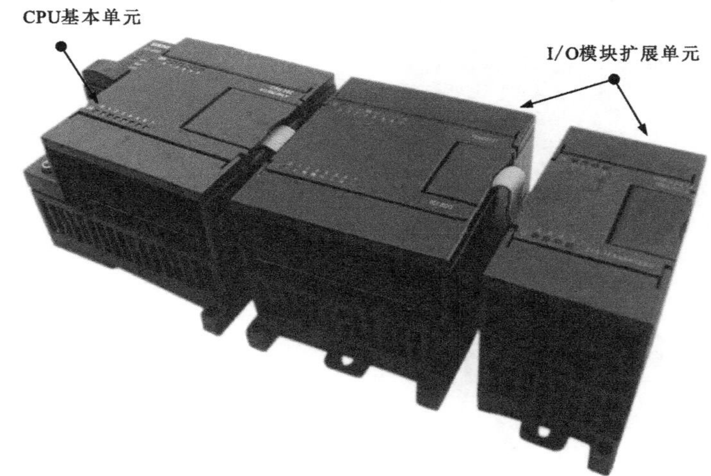

图1-3　叠装式PLC的实物图

1.1.2 按I/O点数分类

I/O点数是指PLC可接入外部信号的数量（可接入的输入信号、输出信号的总数量）。I点数是指PLC可接入输入信号的数量。O点数是指PLC可接入输出信号的数量。

PLC根据I/O点数的不同可分为小型PLC、中型PLC和大型PLC。

1 小型PLC

图1-4为常见小型PLC的实物图。

小型PLC是指I/O点数在24～256之间的小规模PLC，一般用于单机控制或小型系统的控制。

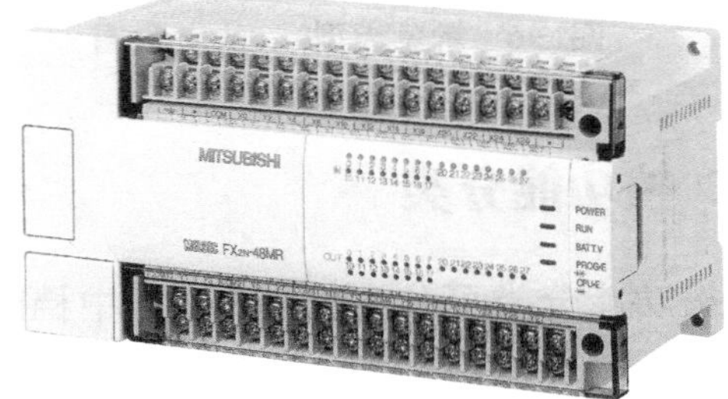

图1-4 常见小型PLC的实物图

2 中型PLC

图1-5为常见中型PLC的实物图。

中型PLC的I/O点数一般在256～2048之间，不仅可对设备进行直接控制，还可对下一级的多个可编程序控制器进行监控，一般用于中型或大型系统的控制。

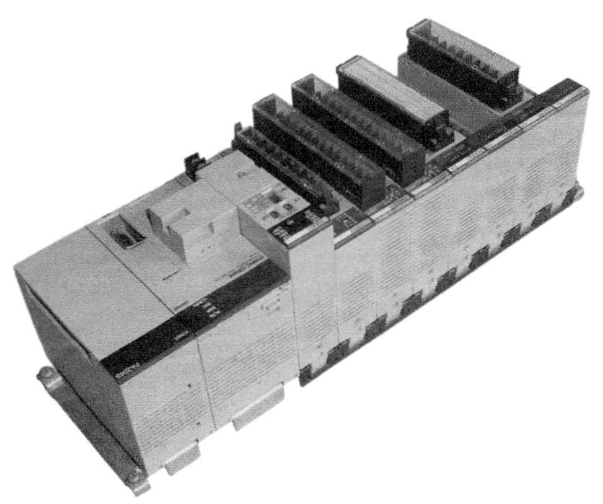

图1-5 常见中型PLC的实物图

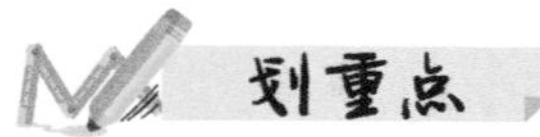

3 大型PLC

图1-6为常见大型PLC的实物图。

大型PLC的I/O点数一般在2048以上，能够进行复杂的算数运算和矩阵运算，可对设备进行直接控制，同时还可对下一级的多个可编程序控制器进行监控，一般用于大型系统的控制。

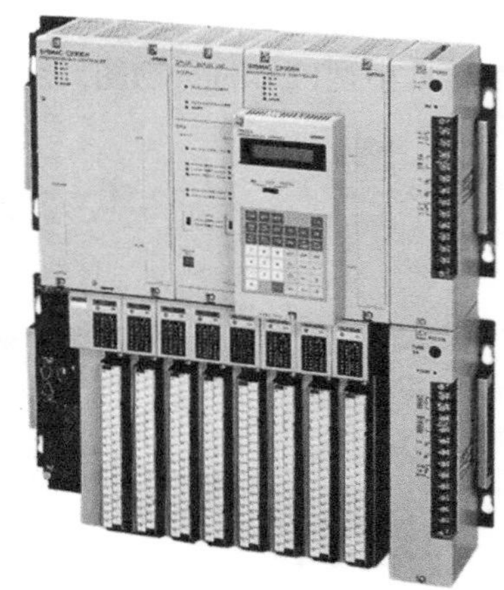

图1-6　常见大型PLC的实物图

1.1.3 按功能分类

PLC按功能分类可分为低档PLC、中档PLC和高档PLC。

1 低档PLC

具有简单的逻辑运算、定时、计算、监控、数据传送、通信等基本控制功能和运算功能的PLC被称为低档PLC，如图1-7所示。

低档PLC的工作速度较低，能带动I/O模块的数量较少。

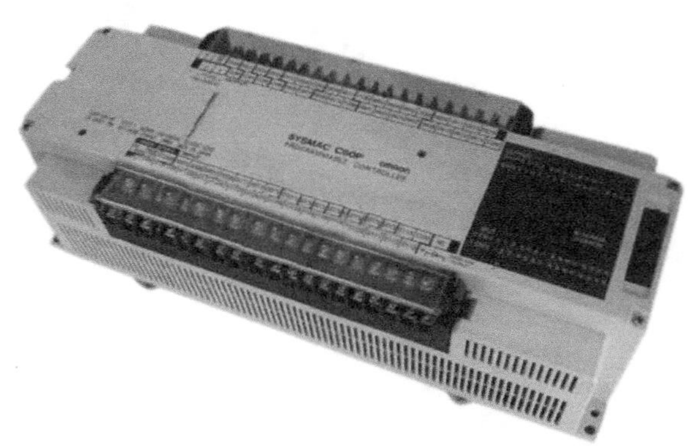

图1-7　低档PLC的实物图

2 中档PLC

图1-8为常见中档PLC的实物图。

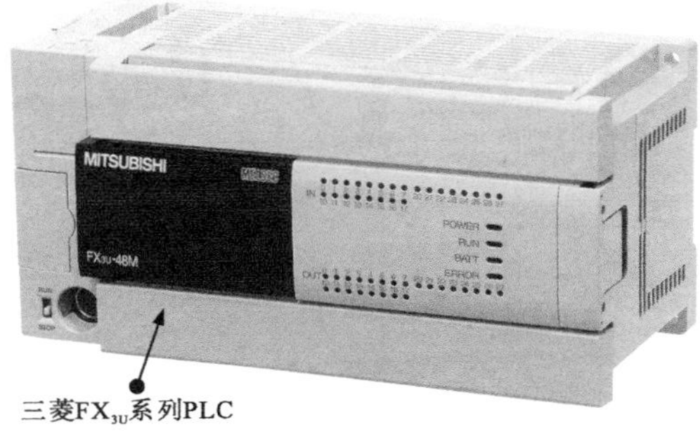

图1-8 常见中档PLC的实物图

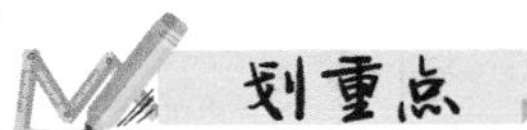

中档PLC除具有低档PLC的功能外，还具有较强的控制功能和运算能力，如比较复杂的三角函数、指数和PID运算等，以及远程I/O、通信联网等功能，工作速度较快，能带动I/O模块的数量较多。

3 高档PLC

图1-9为常见高档PLC的实物图。

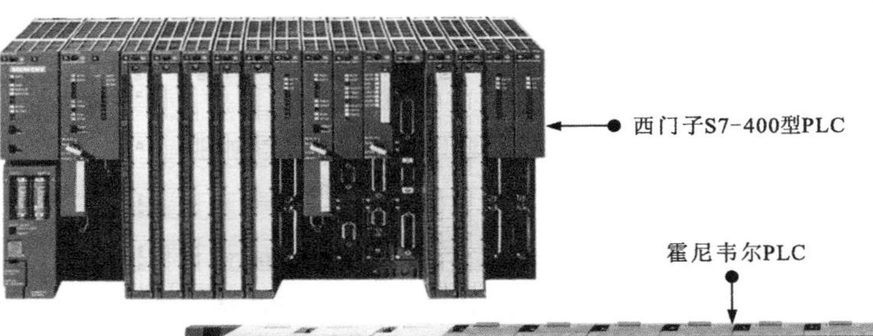

图1-9 常见高档PLC的实物图

高档PLC除具有中档PLC的功能外，还具有更为强大的控制功能、运算功能和联网功能，如矩阵运算、位逻辑运算、平方根运算及其他特殊功能函数运算等，工作速度很快，能带动I/O模块的数量很多。

1.1.4 按生产厂家分类

目前，PLC被大范围采用，生产厂家不断涌现，推出的产品种类繁多，功能各具特色。其中，美国的AB公司、通用电气公司，德国的西门子公司，法国的TE公司，日本的欧姆龙、三菱、松下、富士等公司是目前市场上主流且极具代表性的PLC生产厂家。

市场上，三菱PLC常见的系列产品主要有FR-FX_{1N}、FR-FX_{1S}、FR-FX_{2N}、FR-FX_{3U}、FR-FX_{2NC}、FR-A、FR-Q等。

三菱FX_{2N}系列PLC属于超小型PLC，是FX家族中较先进的系列，处理速度快，在基本单元上连接扩展单元或扩展模块，可进行16～256点的灵活输入/输出组合，为工厂自动化应用提供最大的灵活性和控制能力。

1 三菱PLC

图1-10为常见三菱PLC系列产品实物图。

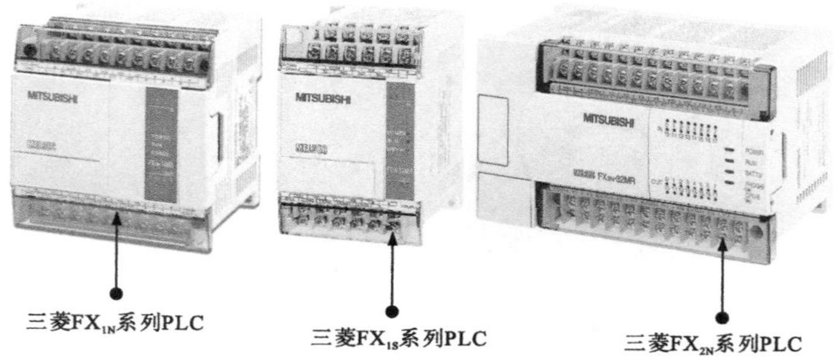

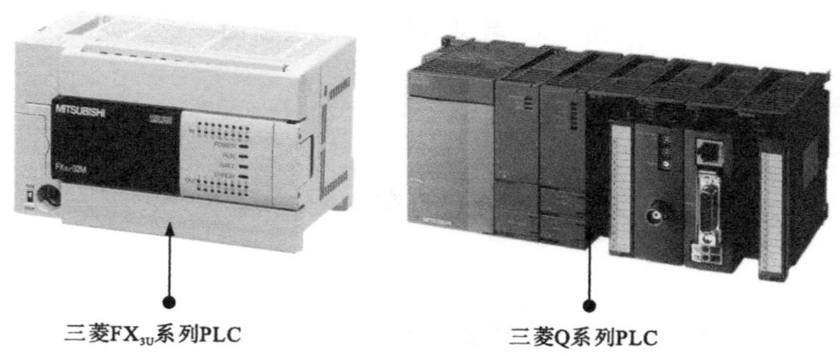

图1-10　常见三菱PLC系列产品实物图

三菱FX_{1S}系列PLC属于集成型小型单元式PLC。

三菱Q系列PLC是三菱公司A系列的升级产品，属于中、大型PLC，采用模块化的结构形式，组成与规模灵活可变，最大输入、输出点数可达4096点；最大程序存储器容量可达252KB，采用扩展存储器后可以达到32MB；基本指令的处理速度可以达到34ns；整个系统的处理速度得到很大提升；多个CPU模块可以在同一基板上安装，CPU模块之间可以通过自动刷新进行定期通信，或者通过特殊指令进行瞬时通信。三菱Q系列PLC广泛应用于各种中、大型复杂机械，自动生产线的控制系统中。

2 西门子PLC

图1-11为常见西门子PLC系列产品实物图。

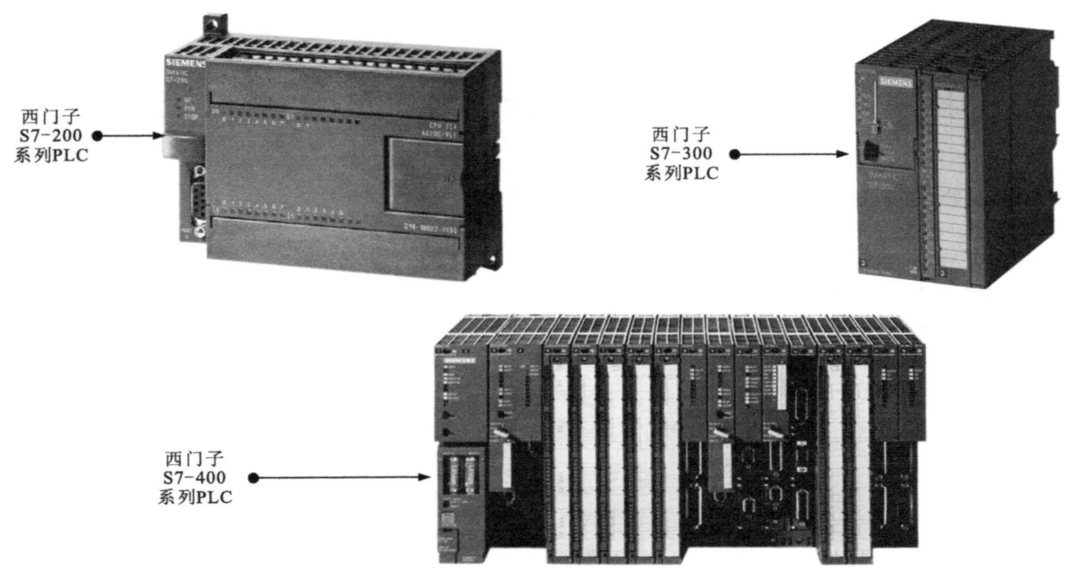

图1-11 常见西门子PLC系列产品实物图

西门子公司的可编程序控制器S5系列产品在中国的推广较早，在很多工业生产自动化控制领域都曾有过经典应用。西门子公司还开发了一些起标准示范作用的硬件和软件。从某种意义上说，西门子系列PLC决定了现代可编程序控制器的发展方向。

划重点

目前，市场上的西门子PLC主要为西门子S7系列产品，包括小型PLC S7-200、中型PLC S7-300和大型PLC S7-400、S7-1500。

西门子PLC的主要功能特点：

①采用模块化紧凑设计，可按积木式结构进行系统配置，功能扩展非常灵活方便；

②可以极快的速度处理自动化控制任务，S7-200 PLC和S7-300 PLC的扫描速度为0.37μs；

③具有很强的网络功能，可以将多个PLC按照工艺或控制方式连接成工业网络，构成多级完整的生产控制系统，既可实现总线联网，也可实现点到点通信；

④在软件方面，允许在Windows操作平台下使用相关的程序软件包、标准的办公室软件和工业通信网络软件，可识别C++等高级语言；

⑤编程工具更为开放，可用普通计算机或便携式计算机编程。

欧姆龙公司的PLC较早地进入了中国市场，开发了最大I/O点数为140点的C20P、C20等微型PLC，最大I/O点数为2048点的C2000H等大型PLC，广泛应用于自动化系统中。

欧姆龙公司对PLC及其软件的开发有自己的特殊风格。例如，C2000H大型PLC将系统存储器、用户存储器、数据存储器和实际的输入/输出接口、功能模块等统一按绝对地址形式组合，把数据存储和电器控制使用的术语合二为一，命名数据区为I/O继电器、内部负载继电器、保持继电器、专用继电器、定时器/计数器。

3 欧姆龙PLC

图1-12为常见欧姆龙PLC系列产品实物图。

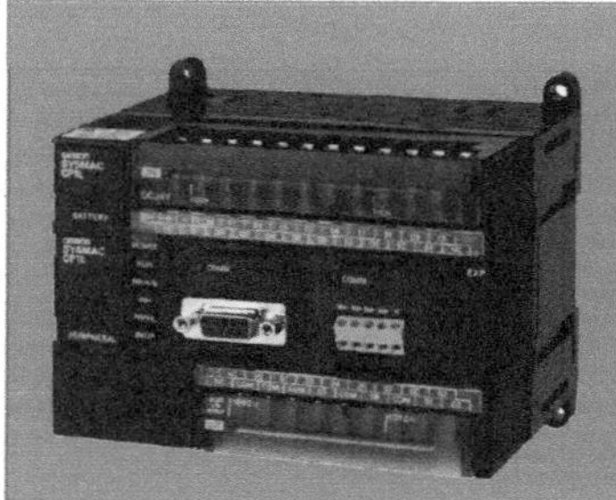

（a）欧姆龙CP1L系列PLC

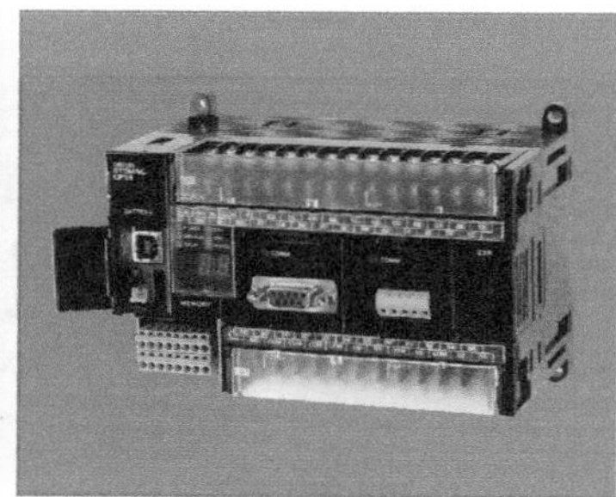

（b）欧姆龙CP1H系列PLC

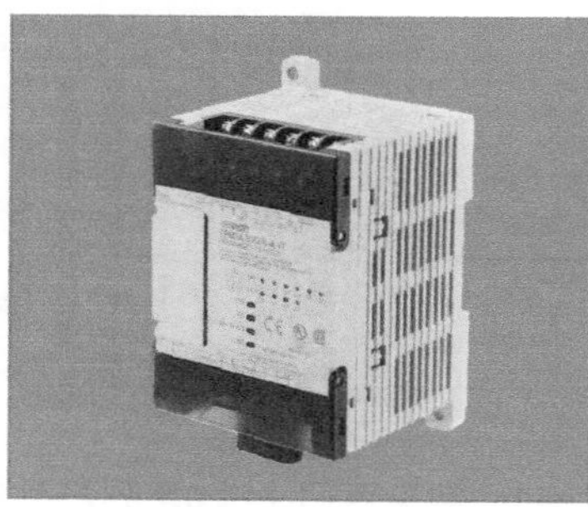

（c）欧姆龙CPM2A系列PLC

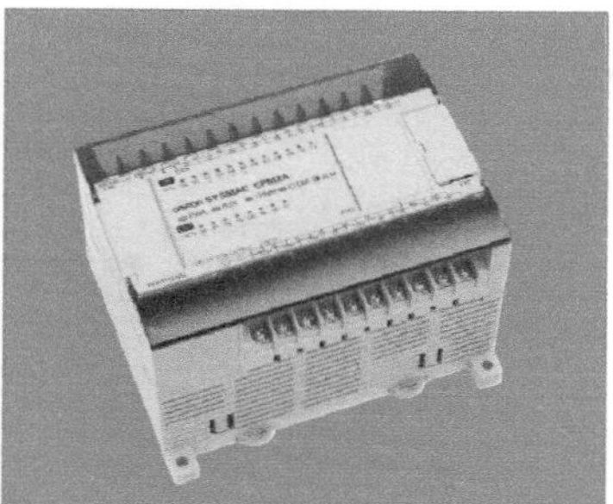

（d）欧姆龙 CPM1A-V1系列PLC

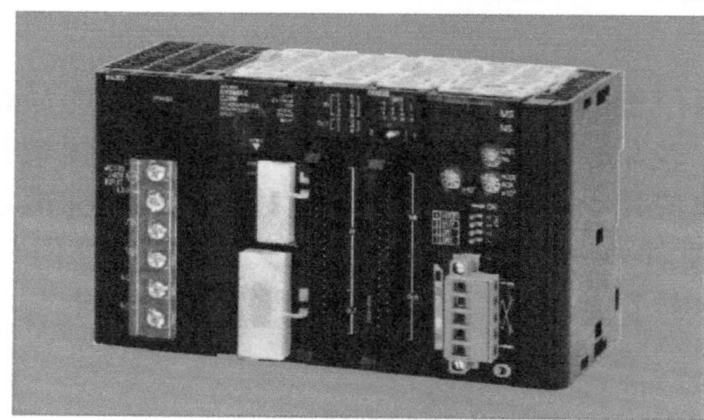

（e）欧姆龙CJ1M系列PLC

（f）欧姆龙CJ1系列PLC

图1-12　常见欧姆龙PLC系列产品实物图

4 松下PLC

图1-13为常见松下PLC系列产品实物图。

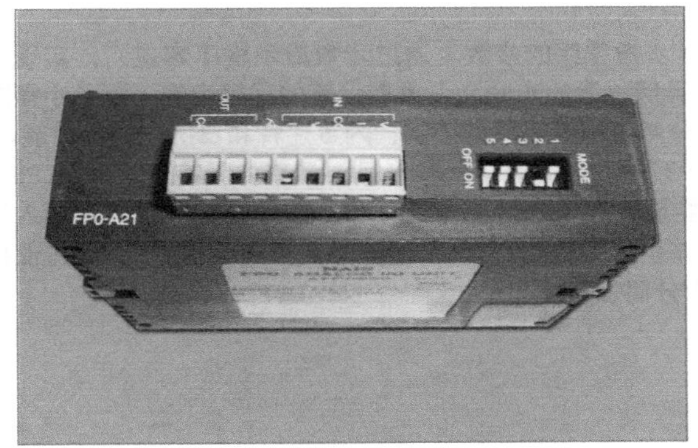

（a）松下FP0系列PLC

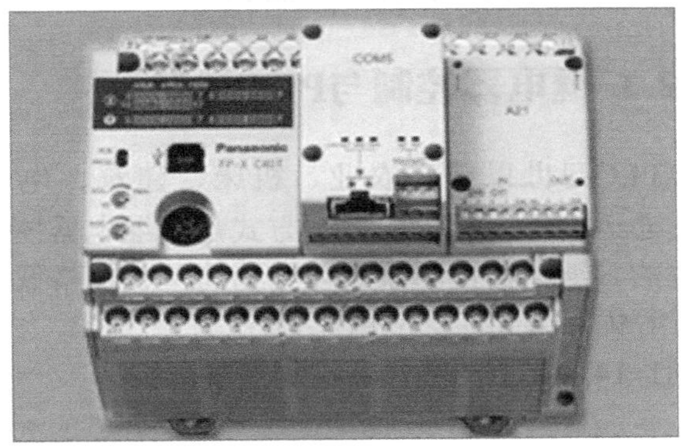

（b）松下FP-X系列PLC

图1-13 常见松下PLC系列产品实物图

松下PLC是目前国内比较常见的PLC 产品之一，功能完善、性价比高，常用的有小型FP-X、FP0、FP1、FPΣ、FP-e系列，中型FP2、FP2SH、FP3、FP10SH系列，以及大型FP5、FP10、FP20系列等。

①松下FP1系列PLC有C14、C16、C24、C40、C56、C72等多种规格的产品。虽然是小型机，但性价比很高，比较适合中小型企业。

FP1系列PLC的硬件配置除主机外，还可加I/O 扩展模块、A/D（模/数转换）模块、D/A（数/模转换）模块等智能单元，最多可配置几百点，机内的高速计数器可输入频率高达10kHz的脉冲，并可同时输入两路脉冲，还可输出可调的频率脉冲信号（晶体管输出型）。

FP1系列PLC有190多条功能指令，除可进行基本逻辑运算外，还可进行加（+）、减（-）、乘（×）、除（÷）四则运算，有8bit、16bit和32bit数字处理功能，并能进行多种码制的变换；具有中断程序调用、凸轮控制、高速计数、字符打印、步进等特殊功能指令。

FP1系列PLC监控功能很强，可实现梯形图监控、列表继电器监控、动态时序图监控（可同时监控16个I/O 点的时序），具有几十条监控命令、多种监控方式，监控指令和监控结果可用日语、英语、德语和意大利语四种语言显示。

②松下FPΣ系列PLC的机身小巧、使用简便，采用通信模块插件大幅增强了通信功能，可以实现最大100kHz的位置控制；具有数据备份功能，可以对数据寄存器进行完全备份，日历、时钟的数据也能由电池备份，I/O注释可以与程序一同写入，大幅提高了系统的保存性；具有高速、丰富的实数运算功能，实现了PID的控制指令，可以进行自动调整，实现简便、高性能的控制；为了防止出厂后意外改写程序或保护原始程序不被窃取，可以设置密码功能。

③松下FP2/FP2SH系列PLC。FP2系列PLC有FP2-C1、FP2-C1D、FP2-C1SL、FP2-C1A 等型号的产品，外形结构紧凑，保持了中规模PLC的功能，能够进行模拟量控制、联网和位置控制，集多种功能于一体，具有优良的性能价格比，I/O 点数最大为768点，扩展结构最大为1600点，使用远程I/O点数最大为2048点；CPU单元配有一个RS-232编程口，可直接与人机界面相连；带有一个用于远程监控和通过调制解调器进行维护的高级通信接口。

FP2SH系列PLC的扫描时间为1ms/20k步（步指程序的步数，通过步数显示程序容量），实现了超高速处理，程序容量最大为120k步（可理解为存储程序的步数），具有足够的程序容量；配备小型PC卡，可用于程序备份或用作扩展数据内存，可充分对应中等规模的控制；内置注释和日历定时器功能。

④松下FP3/FP10SH系列PLC。FP10SH是FP3系列PLC的升级代换产品，具有如下特点：高速CPU；最多可控制的I/O点数为2048点；可利用中继功能执行高优先级的中断程序；编程器可在程序中插入注释，便于后期的检查与调试；具有高精度定时功能/日历功能；具备16k步的大程序容量；288条方便指令功能；EEPROM 写入功能；网络的连接及安装十分简便。

1.2 PLC的功能与应用

划重点

简单地说，PLC是一种在继电器、接触器控制基础上逐渐发展起来的，以计算机技术为依托，运用先进的编辑语言实现诸多功能的新型控制系统，采用程序控制方式是与继电器控制系统的主要区别。

1.2.1 继电器控制与PLC控制

在PLC问世以前，农业、机床、建筑、电力、化工、交通运输等行业中的控制方式是以继电器控制占主导地位的。继电器控制系统以结构简单、价格低廉、易于操作等优点得到广泛应用。

图1-14为典型的继电器控制系统。

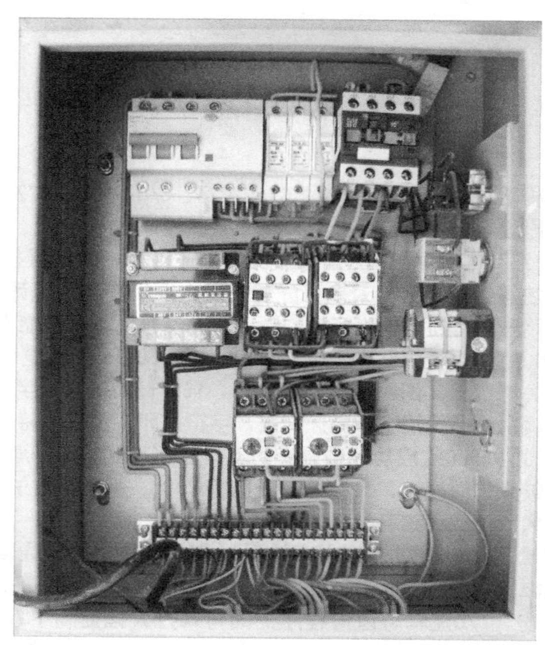

（a）小型机械设备的继电器控制系统

图1-14　典型的继电器控制系统

（b）大型机械设备的继电器控制系统

图1-14 典型的继电器控制系统（续）

为了应对继电器控制系统的不足，既能让工业控制系统的成本降低，同时又能很好地应对工业生产中对控制要求的变化，工程人员将计算机技术、自动化技术及微电子和通信技术相结合，研发出了更加先进的自动化控制系统，即PLC。图1-15为PLC的功能简图。

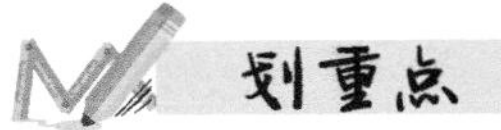

随着工业控制精细化程度和智能化水平的提升，以继电器为核心的控制系统的结构越来越复杂。在有些较为复杂的控制系统中，可能要使用成百上千个继电器，不仅使整个控制装置显得十分庞大，而且元器件数量的增加、复杂的接线关系还会造成控制系统的可靠性降低。更重要的是，一旦控制过程或控制工艺要求需要变化，那么控制装置中的继电器数量和接线关系都要重新调整。可以想象，如此巨大的变动一定会花费大量的时间、精力和金钱，其成本的投入有时要远远超过重新制造一套新的控制装置。这势必又会带来很大的浪费。

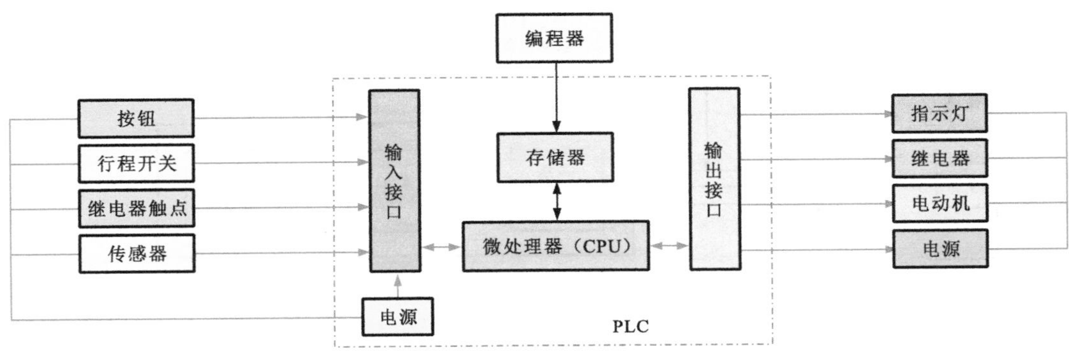

图1-15 PLC的功能简图

通过编程器编写控制程序（PLC语句），将控制程序存入存储器，在微处理器（CPU）的作用下执行逻辑运算、顺序控制、计数等操作指令。操作指令会以数字信号或模拟信号的形式送到输入端、输出端，控制输入端、输出端接口的连接设备，协同完成生产过程。

PLC控制系统用标准接口取代硬件安装连接，用大规模集成电路与可靠元器件的组合取代线圈和活动部件的搭配，通过计算机进行控制，不仅大大简化了控制系统，而且也使控制系统的性能更加稳定，功能更加强大，在拓展性和抗干扰能力方面有显著的提高。

PLC控制系统的最大特点是在改变控制方式和效果时不需要改动电气部件的物理连接，只需要通过PLC程序编写软件重新编写程序即可。

PLC作为专门为工业生产过程提供自动化控制的装置，采用了全新的控制理念，通过强大的输入、输出接口与各种部件相连，如控制按键、继电器、传感器、电动机、指示灯等实现多种控制功能。图1-16为PLC硬件系统模型图。

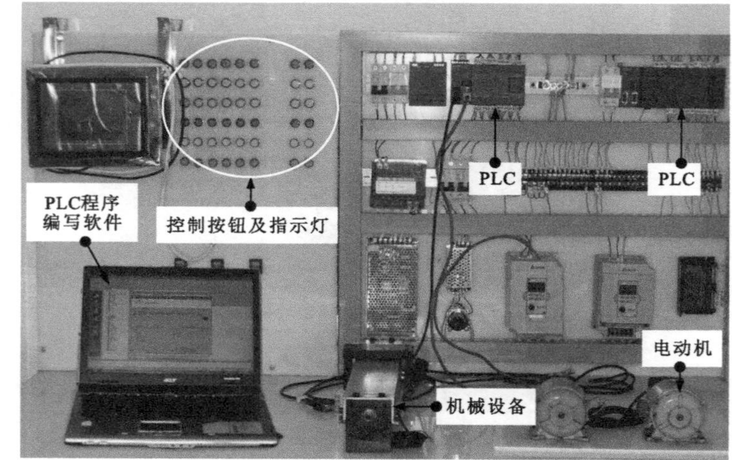

图1-16 PLC硬件系统模型图

1.2.2 PLC的功能特点

1 控制功能

图1-17为PLC的控制功能。

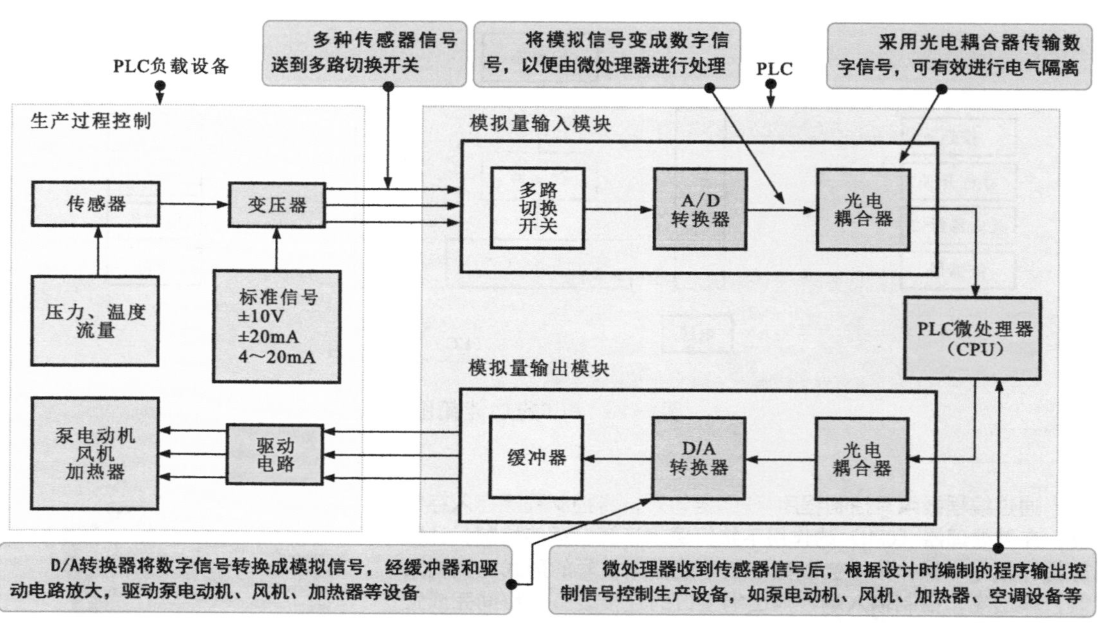

图1-17 PLC的控制功能

在生产过程控制中，物理量由传感器检测后，经变压器变成标准信号，再经多路切换开关和A/D转换器变成适合PLC处理的数字信号由光电耦合器送给CPU，光电耦合器具有隔离功能；数字信号经CPU处理后，再经D/A转换器变成模拟信号输出，模拟信号经驱动电路控制泵电动机、风机、加热器等设备实现自动控制。

2 数据的采集、存储、处理功能

图1-18为PLC的数据采集、存储、处理功能。

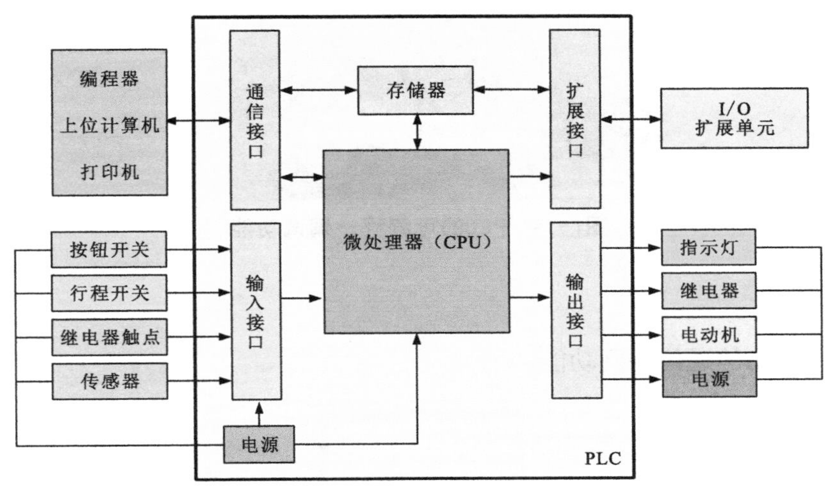

图1-18 PLC的数据采集、存储、处理功能

PLC具有数学运算及数据的传送、转换、排序、移位等功能，可以完成数据的采集、分析、处理及模拟处理等。这些数据还可以与存储在存储器中的参考值进行比较，完成一定的控制操作，也可以将数据传输或直接打印输出。

划重点

国际电工委员会（IEC）将PLC定义为“数字运算操作的电子系统”，专为在工业环境下的应用而设计，采用可编程序的存储器，存储执行逻辑运算、顺序控制、定时、计数和算术运算等操作指令，通过数字或模拟输入和输出控制各种类型的机械或生产过程。

3 可编程、调试功能

PLC通过存储器中的程序对I/O接口外接的设备进行控制。存储器中的程序可根据实际情况和应用进行编写。一般可将PLC与计算机通过编程电缆连接，实现对其内部程序的编写、调试、监视、实验和记录。

图1-19为PLC的可编程、调试功能。这也是区别于继电器等其他控制系统最大的功能优势。

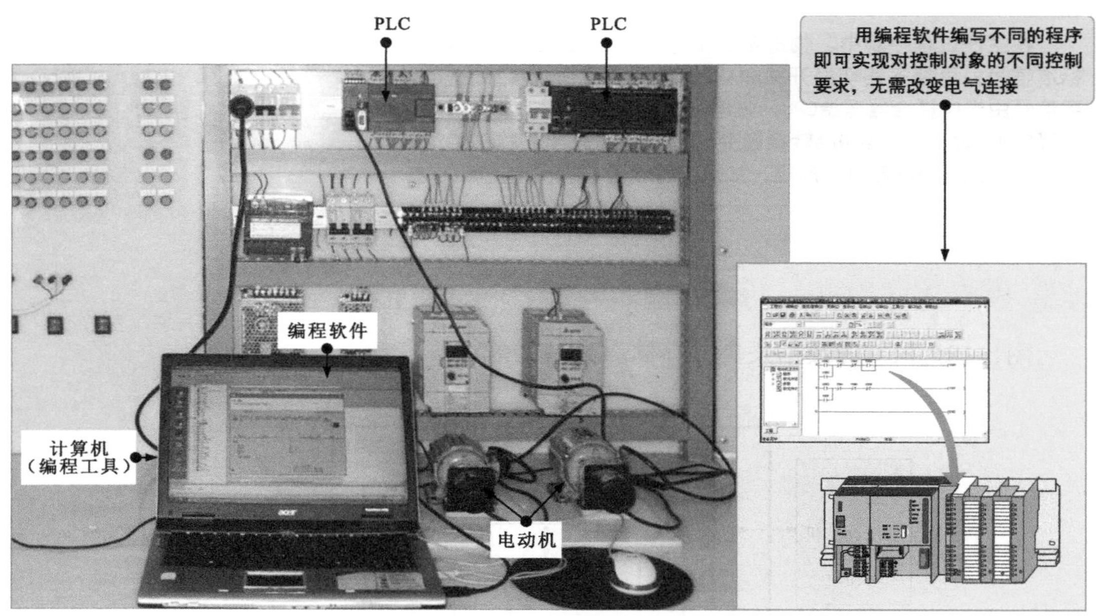

图1-19　PLC的可编程、调试功能

4 通信联网功能

图1-20为PLC的通信联网功能。

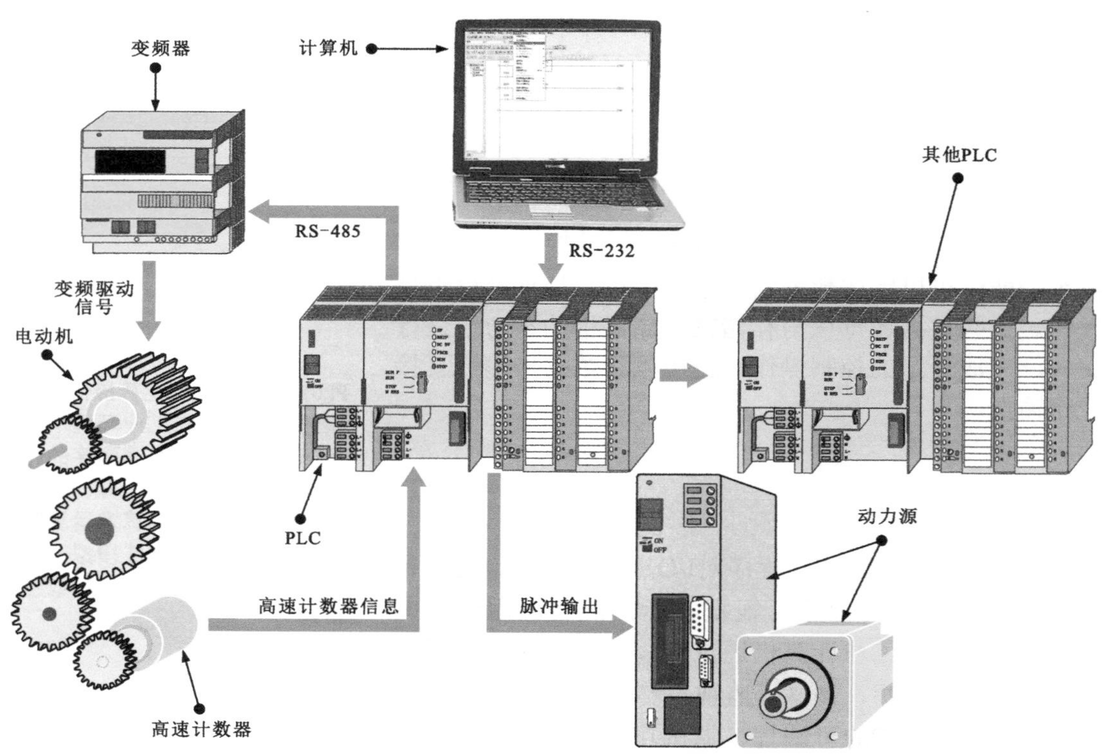

图1-20　PLC的通信联网功能

PLC具有通信联网功能，可以与远程I/O、其他PLC、计算机、智能设备（如变频器、数控装置等）之间进行通信。

5 其他功能

PLC的其他功能如图1-21所示。

运动控制功能

PLC使用专用的运动控制模块对直线运动或圆周运动的位置、速度和加速度进行控制，广泛应用于机床、机器人、电梯等。

过程控制功能

过程控制是指对温度、压力、流量、速度等模拟量的闭环控制。作为工业控制计算机，PLC能编制各种各样的控制算法程序完成闭环控制。另外，为了使PLC能够完成加工过程中对模拟量的自动控制，还可以实现模拟量（Analog）和数字量（Digital）之间的A/D转换和D/A转换，广泛应用于冶金、化工、热处理、锅炉控制等场合。

监控功能

操作人员可通过PLC的编程器或监视器对定时器、计数器及逻辑信号状态、数据区的数据进行设定，同时还可对PLC各部分的运行状态进行监视。

停电记忆功能

PLC内部设置停电记忆功能，是在内部存储器所使用的RAM中设置了停电保持元器件，使断电后该部分存储的信息不变，电源恢复后，可继续工作。

故障诊断功能

PLC内部设有故障诊断功能，可对系统构成、硬件状态、指令的正确性等进行诊断，当发现异常时，会控制报警系统发出报警提示声，同时在监视器上显示错误信息，当故障严重时会发出控制指令停止运行，从而提高PLC控制系统的安全性。

图1-21 PLC的其他功能

1.2.3 PLC的实际应用

目前，PLC已经成为生产自动化的重要标志。众多电子器件生产厂商都投入到了PLC产品的研发中。PLC的品种越来越丰富，功能越来越强大，应用也越来越广泛。

图1-22为PLC在自动包装系统中的应用。

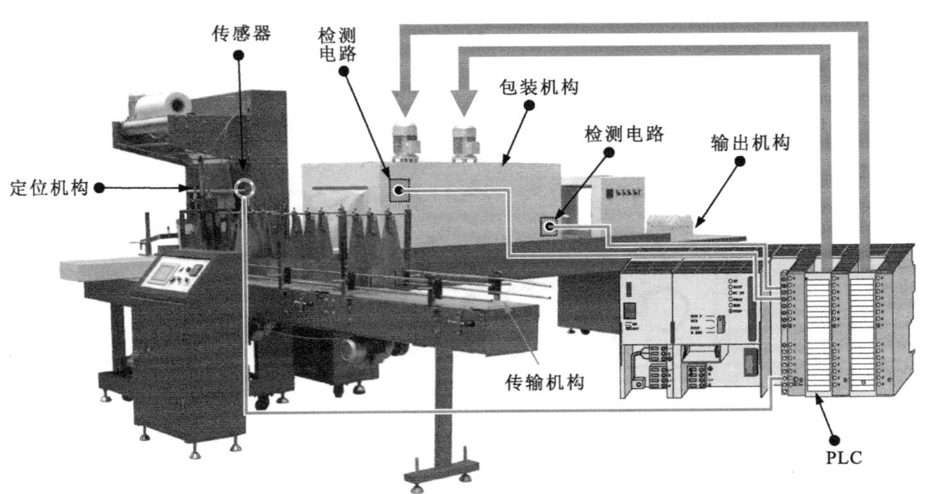

图1-22 PLC在自动包装系统中的应用

在自动包装系统中，产品的传送、定位、包装、输出等一系列机构都按一定的时序（程序）动作，PLC在预先编制的程序控制下，由检测电路或传感器实时监测包装生产线的运行状态，根据检测电路或传感器传输的信息实现自动控制。

在纺织机械中有多个电动机驱动传动机构，互相之间的转动速度和相位都有一定的要求。通常，纺织机械系统中的电动机普遍采用通用变频器控制，所有的变频器统一由PLC控制。工作时，每套传动系统将转速信号通过高速计数器反馈给PLC，PLC根据速度信号即可实现自动控制，使各部件协调一致地工作。图1-23为PLC在纺织机械中的应用。

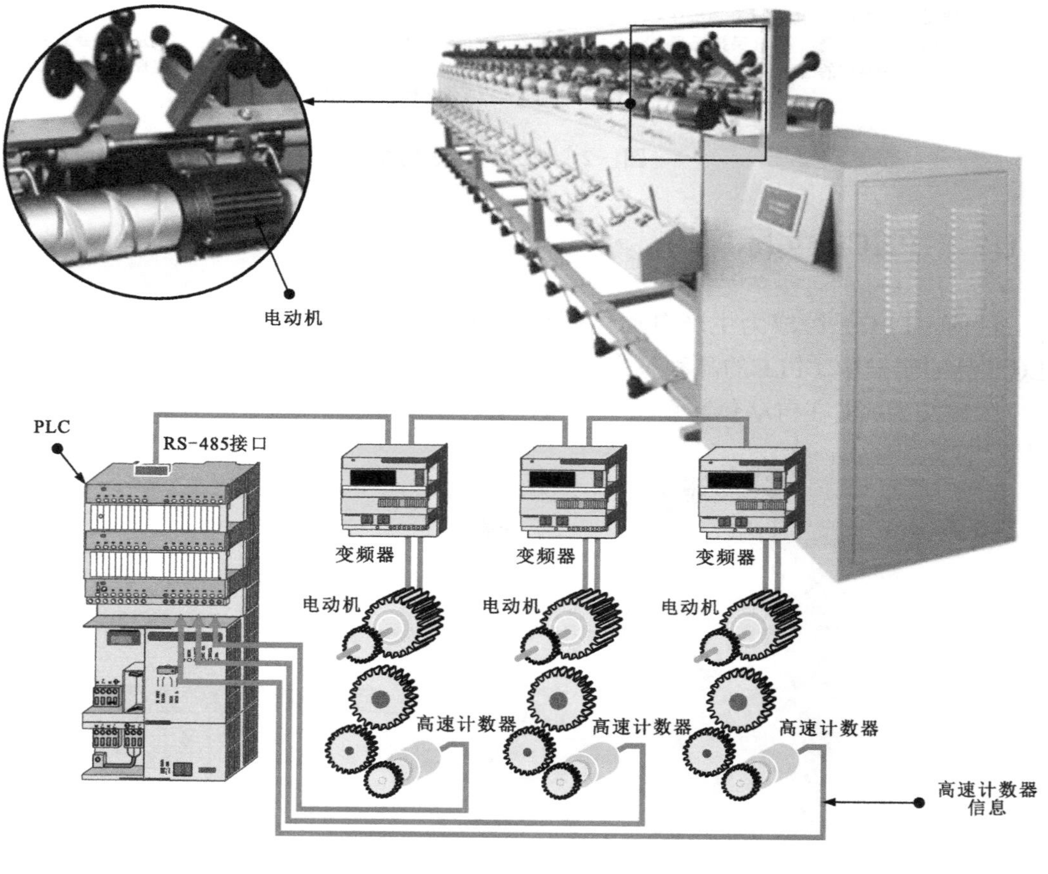

图1-23　PLC在纺织机械中的应用

图1-24为PLC在电子产品制造设备中的应用。PLC在电子产品制造设备中主要用来实现自动控制功能，在电子产品的加工、制造过程中作为控制中心，使传输定位电动机、深度调整电动机、旋转驱动电动机和输出驱动电动机能够协调运转、相互配合，实现自动化控制。

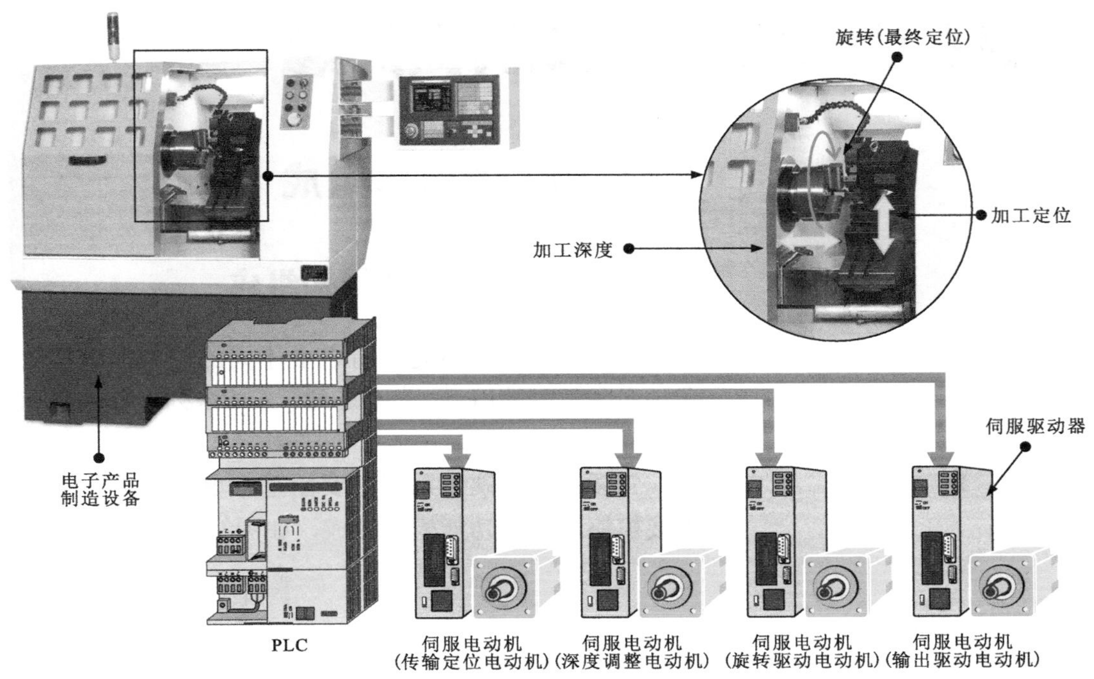

图1-24 PLC在电子产品制造设备中的应用

图1-25为PLC在自动检测装置中的应用。在检测零部件弯曲度的自动检测系统中，检测流水线上设置有多个位移传感器，每个位移传感器都将检测的数据送给PLC，PLC即会根据接收到的数据进行比较运算，得到零部件的弯曲度，并与标准数据进行比对，自动完成对零部件是否合格的判定。

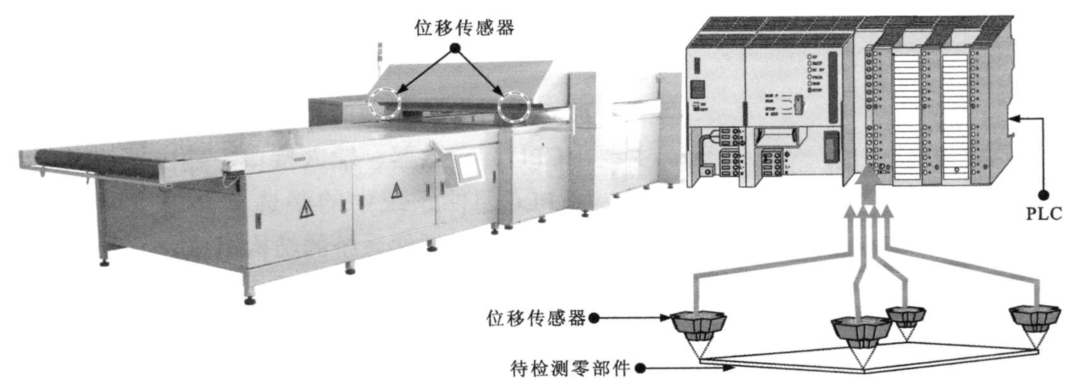

图1-25 PLC在自动检测装置中的应用

PLC的结构和工作原理

第2章

2.1 PLC的结构组成

2.1.1 三菱PLC的结构组成

三菱公司为了满足各行各业不同的控制需求推出了多种系列型号的PLC，如Q系列、AnS系列、QnA系列、A系列和FX系列等。

划重点

三菱PLC的硬件系统主要由基本单元、扩展单元、扩展模块及特殊功能模块组成，如图2-1所示。

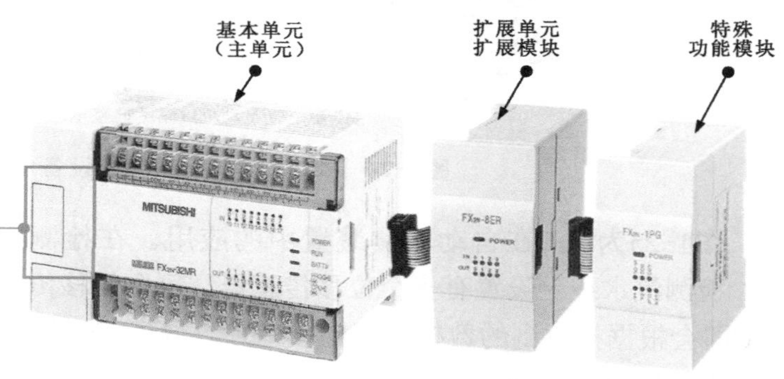

图2-1　三菱PLC的硬件系统

1 三菱PLC的基本单元

三菱PLC的基本单元是PLC的控制核心，也称主单元，主要由CPU、存储器、输入接口、输出接口及电源等构成，是PLC硬件系统中的必选单元。下面以三菱FX系列PLC为例介绍硬件系统的结构组成。

图2-2为三菱FX系列PLC的基本单元，也称PLC的主机或CPU部分，属于集成型小型单元式PLC，具有完整的性能和通信功能。常见三菱FX系列PLC的产品主要有FX_{1N}、FN_{2N}和FN_{3U}等系列。

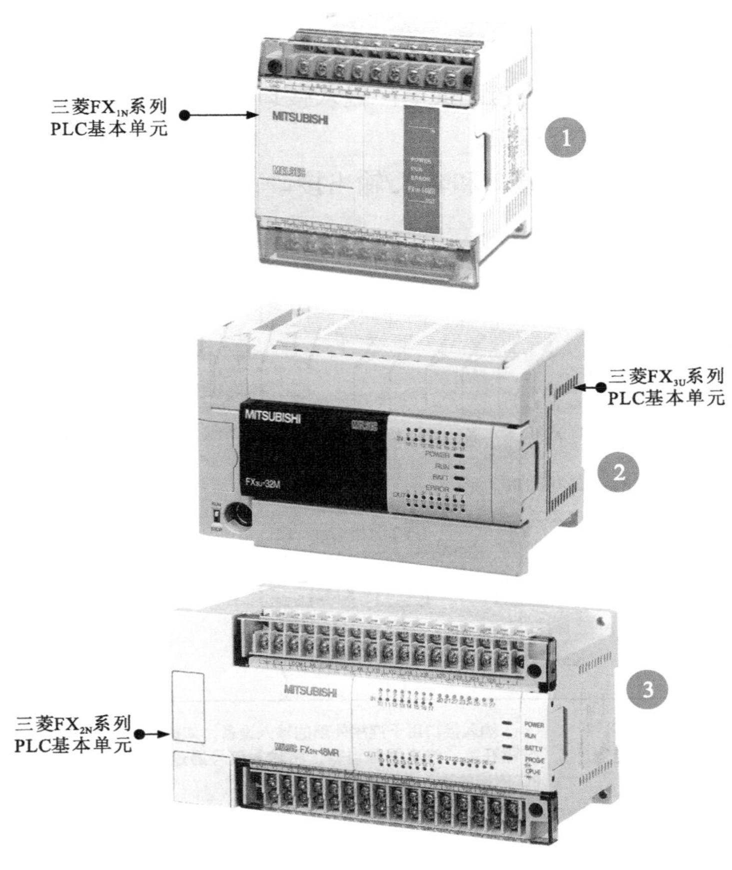

图2-2 三菱FX系列PLC的基本单元

划重点

1 三菱FX_{1N}系列PLC是一种功能强大的普及型PLC，具有扩展输入/输出、模拟量控制和通信、链接等功能，广泛应用于一般的顺序控制系统中。

2 三菱FX_{3U}系列PLC属于第三代PLC，基本性能大幅提升，基本单元采用晶体管输出型，内置定位功能，增加新的定位指令，使定位功能更加强大，使用更加方便。

3 三菱FX_{2N}系列PLC具有高速处理及可扩展大量满足单个需要的特殊功能模块，多应用于工厂自动化设备中。

图2-3为三菱FX系列PLC基本单元的外部结构，主要由电源接口、输入/输出接口、PLC状态指示灯、输入/输出LED指示灯、扩展接口、外围设备接线插座、存储器和串行通信接口等构成。

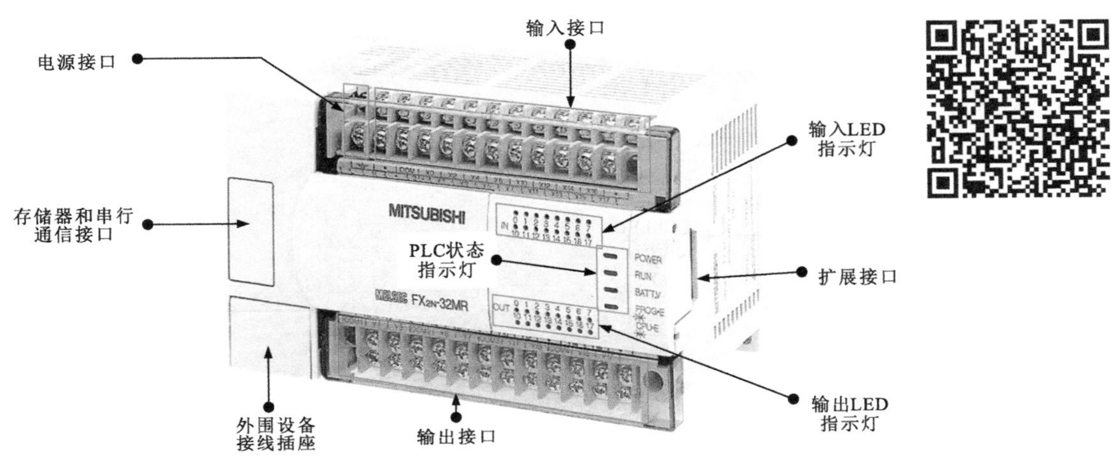

图2-3 三菱FX系列PLC基本单元的外部结构

① 电源接口和输入/输出接口

电源接口包括L端、N端和接地端，用于为PLC供电；输入接口通常使用X0、X1等进行标识；输出接口通常使用Y0、Y1等进行标识。

图2-4为三菱FX系列PLC基本单元的电源接口和输入/输出接口。

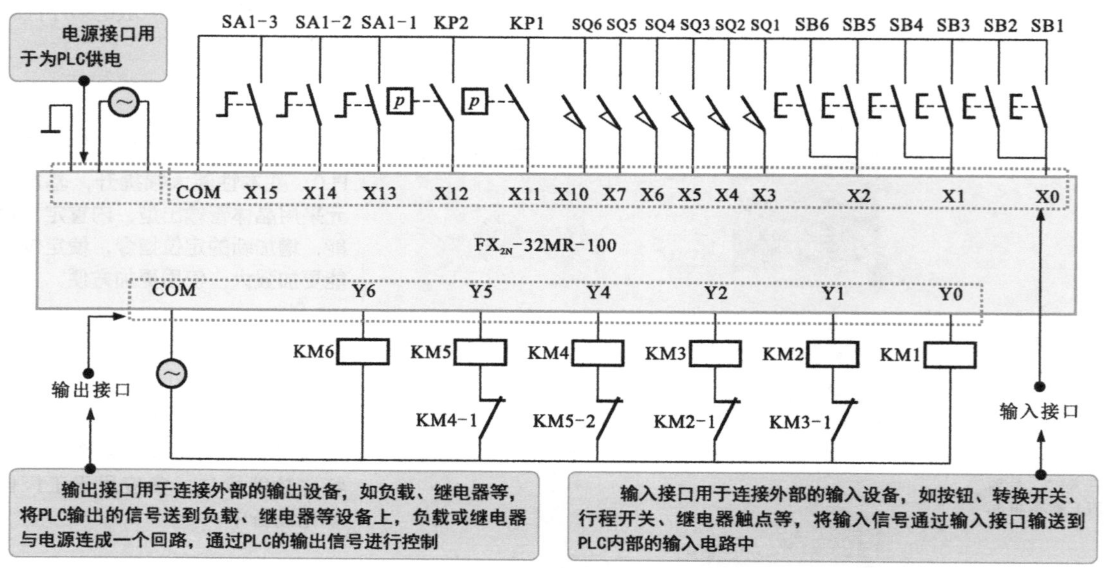

图2-4　三菱FX系列PLC基本单元的电源接口和输入/输出接口

② LED指示灯

图2-5为三菱FX系列PLC基本单元的LED指示灯。

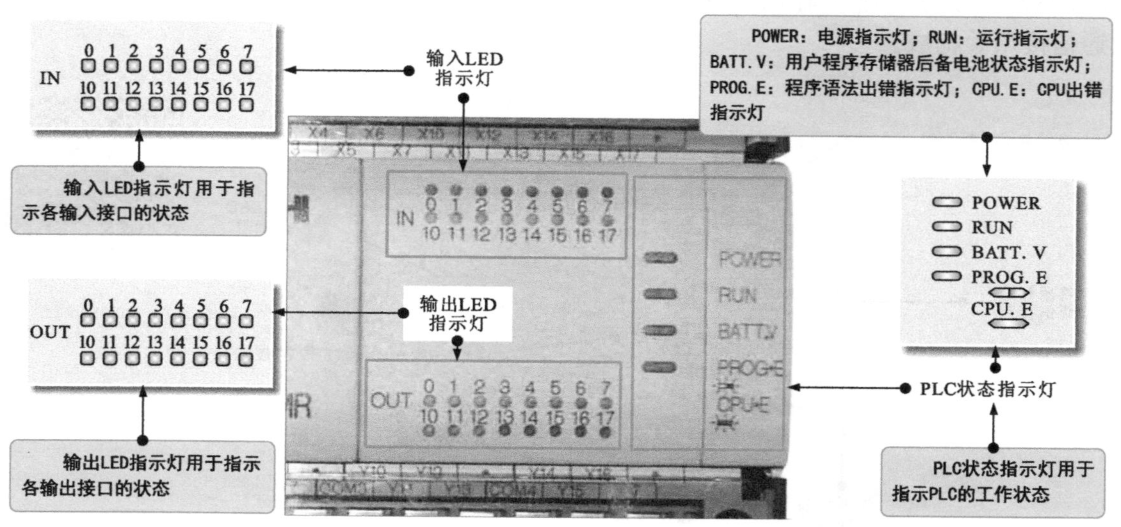

图2-5　三菱FX系列PLC基本单元的LED指示灯

LED指示灯包括PLC状态指示灯、输入LED指示灯和输出LED指示灯三部分。

③ 通信接口

PLC与计算机、外围设备、其他PLC之间需要通过共同约定的通信协议和通信方式由通信接口实现信息交换。

图2-6为三菱FX系列PLC基本单元的通信接口。

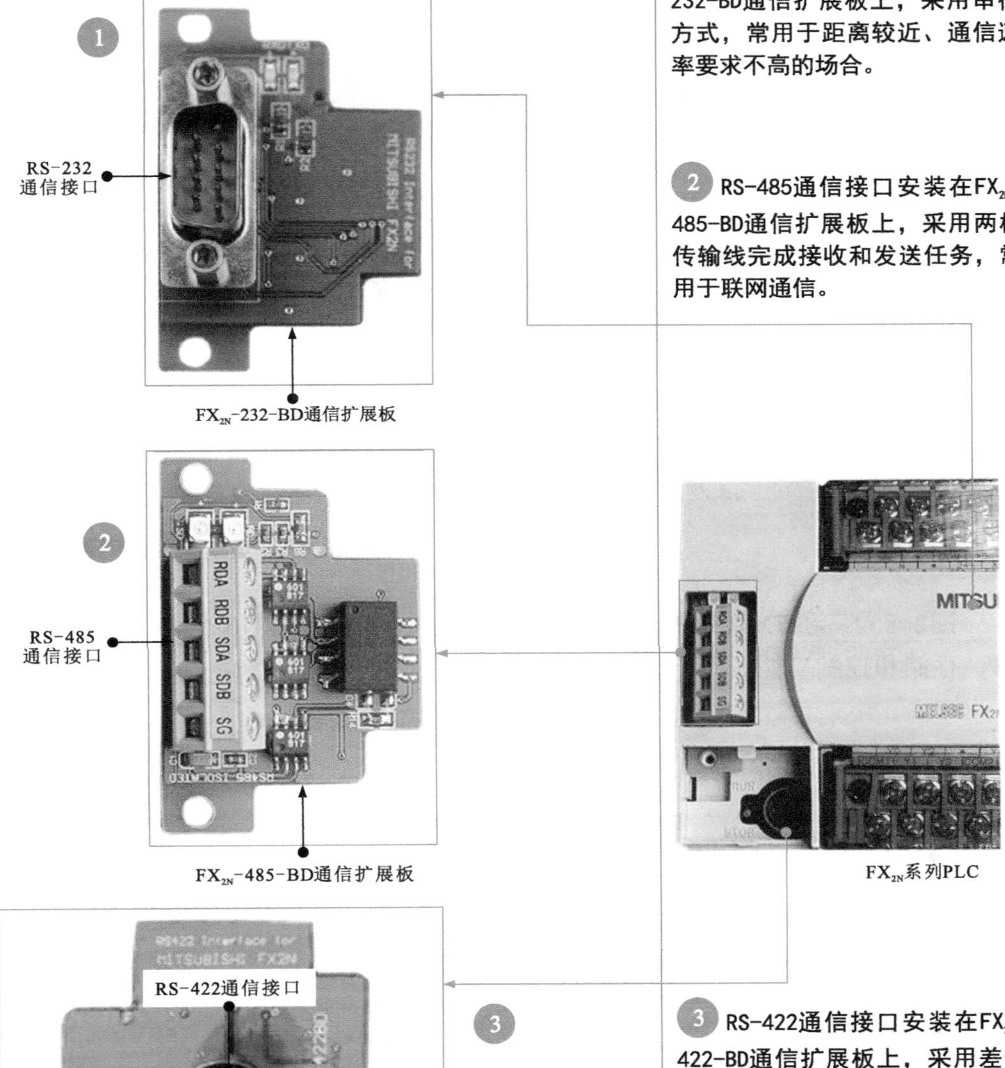

图2-6　三菱FX系列PLC基本单元的通信接口

划重点

① RS-232通信接口安装在FX_{2N}-232-BD通信扩展板上，采用串行方式，常用于距离较近、通信速率要求不高的场合。

② RS-485通信接口安装在FX_{2N}-485-BD通信扩展板上，采用两根传输线完成接收和发送任务，常用于联网通信。

③ RS-422通信接口安装在FX_{2N}-422-BD通信扩展板上，采用差动发送、差动接收方式，常用于距离较远、通信速率高、抗共模干扰的场合。

④ 内部结构

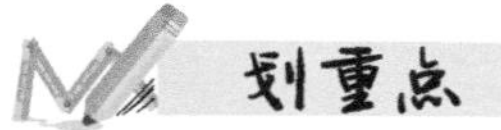

在通常情况下，三菱FX系列PLC基本单元的内部主要是由CPU电路板、输入/输出接口电路板和电源电路板构成的。

三菱FX系列PLC基本单元的内部结构如图2-7所示。

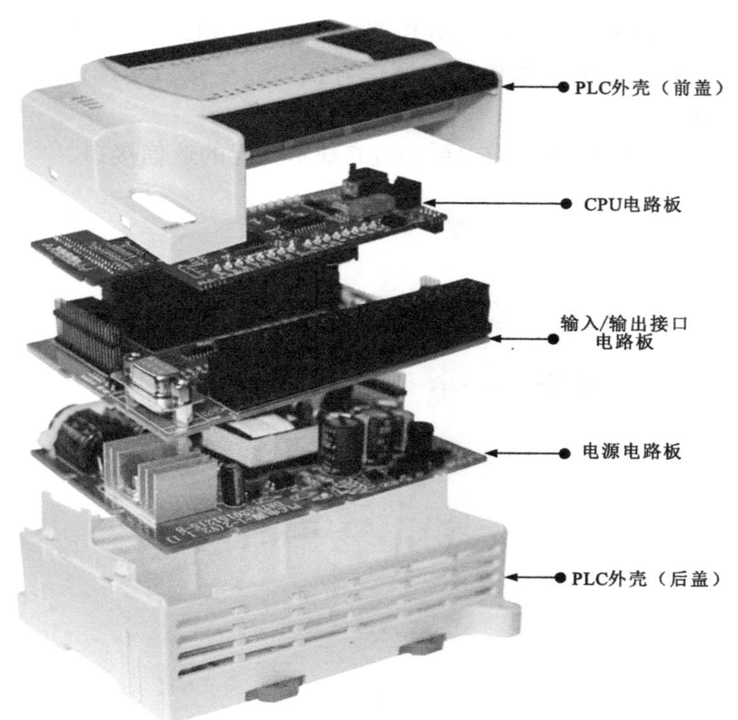

图2-7 三菱FX系列PLC基本单元的内部结构

图2-8为三菱FX系列PLC基本单元的CPU电路板。CPU电路板用于完成PLC的运算、存储和控制功能。

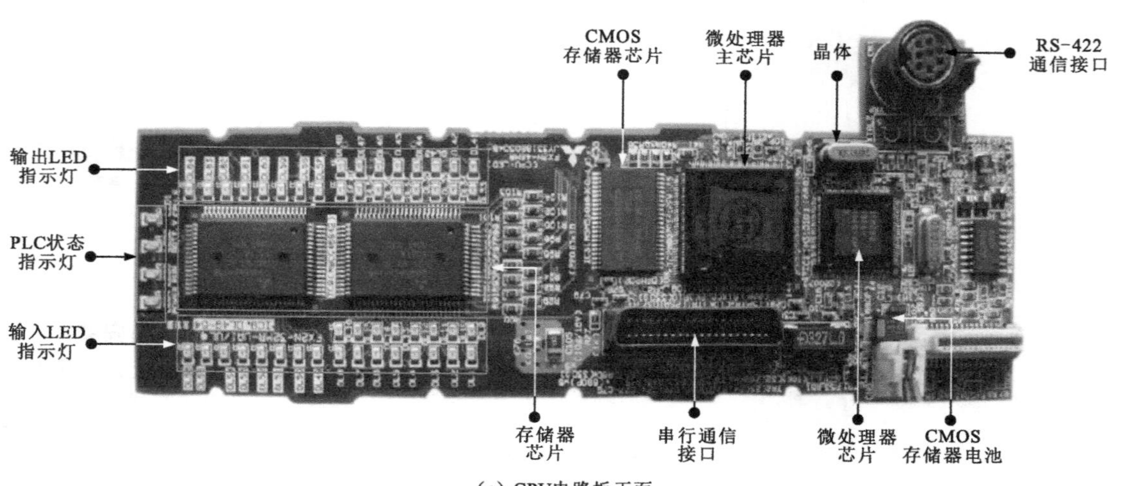

(a) CPU电路板正面

图2-8 三菱FX系列PLC基本单元的CPU电路板

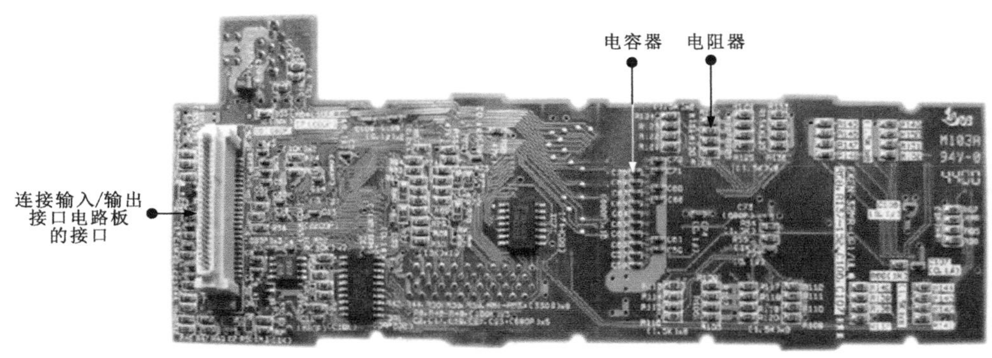

（b）CPU电路板背面

图2-8　三菱FX系列PLC基本单元内部的CPU电路板（续）

图2-9为三菱FX系列PLC基本单元的电源电路板。电源电路板用于为PLC内部各电路提供所需的工作电压。

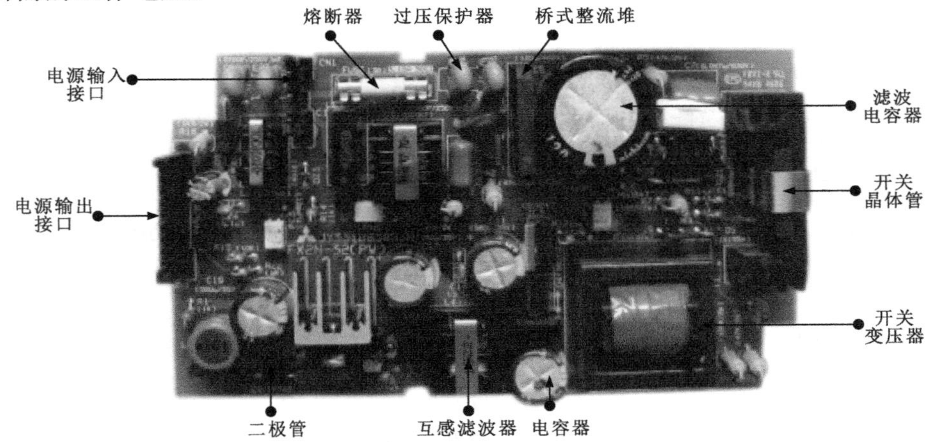

图2-9　三菱FX系列PLC基本单元的电源电路板

图2-10为三菱FX系列PLC基本单元的输入/输出接口电路板。输入/输出接口电路板用于PLC输入、输出信号的处理。

图2-10　三菱FX系列PLC基本单元的输入/输出接口电路板

不同系列、不同型号的PLC具有不同的规格参数。图2-11为三菱FX_{2N}系列PLC基本单元的类型、I/O点数和性能参数。

【三菱FX_{2N}系列PLC基本单元的类型及I/O点数】

交流电源、24V直流输入				
继电器输出	晶体管输出	晶闸管输出	输入点数	输出点数
FX_{2N}-16MR-001	FX_{2N}-16MT-001	FX_{2N}-16MS-001	8	8
FX_{2N}-32MR-001	FX_{2N}-32MT-001	FX_{2N}-32MS-001	16	16
FX_{2N}-48MR-001	FX_{2N}-48MT-001	FX_{2N}-48MS-001	24	24
FX_{2N}-64MR-001	FX_{2N}-64MT-001	FX_{2N}-64MS-001	32	32
FX_{2N}-80MR-001	FX_{2N}-80MT-001	FX_{2N}-80MS-001	40	40
FX_{2N}-128MR-001	FX_{2N}-128MT-0016464	—	64	64

直流电源、24V直流输入			
继电器输出	晶体管输出	输入点数	输出点数
FX_{2N}-32MR-D	FX_{2N}-32MT-D	16	16
FX_{2N}-48MR-D	FX_{2N}-48MT-D	24	24
FX_{2N}-64MR-D	FX_{2N}-64MT-D	32	32
FX_{2N}-80MR-D	FX_{2N}-80MT-D	40	40

【三菱FX_{2N}系列PLC基本单元的性能指标】

项目	指标
运算控制方式	存储程序、反复运算
I/O控制方式	批处理方式（在执行END指令时），可以使用输入/输出刷新指令
运算处理速度	基本指令：0.08μs/基本指令；应用指令：1.52μs～数百微秒/应用指令
程序语言	梯形图、语句表、顺序功能图
存储器容量	8k步，最大可扩展为16k步（可选存储器，有RAM、EPROM、EEPROM）
指令数量	基本指令：27个；步进指令：2个；应用指令：132个，309个
I/O设置	最多256点

【三菱FX_{2N}系列PLC基本单元的输入技术指标】

项目	指标
输入电压	DC 24V
输入电流	输入端子X0～X7：7mA；其他输入端子：5mA
输入开关电流OFF→ON	输入端子X0～X7： 4.5mA；其他输入端子： 3.5mA
输入开关电流ON→OFF	＜1.5mA
输入阻抗	输入端子X0～X7：3.3kΩ；其他输入端子：4.3kΩ
输入隔离	光隔离
输入响应时间	0～60ms
输入状态显示	输入ON时LED亮

【三菱FX_{2N}系列PLC基本单元的输出技术指标】

项目		继电器输出	晶体管输出	晶闸管输出
外部电源		AC 250V，DC 30V以下	DC 5 ～30V	AC 85～242V
最大负载	电阻负载	2A/1点、8A/4点COM、8A/8点COM	0.5A/1点、0.8A/4点	0.3A/1点、0.8A/4点
	感性负载	80VA	12W，DC 24V	15VA，AC 100V 30VA，AC 200V
	灯负载	100W	1.5W，DC 24V	30W
响应时间	OFF→ON	约10ms	0.2ms以下	1ms以下
	ON→OFF		0.2ms以下（24V/200mA时）	最大10ms
开路漏电流			0.1mA以下，DC 30V	1mA/AC 100V，2mA/AC 200V
电路隔离		继电器隔离	光电耦合器隔离	光敏晶闸管隔离
输出状态显示		继电器通电时LED亮	光电耦合器隔离驱动时LED亮	光敏晶闸管驱动时LED亮

图2-11　三菱FX_{2N}系列PLC基本单元的类型、I/O点数和性能参数

三菱FX系列PLC基本单元的正面标识有PLC的型号，型号中的每个字母或数字都有不同的含义。图2-12为三菱FX$_{2N}$系列PLC型号中各字母或数字所表示的含义。

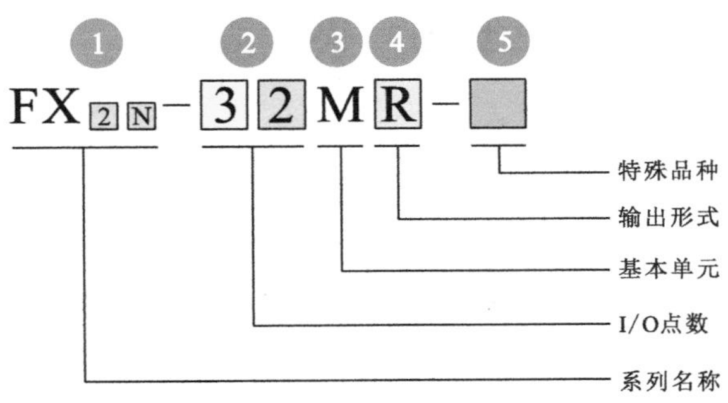

① 系列名称：如FX$_{0}$、FX$_{2}$、FX$_{1S}$、FX$_{1N}$、FX$_{2N}$、FX$_{2NC}$、FX$_{3U}$等。

② I/O点数：PLC输入/输出的总点数，为10～256。

③ 基本单元：M代表PLC的基本单元。

④ 输出形式：R为继电器输出，有触点，可带交/直流负载；
T为晶体管输出，无触点，可带直流负载；
S为晶闸管输出，无触点，可带交流负载。

⑤ 特殊品种：D为直流电源，表示直流输出；A为交流电源，表示交流输入或交流输出模块；H为大电流输出扩展模块；V为立式端子排的扩展模块；C为接插口I/O方式；F表示输出滤波时间常数为1ms的扩展模块。

图2-12 三菱FX$_{2N}$系列PLC型号中各字母或数字所表示的含义

在三菱FX系列PLC型号标识中，若特殊品种一项无标识，则默认为交流电源、直流输入、横式端子排、标准输出。

2 三菱PLC的扩展单元

图2-13为三菱PLC扩展单元的实物图。

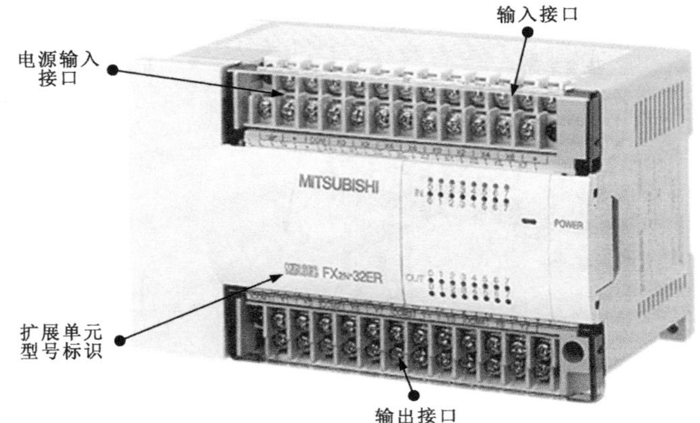

图2-13 三菱PLC扩展单元的实物图

扩展单元是用于增加PLC的I/O点数及供电电流的装置，内部设有电源，无CPU，需要与基本单元同时使用，当扩展组合总供电电流不足时，需在PLC硬件系统中增设扩展单元进行供电电流的扩展。

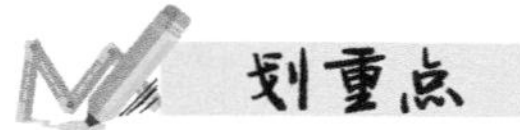

图2-14中，字母E表示该产品为扩展单元。

三菱PLC的扩展单元是一个独立的扩展设备，通常连接在PLC基本单元的扩展接口或扩展插槽上。

三菱PLC扩展单元型号命名规则如图2-14所示。

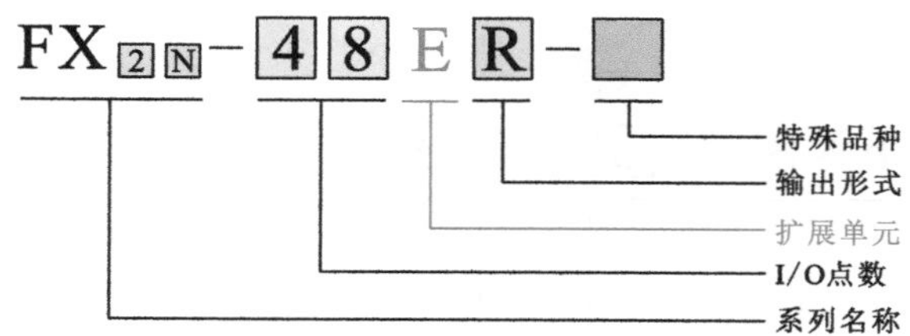

图2-14　三菱PLC扩展单元型号命名规则

不同系列三菱PLC的扩展单元类型不同，见表2-1。三菱FX_{2N}系列PLC的扩展单元主要有6种。根据输出类型的不同，6种扩展单元可分为继电器输出和晶体管输出两大类。

表2-1　三菱FX_{2N}系列PLC的扩展单元及I/O点数、相关参数

继电器输出	晶体管输出	I/O点数	输入点数	输出点数	输入电压	类型
FX_{2N}-32ER	FX_{2N}-32ET	32	16	16	24 V直流	漏型
FX_{2N}-48ER	FX_{2N}-48ET	48	24	24		
FX_{2N}-48ER-D	FX_{2N}-48ET-D	48	24	24		

3　三菱PLC的扩展模块

基本单元与扩展模块配合使用，通过扩展接口或扩展插槽连接，由基本单元通过数据线为扩展模块供电。

三菱PLC的扩展模块是用于增加PLC的I/O点数及改变I/O比例的装置，内部无电源和CPU，需要与基本单元配合使用，由基本单元或扩展单元供电，如图2-15所示。

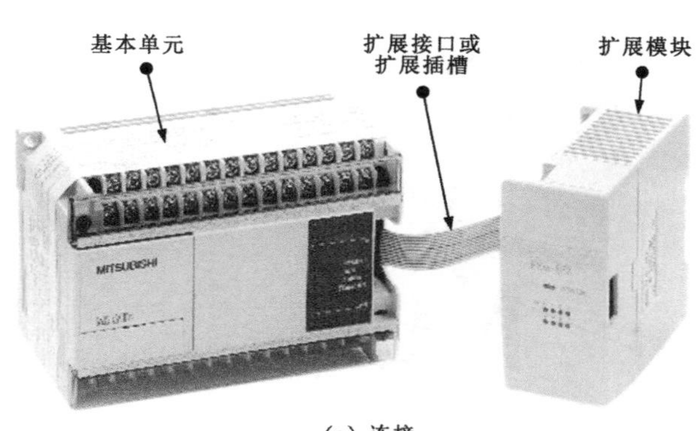

（a）连接

图2-15　三菱PLC扩展模块的连接及实物图

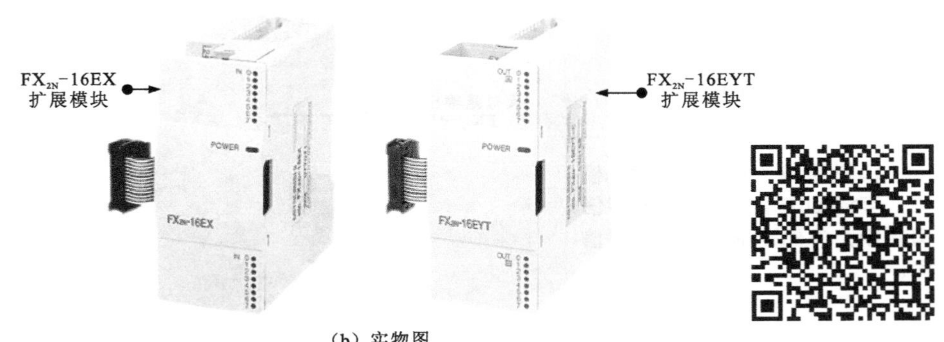

（b）实物图

图2-15 三菱PLC扩展模块的连接及实物图（续）

不同系列三菱PLC扩展模块的类型不同，见表2-2。三菱FX_{2N}系列PLC的扩展模块主要有3种类型，分别为FX_{2N}-16EX、FX_{2N}-16EYT、FX_{2N}-16EYR。

表2-2 不同系列三菱PLC扩展模块的类型

类型	I/O点数	输入点数	输出点数	输入电压	输入类型	输出类型
FX_{2N}-16EX	16	16	—	24V直流	漏型	—
FX_{2N}-16EYT	16	—	16	—	—	晶体管
FX_{2N}-16EYR	16	—	16	—	—	继电器

4 三菱PLC的特殊功能模块

三菱PLC的特殊功能模块是PLC的一种专用扩展模块，如模拟量I/O模块、通信扩展模块、温度控制模块、定位控制模块、高速计数模块、热电偶温度传感器输入模块、凸轮控制模块等。

模拟量I/O模块包含模拟量输入模块和模拟量输出模块。图2-16为三菱PLC模拟量I/O模块的实物图。

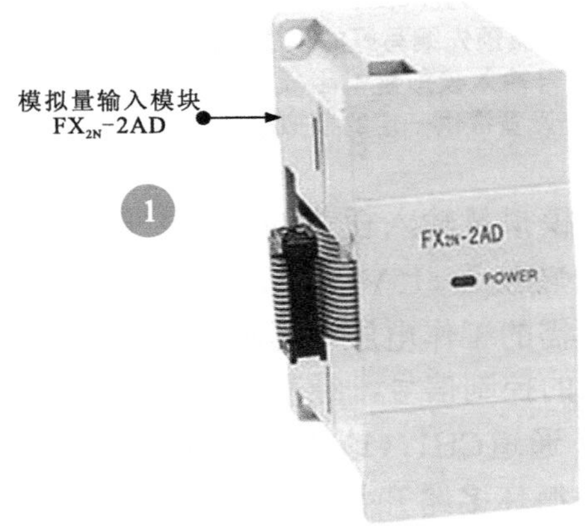

图2-16 三菱PLC模拟量I/O模块的实物图

1 模拟量输入模块也称A/D模块，可将连续变化的模拟输入信号转换为PLC内部所需的数字信号。

划重点

2 模拟量输出模块也称D/A模块，可将PLC运算处理后的数字信号转换为外部设备所需的模拟信号。

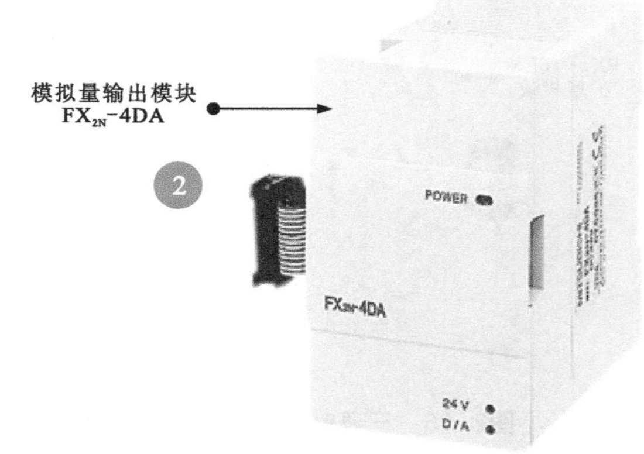

图2-16 三菱PLC模拟量I/O模块的实物图（续）

图2-17为三菱PLC模拟量I/O模块的工作流程。

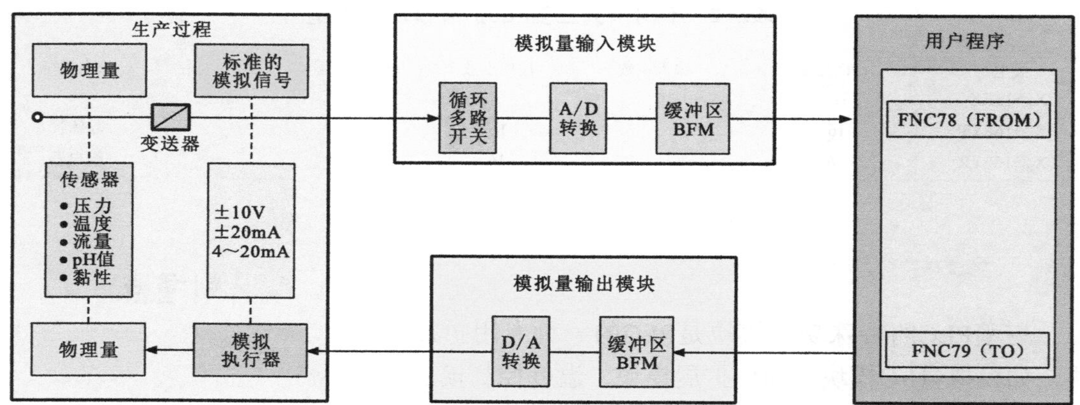

图2-17 三菱PLC模拟量I/O模块的工作流程

在图2-17中，将生产过程连续变化的模拟信号（如压力、温度、流量等）送入模拟量输入模块中，经循环多路开关后进行A/D转换，再经缓冲区BFM为PLC提供一定位数的数字信号；PLC将接收到的数字信号根据预先编写好的程序进行运算处理，并将运算处理后的数字信号输入模拟量输出模块中，经缓冲区BFM后进行D/A转换，为生产设备提供一定的模拟控制信号。

在三菱PLC模拟量输入模块的内部，直流24V电源经DC/DC转换器转换为±15V和5V开关电源，为模拟量输入模块提供所需的工作电压，同时模拟量输入模块接收由CPU发送来的控制信号，经光电耦合器后控制循环多路开关闭合，通道CH1（或CH2、CH3、CH4）输入的模拟量信号经循环多路开关后进行A/D转换，再经光电耦合器后为CPU提供一定位数的数字信号。

图2-18为三菱PLC模拟量输入模块的内部方框图。

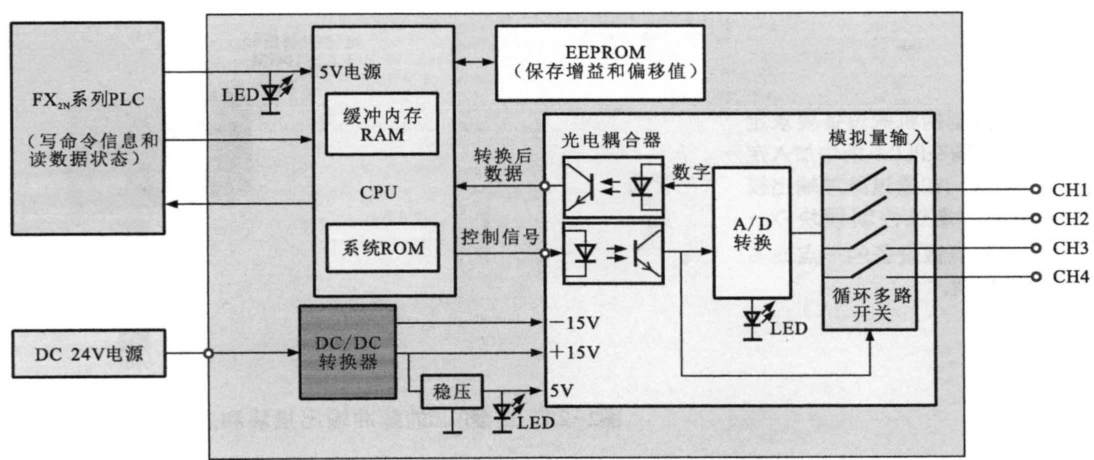

图2-18 三菱PLC模拟量输入模块的内部方框图

表2-3为三菱FX_{2N}-4AD模拟量输入模块的基本参数及相关性能指标。

表2-3 三菱FX_{2N}-4AD模拟量输入模块的基本参数及相关性能指标

【三菱FX_{2N}-4AD模拟量输入模块的基本参数】	
输入通道数量	4个
最大分辨率	12位
模拟量范围	DC-10～10V（分辨率为5mV）或4～20mA，−20～20mA（分辨率为20μA）
BFM数量	32个（每个16位）
占用扩展总线数量	8个点（可分配成输入或输出）

【三菱FX_{2N}-4AD模拟量输入模块的电源指标及其他性能指标】		
模拟电路		DC 24V（1±10%），55mA（来自基本单元的外部电源）
数字电路		DC 5V，30mA（来自基本单元的内部电源）
耐压绝缘电压		AC 5000V，1min
模拟量输入范围	电压输入	DC -10～10V（输入阻抗200kΩ）
	电流输入	DC -20～20mA（输入阻抗250Ω）
数字量输出		12位的转换结果以16位二进制补码方式存储，最大值为+2047，最小值为−2048
分辨率	电压输入	5mV（10V默认范围为1/2000）
	电流输入	20μA（20mA默认范围为1/1000）
转换速度		常速：15ms/通道；高速：6ms/通道

图2-19为三菱PLC高速计数模块的实物图。

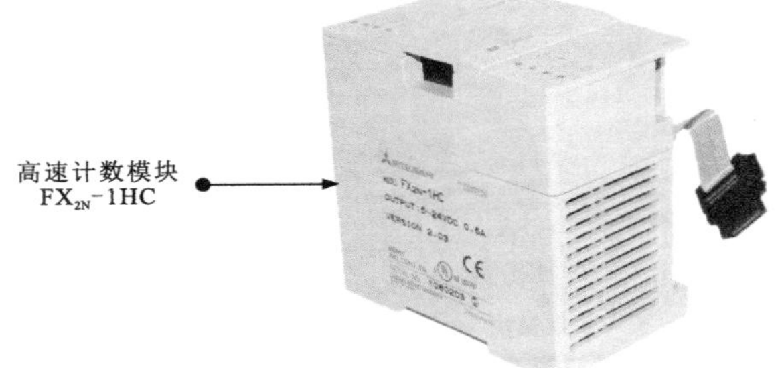

图2-19 三菱PLC高速计数模块的实物图

高速计数模块主要用于对PLC控制系统中的脉冲个数进行计数，在PLC基本单元内一般设置有高速计数器，当工业应用中超过内部计数器的工作频率时，需在PLC硬件系统中配置高速计数模块。

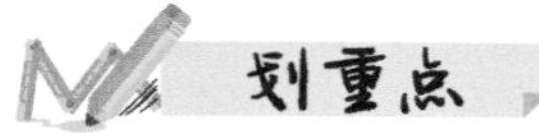

当所控制的机械设备要求定位控制时，需在PLC系统中加入定位控制模块，如通过脉冲输出模块FX_{2N}-1PG和定位控制模块FX_{2N}-10GM等实现机械设备的一点或多点的定位控制。

图2-20为三菱PLC的脉冲输出模块和定位控制模块。

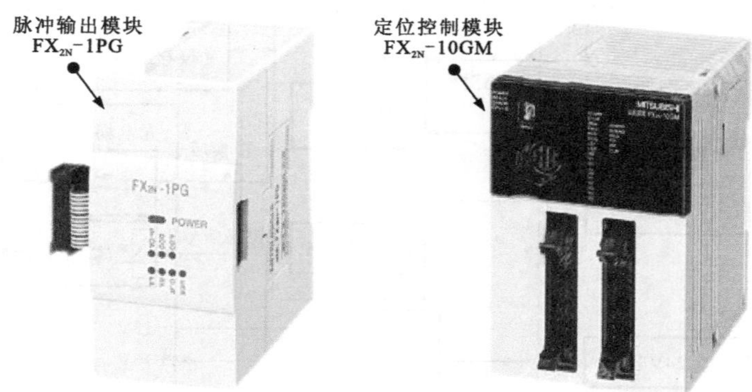

图2-20　三菱PLC的脉冲输出模块和定位控制模块

图2-21为三菱PLC的其他特殊功能模块。

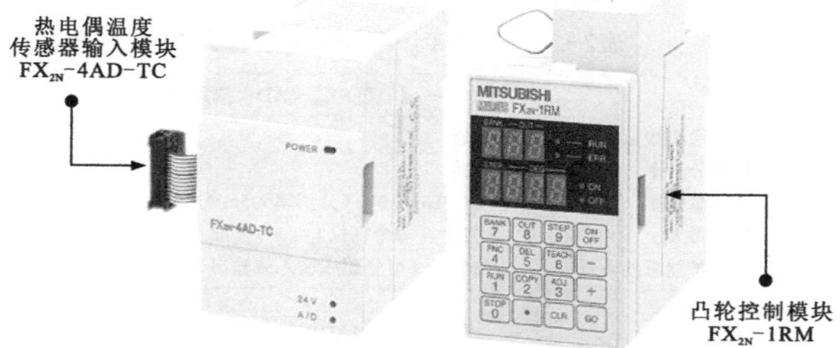

图2-21　三菱PLC的其他特殊功能模块

2.1.2 西门子PLC的结构组成

图2-22为典型西门子PLC的硬件系统。

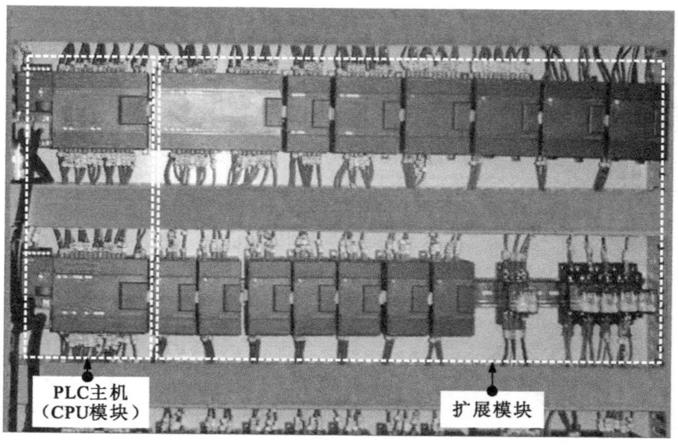

图2-22　典型西门子PLC的硬件系统

西门子公司为了满足用户的不同要求推出了多种PLC产品。每种PLC产品的硬件结构不同。以西门子常见的S7系列PLC为例，西门子S7系列PLC的硬件系统主要包括PLC主机（CPU模块）和扩展模块。其中，常见的扩展模块包括电源模块（PS）、接口模块（IM）、信息扩展模块（EM、SM）、通信模块（CP）、功能模块（FM）等。

1 西门子S7系列PLC主机（CPU模块）

图2-23为西门子S7系列PLC主机（CPU模块）。

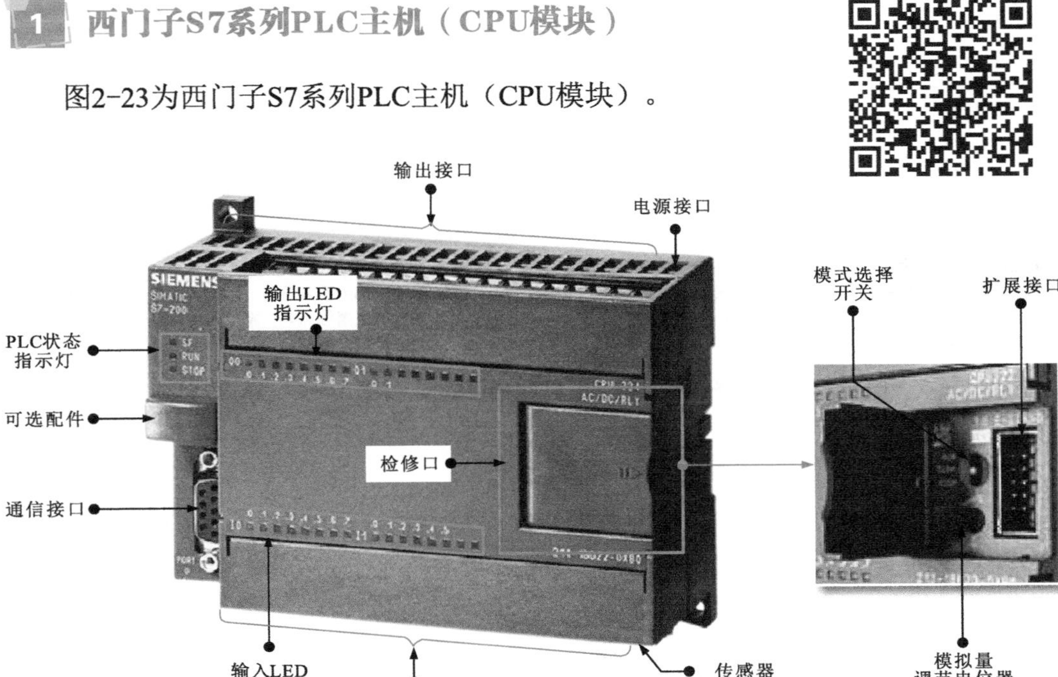

图2-23 西门子S7系列PLC主机（CPU模块）

西门子PLC主机是构成硬件系统的核心单元，主要包括负责执行程序和存储数据的微处理器，被称为CPU模块。西门子PLC主机外部主要由电源接口、输入接口、输出接口、通信接口、PLC状态指示灯、输入/输出LED指示灯、传感器输出接口、检修口等构成。

① 电源接口和输入/输出接口

如图2-24所示，电源接口包括L端、N端和接地端，用于为PLC供电；输入接口通常使用I0.0、I0.1等进行标识；输出接口通常使用Q0.0、Q0.1等进行标识。

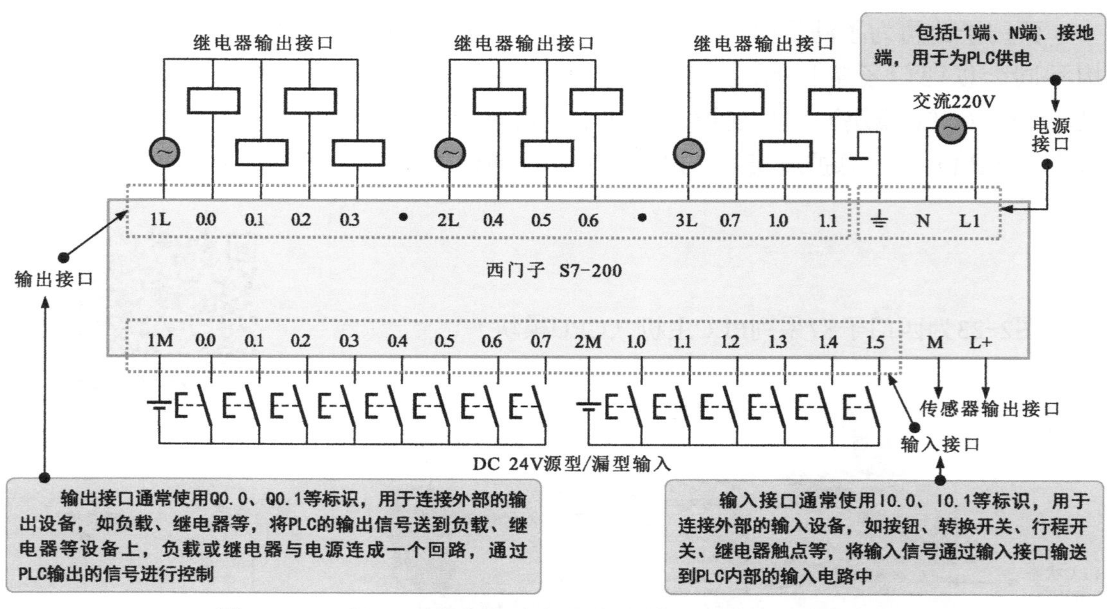

图2-24 西门子S7系列PLC主机的电源接口和输入/输出接口

② LED指示灯

LED指示灯包括PLC状态指示灯、输入指示灯和输出指示灯三部分，如图2-25所示。

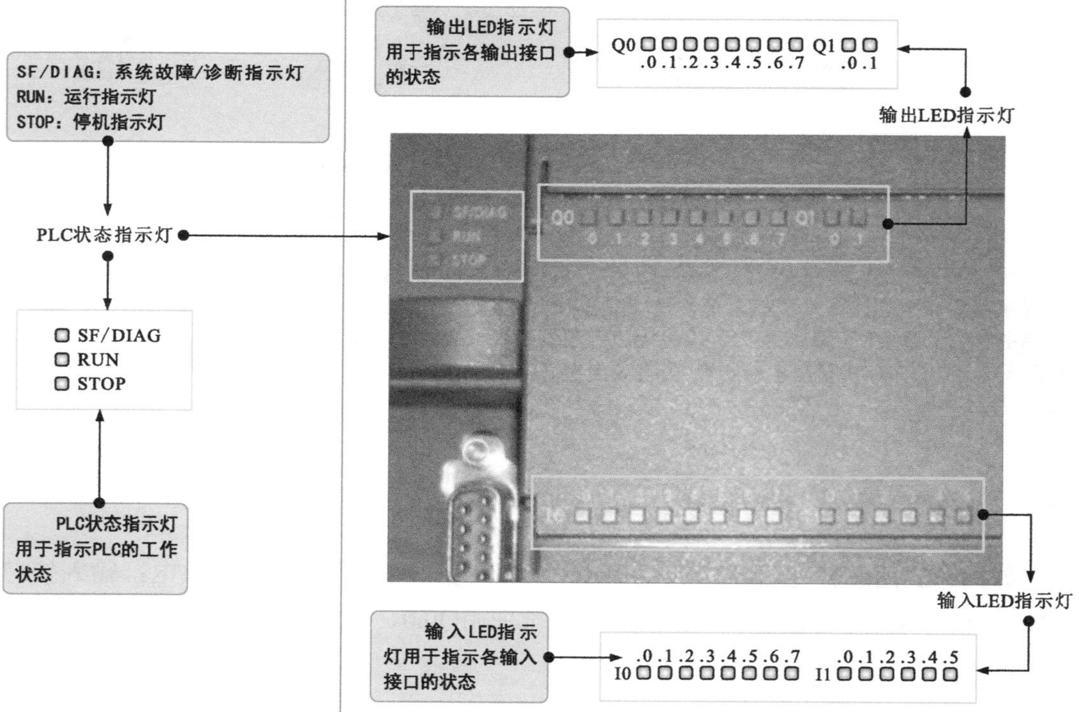

划重点

SF/DIAG：系统故障/诊断指示灯
RUN：运行指示灯
STOP：停机指示灯

PLC状态指示灯

SF/DIAG
RUN
STOP

PLC状态指示灯用于指示PLC的工作状态

输出LED指示灯用于指示各输出接口的状态

Q0 .0 .1 .2 .3 .4 .5 .6 .7 Q1 .0 .1

输出LED指示灯

输入LED指示灯

输入LED指示灯用于指示各输入接口的状态

I0 .0 .1 .2 .3 .4 .5 .6 .7 I1 .0 .1 .2 .3 .4 .5

图2-25 西门子S7系列PLC的LED指示灯

③ 通信接口

西门子S7系列PLC常采用RS-485通信接口进行连接，支持PPI通信和自由通信协议，如图2-26所示。

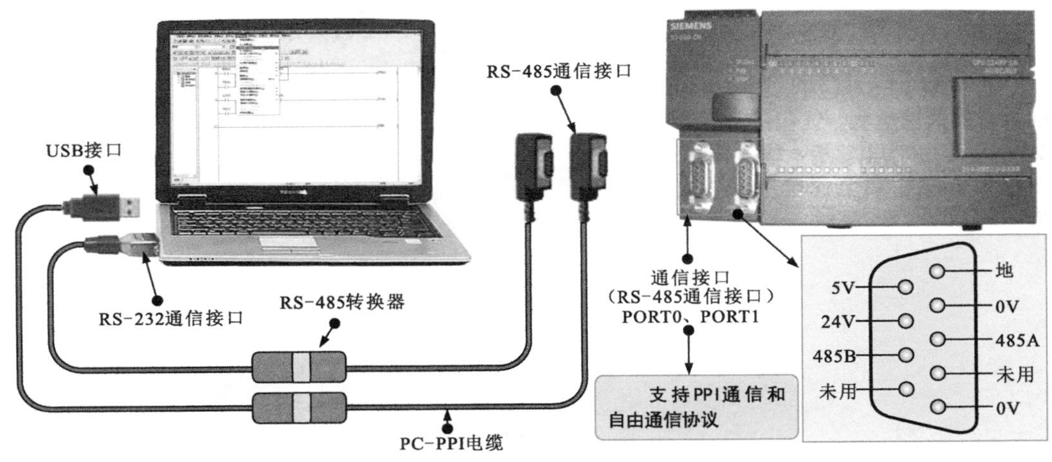

（a）PLC与计算机之间的连接

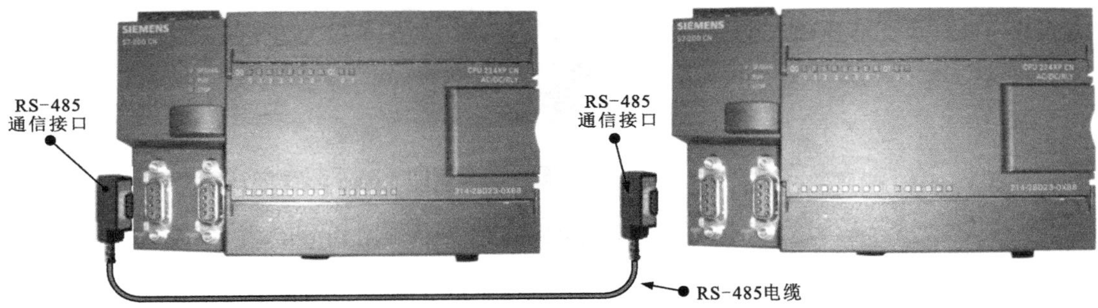

（b）PLC与PLC之间的连接

图2-26 西门子S7系列PLC通信接口的连接

④ 检修口

西门子S7系列PLC的检修口包括模式选择开关、模拟量调节电位器和扩展接口，如图2-27所示。

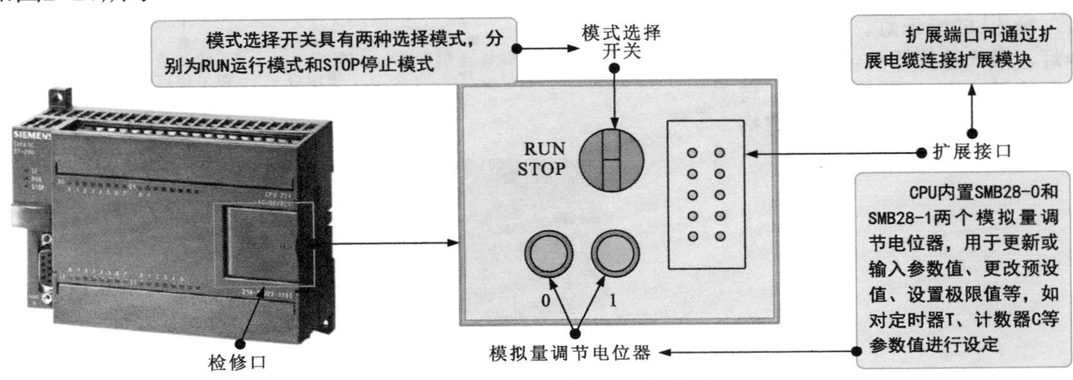

图2-27 西门子S7系列PLC的检修口

⑤ 西门子S7系列PLC的内部结构

图2-28为西门子S7系列PLC的内部结构。

划重点

取下西门子S7系列PLC的外壳即可看到内部结构。西门子S7系列PLC主要由CPU电路板、输入/输出接口电路板和电源电路板构成。

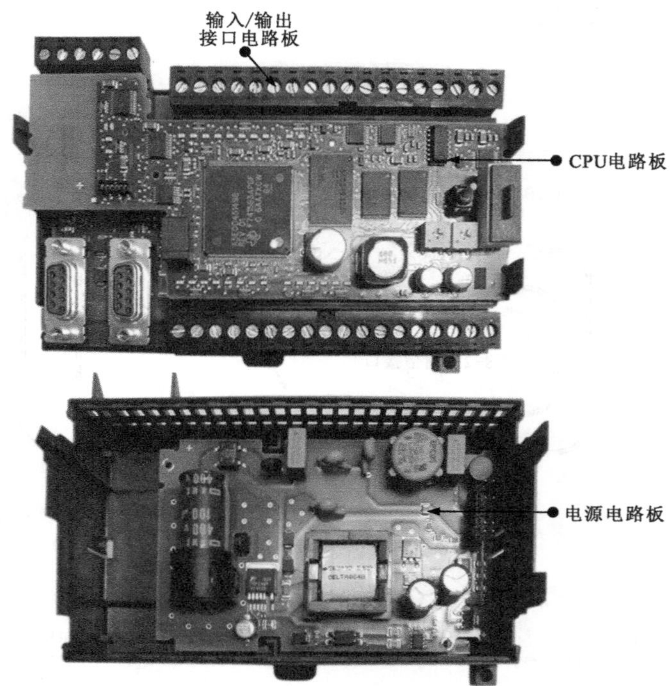

图2-28　西门子S7系列PLC的内部结构

图2-29为西门子S7系列PLC的CPU电路板。

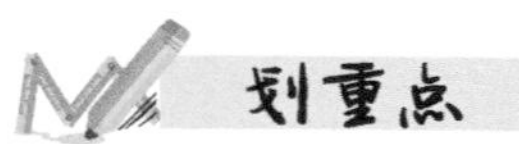

CPU电路板主要用于完成PLC的运算、存储和控制功能。

CPU电路板主要由微处理器芯片、存储器芯片、PLC状态指示灯、输出LED指示灯、输入LED指示灯、模式选择开关、模拟量调节电位器、电感器、电容器、与输入/输出接口电路板的接口等构成。

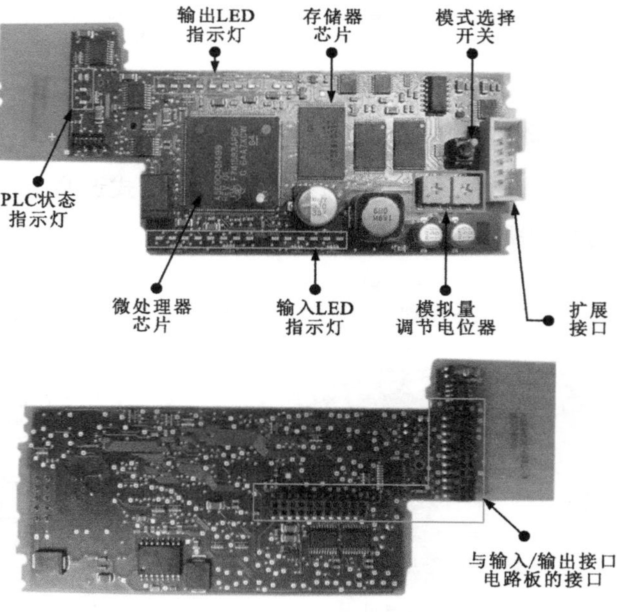

图2-29　西门子S7系列PLC的CPU电路板

图2-30为西门子S7系列PLC的输入/输出接口电路板。

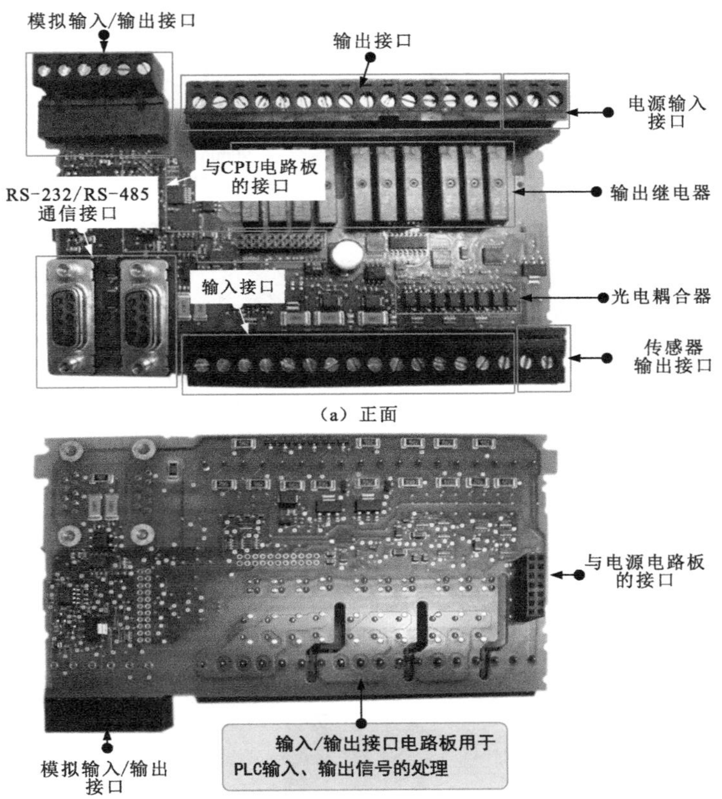

（a）正面

（b）背面

图2-30　西门子S7系列PLC中输入/输出接口电路板

输入/输出接口电路板主要用于对PLC输入、输出信号的处理。

输入/输出接口电路板主要由输入接口、输出接口、电源输入接口、传感器输出接口、与CPU电路板的接口、RS-232/RS-485通信接口、输出继电器、光电耦合器、与电源电路板的接口等构成。

图2-31为西门子S7系列PLC的电源电路板。

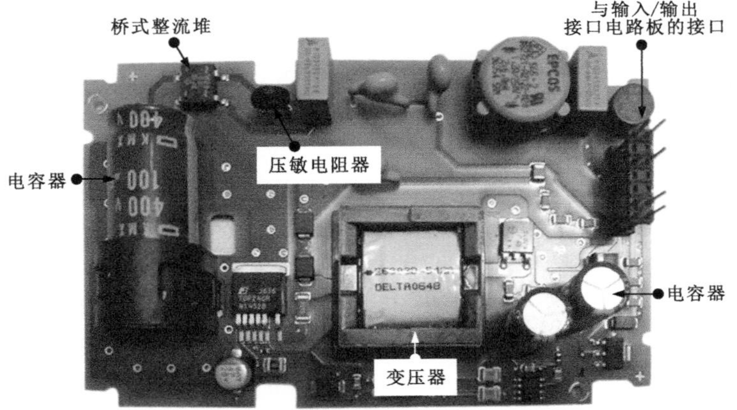

图2-31　西门子S7系列PLC的电源电路板

电源电路板主要用于为PLC内部各电路提供所需的工作电压。

电源电路板主要由桥式整流堆、压敏电阻器、电容器、变压器、与输入/输出接口电路板的接口等构成。

西门子各系列PLC主机的类型和功能不同，每一系列的主机又都包含多种类型的CPU，以适应不同的应用要求，如图2-32所示。

划重点

1 西门子S7-200 PLC主机将CPU电路板、输入/输出接口电路板和电源电路板等集成封装，单独构成一个独立的控制系统，实现相应的控制功能。

2 西门子S7-300 PLC主机采用模块式结构，有多种不同型号的CPU模块，不同型号的CPU模块有不同的性能，如有些模块集成数字量和模拟量的I/O端子，有些集成现场总线通信接口（PROFIBUS）。

3 西门子S7-400 PLC主机采用大模块结构，一般适用于对可靠性要求极高的大型复杂的控制系统。

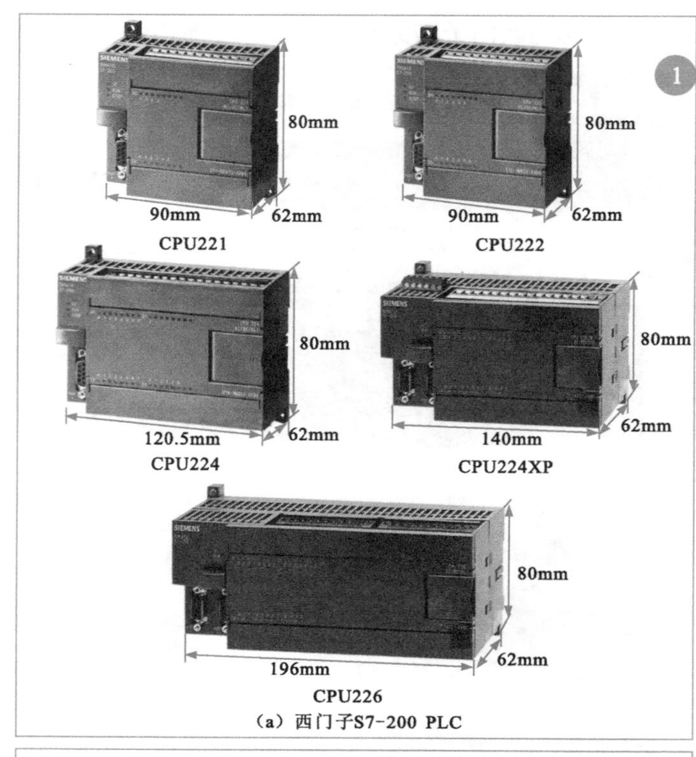

（a）西门子S7-200 PLC

（b）西门子S7-300 PLC

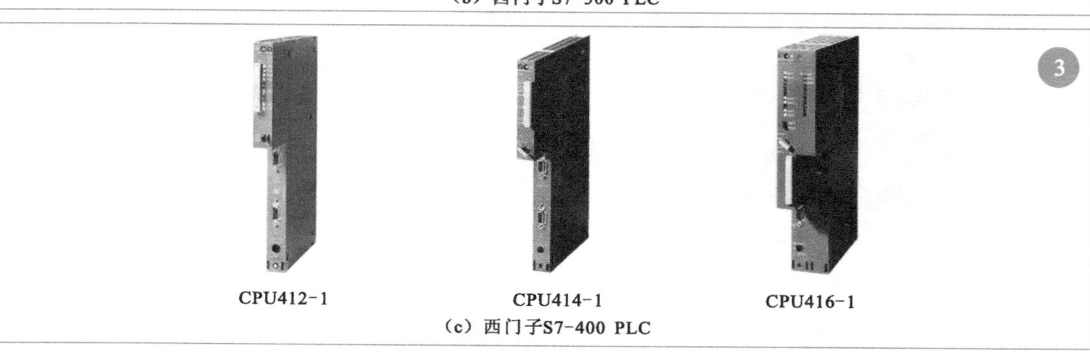

（c）西门子S7-400 PLC

图2-32　西门子PLC的CPU

2 西门子S7系列PLC的电源模块

图2-33为西门子S7系列PLC的电源模块。

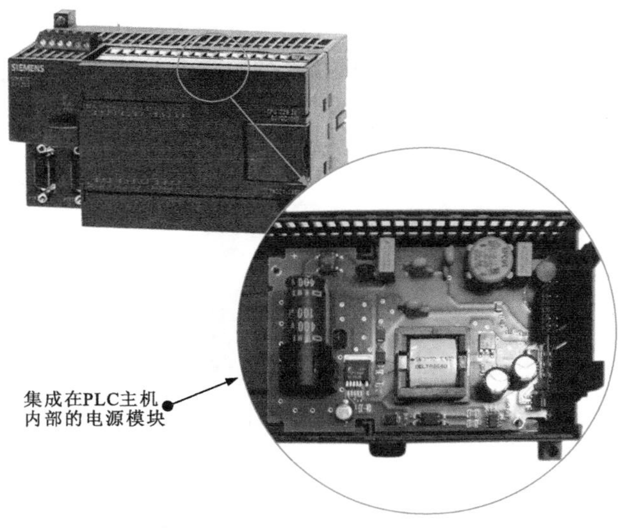

图2-33 西门子S7系列PLC的电源模块

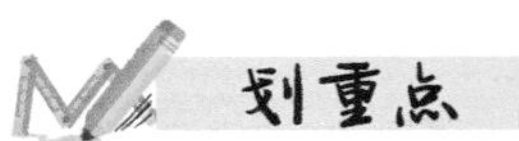

电源模块是指由外部为PLC供电的功能单元。西门子S7系列PLC的电源模块主要有两种形式：一种是集成在PLC主机内部的电源模块；另一种是独立的电源模块。

一体化紧凑型PLC的电源模块集成在PLC主机内部，与CPU模块封装在一起，并通过连接总线为CPU模块、扩展模块提供5V的直流电源。

模块式结构PLC的电源供电部分均属于独立的模块单元，不同型号PLC所采用的电源模块不同。

3 西门子S7系列PLC的接口模块

接口模块（IM）用于组成多机架系统时连接主机架（CR）和扩展机架（ER），多应用于西门子S7-300/400系列PLC系统中，如图2-34所示。

（a）IM361
S7-300系列PLC
多机架扩展接口模块

（b）IM460
S7-400系列PLC
中央机架发送接口模块

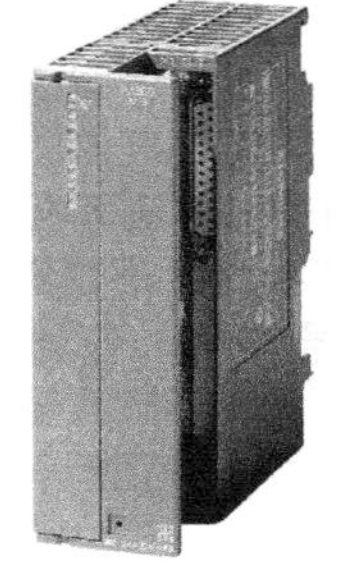

（c）IM360
S7-300系列PLC
多机架扩展接口模块

图2-34 西门子S7系列PLC的接口模块

4 西门子S7系列PLC的信息扩展模块

在实际应用中，为了实现更强的控制功能，各类型的西门子PLC可以采用扩展I/O点的方法扩展系统配置和控制规模。

各种扩展用的I/O模块被统称为信息扩展模块（SM）。不同类型PLC所采用的信息扩展模块不同，但基本都包含数字量扩展模块和模拟量扩展模块。

数字量输入模块可将现场送来的数字高电平信号转换为PLC内部可识别的信号电平。在通常情况下，数字量输入模块可用于连接工业现场的机械触点或电子式数字传感器。

数字量输出模块可将PLC内部信号电平转换为生产过程所要求的外部信号电平，在通常情况下，可用于直接驱动电磁阀、接触器、指示灯、变频器等外部设备和功能部件。

① 数字量扩展模块

西门子PLC除本机集成的数字量I/O端子外，还可连接数字量扩展模块（DI/DO）来扩展更多的数字量I/O端子。数字量扩展模块包括数字量输入模块和数字量输出模块。图2-35为西门子S7系列PLC中常见的数字量输入模块。

（a）EM221（AC）
S7-200系列PLC
数字量输入模块

（b）EM221（DC）
S7-200系列PLC
数字量输入模块

（c）SM321
S7-300系列PLC
数字量输入模块

图2-35　西门子S7系列PLC中常见的数字量输入模块

图2-36为西门子S7系列PLC中常见的数字量输出模块。

（a）EM222（AC）
S7-200系列PLC
数字量输出模块

（b）EM223（DC）
S7-200系列PLC
数字量I/O输出模块

（c）SM322
S7-300系列PLC
数字量输出模块

（d）SM323
S7-300系列PLC
数字量I/O输出模块

（e）SM422
S7-400系列PLC
数字量输出模块

图2-36　西门子S7系列PLC中常见的数字量输出模块

② 模拟量扩展模块

模拟量扩展模块包括模拟量输入模块和模拟量输出模块，如图2-37所示。

(a) EM231
S7-200系列PLC
模拟量输入模块

(b) SM334
S7-300系列PLC
模拟量输出模块

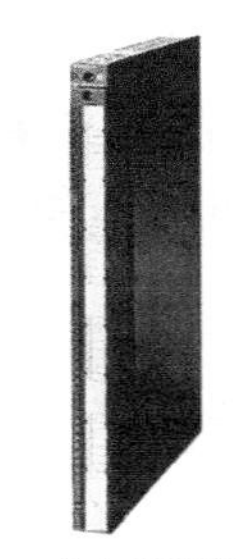
(c) SM431
S7-400系列PLC
模拟量输入模块

图2-37 西门子S7系列PLC的模拟量扩展模块

划重点

模拟量输入模块用于将现场各种传感器输出的直流电压或电流信号的模拟信号转换为PLC内部处理用的数字信号（核心为A/D转换器）。电压和电流传感器、热电偶、电阻或电阻式温度计均可作为传感器与其连接。

5 西门子S7系列PLC的通信模块

图2-38为西门子S7系列PLC的通信模块。

(a) EM277
S7-200系列PLC
PROFIBUS-DP从站通信模块

(b) CP243-1
S7-200系列PLC
工业以太网通信模块

(c) CP243-2
S7-200系列PLC
AS-i接口模块

图2-38 西门子S7系列PLC的通信模块

西门子PLC有很强的通信功能，除CPU模块本身集成的通信接口外，还可扩展连接不同类型（信号）的通信模块，用以实现PLC与PLC之间、PLC与计算机之间、PLC与其他功能设备之间的通信，实现强大的通信功能。

6 西门子S7系列PLC的功能模块

图2-39为西门子S7系列PLC的功能模块。

(a) 计数器模块
(FM352)

(b) 伺服电动机定位模块
(FM354)

(c) 定位模块
(FM357)

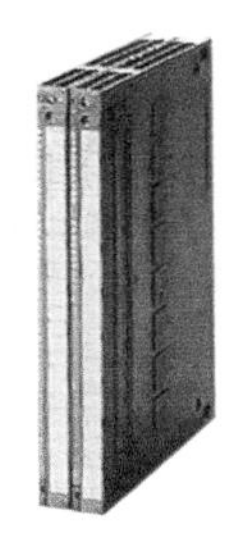
(d) 定位模块
(FM450)

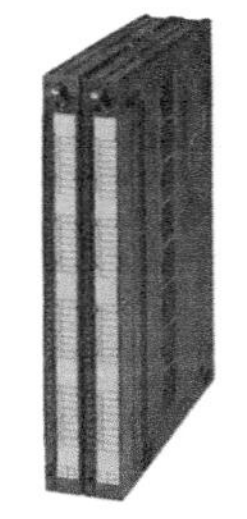
(e) 闭环控制模块
(FM455S)

(f) 称重模块
(7MH4920)

图2-39 西门子S7系列PLC的功能模块

2.2 PLC的工作原理

2.2.1 PLC的整机控制

PLC是一种以微处理器为核心的可编程序控制装置，由电源电路提供所需的工作电压。图2-40为PLC的整机控制及供电过程。

通信接口

编程设备（计算机）通过编程电缆与通信接口连接，对PLC进行编程、调试、监视、试验和记录。

系统程序存储器

系统程序存储器为只读存储器（ROM），用于存储系统程序。系统程序是由PLC制造厂家设计编写的，用户不能直接读写和更改，一般包括系统诊断程序、输入处理程序、编译程序、信息传送程序、监控程序等。

用户程序存储器

用户程序存储器为随机存储器（RAM），用于存储用户程序。用户程序是用户根据控制要求，按系统程序允许的编程规则，用厂家提供的编程语言编写的。

工作数据存储器

工作数据存储器也为随机存储器（RAM），用来存储工作过程中的指令信息和数据。

编程器

上位计算机

打印机

外部连接设备

控制及传感部件

按钮

传感器

通信接口

系统程序存储器

用户程序存储器

工作数据存储器

运算器

寄存器

控制器

CPU
（中央处理器）

扩展接口
（I/O接口）

输入接口
（I/O接口）

输出接口
（I/O接口）

电源

I/O
扩展
单元

外部设备及功能部件

接触器

继电器

指示灯

电磁阀

变频器

CPU（中央处理器）

CPU模块是PLC的核心，CPU的性能决定了PLC的整体性能。不同的PLC配有不同的CPU。CPU的主要作用是接收、存储由编程器输入的用户程序和数据，对用户程序进行检查、校验，并执行用户程序。

电源

PLC内部配有一个专用开关式稳压电源，将外加的交流电压或直流电压转换成微处理器、存储器、I/O电路等所需要的工作电压，保证整机正常运行。

I/O接口

I/O接口是PLC与外部设备联系的桥梁，可以分为输入接口和输出接口。输入接口将所接各种控制及传感部件发出的信号送入输入电路，经内部CPU处理后，由输出接口输出控制外部设备及功能部件的控制信号。

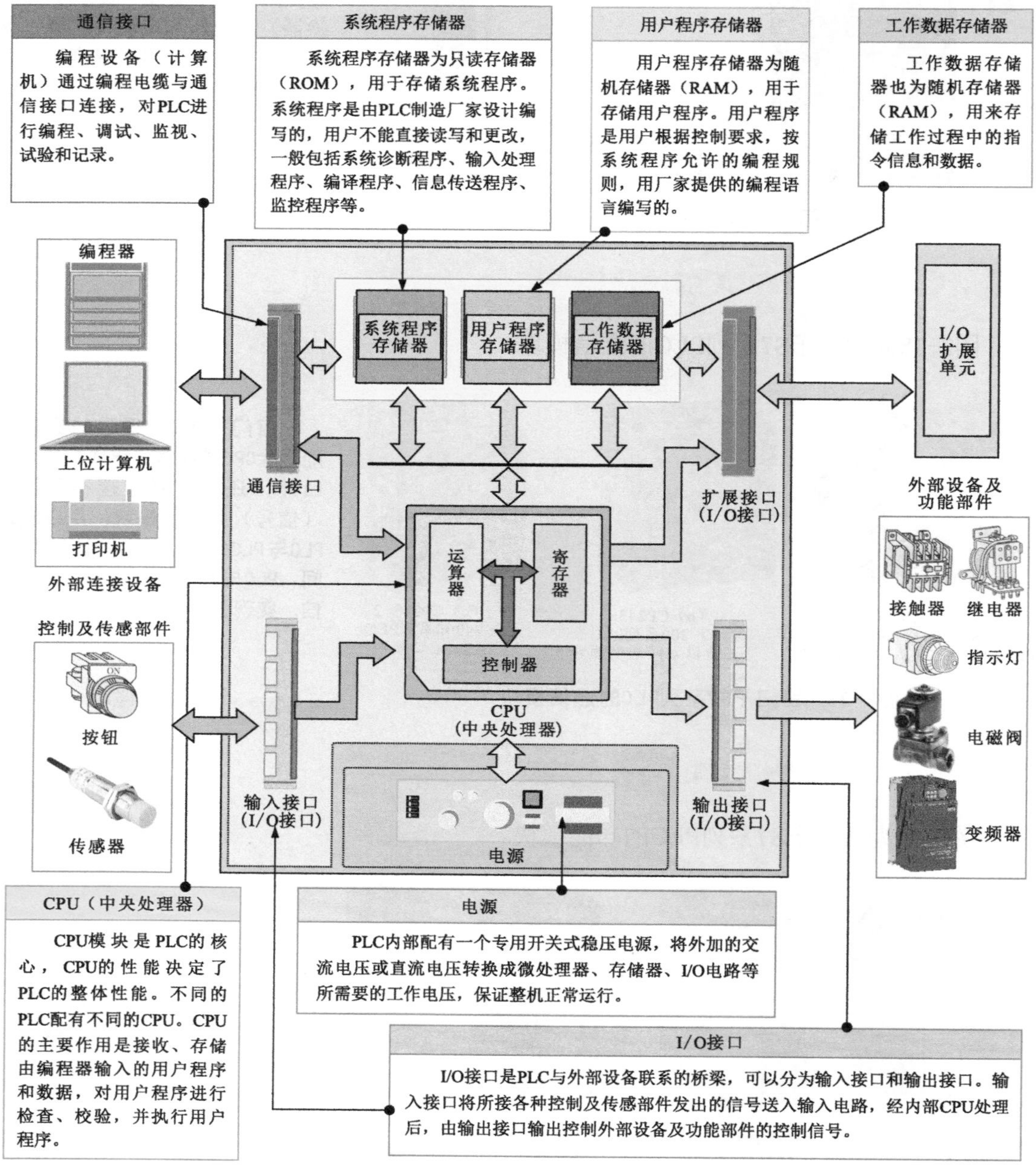

图2-40　PLC的整机控制及供电过程

2.2.2 PLC的工作过程

PLC的工作过程主要可以分为用户程序的输入、用户程序的编译处理、用户程序的执行过程。

1 用户程序的输入

用户程序是由工程技术人员通过编程设备（编程器）输入的，如图2-41所示。

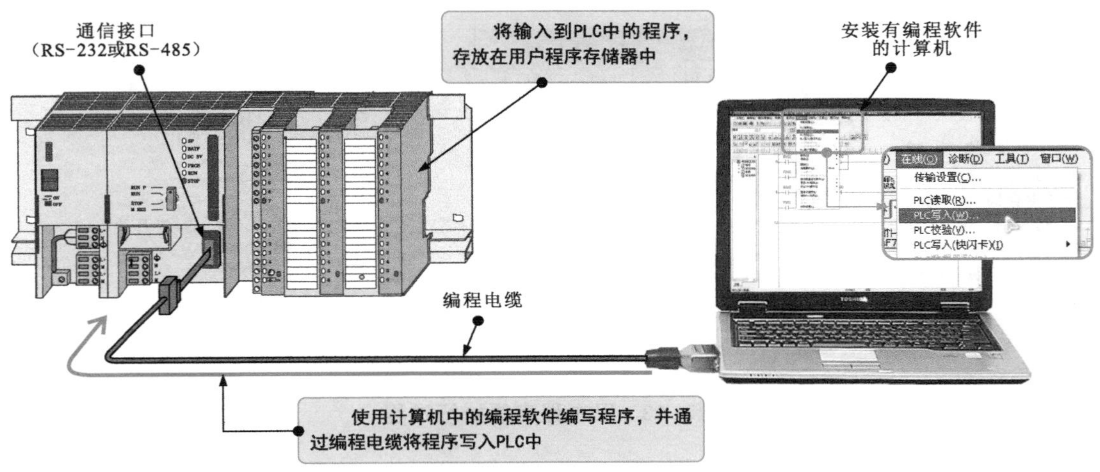

图2-41 用户程序的输入

2 用户程序的编译处理

如图2-42所示，将程序写入PLC后，CPU会向存储器发出控制指令，从系统程序存储器中调用解释程序，进一步编译用户程序，使其成为PLC认可的编译程序。

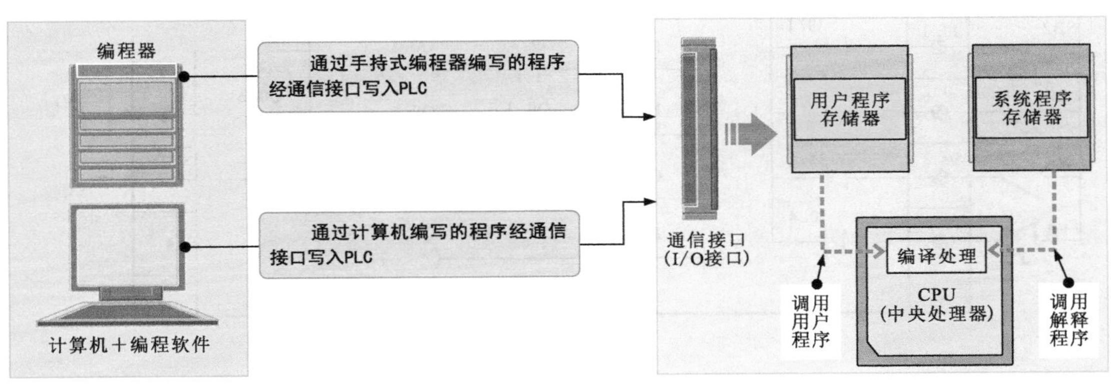

图2-42 用户程序的编译处理

3 用户程序的执行过程

用户程序的执行过程为PLC整机工作的核心内容，如图2-43所示。

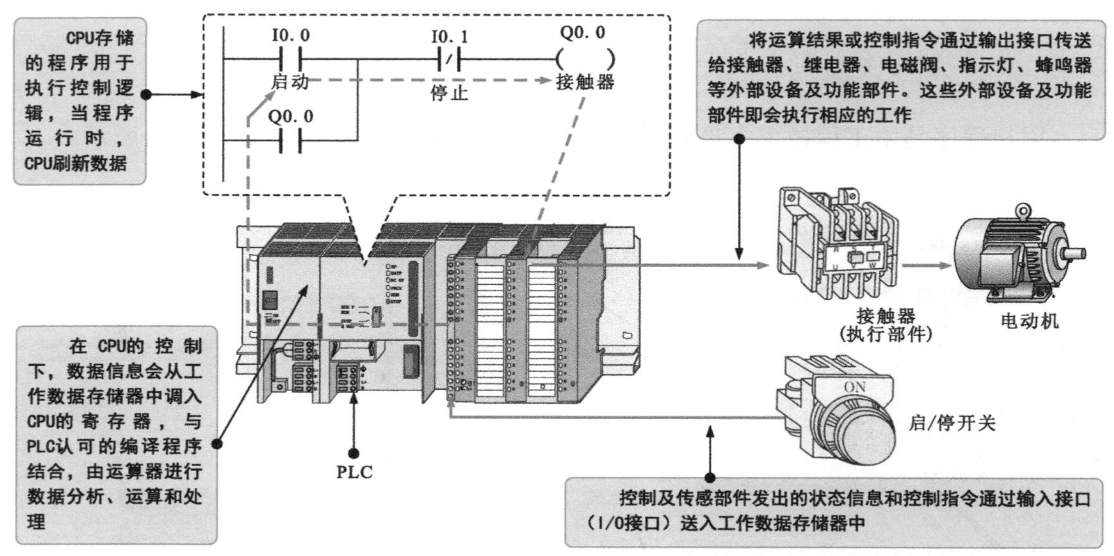

图2-43 用户程序的执行过程

为了更清晰地了解PLC的执行过程，将这一过程等效为三个功能电路，即输入电路、运算控制电路、输出电路，如图2-44所示。

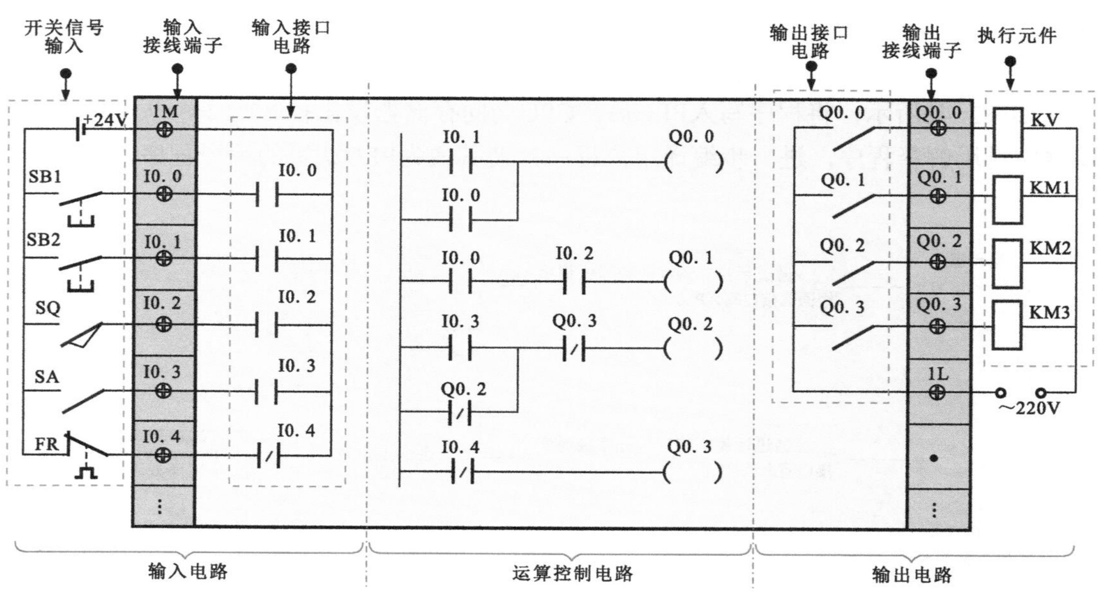

图2-44 PLC的三个等效功能电路

① 输入电路

输入电路根据输入端电源的类型不同主要有直流输入电路和交流输入电路。图2-45为典型PLC中的直流输入电路。

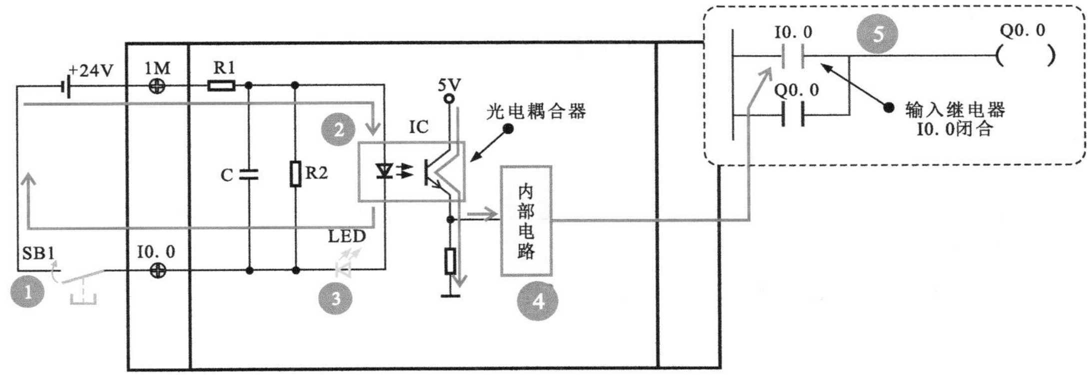

图2-45 典型PLC中的直流输入电路

图2-45电路分析

1. 按下外接开关部件（按钮SB1）。
2. 光电耦合器导通
3. 发光二极管LED点亮，指示开关部件SB1处于闭合状态。
4. 光电耦合器输出端输出高电平，送至内部电路。
5. CPU识别该信号后，将用户程序中对应的输入继电器触点置1。相反，当按钮SB1断开时，光电耦合器不导通，发光二极管不亮，CPU识别该信号时，将用户程序中对应的输入继电器触点置0。

典型PLC中的直流输入电路主要由电阻器R1、R2，电容器C，光电耦合器IC，发光二极管LED等构成。其中，R1为限流电阻；R2与C构成滤波电路，用于滤除输入信号中的高频干扰；光电耦合器起到光电隔离的作用，防止强电干扰进入PLC；发光二极管LED用于显示输入点的状态。

图2-46为典型PLC中的交流输入电路。PLC的交流输入电路与直流输入电路基本相同，外接交流电源根据不同CPU的类型有所不同（可参阅相应的使用手册）。

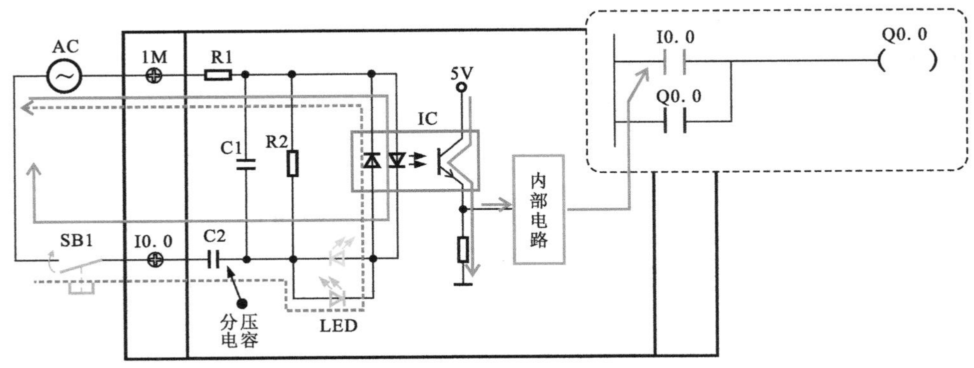

图2-46 典型PLC中的交流输入电路

在图2-46中，电容器C2用于隔离交流强电中的直流分量，防止强电干扰损坏PLC。光电耦合器有两个方向相反的发光二极管，任意一个发光二极管导通都可以使光电耦合器中的光敏晶体管导通并输出相应的信号。状态指示灯LED也采用两个反向并联的发光二极管，光电耦合器中任意一个发光二极管导通都能使状态指示灯LED点亮（直流输入电路也可以采用此结构，外接直流电源时可不用考虑极性）。

② 输出电路

根据所用开关部件的不同，输出电路主要有3种，即晶体管输出电路、晶闸管输出电路和继电器输出电路。

图2-47为典型PLC晶体管输出电路的工作过程。

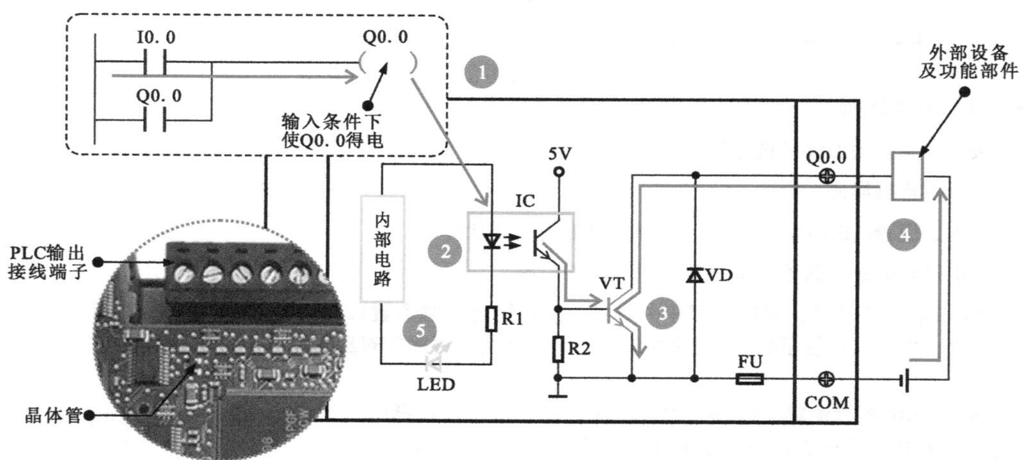

图2-47　典型PLC晶体管输出电路的工作过程

图2-47电路分析

1. 内部电路接收到开关量信号后，使对应于晶体管VT内部继电器的触点置1，相应的输出继电器得电。
2. 对应输出电路的光电耦合器IC导通。
3. 晶体管VT导通。
4. PLC外部设备或功能部件得电。
5. 状态指示灯LED点亮，表示当前该输出继电器状态为1。

输出电路即开关量的输出单元，由PLC输出接口电路、连接端子和外部设备及功能部件构成，CPU完成的运算结果由PLC提供给被控负载，完成PLC主机与工业设备或生产机械之间的信息交换。

图2-48为典型PLC晶闸管输出电路的工作过程。

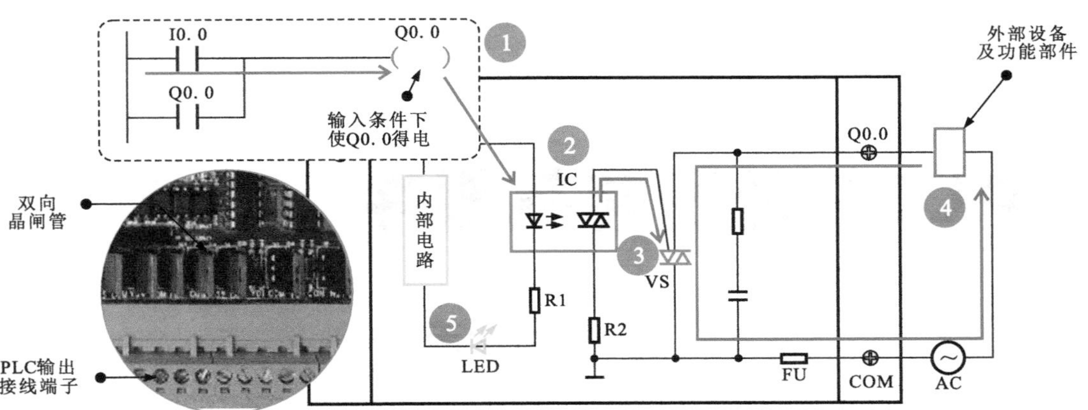

图2-48 典型PLC晶闸管输出电路的工作过程

图2-48电路分析

1. 内部电路接收到输入电路的开关量信号后，使对应于双向晶闸管VS内部继电器的触点置1，相应的输出继电器得电。
2. 对应输出电路的光电耦合器IC导通。
3. 双向晶闸管VS导通。
4. 外部设备或功能部件得电。
5. 状态指示灯LED点亮，表示当前该输出继电器状态为1。

图2-49为典型PLC继电器输出电路的工作过程。

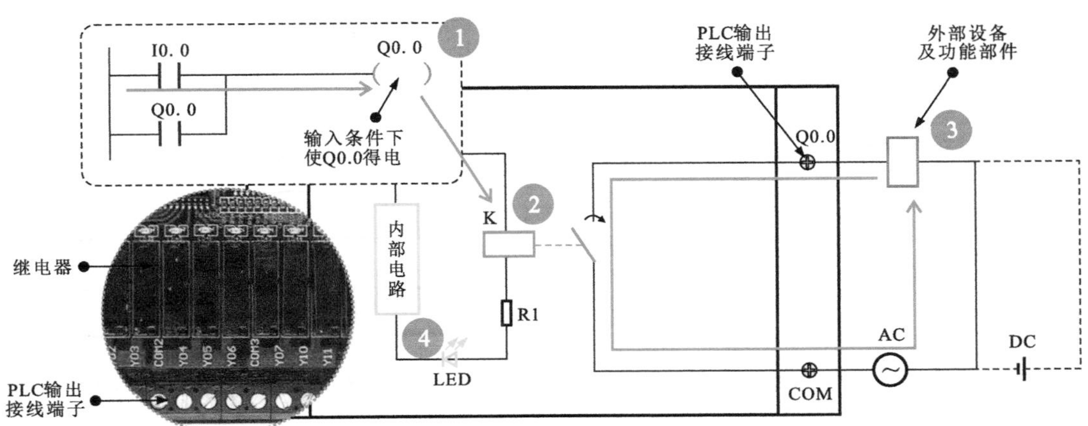

图2-49 典型PLC继电器输出电路的工作过程

图2-49电路分析

1. 内部电路接收到输入电路的开关量信号后，使内部继电器置1，相应的输出继电器得电。
2. 继电器K线圈得电，其常开触点闭合。
3. 外部设备及功能部件得电。
4. 状态指示灯LED点亮，表示当前该输出继电器状态为1。

PLC的外围电气部件

3.1 电源开关

划重点

3.1.1 电源开关的结构

电源开关在PLC控制电路中主要用于接通或断开整个电路系统的供电电源。目前，PLC控制电路常采用断路器作为电源开关。

如图3-1所示，断路器是一种可切断和接通负载电路的部件，具有过载自动断路保护功能。

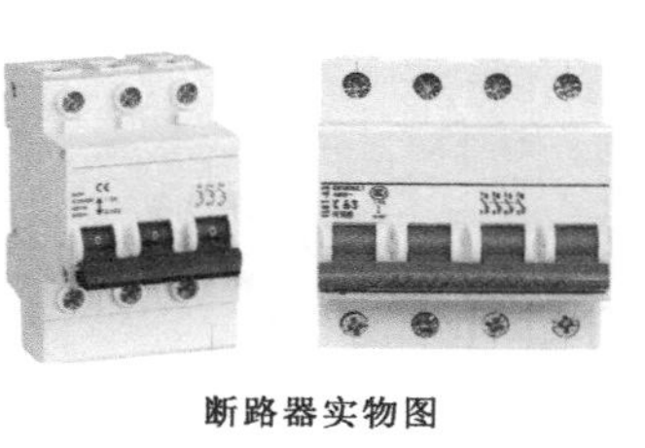

断路器实物图

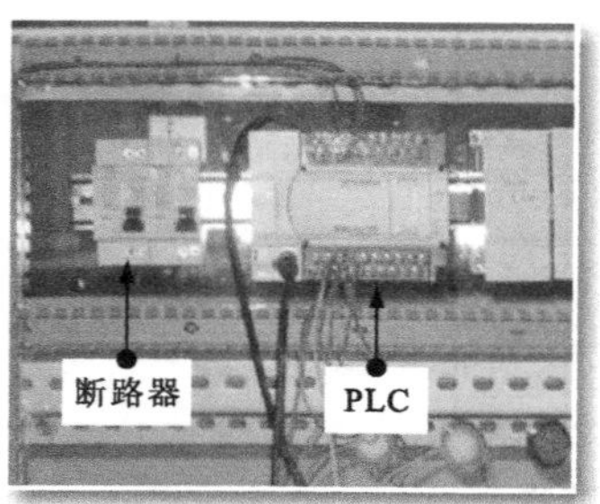

断路器与PLC的位置

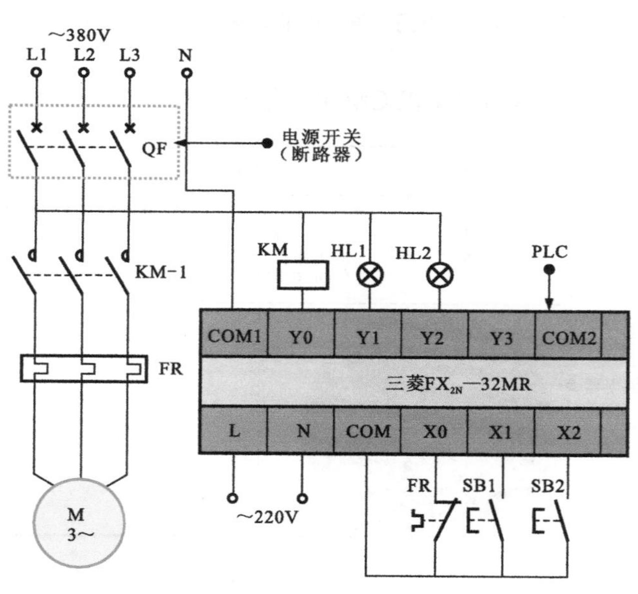

图3-1　PLC控制电路中的断路器

断路器作为线路通、断的控制部件，从外观来看，主要由输入端子、输出端子、操作手柄构成。图3-2为断路器的结构。

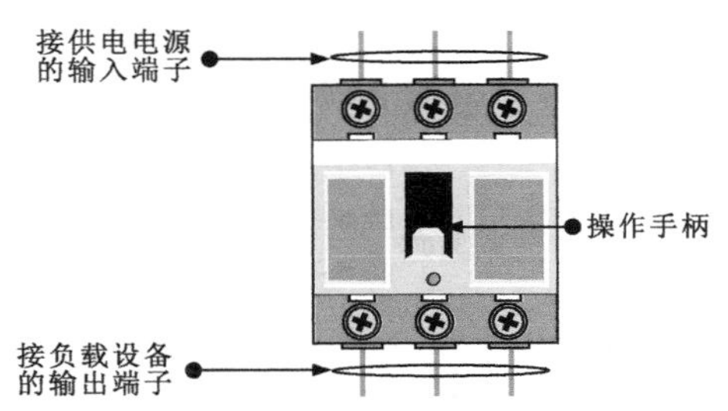

图3-2 断路器的结构

断路器的输入端子、输出端子分别连接供电电源和负载设备。操作手柄用于控制断路器开关触点的通、断。

拆开塑料外壳可以看到，断路器主要是由塑料外壳、脱扣装置、触点、接线端子、操作手柄等部分构成的，如图3-3所示。

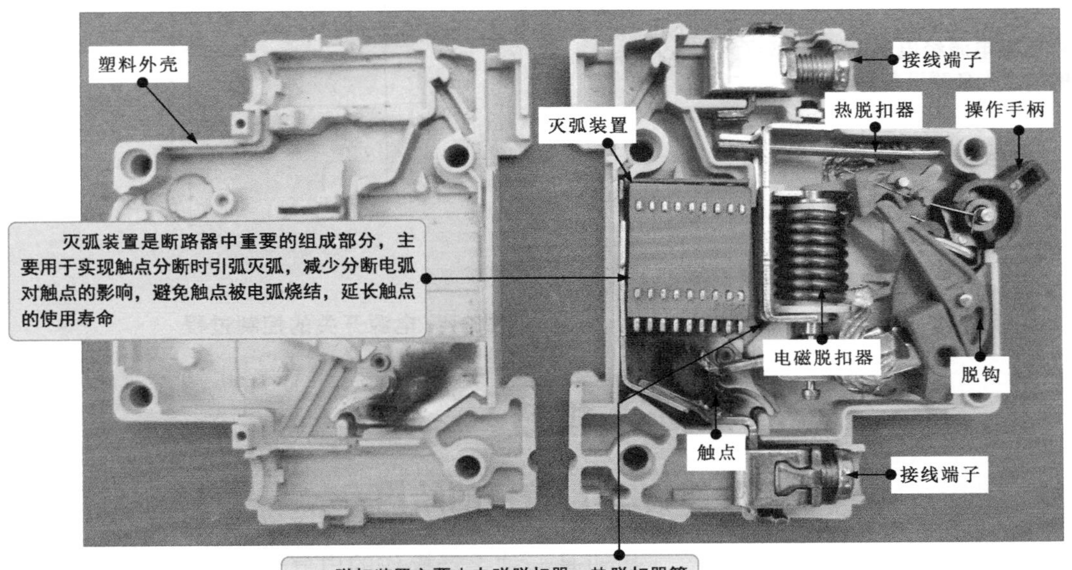

图3-3 断路器的内部结构

3.1.2 电源开关的控制过程

电源开关的控制过程就是内部触点接通或切断两侧线路的过程，如图3-4所示。当电源开关未动作时，内部常开触点处于断开状态，切断供电电源，负载设备无法获得电源。

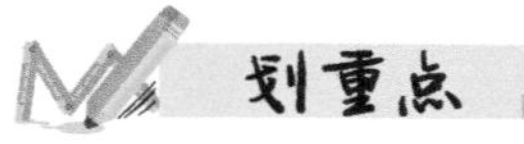

拨动电源开关的操作手柄，内部常开触点闭合，供电电源经电源开关后送入电路中，负载设备得电。

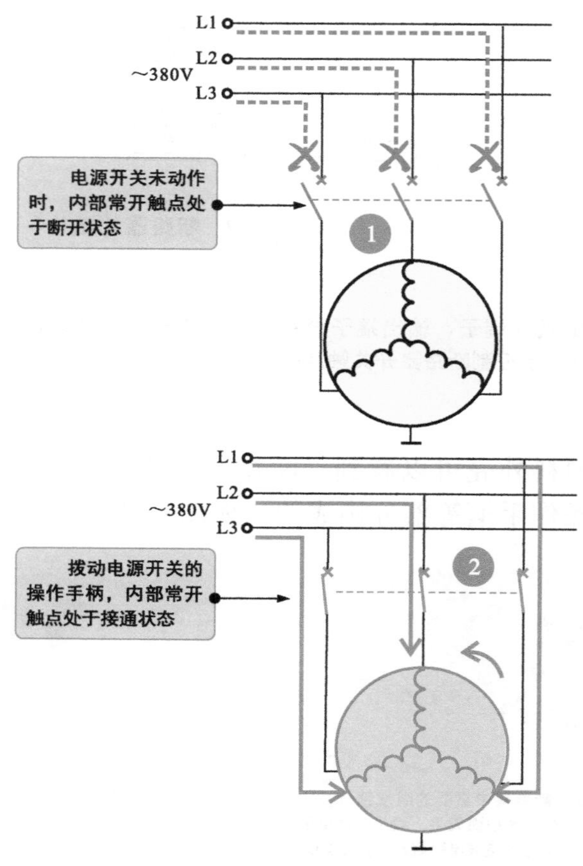

图3-4 电源开关的控制过程

1 电源开关切断负载设备的供电电源，负载设备无法获取电能。

2 三相电源经电源开关内部闭合的触点为负载设备供电。

3.2 按钮

3.2.1 按钮的结构

按钮是一种手动操作的电气开关。常见的按钮根据触点通、断状态不同，有常开按钮、常闭按钮和复合按钮三种，如图3-5所示。

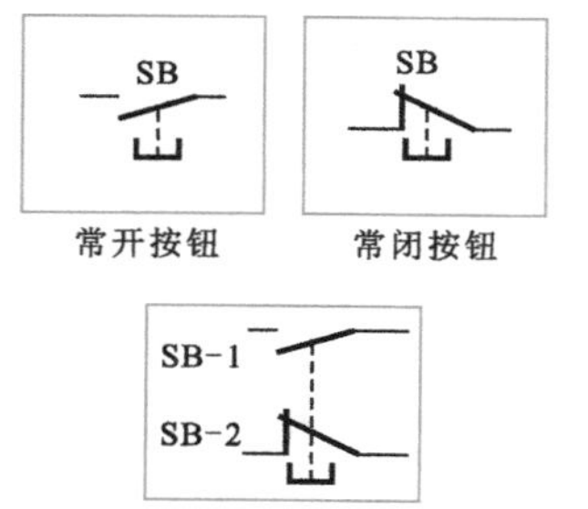

图3-5 常见的按钮

图3-6为常见按钮的结构组成。

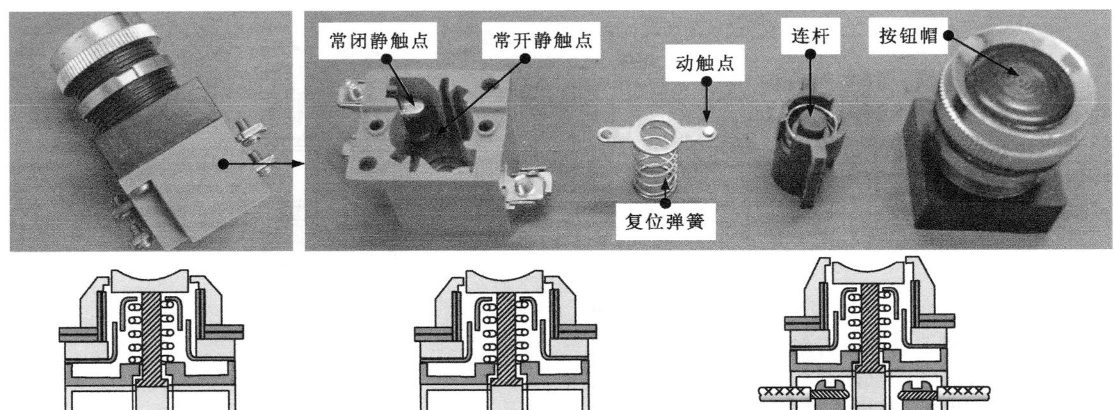

(a) 常开按钮

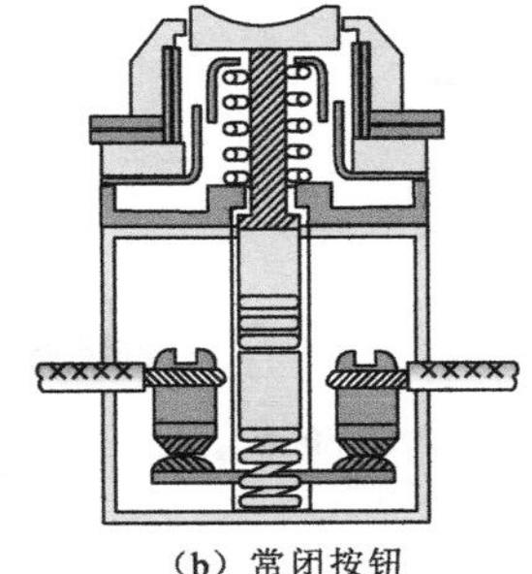

(b) 常闭按钮

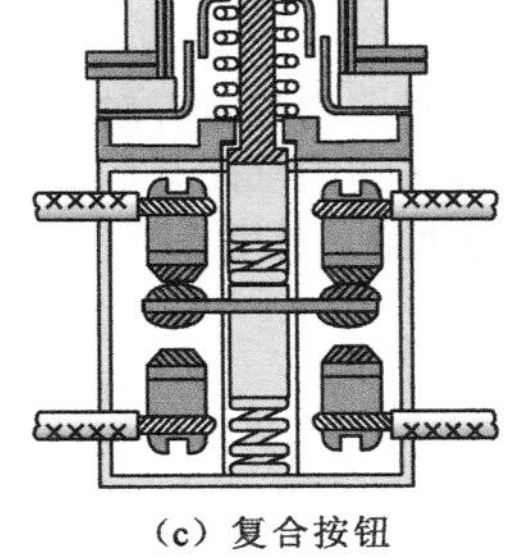

(c) 复合按钮

图3-6 常见按钮的结构组成

不同类型按钮的内部触点初始状态不同，拆开外壳可以看到，其内部主要是由按钮帽（操作头）、连杆、复位弹簧、动触点、常开静触点、常闭静触点等组成的。

3.2.2 按钮的控制过程

按钮的控制关系比较简单，主要通过内部触点的闭合、断开状态控制线路的接通、断开。

 1 常开按钮的控制过程

图3-7为常开按钮的电气连接关系。

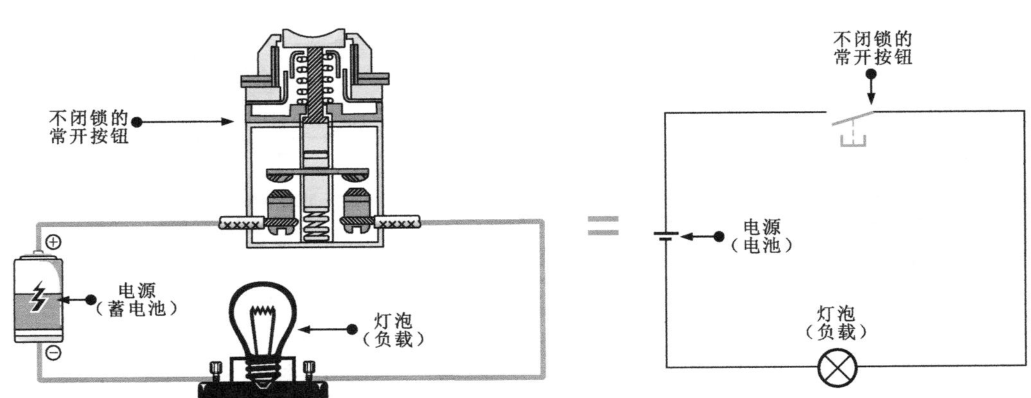

图3-7 常开按钮的电气连接关系

划重点

在按下按钮前，其内部触点处于断开状态，按下时内部触点处于闭合状态；当手指放松后，按钮自动复位断开，常用作启动控制按钮。

1 按下按钮时，内部常开触点闭合，电源经按钮内部闭合的常开触点为灯泡供电，灯泡点亮。

2 当松开按钮时，内部常开触点复位断开，切断灯泡供电电源，灯泡熄灭。

图3-8为常开按钮的控制过程。

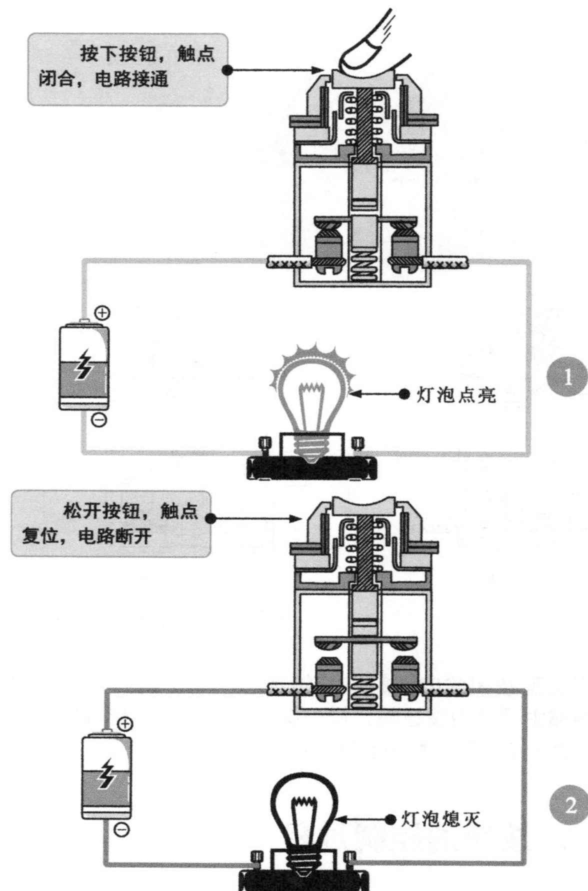

图3-8　常开按钮的控制过程

2 常闭按钮的控制过程

1 常闭按钮主要为不闭锁的常闭按钮；在按下按钮前，其内部触点处于闭合状态；按下按钮后，内部触点断开。

图3-9为常闭按钮的控制过程。

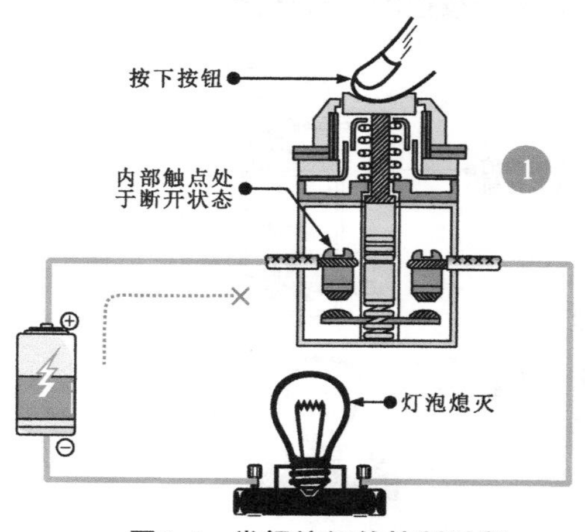

图3-9　常闭按钮的控制过程

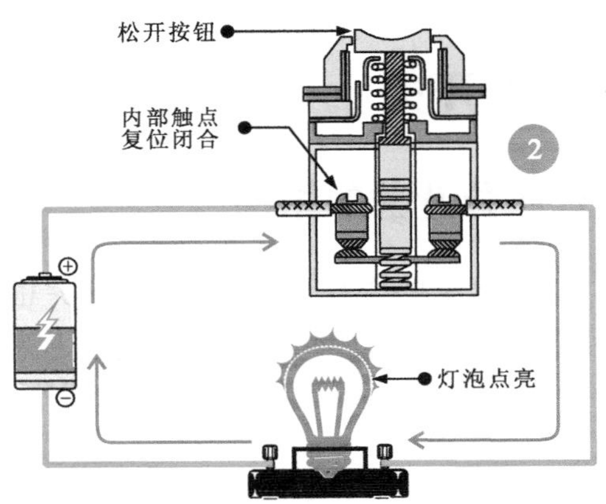

图3-9 常闭按钮的控制过程（续）

划重点

2 松开按钮后，触点又自动复位闭合。通常，常闭按钮多用作停止控制按钮。

3 复合按钮的控制过程

图3-10为复合按钮的控制过程。

复合按钮的内部有两组触点，分别为常开触点和常闭触点。按下复合按钮前，常闭触点闭合，常开触点断开；按下复合按钮后，常闭触点断开，常开触点闭合；松开复合按钮后，常闭触点复位闭合，常开触点复位断开。

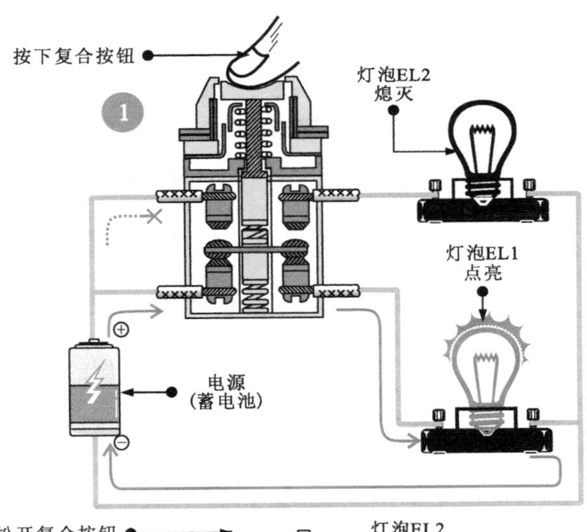

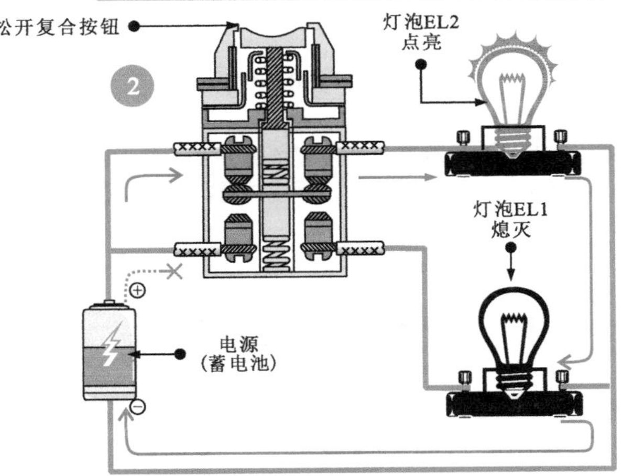

图3-10 复合按钮的控制过程

1 按下复合按钮，常开触点闭合，接通灯泡EL1的供电电源，灯泡EL1点亮；常闭触点断开，切断灯泡EL2的供电电源，灯泡EL2熄灭。

2 松开复合按钮，常开触点复位断开，切断灯泡EL1的供电电源，灯泡EL1熄灭；常闭触点复位闭合，接通灯泡EL2的供电电源，灯泡EL2点亮。

3.3 限位开关

3.3.1 限位开关的结构

图3-11为常见的限位开关。限位开关根据类型不同，内部结构也有所不同，但基本都是由杠杆（或滚轮及触杆）、复位弹簧、常开/常闭触点等部分构成的。

按钮式限位开关

单轮旋转式限位开关

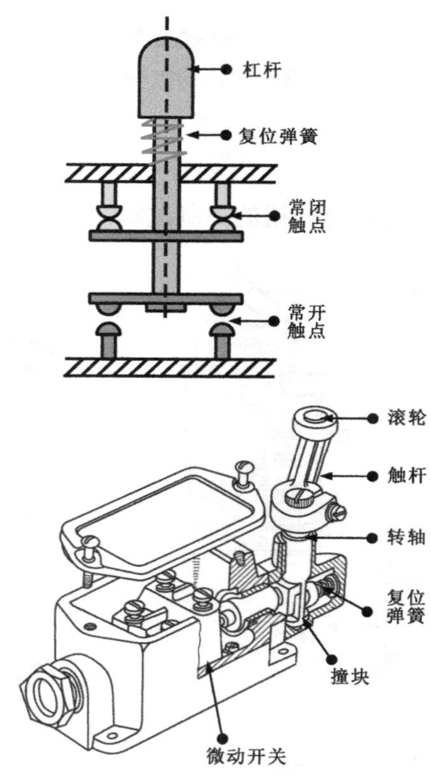

图3-11　常见的限位开关

限位开关又称行程开关或位置检测开关，是一种小电流电气开关，可用来限制机械运动的行程或位置，使运动机械实现自动控制。

3.3.2 限位开关的控制过程

按钮式限位开关由按钮触杆的按压状态控制内部常开触点和常闭触点的接通或闭合。图3-12为按钮式限位开关的控制过程。

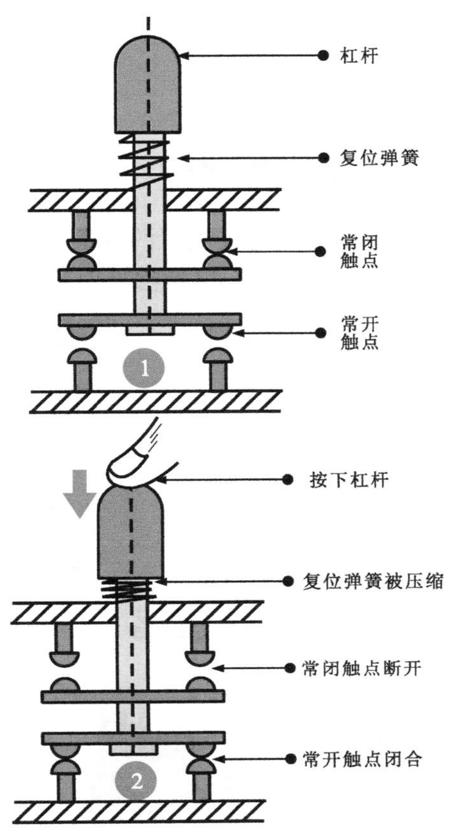

图3-12　按钮式限位开关的控制过程

划重点

当撞击或按下按钮式限位开关的杠杆时，杠杆下移，使常闭触点断开，常开触点闭合；当松开按钮式限位开关后，在复位弹簧的作用下，杠杆复位，各触点恢复常态。

1 在初始状态下，按钮式限位开关内的常闭触点闭合，常开触点断开。

2 按下杠杆时，按钮式限位开关内的常闭触点断开，常开触点闭合。

图3-13为单轮旋转式限位开关的控制过程。当单轮旋转式限位开关被受控部件撞击带有滚轮的触杆时，触杆转向右边，带动凸轮转动，顶下推杆，使微动开关中的触点迅速动作。当运动机械返回时，在复位弹簧的作用下，各部分动作部件均恢复为初始状态。

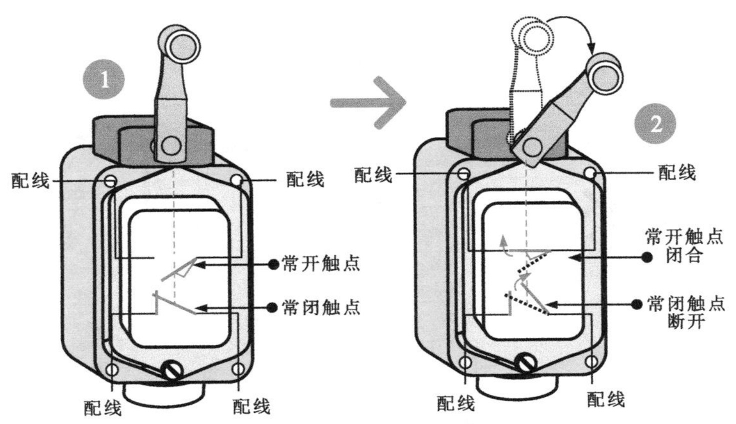

图3-13　单轮旋转式限位开关的控制过程

1 在初始状态下，单轮旋转式限位开关内的常闭触点闭合，常开触点断开。

2 触杆被触动后，单轮旋转式限位开关内的常闭触点断开，常开触点闭合。

3.4 接触器

3.4.1 接触器的结构

接触器是一种由电压控制的开关装置，适用于远距离频繁地接通和断开交/直流电路的系统中。接触器属于控制类器件，是电力拖动系统、机床设备控制电路、PLC自动控制系统中使用最广泛的低压电器之一。

接触器根据触点通过电流的种类主要可分为交流接触器和直流接触器。图3-14为常见的接触器。

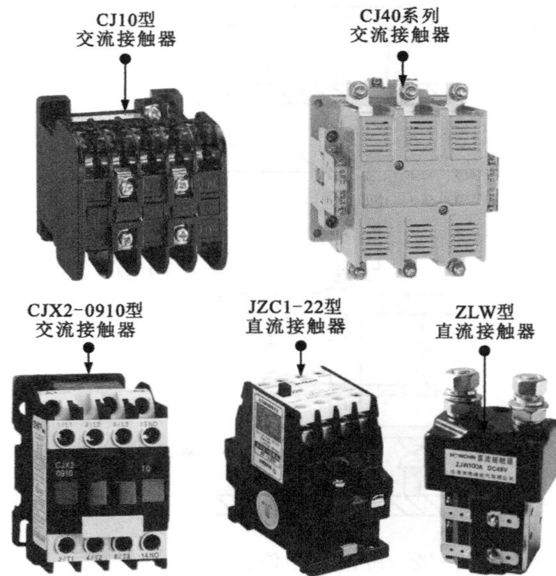

图3-14　常见的接触器

图3-15为接触器的内部结构。

常闭触点
动触点
常开触点
复位弹簧
动铁芯
静铁芯
线圈

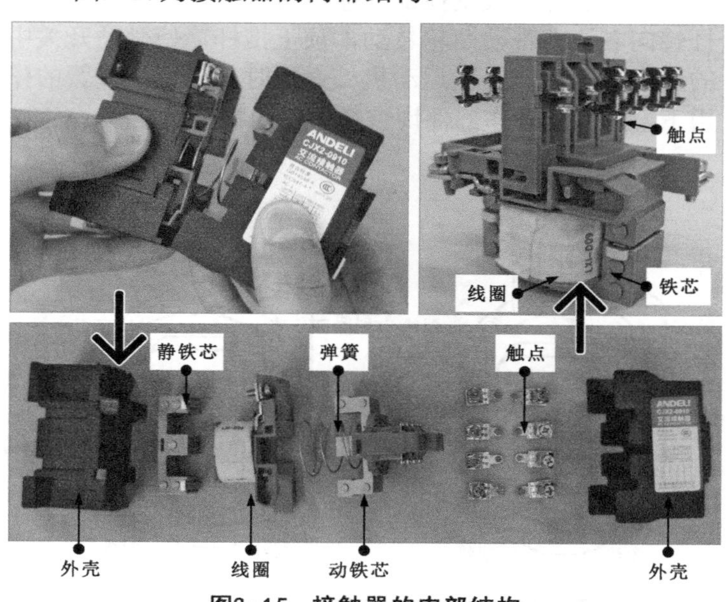

图3-15　接触器的内部结构

3.4.2 接触器的控制过程

接触器的工作过程就是通过内部线圈的得电、失电控制铁芯吸合、释放，从而带动触点动作的过程。

在一般情况下，接触器线圈连接在控制电路或PLC输出接口上，主触点连接在主电路中，控制设备的通、断，如图3-16所示。

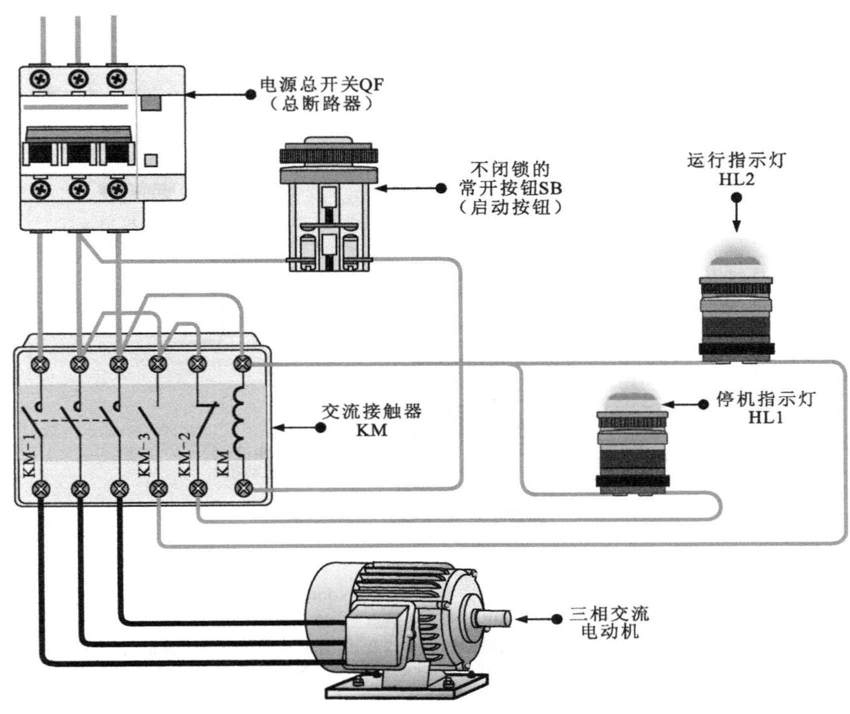

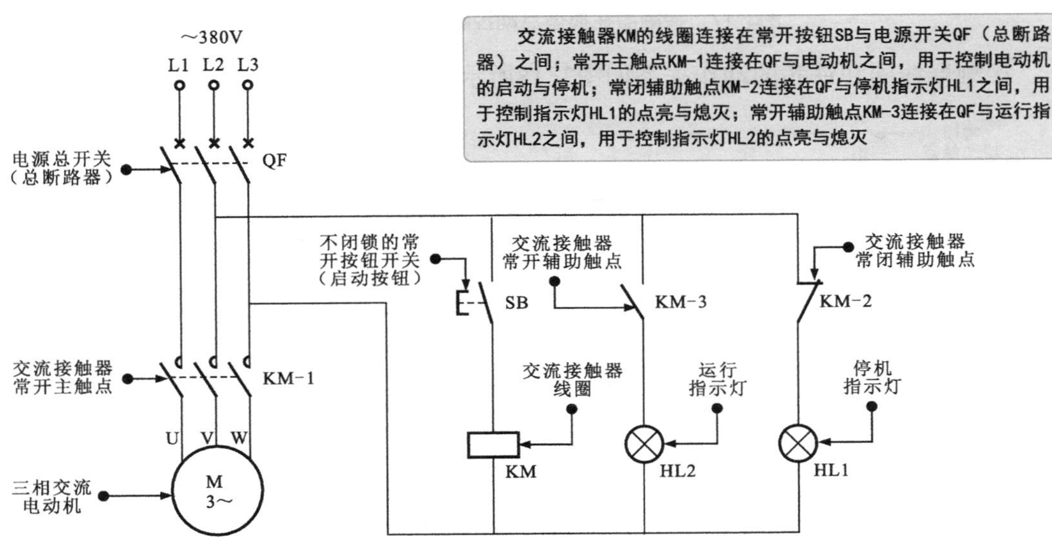

图3-16 接触器的控制过程

图3-17为接触器在典型点动控制电路中的控制过程。当操作接触器所在电路中的启动按钮后，接触器线圈得电，铁芯吸合，带动常开触点闭合，常闭触点断开；当线圈失电时，其铁芯释放，所有触点复位。

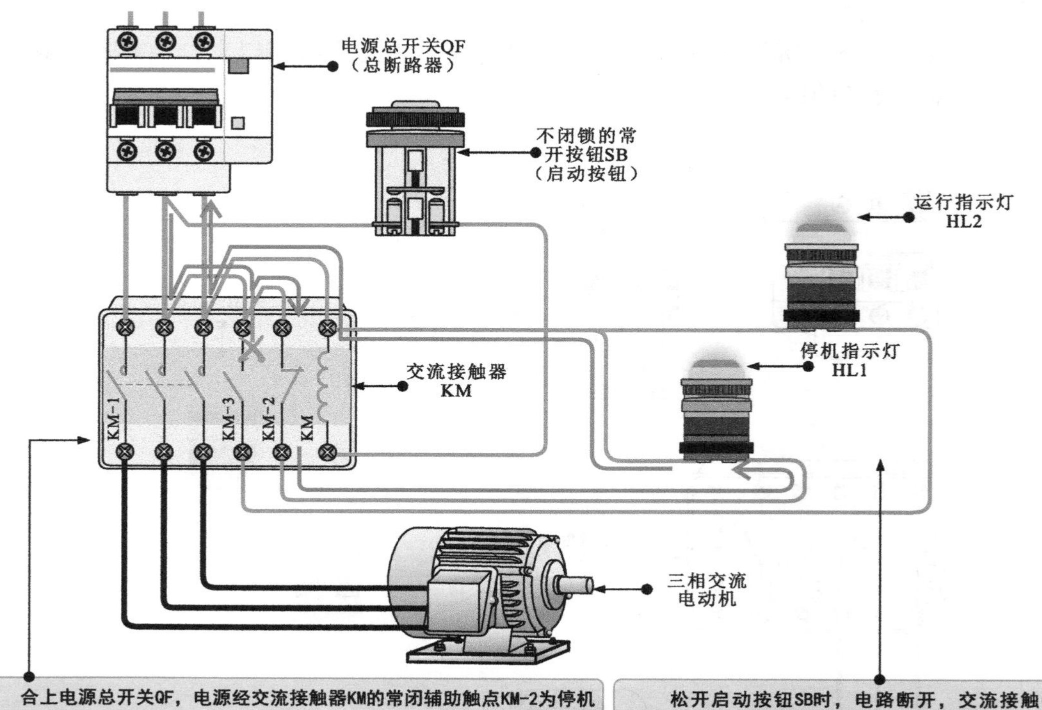

图3-17　接触器在典型点动控制电路中的控制过程

接触器线圈和铁芯的动作关系如图3-18所示。

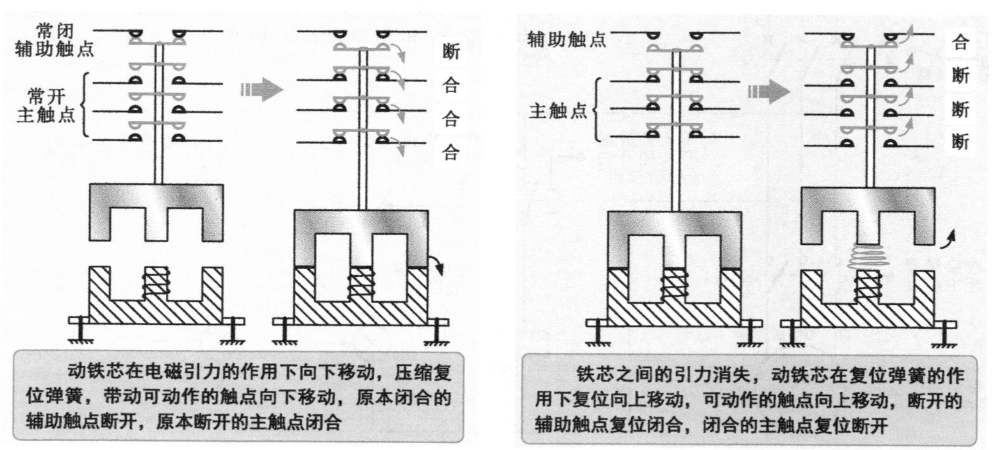

图3-18　接触器线圈和铁芯的动作关系

3.5 热继电器

3.5.1 热继电器的结构

图3-19为热继电器的结构组成。

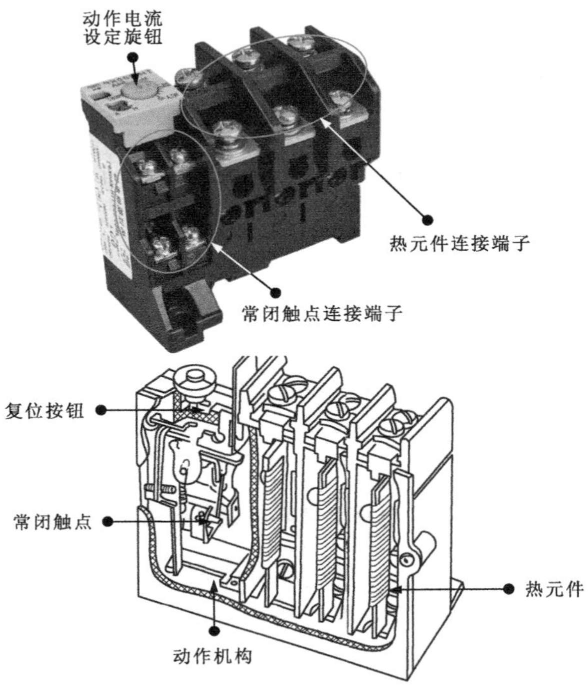

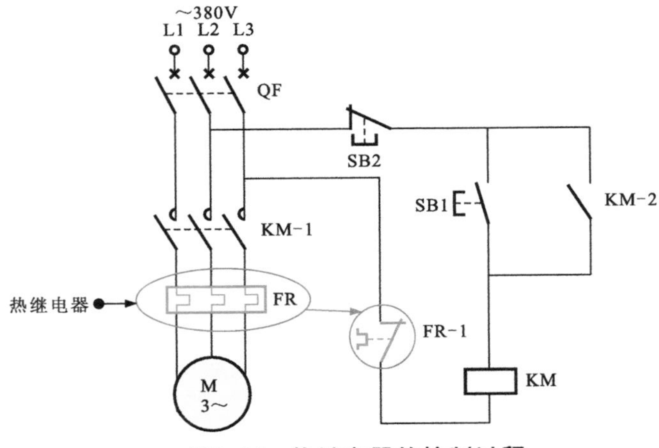

图3-19 热继电器的结构组成

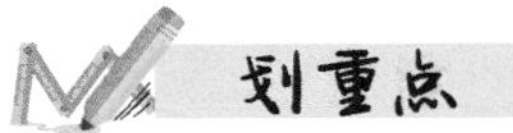

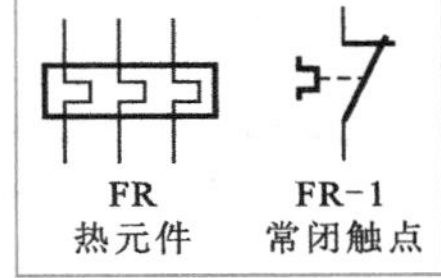

热继电器是利用电流的热效应原理实现过热保护的一种继电器，是一种电气保护元件，主要由复位按钮、热元件、触点、动作机构等部分组成。

热继电器利用电流的热效应推动动作机构使触点闭合或断开，主要用于电动机及其他电气设备的过载保护。

3.5.2 热继电器的控制过程

图3-20为热继电器的控制过程。

图3-20 热继电器的控制过程

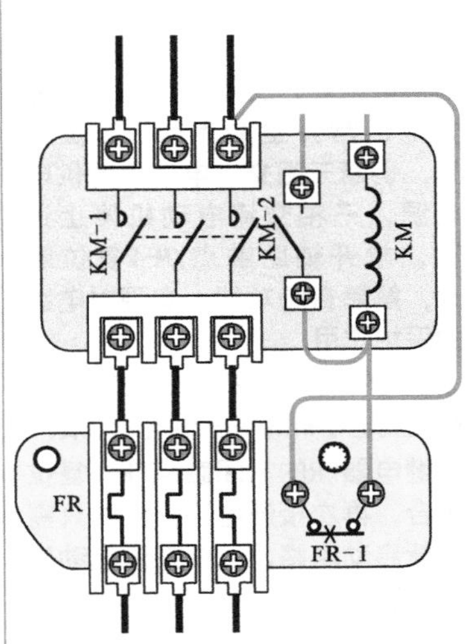

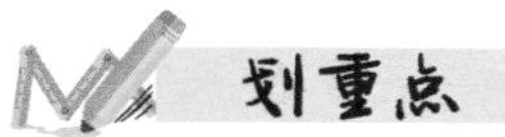

在电路中，热继电器根据运行状态（正常情况和异常情况）可起控制作用。

当电路正常工作，未出现过载过热故障时，热继电器的热元件和常闭触点都相当于通路串联在电路中，如图3-21所示。

在正常情况下，合上电源总开关QF，按下启动按钮SB1，热继电器的常闭触点FR-1接通控制电路的供电，交流接触器KM线圈得电，常开主触点KM-1闭合，接通三相交流电源，电源经热继电器的热元件FR为三相交流电动机供电，三相交流电动机启动运转；常开辅助触点KM-2闭合，实现自锁功能，即使松开启动按钮SB1，三相交流电动机仍能保持运转状态。

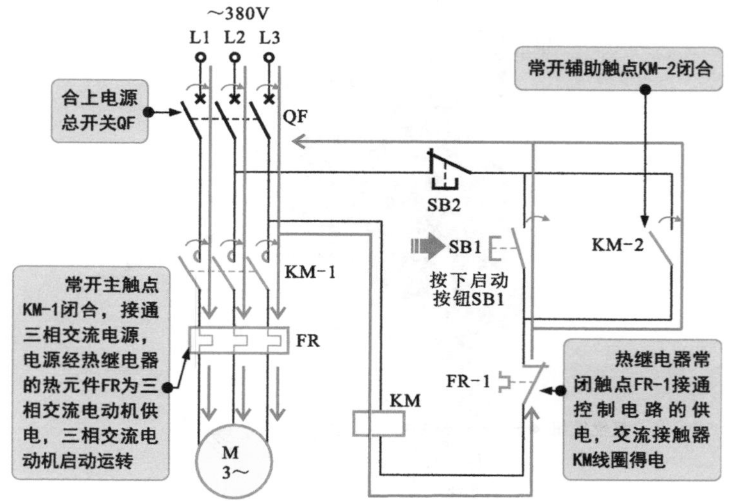

图3-21　电路正常时热继电器的工作过程

如图3-22所示，当电路异常导致电路中的电流过大时，所引起的热效应将引起热继电器中的热元件动作，常闭触点断开，断开控制部分，切断主电路电源，起到保护作用。

主电路中出现过载或过热故障，导致电流过大，当电流超过热继电器的设定值，并达到一定时间后，热继电器的热元件FR产生的热效应可推动动作机构使常闭触点FR-1断开，切断控制电路的供电电源，交流接触器KM线圈失电，常开主触点KM-1复位断开，切断三相交流电动机的供电电源，三相交流电动机停止运转，常开辅助触点KM-2复位断开，解除自锁功能，实现对电路的保护作用。

待主电路中的电流正常或三相交流电动机的温度逐渐冷却后，热继电器FR的常闭触点FR-1复位闭合，再次接通电路，此时只需重新启动电路，三相交流电动机便可启动运转。

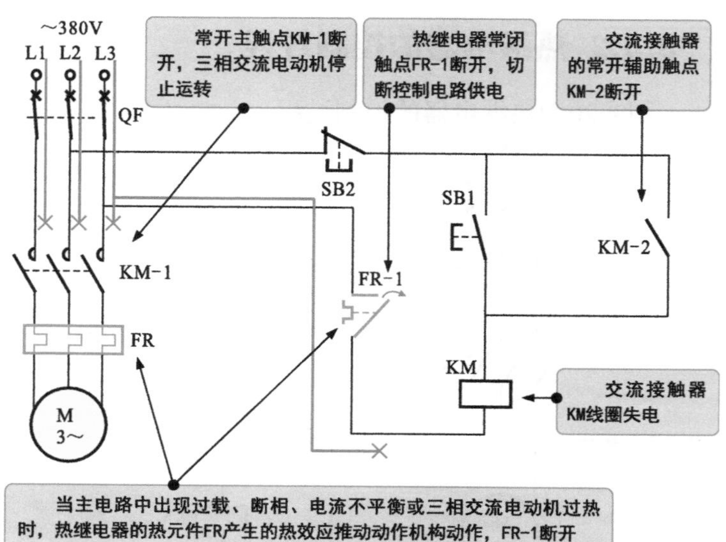

图3-22　电路异常时热继电器的工作过程

3.6 其他常用电气部件

3.6.1 传感器

传感器是指能感受并能按一定规律将所感受的被测物理量或化学量（如温度、湿度、光线、速度、浓度、位移、重量、压力、声音等）等转换为便于处理与传输的部件或装置。简单地说，传感器是一种能将感测信号转换为电信号的部件。

图3-23为几种常见传感器的实物外形。

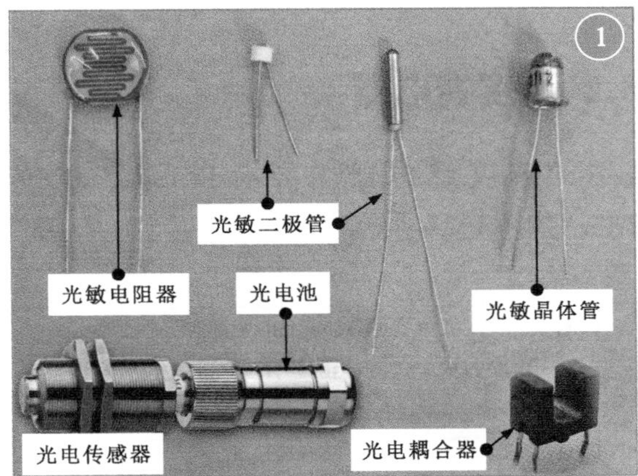

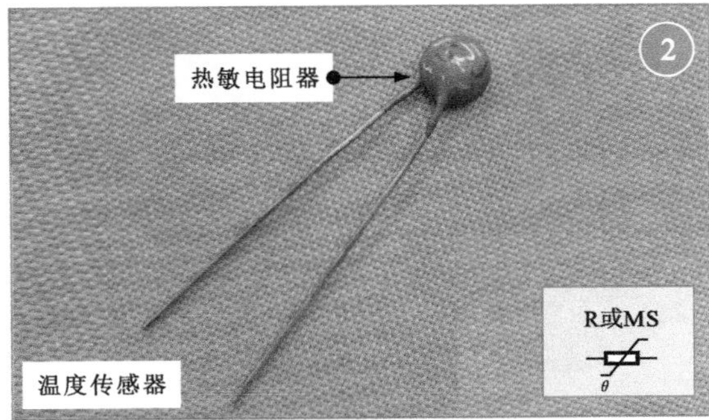

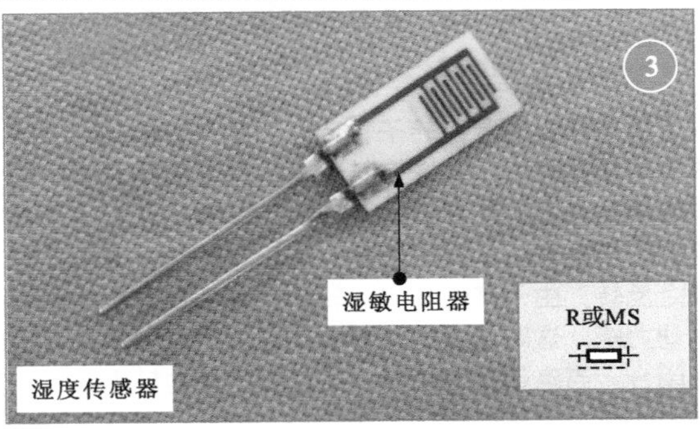

图3-23 几种常见传感器的实物外形

划重点

1 光电传感器是指能够将可见光转换为电量的传感器，也叫光电器件。

2 温度传感器也称热-电传感器，可用在各种需要对温度进行控制、测量、监视及补偿等场合。

3 湿度传感器是对环境湿度比较敏感的器件，阻值会随环境湿度的变化而变化，多用于对环境湿度的测量及控制。

4 霍尔传感器又称磁电传感器，主要由霍尔元件构成，广泛应用于机械测试及自动化测量领域。

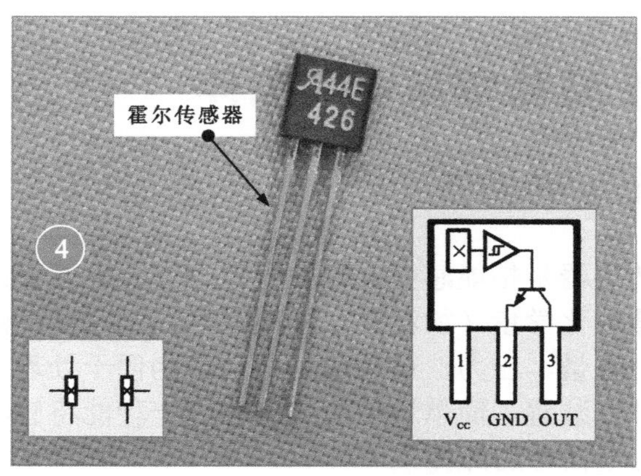

图3-23 几种常见传感器的实物外形（续）

3.6.2 速度继电器

常用的速度继电器主要有JY1型、JFZ0-1型和JFZ0-2型，如图3-24所示。

JY1型	可在700～3600r/min范围内可靠工作	
JFZ0型	JFZ0-1型	适合在300～1000r/min范围内可靠工作
	JFZ0-2型	适合在1000～3600r/min范围内可靠工作

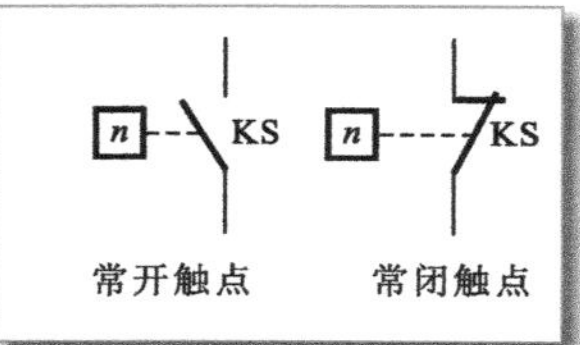

速度继电器主要与接触器配合使用，实现电动机控制系统的反接制动。

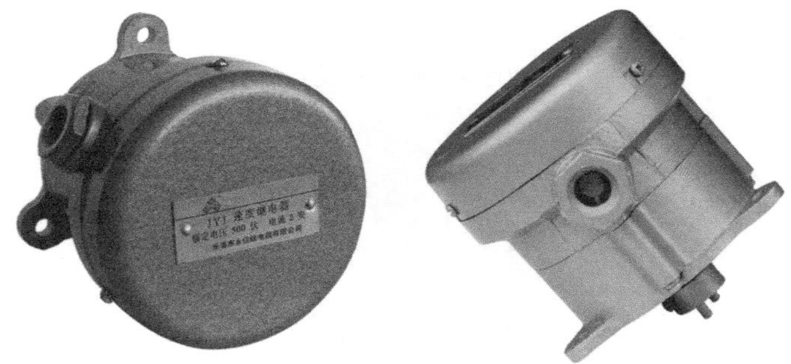

图3-24 常见的速度继电器

速度继电器主要是由转子、定子和触点三部分组成的，在电路中通常用字母KS表示。速度继电器常用于三相异步电动机反接制动电路中，如图3-25所示。工作时，其转子和定子是与电动机相连接的。当电动机的相序改变，反相转动时，速度继电器的转子也随之反转，由于产生与实际转动方向相反的旋转磁场，从而产生制动力矩，这时速度继电器的定子就可以触动另外一组触点断开或闭合。当电动机停止时，速度继电器的触点即可恢复为原来的静止状态。

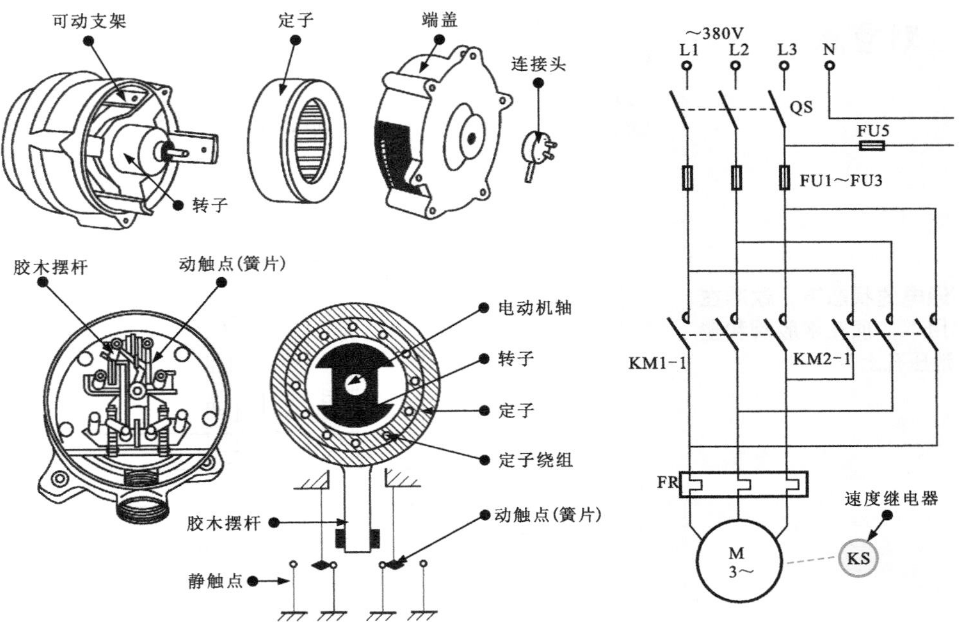

图3-25 速度继电器的内部结构及应用

3.6.3 电磁阀

图3-26为典型电磁阀的实物外形。

图3-26 典型电磁阀的实物外形

电磁阀是一种用电磁控制的电气部件，可作为控制流体的自动化基础执行器件，在PLC自动化控制领域中可用于调整介质（液体、气体）的方向、流量、速度等参数。

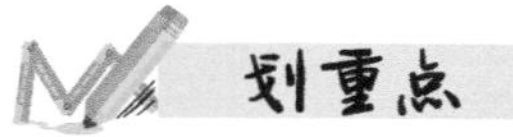

电磁阀的种类多种多样，具体的控制过程也不相同。以常见给排水用的弯体式电磁阀为例。电磁阀工作的过程就是通过电磁阀线圈的得电、失电来控制内部机械阀门开、闭的过程，如图3-27所示。

① 在不通电的状态下，铁芯在弹簧的作用下，顶在橡胶阀和塑料盘上的泄压孔上。

② 控制腔的压力大于出水口一侧的压力，橡胶阀被紧紧地压住，水不能流入。

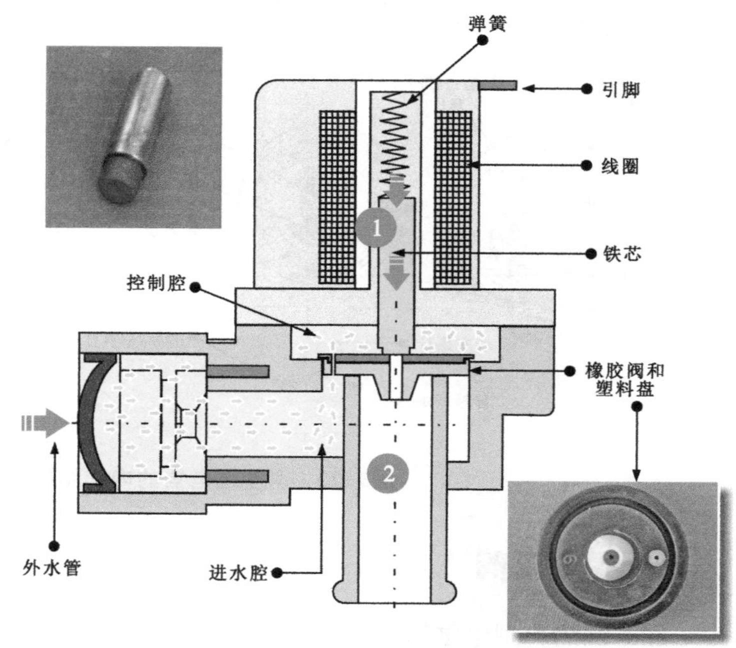

③ 在通电状态下，电磁力会克服弹簧的弹力，使铁芯向上移动，打开泄压孔。

④ 控制腔内的压力逐渐变小，橡胶阀逐渐松开，水流入。

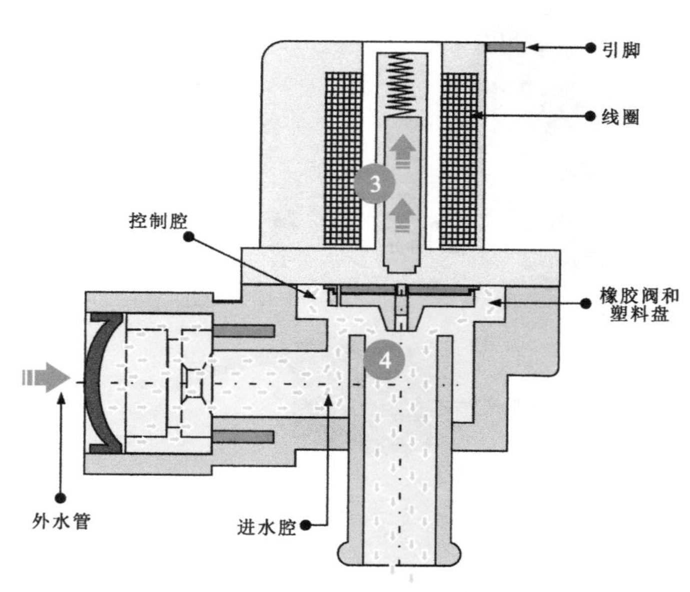

图3-27 电磁阀的工作过程

3.6.4 指示灯

指示灯是一种具有指示线路或设备的运行状态、警示等作用的指示部件。图3-28为典型指示灯的实物外形。

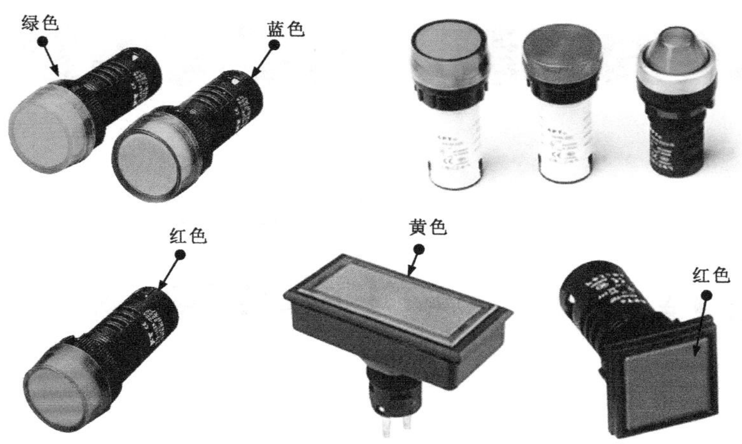

图3-28 典型指示灯的实物外形

指示灯的控制过程比较简单，通常获得供电电压即可点亮；失去供电电压即可熄灭；在一定设计程序的控制下还可实现闪烁状态，用来指示某种特定含义。

图3-29为指示灯的控制关系。

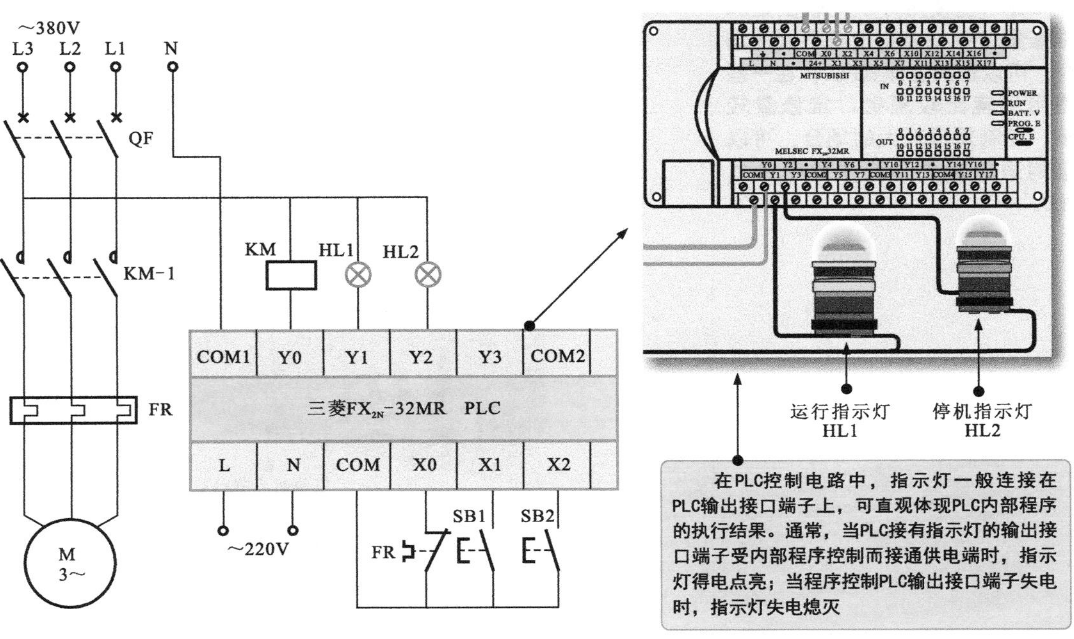

图3-29 指示灯的控制关系

第4章

PLC的安装、调试与维护

4.1 PLC的安装

4.1.1 PLC的选购原则

在一些使用环境比较固定和维修量较少、控制规模不大的场合，可以选购整体式PLC；在一些使用环境比较恶劣、维修量较多、控制规模较大的场合，可以选购适应性更强的模块组合式PLC。

1 考虑安装环境因素

不同厂家生产的不同系列和型号的PLC，其外形结构和适用的环境有很大差异，在选购PLC时，应首先根据PLC的实际工作环境进行合理的选购，如图4-1所示。

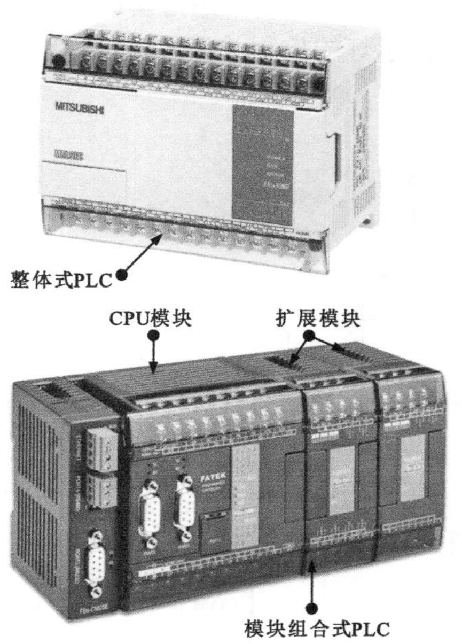

图4-1 考虑安装环境因素选购PLC

在选购PLC时，环境因素是主要的选购依据，是确定机型结构的重要参考因素。

①多数小型PLC均为整体式的，适用于比较固定、环境条件较好的场合。

②模块式PLC适用于工艺变化较多、控制要求较复杂的场合。

③混合式PLC是适用于控制要求复杂的场合。

例如，三菱FX_{1N}系列PLC具有输入/输出、逻辑控制、通信扩展功能，最多可达128点控制，适用于普通顺控要求的场合；三菱FX_{2N}系列PLC具有较多的速度、定位控制及逻辑选件等，适用于大多数的控制要求和环境。

多说两句！

2 考虑控制复杂程度因素

不同类型PLC的功能有很大差异，选购PLC时，应根据系统控制的复杂程度进行选择，如图4-2所示。

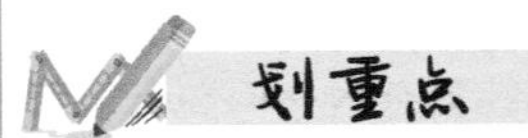

对于控制要求不高，只需进行简单的逻辑运算、定时、数据传送、通信等基本控制和运算功能的系统，选用低档PLC即可满足控制要求。

对于控制较为复杂、控制要求较高的系统，即需要进行复杂的函数运算、PID、矩阵、远程I/O、通信联网等较强控制和运算功能的系统，应视其规模及复杂程度，选购指令功能强大、具有较高运算速度的中档PLC或高档PLC。

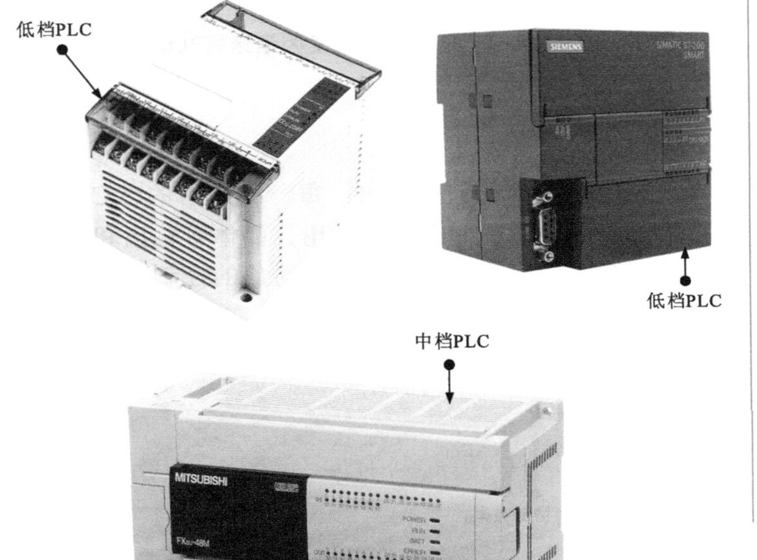

图4-2 考虑控制复杂程度因素选购PLC

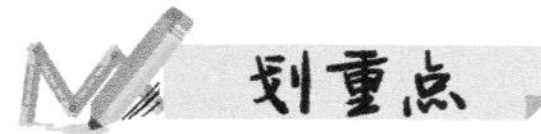

3 考虑控制速度因素

PLC的扫描速度是选购时的重要指标之一，直接影响系统控制的误差时间，因此在一些实时性要求较高的场合可选用高速PLC，如图4-3所示。

PLC完成一次扫描过程所需的时间被称为扫描时间。扫描时间会随程序的复杂程度而加长，可造成PLC输入和输出的延时，因此对于一些实时性要求较高的场合，不允许有较大的误差时间，应选择扫描速度较快的PLC。

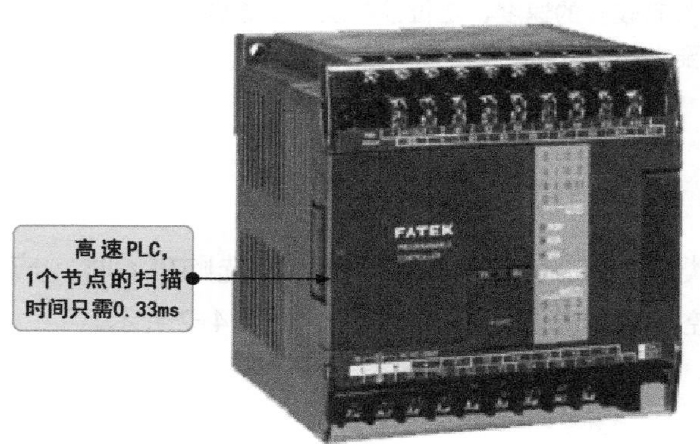

图4-3 考虑控制速度因素选购PLC

4 考虑被控对象因素

为应对不同的被控对象，每一种规格的PLC都有三种输出端子类型，即继电器输出、晶体管输出和晶闸管输出，在实际应用时要分析被控对象的控制过程和工作特点合理选购PLC，如图4-4所示。

① 继电器输出类型的PLC，其输出端子所能承载的电流相对较大，一般最大可以承载2A的电流，可以用输出端子直接驱动负载，但继电器输出的响应时间相对较慢（10ms左右）。

② 晶体管输出类型的PLC，其输出驱动能力小于继电器输出，输出响应时间较快（一般在0.2ms以下）。当需要高频脉冲串驱动伺服电动机或步进电动机时，需选用晶体管输出类型的PLC。

③ 晶闸管输出类型的PLC只能驱动交流负载，响应速度比继电器输出快，使用寿命长。

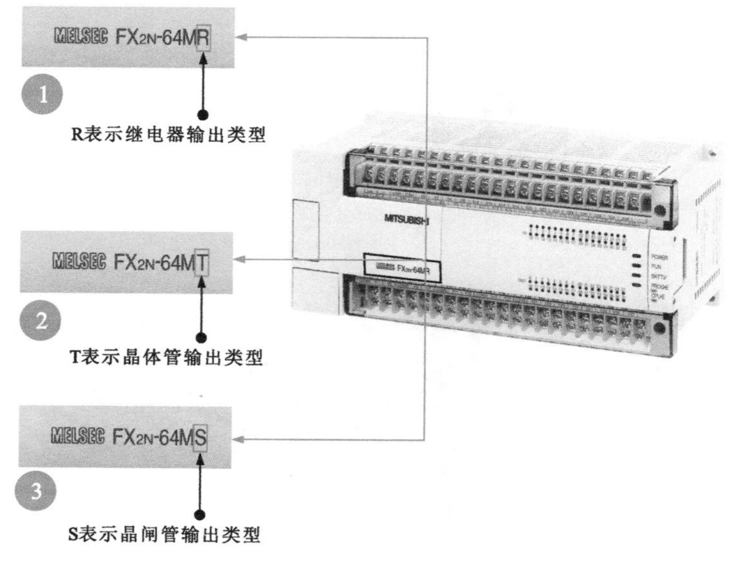

图4-4 考虑被控对象因素选购PLC

5 考虑设备之间统一性的匹配因素

如图4-5所示，在选购PLC时，应尽量选择同一机型的PLC。

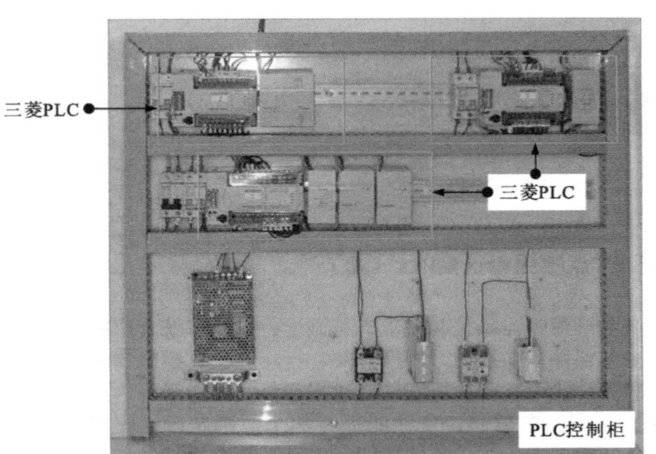

图4-5 考虑设备之间统一性的匹配因素选购PLC

6 考虑I/O点数因素

在选购PLC时，应对其使用的I/O点数进行估算，合理选购，如图4-6所示。

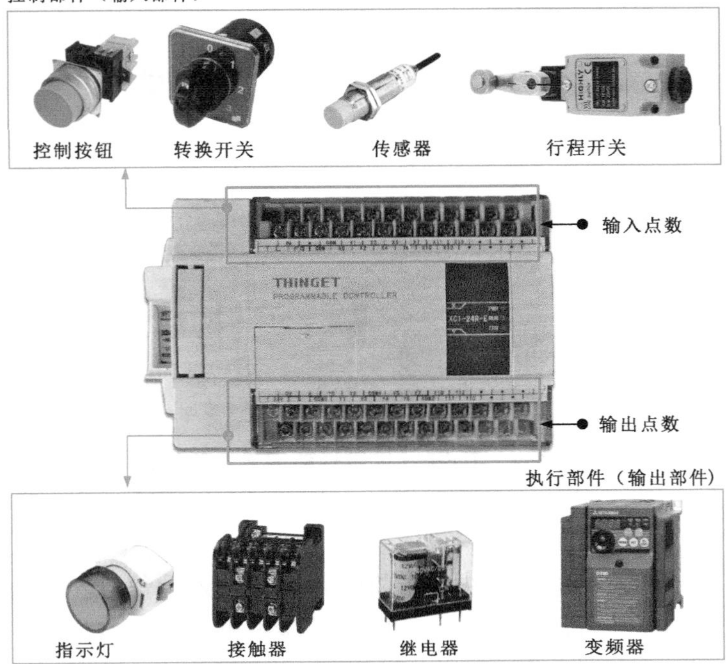

图4-6 考虑I/O点数因素选购PLC

划重点

同一机型PLC的功能和编程方法相同，有利于设备的采购与管理，以及技术人员的培训和技术水平的提高。由于同一机型PLC的通用性，因此资源可以共享，使用一台计算机就可以将多台PLC连接成一个控制系统进行集中管理。

I/O点数是PLC选购时的重要指标，是衡量PLC规模大小的标志，若不加以统计，一个小的控制系统，却选用中规模或大规模的PLC，不仅会造成I/O点数的闲置，也会造成投入成本的浪费，因此在选购PLC时，应对其使用的I/O点数进行估算，合理选购。

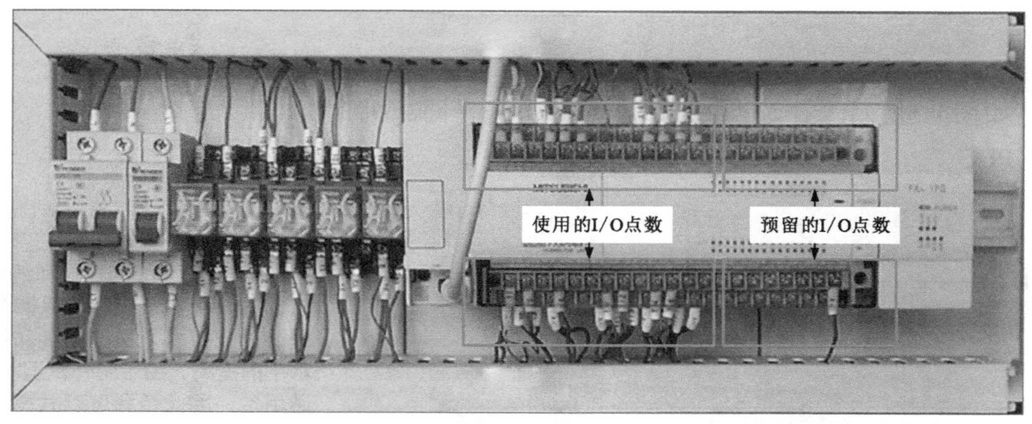

图4-6　考虑I/O点数因素选购PLC（续）

在明确控制对象控制要求的基础上，分析和统计所需控制部件（输入部件，如按钮、转换开关、行程开关、继电器的触点、传感器等）的个数和执行部件（输出部件，如指示灯、继电器或接触器线圈、电磁铁、变频器等）的个数确定所需PLC的I/O点数，且一般应有15%～20%的预留，以满足生产规模的扩大和生产工艺的改进。

7 考虑PLC扩展性能因素

当单独的PLC主机不能满足控制要求时，可根据控制需要选择扩展模块，以增大控制规模和功能，如图4-7所示。

划重点

在硬件扩展系统中，PLC主机（CPU模块）放在最左侧，扩展模块用扁平电缆与左侧的主机或扩展模块相连。

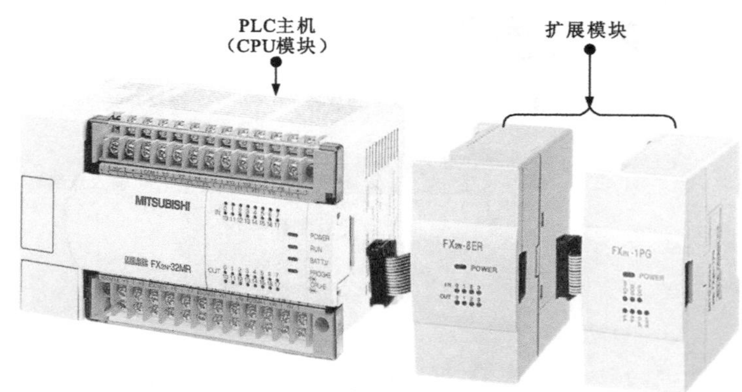

图4-7　考虑PLC扩展性能因素选购PLC

① 输入模块的选择

PLC的输入模块用于将输入部件输入的信号转换为PLC内部所需的电信号，用以扩展主机的输入点数，如图4-8所示。

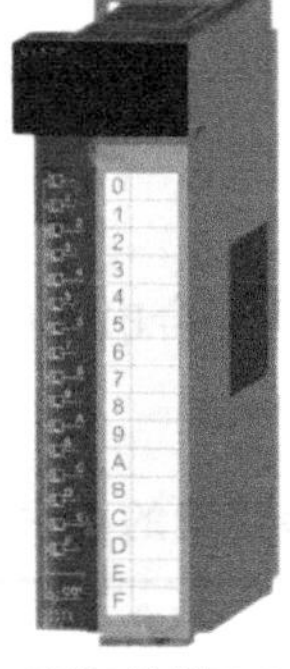

三菱Q系列PLC
输入模块

图4-8 PLC输入模块的选择

选择PLC的输入模块时，应根据输入信号与PLC输入模块之间的距离进行选择，通常距离较近时选择低电压的PLC输入模块，距离较远时选择高电压的PLC输入模块。

选择PLC的输入模块除了要考虑距离外，还应注意输入模块允许同时接通的点数。通常，允许同时接通的点数和输入电压、环境温度有关。

② 输出模块的选择

PLC的输出模块用于将PLC内部的信号转换为驱动外部负载设备所需的信号，用以扩展主机的输出点数。PLC输出模块的输出方式主要有继电器输出方式、晶体管输出方式和晶闸管输出方式。

选择PLC的输出模块时，应根据输出模块的输出方式进行选择。输出模块的输出电流应大于负载电流的额定值。

8 考虑存储器容量因素

用户程序存储器是用于存储开关量输入/输出、模拟量输入/输出及用户程序的，在选购PLC时，应保证用户程序存储器的容量满足存储需求。

用户程序存储器的容量，应参考开关量I/O点数和模拟量I/O点数进行估算，在估算的基础上再留有25%的余量。

用户程序存储器的容量用字数体现，估算公式如下：

用户程序存储器字数＝（开关量I/O点数×10）+（模拟量I/O点数×150）。

另外，用户程序存储器的容量除了与开关量I/O点数、模拟量I/O点数有关外，还与用户编写的程序有关，不同用户所编写程序的复杂程度会有所不同，占用存储器的容量也不同。

4.1.2 PLC的安装和接线

1 PLC安装环境的要求

在安装PLC之前，首先要确保安装环境应符合PLC的基本工作需求，包括温度、湿度、振动及周边设备等，见表4-1。

表4-1 PLC安装环境的要求

安装环境	要求
环境温度	应充分考虑环境温度，不得超过PLC允许的温度范围，通常环境温度范围为0～55℃，当环境温度过高或过低时，均会导致PLC内部的元器件工作失常
环境湿度	PLC对环境湿度也有一定的要求，通常环境湿度范围为35%～85%，湿度太大，会使PLC内部元器件的导电性增强，可能导致元器件击穿损坏的故障
振动	PLC不能安装在振动比较频繁的环境中（振动频率为10～55 Hz，幅度为0.5 mm），若振动过大，可能会导致PLC内部的固定螺钉或元器件脱落、焊点虚焊
周边设备	确保PLC远离600V高压电缆、高压设备及大功率设备
其他	PLC应避免安装在有大量灰尘或导电灰尘、腐蚀或可燃性气体、潮湿或淋雨、过热等环境下

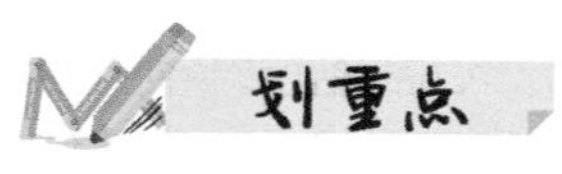

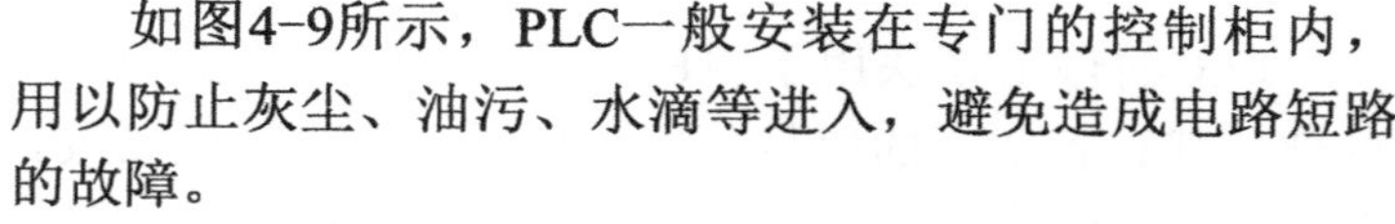

如图4-9所示，PLC一般安装在专门的控制柜内，用以防止灰尘、油污、水滴等进入，避免造成电路短路的故障。

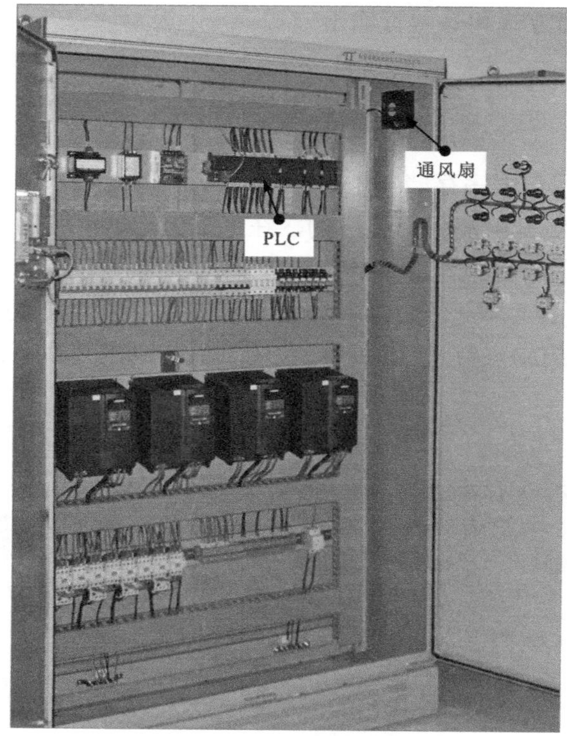

图4-9 PLC控制柜

图4-10为PLC的通风要求。

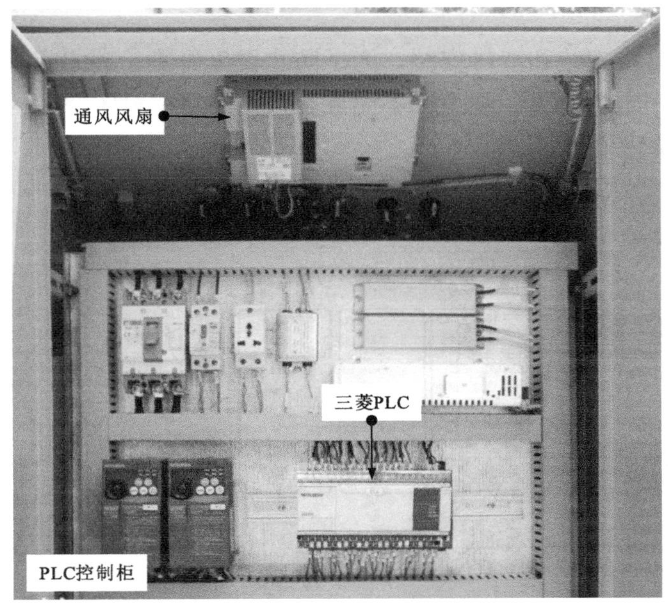

图4-10　PLC的通风要求

划重点

为了保证PLC工作时的温度在规定的环境温度范围内，PLC控制柜应有足够的通风空间，如果环境温度超过55℃，则应安装通风风扇，强制通风。

图4-11为PLC控制柜的通风方式。PLC控制柜的通风方式有自然冷却方式、强制冷却方式、强制循环方式和整体封闭式冷却方式。

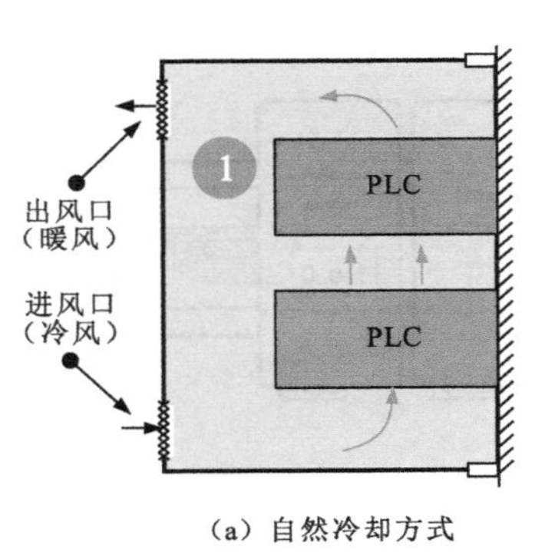

（a）自然冷却方式

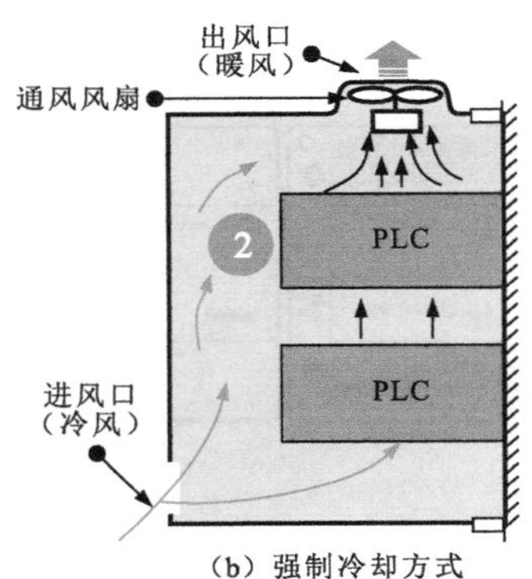

（b）强制冷却方式

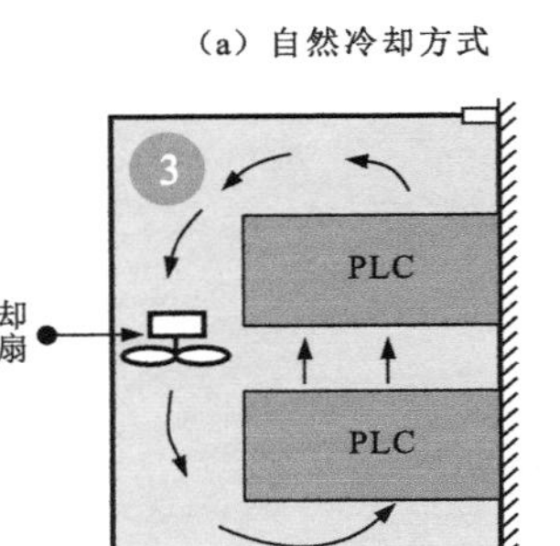

（c）强制循环方式

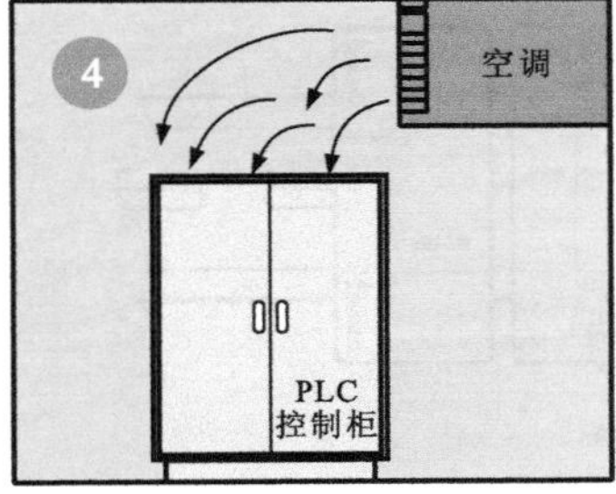

（d）整体封闭式冷却方式

图4-11　PLC控制柜的通风方式

1 采用自然冷却方式的PLC控制柜通过进风口和出风口实现自然换气。

2 采用强制冷却方式的PLC控制柜是指在控制柜中安装通风风扇进行通风，将PLC内部产生的热量通过通风风扇排出。

3 强制循环方式的PLC控制柜是指在控制柜中安装冷却风扇，将PLC产生的热量进行循环冷却。

4 采用整体封闭式冷却方式的PLC控制柜采用全封闭结构，通过外部进行整体冷却。

2 PLC安装位置的要求

目前，PLC的安装主要分为单排安装和双排安装。为了防止温度升高，PLC应垂直安装，且需要与控制柜箱体保持一定的距离。注意，不允许将PLC安装在封闭空间的地板和天花板上。图4-12为PLC的单排安装。

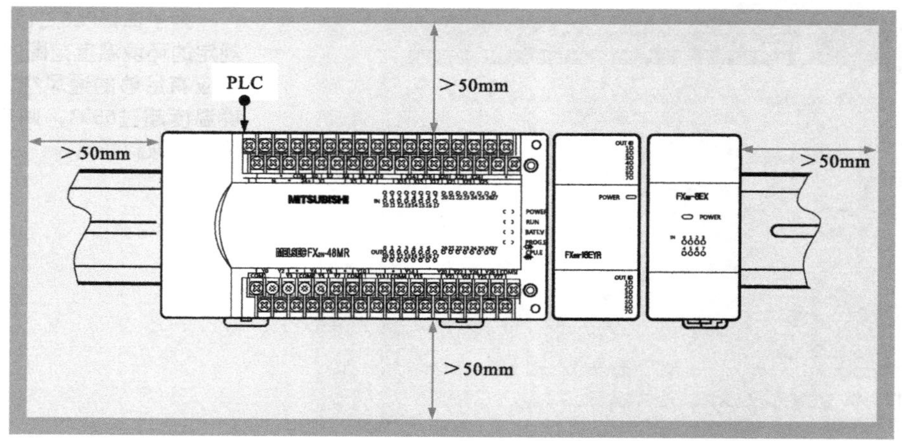

图4-12　PLC的单排安装

图4-13为PLC的双排安装。

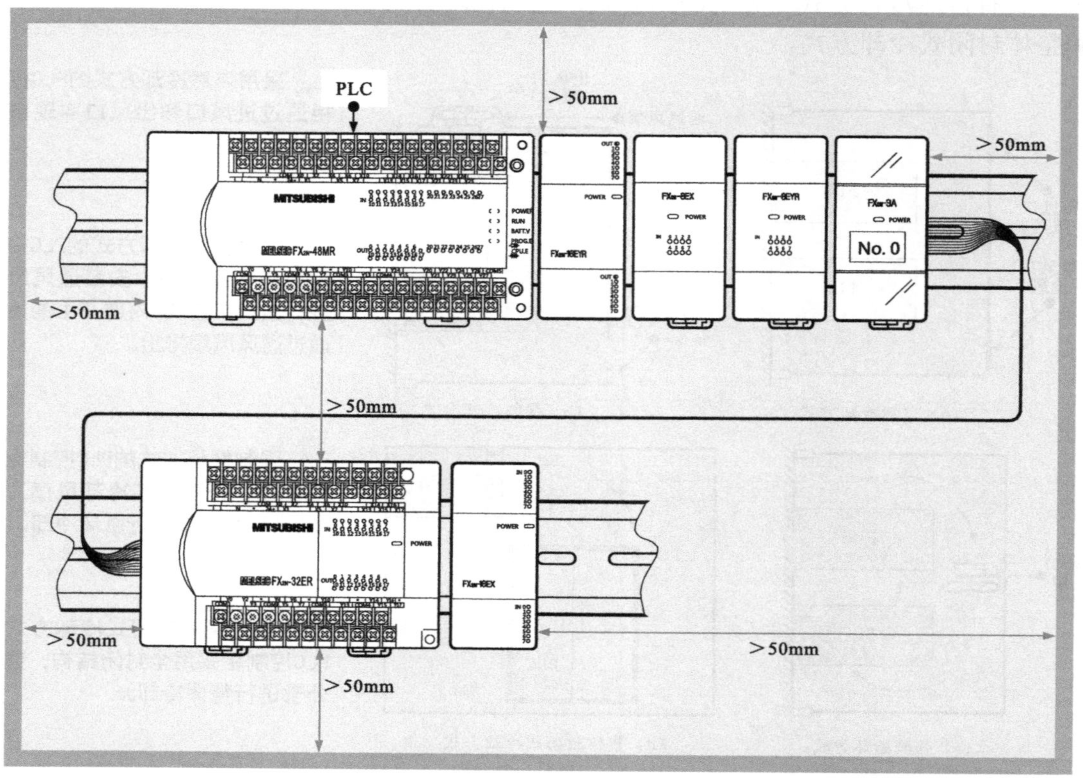

图4-13　PLC的双排安装

图4-14为PLC控制柜的安装要求。

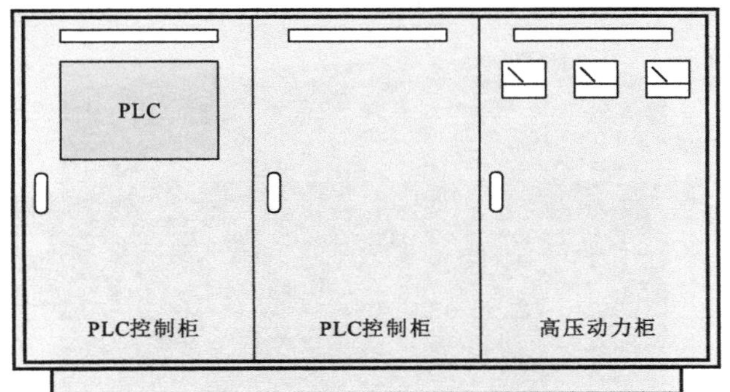

图4-14 PLC控制柜的安装要求

为了保证PLC工作的安全稳定及日常维护的安全，在安装PLC控制柜时，应尽量远离600V以上的高压设备或动力设备，切忌不可将PLC安装在高压动力柜中，否则极易造成安全事故。

3 PLC的安装

PLC的安装方式通常有底板安装和DIN导轨安装两种方式，在安装时可根据安装条件进行选择。

底板安装方式是指利用PLC底部外壳上的4个安装孔进行安装，如图4-15所示。

安装PLC时，应在断电情况下进行操作，同时为了防止静电对PLC的影响，应借助防静电设备或用手接触金属物体将人体的静电释放后再进行安装。

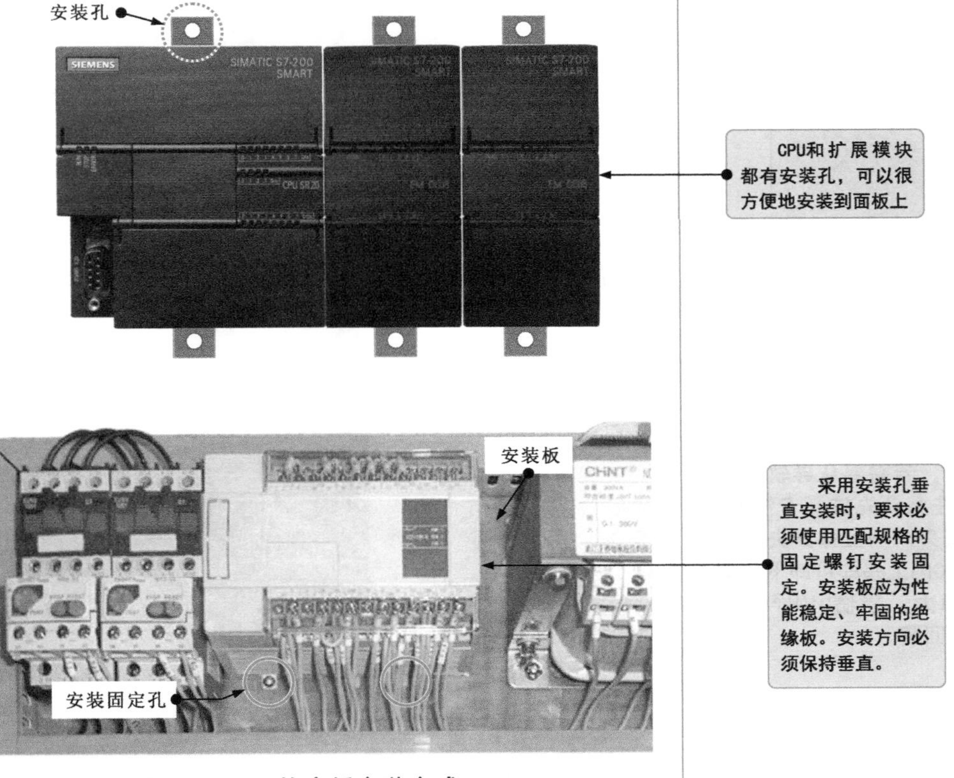

图4-15 PLC的底板安装方式

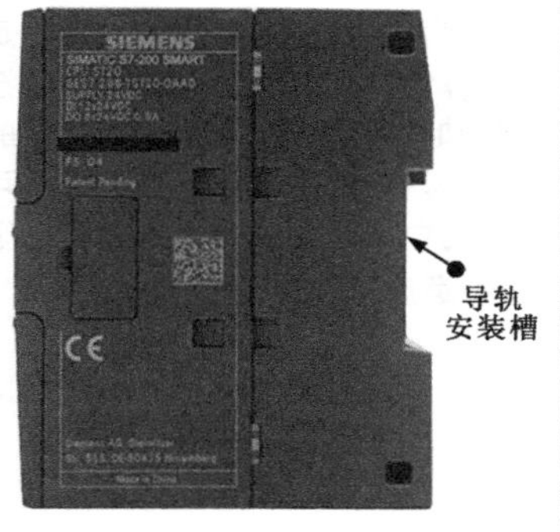

DIN导轨安装方式是指利用PLC底部外壳上的导轨安装槽及卡扣将PLC安装在DIN导轨上，如图4-16所示。

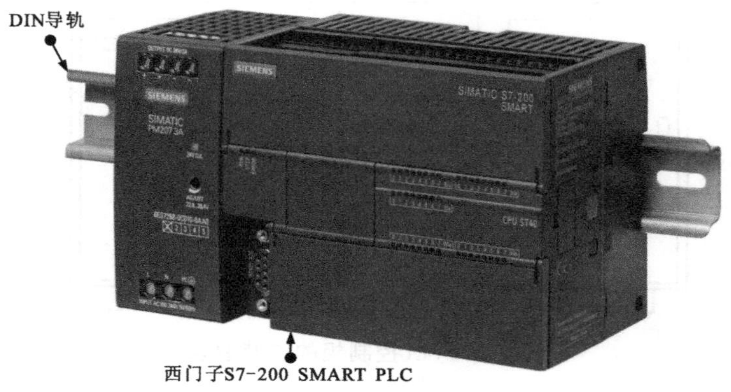

图4-16 PLC的DIN导轨安装方式

图4-17为DIN导轨的水平和垂直安装方式。

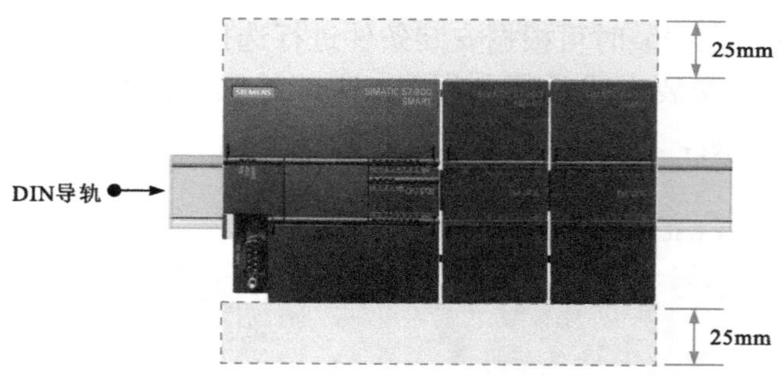

（a）水平安装方式

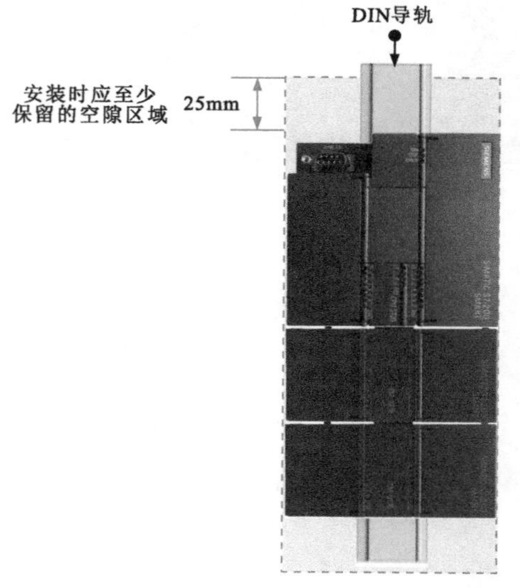

（b）垂直安装方式

图4-17 DIN导轨的水平和垂直安装方式

侧视图

注意，在振动频繁的区域，切记不要使用DIN导轨安装方式。

另外，若需要从导轨上卸下PLC，应注意要先拉开卡住DIN导轨的弹簧夹，一旦弹簧夹脱离导轨，将PLC向上移即可卸下，切不可盲目用力，损伤DIN导轨安装槽，影响回装。

图4-18为DIN导轨安装效果。

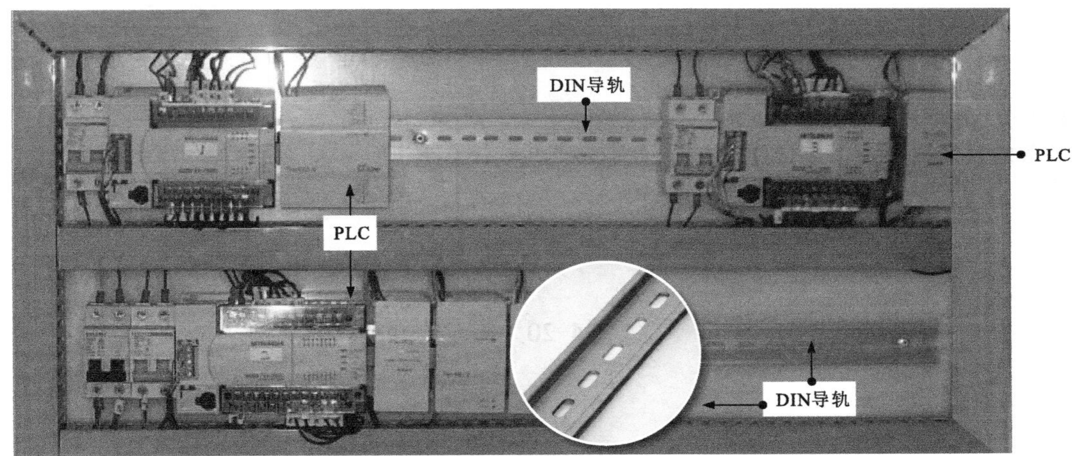

图4-18 DIN导轨安装效果

PLC若要正常工作，最重要的一点就是要保证其供电线路的正常。在一般情况下，PLC供电电源应为交流220V/50Hz。三菱FX系列PLC还有一路24V直流输出引线，用来连接一些光电开关、接近开关等传感部件。

PLC的工作应在断电时间小于10ms不受影响，断开时间大于10ms时，PLC停止工作。

PLC本身具有抗干扰能力，可以避免交流供电电压轻微的干扰，若供电电压的干扰比较严重，则需要安装一个1:1的隔离变压器来减少干扰。

4 PLC的接地

有效的接地可以避免脉冲信号的冲击干扰，因此在安装PLC时，应保证PLC的良好接地。图4-19为PLC的专用接地方式。

划重点

PLC的接地线应使用横截面积不小于2mm²的专用接地线，接地电阻不大于100Ω，且应尽量采用专用接地。接地极应尽量靠近PLC，以缩短接地线的长度。

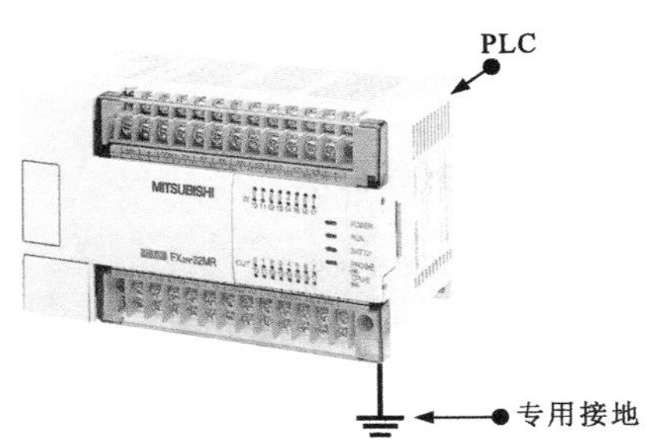

图4-19 PLC的专用接地方式

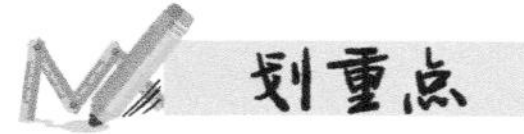

在连接PLC的接地端时，应尽量避免与电动机、变频器或其他设备的接地端相连，应分别接地。

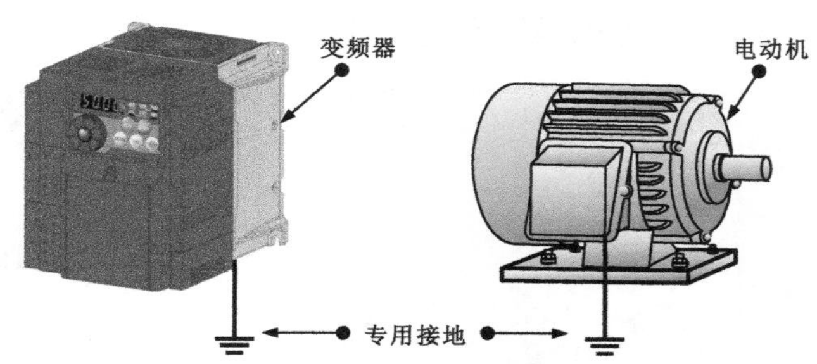

图4-19　PLC的专用接地方式（续）

图4-20为PLC的共用接地方式。

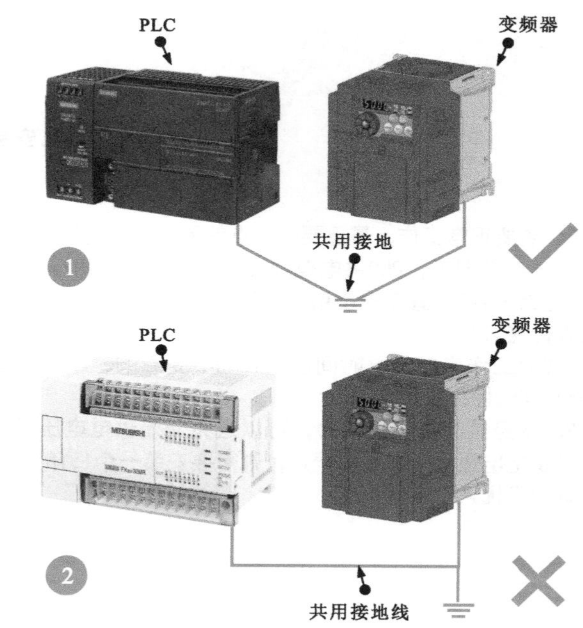

图4-20　PLC的共用接地方式

1 若无法采用专用接地，则可将PLC的接地极与其他设备的接地极相连接，构成共用接地。

2 严禁将PLC的接地线与其他设备的接地线连接，采用共用接地线的方法接地。

5 PLC输入端的接线要求

PLC一般使用限位开关、按钮等进行控制，输入端常与外部传感器连接，在对PLC输入端的接口进行接线时，应符合PLC输入端的接线要求，见表4-2。

表4-2　PLC输入端的接线要求

项目	具体要求内容
接线长度要求	输入端的连接线不能太长，应限制在30 m以内，若连接线过长，则会使输入设备对PLC的控制能力下降，影响控制信号输入的精度
避免干扰要求	PLC的输入端引线和输出端引线不能使用同一根多芯电缆，以免造成干扰或当引线绝缘层损坏时造成短路故障

6 PLC输出端的接线要求

PLC的输出端一般连接控制设备，如继电器、接触器、电磁阀、变频器、指示灯等，在连接输出端的引线或控制设备时应符合PLC输出端的接线要求，见表4-3。

表4-3 PLC输出端的接线要求

项目	具体要求内容
外部设备要求	若PLC的输出端连接继电器设备时，则应尽量选用工作寿命比较长（内部开关动作次数）的继电器，以免电感性负载影响继电器的工作寿命
输出端子及电源接线要求	在连接PLC输出端的引线时，应将独立输出和公共输出分组连接。不同的组，可采用不同类型和电压输出等级的输出电源，同一组只能选择同一种类型、同一个电压等级的输出电源
输出端保护要求	输出端应安装熔断器进行保护，由于PLC的输出端安装在印制电路板上，使用连接线连接，若因错接而将输出端的负载短路，则可能会烧毁印制电路板。安装熔断器后，若出现短路故障，则熔断器可快速熔断，保护印制电路板
防干扰要求	PLC的输出负载可能产生噪声干扰，要采取措施加以控制
安全要求	除了在PLC中设置控制程序防止对用户造成伤害，还应设计外部紧急停止工作电路，在PLC出现故障后，能够手动或自动切断电源，防止发生危险
电源输出引线要求	直流输出引线和交流输出引线不应使用同一个电缆，且输出端的引线要尽量远离高压线和动力线，避免并行

图4-21为PLC电缆线的接线端子。

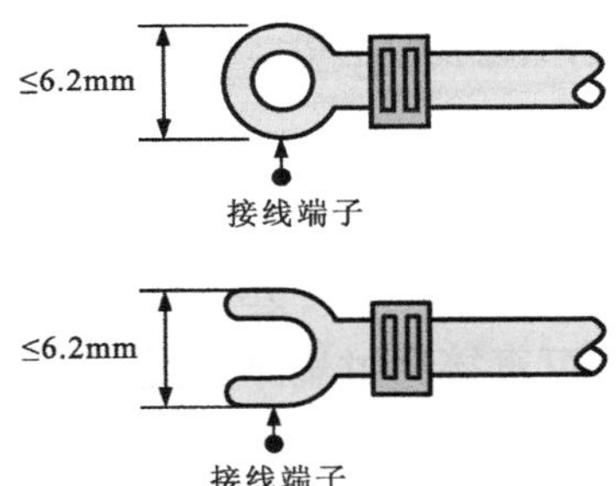

图4-21 PLC电缆线的接线端子

在接线时，电缆线的接线端子要使用扁平接头。

连接PLC的输入/输出（以下标识为I/O）端时应注意：

◆ I/O信号的连接电缆不要靠近电源电缆，不要共用一个防护套管，低压电缆最好与高压电缆分开并相互绝缘。

◆ 如果I/O信号连接电缆的距离较长，要考虑信号的压降及可能造成的信号干扰问题。

◆ 接线时，应防止端子螺钉连接松动造成的故障。

7 PLC电源的接线要求

电源供电是PLC正常工作的基本条件，必须严格按照要求连接供电端，确保稳定可靠，见表4-4。

表4-4　PLC电源的接线要求

电源端子	接线要求
电源输入端	●接交流输入时，相线必须接到L端，零线必须接在N端。 ●接直流输入时，电缆正极必须接到+端，电缆负极必须接在-端。 ●电源电缆绝不能接到PLC的其他端子上。 ●电源电缆的横截面积不小于$2mm^2$。 ●维修时，要有可靠的方法使PLC与高压电源完全隔离。 ●在急停状态下，需要通过外部电路来切断基本单元和其他配置单元的输入电源
电源公共端	●如果已安装的从PLC主机及其功能性扩展模块使用的都是电源公共端，则要连接0V端，不要连接24V端。 ●PLC主机的24V端不能接外部电源

PLC接线时，还需要确保负载安全：

◆ 确保所有负载都在PLC输出的同侧；

◆ 同一个负载不能同时执行不同的控制要求（如电动机运转方向的控制）；

◆ 在对安全有严格要求的场合，不能只依靠PLC内的程序实现安全控制，而要在所有存在安全危险的电路中加入相应的机械互锁。

8 PLC扩展模块的连接要求

当一个整体式PLC不能满足控制要求时，可采用连接扩展模块的方式，在将PLC主机与扩展模块连接时也有一定的要求，以三菱FX_{2N}系列主机（基本单元）为例。

① FX_{2N}基本单元与FX_{2N}、FX_{0N}扩展模块的连接要求

如图4-22所示，当FX_{2N}基本单元的右侧与FX_{2N}的扩展单元、扩展模块、特殊功能模块或FX_{0N}的扩展模块、特殊功能模块连接时，可直接通过扁平电缆连接。

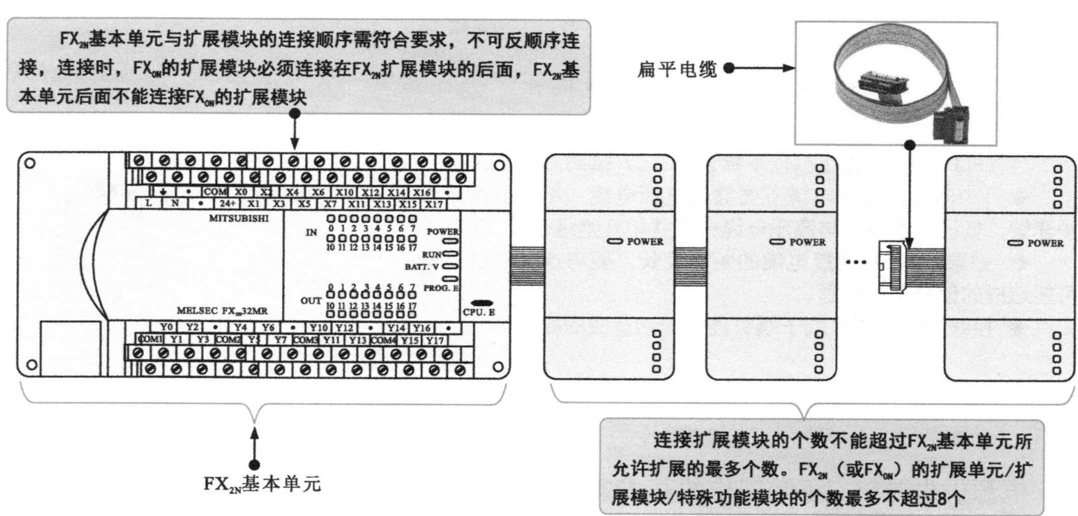

图4-22　FX_{2N}基本单元与FX_{2N}、FX_{0N}扩展模块的连接要求

② FX_{2N}基本单元与FX_1、FX_2扩展模块的连接要求

当FX_{2N}基本单元的右侧与FX_1、FX_2扩展单元、扩展模块、特殊功能模块连接时，需使用FX_{2N}-CNV-IF型转换电缆进行连接，如图4-23所示。

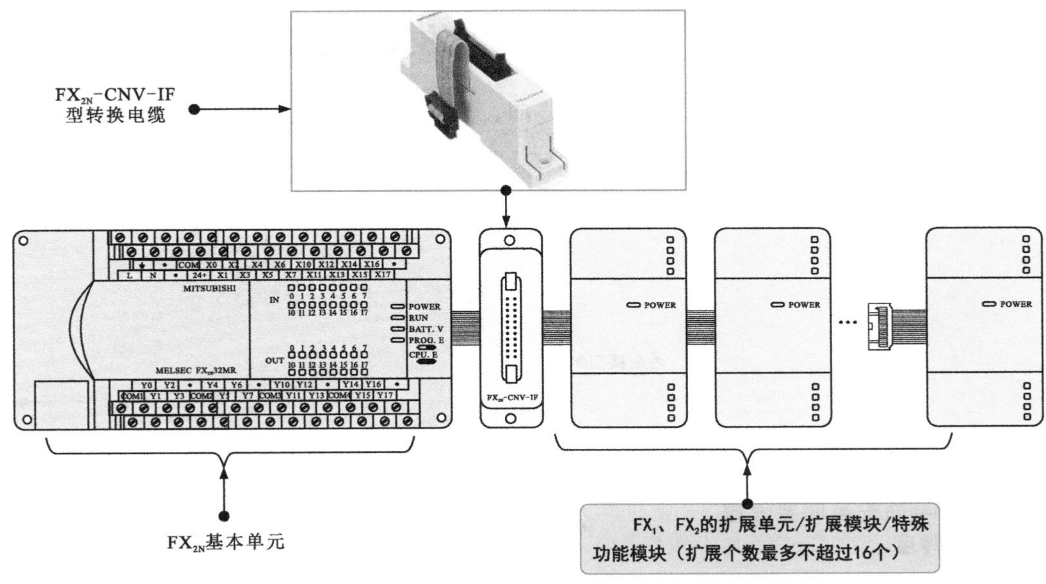

图4-23　FX_{2N}基本单元与FX_1、FX_2扩展模块的连接要求

③ FX_{2N}基本单元与FX_{2N}、FX_{0N}、FX_1、FX_2扩展模块的混合连接要求

如图4-24所示，当FX_{2N}基本单元与FX_{2N}、FX_{0N}、FX_1、FX_2扩展模块混合连接时，需将FX_{2N}、FX_{0N}的扩展模块直接与FX_{2N}基本单元连接，在FX_{2N}、FX_{0N}扩展模块后使用FX_{2N}-CNV-IF型转换电缆连接FX_1、FX_2扩展模块，不可反顺序连接。

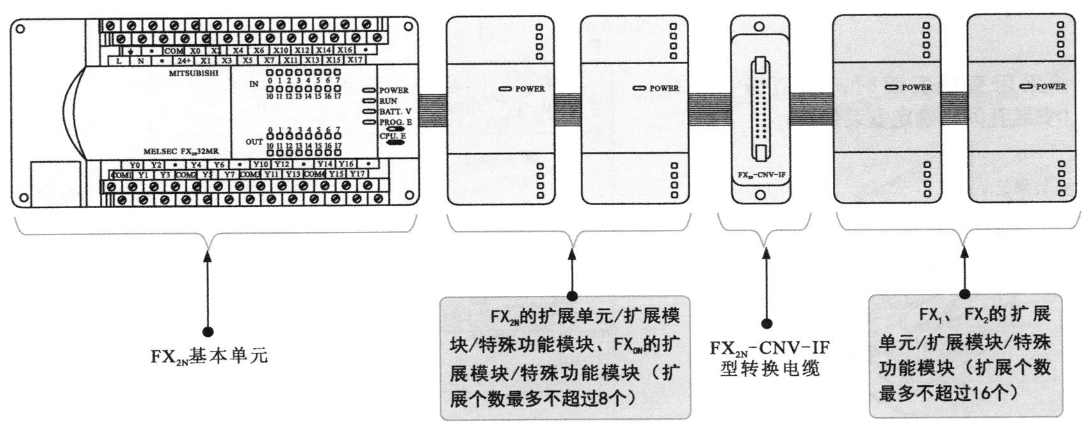

图4-24　FX_{2N}基本单元与FX_{2N}、FX_{0N}、FX_1、FX_2扩展模块的混合连接要求

类似上述的连接要求，品牌、型号和系列不同，具体要求的细节也不同，因此在选购、安装PLC前，必须详细了解控制要求、安装要求。

4.1.3 PLC的安装方法

在安装前，要对待安装PLC的品牌、型号、结构及尺寸等进行了解，如图4-25所示。

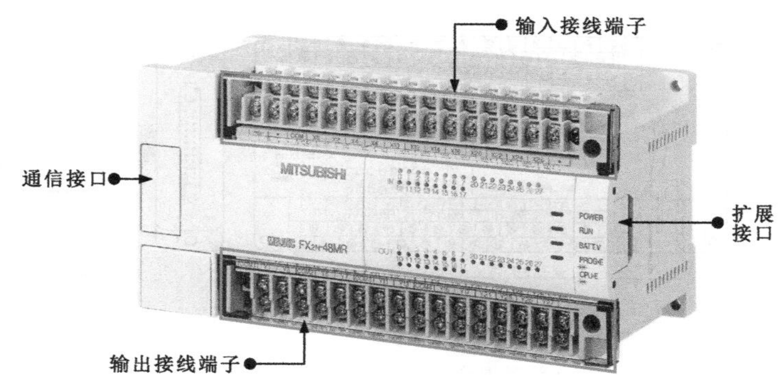

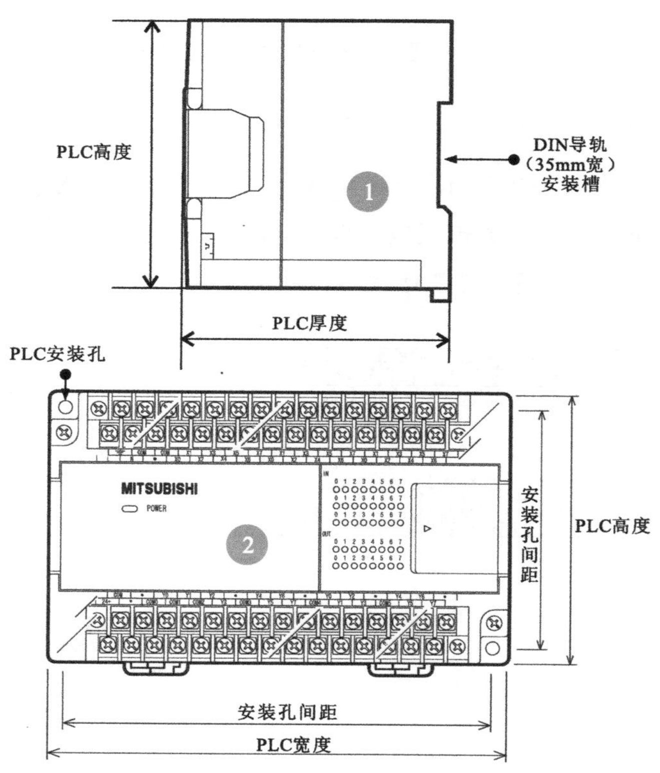

图4-25 了解待安装的PLC

划重点

1 采用DIN导轨安装时要考虑PLC的高度和厚度。

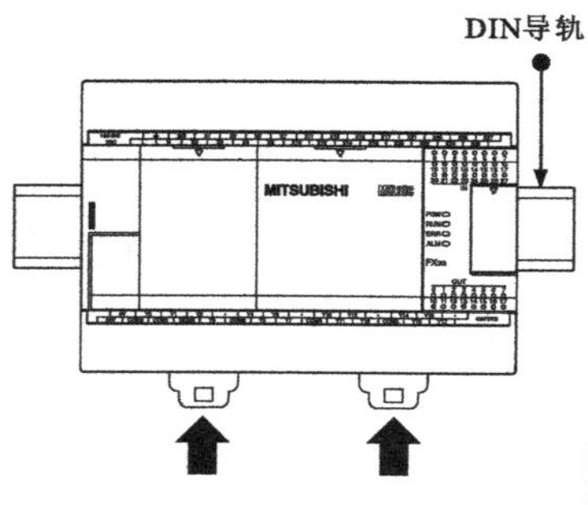

2 采用直接安装时，应遵循PLC安装孔间距确定安装位置。

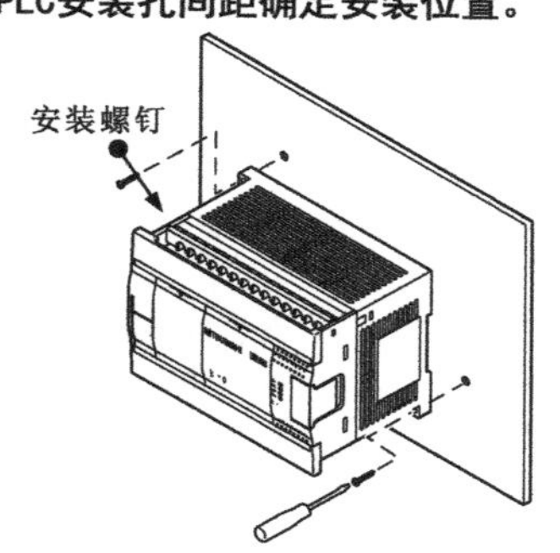

1 安装并固定DIN导轨

图4-26为PLC控制柜中DIN导轨的安装与固定。

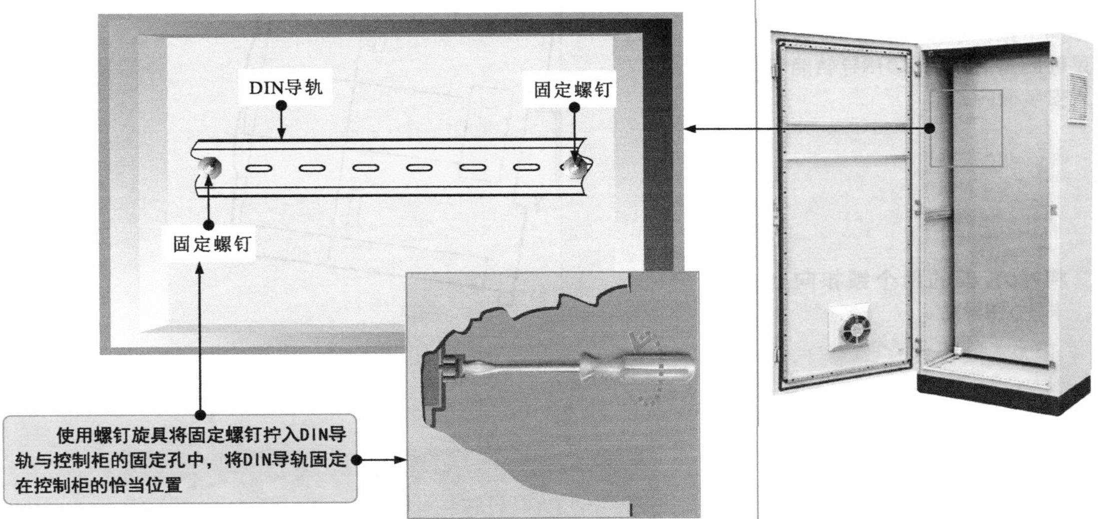

图4-26 PLC控制柜中DIN导轨的安装与固定

根据对控制要求的分析，选择合适规模的控制柜安装PLC及相关的电气部件。先将DIN导轨安装在PLC控制柜中，使用螺钉旋具将固定螺钉拧入DIN导轨和PLC控制柜的固定孔中，将DIN导轨固定在PLC控制柜上。

2 安装并固定PLC

将选好的PLC按照安装要求固定在DIN导轨上，如图4-27所示。

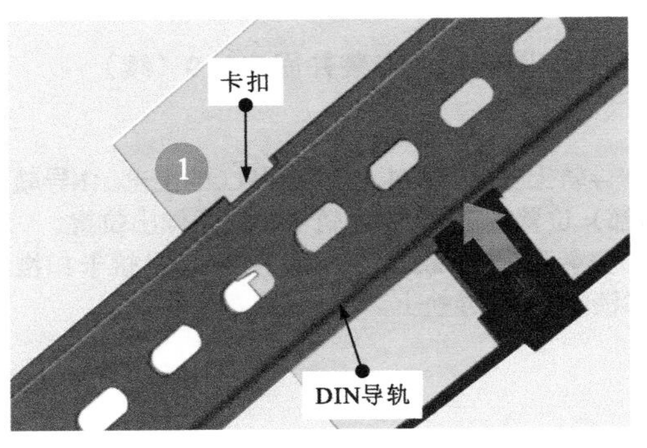

图4-27 安装并固定PLC

1 将PLC安装槽对准DIN导轨，使PLC背部上端的卡扣卡住DIN导轨。

划重点

② 安装前，需将PLC底部的两个锁扣向下推，解锁，使PLC安装槽有足够的宽度，确保DIN导轨能够嵌入安装槽内。

③ 将PLC背部的两个锁扣向上推，卡住DIN导轨。

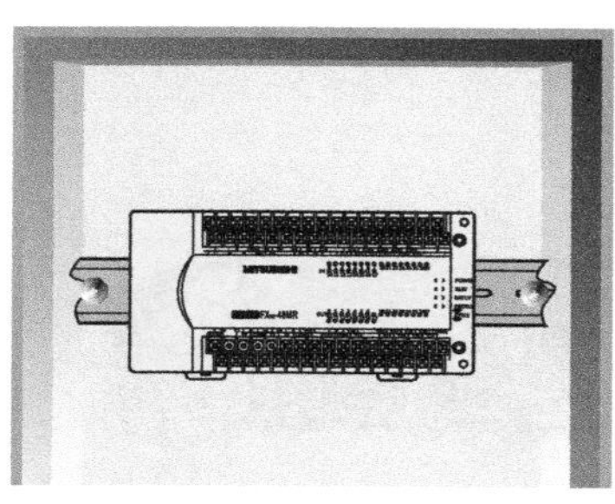

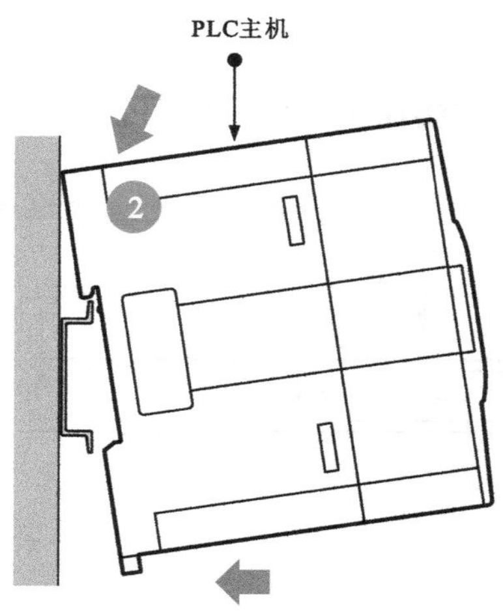

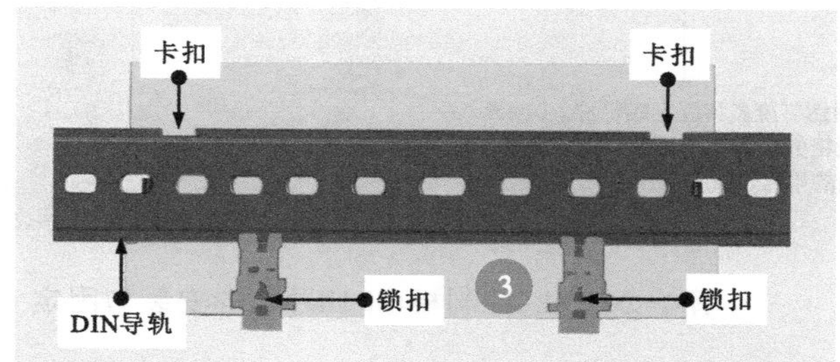

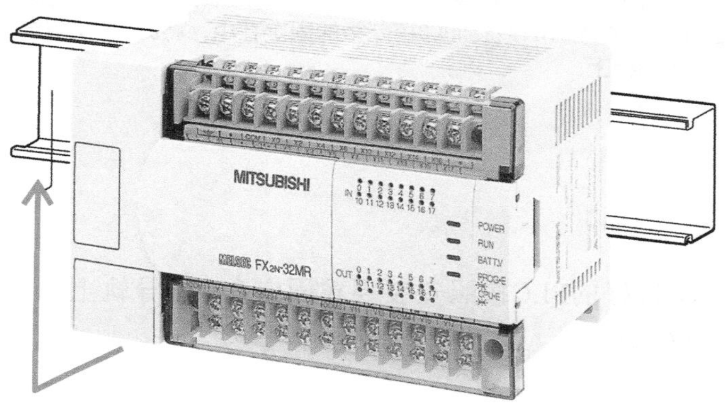

图4-27　安装并固定PLC（续）

在DIN导轨上安装PLC时，应确保PLC的上部DIN导轨卡扣处于锁紧（内部）位置，下部DIN导轨卡扣处于伸出位置。

将PLC安装到DIN导轨上后，将下部DIN导轨卡扣推到锁紧位置，使PLC锁定在DIN导轨上。

3 打开端子排护罩

PLC与输入、输出设备之间通过输入、输出接口端子排连接。连接前，首先应将输入、输出接口端子排上的护罩打开，为连接做好准备，如图4-28所示。

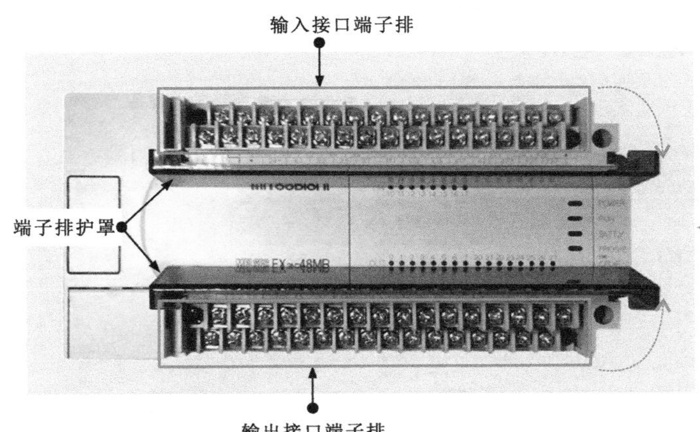

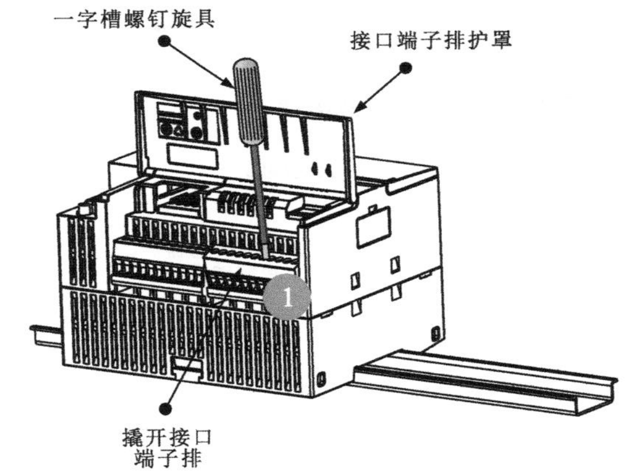

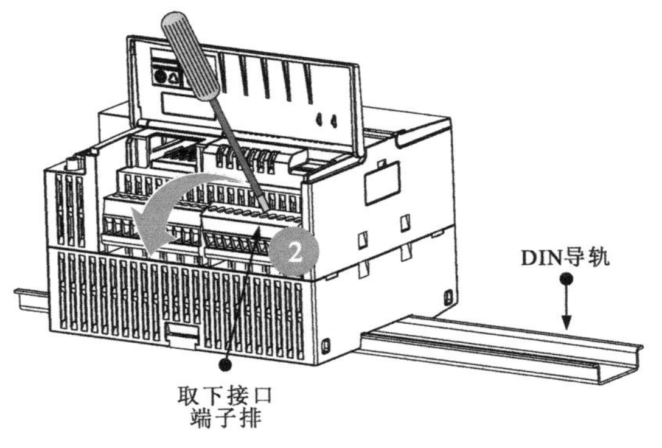

图4-28 打开端子排护罩

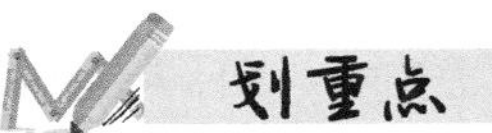

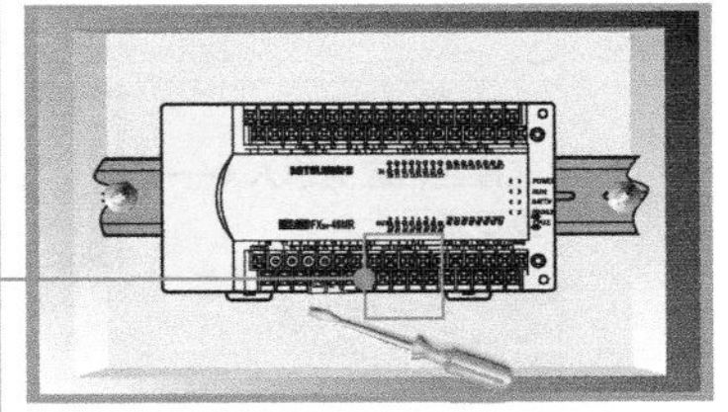

PLC与输入、输出设备之间通过输入、输出接口端子排连接，在连接前，首先应将输入、输出接口端子排撬开。

① 将PLC的输入、输出接口端子排的护罩打开，使用一字槽螺钉旋具插入接口端子排（连接器）居中位置的缺口处，向外侧撬动。

② 轻轻撬起接口端子排顶部使其与PLC分离。接口端子排从夹紧位置脱离，即可从PLC上卸下。

4 输入/输出接口端子的接线

PLC的输入接口常与输入设备（控制按钮、过热保护继电器等）连接控制PLC的工作状态；PLC的输出接口常与输出设备（接触器、继电器、晶体管、变频器等）连接控制输出设备的工作状态。

根据控制要求，将相应的输入设备和输出设备连接到PLC的输入、输出接口端子上，端子号应与I/O地址表相符，如图4-29所示。

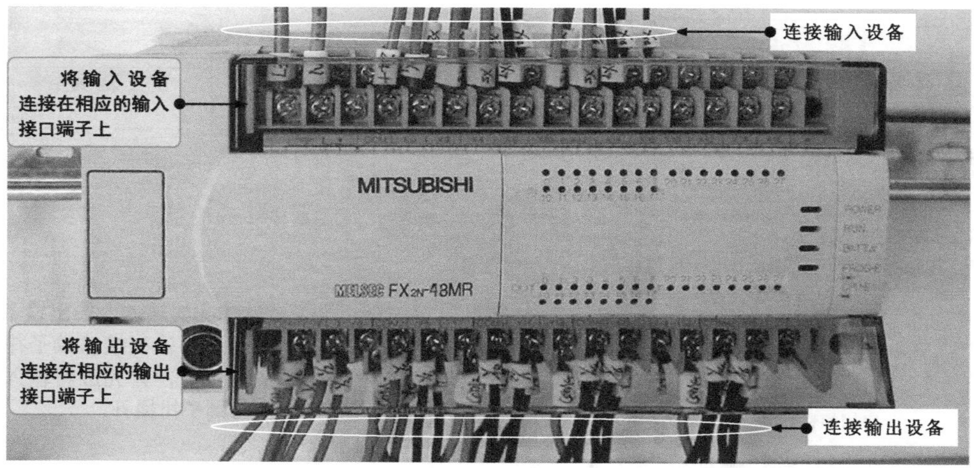

图4-29 PLC输入/输出接口端子的接线

图4-30为西门子S7-200 SMART（CPU SR40）PLC的接线。

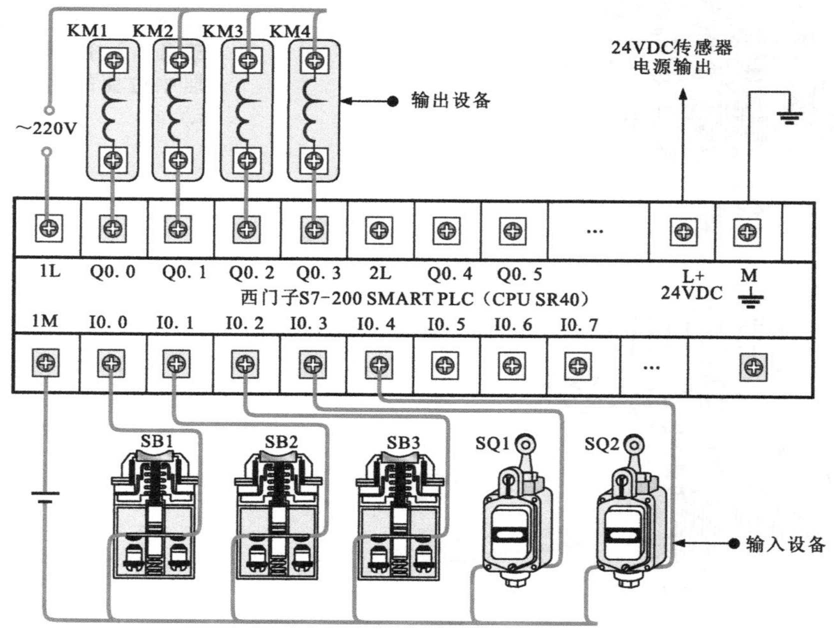

（a）西门子S7-200 SMART（CPU SR40）PLC的接线应用

图4-30 西门子S7-200 SMART（CPU SR40）PLC的接线

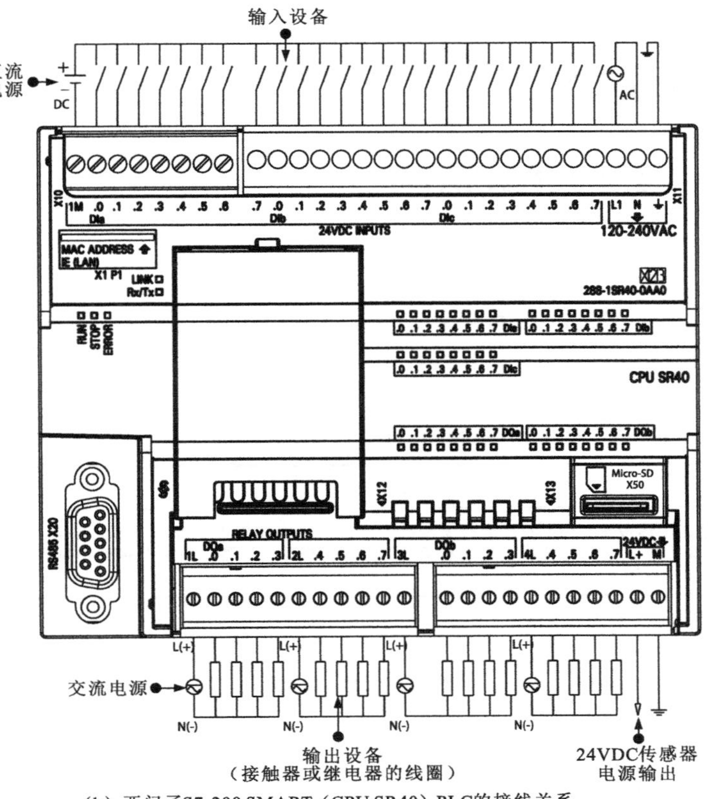

(b) 西门子S7-200 SMART（CPU SR40）PLC的接线关系

图4-30 西门子S7-200 SMART（CPU SR40）PLC的接线（续）

划重点

在进行PLC输入/输出接口的连接时，首先应了解所选用PLC输入、输出接口的接线特点。

连接输入设备时，将按钮开关或限位开关的一个触点与PLC的输入接口连接，另一个触点与供电端L＋（＋24V）连接；连接输出设备时，将接触器的一端与PLC的输出接口连接，另一端与相线端连接，使其线圈接入交流220V电压。

5 PLC扩展接口的连接

当PLC需要连接扩展模块时，应先将扩展模块安装在PLC控制柜内，再将扩展模块的数据线连接端插接在PLC扩展接口上，如图4-31所示。

取下PLC主机上的扩展接口盖板，插入扩展单元或扩展模块的扁平电缆，完成PLC扩展接口的连接

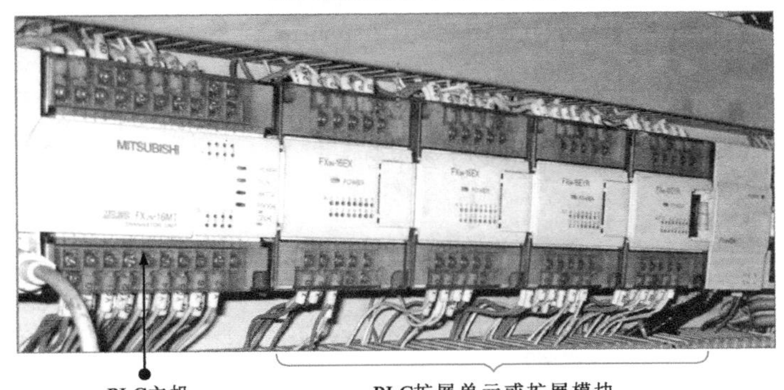

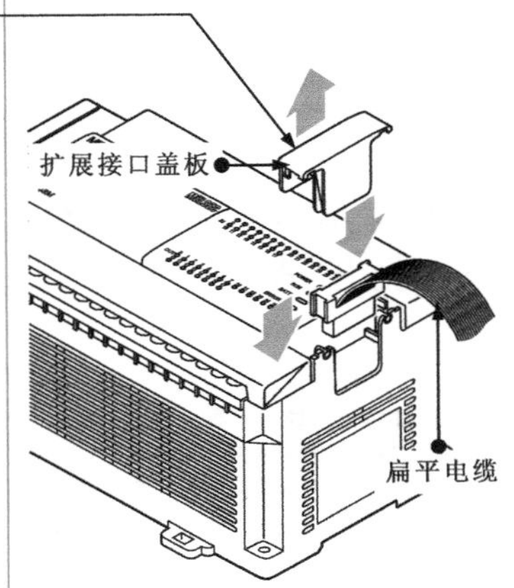

图4-31 PLC扩展接口的连接

4.2 PLC的调试与维护

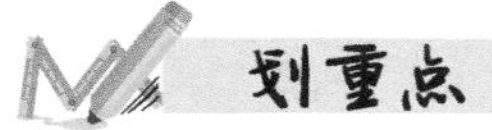

划重点

为了保障PLC能够正常运行，在安装接线完毕后，并不能立即投入使用，还要对PLC进行调试与检测，以免因在安装过程中出现的连接不良、连接错误、设备损坏等情况造成PLC短路、断路或损坏元器件等。

4.2.1 PLC的调试

1 初始检查

首先，在断电状态下，对PLC的连接、工作条件进行初始检查，见表4-5。

表4-5 对PLC的初始检查

项目	具体内容
检查连接情况	根据I/O原理图逐段确认PLC的连接有无漏接、错接，检查连接点是否符合工艺标准。若通过逐段检查无异常，则可使用万用表检查PLC连接线路有无短路、断路及接地不良等现象。若出现连接故障，应及时调整
检查电源电压	在PLC通电之前，检查供电电源与预先设计的PLC电源是否一致，检查时，可合上电源总开关进行检测
检查PLC程序	将PLC程序、触摸屏程序、显示文本程序等输入相应的系统中，若出现报警情况，则应对接线、设定参数、外部条件及程序等进行检查，并对产生报警的部位进行重新连接或调整
局部调试	了解PLC控制电路的控制功能后，进行手动空载调试，检查手动控制的输出点是否有相应的输出，若有问题，应立即解决，若手动空载正常，再进行手动带负载调试，在手动带负载调试中对调试电流、电压等参数进行记录
上电调试	完成局部调试后，接通PLC电源，检查电源指示、运行状态是否正常，调试无误后，可连机试运行，观察PLC工作是否稳定，若均正常，则可投入使用

2 通电调试

完成初始检查后，可接通PLC电源，试着写入简单的小段程序，对PLC进行通电调试，明确工作状态，为最后正常投入工作做好准备，如图4-32所示。

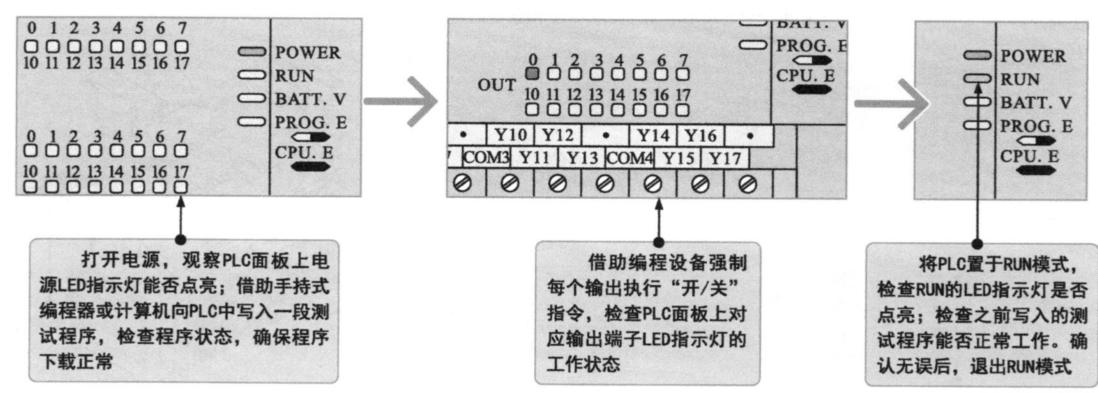

图4-32 通电调试

在通电调试时，需要注意不要碰触交流相线，不要碰触可能造成人身伤害的部位，调试中的常见错误如下：

◇ I/O线路上某些点的继电器的接触点接触不良；外部所使用的I/O设备超出规定的工作范围。

◇ 输入信号的发生时间过短，小于程序的扫描周期；直流24V电源过载。

在PLC投入使用后，由于工作环境的影响，可能会造成PLC使用寿命的缩短或出现故障，因此需要对PLC进行日常维护，确保PLC安全、可靠地运行。

4.2.2 PLC的日常维护

1 日常维护

PLC系统的日常维护包括供电条件、工作环境的检查及元器件使用寿命的检测等，见表4-6。

表4-6 PLC的日常维护

项目	具体内容
电源的检查	对PLC的供电电压进行检测，检测其是否为额定值或有无频繁波动的现象，供电电压必须在额定范围之内，且波动不能大于10%，若有异常，则应检查供电线路
输入、输出电源的检查	检查输入、输出接口端子处的电压变化是否在规定的标准范围内，若有异常，则应对相关线路进行检查
工作环境的检查	检查工作环境温度、湿度是否在允许范围之内（温度为0～55℃，湿度为35%～85 %），若超过允许范围，则应降低或升高温度及进行加湿或除湿操作。工作环境不能有大量的灰尘、污物等。若有，应进行清理
安装的检查	检查PLC各部件的连接是否良好，连接线有无松动、断裂及破损等现象；控制柜的密封性是否良好等；散热窗（空气过滤器）是否良好，有无堵塞情况
元器件使用寿命的检测	对于一些有使用寿命的元器件，如锂电池、输出继电器等，应进行定期检测，保证锂电池的电压在额定范围之内，输出继电器的使用寿命在允许范围之内（电气使用寿命在30万次以下，机械使用寿命在1000万次以下）

2 更换电池

若PLC中的电池达到使用寿命（一般为5年）或电压已下降到一定程度，应进行更换，如图4-33所示。

划重点

注意：更换电池必须在20s内完成，否则保存在PLC RAM中的数据可能会丢失，还需要重新写入。

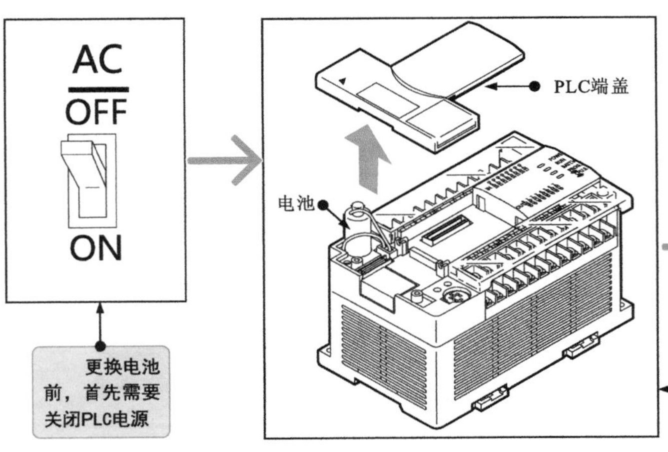

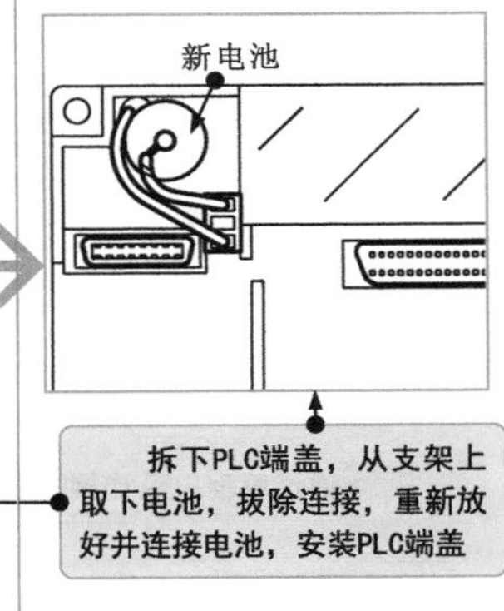

图4-33 电池的更换

第5章

PLC的编程方式与编程软件

5.1 PLC的编程方式

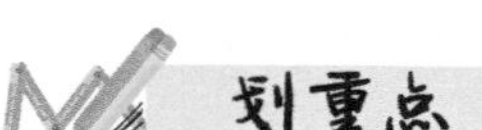

1 从PLC品牌官方网站下载与PLC规格型号匹配的编程软件。

2 将编程软件安装到计算机（计算机操作系统需要与编程软件版本匹配）中。

3 借助计算机，根据编程软件的编写规则编写PLC程序。

4 将计算机与PLC连接，通过通信接口，将编写好的程序写入PLC，经调试无误后，程序编写完成。

5.1.1 软件编程

图5-1为PLC的软件编程方式。

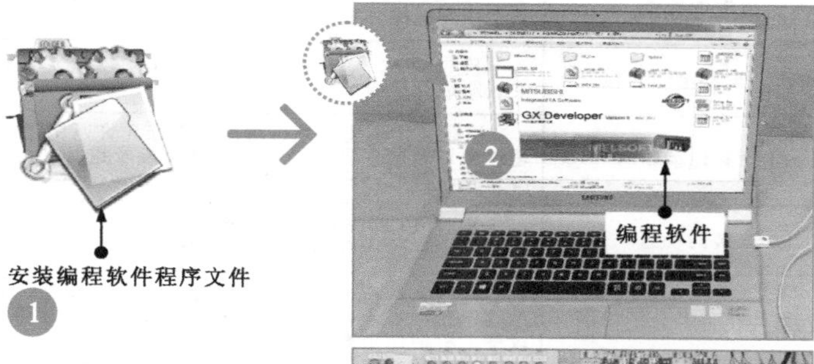

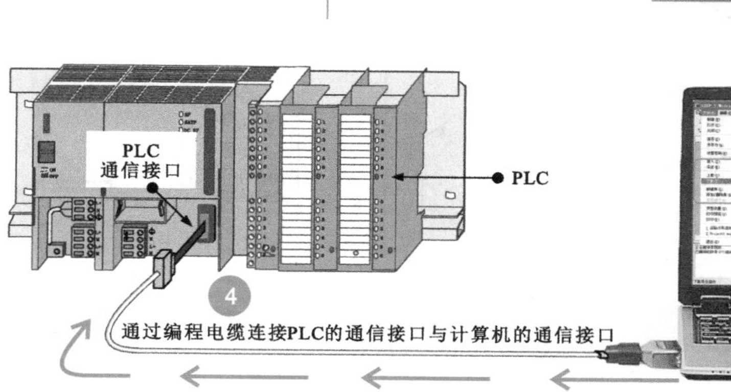

图5-1 PLC的软件编程方式

5.1.2 编程器编程

编程器编程是指借助PLC专用的编程器直接向PLC写入程序。在实际应用中，编程器多为手持式编程器，具有体积小、质量轻、携带方便等特点，在一些小型PLC的用户程序编制、现场调试、监视等场合应用十分广泛。

图5-2为采用编程器编程示意图。

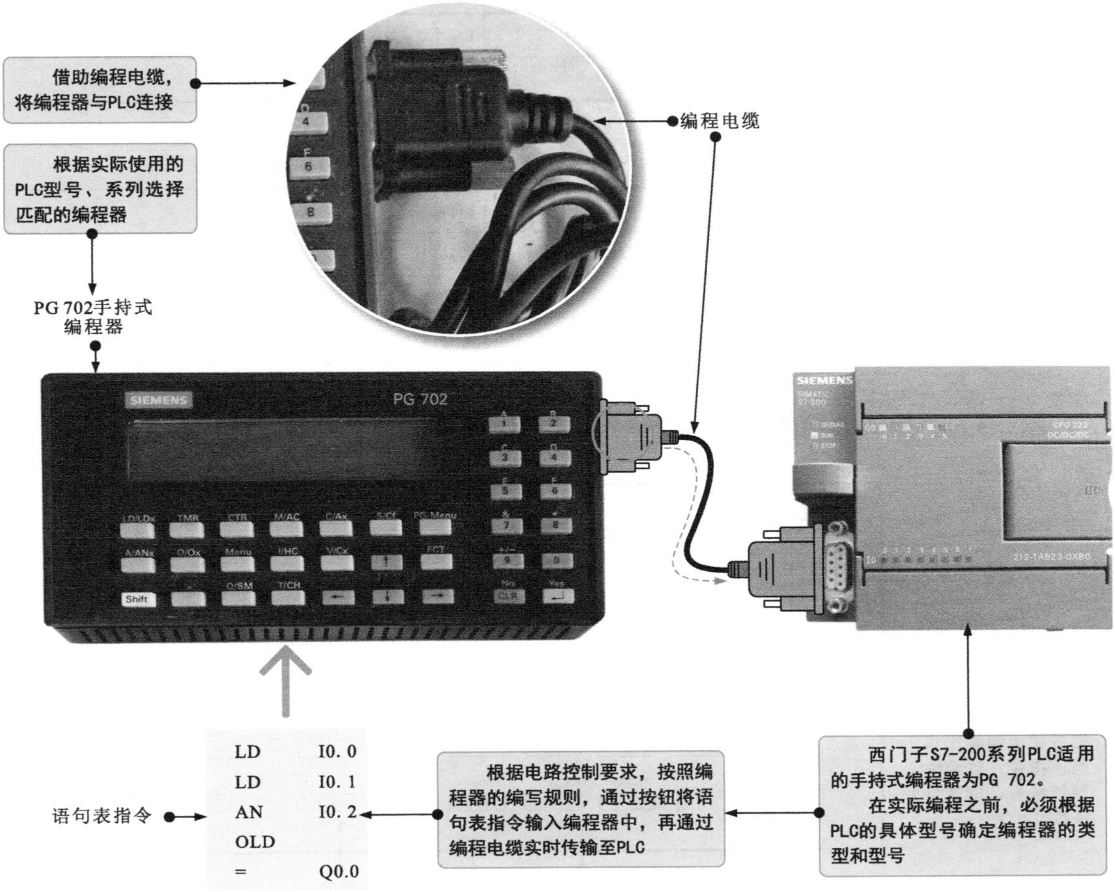
借助编程电缆，将编程器与PLC连接
根据实际使用的PLC型号、系列选择匹配的编程器
PG 702手持式编程器
编程电缆
SIEMENS
PG 702
LD I0. 0
LD I0. 1
AN I0. 2
OLD
= Q0.0
语句表指令
根据电路控制要求，按照编程器的编写规则，通过按钮将语句表指令输入编程器中，再通过编程电缆实时传输至PLC
西门子S7-200系列PLC适用的手持式编程器为PG 702。
在实际编程之前，必须根据PLC的具体型号确定编程器的类型和型号

图5-2　采用编程器编程示意图

编程器编程是一种基于指令语句表的编程方式。首先需要根据PLC的规格、型号选择匹配的编程器，然后借助编程电缆将编程器与PLC连接，通过操作编程器上的按键，直接向PLC写入语句表指令。

多说两句！

不同品牌、不同型号的PLC所采用的编程器类型不同，表5-1为与各种PLC匹配的手持式编程器。

表5-1　与各种PLC匹配的手持式编程器

PLC		手持式编程器
三菱	F/F1/F2系列	F1-20P-E、GP-20F-E、GP-80F-2B-E、F2-20P-E
	FX系列	FX-20P-E
西门子	S7-200系列	PG 702
	S7-300/400系列	一般采用编程软件编程
欧姆龙	C**P/C200H系列	C120-PR015
	C**P/C200H/C1000H/C2000H系列	C500-PR013、C500-PR023
	C**P系列	PR027
	C**H/C200H/C200HS/C200Ha/CPM1/CQM1系列	C 200H -PR 027
光洋	KOYO SU -5/SU-6/SU-6B系列	S -01P-EX
	KOYO SR21系列	A-21P

图5-3为手持式编程器PG 702的操作面板。

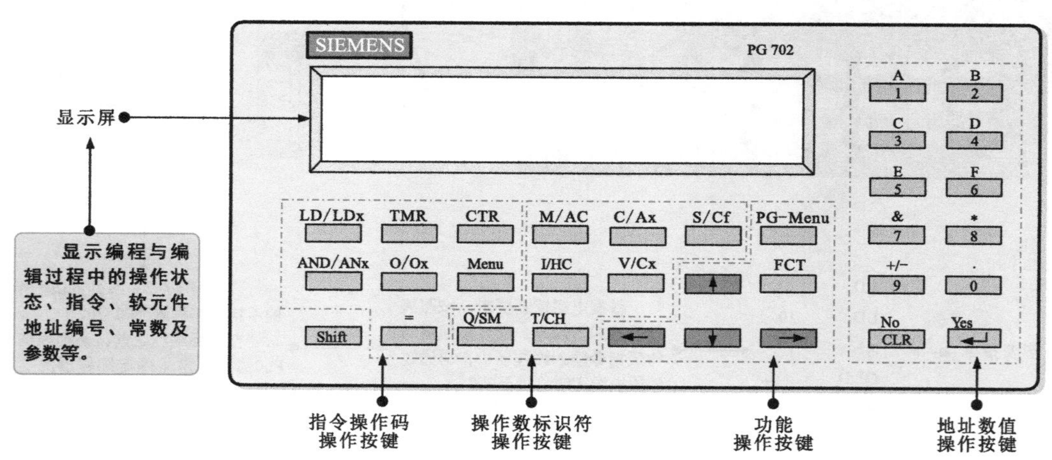

（a）前面板各功能按键及显示屏的分布示意图

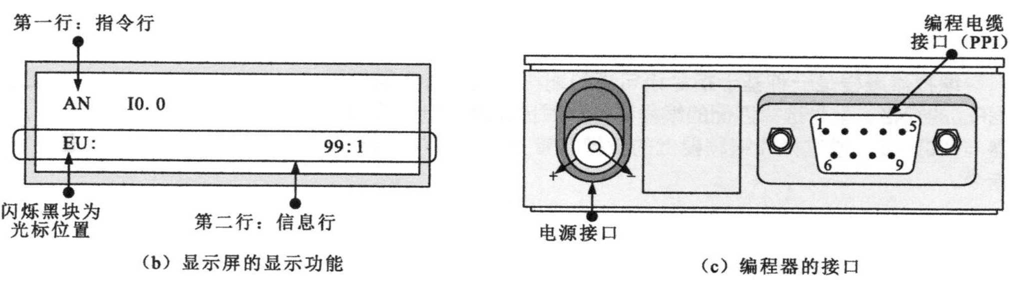

（b）显示屏的显示功能　　（c）编程器的接口

图5-3　手持式编程器PG 702的操作面板

5.2 PLC的编程软件

编程软件是指专门用于对某品牌或某型号PLC进行程序编写的软件。常用PLC对应的编程软件见表5-2。

表5-2 常用PLC对应的编程软件

PLC		编程软件
三菱	三菱通用	GX Developer
	FX系列	FXGP-WIN-C
	Q、QnU、L、FX等系列	Gx Work2（PLC综合编程软件）
西门子	S7-200 SMART PLC	STEP 7-Micro/WIN SMART
	S7-200 PLC	STEP 7-Micro/WIN
	S7-300/400PLC	STEP7 V
松下		FPWIN-GR
欧姆龙		CX-Programmer
施耐德		unity pro XL
台达		WPLSoft 或ISPSoft
AB		Logix5000

不同品牌的PLC所采用的编程软件不同，甚至有些相同品牌不同系列的PLC所采用的编程软件也不同。

STEP 7-Micro/WIN SMART编程软件用于编写西门子S7-200 SMART PLC的控制程序。使用时，先启动运行已安装好的编程软件，即安装编程软件后，单击桌面上的图标或执行“开始”→“所有程序”→“STEP 7-MicroWIN SMART”，进入编程环境。

5.2.1 STEP 7-Micro/WIN SMART编程软件

1 启动STEP 7-Micro/WIN SMART编程软件

图5-4为STEP 7-Micro/WIN SMART编程软件的启动运行方法。

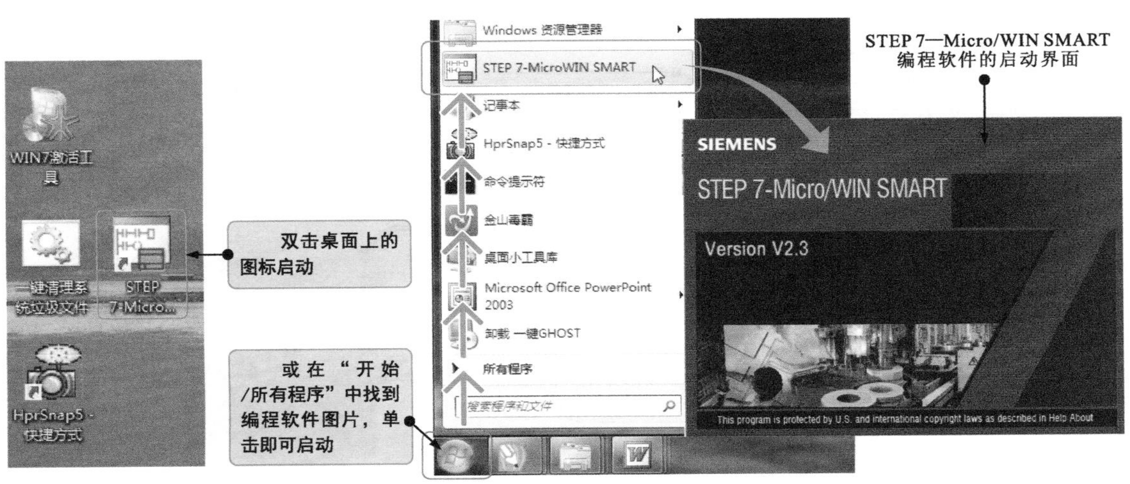

图5-4 STEP 7-Micro/WIN SMART编程软件的启动运行方法

启动STEP 7-Micro/WIN SMART编程软件后，即可看到基本编程工具、工作界面等，如图5-5所示。

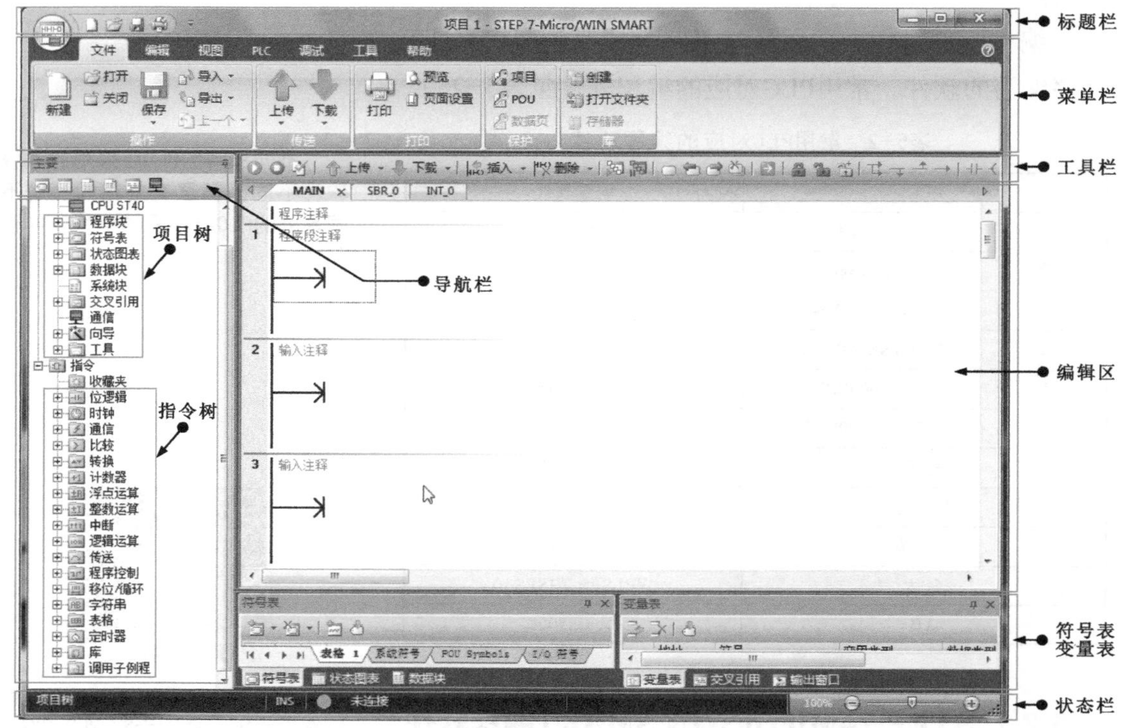

图5-5 STEP 7-Micro/WIN SMART编程软件的基本编程工具、工作界面

2 计算机与PLC主机之间的连接

借助编程电缆（以太网通信电缆）将计算机通信接口与S7-200 SMART系列PLC主机上的通信接口连接，如图5-6所示。

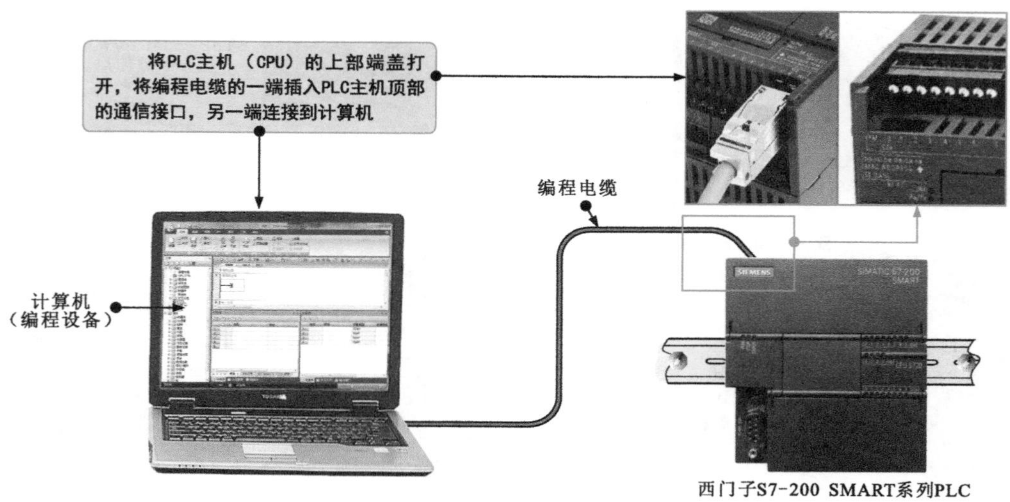

图5-6 计算机与PLC主机之间的连接

在PLC主机（CPU）与计算机建立通信时应注意：

● 组态/设置：单个PLC主机（CPU）不需要硬件配置。如果想在同一个网络中安装多个CPU，则必须将默认IP地址更改为新的唯一的IP地址。

● 一对一通信不需要以太网交换机；网络中有两个以上的PLC时需要以太网交换机。

3 建立编程软件与PLC主机之间的通信

图5-7为建立STEP 7-Micro/WIN SMART编程软件与PLC主机之间的通信操作。

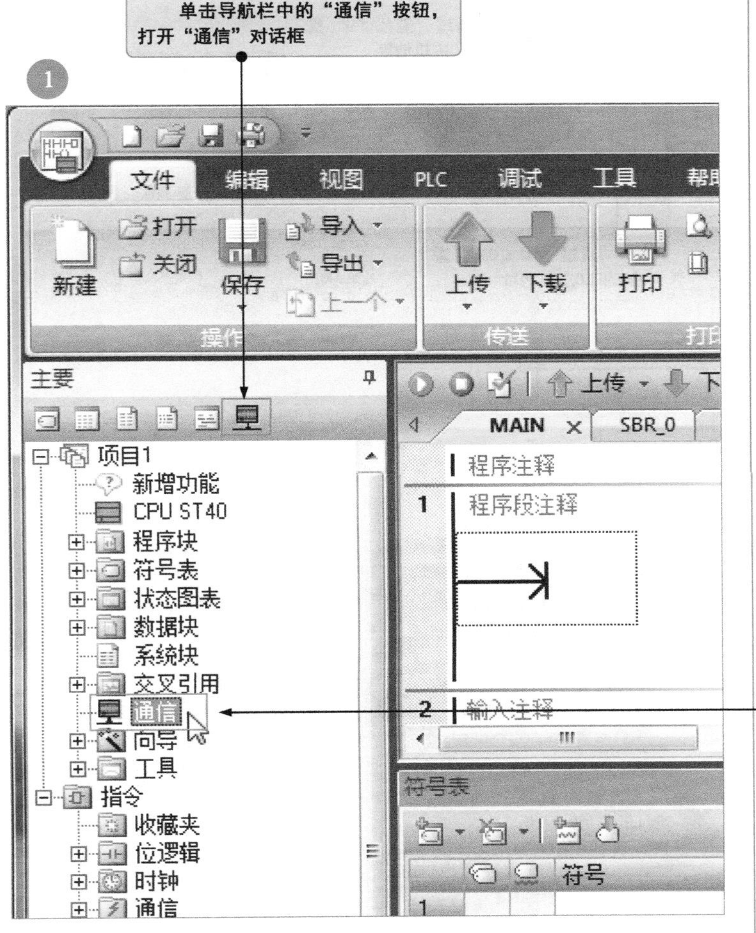

图5-7 建立STEP 7-Micro/WIN SMART编程软件与PLC主机之间的通信操作

1 建立STEP 7-Micro/WIN SMART编程软件与PLC主机之间的通信，首先在计算机中启动STEP 7-Micro/WIN SMART编程软件，在软件操作界面上用鼠标双击项目树中的“通信”图标或单击导航栏中的“通信”按钮。

划重点

2 弹出“通信”设置对话框，有两种方法可选择所要访问的PLC主机（CPU）。

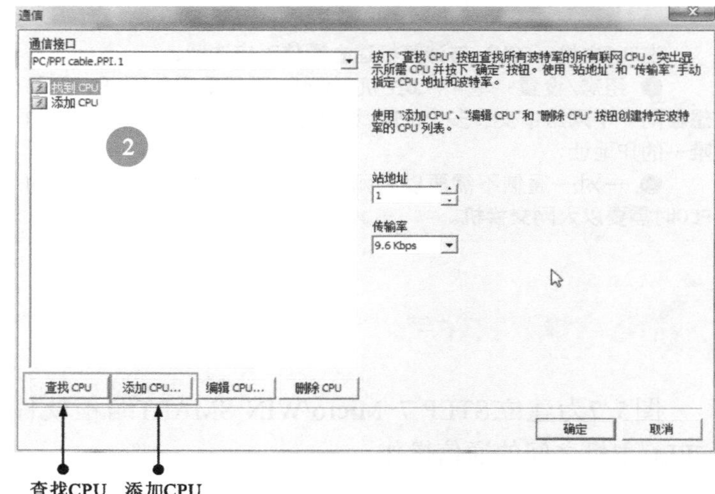

3 单击“查找CPU”按钮，使STEP 7-Micro/WIN SMART在本地网络中搜索CPU，所找到CPU的IP地址将在“找到CPU”下列出。

单击“添加CPU”按钮，手动输入所要访问的CPU（IP地址等），添加CPU的IP地址将在“添加CPU”下列出。

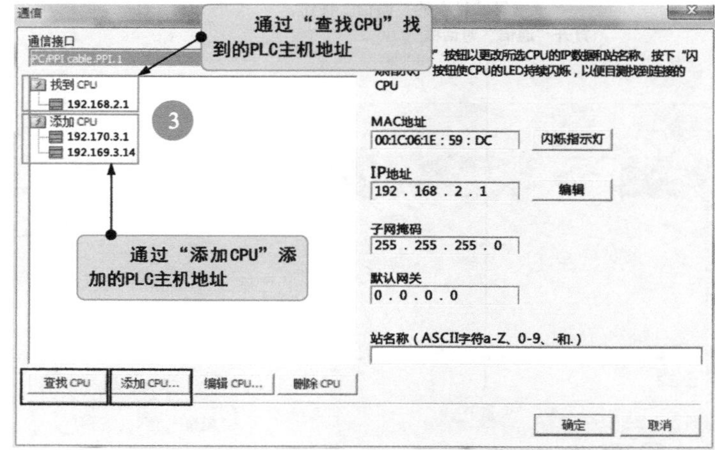

4 在“通信”设置对话框中，可通过右侧的“编辑”功能调整IP地址，编辑完成后，单击右侧的“闪烁指示灯”按钮，观察PLC模块相应指示灯的状态来检测通信是否成功建立。

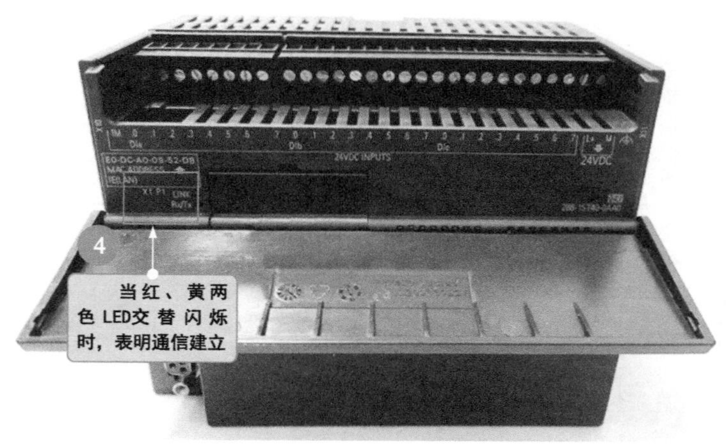

图5-7 建立STEP 7-Micro/WIN SMART编程软件与PLC主机之间的通信操作（续）

接下来，在STEP 7-Micro/WIN SMART编程软件中对“系统块”进行设置，以便能够编译产生正确的代码文件，如图5-8所示。

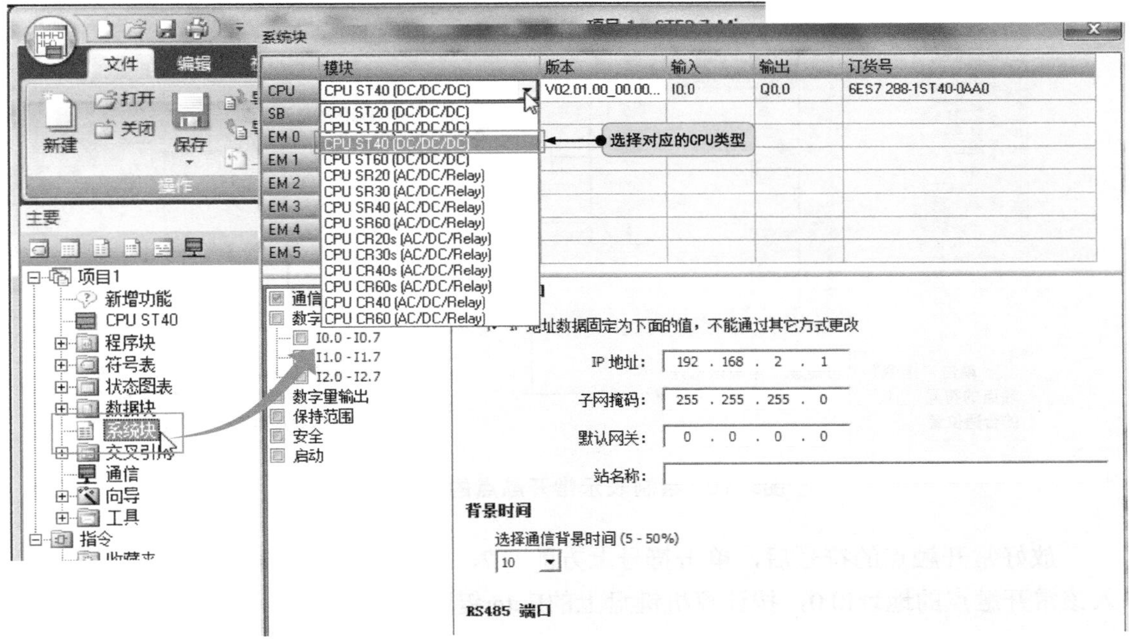

图5-8 在STEP 7-Micro/WIN SMART编程软件中对“系统块”进行设置

 4 绘制梯形图

以如图5-9所示梯形图的编写为例，介绍使用STEP 7-Micro/WIN SMART编程软件绘制梯形图的基本方法。

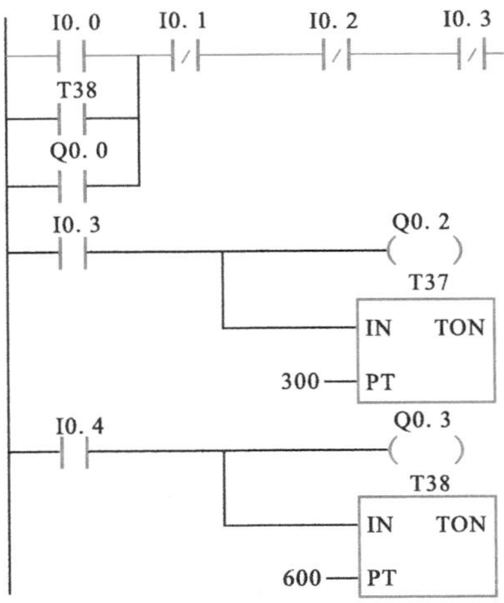

图5-9 梯形图案例

首先，在编辑区根据要求绘制表示常开触点的符号I0.0，如图5-10所示。

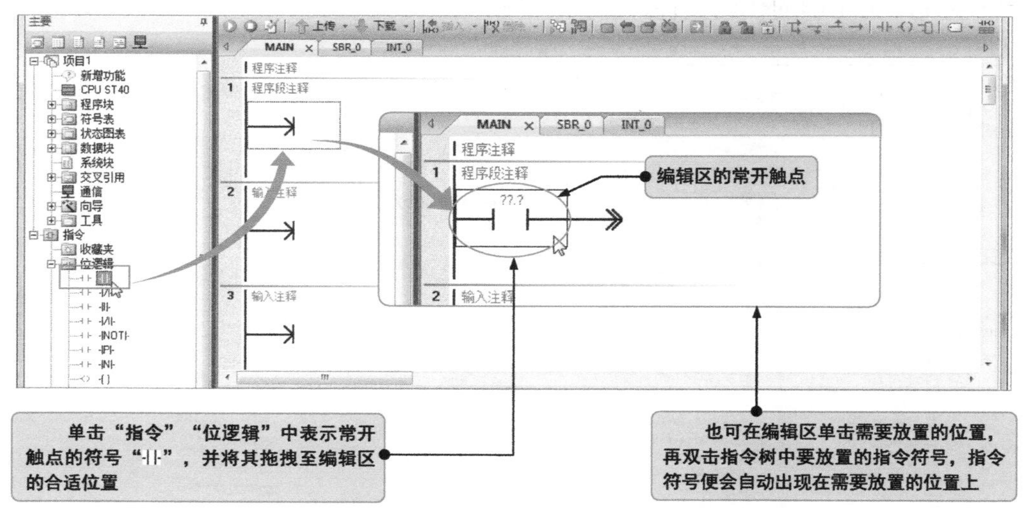

图5-10 绘制表示常开触点的符号I0.0

放好常开触点的符号后，单击符号上方的??.?，将光标定位在输入框内，即可以输入该常开触点的地址I0.0，按计算机键盘上的Enter键即可完成输入，如图5-11所示。

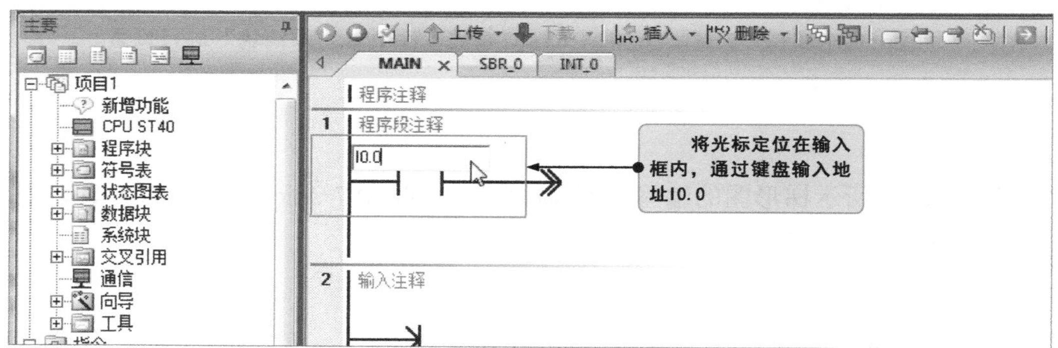

图5-11 常开触点地址的输入

接着，可按照同样的操作步骤，分别输入第一条程序的其他元件，过程如下：

单击指令树中的“-|/|-”指令，将其拖拽到编辑区的相应位置，在??.?的输入框中输入I0.1，按键盘上的Enter键。

单击指令树中的“-|/|-”指令，将其拖拽到编辑区的相应位置，在??.?的输入框中输入I0.2，按键盘上的Enter键。

单击指令树中的“-|/|-”指令，将其拖拽到编辑区的相应位置，在??.?的输入框中输入I0.3，按键盘上的Enter键。

单击指令树中的“-|/|-”指令，将其拖拽到编辑区的相应位置，在??.?的输入框中输入Q0.1，按键盘上的Enter键。

单击指令树中的“-( )”指令，将其拖拽到编辑区的相应位置，在??.?的输入框中输入Q0.0，按键盘上的Enter键。至此，第一条程序绘制完成。

根据图5-9的梯形图案例，接下来需要输入常开触点I0.0的并联元件T38和Q0.0，如图5-12所示。

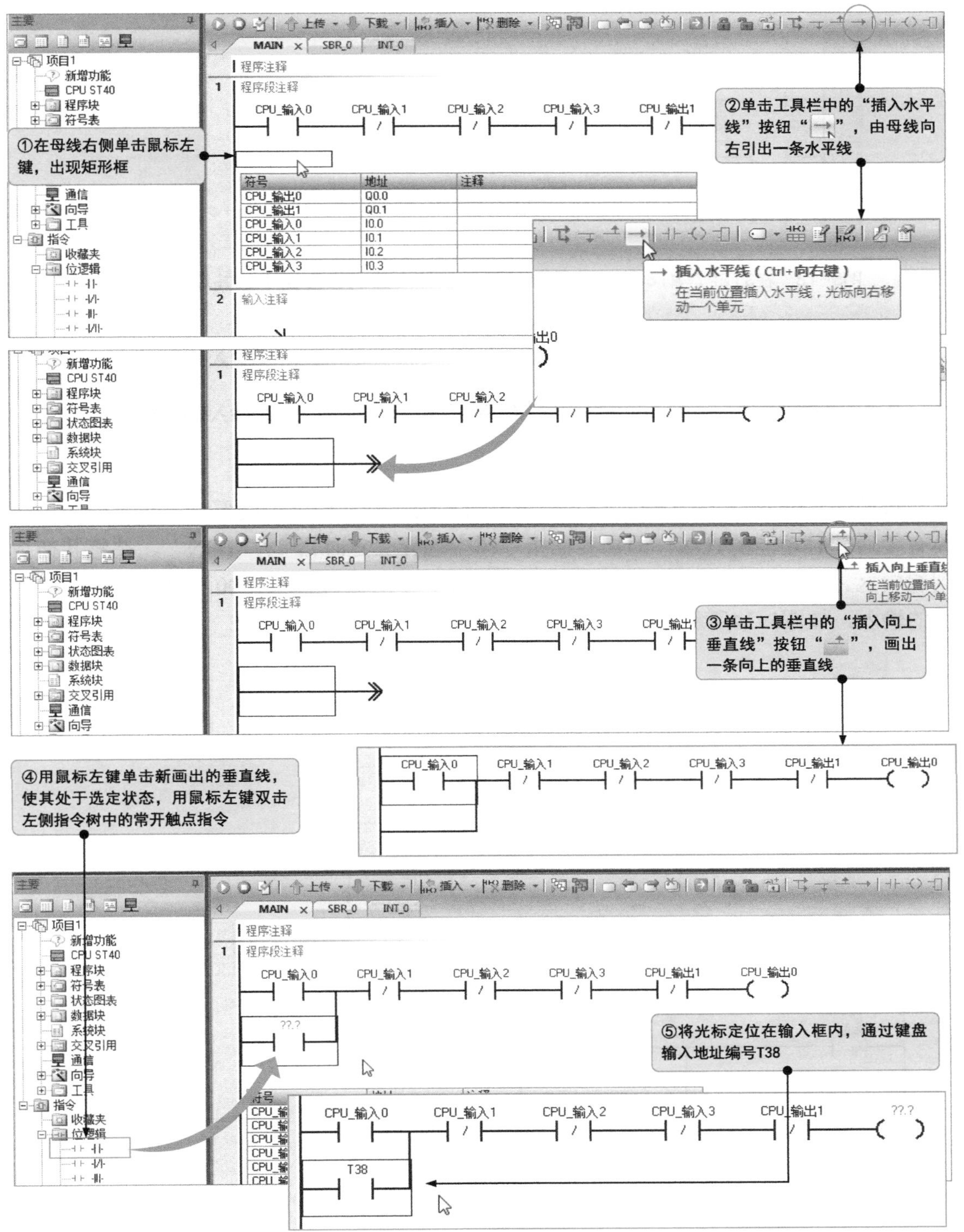

图5-12　在STEP 7-Micro/WIN SMART编程软件中绘制梯形图中的并联元件T38

按照相同的操作方法绘制并联元件Q0.0，如图5-13所示。

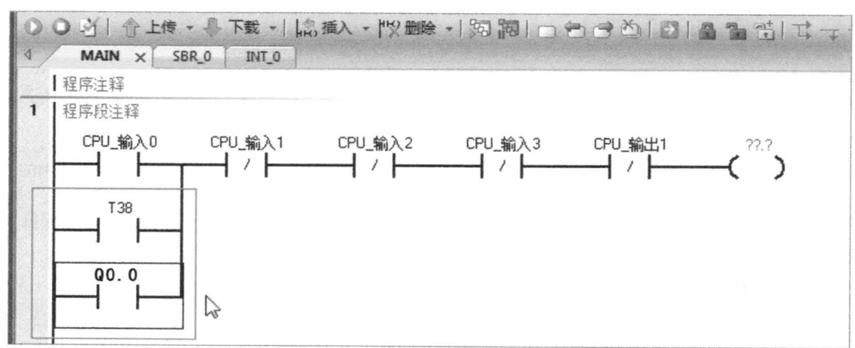

图5-13　在STEP7-Micro/WIN SMART编程软件中绘制梯形图中的并联元件Q0.0

接下来，绘制梯形图的第二条程序，过程如下：

单击指令树中的“-| |-”指令，将其拖拽到编辑区的相应位置，在??.?的输入框中输入I0.3，按键盘上的Enter键。

单击指令树中的“-( )”指令，将其拖拽到编辑区的相应位置，在??.?的输入框中输入Q0.2，按键盘上的Enter键。

按照图5-9的梯形图案例，接下来需要放置指令框。根据控制要求，定时器应选择具有接通延时功能的TON，即需要在指令树中选择“定时器”/“TON”，并将其拖拽到编辑区，在接通延时功能的TON符号的????中分别输入T37、300，即完成定时器指令的输入，如图5-14所示。

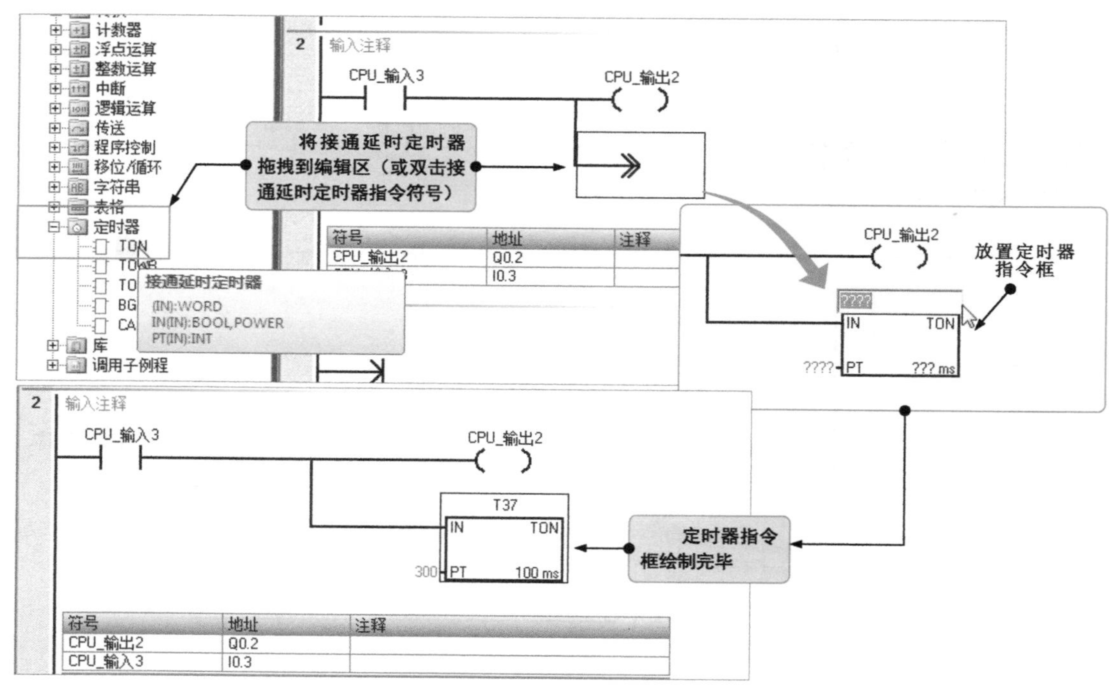

图5-14　绘制指令框

用相同的方法绘制第三条程序，如图5-15所示。

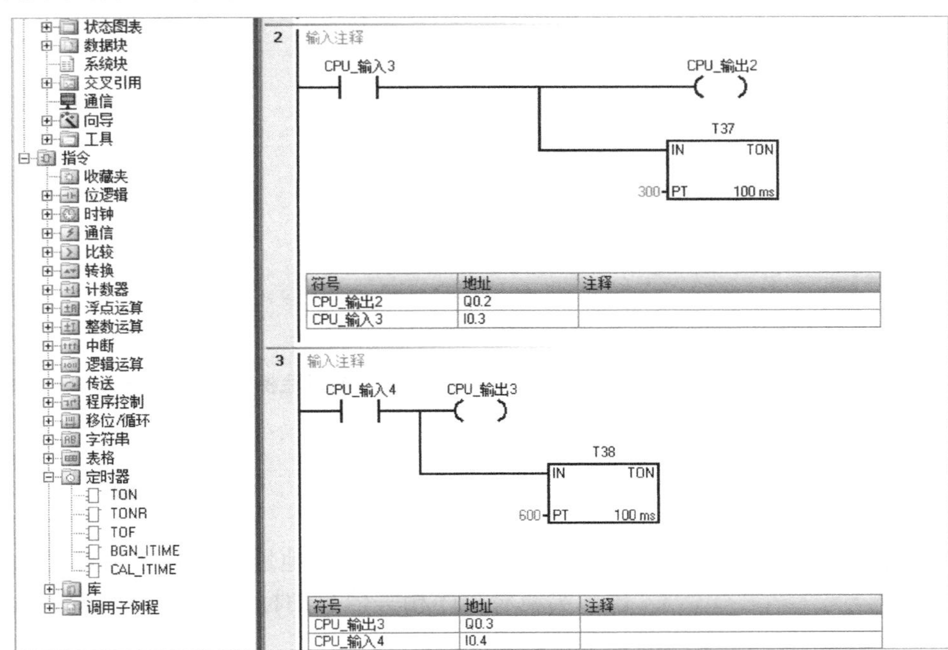

图5-15　图5-9梯形图案例中第三条程序的绘制

单击指令树中的“-| |-”指令，将其拖拽到编辑区的相应位置，在??.?的输入框中输入I0.4，按键盘上的Enter键。

单击指令树中的“-( )”指令，将其拖拽到编辑区的相应位置，在??.?的输入框中输入Q0.3，按键盘上的Enter键。

单击指令树中的“定时器”/“TON”，将其拖拽到编辑区，在两个????的输入框中分别输入T38和600，完成梯形图的绘制。

在编写程序的过程中，如需要进行删除、插入等操作，则可选择工具栏中的插入、删除等按钮进行相应的操作，或在需要调整的位置，单击鼠标右键，即可显示“插入”/“列”或“行”、删除行、删除列等操作选项，选择相应的操作即可，如图5-16所示。

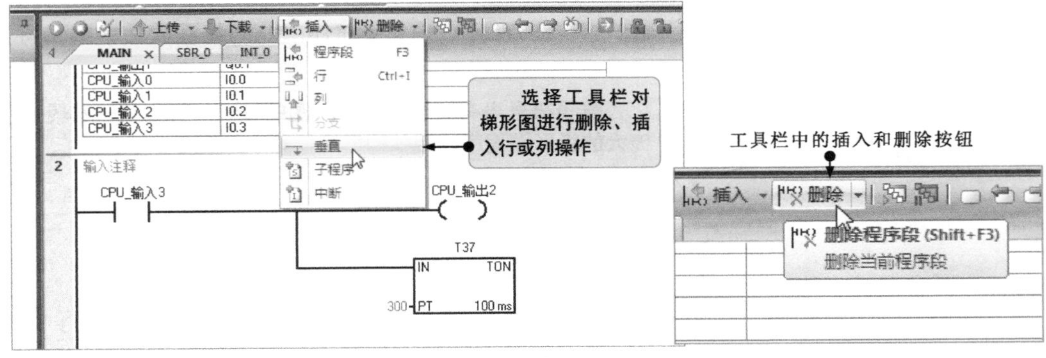

图5-16　在STEP 7-Micro/WIN SMART编程软件中插入或删除梯形图的某行或某列

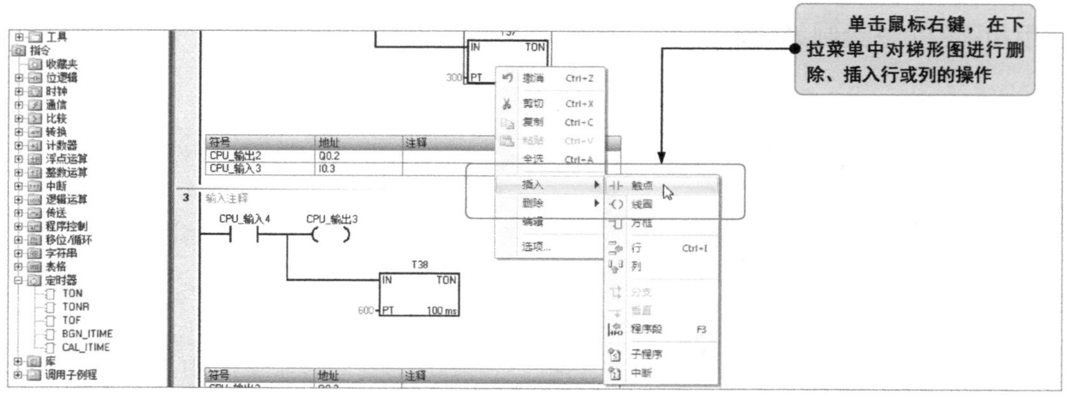

图5-16　在STEP 7-Micro/WIN SMART编程软件中插入或删除梯形图的某行或某列（续）

5 编辑符号表

编辑符号表可将元件地址用具有实际意义的符号代替，实现对程序相关信息的标注，如图5-17所示。

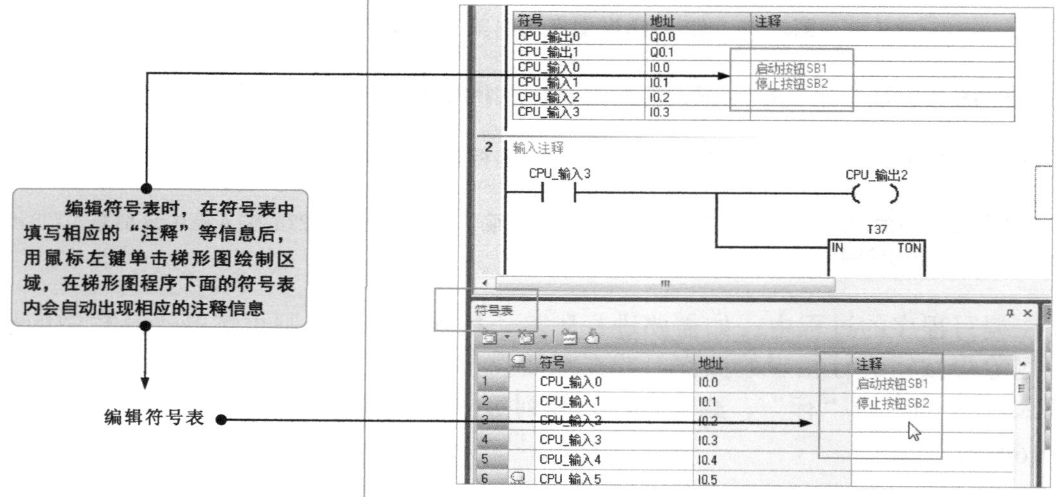

图5-17　在STEP 7-Micro/WIN SMART编程软件中编辑符号表

多说两句！

编辑符号表有利于进行梯形图的识读，特别是一些较复杂和庞大的梯形图程序，相关的标注信息十分重要。

6 保存项目

图5-9所示梯形图绘制完成后，即可进行保存。图5-18为梯形图的保存操作。

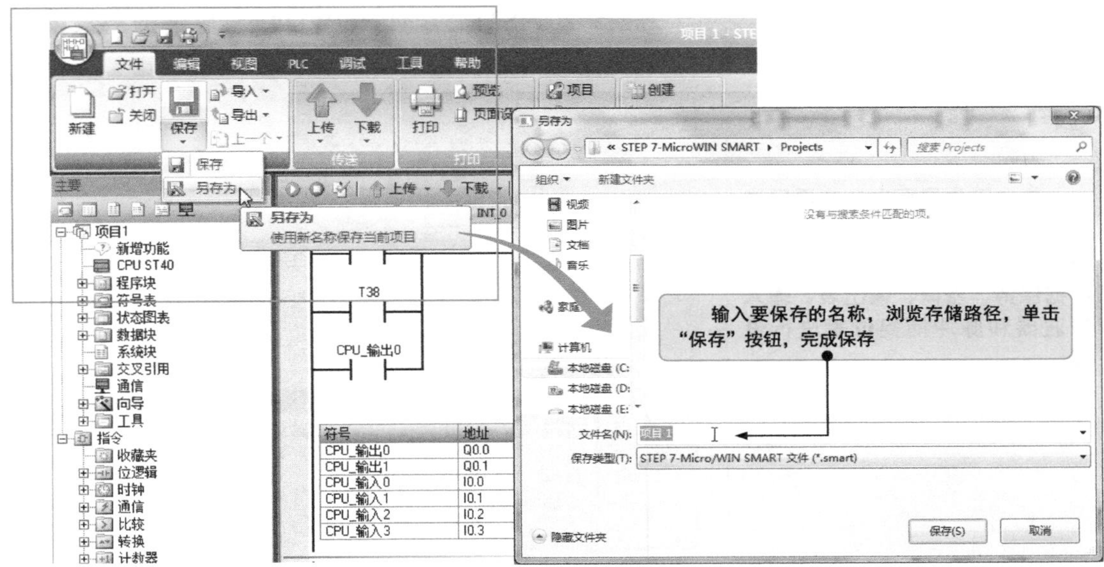

图5-18 梯形图的保存操作

5.2.2 STEP 7-Micro/WIN编程软件

STEP 7-Micro/WIN编程软件主要作为西门子S7-200系列PLC的专用编程软件。

图5-19为STEP 7-Micro/WIN编程软件的基本操作界面。由图可知，该操作界面主要分为几个区域，各区域用来显示不同的信息内容。其中，编辑区为程序编写区域，所有的程序均在此显示。

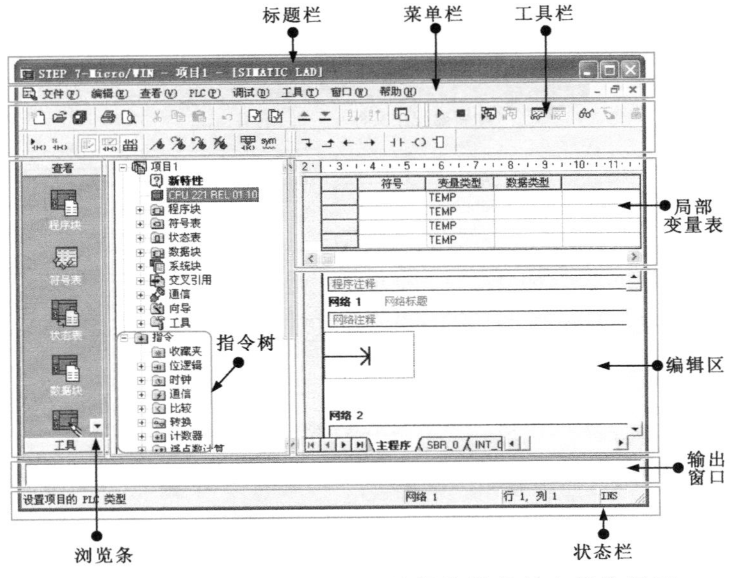

图5-19 STEP 7-Micro/WIN编程软件的基本操作界面

STEP 7-Micro/WIN编程软件具有多项功能，适用于对西门子S7-200系列PLC各种模式下的编程，具体功能如下：

- 支持STL（指令表）、LAD（梯形图）、FBD（逻辑功能块图）3种编程语言。
- 具有在离线方式下创建、编辑、编译、调试和系统组态功能。
- 具有参数设置、在线诊断、指令向导、监控、强制操作和密码保护功能。
- 内置USS协议库、Modbus从站协议指令、PID整定控制界面等。
- 使用PPI协议编程电缆或CP通信卡可实现PLC与计算机之间的通信。

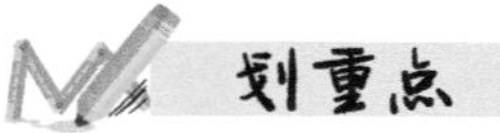

单击工作界面左侧查看区域中的系统块图标，即可弹出系统块的参数设置对话框，可对断电数据保持、密码、输出表、输入滤波器和脉冲捕捉位等进行设置。

图5-20为STEP 7-Micro/WIN编程软件的参数设置。

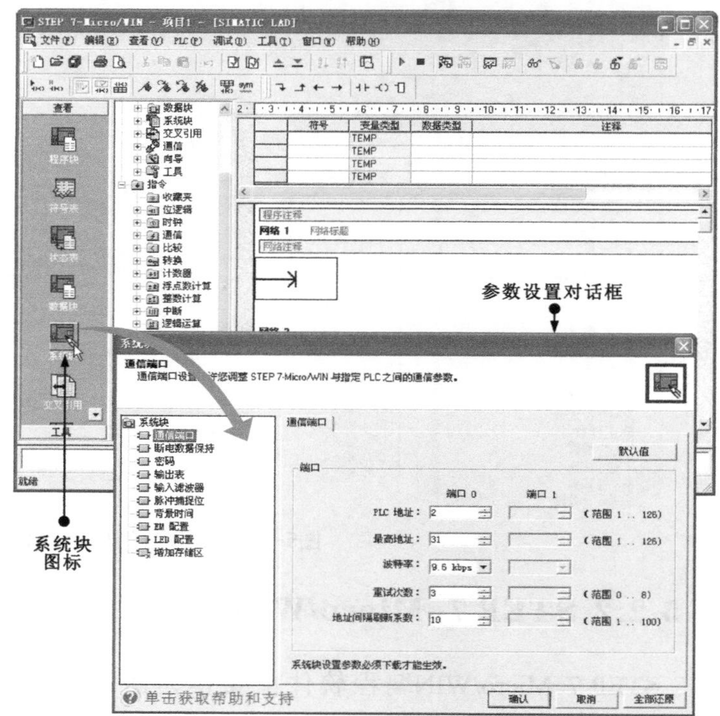

图5-20　STEP 7-Micro/WIN编程软件的参数设置

1 新建项目

若要编写程序，则首先需要新建程序文件。启动编程软件后，选择“文件”/“新建”命令或工具栏中的新建按钮 新建一个程序文件，程序文件名默认为“项目1”，PLC类型默认为CPU221。

图5-21为新建项目操作。

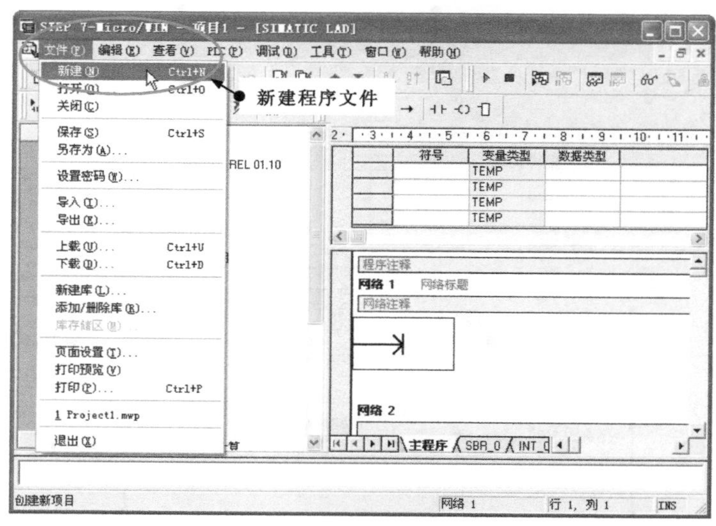

图5-21　新建项目操作

新建项目后，可根据需要将新建项目的名称修改为所编写程序的名称；PLC类型必须根据控制系统实际选择的PLC类型进行修改。

图5-22为PLC类型的修改。

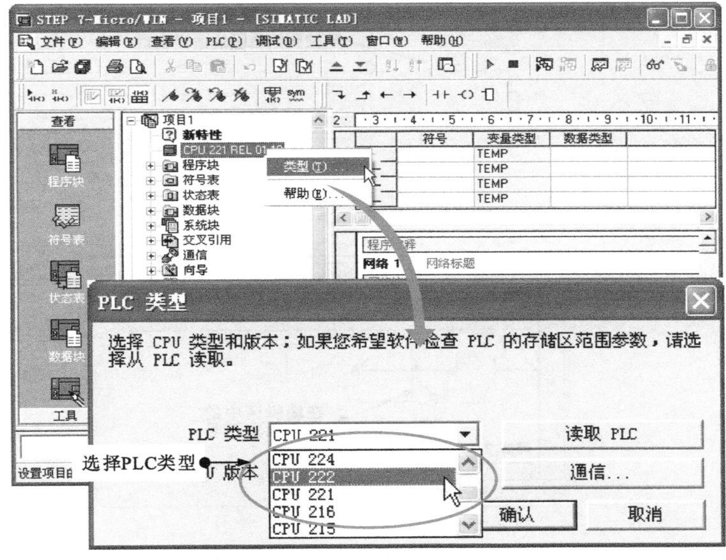

图5-22　PLC类型的修改

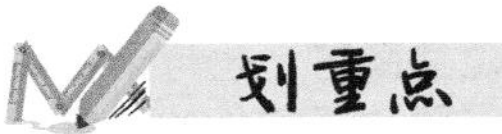

图5-22根据系统需要选择PLC的类型为CPU 222，即在新建项目界面中的指令树模块中右击“CPU 221 REL 01 10”选择“类型”命令，在“PLC类型”中选择“CPU 222”，单击“确认”按钮，PLC类型即可修改为CPU 222。

2 梯形图模式的设置

图5-23为梯形图模式的设置。

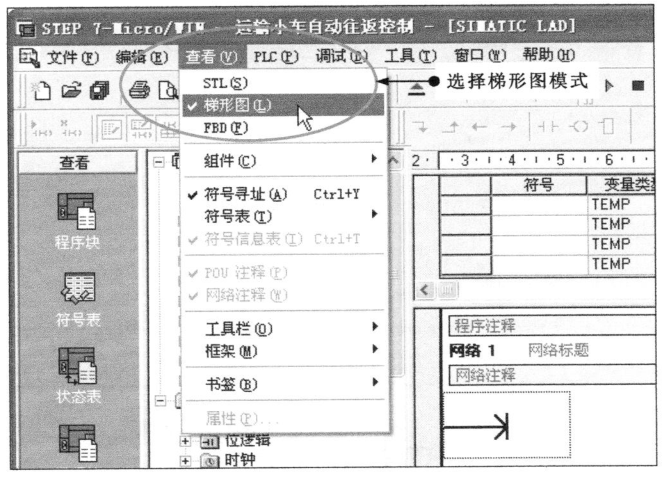

图5-23　梯形图模式的设置

图5-23中，首先选择“查看”/“梯形图”命令，将编程软件的编辑器模式设置为梯形图，为绘制梯形图做好准备；然后参照梯形图分别绘制编程元件符号、输入编程地址、绘制垂直线、绘制水平线等。

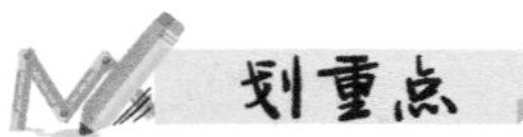

在图5-24中，单击指令树中“指令”/“位逻辑”中表示常开触点的符号-||-，将其拖拽至编辑区的适当位置即可；也可以在编辑区单击需要放置符号的位置，再双击指令树中要放置的符号，符号便会自动放置在需要的位置。

在图5-25中，单击常开触点符号上方的??.?，将光标定位在输入框内，即可以通过键盘输入地址I0.0。

图5-24为绘制表示常开触点符号的操作方法。

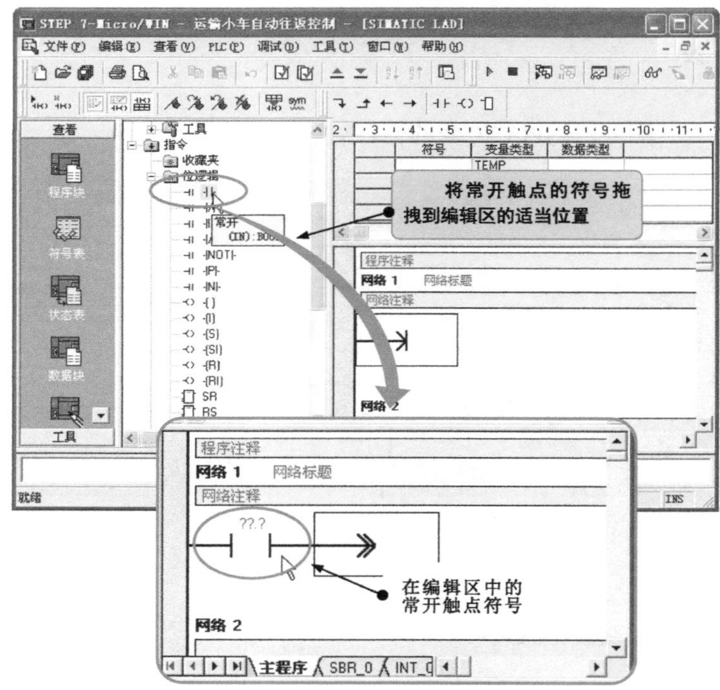

图5-24 绘制表示常开触点符号的操作方法

图5-25为常开触点地址的输入操作。

图5-25 常开触点地址的输入操作

图5-26为绘制垂直线和水平线的操作方法。

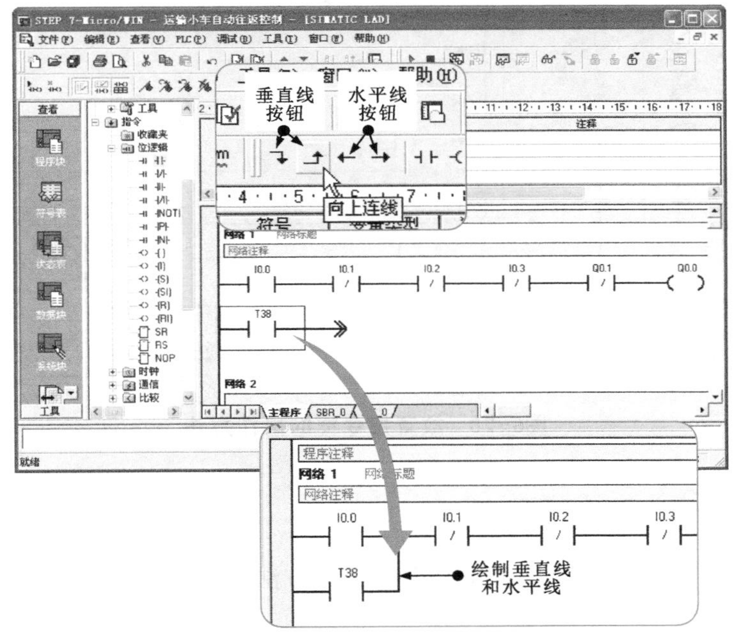

图5-26 绘制垂直线和水平线的操作方法

图5-27为插入和删除行或列的操作方法。

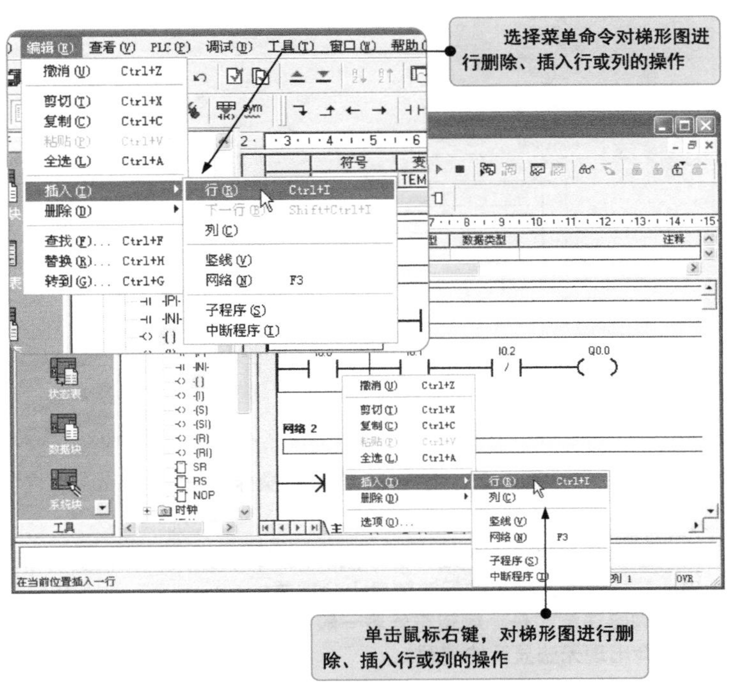

图5-27 插入和删除行或列的操作方法

划重点

在图5-26中，通过垂直线按钮和水平线按钮即可实现垂直线和水平线的绘制，单击工具栏中的向上连线（垂直线）按钮，即可将T38并联在I0.0上。

在图5-27中，选择“编辑”/“插入”/“列”或“行”，或在需要删除或插入的位置单击鼠标右键，即可显示操作选项，选择相应的操作即可。

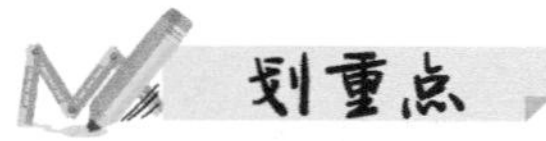

在图5-28中，在指令树中选择“定时器”/“TON”，将其拖拽到编辑区中的适当位置即可。

图5-28为放置指令框的操作方法。

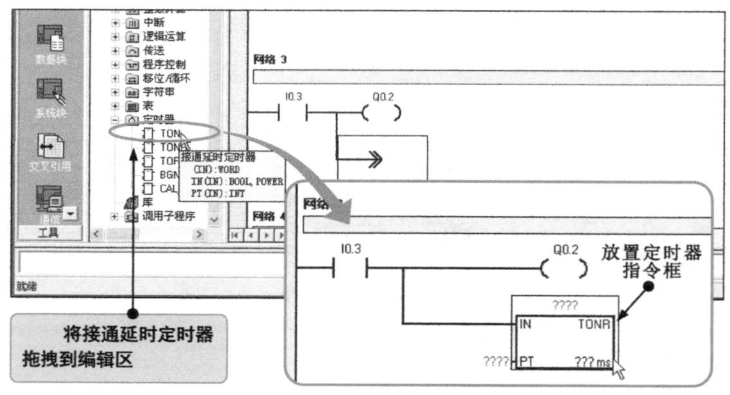

图5-28　放置指令框的操作方法

3 编辑符号表

在图5-29中，单击浏览条中的符号表图标或选择“查看”/“符号表”命令，弹出符号表界面，在符号表中分别填写相应的“符号”“地址”“注释”等信息即可。

图5-29为编辑符号表的操作方法。

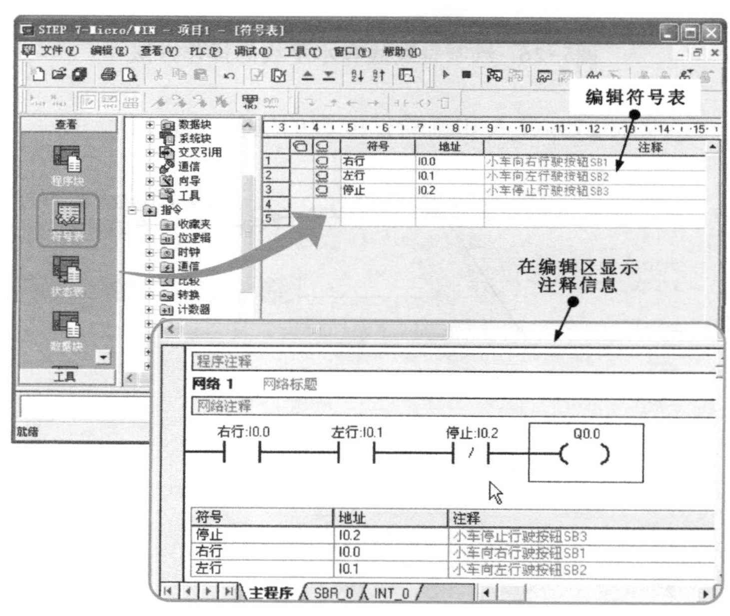

图5-29　编辑符号表的操作方法

编辑符号表有利于进行梯形图的识读，特别是一些较复杂和庞大的梯形图，相关的标注信息十分重要。

需要注意的是，编辑符号表一般在编写程序前先进行定义，否则会出现无法显示的问题。

4 保存和编译

图5-30为梯形图的保存和离线编译操作。

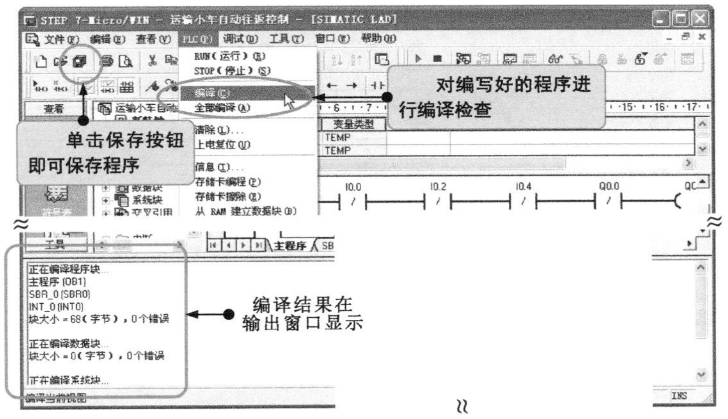

图5-30　梯形图的保存和离线编译操作

完成梯形图的绘制后，需要进行保存。

在图5-30中，单击按钮图标或单击菜单栏“文件”/“保存”命令即可保存程序。程序绘制和保存完成后，一般还需要进行离线编译操作，用来检查程序大小、有无错误编码等。

图5-30中，选择菜单栏中“PLC”/“编译”命令或按下按钮图标（工具栏中），在程序的输出窗口即可显示编译结果。

其中，编译按钮“”可完成对某个程序块的编译操作，全部编译按钮“”可完成对整个程序的编译操作。在编译过程中，若发现错误，则需要及时调整和修改，并再次执行“变换”→“保存”，并将最终修改的结果保存。

5 下载、运行与停止程序

图5-31为梯形图的写入操作。

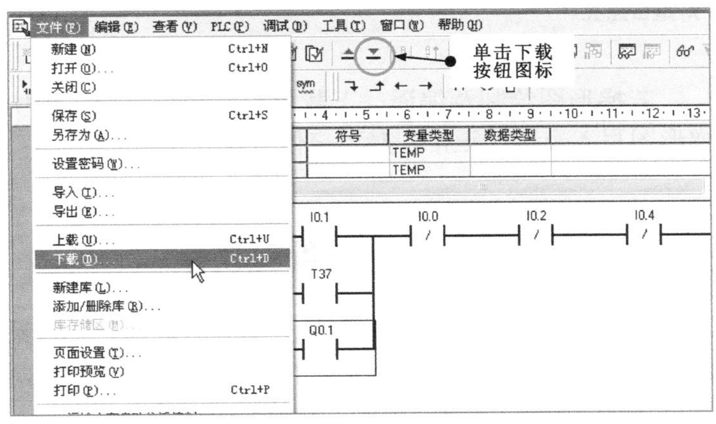

图5-31　梯形图的写入操作

使用PC/PPI和USB/PPI编程电缆将西门子S7-200系列PLC与编程计算机连接，单击菜单栏中的“文件”/“下载”命令或单击下载按钮图标，即可将编写好的梯形图写入PLC。

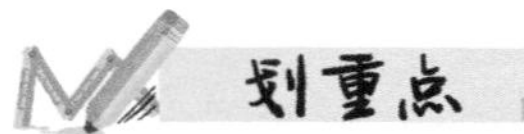

对于图5-32，需要注意检查编程电缆是否与编程计算机和PLC匹配、通信接口的设置是否正常等，在排除连接及设置故障后，即可完成梯形图的写入。

若通信异常或编程电缆连接错误，便会显示通信错误对话框，如图5-32所示。

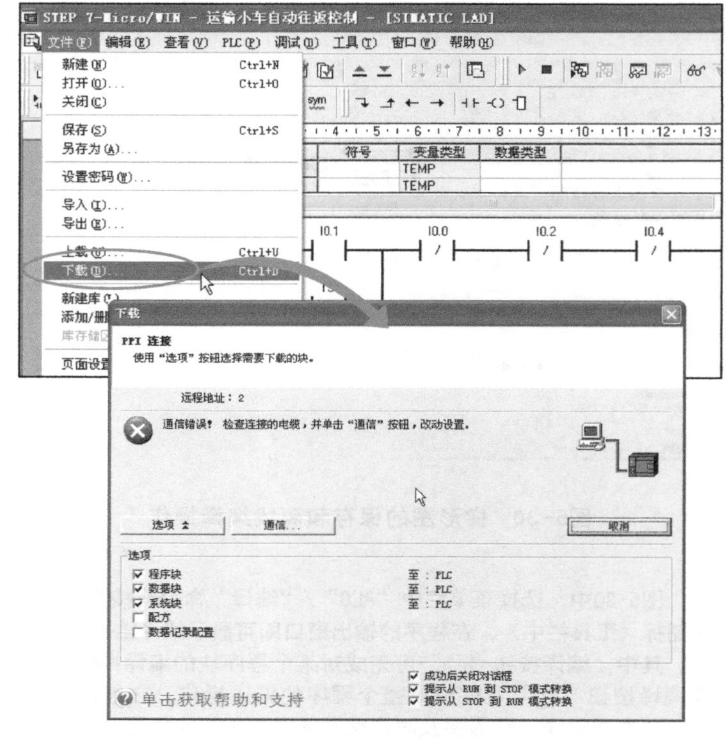

图5-32　通信错误对话框

至此，PLC梯形图的绘制及写入操作完成，将PLC上的RUN/TERM、STOP开关置于RUN，单击编程软件工具栏上的▶按钮，可自动弹出"RUN（运行）"对话框，单击"是"按钮，PLC的CPU开始运行用户程序，观察CPU的RUN指示灯是否点亮。

单击■按钮，可自动弹出"STOP（停止）"对话框，单击"是"按钮，PLC的CPU停止运行用户程序，观察CPU的STOP指示灯是否点亮。

若梯形图绘制及编译、下载等操作均正常后，表明梯形图写入及运行正常，接下来便可投入使用了。

GX Developer编程软件支持指令表、梯形图、顺序功能图、功能块图、结构化文本等多种编程语言，具有程序的创建、编辑、上传、下载、监视、诊断和调试等功能；支持在线和离线编程功能；可对多种网络进行参数设定。

5.2.3 GX Developer编程软件

GX Developer编程软件适用于三菱Q系列、QnA系列、A系列、FX系列所有PLC的编程，可在Windows 95/98/2000/XP操作系统中运行，功能十分强大。

图5-33为GX Developer编程软件的基本操作界面，主要分为几个区域，各区域显示的信息内容不同。其中，编辑区为程序编写区域，所有程序均在此显示。

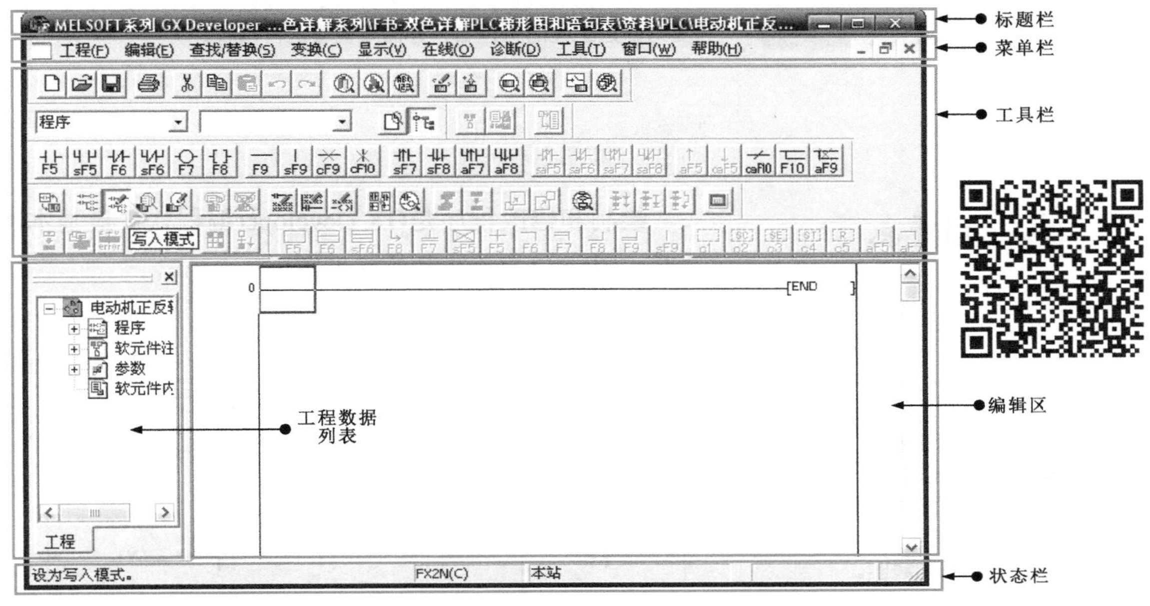

图5-33 GX Developer编程软件的基本操作界面

1 新建工程

若要编写一个程序，则首先需要新建一个工程文件。图5-34为新建工程的操作方法。启动编程软件后，执行“工程”/“创建新工程”命令或使用快捷键“Ctrl+N”进行新建工程的操作，会弹出“创建新工程”对话框。

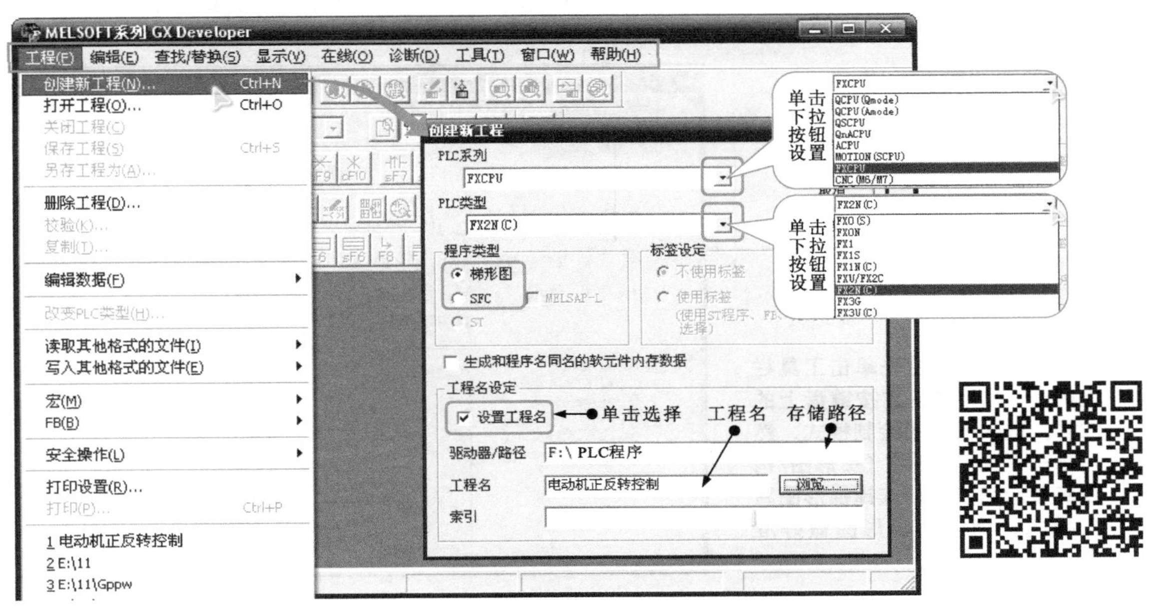

图5-34 新建工程的操作方法

在“创建新工程”对话框中，根据工程分析确定选用的PLC系列和PLC类型，图5-34中，PLC系列选择FXCPU，PLC类型选择FX2N（C），程序类型选择梯形图。新建工程后，还可根据需要对新建工程的工程名、存储路径等进行修改。

2 绘制梯形图

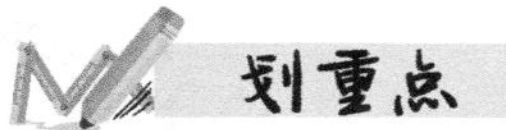

图5-35所示的梯形图是用来控制电动机正/反转的。梯形图中的触点对应开关、按钮、继电器或接触器等电气部件，线圈对应继电器或接触器的线圈。

绘制和修改程序是GX Developer编程软件最基本的功能。图5-35为待绘制的梯形图。

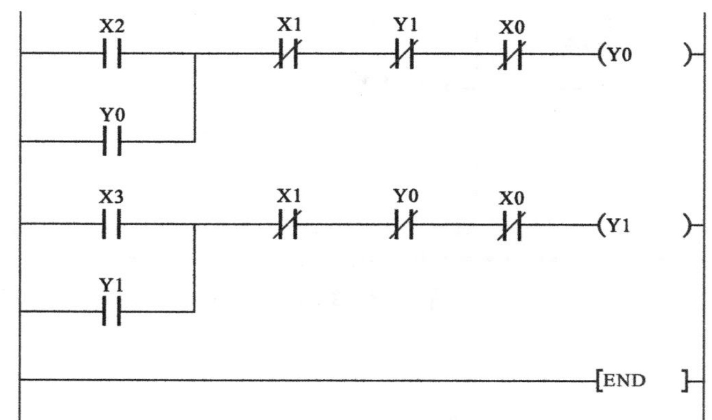

图5-35　待绘制的梯形图

图5-36为选择梯形图写入模式的操作方法。

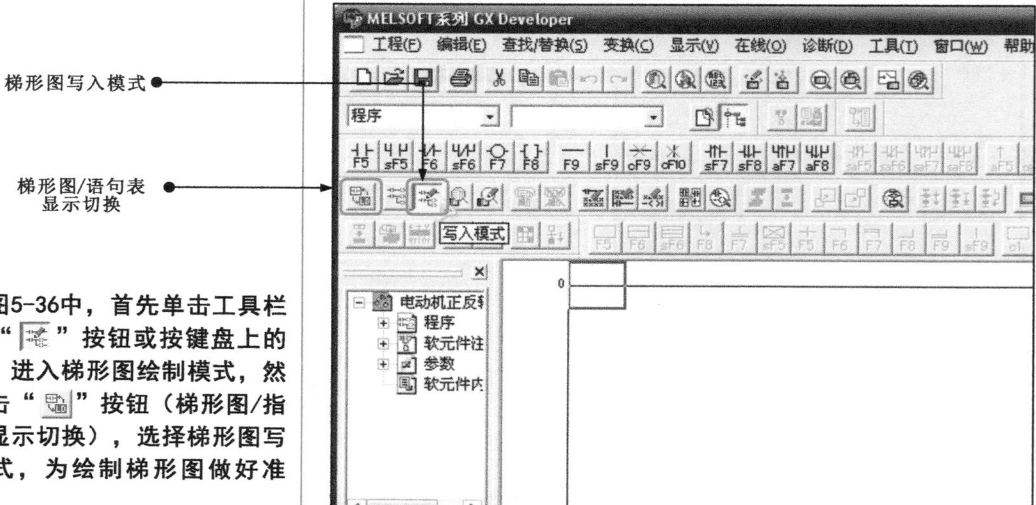

图5-36　选择梯形图写入模式的操作方法

图5-36中，首先单击工具栏上的“ ”按钮或按键盘上的F2键，进入梯形图绘制模式，然后单击“ ”按钮（梯形图/指令表显示切换），选择梯形图写入模式，为绘制梯形图做好准备。

图5-37为绘制编程元件符号的操作方法。

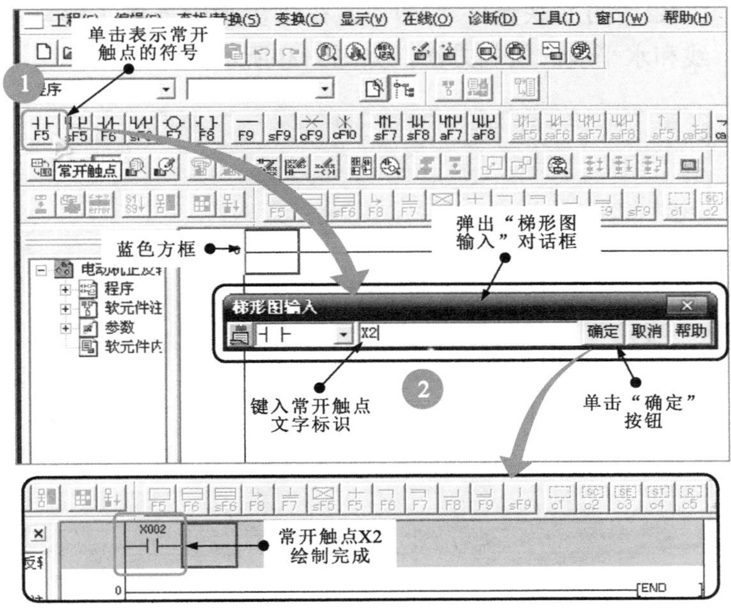

图5-37 绘制编程元件符号的操作方法

接着，采用同样的方法，绘制第一条程序中的其他元件。

单击“F6”，在“梯形图输入”对话框中创建“X1”。

单击“F6”，在“梯形图输入”对话框中创建“Y1”。

单击“F6”，在“梯形图输入”对话框中创建“X0”。

单击“F7”，在“梯形图输入”对话框中创建“Y0”。

另外，也可以双击蓝色方框，弹出“梯形图输入”对话框，如图5-38所示，将光标定位在第一个输入框中，通过单击下拉按钮选择需要的编程元件，再将光标定位在第二个输入框，输入编程元件文字标识，单击“确定”按钮或Enter键，完成编程元件的绘制。

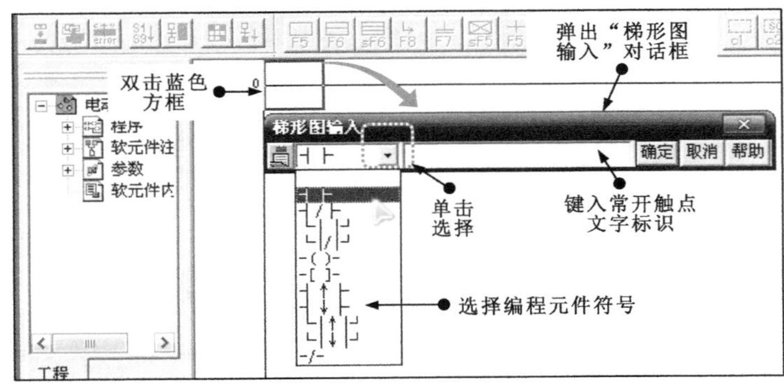

图5-38 采用其他方法绘制编程元件符号

划重点

1 单击工具栏中表示常开触点的符号“F5”。

2 弹出“梯形图输入”对话框，在光标指示位置，输入常开触点文字标识“X2”，单击“确定”按钮或Enter键，完成一个编程元件的绘制。

在GX Developer编程软件中，编程元件符号对应文字标识中的数字编号采用三位有效数字表示，即手绘梯形图中的文字标识“X0”在编程软件中默认为“X000”，“X2”在编程软件中默认为“X002”，“Y0”在编程软件中默认为“Y000”等。

划重点

另起一行，单击“F5”，在“梯形图输入”对话框的光标位置键入“Y0”，单击“确定”按钮，再单击“F10”或按F10键，选择画线输入，将Y0元件连接在X2与X1之间。

单击“F5”，在“梯形图输入”对话框中创建“X3”。

单击“F6”，在“梯形图输入”对话框中创建“X1”。

单击“F6”，在“梯形图输入”对话框中创建“Y0”。

单击“F6”，在“梯形图输入”对话框中创建“X0”。

单击“F7”，在“梯形图输入”对话框中创建“Y1”。

另起一行，单击“F5”，在“梯形图输入”对话框中创建“Y1”。

单击“F10’或按F10键选择画线输入，将Y1元件连接在X3与X1之间。

根据图5-35所示梯形图，接下来需要输入常开触点“X2”的并联元件“Y0”，在该步骤中需要了解垂直线和水平线的绘制方法，如图5-39所示。

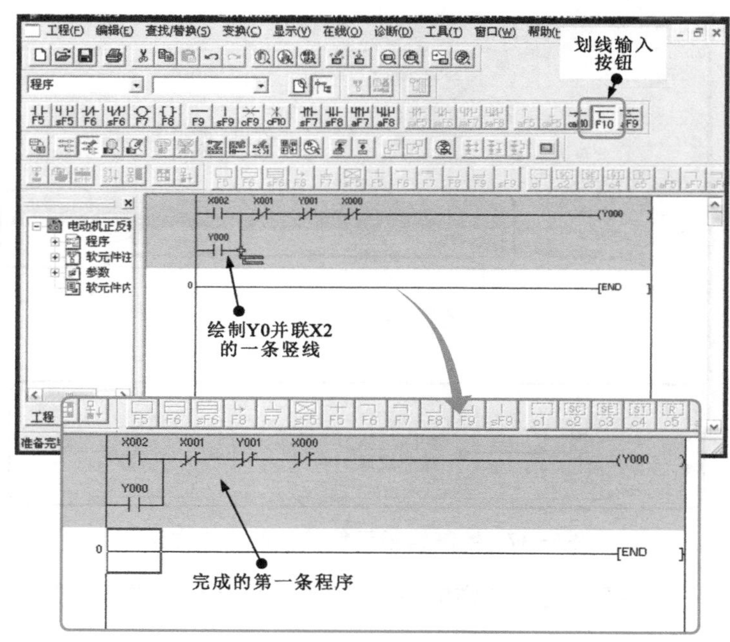

图5-39　垂直线和水平线的绘制方法

如图5-40所示，按照相同的操作方法绘制梯形图的第二条程序。

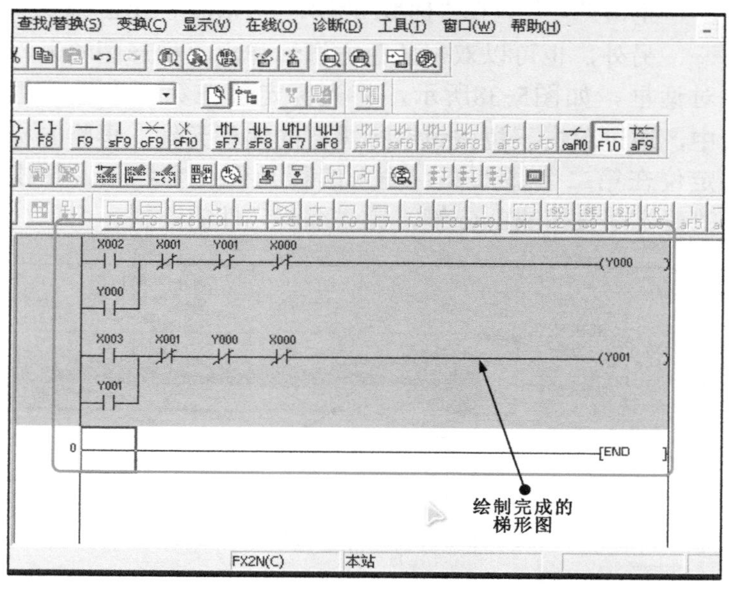

图5-40　梯形图第二条程序的绘制

图5-41为插入和删除行或列的操作。

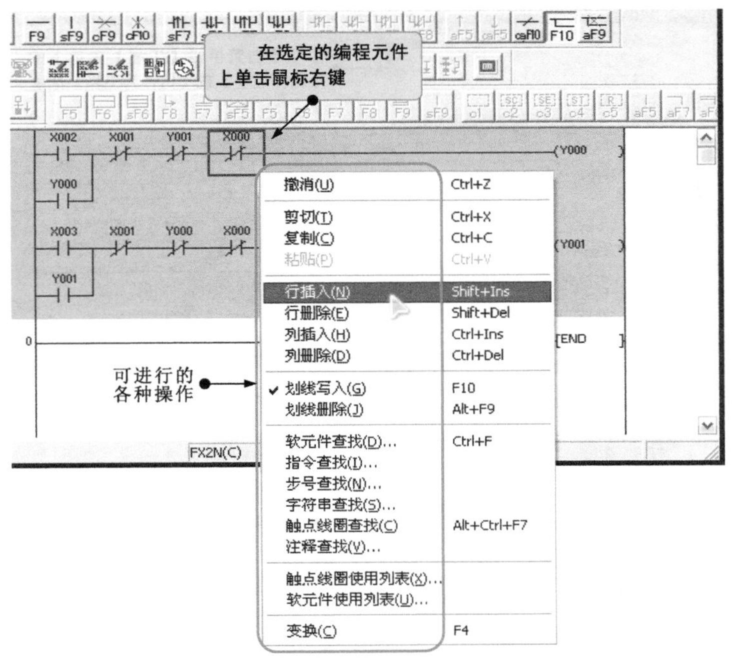

图5-41 插入和删除行或列的操作

在编写程序的过程中，如需要对梯形图的行或列进行删除、修改或插入等操作，则可在需要进行操作的位置单击鼠标左键选定，即可在该位置显示蓝色方框，在蓝色方框处单击鼠标右键，即可显示各种操作选项，选择相应的操作即可。

3 保存工程

完成梯形图的绘制后，需要进行保存，在保存之前，必须先执行“变换”操作，如图5-42所示。

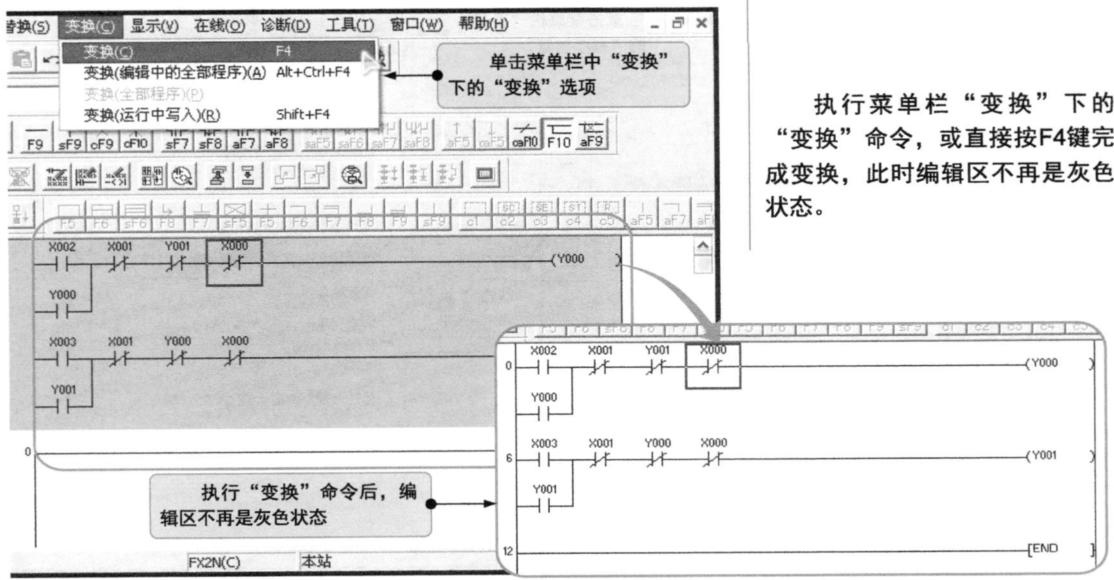

图5-42 梯形图的变换操作

执行菜单栏“变换”下的“变换”命令，或直接按F4键完成变换，此时编辑区不再是灰色状态。

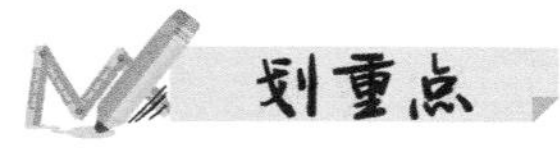

梯形图变换完成后，选择菜单栏“工程”中的“保存工程”或“另存工程为”，在弹出的对话框中单击“保存”按钮即可（若在新建工程操作中未对保存路径及工程名称进行设置，则可在该对话框中进行设置）。

图5-43为保存工程的操作方法。

图5-43　保存工程的操作方法

4 梯形图的检查

保存梯形图后，应执行“程序检查”指令，即选择菜单栏中“工具”下的“程序检查”，在弹出的对话框中，单击“执行”按钮，即可检查绘制的梯形图是否正确。

图5-44为梯形图的检查。

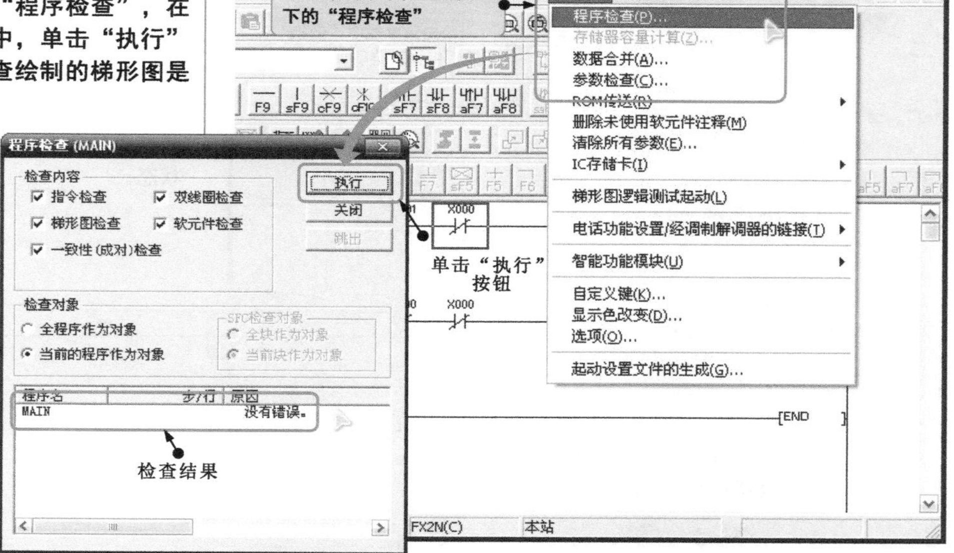

图5-44　梯形图的检查

第6章 三菱PLC梯形图

6.1 三菱PLC梯形图的特点和结构

6.1.1 三菱PLC梯形图的特点

PLC梯形图继承了继电器控制线路的设计理念，采用图形符号的连接形式直观形象地表达电气线路的控制过程。图6-1为典型的电气控制原理图和三菱PLC梯形图的对应关系。

（a）电气控制线路

（b）电气控制原理图

（c）三菱PLC梯形图

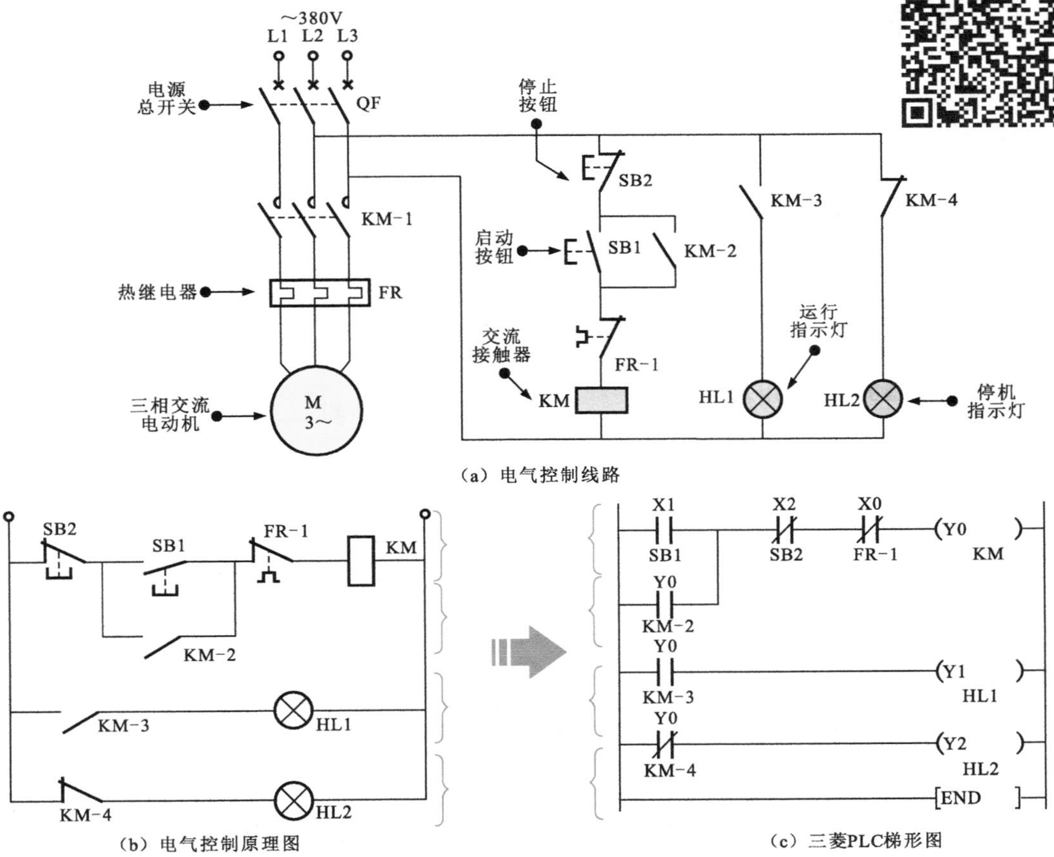

图6-1　典型的电气控制原理图和三菱PLC梯形图的对应关系

图6-2为三菱PLC梯形图与PLC输入、输出端子外接物理部件的关联。

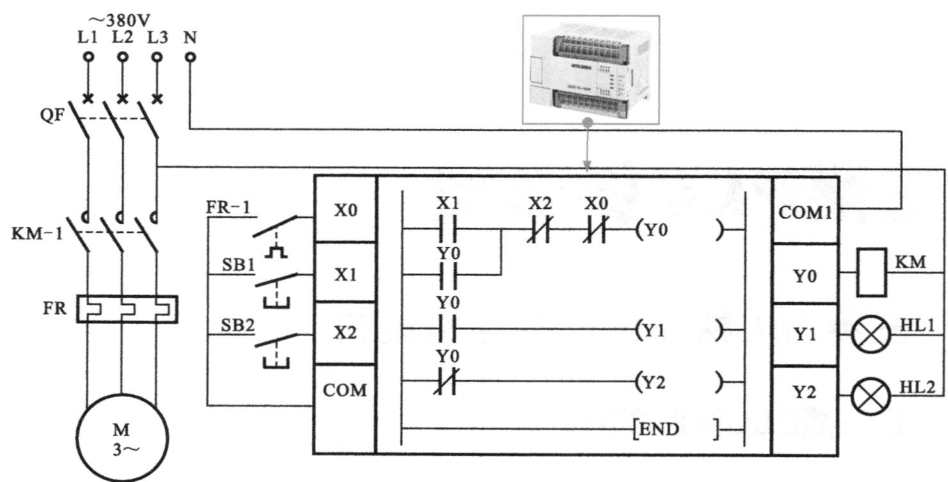

图6-2　三菱PLC梯形图与PLC输入、输出端子外接物理部件的关联

① 左、右两侧的垂直线被称为左母线、右母线。

② 触点对应电气控制原理图中的开关、按钮、继电器或接触器的触点。

③ 线圈对应电气控制原理图中的继电器或接触器的线圈，用来控制外部的指示灯、电动机等。

图6-3为三菱PLC梯形图的结构组成。

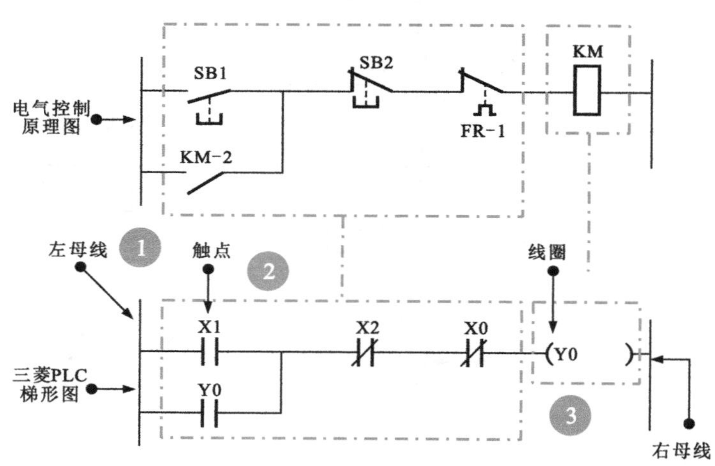

图6-3　三菱PLC梯形图的结构组成

三菱PLC梯形图用符号和文字标识标注控制线路中各电气部件及其工作状态。整个控制过程由多个梯级来描述。也就是说，每一个梯级通过能流线上连接的图形、符号或文字标识反映控制过程中的一个控制关系。在梯级中，控制条件在左侧表示，沿能流线逐渐表现出控制结果。三菱PLC梯形图的编程设计习惯非常直观、形象，与电气线路图对应，控制关系一目了然。

6.1.2 母线

母线的含义及特点如图6-4所示。通常假设三菱梯形图中的左母线代表电源正极，右母线代表电源负极。

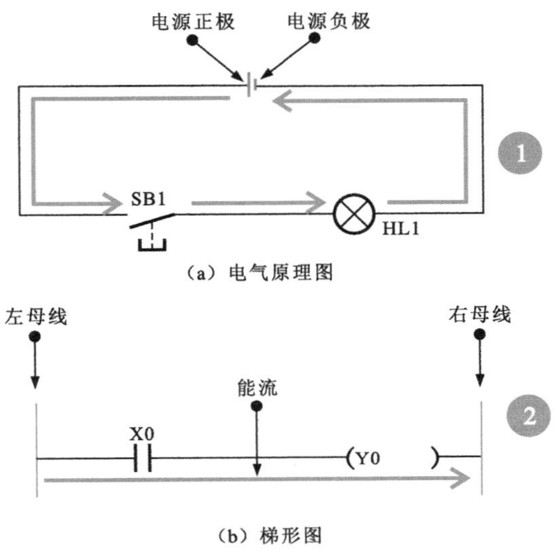

图6-4 母线的含义及特点

划重点

1 在电气原理图中，电流由电源正极流出，经开关SB1加到灯泡HL1上，最后流入电源负极构成一个完整的回路。

2 在电气原理图所对应的梯形图中，假定左母线代表电源正极，右母线代表电源负极，母线之间有“能流”（代表电流）从左向右流动，即“能流”由左母线经触点X0加到线圈Y0上，与右母线构成一个完整的回路。

能流是一种假想的“能量流”或“电流”，在梯形图中从左向右流动，与执行用户程序时逻辑运算的顺序一致，如图6-5所示。

能流不是真实存在的物理量，是为理解、分析和设计梯形图而假想出来的类似“电流”的一种形象表示。梯形图中的能流只能从左向右流动。该原则不仅对理解和分析梯形图很有帮助，在设计梯形图时也起到了关键的作用。

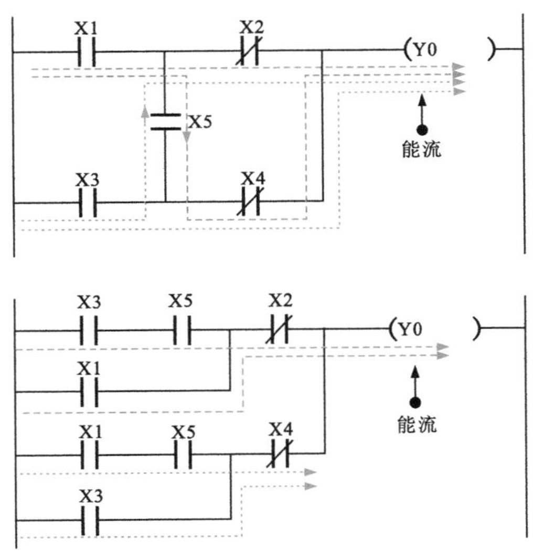

图6-5 能流

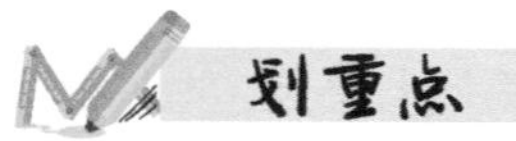

6.1.3 触点

触点是三菱PLC梯形图中构成控制条件的元件。

在三菱PLC梯形图中有两类触点，分别为常开触点和常闭触点，触点的通、断与触点的逻辑赋值有关，如图6-6所示。

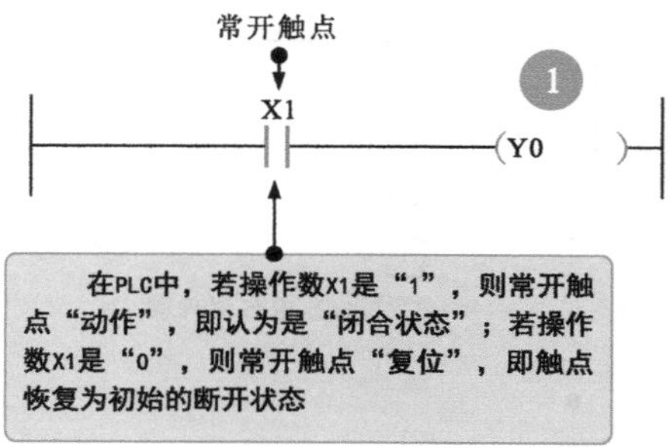

1 当X1为“0”时，即触点为初始的断开状态，输出继电器Y0不得电。

当X1为“1”时，即触点动作，变为闭合状态，输出继电器Y0得电。

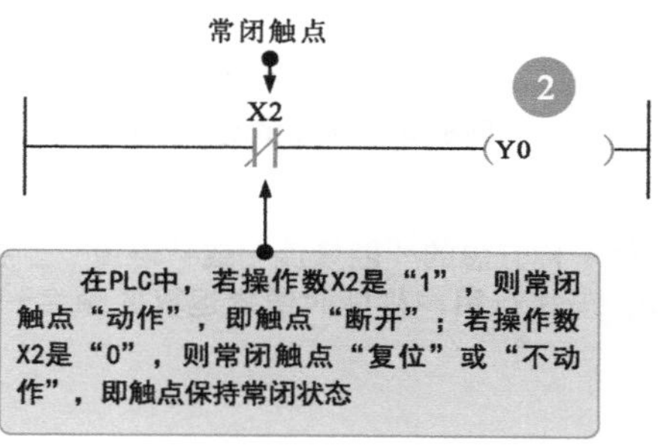

2 当X2为“0”时，即触点为初始的闭合状态，输出继电器Y0得电。

当X2为“1”时，即触点动作，变为断开状态，输出继电器Y0不得电。

图6-6 触点的含义及特点

三菱PLC梯形图上的连线代表各“触点”之间的逻辑关系，在PLC内部不存在这种连线，而是采用逻辑运算来表征逻辑关系。某些“触点”或支路接通，并不存在电流流动，而是代表支路的逻辑运算取值或结果为1，如图6-7所示。

三菱PLC梯形图用X表示输入继电器触点，用Y表示输出继电器触点，用M表示通用继电器触点，用T表示定时器触点，用C表示计数器触点。

触点符号	代表含义	逻辑赋值	状态	常用地址符号
┤├	常开触点	0或OFF时	断开	X、Y、M、T、C
		1或ON时	闭合	
┤/├	常闭触点	0或OFF时	闭合	
		1或ON时	断开	

图6-7 触点的逻辑赋值及状态

6.1.4 线圈

线圈是三菱PLC梯形图中执行控制结果的元件，如图6-8所示。

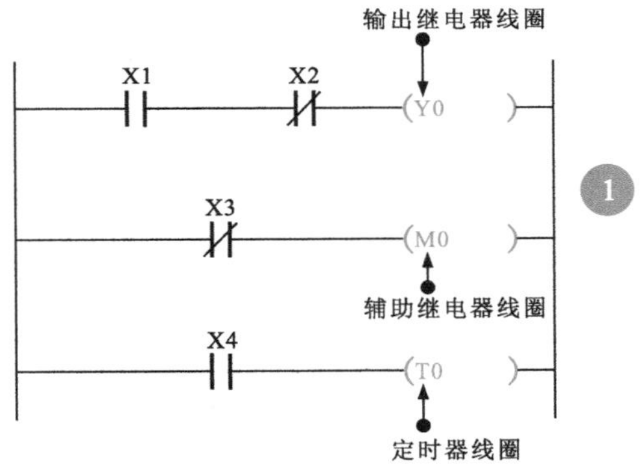

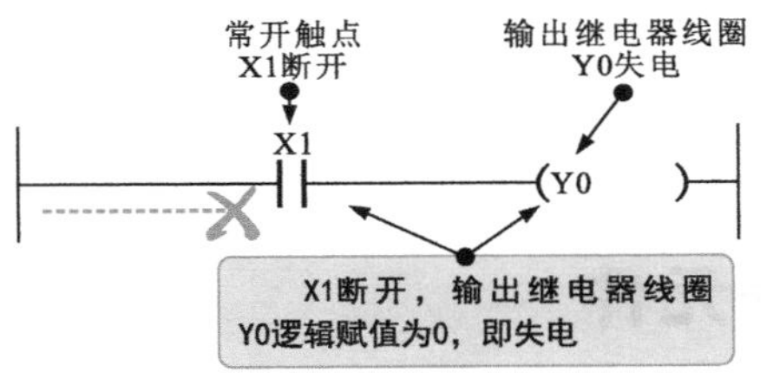

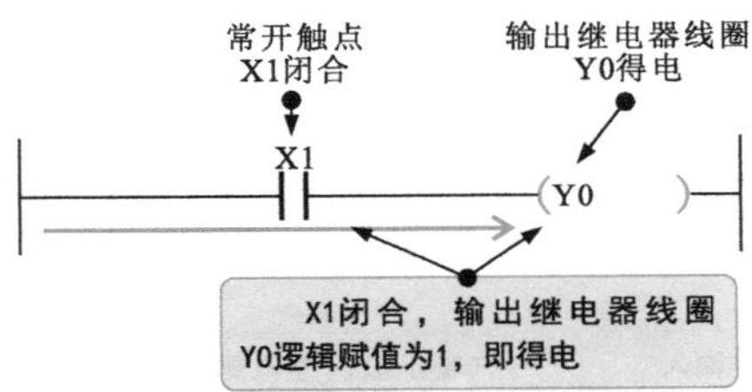

图6-8 线圈的含义及特点

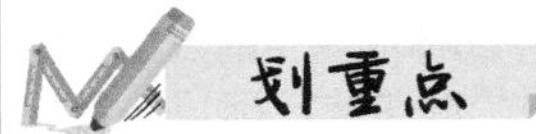

1 三菱PLC梯形图中的线圈种类很多，如输出继电器线圈、辅助继电器线圈、定时器线圈等。

2 线圈与继电器控制电路中的线圈相同，当有电流（能流）流过线圈时，线圈操作数置“1”，得电；当无电流流过线圈时，线圈操作数复位（置0），失电。

如图6-9所示，三菱PLC梯形图线圈的通、断与线圈的逻辑赋值有关，若逻辑赋值为0，则线圈失电；若逻辑赋值为1，则线圈得电。

符号	代表含义	逻辑赋值	状态	常用地址符号
-(　　)-	线圈	0或OFF时	失电	Y、M、T、C
		1或ON时	得电	

图6-9 线圈的得电、失电

划重点

1 三菱PLC梯形图中的线圈使用字母Y、M、T、C进行标识，且字母一般标识在括号内靠左侧的位置，定时器线圈T和计数器线圈C的常数K通常标识在括号上部居中的位置。

2 三菱PLC梯形图通常使用一些指令符号，如复位指令、置位指令、结束指令、脉冲输出指令、主控指令和主控复位指令等，均采用中括号的表现形式。

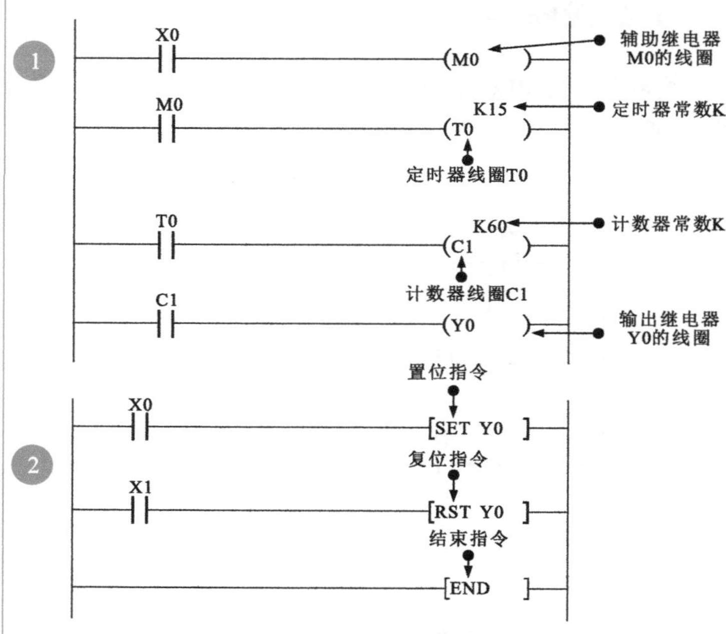

图6-9 线圈的得电、失电（续）

6.2 三菱PLC梯形图的编程元件

6.2.1 输入/输出继电器（X、Y）

输入继电器常使用字母X标识，与PLC的输入端子相连；输出继电器常使用字母Y标识，与PLC的输出端子相连，如图6-10所示。

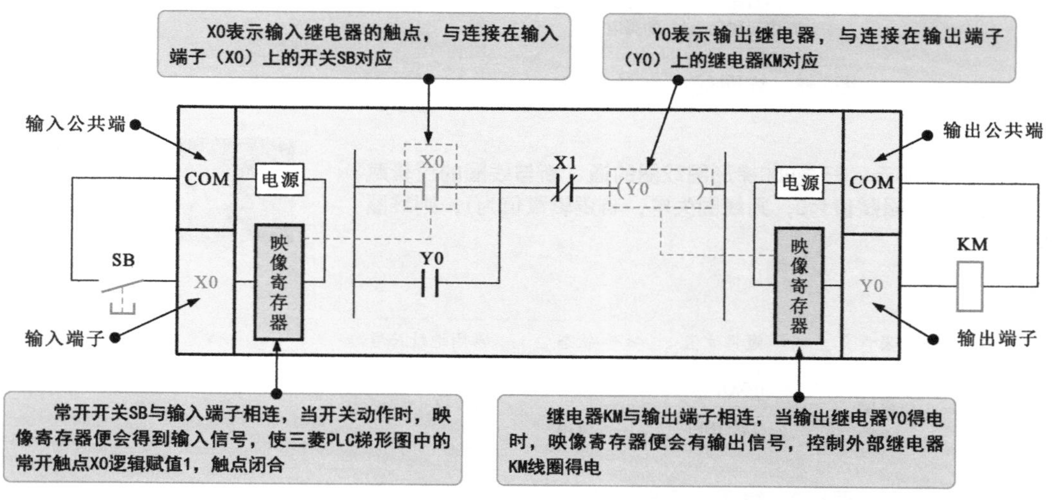

图6-10 输入/输出继电器

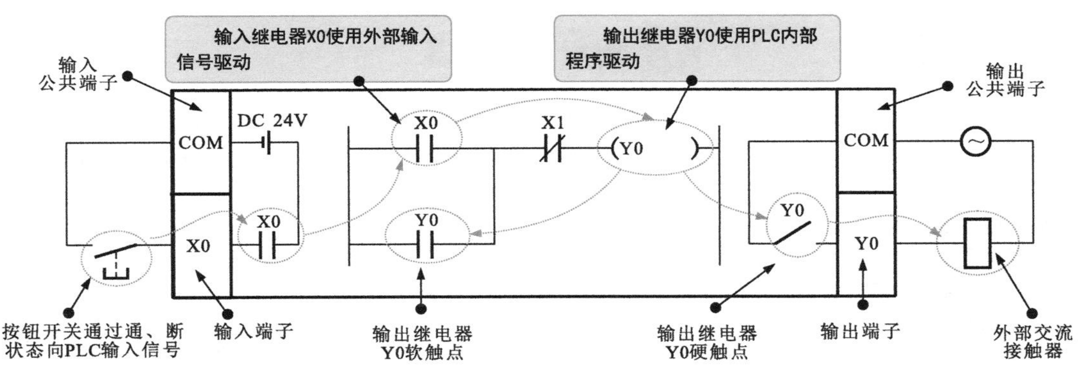

图6-10 输入/输出继电器（续）

6.2.2 定时器（T）

三菱PLC梯形图中的定时器相当于电气控制线路中的时间继电器，常使用字母T标识。图6-11为定时器的参数标识。

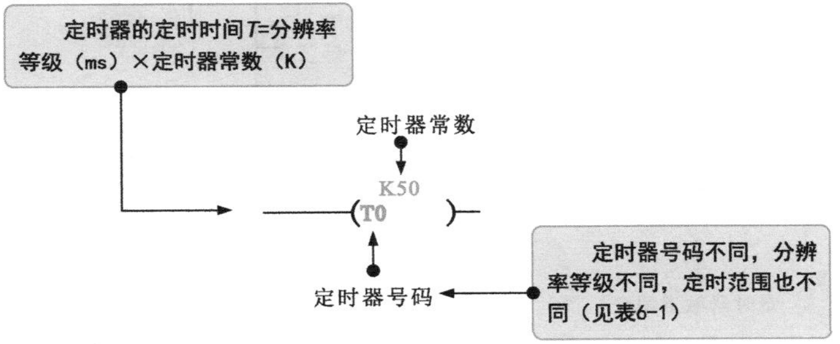

图6-11 定时器的参数标识

三菱FN_{2X}系列PLC采用十进制确定定时器常数K（0～32767），如定时器T0，其分辨率等级为100ms，当定时器常数K的预设值为50时，实际的定时时间T=100ms×50=5000ms=5s。

三菱FX_{2N}系列PLC的定时器可分为通用型定时器和累计型定时器，定时时间为

T=分辨率等级（ms）×定时器常数（K）

不同类型、不同号码定时器的分辨率等级不同，见表6-1。

表6-1 不同类型、不同号码定时器的分辨率等级

定时器类型	定时器号码	分辨率等级	定时范围
通用型定时器	T0～T199	100ms	0.1～3276.7s
	T200～T245	10ms	0.01～328.67s
累计型定时器	T246～T249	1ms	0.001～32.767s
	T250～T255	100 ms	0.1～3276.7s

划重点

输入继电器触点X0闭合，将计数数据送入计数器中，计数器从零开始对时钟脉冲进行计数。

当计数值等于定时器常数（设定值）时，电压比较器输出端输出控制信号，控制定时器常开触点、常闭触点相应动作。

当输入继电器触点X0断开或停电时，计数器复位，定时器常开触点、常闭触点相应复位。

① 定时器线圈T200得电，开始从零对10ms时钟脉冲进行计数，即进行延时控制。

② 当计数值与定时器常数256相等时，定时器常开触点T200闭合，即延时时间达到2.56s时闭合。

在定时过程中，当断电或输入电路断开时，累计型定时器具有断电保持功能，能够保持当前的计数值，当通电或输入电路闭合时，累计型定时器会在保持当前计数值的基础上继续累计计数。

1 通用型定时器

通用型定时器的线圈得电或失电后，经一段时间延时，触点才会相应动作，当输入电路断开或停电时，定时器不具有断电保持功能，如图6-12所示。

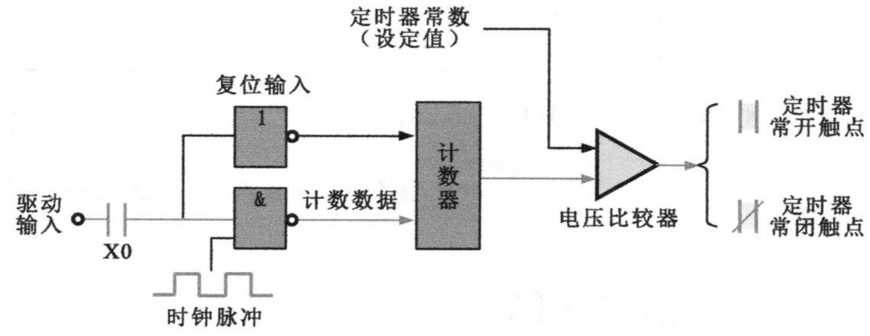

图6-12　通用型定时器的内部结构及工作原理

通用型定时器的工作过程如图6-13所示。

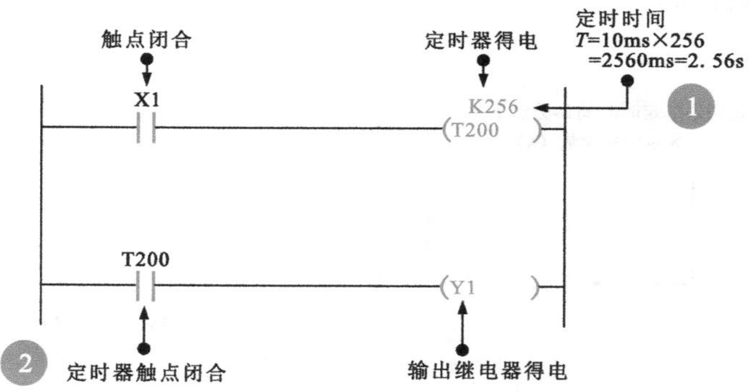

图6-13　通用型定时器的工作过程

2 累计型定时器

图6-14为累计型定时器的内部结构及工作原理。

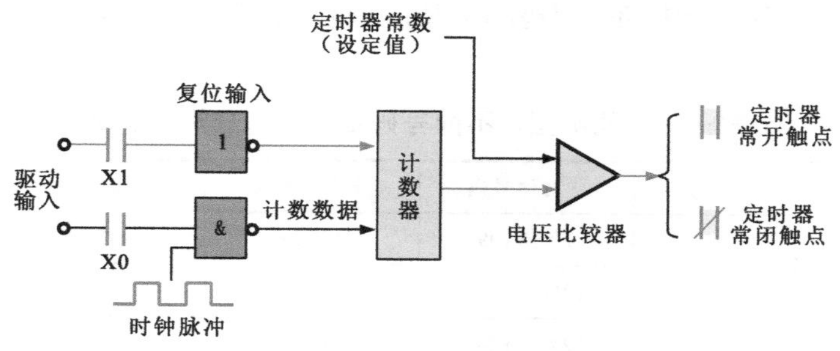

图6-14　累计型定时器的内部结构及工作原理

图6-14中，输入继电器触点X0闭合，将计数数据送入计数器中，计数器从零开始对时钟脉冲进行计数。

当计数器计数值未达到定时器常数（设定值），输入继电器触点X0断开或断电时，计数器可保持当前计数值，当输入继电器触点X0再次闭合或通电时，计数器在当前值的基础上开始累计计数，当累计计数值等于定时器常数（设定值）时，电压比较器输出端输出控制信号控制定时器常开触点、常闭触点相应动作。

当复位输入触点X1闭合时，计数器计数值复位，定时器常开触点、常闭触点相应复位。

图6-15为累计型定时器的工作过程。

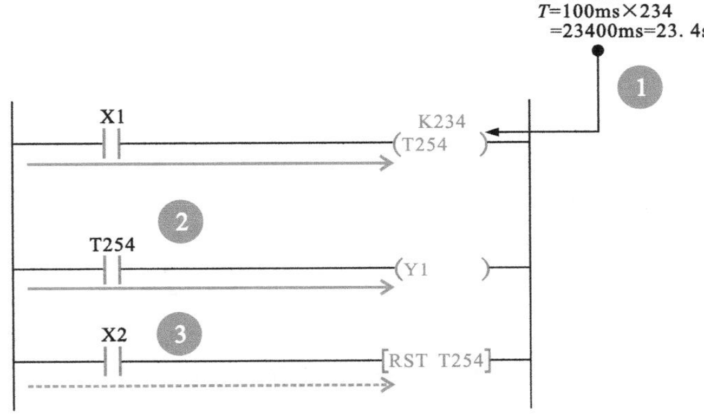

图6-15 累计型定时器的工作过程

① 累计型定时器线圈T254得电，开始从零对100ms时钟脉冲进行计数，当T254得电t_0时间后，X1断开，T254将保留当前计数值，即当前所延时的时间；当X1再次闭合时，T254在当前值的基础上开始累计计数。

② 经过t_1时间后，当累计计数值与定时器常数234相等时，定时器常开触点T254闭合，即延时累计时间到达t_0+t_1=23. 4s时闭合。

③ 触点X2闭合，定时器T254会被复位。

6.2.3 辅助继电器（M）

三菱PLC梯形图中的辅助继电器相当于电气控制线路中的中间继电器，常使用字母M标识，是PLC编程中应用较多的一种软元件。

1 通用型辅助继电器（M0～M499）

图6-16为通用型辅助继电器的特点。

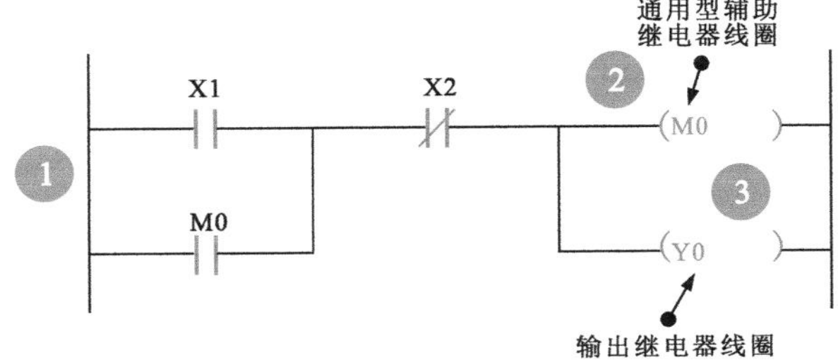

图6-16 通用型辅助继电器的特点

① 三菱PLC接通电源，当触点X1闭合时，通用型辅助继电器线圈M0和输出继电器线圈Y0得电（ON状态），常开触点M0闭合自锁（ON状态）。

② 当三菱PLC突然断电时，通用型辅助继电器线圈M0和输出继电器线圈Y0失电（OFF状态），常开触点M0断开，解除自锁（OFF状态）。

③ 当三菱PLC再次接通电源时，通用型辅助继电器线圈M0和输出继电器线圈Y0仍维持失电（OFF状态）。

通用型辅助继电器（M0～M499）在三菱PLC中常用于辅助运算、移位运算等，不具备断电保持功能，即在突然断电时，全部变为OFF状态，当PLC再次接通电源时，由外部输入信号控制的通用型辅助继电器变为ON状态，其余通用型辅助继电器均保持OFF状态。

2 保持型辅助继电器（M500～M3071）

图6-17为保持型辅助继电器的特点。

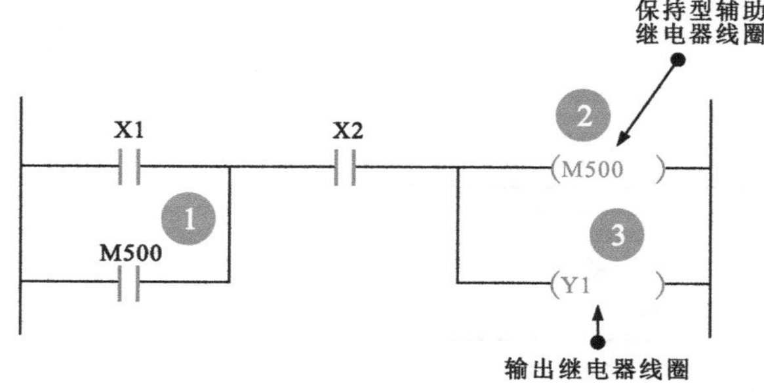

图6-17　保持型辅助继电器的特点

划重点

① 当三菱PLC接通电源时，触点X1闭合，保持型辅助继电器线圈M500和输出继电器线圈Y1得电（ON状态），常开触点M500闭合自锁（ON状态）。

② 当三菱PLC突然断电时，保持型辅助继电器线圈M500进行断电保持，维持ON状态，常开触点M500仍保持闭合状态（ON状态），但此时输出继电器线圈Y1因外部断电而失电（OFF状态）。

③ 当三菱PLC再次接通电源时，保持型辅助继电器线圈和常开触点M500仍维持ON状态，此时输出继电器线圈Y1继续得电（ON状态）。

保持型辅助继电器（M500～M3071）能够记忆电源中断前的瞬时状态，当突然断电时，可使用备用锂电池对其映像寄存器中的内容进行保持，当再次接通电源后，仍保持断电前的瞬时状态。

3 特殊型辅助继电器（M8000～M8255）

图6-18为特殊型辅助继电器的特点。特殊型辅助继电器（M8000～M8255）具有特殊功能，如设定计数方向、禁止中断、运行方式、步进顺控等。

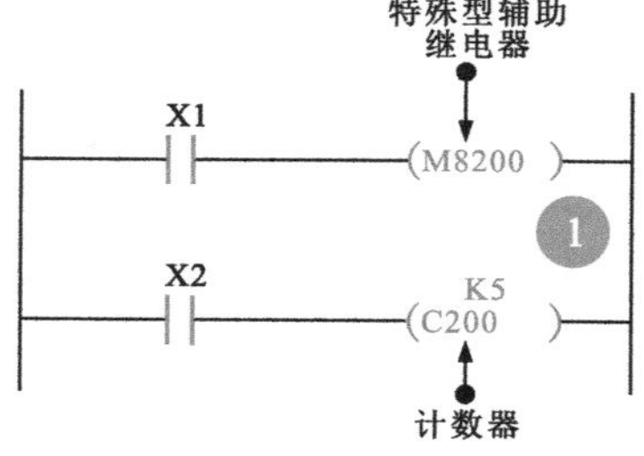

图6-18　特殊型辅助继电器的特点

① 当特殊型辅助继电器M8200处于OFF状态时，计数器C200的计数方向为累加计数。

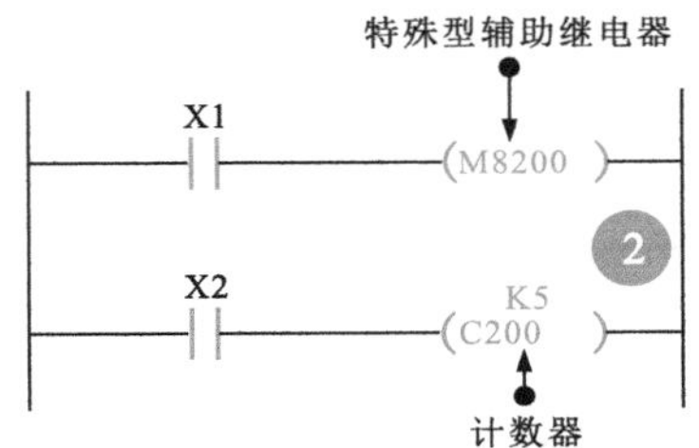

图6-18 特殊型辅助继电器的特点（续）

划重点

② 当特殊型辅助继电器M8200处于ON状态时，计数器C200的计数方向为递减计数。

6.2.4 计数器（C）

三菱FX_{2N}系列PLC梯形图中的计数器常使用字母C标识。根据记录开关量的频率，计数器可分为内部计数器和外部高速计数器。

1 内部计数器

内部计数器是用来对PLC内部软元件X、Y、M、S、T提供的信号进行计数的，当计数值达到计数器的设定值时，计数器的常开、常闭触点会相应动作。

图6-19为16位加计数器的特点。

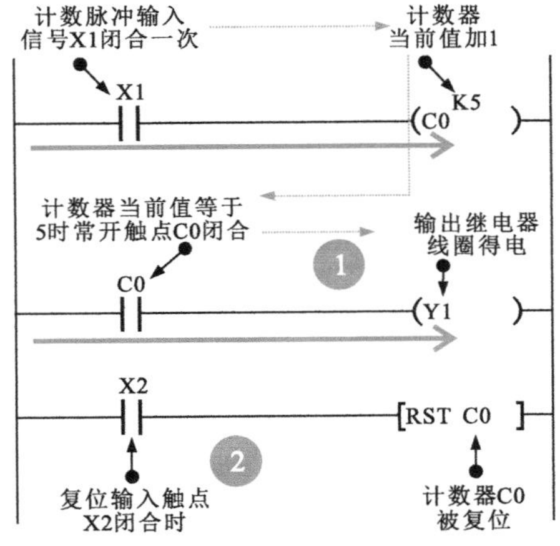

图6-19 16位加计数器的特点

① 计数脉冲输入触点X1闭合1次，计数器当前值加1。若计数输入触点X1闭合5次，则5个计数脉冲之后，计数器当前值等于设定值5。

当计数器C0当前值达到计数常数5时，即使计数脉冲输入信号再次输入，计数器C0的当前值也会保持不变。

② 当复位输入触点X2闭合时，计数器C0被复位，当前值变为0，常开触点C0也复位断开。

累计型16位加计数器与通用型16位加计数器的工作过程基本相同。不同的是，累计型16位加计数器具有断电保持功能，能够保持当前计数值，当通电时，会在所保持当前计数值的基础上继续累计计数。

内部计数器可分为16位加计数器和32位加/减计数器。这两种类型的计数器又可分为通用型计数器和累计型计数器两种，见表6-2。

表6-2　内部计数器的相关参数

计数器类型	计数器功能类型	计数器编号	设定值范围
16位加计数器	通用型计数器	C0～C99	1～32767
	累计型计数器	C100～C199	
32位加/减计数器	通用型双向计数器	C200～C219	-2147483648～+214783647
	累计型双向计数器	C220～C234	

1 当输入继电器触点X1断开时，特殊型辅助继电器M8200为OFF，计数器C200的计数方向为加计数。

2 当计数脉冲输入触点X2闭合1次，计数器C200的当前值加1，计数脉冲输入触点X1闭合5次，计数器C200当前值为5时，计数器常开触点C200闭合，输出继电器线圈Y1得电。

3 当输入继电器触点X1闭合时，特殊型辅助继电器M8200为ON，计数器C200的计数方向为减计数。

4 计数脉冲输入触点X2闭合1次，计数器C200的当前值减1，当计数脉冲输入触点X1闭合次数小于5，即计数器C200当前值小于5时，计数器常开触点C200断开，输出继电器线圈Y1失电。

在三菱FX_{2N}系列PLC中，32位加/减计数器具有双向计数功能，计数方向由特殊型辅助继电器M8200～M8234进行设定：当特殊型辅助继电器为OFF状态时，计数方向为加计数；当特殊型辅助继电器为ON状态时，计数方向为减计数，如图6-20所示。

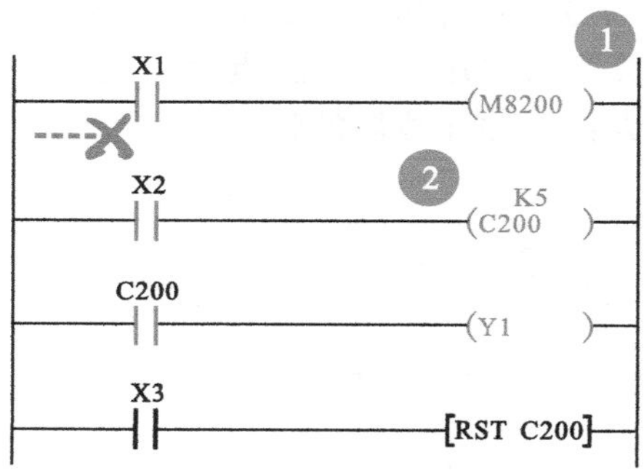

（a）执行加计数

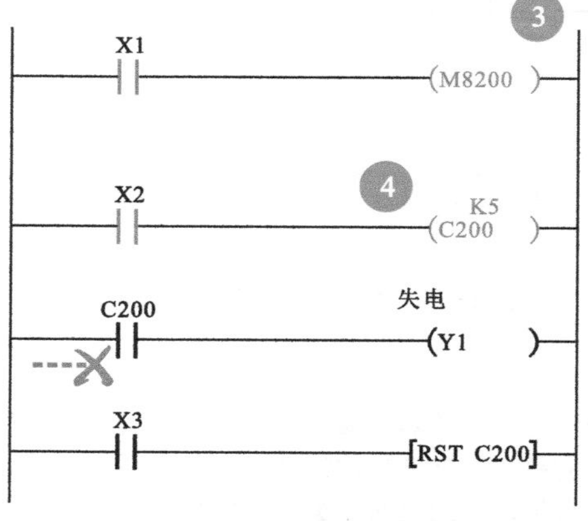

（b）执行减计数

图6-20　32位加/减计数器的特点

2 外部高速计数器

外部高速计数器简称高速计数器。在三菱FX_{2N}系列PLC中，高速计数器共有21点，元件范围为C235～C255。外部高速计数器的类型主要有1相1计数输入高速计数器、1相2计数输入高速计数器和2相2计数输入高速计数器三种。

表6-3为高速计数器的参数。

表6-3 高速计数器的参数

计数器类型	计数器功能类型	计数器编号	计数方向
1相1计数输入高速计数器	具有一个计数器输入端的计数器	C235～C245	取决于M8235～M8245的状态
1相2计数输入高速计数器	具有两个计数器输入端的计数器，分别用于加计数和减计数	C246～C250	取决于M8246～M8250的状态
2相2计数输入高速计数器	也称A-B相型高速计数器，共有5点	C251～C255	取决于A相和B相的信号

三菱PLC梯形图的编程元件，除上述几种外，常见的还有状态继电器（S）和数据寄存器（D）。

状态继电器常用字母S标识，是PLC中顺序控制的一种软元件，常与步进顺控指令配合使用，若不使用步进顺控指令，则状态继电器可在PLC梯形图中作为辅助继电器使用。状态继电器的类型主要有初始状态继电器、回零状态继电器、保持状态继电器和报警状态继电器。

数据寄存器常用字母D标识，主要用于存储各种数据和工作参数，主要有通用寄存器、保持寄存器、特殊寄存器、文件寄存器和变址寄存器等5种类型。

6.3 三菱PLC梯形图的编写

6.3.1 三菱PLC梯形图的编写要求

三菱PLC梯形图在编写格式上有严格的要求，除了编程元件有严格的书写规范外，在编程过程中还有很多规定需要遵守。

1 编写顺序的规定

如图6-21所示，在三菱PLC梯形图中，事件发生的条件表示在梯形图的左侧，事件发生的结果表示在梯形图的右侧。编写梯形图时，应按从左到右、从上到下的顺序编写。

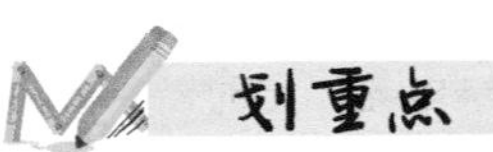

三菱PLC梯形图的编写要严格遵循能流概念，就是将能流假想成“能量流”或“电流”，在梯形图中从左向右流动，与执行用户程序时的逻辑运算顺序一致。

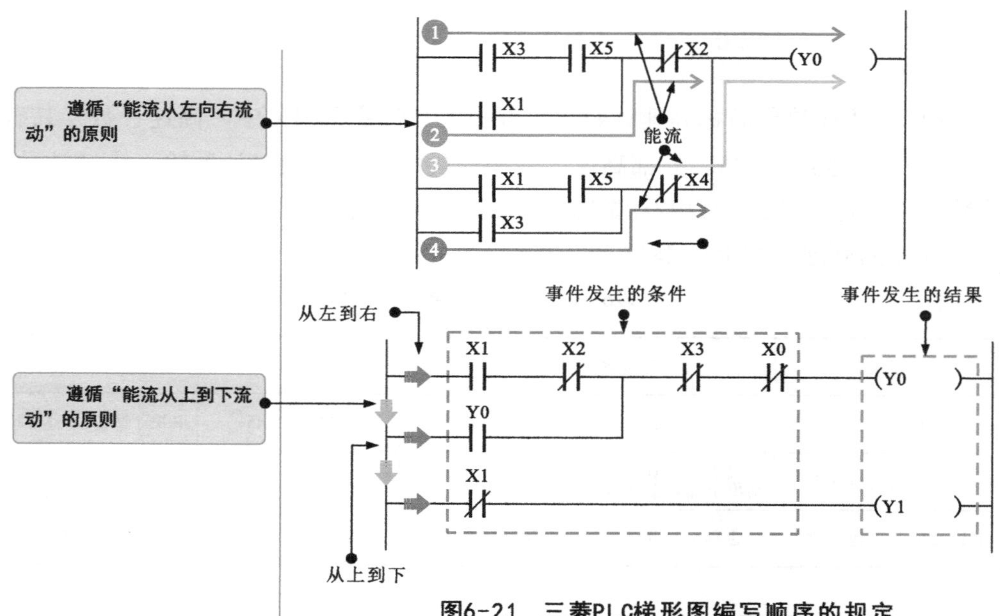

图6-21　三菱PLC梯形图编写顺序的规定

2 编程元件位置关系的规定

如图6-22所示，梯形图的每一行都是从左母线开始、右母线结束的，触点位于线圈的左侧，线圈接在最右侧，与右母线相连。

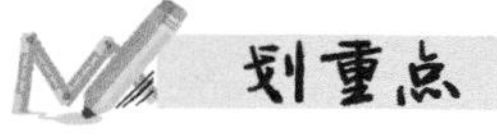

划重点

1 线圈与左母线位置的关系：线圈输出作为逻辑结果的必要条件，体现在梯形图中时，线圈与左母线之间必须有触点。

2 线圈与触点的使用要求：输入继电器、输出继电器、辅助继电器、定时器、计数器等编程元件的触点可重复使用，输出继电器、辅助继电器、定时器、计数器等编程元件的线圈在梯形图中一般只能使用一次。

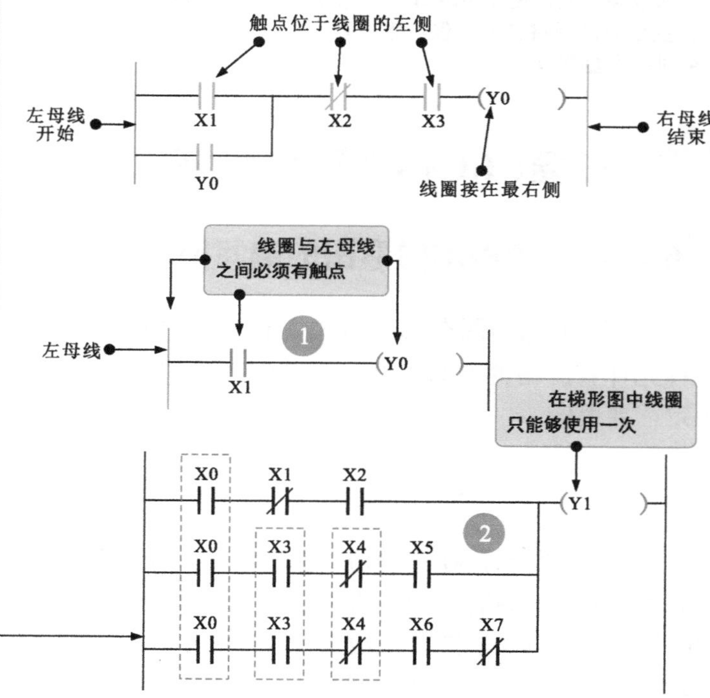

图6-22　三菱PLC梯形图编程元件位置关系的规定

3 母线分支的规定

图6-23为三菱PLC梯形图母线分支的规定。

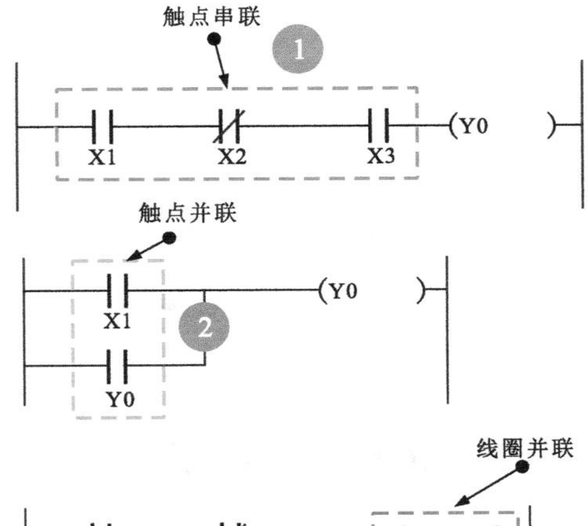

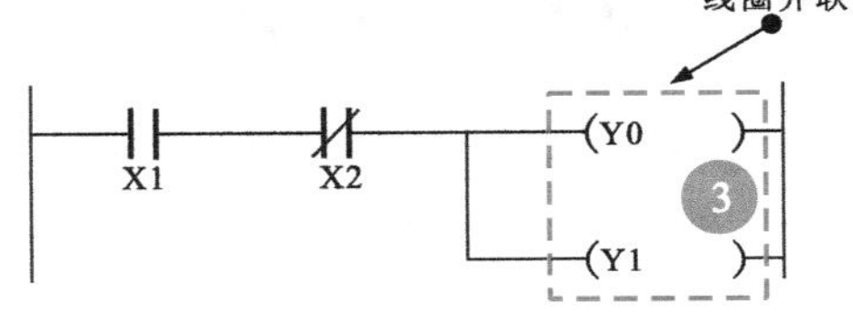

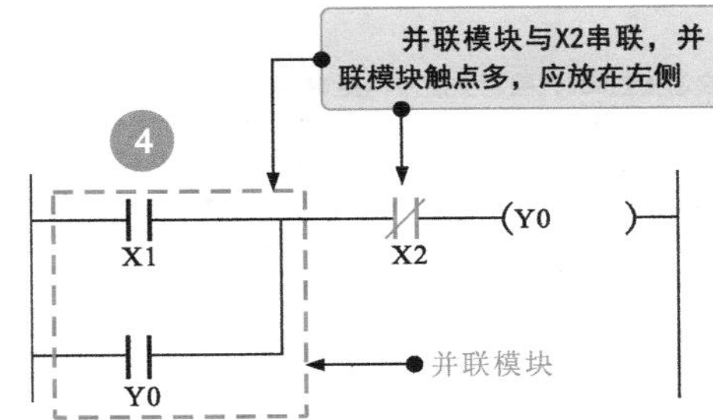

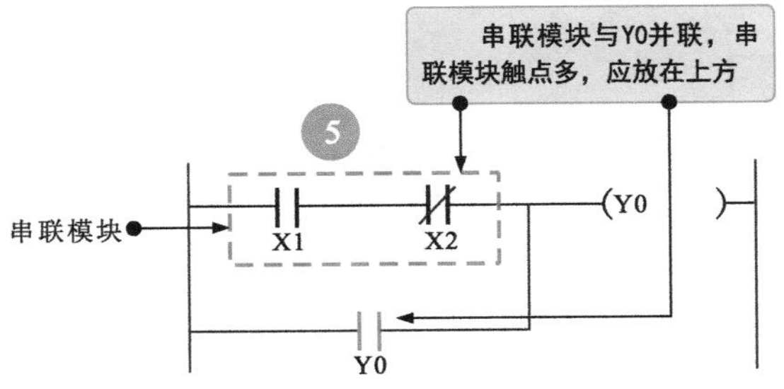

图6-23 三菱PLC梯形图母线分支的规定

4 梯形图结束方式的规定

梯形图编写完成后，其结束方式也有相应的规定。图6-24为三菱PLC梯形图结束方式的规定。

划重点

1 触点可以串联。

2 触点可以并联。

3 线圈只可以并联。

4 并联模块串联时，应将触点多的模块放在左侧，使梯形图符合左重右轻的原则。

5 串联模块并联时，应将触点多的模块放在上方，使梯形图符合上重下轻的原则。

梯形图编写完成后，应在最后一条程序的下一条加上END结束符，代表程序结束。

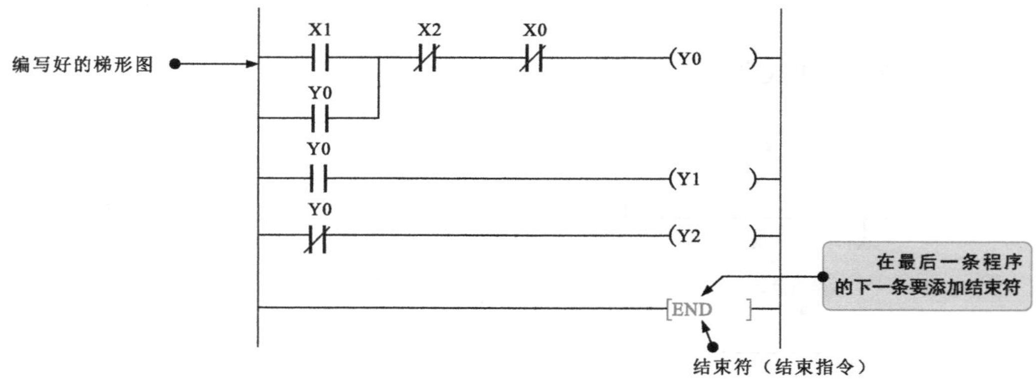

图6-24　三菱PLC梯形图结束方式的规定

在编写三菱PLC梯形图时，首先要对系统所要完成的各项功能进行模块划分，并对PLC的各个I/O点进行分配；然后根据I/O分配表对各功能模块逐个编写，根据各模块实现功能的先后顺序，对模块进行组合并建立控制关系；最后分析调整编写完成的梯形图，完成整个系统的编程工作。

6.3.2 三菱PLC梯形图的编写方法

图6-25为电动机连续运转控制系统的控制要求和功能模块的划分，即根据系统控制要求，厘清控制关系，划分控制系统的功能模块。

系统控制要求

按下正转启动按钮SB2，控制交流接触器KM1得电，电动机启动并正向运转。
按下反转启动按钮SB3，控制交流接触器KM2得电，电动机启动并反向运转。
按下停机按钮SB1，控制线路中所有接触器失电，电动机停转。
若线路中出现过载、过热故障，则由热继电器FR自动切断控制线路。
为了避免正/反转两个交流接触器同时得电造成电源相间短路，在正转控制线路中串入反转控制接触器的常闭触点，在反转控制线路中串入正转控制接触器的常闭触点，实现电气互锁。

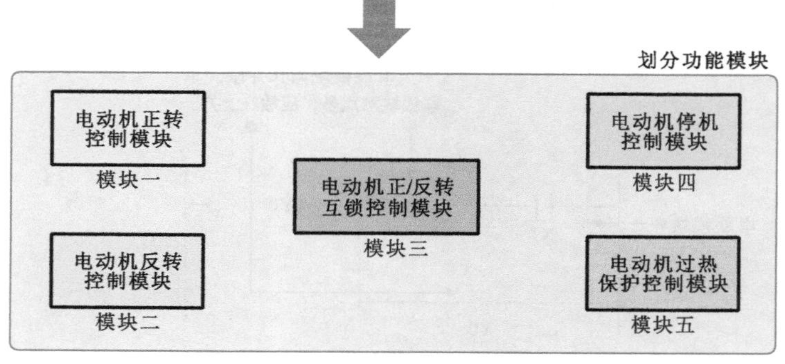

图6-25　电动机连续运转控制系统的控制要求和功能模块的划分

划分电动机连续运转控制的功能模块后进行I/O分配，将输入设备和输出设备的元件编号与三菱PLC梯形图中的输入继电器和输出继电器的地址编号对应，填写I/O分配表，见表6-4。

表6-4 I/O分配表

输入设备及地址编号			输出设备及地址编号		
名称	代号	输入点地址编号	名称	代号	输出点地址编号
热继电器	FR	X0	正转交流接触器	KM1	Y0
停止按钮	SB1	X1	反转交流接触器	KM2	Y1
正转启动按钮	SB2	X2			
反转启动按钮	SB3	X3			

电动机连续运转控制的功能模块划分和I/O分配表填写完成后，便可根据各功能模块的控制要求编写梯形图了。

1 电动机正转控制模块梯形图的编写

根据控制要求，图6-26为电动机正转控制模块梯形图的编写。

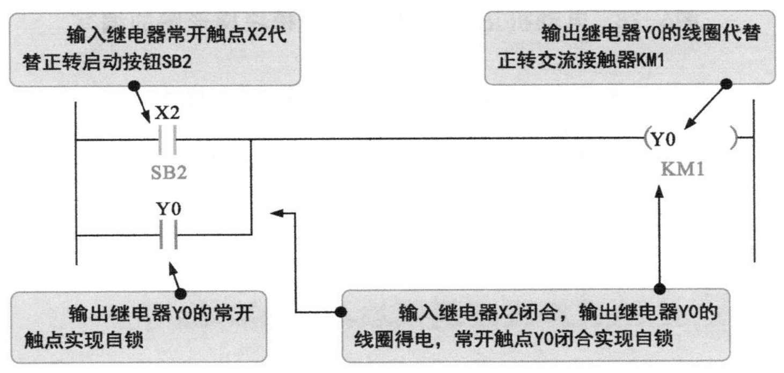

图6-26 电动机正转控制模块梯形图的编写

控制要求：

按下正转启动按钮SB2，控制交流接触器KM1得电，电动机启动并正向运转。

2 电动机反转控制模块梯形图的编写

根据控制要求，图6-27为电动机反转控制模块梯形图的编写。

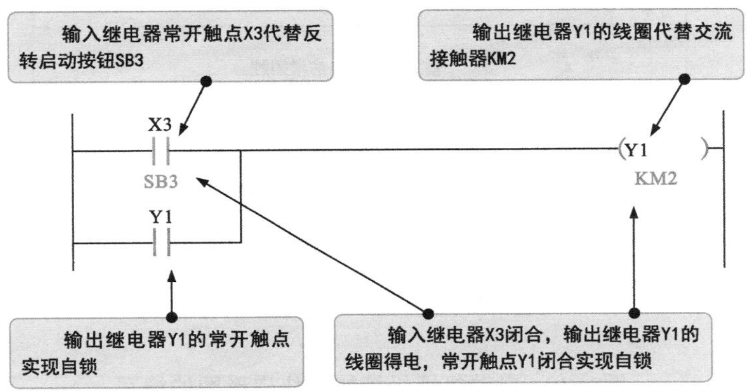

图6-27 电动机反转控制模块梯形图的编写

控制要求：

按下反转启动按钮SB3，控制交流接触器KM2得电，电动机启动并反向运转。

控制要求：

为了避免正/反转两个交流接触器同时得电造成电源相间短路，在正转控制线路中串入反转控制接触器的常闭触点，在反转控制线路中串入正转控制接触器的常闭触点，实现电气互锁。

3 电动机正/反转互锁控制模块梯形图的编写

图6-28为电动机正/反转互锁控制模块梯形图的编写。

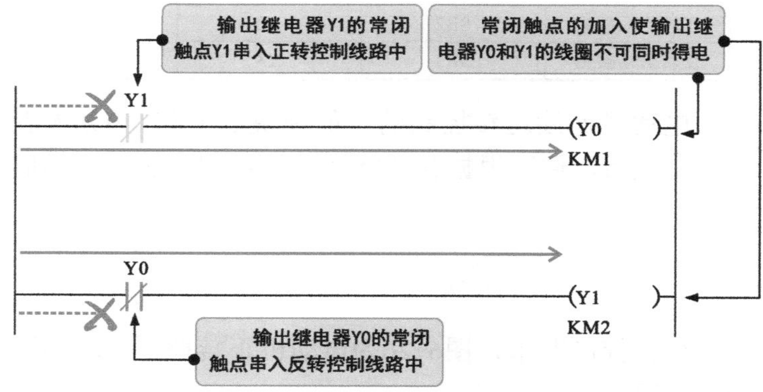

图6-28　电动机正/反转互锁控制模块梯形图的编写

将控制要求中的控制部件及控制关系在梯形图中体现，实现互锁：当输出继电器Y0的线圈得电时，常闭触点Y0断开，输出继电器Y1的线圈不得电；当输出继电器Y1的线圈得电时，常闭触点Y1断开，输出继电器Y0的线圈不得电。

4 电动机停机控制模块梯形图的编写

控制要求：

按下停机按钮SB1，不论是处在正转状态还是反转状态，都可以使交流接触器KM1或KM2失电。

图6-29为电动机停机控制模块梯形图的编写。

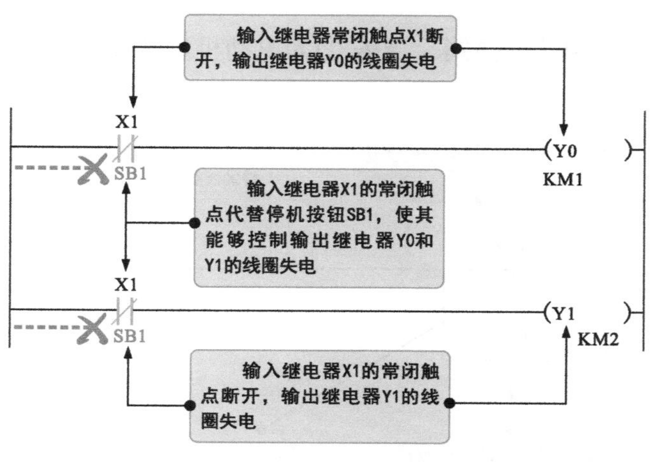

图6-29　电动机停机控制模块梯形图的编写

5 电动机过热保护控制模块梯形图的编写

图6-30为电动机过热保护控制模块梯形图的编写。

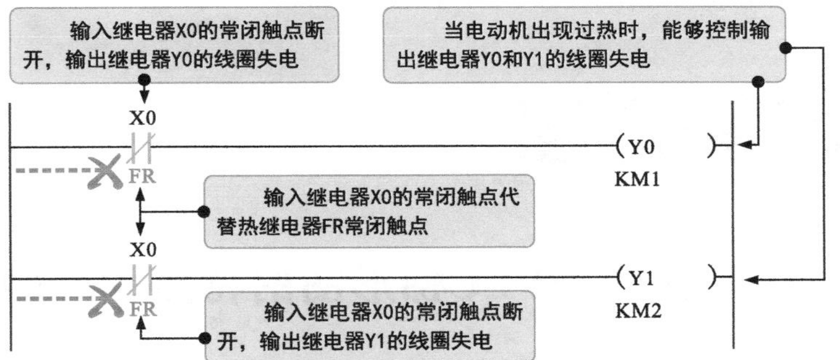

图6-30 电动机过热保护控制模块梯形图的编写

6 5个控制模块梯形图的组合

图6-31为5个控制模块梯形图的组合。

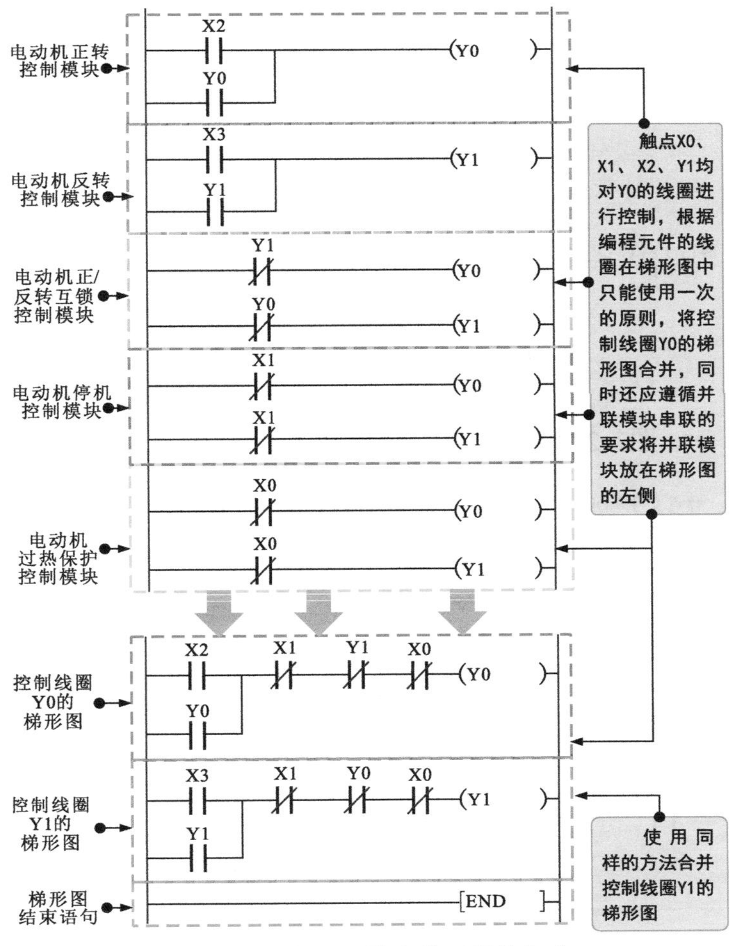

图6-31 5个控制模块梯形图的组合

划重点

控制要求：

当电动机出现过热故障时，热继电器FR自动切断控制线路，电动机停止运转

首先，根据控制要求进行功能模块划分，并针对每个功能模块编写梯形图，“聚零为整”进行组合。

然后，在初步组合而成的总梯形图基础上，根据PLC梯形图的编写要求和规定进行相关编程元件的合并，并添加程序结束指令，得到完整的梯形图。

实际编程过程除了可按照上述的逐步分析、逐步编写方法外，在一些传统工业设备的线路改造中，还可以将现成的电气控制线路作为依据，将原有电气控制系统的输入信号和输出信号作为PLC的I/O点，将原来由继电器-接触器硬件完成的控制用PLC梯形图直接控制。

西门子PLC梑形图

7.1 西门子PLC梯形图的特点和结构

7.1.1 西门子PLC梯形图的特点

西门子PLC梯形图采用特定符号和文字标识标注控制线路中各电气部件及其工作状态。整个控制过程由多个梯级来描述。也就是说，每一个梯级通过能流线上连接的符号或文字标识反映控制过程中的一个控制关系。在梯级中，控制条件在左侧，沿能流逐渐表现出控制结果。

图7-1为西门子PLC梯形图的特点。

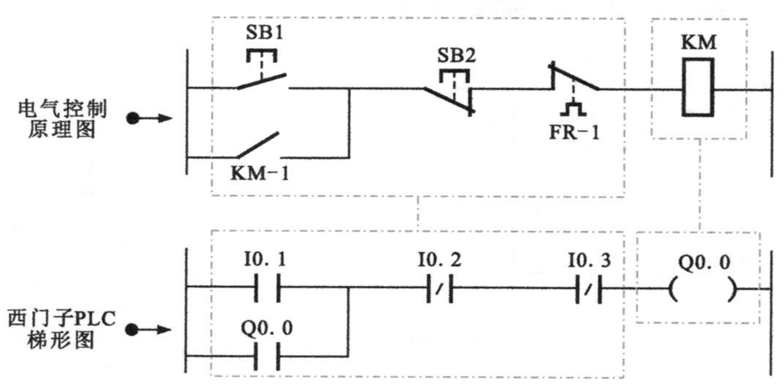

图7-1　西门子PLC梯形图的特点

西门子PLC梯形图主要由母线、触点、线圈、指令框构成。

图7-2为西门子PLC梯形图的结构。

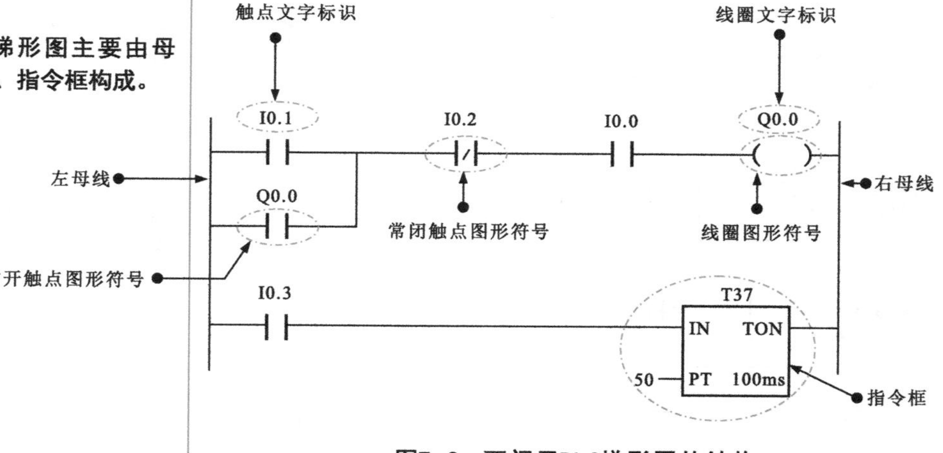

图7-2　西门子PLC梯形图的结构

7.1.2 母线

西门子PLC梯形图习惯性地只画出左母线，省略右母线，但所表达的能流仍是由左母线经触点、线圈等至右母线。

图7-3为母线的含义及特点。

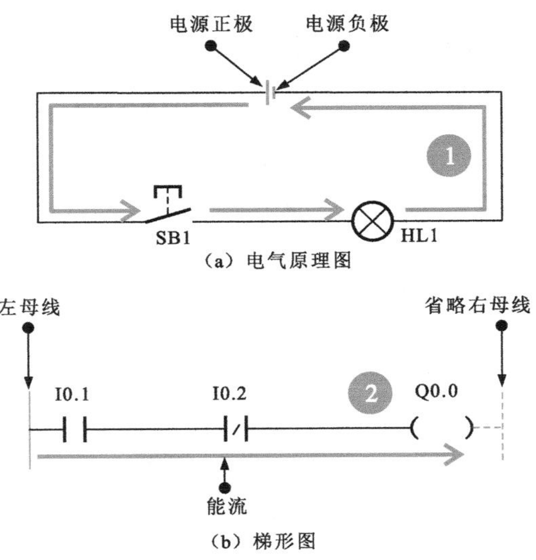

图7-3 母线的含义及特点

划重点

1 在电气原理图中，电流由电源正极流出，经开关SB1加到灯泡HL1上，流入电源负极构成一个完整的回路。

2 在电气原理图所对应的梯形图中，假定左母线代表电源正极，右母线代表电源负极，母线之间有“能流”（代表电流）从左向右流动，即“能流”由左母线经触点I0.1、I0.2加到线圈Q0.0上，与右母线构成一个完整的回路。

7.1.3 触点

触点表示逻辑输入条件，如开关、按钮等。在西门子PLC梯形图中，触点用I、Q、M、T、C等字母表示，格式为IX.X、QX.X…，如常见的I0.0、I0.1、I1.1…，Q0.0、Q0.1、Q0.2…，如图7-4所示。

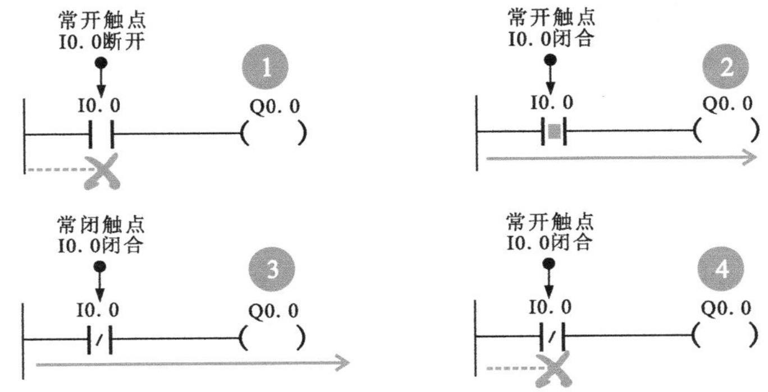

图7-4 触点的含义及特点

1 I0.0常态下为断开状态，也就是逻辑赋值为0，输出继电器线圈Q0.0失电。

2 I0.0逻辑赋值变为1，触点闭合，输出继电器线圈Q0.0得电。

3 I0.0常态下为闭合状态，也就是逻辑赋值为1，输出继电器线圈Q0.0得电。

4 I0.0逻辑赋值变为0，触点断开，输出继电器线圈Q0.0失电。

西门子PLC梯形图上的连线代表各“触点”的逻辑关系，在PLC内部不存在这种连线，而是采用逻辑运算来表征逻辑关系。

当梯形图中某些“触点”或支路接通时，并不是真的能流流动，而是“触点”或支路逻辑运算的取值或结果为1。

7.1.4 线圈

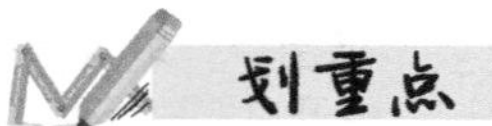

线圈通常表示逻辑输出结果。西门子PLC梯形图中的线圈种类有很多，如输出继电器线圈、辅助继电器线圈等，线圈的得、失电与线圈的逻辑赋值有关。

图7-5为线圈的含义及特点。

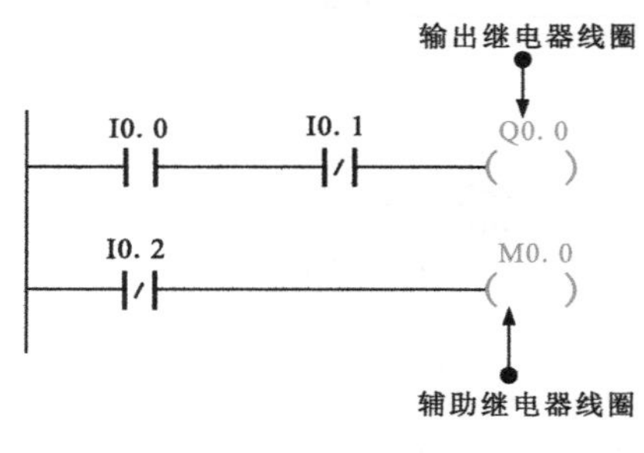

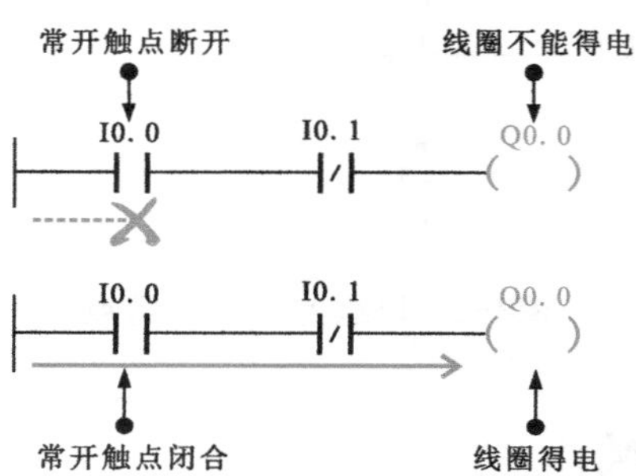

图7-5 线圈的含义及特点

在西门子PLC梯形图中，触点和线圈名称的文字标识（字母+数字）一般标注在图形符号的正上方，地址编号习惯性将数字编号起始数字设为0.0，如I0.0、Q0.0、M0.0等，然后依次以0.1间隔递增，以8位为一组，如I0.0、I0.1、I0.2、I0.3、I0.4、I0.5、I0.6、I0.7，I1.0、I1.1、I1.2、I1.3、I1.4、I1.5、I1.6、I1.7，I2.0、I2.1、I2.2、I2.3、I2.4、I2.5、I2.6、I2.7，Q0.0、Q0.1、Q0.2、Q0.3、Q0.4、Q0.5、Q0.6、Q0.7，Q1.0、Q1.1、Q1.2、Q1.3、Q1.4、Q1.5、Q1.6、Q1.7。

图7-6为西门子PLC梯形图中触点和线圈文字（地址）标识方法。

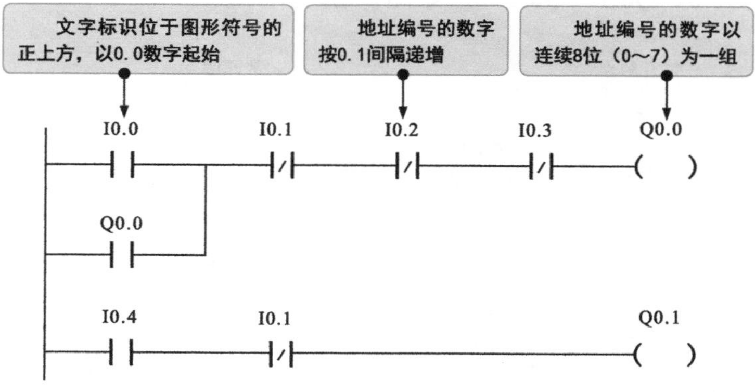

图7-6 西门子PLC梯形图中触点和线圈文字（地址）标识方法

7.1.5 指令框

图7-7为指令框的含义及特点。

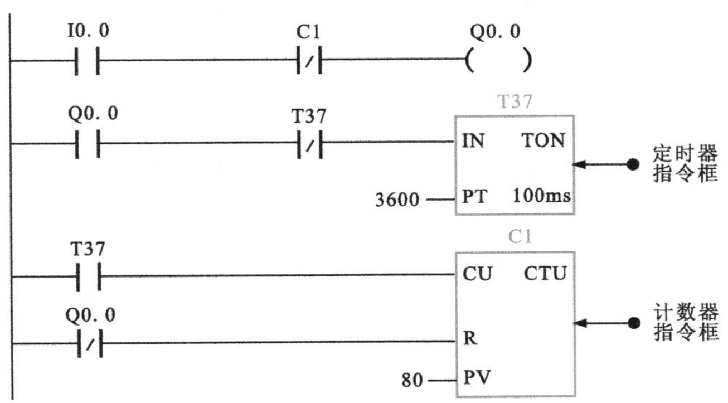

图7-7 指令框的含义及特点

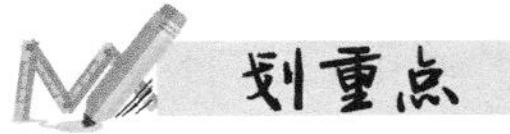

西门子PLC梯形图通常使用指令框（也称为功能块）来表示定时器、计数器或数学运算、逻辑运算等附加指令。

7.2 西门子PLC梯形图的编程元件

7.2.1 输入继电器

输入继电器又称输入过程映像寄存器。在西门子PLC梯形图中，输入继电器用“字母I+数字”标识，每一个输入继电器均与PLC的一个输入端子对应，用于接收外部开关信号，如图7-8所示。

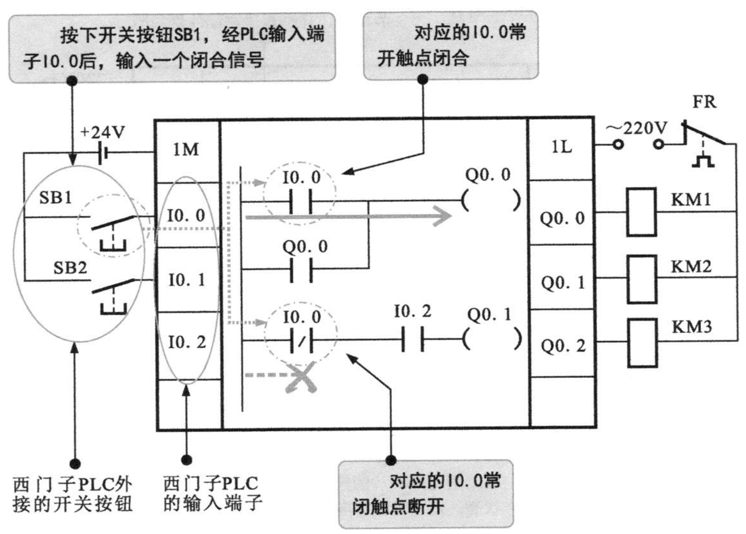

图7-8 西门子PLC梯形图中的输入继电器

输入继电器由PLC输入端子连接的开关按钮的通/断状态驱动，当开关按钮闭合时，输入继电器得电，其对应的常开触点闭合，常闭触点断开。

7.2.2 输出继电器

输出继电器又称输出过程映像寄存器。西门子PLC梯形图中的输出继电器用“字母Q+数字”标识，每一个输出继电器均与PLC的一个输出端子对应，用于控制PLC的外接负载，如图7-9所示。

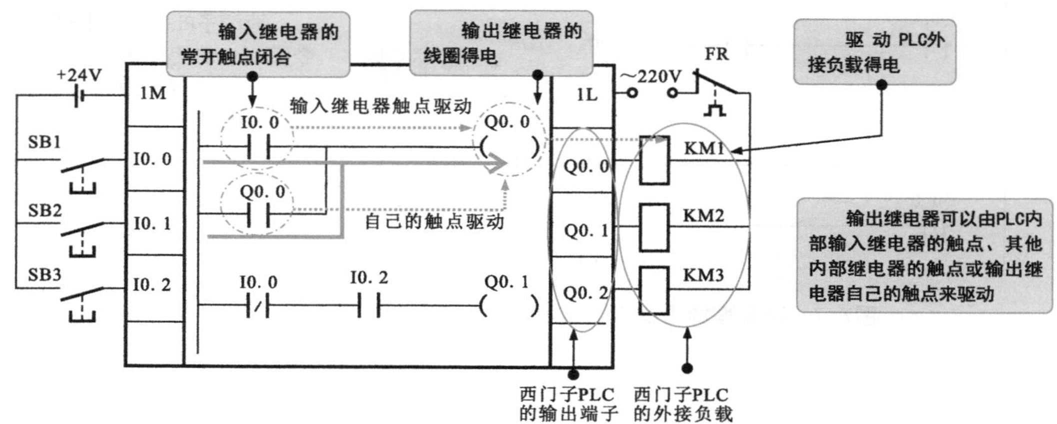

图7-9　西门子PLC梯形图中的输出继电器

西门子PLC梯形图中的辅助继电器有两种，一种为通用辅助继电器；另一种为特殊标志位辅助继电器。

通用辅助继电器也称内部标志位存储器，如同传统继电器控制系统中的中间继电器，用于存放中间操作状态或存储其他相关数字，用“字母M+数字”标识。

7.2.3 辅助继电器

1 通用辅助继电器

图7-10为西门子PLC梯形图中的通用辅助继电器。

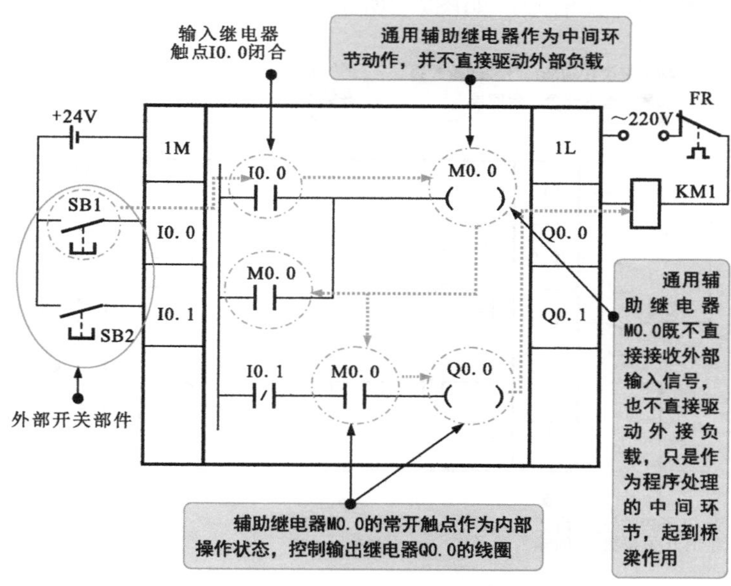

图7-10　西门子PLC梯形图中的通用辅助继电器

2 特殊标志位辅助继电器

图7-11为西门子PLC梯形图中的特殊标志位辅助继电器。特殊标志位辅助继电器用“字母SM+数字”标识，通常简称为特殊标志位继电器，是为保存PLC自身工作状态而建立的一种继电器。

划重点

特殊标志位辅助继电器是为保存PLC自身工作状态而建立的一种继电器，用于为用户提供一些特殊的控制功能及系统信息，如用于读取程序中设备的状态和运算结果，可根据读取的信息实现控制需求等。一般用户对操作的一些特殊要求也可通过特殊标志位辅助继电器通知CPU。

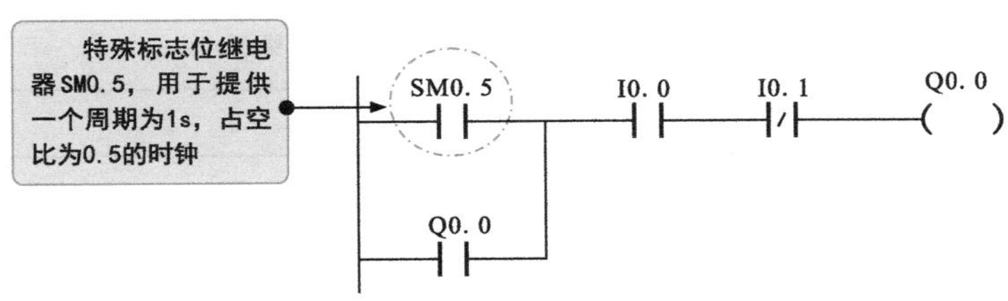

图7-11 西门子PLC梯形图中的特殊标志位辅助继电器

常用特殊标志位继电器的功能见表7-1。

表7-1 常用特殊标志位继电器的功能

SM地址	功能
SM0.0	该位始终接通（设置为1）
SM0.1	该位在第一个扫描周期接通后断开。该位的一个用途是调用初始化子例程
SM0.2	在以下操作后，该位会接通一个扫描周期： 重置为出厂通信命令。 重置为出厂存储卡评估。 评估程序传送卡（在此评估过程中，会从程序传送卡中加载新系统块）。 NAND 闪存上保留的记录出现问题。 该位可用作错误存储器位或用作调用特殊启动顺序的机制
SM0.3	从上电或启动条件进入RUN模式时，该位接通一个扫描周期。该位可用于在开始操作之前给PLC提供预热时间
SM0.5	该位提供时钟脉冲，脉冲周期为1s，OFF（断开）0.5s，ON（接通）0.5s。该位可简单轻松地实现延时或1min时钟脉冲
SM0.6	该位是扫描周期时钟，接通一个扫描周期，断开一个扫描周期，在后续扫描中交替接通和断开。该位可用作扫描计数器输入
SM0.7	如果实时时钟设备的时间被重置或在上电时丢失（导致系统时间丢失），则该位将接通一个扫描周期。该位可用作错误存储器位或用来调用特殊启动顺序
SM1.0	执行某些指令时，如果运算结果为零，该位将接通
SM1.1	执行某些指令时，如果结果溢出或检测到非法数字值，该位将接通
SM1.2	数学运算得到负结果时，该位接通
SM1.3	尝试除以零时，该位接通
SM1.4	执行添表（ATT）指令时，如果参考数据表已满，该位将接通
SM1.5	LIFO或FIFO指令尝试从空表读取时，该位接通

（续）

SM地址	功能
SM1.6	将BCD值转换为二进制值期间，如果值非法（非BCD），该位将接通
SM1.7	将ASCII码转换为十六进制（ATH）值期间，如果值非法（非十六进制ASCII数），该位将接通
SM2.0	该字节包含在自由端口通信过程中从端口0或端口1接收的各字符
SM3.0	该位指示端口0或端口1收到奇偶校验、帧、中断或超限错误（0=无错误；1=有错误）
**SM4.0	1＝通信中断队列已溢出
**SM4.1	1＝输入中断队列已溢出
**SM4.2	1＝定时中断队列已溢出
SM4.3	1＝检测到运行时间编程非致命错误
SM4.4	1＝中断已启用
SM4.5	1＝端口0发送器空闲（0＝正在传输）
SM4.6	1＝端口1发送器空闲（0＝正在传输）
SM4.7	1＝存储器位置被强制
SM5.0	如果存在任何I/O错误，该位将接通

7.2.4 定时器和计数器

1 定时器

在西门子PLC梯形图中，定时器是一个非常重要的编程元件，图形符号用指令框表示，文字标识用“字母T+数字”表示，数字从0～255，共256个。

在西门子S7-200 SMART系列PLC中，定时器分为5种类型，即接通延时定时器（TON）、保留性接通延时定时器（TONR）、关断延时定时器（TOF）、捕获开始时间间隔（BGN-ITIME）、捕获间隔时间（CAL-ITIME）。

2 计数器

在西门子PLC梯形图中，计数器的结构和使用与定时器基本相似，也用指令框表示，用来累计输入脉冲的次数，文字标识用“字母C+数字”表示，数字从0～255，共256个。

在西门子S7-200 SMART系列PLC中，计数器的常用类型主要有加计数器（CTU）、减计数器（CTD）和加/减计数器（CTUD）。在一般情况下，计数器与定时器配合使用。

7.2.5 其他编程元件

在西门子PLC梯形图中，其他编程元件包含变量存储器（V）、局部变量存储器（L）、顺序控制继电器（S）、模拟量输入/输出映像寄存器（AI、AQ）、高速计数器（HC）、累加器（AC）等。

在西门子PLC梯形图中，除输入继电器只包含触点外，其他继电器都包含触点和线圈，不同的继电器有不同的文字标识，同一个梯形图中，表示同一个继电器的触点和线圈的文字标识相同，如图7-12所示。

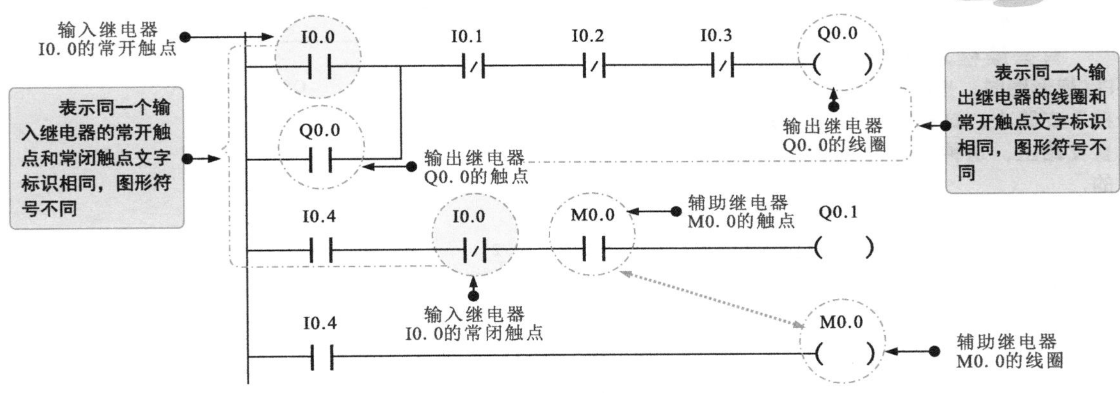

图7-12 继电器的触点和线圈标识

7.3 西门子PLC梯形图的编写

7.3.1 西门子PLC梯形图的编写要求

西门子PLC梯形图在编写格式上有严格的要求，采用正确规范的编写格式，方可确保西门子PLC梯形图的正确有效。

1 触点的编写要求

图7-13为西门子PLC梯形图触点的编写要求。

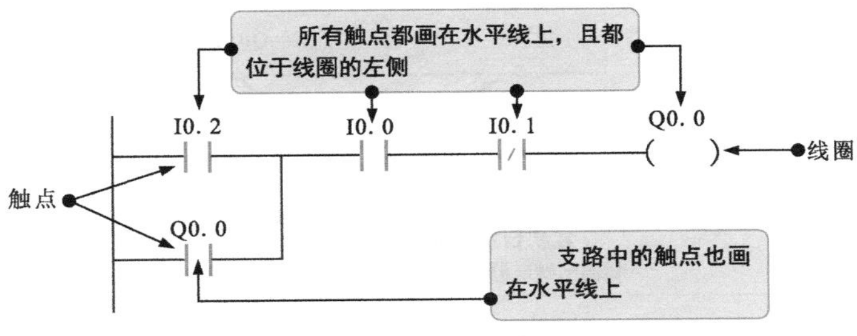

图7-13 西门子PLC梯形图触点的编写要求

触点应画在梯形图的水平线上，所有触点均位于线圈的左侧，且应根据控制要求遵循自左至右、自上而下的原则。

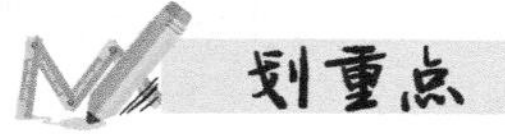

很多时候，梯形图是根据电气原理图绘制的。

但需要注意的是，在有些电气原理图中，为了节约继电器触点，常采用“桥接”支路，交叉实现对线圈的控制。

有些编程人员在对应编写PLC梯形图时，也将触点放在“桥接”支路上，这样触点便画在垂直支路上，这种编写方法是错误的。

可见，PLC梯形图不是简单地将电气原理图转化，还需要在此基础上根据编写要求进行修改和完善。

同一个触点在PLC梯形图中可以多次使用，且可以有两种初始状态，用于实现不同的控制要求。

图7-14为西门子PLC梯形图的编写特点。

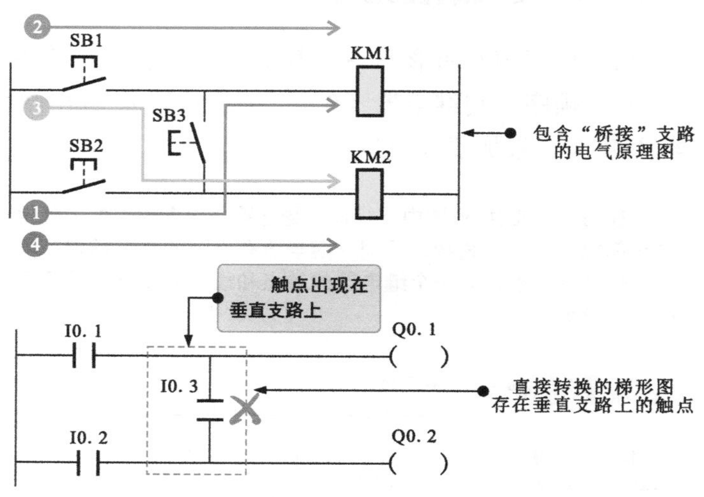

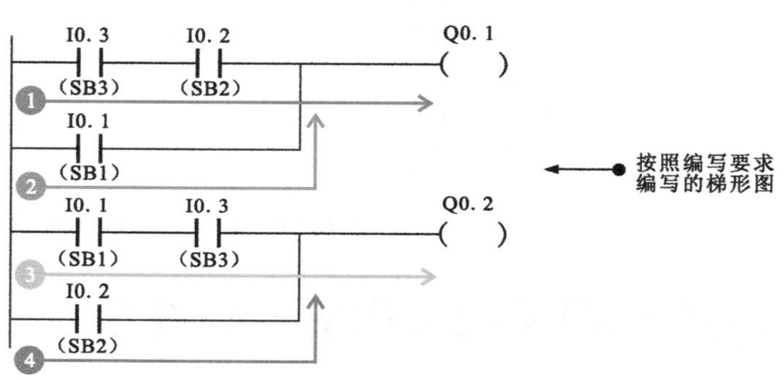

图7-14　西门子PLC梯形图的编写特点

图7-15为西门子PLC梯形图的编写案例。

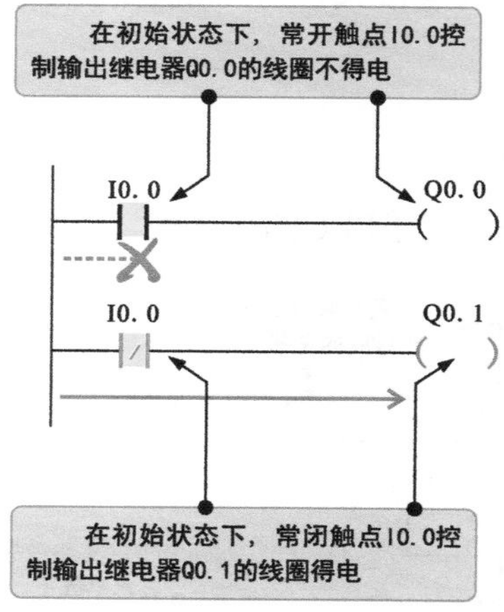

图7-15　西门子PLC梯形图的编写案例

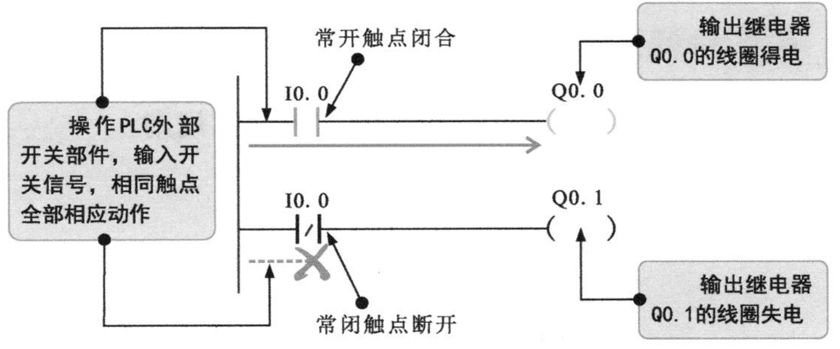

图7-15 西门子PLC梯形图的编写案例（续）

2 线圈的编写要求

图7-16为西门子PLC梯形图线圈的编写要求。

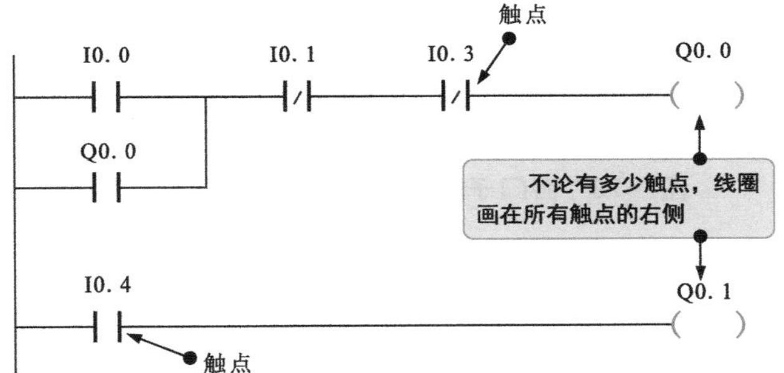

图7-16 西门子PLC梯形图线圈的编写要求

图7-17为西门子PLC梯形图中常见的几种线圈编写错误情况。

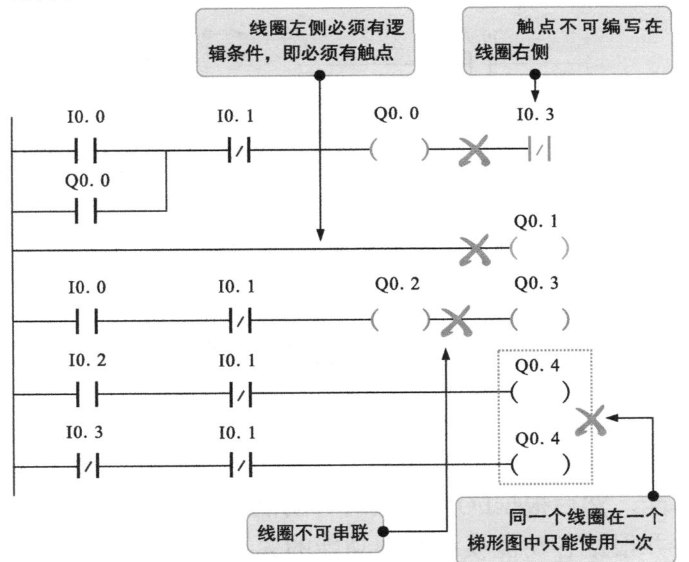

图7-17 西门子PLC梯形图中常见的几种线圈编写错误情况

划重点

按下PLC外接开关部件，使其对应的触点控制线圈Q0.0得电，同时控制线圈Q0.1失电。

在西门子PLC梯形中，线圈仅能画在同一条程序所有触点的右侧，线圈输出作为逻辑结果的必要条件体现在梯形图中时，线圈与左母线之间必须有触点。

输入继电器、输出继电器、辅助继电器、定时器、计数器等编程元件的触点可重复使用，而输出继电器、辅助继电器、定时器、计数器等编程元件的线圈在梯形图中一般只能使用一次。

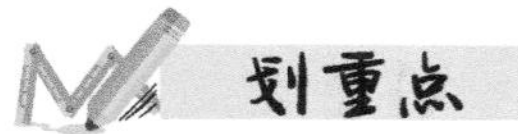

在编写梯形图时，常遇到并联输出的支路，即在一个条件下可同时实现两条或多条线路输出。西门子PLC梯形图一般采用堆栈指令实现并联输出功能，但由于通过堆栈指令会增加存储器的容量，因此一般不编写并联输出支路，而是将每个支路都作为一条程序单独编写。

在西门子PLC梯形图中，复位指令可单独使用，如单独对计数器或定时器进行复位等；置位指令不可单独使用，若使用置位指令对某一线圈置位时，则必须通过复位指令才能将其复位。

3 母线分支的优化规则

图7-18为西门子PLC母线分支的优化规则。

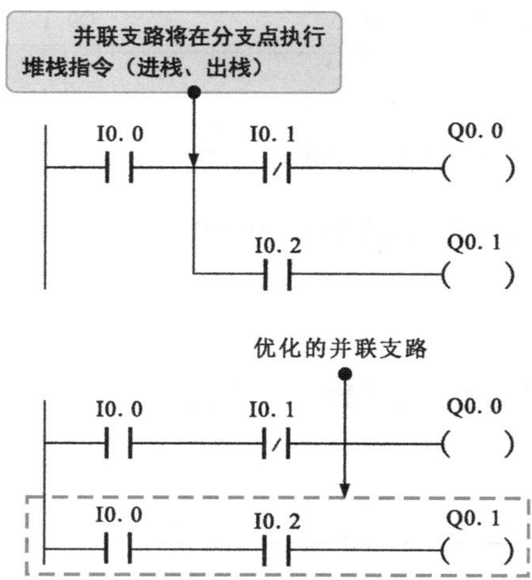

图7-18　西门子PLC母线分支的优化规则

4 特殊编程元件的使用规则

在西门子PLC梯形图中，一些特殊编程元件需要成对出现，即需要配合使用才能实现功能。例如，置位和复位操作，均通过指令实现，在梯形图中一般标注在线圈符号内部，如图7-19所示。

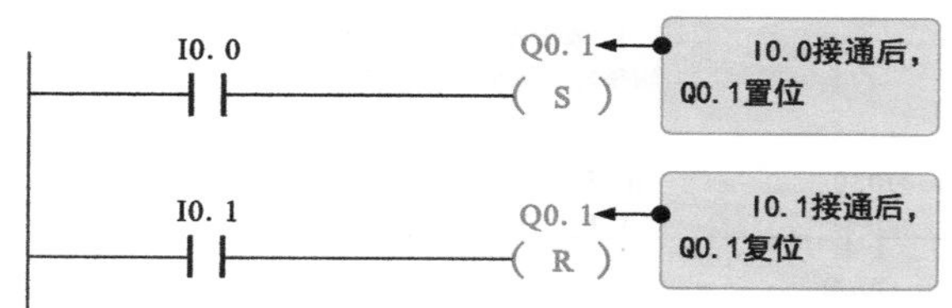

图7-19　一些特殊编程元件的使用规则

7.3.2 西门子PLC梯形图的编写方法

编写西门子PLC梯形图时，首先要对系统所要完成的各项功能进行模块划分，并对PLC的各个I/O点进行分配；然后根据I/O分配表对各功能模块逐个编写梯形图，并根据各功能模块实现功能的先后顺序，对功能模块进行组合，建立控制关系；最后分析调整初步编写完成的梯形图，完成整个系统梯形图的编写。下面以电动机顺序启/停控制系统的设计作为案例介绍西门子PLC梯形图的编写方法。

图7-20为电动机顺序启/停控制系统的控制要求和功能模块的划分。

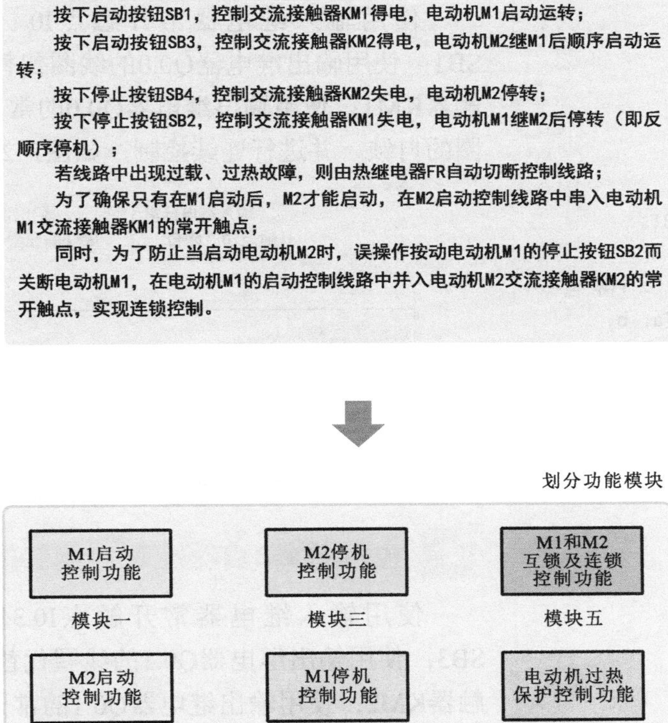

图7-20 电动机顺序启/停控制系统的控制要求和功能模块的划分

划分功能模块后进行I/O分配表的填写，见表7-2，将输入设备和输出设备与西门子PLC梯形图中的输入继电器和输出继电器的地址编号对应。

表7-2 I/O分配表

输入设备及地址编号			输出设备及地址编号		
名称	代号	输入地址编号	名称	代号	输出地址编号
热继电器	FR	I0.0	电动机M1交流接触器	KM1	Q0.0
M1启动按钮	SB1	I0.1	电动机M2交流接触器	KM2	Q0.1
M1停止按钮	SB2	I0.2			
M2启动按钮	SB3	I0.3			
M2停止按钮	SB4	I0.4			

功能模块划分和I/O分配表填写完成后，便可根据各功能模块的控制要求进行梯形图的编写，最后将各功能模块的梯形图组合起来。

1 电动机M1启动控制功能梯形图的编写

使用输入继电器常开触点I0.1代替M1启动按钮SB1；使用输出继电器Q0.0的线圈代替电动机M1交流接触器KM1；使用输出继电器Q0.0的常开触点实现Q0.0线圈的自锁，并进行连续控制，如图7-21所示。

输入控制信号：

按下启动按钮SB1。

输出结果：

输入继电器I0.1得电→Q0.0得电→同时导致a，b：

a→KM1线圈得电吸合→KM1主触点闭合，电动机M1启动运转；

b→常开辅助触点（Q0.0）闭合，实现自锁。

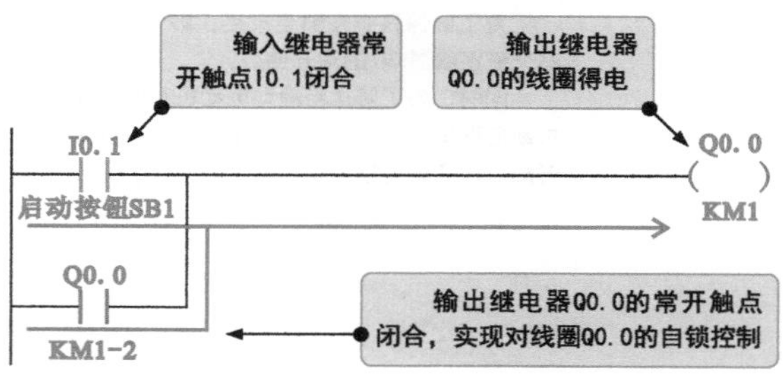

图7-21 电动机M1启动控制功能梯形图的编写

2 电动机M2启动控制功能梯形图的编写

使用输入继电器常开触点I0.3代替M2启动按钮SB3；使用输出继电器Q0.1的线圈代替电动机M2交流接触器KM2；使用输出继电器Q0.1的常开触点实现对线圈Q0.1的自锁，并进行连续控制，如图7-22所示。

输入控制信号：

按下启动按钮SB3。

输出结果：

输入继电器I0.3得电→Q0.1得电→同时导致a，b：

a→KM2线圈得电吸合→KM2主触点闭合，电动机M2启动运转；

b→常开辅助触点（Q0.1）闭合，实现自锁。

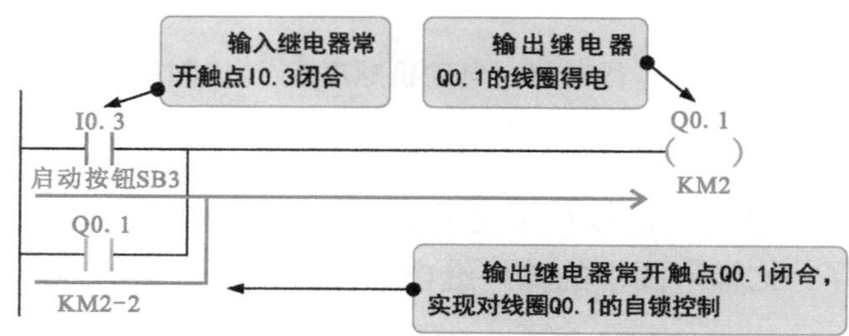

图7-22 电动机M2启动控制功能梯形图的编写

3 电动机M1和M2停机控制功能梯形图的编写

使用输入继电器I0.2的常闭触点代替M1停止按钮SB2，使其在梯形图中能够控制输出继电器Q0.0的线圈失电；使用输入继电器I0.4的常闭触点代替M2停止按钮SB4，使其在梯形图中能够控制输出继电器Q0.1的线圈失电。

图7-23为电动机M1和M2停机控制梯形图的编写。

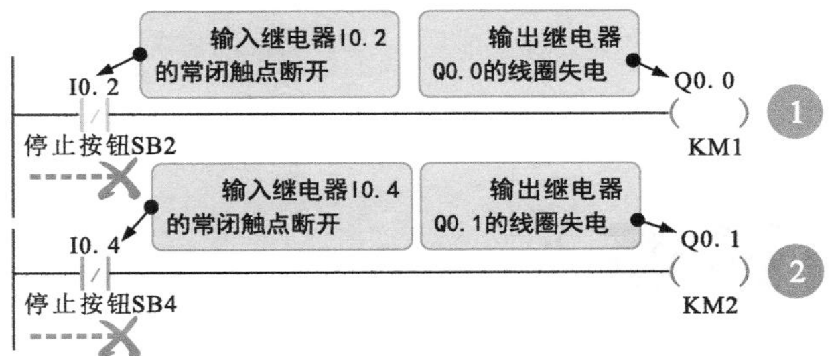

图7-23 电动机M1和M2停机控制梯形图的编写

4 电动机M1和M2互锁及连锁控制功能梯形图的编写

图7-24为电动机M1和M2互锁及连锁控制功能梯形图的编写。

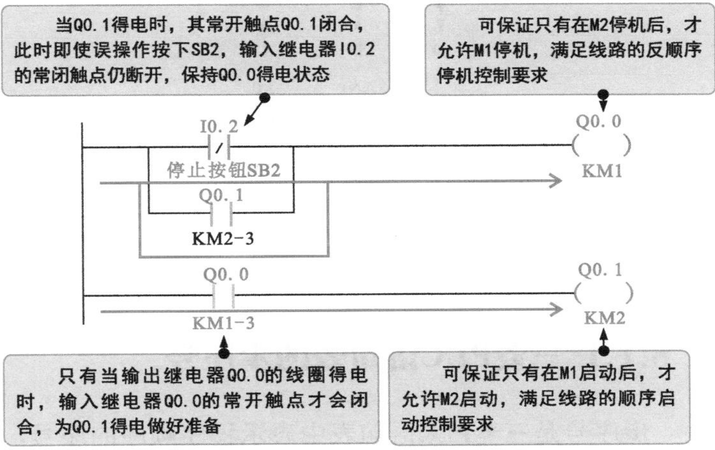

图7-24 电动机M1和M2互锁及连锁控制功能梯形图的编写

5 控制功能模块梯形图的组合

根据编写要求，将各控制功能模块的梯形图组合起来，并加上过热控制保护，如图7-25所示。

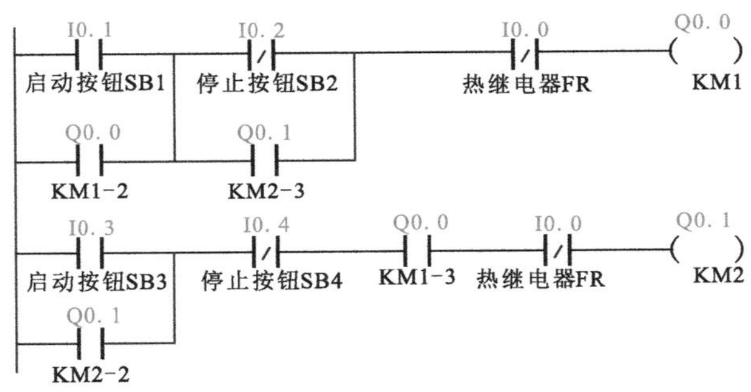

图7-25 控制功能模块梯形图的组合

划重点

1 输入控制信号：
按下停止按钮SB2。
输出结果：
输入继电器I0.2得电→Q0.0失电。

2 输入控制信号：
按下停止按钮SB4。
输出结果：
输入继电器I0.4得电→Q0.1失电。

输入控制信号：
输出继电器Q0.0的常开触点闭合；
输出继电器Q0.1的常开触点闭合。
输出结果：
作为Q0.1线圈得电的限制条件，只有Q0.0的常开触点闭合后，Q0.1才能得电；
作为Q0.2线圈失电的限制条件，当误操作按下SB2时，即使I0.2触点断开，Q0.0仍保持得电状态。

使用输入继电器常开触点Q0.0代替热继电器FR，当电动机出现过热时，使其在梯形图中能够控制输出继电器Q0.0和Q0.1失电。

三菱PLC语句表

8.1 三菱PLC语句表的结构

三菱PLC语句表是另一种编程语言，也称为指令表。图8-1为三菱PLC语句表的结构。

步序号	操作码	操作数
0	LD	X2
1	ANI	X0
2	OUT	M1
3	AND	X1
4	OUT	Y4

图8-1　三菱PLC语句表的结构

三菱PLC语句表采用一种与汇编语言中的指令相似的助记符表达式，将一系列的操作指令组成控制流程，通过编程器写入PLC，适用于习惯汇编语言的用户使用。

8.1.1 三菱PLC语句表的步序号

步序号是三菱PLC语句表中表示程序顺序的序号，一般用阿拉伯数字标识。在实际编写语句表时，可利用编程器读取或删除指定步序号的程序指令，完成对PLC语句表的读取、修改等。图8-2为利用PLC语句表步序号读取PLC内程序指令。

借助编程器读取PLC内第15条程序，按照编程器使用规则，按下“STEP”键（步序键），输入数字“15”，即可读出第15条程序指令，在此基础上可对该条指令进行修改、删除等操作。

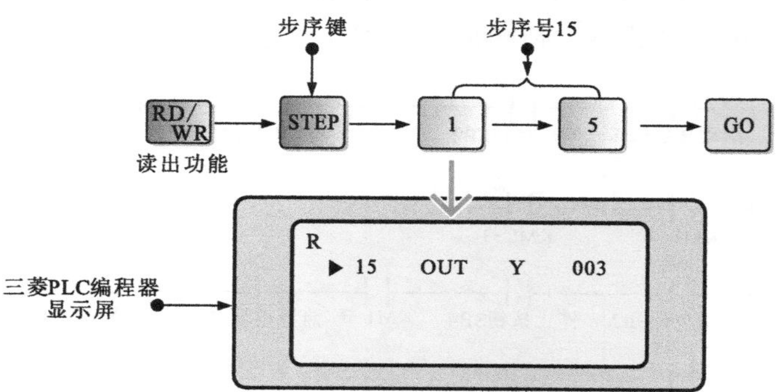

图8-2　利用PLC语句表步序号读取PLC内程序指令

8.1.2 三菱PLC语句表的操作码

三菱PLC语句表中的操作码使用助记符进行标识，也称编程指令，用于完成三菱PLC的控制功能。在三菱PLC中，不同系列的PLC所采用的操作码不同。表8-1为三菱FX系列PLC中常用的助记符。

表8-1 三菱FX系列PLC中常用的助记符

助记符	功能	助记符	功能
LD	读指令	ANB	电路块与指令
LDI	读反指令	ORB	电路块或指令
LDP	读上升沿脉冲指令	SET	置位指令
LDF	读下降沿脉冲指令	RST	复位指令
OUT	输出指令	PLS	上升沿脉冲指令
AND	与指令	PLF	下降沿脉冲指令
ANI	与非指令	MC	主控指令
ANDP	与脉冲指令	MCR	主控复位指令
ANDF	与脉冲（F）指令	MPS	进栈指令
OR	或指令	MRD	读栈指令
ORI	或非指令	MPP	出栈指令
ORP	或脉冲指令	INV	取反指令
ORF	或脉冲（F）指令	NOP	空操作指令
OUT	线圈驱动指令	END	结束指令

8.1.3 三菱PLC语句表的操作数

三菱PLC语句表中的操作数使用编程元件的地址编号进行标识，即用于指示执行该指令的数据地址。表8-2为三菱FX_{2N}系列PLC中常用的操作数。

表8-2 三菱FX_{2N}系列PLC中常用的操作数

名称	操作数	操作数范围	
输入继电器	X	X000～X007、X010～X017、X020～X027（共24点，可附加扩展模块进行扩展）	
输出继电器	Y	Y000～Y007、Y010～Y017、Y020～Y027（共24点，可附加扩展模块进行扩展）	
辅助继电器	M	M0～M499（500点）	
定时器	T	0.1～999s	T0～T199（200点）
		0.01～99.9s	T200～T245（46点）
		1ms累计定时器	T246～T249（4点）
		100ms累计定时器	T250～T255（6点）
计数器	C	C0～C99（16位通用型）、 C100～C199（16位累计型） C200～C219（32位通用型）、 C220～C234（32位累计型）	
状态寄存器	S	S0～S499（500点通用型）、S500～S899（400点保持型）	
数据寄存器	D	D0～D199（200点通用型）、D200～D511（312点保持型）	

8.2 三菱PLC语句表的特点

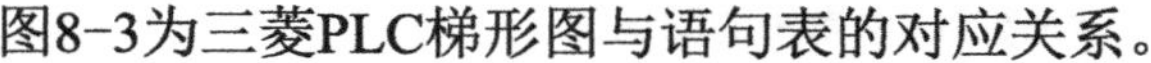

8.2.1 三菱PLC梯形图与语句表的关系

图8-3为三菱PLC梯形图与语句表的对应关系。

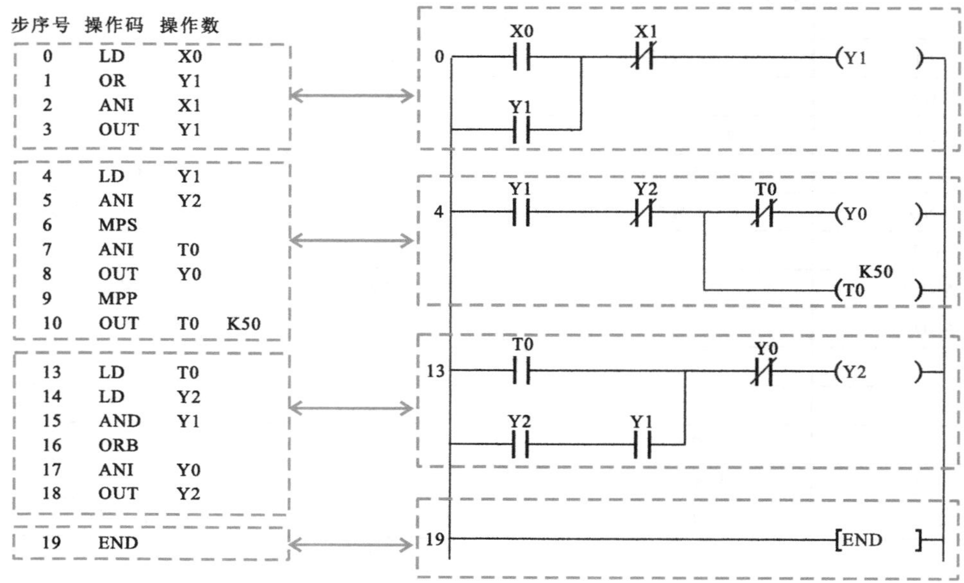

步序号	操作码	操作数	
0	LD	X0	
1	OR	Y1	
2	ANI	X1	
3	OUT	Y1	
4	LD	Y1	
5	ANI	Y2	
6	MPS		
7	ANI	T0	
8	OUT	Y0	
9	MPP		
10	OUT	T0	K50
13	LD	T0	
14	LD	Y2	
15	AND	Y1	
16	ORB		
17	ANI	Y0	
18	OUT	Y2	
19	END		

三菱PLC梯形图中的每一条程序都与语句表中的若干条语句相对应。

除此之外，三菱PLC梯形图中的重要分支点，如并联电路块串联、串联电路块并联、进栈、读栈、出栈等触点，在语句表中也会通过相应指令指示出来。

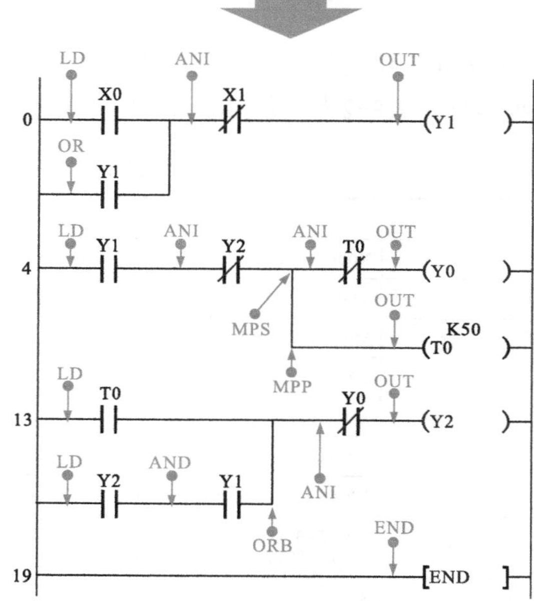

图8-3 三菱PLC梯形图与语句表的对应关系

8.2.2 三菱PLC梯形图与语句表的转换

在很多PLC编程软件中，都具有PLC梯形图和PLC语句表的转换功能，如图8-4所示。

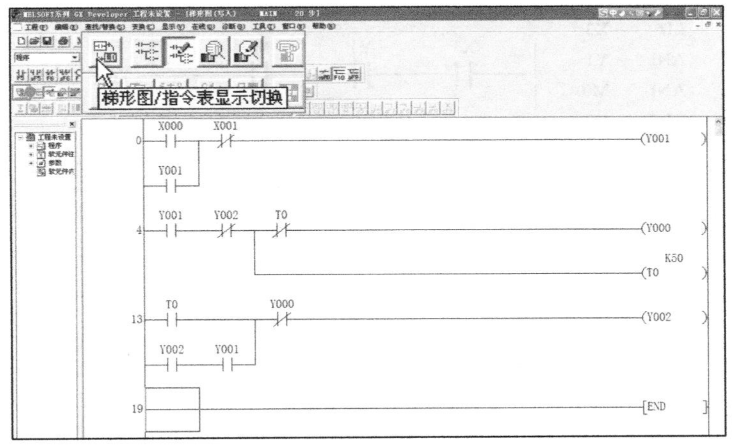

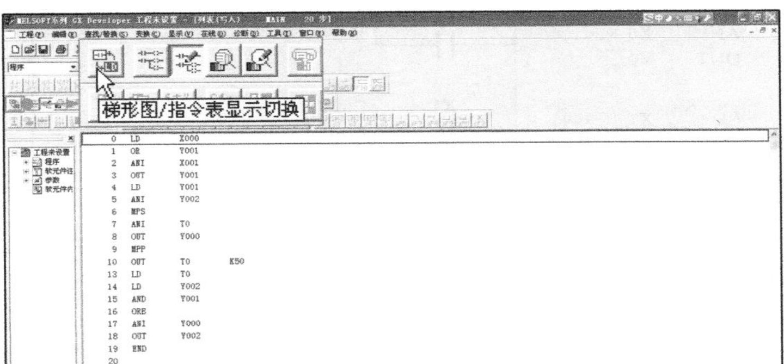

图8-4 三菱PLC梯形图与语句表的转换

通过“梯形图/指令表显示切换”按钮可实现三菱PLC梯形图与语句表之间的转换。

值得注意的时，所有的三菱PLC梯形图都可转换成所对应的语句表，但并不是所有的语句表都可以转换为所对应的梯形图。

8.3 三菱PLC语句表的编写

8.3.1 三菱PLC语句表的编写思路

三菱PLC语句表的编写思路与编写三菱PLC梯形图基本类似，也是先根据系统完成功能模块的划分，然后对PLC各个I/O点进行分配，根据分配的I/O点对各功能模块编写语句表，并对各功能模块的语句表进行组合，最后分析编写好的语句表并做调整，完成整个系统语句表的编写工作。

一般来说，编写三菱PLC语句表可根据控制与输出关系编写，也可根据控制顺序编写，还可根据控制条件编写。

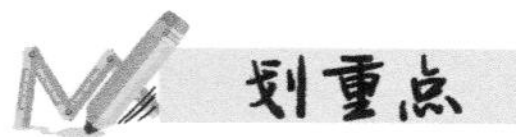

语句表是由多条指令组成的，每条指令表示一个控制条件或控制结果，在三菱PLC语句表中，事件发生的条件表示在语句表的上面，事件发生的结果表示在语句表的下面。

1 根据控制与输出关系编写PLC语句表

图8-5为根据控制与输出关系编写PLC语句表。

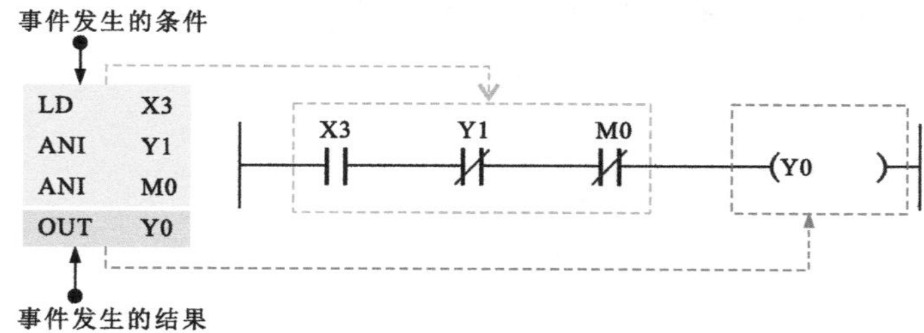

图8-5　根据控制与输出关系编写PLC语句表

2 根据控制顺序编写PLC语句表

图8-6为根据控制顺序编写PLC语句表。

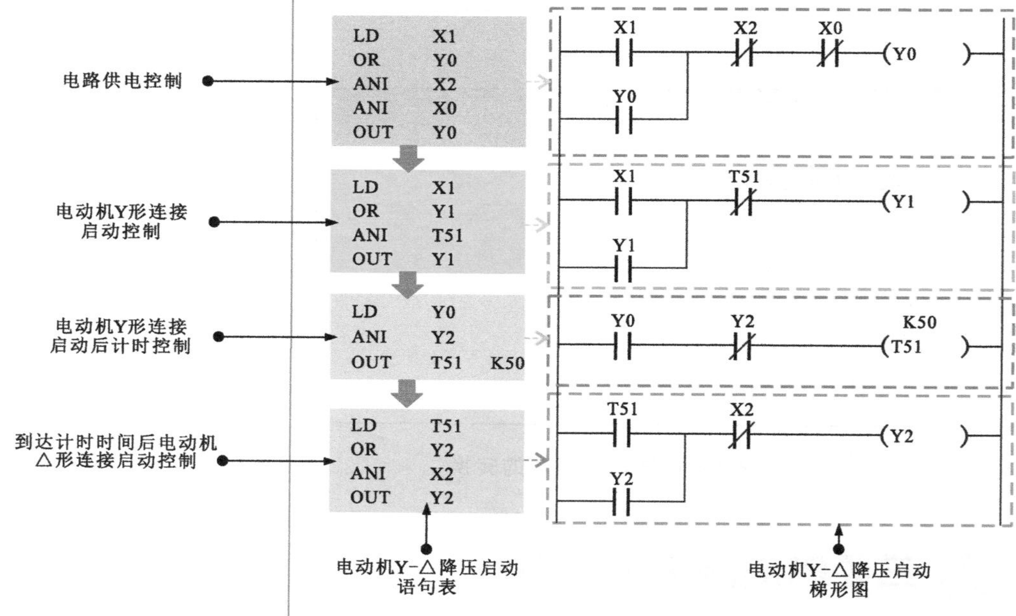

图8-6　根据控制顺序编写PLC语句表

多说两句！

三菱PLC语句表通常会根据系统的控制顺序由上到下逐条编写。

3 根据控制条件编写PLC语句表

图8-7为根据控制条件编写PLC语句表。

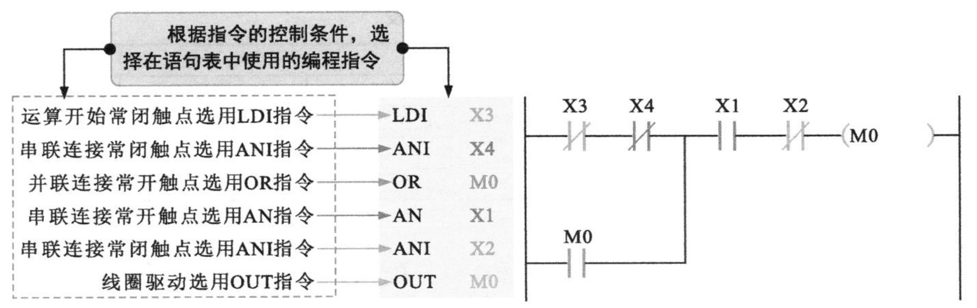

图8-7 根据控制条件编写PLC语句表

多说两句!

语句表中使用哪种编程指令可根据该指令的控制条件确定，如运算开始常闭触点选用LDI指令、串联连接常闭触点选用ANI指令、并联连接常开触点选用OR指令、线圈驱动选用OUT指令。

8.3.2 三菱PLC语句表的编写方法

图8-8为电动机连续控制系统的控制要求和功能模块的划分。

控制要求如下：

按下启动按钮SB1，控制交流接触器KM得电，电动机M启动运转，即使松开启动按钮SB1，电动机M仍连续运转；

按下停止按钮SB2，控制交流接触器KM失电，电动机M停止运转；

若线路中出现过载、过热故障，由热继电器FR自动切断控制线路；

电动机M启动运转时，运行指示灯RL点亮，停机指示灯GL熄灭；

电动机M停止运转时，停机指示灯GL点亮，运行指示灯RL熄灭。

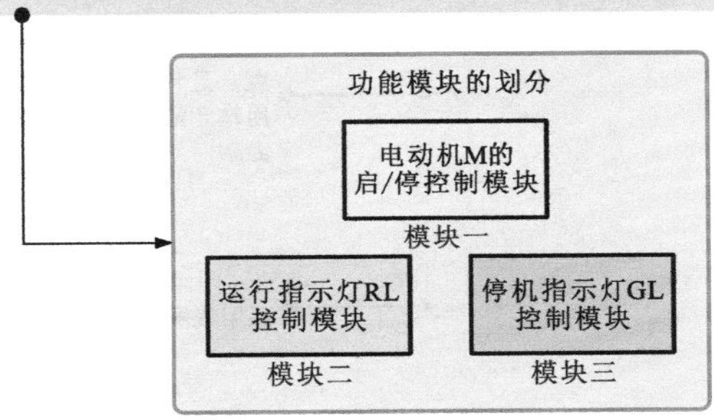

图8-8 电动机连续控制系统的控制要求和功能模块的划分

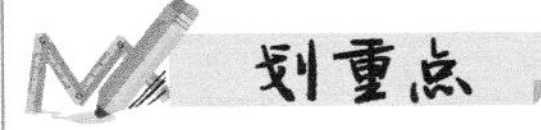

根据电动机连续控制系统的控制要求，控制系统可划分为电动机M的启/停控制模块、运行指示灯RL控制模块、停机指示灯GL控制模块。

根据划分的功能模块，分析并列出相应的输入、输出设备的数量、名称、元件编号等。输入设备主要包括启动按钮SB1、停止按钮SB2、热继电器FR；输出设备主要包括交流接触器，见表8-3。

表8-3　I/O分配表

输入设备及地址编号			输出设备及地址编号		
名称	代号	输入地址编号	名称	代号	输出地址编号
热继电器	FR	X0	交流接触器	KM	Y0
启动按钮	SB1	X1	运行指示灯	RL	Y1
停止按钮	SB2	X2	停机指示灯	GL	Y2

电动机连续控制系统的功能模块划分和I/O分配表填写完成后，便可根据各功能模块的控制要求进行语句表的编写。

1 电动机M启/停控制模块语句表的编写

图8-9为电动机M启/停控制模块语句表的编写。

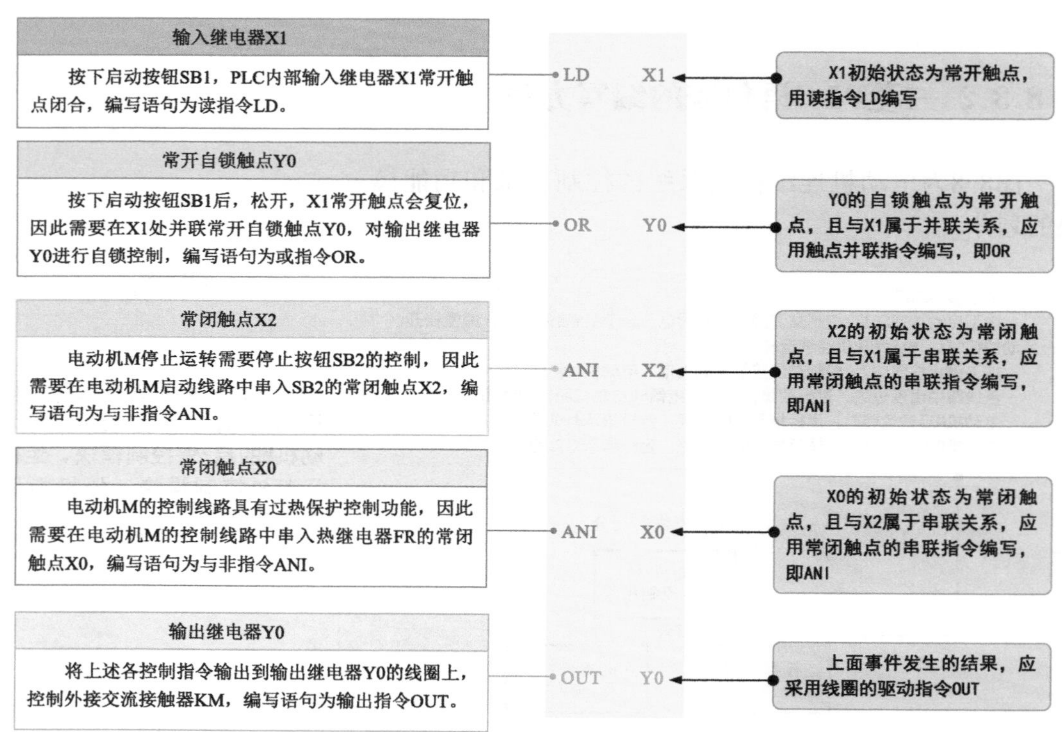

图8-9　电动机M启/停控制模块语句表的编写

2 运行指示灯RL控制模块语句表的编写

控制要求：当电动机M启动运转时，运行指示灯RL点亮；当电动机M停止运转时，运行指示灯RL熄灭。其语句表如图8-10所示。

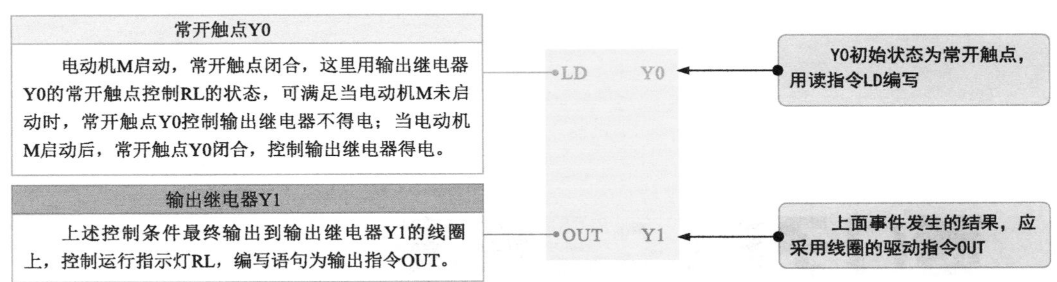

图8-10 运行指示灯RL控制模块语句表的编写

3 停机指示灯GL控制模块语句表的编写

控制要求：当电动机M停止运转时，停机指示灯GL点亮；当电动机M启动运转后，停机指示灯GL熄灭。其语句表如图8-11所示。

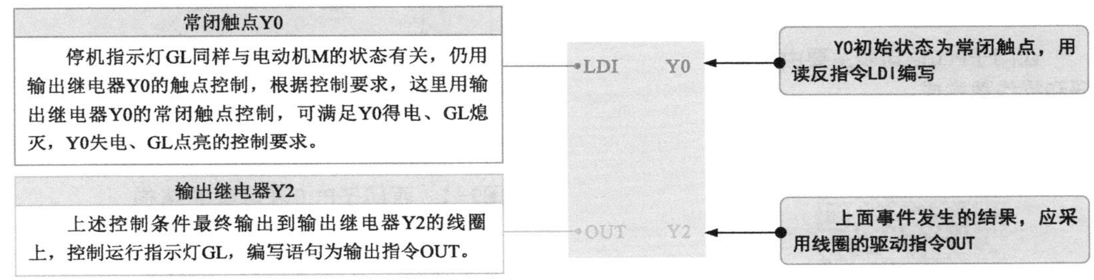

图8-11 停机指示灯GL控制模块语句表的编写

图8-12为组合完成的电动机连续控制系统的语句表，即将上述3个功能模块的语句表组合后，添加结束指令，通过分析编写完成的语句表并做调整，最终完成整个系统语句表的编写。

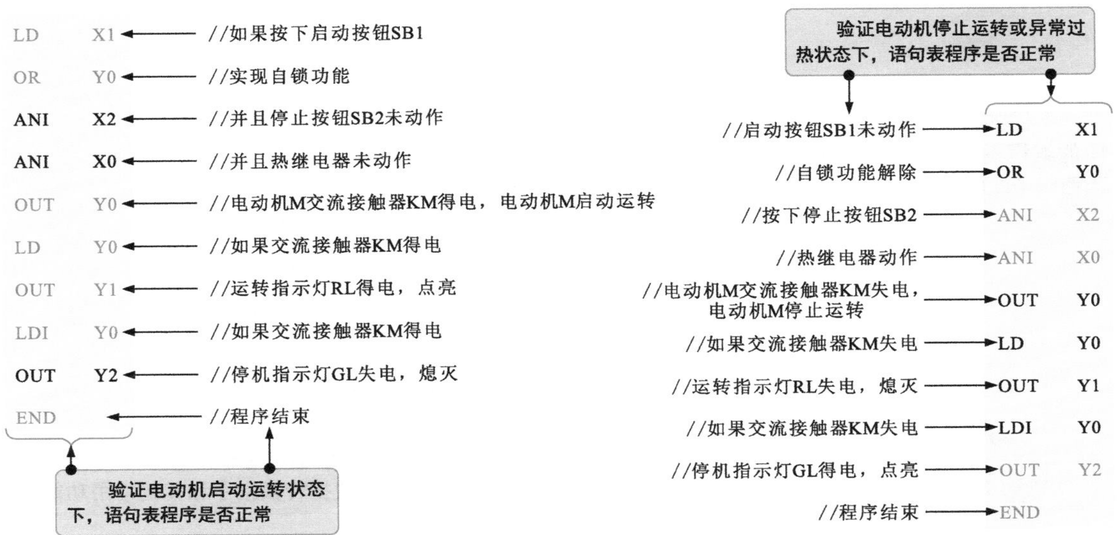

图8-12 组合完成的电动机连续控制系统的语句表

西门子PLC语句表

9.1 西门子PLC语句表的结构

西门子PLC语句表主要由操作码和操作数构成。

图9-1为西门子PLC语句表的结构。

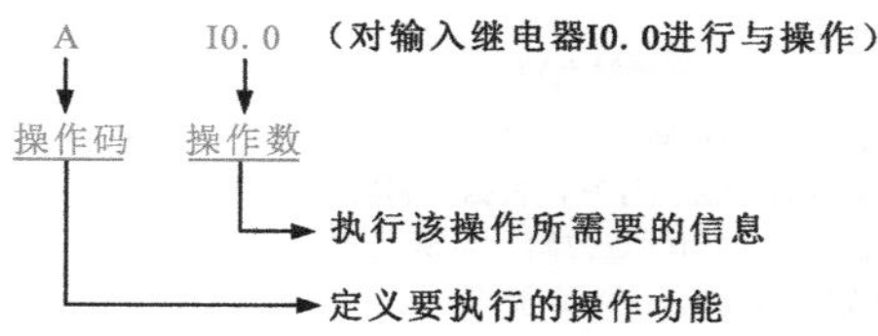

图9-1 西门子PLC语句表的结构

9.1.1 西门子PLC语句表的操作码

不同的控制要求需要采用不同的编程指令，这些编程指令即为西门子PLC语句表的操作码。

西门子PLC语句表的操作码又称编程指令，由各种指令助记符（指令的字母标识）表示，用于定义PLC要执行的操作功能，如图9-2所示。

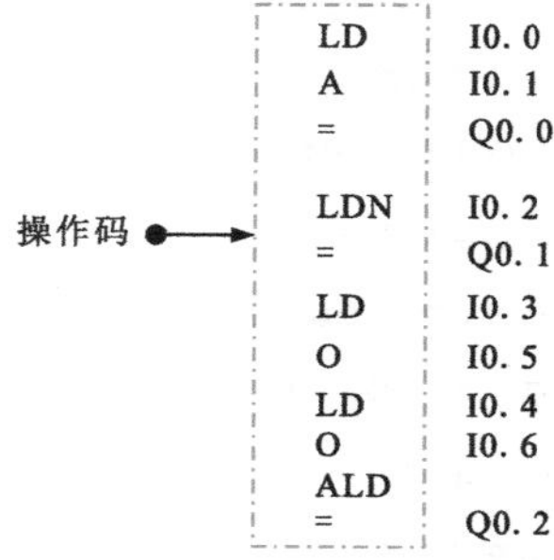

图9-2 西门子PLC语句表中的操作码

西门子PLC的编程指令主要包括基本逻辑指令、运算指令、程序控制指令、数据处理指令、数据转换指令和其他常用功能指令等。

9.1.2 西门子PLC语句表的操作数

不同系列的西门子PLC，其语句表中的操作数也有所差异。表9-1为西门子S7-200 SMART系列PLC语句表中常用的操作数。

操作数是用于标识执行操作的地址编码，即表明执行该操作的数据是什么，用于指示PLC操作数据的地址，相当于梯形图中软继电器的文字标识。

表9-1 西门子S7-200 SMART系列PLC语句表中常用的操作数

名称	地址编号
输入继电器	I
输出继电器	Q
定时器	T
计数器	C
通用辅助继电器	M
特殊标志继电器	SM
变量存储器	V
顺序控制继电器	S

9.1.3 西门子PLC梯形图与语句表的关系

图9-3为西门子PLC梯形图与语句表的特点。

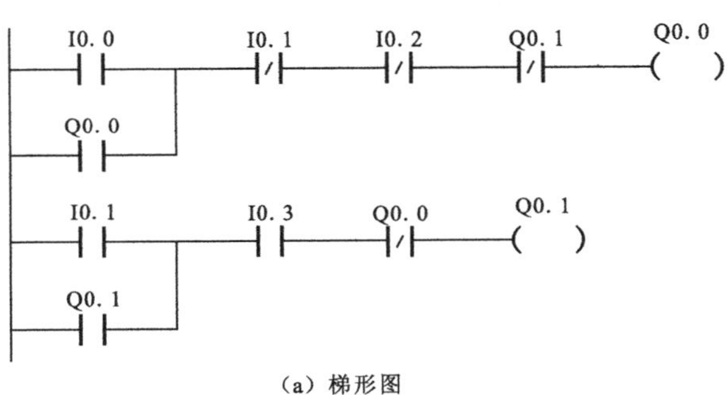

（a）梯形图

```
LD    I0. 0
O     Q0. 0
AN    I0. 1
AN    I0. 2
AN    Q0. 1
=     Q0. 0
LD    I0. 1
O     Q0. 1
A     I0. 3
AN    Q0. 0
=     Q0. 1
```

（b）语句表

图9-3 西门子PLC梯形图与语句表的特点

梯形图具有直观形象的图示化特色。语句表以“文本”形式体现，控制过程可全部依托语句表来表达。

西门子PLC梯形图中的每一条程序都与语句表中若干条语句相对应，每一条程序中的触点、线圈都与语句表中的操作码和操作数对应。

西门子PLC梯形图中的重要分支点，如并联电路块串联、串联电路块并联、进栈、读栈、出栈等触点，在语句表中也会通过相应指令指示出来。

图9-4为西门子PLC梯形图与语句表的对应关系。

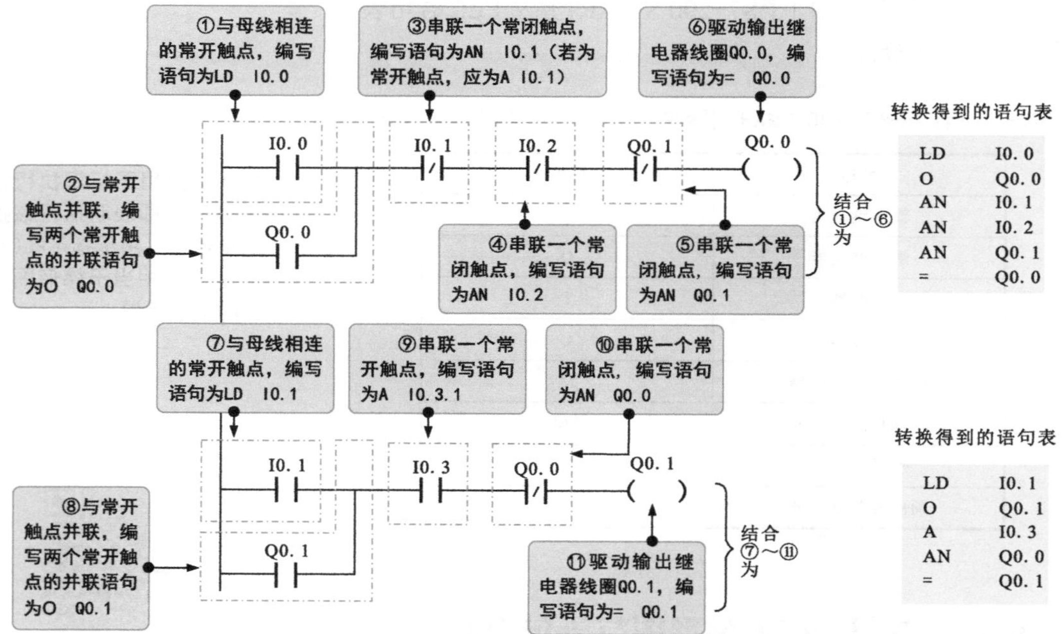

图9-4　西门子PLC梯形图与语句表的对应关系

大部分的编程软件都能够实现梯形图和语句表的自动转换，因此可在编程软件中绘制好梯形图，通过“梯形图/语句表”指令进行转换，如图9-5所示。

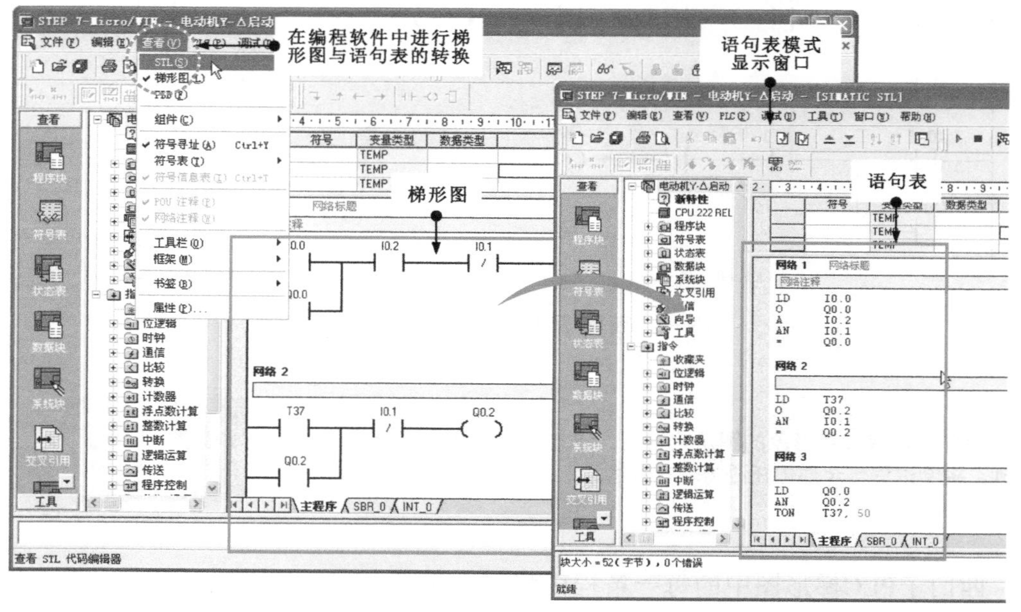

图9-5　在编程软件中梯形图与语句表的转换

9.2 西门子PLC语句表的编写

9.2.1 西门子PLC语句表的编写方法

图9-6为西门子PLC语句表的编写方法。

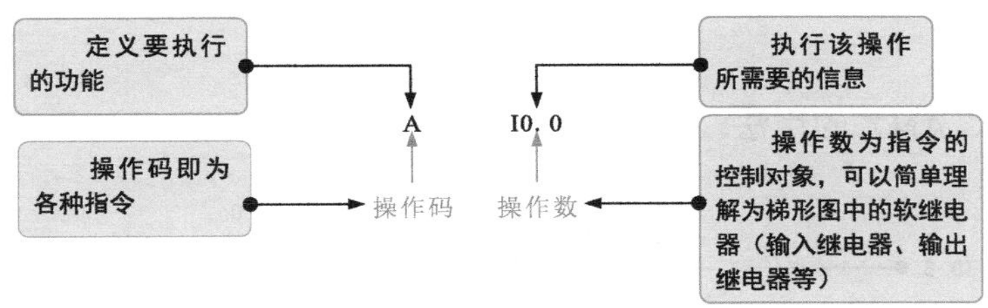

图9-6 西门子PLC语句表的编写方法

西门子PLC语句表的编写需要根据指令语句顺次排列，每一条语句都要将操作码书写在左侧，将操作数书写在操作码的右侧，而且要确保操作码和操作数之间有间隔，不能连在一起。

表9-2为西门子PLC语句表常用的编程指令（操作码）。

表9-2 西门子PLC语句表常用的编程指令（操作码）

LD	“读”指令	S	“置位”指令	LPP	“逻辑出栈”指令
LDN	“读反”指令	R	“复位”指令	LDS	“载入堆栈”指令
=	“输出”指令	LDI	“立即存”（装载）指令	TON	“接通延时定时器”指令
A	“与”指令	LDNI	“立即取”指令	TONR	“有记忆接通延时定时器”指令
AN	“与非”指令	NOP	“空操作”指令	TOF	“断开延时定时器”指令
O	“或”指令	EU	“上升边沿脉冲”指令	CTU	“加计数器”指令
ON	“或非”指令	ED	“下降边沿脉冲”指令	CTD	“减计数器”指令
OLD	“串联电路块的并联”指令	LPS	“逻辑入栈”指令	CTUD	“加减计数器”指令
ALD	“并联电路块的串联”指令	LRD	“逻辑读栈”指令		

9.2.2 西门子PLC语句表编程指令的用法

1 触点的逻辑“读”、“读反”和“输出”指令

图9-7为触点的逻辑“读”、“读反”和“输出”指令的用法。

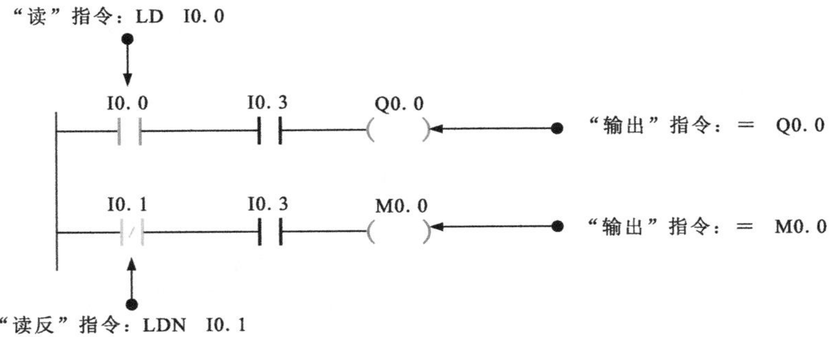

图9-7 触点的逻辑“读”、“读反”和“输出”指令的用法

LD：触点的逻辑"读"指令，也称装载指令，在语句表中表示一个与左母线相连的常开触点指令。

LDN：触点的逻辑"读反"指令，也称装载反指令，在语句表中表示一个与左母线相连的常闭触点指令。

=："输出"指令，表示驱动线圈的指令，用于驱动输出继电器、辅助继电器等，但不能用于驱动输入继电器。

2 触点串联指令

图9-8为触点串联指令（A、AN）的用法。

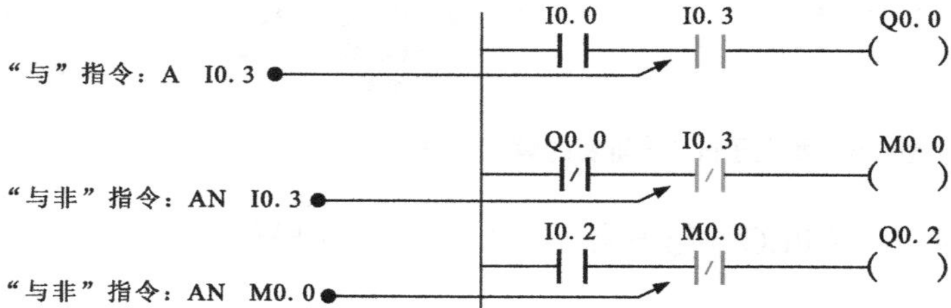

图9-8 触点串联指令（A、AN）的用法

A：逻辑"与"操作指令，用于常开触点与其他编程元件串联。

AN：逻辑"与非"操作指令，用于常闭触点与其他编程元件串联。

3 触点并联指令

图9-9为触点并联指令（O、ON）的用法。

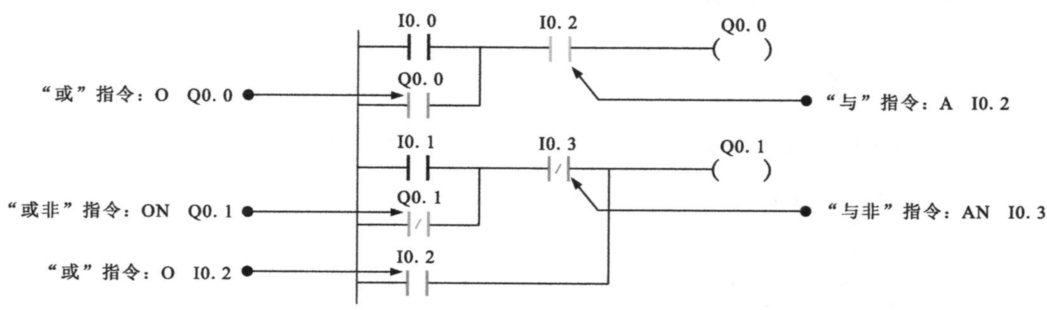

图9-9 触点并联指令（O、ON）的用法

O：逻辑"或"操作指令，用于常开触点与其他编程元件并联。

ON：逻辑"或非"操作指令，用于常闭触点与其他编程元件的并联。

4 电路块串、并联指令

图9-10为电路块串、并联指令（OLD、ALD）的用法。

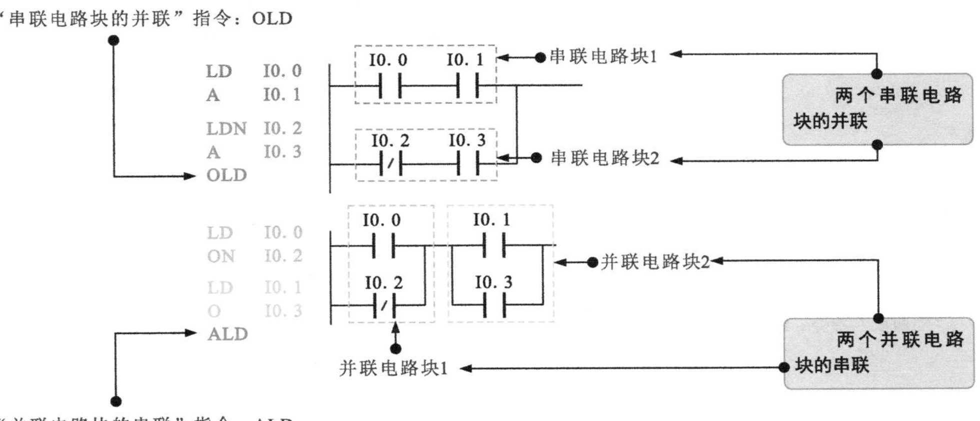

图9-10 电路块串、并联指令（OLD、ALD）的用法

OLD："串联电路块的并联"指令，用于串联电路块之间的并联。其中，串联电路块是指两个或两个以上的触点串联。OLD指令用于并联第二个支路语句后，无操作数。

ALD："并联电路块的串联"指令，用于并联电路块之间的串联。其中，并联电路块是指两个或两个以上的触点并联。ALD指令用于串联第二个支路语句后，无操作数。

5 置位、复位指令

图9-11为置位（S）、复位指令（R）的用法。

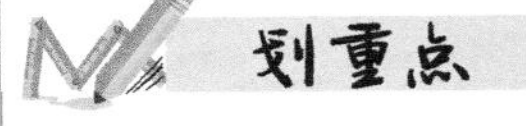

① "置位"指令：S bit，n —— 在梯形图中的表现形式：bit (S) n

② "复位"指令：R bit，n —— 在梯形图中的表现形式：bit (R) n

① "置位"指令（S）可对I、Q、M、SM、T、C、V、S和L进行置位操作。

② "复位"指令（R）可对I、Q、M、SM、T、C、V、S和L进行复位操作。

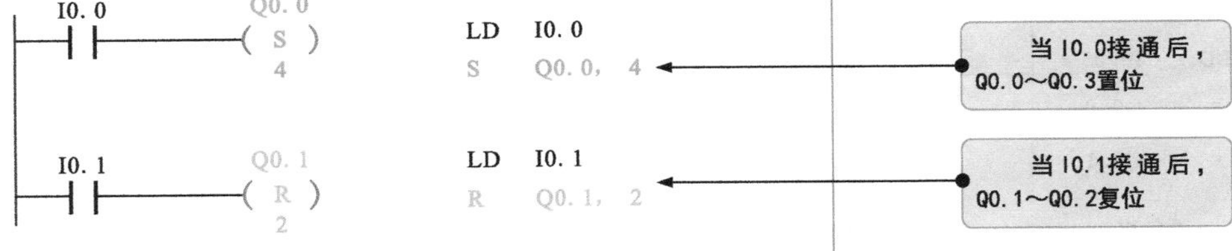

图9-11 置位、复位指令（S、R）的用法

S："置位"指令，用于将操作对象置位并保持为"1（ON）"，即使置位信号变为0，被置位的状态仍然可以保持，直到复位信号到来。

R："复位"指令，用于将操作对象复位并保持为"0（OFF）"，即使复位信号变为0，被复位的状态仍然可以保持，直到置位信号到来。"置位"和"复位"指令可以将位存储区某一位（bit）开始的一个或多个（*n*）同类存储器置1或置0。

6 立即指令

图9-12为立即指令（LDI、LDNI、=I、SI、RI）的用法。

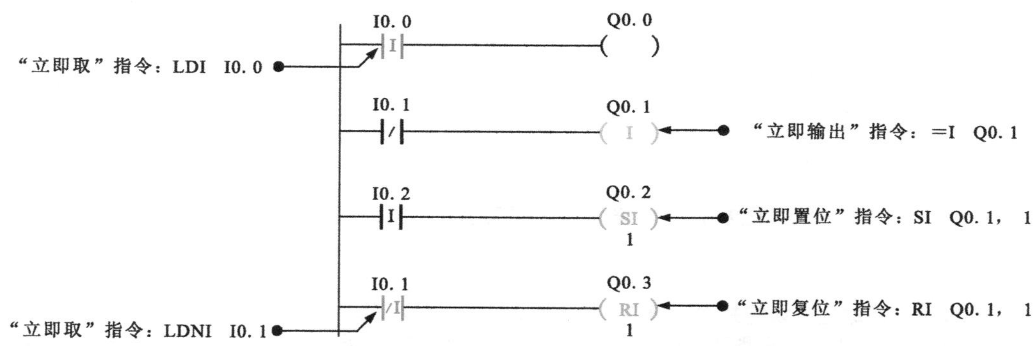

图9-12 立即指令（LDI、LDNI、=I、SI、RI）的用法

常用的立即指令主要有触点的"立即取"指令（LDI、LDNI）、"立即输出"指令（=I）和"立即置位/复位"指令（SI、RI）。

7 空操作指令

图9-13为空操作指令（NOP）的用法。

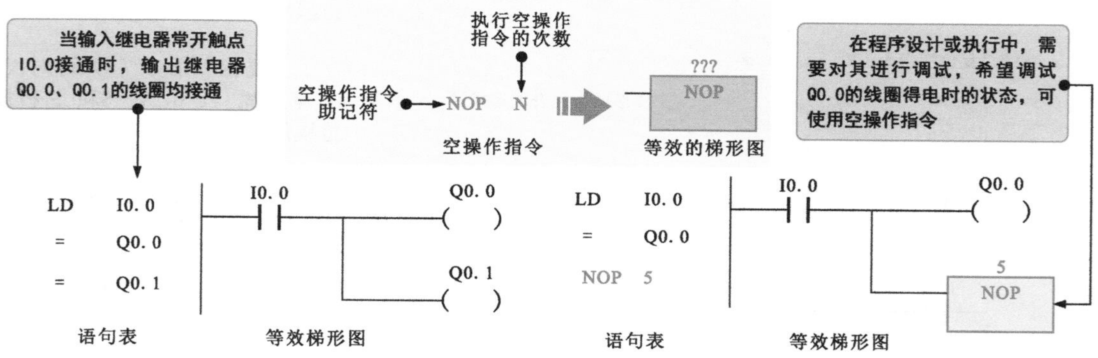

图9-13 空操作指令（NOP）的用法

NOP空操作指令是一条无动作的指令，将稍微延长扫描周期的长度，但不影响用户程序的执行，主要用于改动或追加程序时使用。???处为操作数*N*，操作数*N*为执行空操作指令的次数，*N*=0～255。

8 边沿脉冲指令

图9-14为边沿脉冲指令（EU、ED）的用法。

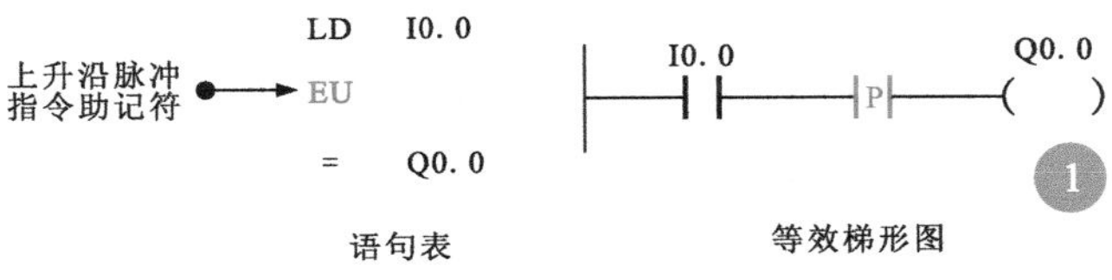

（a）上升沿脉冲指令及对应的梯形图

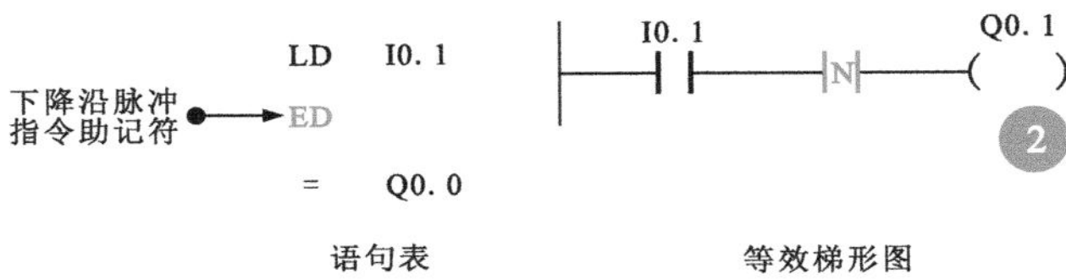

（b）下降沿脉冲指令及对应的梯形图

```
LD    I0.0
EU
LD    I0.1
ED
OLD
=     Q0.1
```

语句表　　等效梯形图（I0.0 —|P|—，I0.1 —|N|—，Q0.1）③

（c）上升沿和下降沿脉冲指令

图9-14 边沿脉冲指令（EU、ED）的用法

EU：“上升沿脉冲”指令，也称上微分操作指令，是指某一位操作数的状态由0变为1的过程，即出现上升沿的过程，在这个上升沿形成一个ON，并保持一个扫描周期的脉冲，且只存在一个扫描周期。

划重点

① 输入继电器常开触点I0.0由0变为1，即出现上升沿时，上升沿脉冲指令使Q0.0导通一个周期。

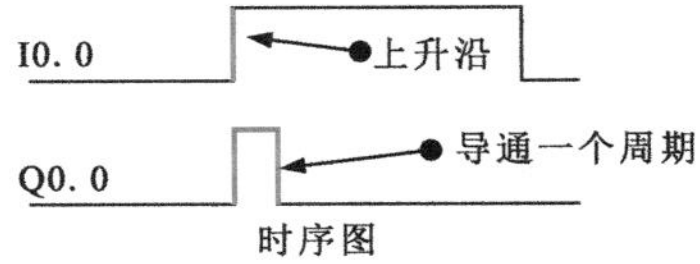

② 输入继电器常开触点I0.1由1变为0，即出现下降沿时，下降沿脉冲指令使Q0.1导通一个周期。

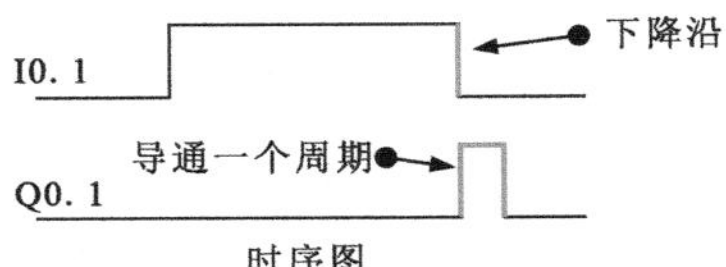

③ 在I0.0的上升沿或I0.1的下降沿，Q0.1有输出，且接通一个扫描周期。

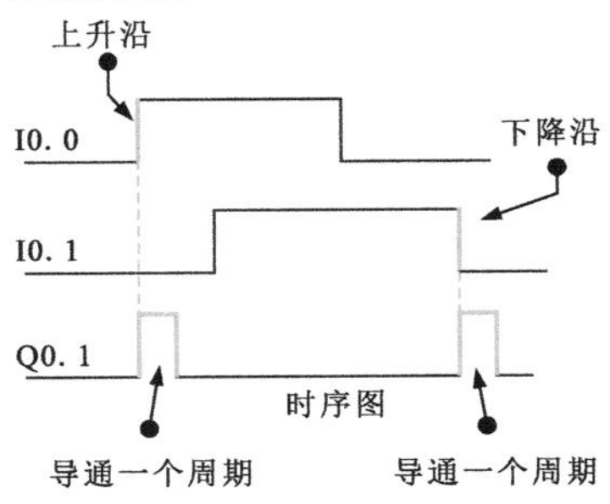

ED：“下降沿脉冲”指令，也称下微分操作指令，是指某一位操作数的状态由1变为0的过程，即出现下降沿的过程，在这个下降沿形成一个ON，并保持一个扫描周期的脉冲，且只存在一个扫描周期。

9 逻辑堆栈指令

图9-15为逻辑堆栈指令（LPS、LRD、LPP、LDS）的用法。

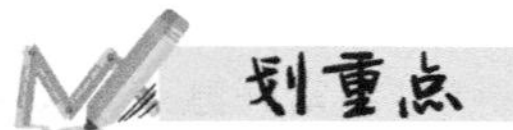

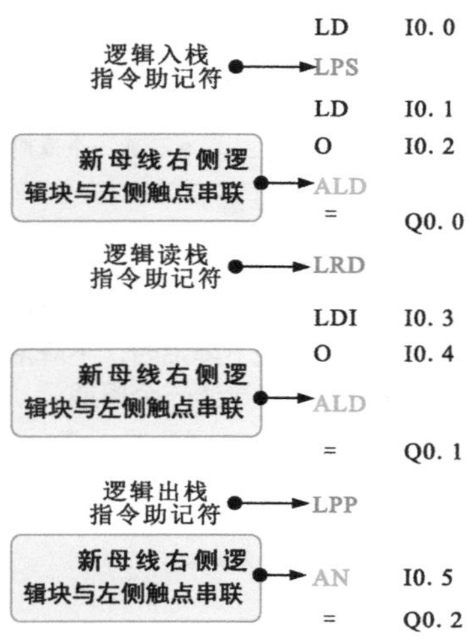

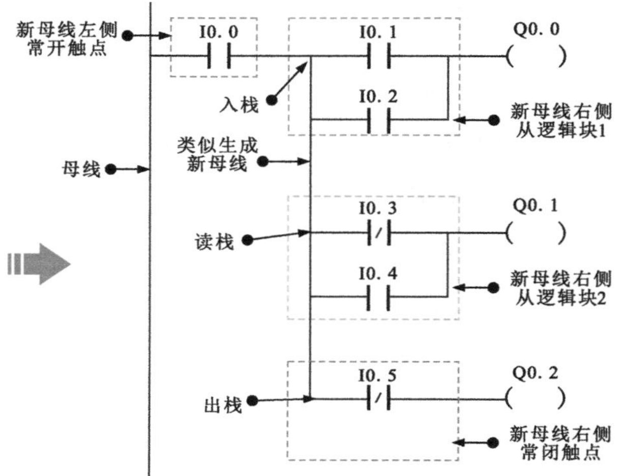

图9-15 逻辑堆栈指令（LPS、LRD、LPP、LDS）的用法

LPS：逻辑“入栈”指令，指分支电路的开始指令，用于生成一条新母线，其左侧为主逻辑块，右侧为从逻辑块。

LRD：逻辑“读栈”指令，在分支结构中，新母线右侧的第一个从逻辑块开始用LPS指令，第二个及以后的逻辑块用LRD指令，将第二个堆栈值复制到堆栈顶部，原栈顶值被替换。

LPP：逻辑“出栈”指令，在分支结构中，用于最后一个从逻辑块的开始，执行完该指令后将转移至上一层母线。

LDS：载入“堆栈”指令，指令形式为“LDS n”，不常用。

10 定时器指令

图9-16为定时器指令（TON、TONR、TOF）的用法。在使用定时器指令时应注意，不能把一个定时器编码同时用作接通延时定时器和断开延时定时器；有记忆接通延时定时器只能通过复位指令进行复位。

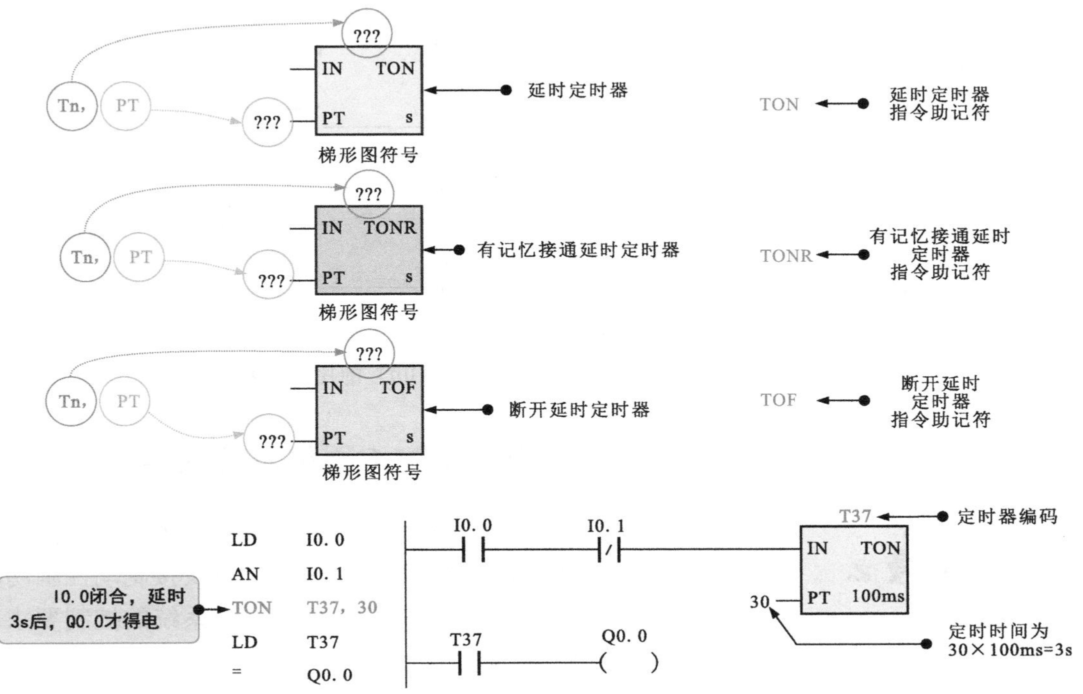

图9-16 定时器指令（TON、TONR、TOF）的用法

11 计数器指令

图9-17为计数器指令（CTU、CTD、CTUD）的用法。

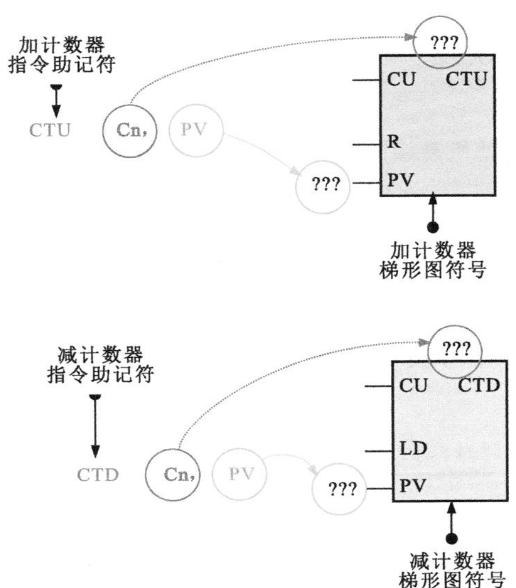

图9-17 计数器指令（CTU、CTD、CTUD）的用法

使用计数器指令时应注意，在一个语句表中，同一个计数器号码只能使用一次，可以用复位指令对3种计数器复位。

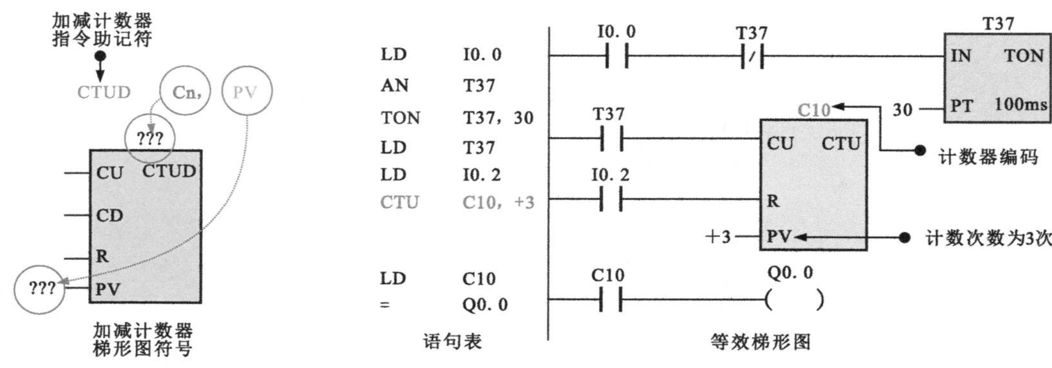

图9-17 计数器指令（CTU、CTD、CTUD）的用法（续）

9.2.3 西门子PLC语句表的编写案例

根据电动机反接制动控制系统的要求，将系统划分为电动机启/停控制功能模块和电动机反接制动控制功能模块。图9-18为电动机反接制动控制系统的控制要求和功能模块的划分。

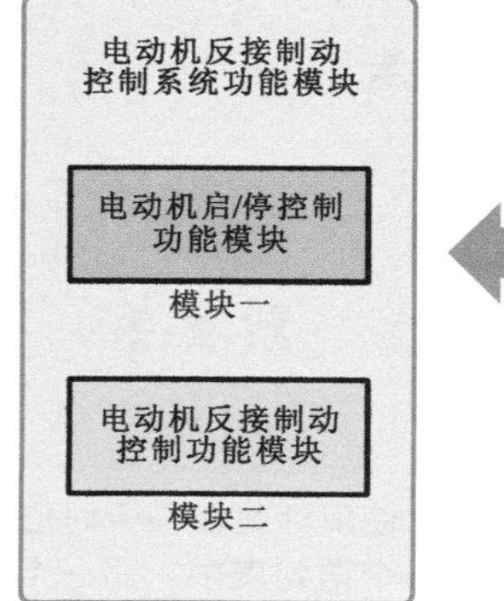

控制要求如下：

按下启动按钮SB1，控制交流接触器KM1线圈得电，电动机启动并正向运转；

在电动机启动过程中，当转速大于120r/min时，速度继电器KS触点闭合，为制动停机做好准备；

按下制动停止按钮SB2，控制反接制动交流接触器KM2线圈得电，电动机电源相序反接，电动机开始反接制动；

在反接制动过程中，电动机转速越来越低，当速度小于一定转速时，速度继电器触点断开，切断反接制动交流接触器KM2线圈供电，交流接触器KM2线圈失电，电动机停机；

将热继电器FR接入控制线路中，若线路出现过载、过热故障，则由过热保护继电器FR自动切断控制线路；

为了避免因误操作导致交流接触器KM1、KM2同时得电造成电源相间短路，在启动控制线路中串入反转控制接触器的常闭触点，在反转控制线路中串入正转控制接触器的常闭触点，实现电气互锁控制。

图9-18 电动机反接制动控制系统的控制要求和功能模块的划分

电动机反接制动控制系统的输入设备主要包括启动按钮SB1、停止按钮SB2、热继电器FR和速度继电器KS，因此应有4个输入信号，输出设备主要包括控制电动机启动的交流接触器KM1和反接制动交流接触器KM2，因此应有2个输出信号。

将输入、输出设备的元件编号与语句表中的操作数对应，填写I/O分配表，见表9-3。

表9-3 I/O分配表

输入设备及地址编号			输出设备及地址编号		
名称	代号	输入地址编号	名称	代号	输出地址编号
启动按钮	SB1	I0. 0	启动交流接触器	KM1	Q0. 0
停止按钮	SB2	I0. 1	反接制动交流接触器	KM2	Q0. 1
热继电器	FR	I0. 2			
速度继电器	KS	I0. 3			

电动机反接制动控制系统的功能模块划分和I/O分配表填写完成后，便可根据各功能模块的控制要求编写语句表。

1 电动机启/停控制功能模块语句表的编写

图9-19为电动机启/停控制功能模块语句表的编写。

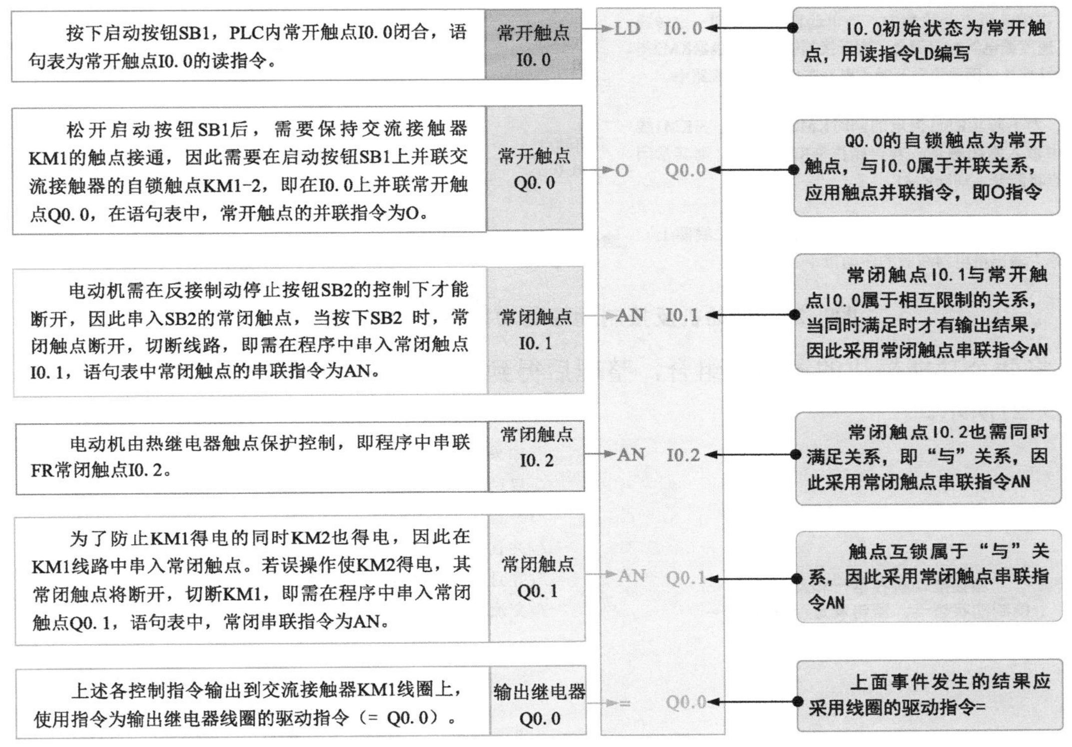

图9-19 电动机启/停控制功能模块语句表的编写

图9-19实现的控制功能：按下启动按钮SB1，控制交流接触器KM1得电，电动机启动运转，松开启动按钮SB1后，仍保持连续运转状态；按下反接制动停止按钮SB2，交流接触器KM1失电，电动机失电；交流接触器KM1、KM2不能同时得电。

2 电动机反接制动控制功能模块语句表的编写

图9-20为电动机反接制动控制功能模块语句表的编写。

图9-20实现的控制功能：按下反接制动停止按钮SB2，交流接触器KM2得电，KM1失电，松开SB2后，仍保持KM2得电；电动机达到一定转速后，才可能实现反接制动控制；交流接触器KM1、KM2不能同时得电。

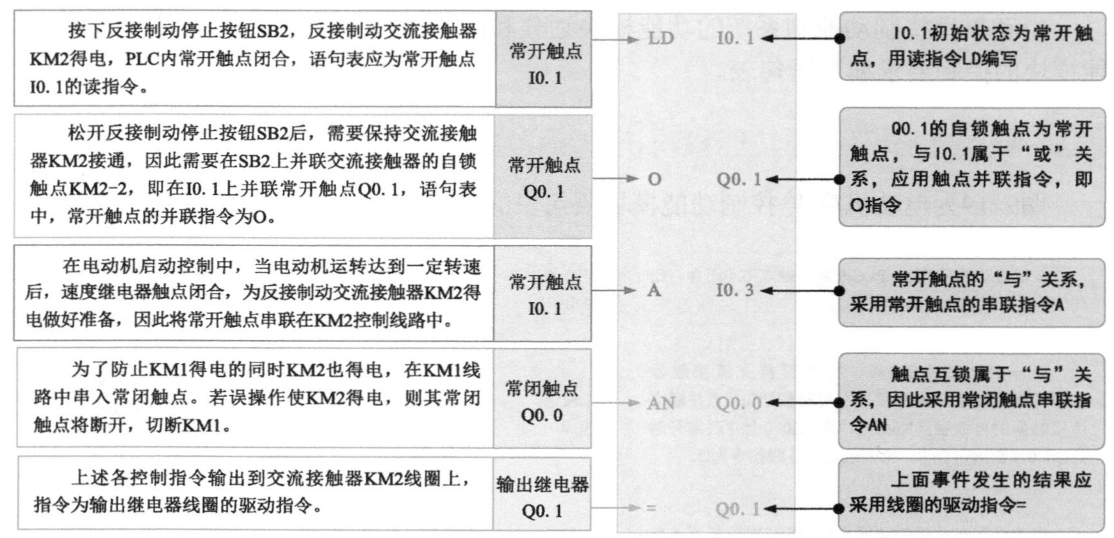

图9-20　电动机反接制动控制功能模块语句表的编写

将两个功能模块的语句表组合，整理后得到电动机反接制动控制系统的语句表，如图9-21所示。

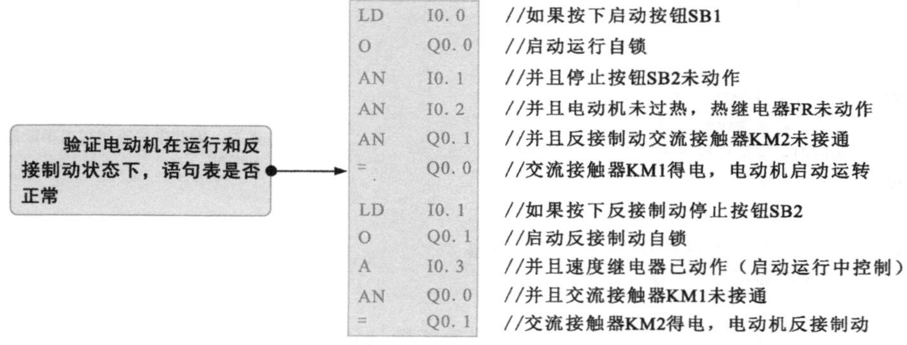

图9-21　电动机反接制动PLC控制的语句表程序

多说两句！

在大多数情况下，语句表通常与梯形图配合使用，即先绘制梯形图，然后按照编程指令的应用规则逐条转换为语句表，如图9-22所示。

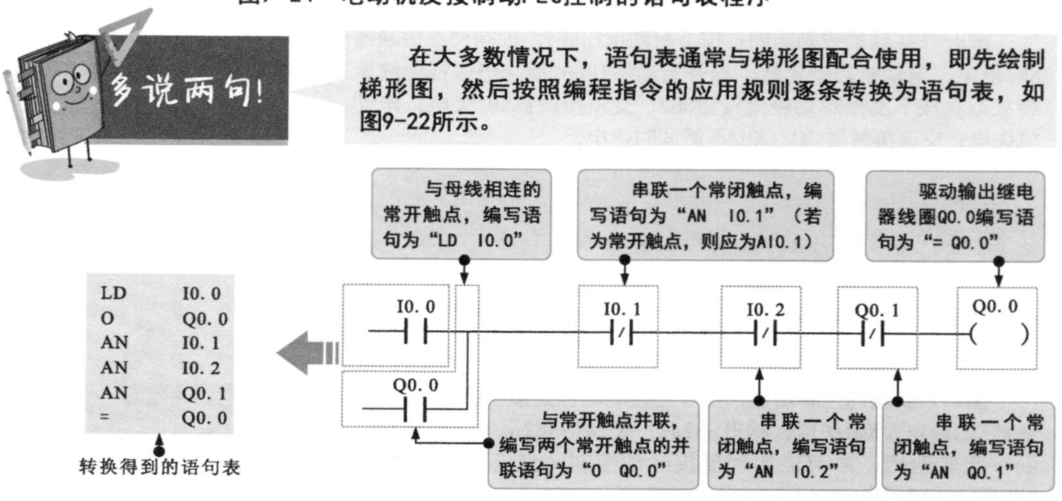

图9-22　根据编程指令的应用规则逐条转换梯形图到语句表

三菱PLC的控制指令

10.1 三菱PLC的基本逻辑指令

三菱PLC的基本逻辑指令是最基本、最关键的指令，是编写三菱PLC程序时应用最多的指令。

10.1.1 读、读反和输出指令

读、读反和输出指令包括LD、LDI和OUT三个基本指令，如图10-1所示。

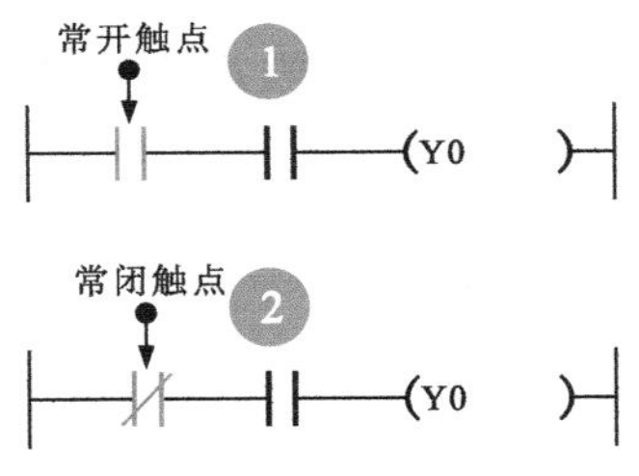

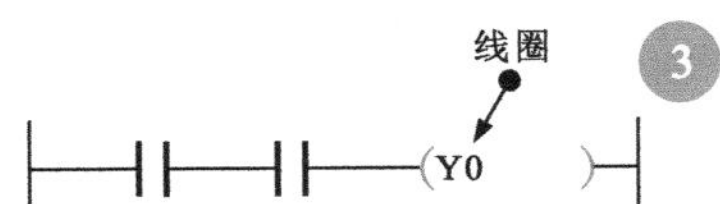

图10-1　读、读反和输出指令

划重点

① LD：读指令，表示一个与输入母线相连的常开触点指令，即常开触点逻辑运算起始。

② LDI：读反指令，表示一个与输入母线相连的常闭触点指令，即常闭触点逻辑运算起始。

③ OUT：输出指令，表示驱动线圈的输出指令。

图10-2为读和输出指令的应用。

步序号	操作码	操作数	
0	LD	X1	读指令LD，常开触点X1，与输入母线相连
1	OUT	Y0	输出指令OUT，驱动线圈Y0
2	LDI	X2	读反指令LDI，常闭触点X2，与输入母线相连
3	OUT	Y1	输出指令OUT，驱动线圈Y1
4	OUT	Y2	输出指令OUT，驱动线圈Y2
5	LD	X3	读指令LD，常开触点X3，与输入母线相连
6	OUT	Y3	输出指令OUT，驱动线圈Y3

语句表

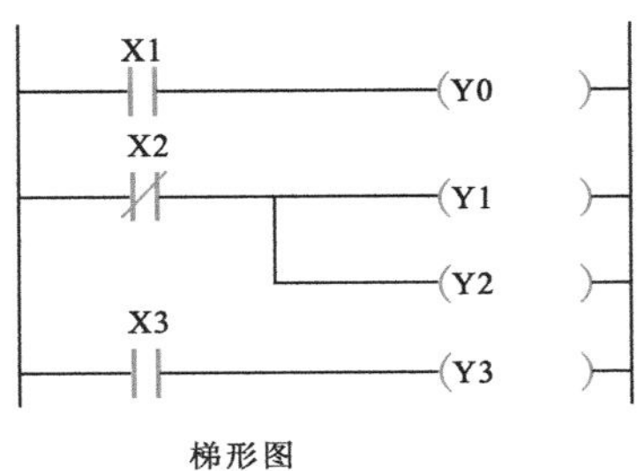

梯形图

图10-2　读和输出指令的应用

读指令LD和读反指令LDI通常用于梯形图每一条程序的第一个触点，用于将触点接到输入母线上；输出指令OUT是用于对输出继电器、辅助继电器、定时器、计数器等线圈的驱动，但不能驱动输入继电器。

若使用OUT输出指令驱动定时器T、计数器C，则应在语句表的相应操作数下端设置常数K，如图10-3所示。

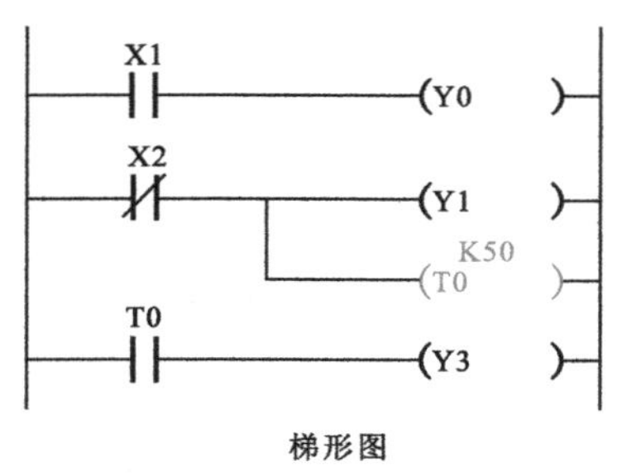

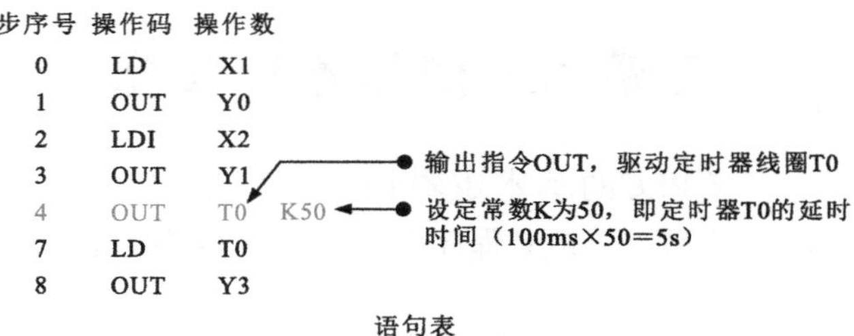

步序号	操作码	操作数
0	LD	X1
1	OUT	Y0
2	LDI	X2
3	OUT	Y1
4	OUT	T0　K50
7	LD	T0
8	OUT	Y3

图10-3　使用OUT输出指令驱动定时器T的常数设置

1 AND：与指令，用于单个常开触点的串联。

2 ANI：与非指令，用于单个常闭触点的串联。

10.1.2 与、与非指令

与、与非指令也称为触点串联指令，包括AND、ANI两个基本指令，如图10-4所示。

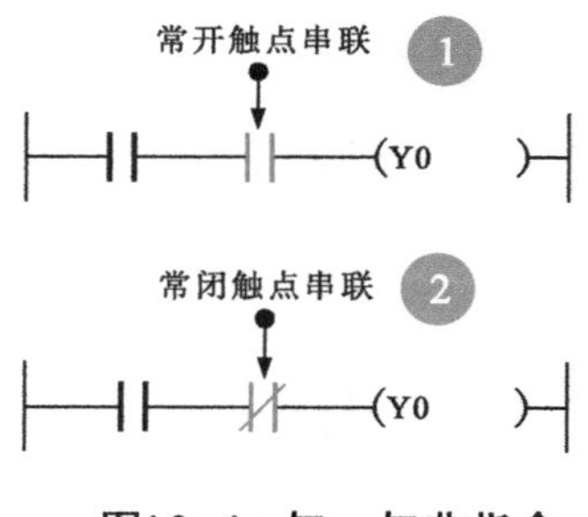

图10-4　与、与非指令

图10-5为与、与非指令的应用。

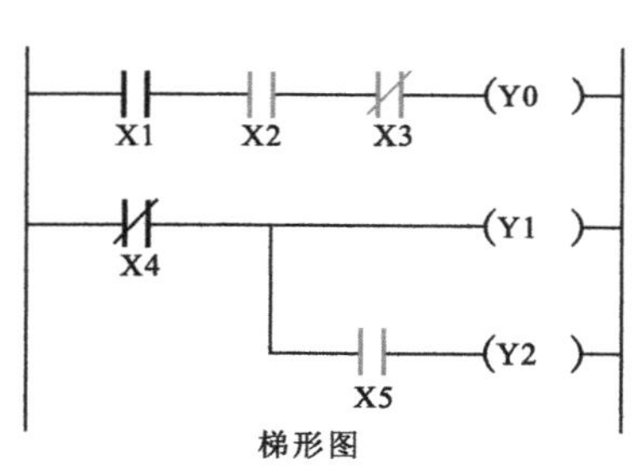

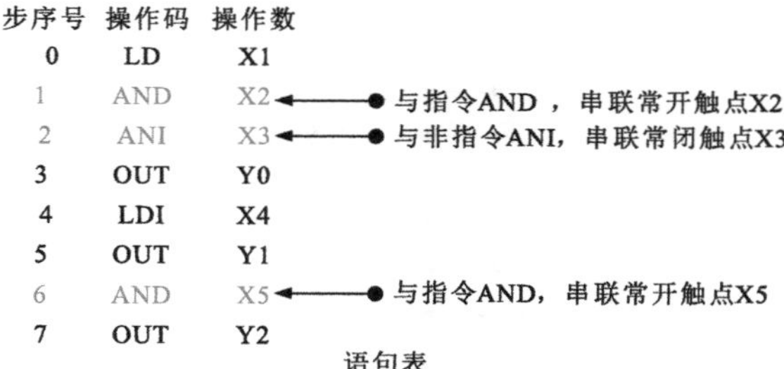

步序号	操作码	操作数
0	LD	X1
1	AND	X2
2	ANI	X3
3	OUT	Y0
4	LDI	X4
5	OUT	Y1
6	AND	X5
7	OUT	Y2

图10-5　与、与非指令的应用

与指令AND和与非指令ANI可控制触点进行简单的串联，其中AND用于常开触点的串联，ANI用于常闭触点的串联，串联触点的个数没有限制。该指令可以多次重复使用。

10.1.3 或、或非指令

或、或非指令也称为触点并联指令，包括OR、ORI两个基本指令，如图10-6所示。

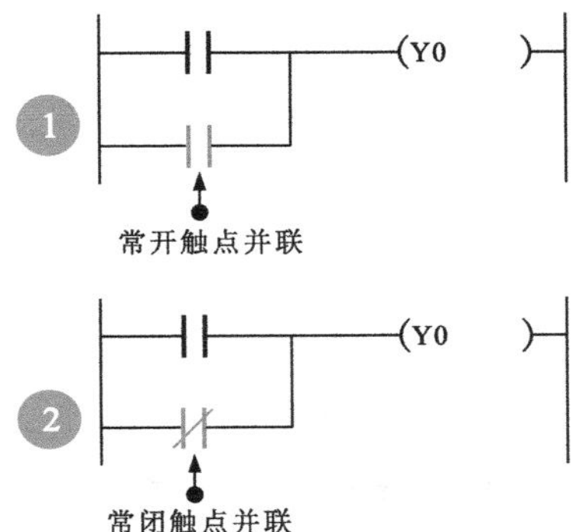

图10-6 或、或非指令

1 OR：或指令，用于单个常开触点的并联。

2 ORI：或非指令，用于单个常闭触点的并联。

图10-7为或、或非指令的应用。

步序号	操作码	操作数	
0	LD	X1	
1	OR	X2	或指令OR，并联常开触点X2
2	ORI	M102	或非指令ORI，并联常闭触点M102
3	OUT	Y0	
4	LDI	X3	
5	AND	X4	
6	OR	M103	或指令OR，并联常开触点M103
7	ANI	X5	
8	ORI	M110	或非指令ORI，并联常闭触点M110
9	OUT	M103	

语句表

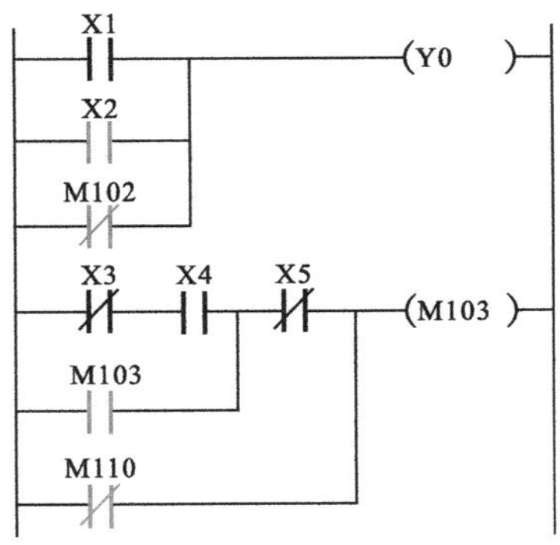

梯形图

图10-7 或、或非指令的应用

或指令OR和或非指令ORI可控制触点进行简单并联，其中OR用于常开触点的并联，ORI用于常闭触点的并联，并联触点的个数没有限制。该指令可以多次重复使用。

10.1.4 电路块与、电路块或指令

电路块与、电路块或指令又称为电路块连接指令，包括ANB、ORB两个基本指令，如图10-8所示。

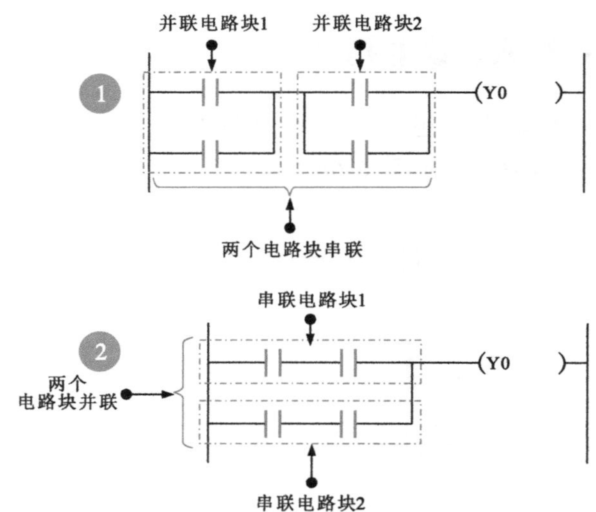

图10-8 电路块与、电路块或指令

图10-9为并联电路块与指令的应用。

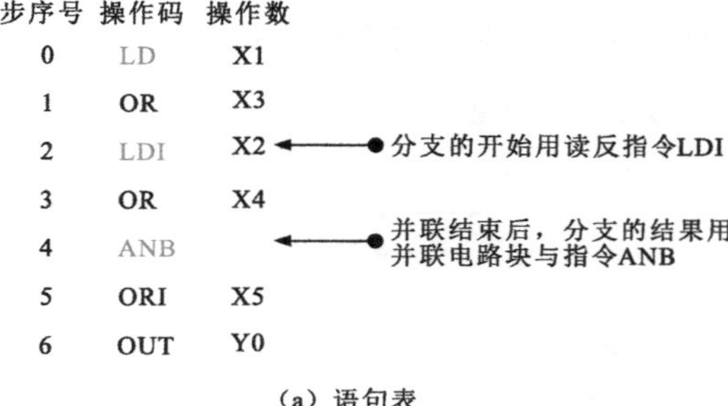

步序号	操作码	操作数	
0	LD	X1	
1	OR	X3	
2	LDI	X2	分支的开始用读反指令LDI
3	OR	X4	
4	ANB		并联结束后，分支的结果用并联电路块与指令ANB
5	ORI	X5	
6	OUT	Y0	

（a）语句表

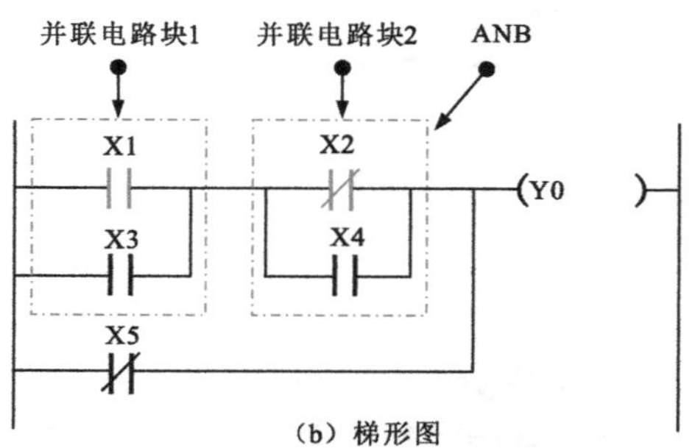

（b）梯形图

图10-9 并联电路块与指令的应用

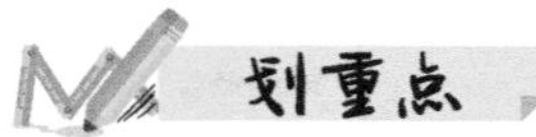

1 ANB：并联电路块与指令，用于并联电路块的串联。其中，并联电路块是指两个或两个以上的触点并联的电路模块。

2 ORB：串联电路块或指令，用于串联电路块的并联。其中，串联电路块是指两个或两个以上的触点串联的电路模块。

并联电路块与指令ANB是一种无操作数的指令。当这种电路块之间进行串联时，分支的开始用LD、LDI指令，并联结束后，分支的结果用ANB指令。该指令对串联电路块的个数没有限制。

图10-10为串联电路块或指令的应用。

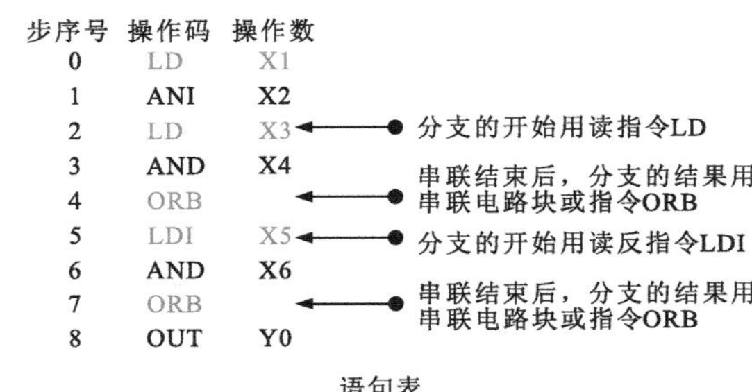

步序号	操作码	操作数	
0	LD	X1	
1	ANI	X2	
2	LD	X3	分支的开始用读指令LD
3	AND	X4	
4	ORB		串联结束后，分支的结果用串联电路块或指令ORB
5	LDI	X5	分支的开始用读反指令LDI
6	AND	X6	
7	ORB		串联结束后，分支的结果用串联电路块或指令ORB
8	OUT	Y0	

语句表

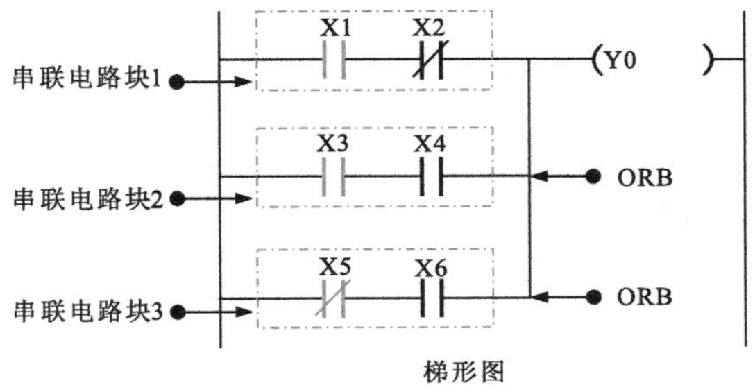

梯形图

图10-10　串联电路块或指令的应用

串联电路块或指令ORB是一种无操作数的指令。

当串联电路块之间并联时，分支的开始用LD、LDI指令，串联结束后，分支的结果用ORB指令。该指令对并联电路块的个数没有限制。

在语句表中，当电路块连接指令混合应用时，无论是并联电路块还是串联电路块，分支的开始都是用LD、LDI指令，当串联或并联结束后，分支的结果使用ANB或ORB指令。

10.1.5 置位和复位指令

置位和复位指令是指SET和RST指令，如图10-11所示。

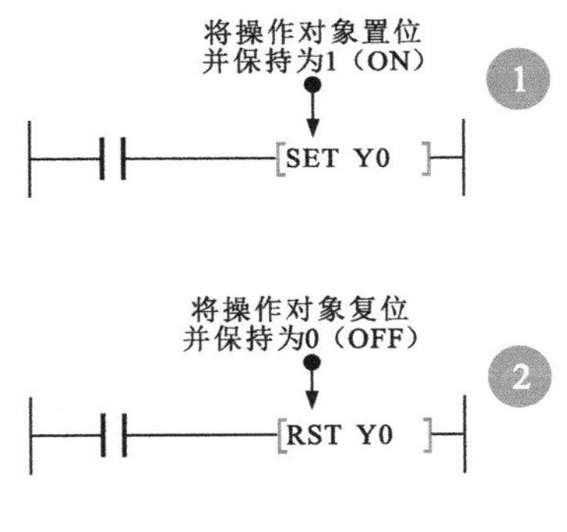

图10-11　置位和复位指令

1 SET：置位指令，用于将操作对象置位并保持为1（ON）。

2 RST：复位指令，用于将操作对象复位并保持为0（OFF）。

SET置位指令可对Y（输出继电器）、M（辅助继电器）、S（状态继电器）进行置位操作；RST复位指令可对Y（输出继电器）、M（辅助继电器）、S（状态继电器）、T（定时器）、C（计数器）、D（数据寄存器）和V/Z（变址寄存器）进行复位操作，如图10-12所示。

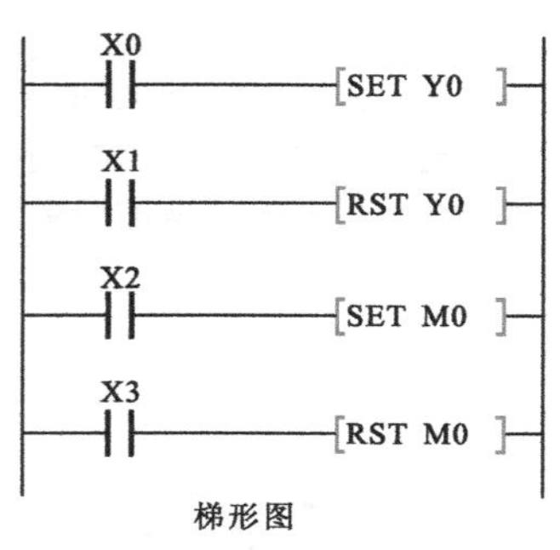

步序号	操作码	操作数	
0	LD	X0	
1	SET	Y0	置位指令SET，将输出继电器Y0置位为1
2	LD	X1	
3	RST	Y0	复位指令RST，将输出继电器Y0复位为0
4	LD	X2	
5	SET	M0	置位指令SET，将辅助继电器M0置位为1
6	LD	X3	
7	RST	M0	复位指令RST，将辅助继电器M0复位为0

语句表

图10-12　置位和复位指令的应用

当X0闭合时，SET置位指令将输出继电器Y0置位并保持为1，即输出继电器Y0的线圈得电；当X0断开时，输出继电器Y0的线圈仍保持得电；当X1闭合时，RST复位指令将输出继电器Y0复位并保持为0，即输出继电器Y0的线圈失电；当X1断开时，输出继电器Y0仍保持失电状态。

SET置位指令和RST复位指令在三菱PLC中可不限次数、不限顺序地使用。图10-13为置位和复位指令应用示例时序图。

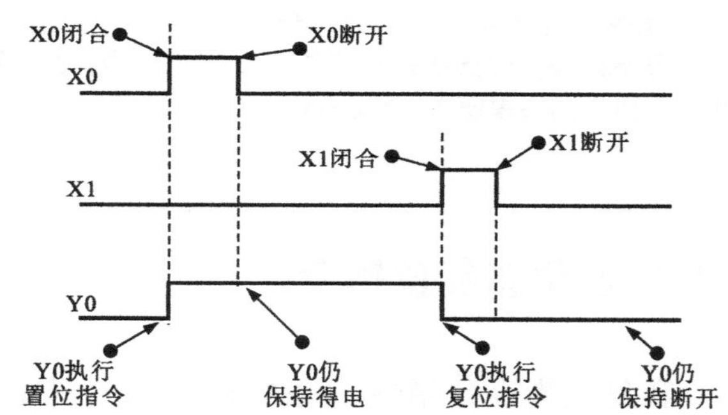

图10-13　置位和复位指令应用示例时序图

10.1.6 脉冲输出指令

脉冲输出指令包含PLS（上升沿脉冲指令）和PLF（下降沿脉冲指令）两个指令，如图10-14所示。

① PLS：上升沿脉冲指令，在输入信号上升沿，即由OFF转换为ON时产生一个扫描脉冲输出。

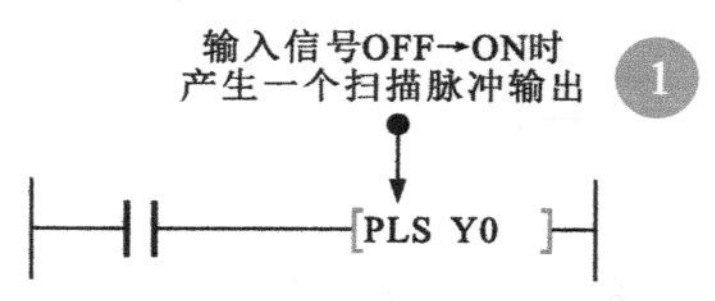

图10-14　脉冲输出指令（PLS、PLF）

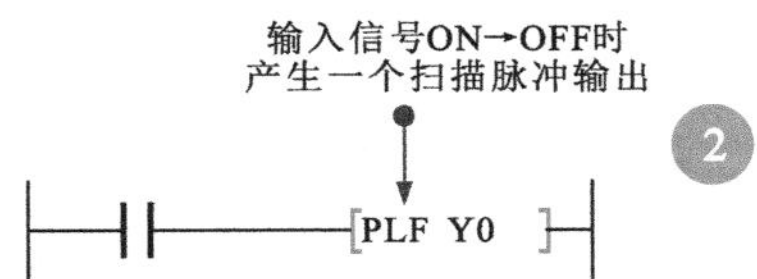

图10-14 脉冲输出指令（PLS、PLF）（续）

图10-15为脉冲输出指令的应用。

步序号	操作码	操作数	
0	LD	X0	
1	PLS	Y0	上升沿脉冲指令PLS，Y0在X0闭合后（上升沿）的一个扫描周期内产生一个脉冲输出信号
2	LD	X1	
3	PLF	Y1	下降沿脉冲指令PLF，Y1在X1断开后（下降沿）的一个扫描周期内产生一个脉冲输出信号

语句表

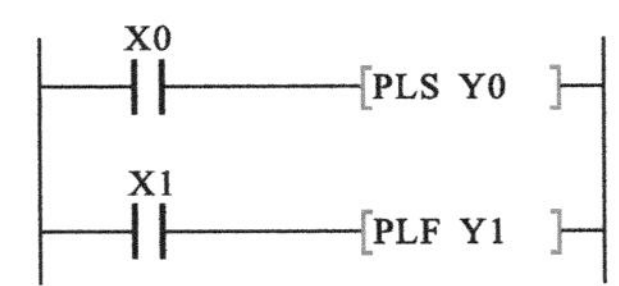

梯形图

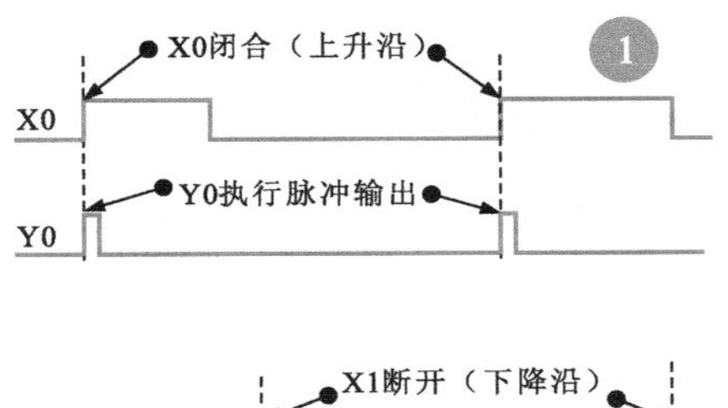

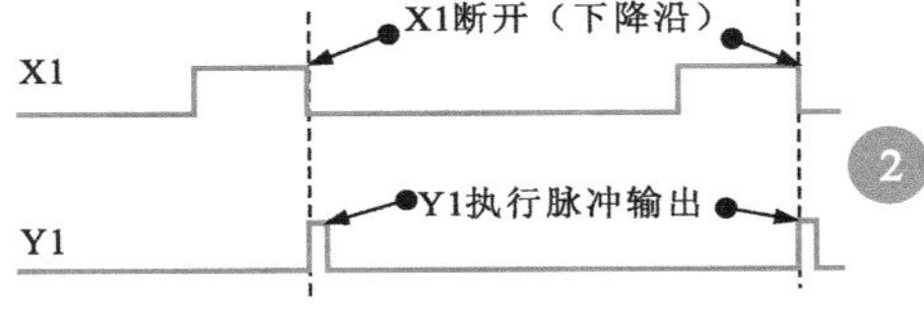

图10-15 脉冲输出指令的应用

图10-16为置位和复位指令与脉冲输出指令的混合应用。

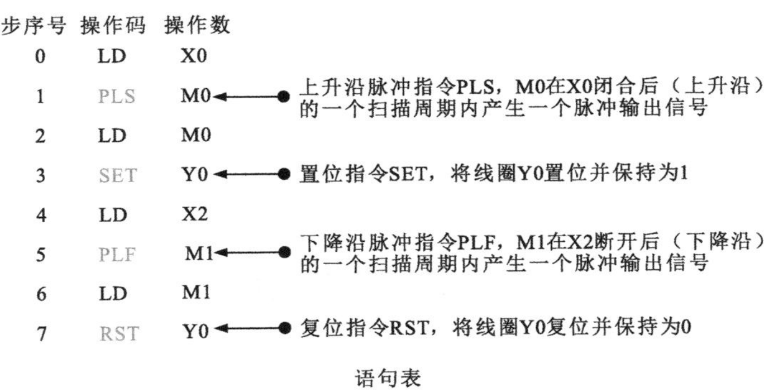

步序号	操作码	操作数	
0	LD	X0	
1	PLS	M0	上升沿脉冲指令PLS，M0在X0闭合后（上升沿）的一个扫描周期内产生一个脉冲输出信号
2	LD	M0	
3	SET	Y0	置位指令SET，将线圈Y0置位并保持为1
4	LD	X2	
5	PLF	M1	下降沿脉冲指令PLF，M1在X2断开后（下降沿）的一个扫描周期内产生一个脉冲输出信号
6	LD	M1	
7	RST	Y0	复位指令RST，将线圈Y0复位并保持为0

语句表

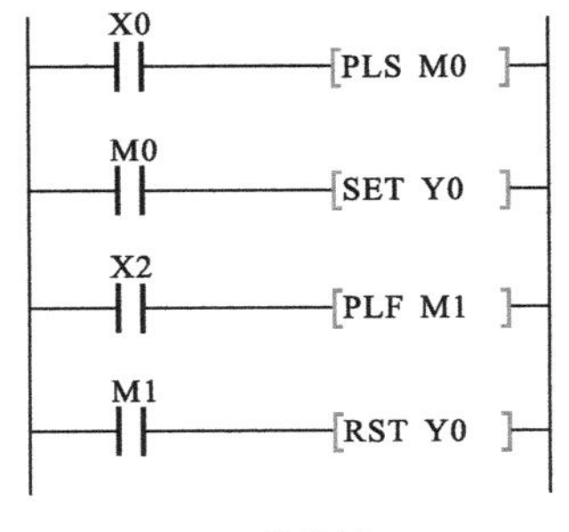

梯形图

图10-16 置位和复位指令与脉冲输出指令的混合应用

划重点

② PLF：下降沿脉冲指令，在输入信号下降沿，即由ON转换为OFF时产生一个扫描脉冲输出。

① 使用上升沿脉冲指令PLS，线圈Y或M仅在驱动输入闭合后（上升沿）的一个扫描周期内动作，执行脉冲输出。

② 使用下降沿脉冲指令PLF，线圈Y或M仅在驱动输入断开后（下降沿）的一个扫描周期动作，执行脉冲输出。

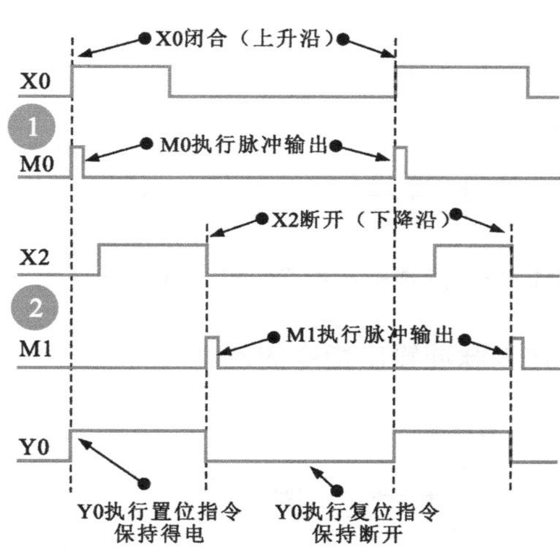

波形图及执行过程

图10-16　置位和复位指令与脉冲输出指令的混合应用（续）

① X0在上升沿时，M0产生一个脉冲输出信号。

② X2在下降沿时，M1产生一个脉冲输出信号。

10.1.7 读脉冲指令

读脉冲指令包含LDP（读上升沿脉冲）和LDF（读下降沿脉冲）两个指令，如图10-17所示。

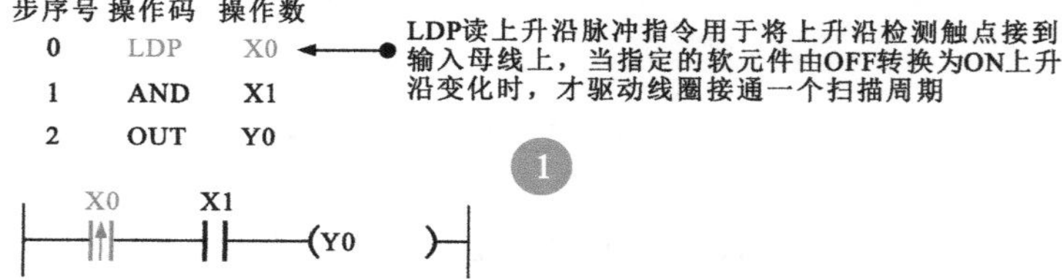

步序号 操作码 操作数
0 LDF X0
1 AND X1
2 OUT Y0

LDF用于将下降沿检测触点接到输入母线上，当指定的软元件由ON转换为OFF下降沿变化时，才驱动线圈接通一个扫描周期

2

X0　X1　Y0

图10-17　读脉冲指令（LDP、LDF）

划重点

① LDP：读上升沿脉冲指令，表示一个与输入母线相连的上升沿检测触点，即上升沿检测运算起始。

② LDF：读下降沿脉冲指令，表示一个与输入母线相连的下降沿检测触点，即下降沿检测运算起始。

10.1.8 与脉冲和或脉冲指令

与脉冲指令包含ANDP（与上升沿脉冲）和ANDF（与下降沿脉冲）两个指令，如图10-18所示。

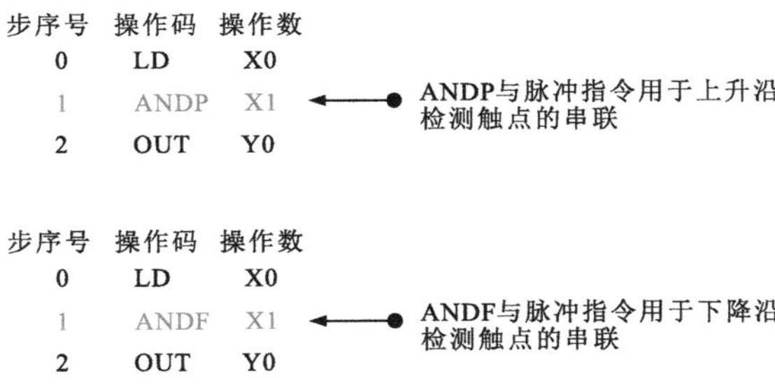

图10-18 与脉冲指令（ANDP、ANDF）

或脉冲指令包含ORP（或上升沿脉冲）和ORF（或下降沿脉冲）两个指令，如图10-19所示。

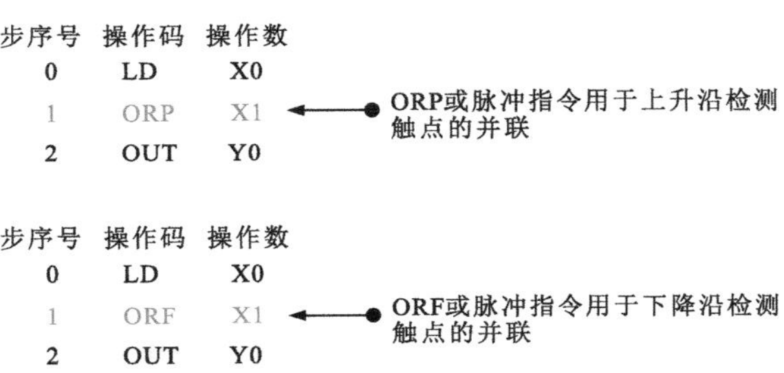

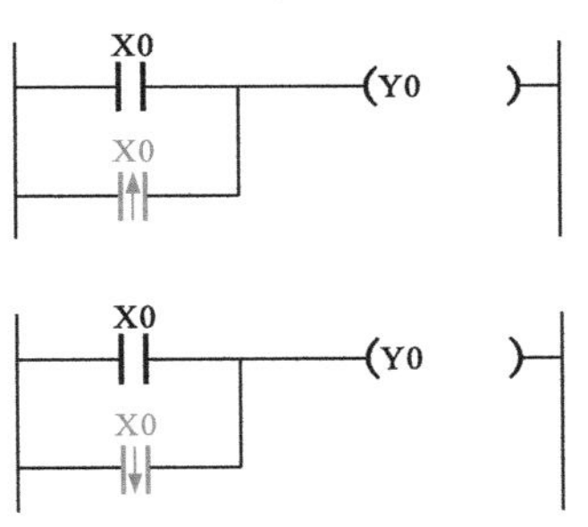

图10-19 或脉冲指令（ORP、ORF）

10.1.9 主控和主控复位指令

主控和主控复位指令包括MC和MCR两个基本指令，如图10-20所示。

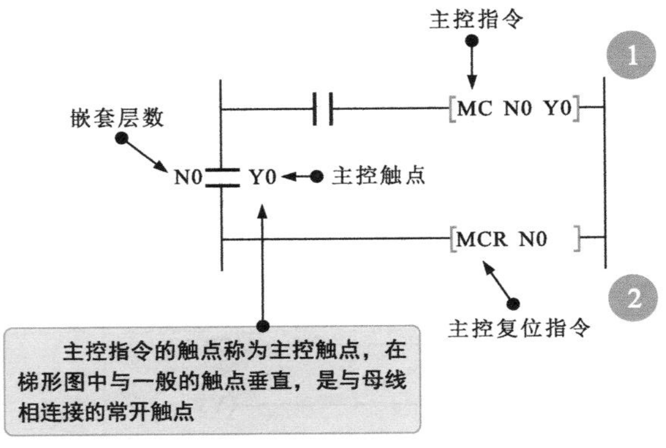

图10-20 主控和主控复位指令

划重点

1 MC：主控指令，用于公共串联触点的连接，可以有效实现多个线圈同时受一个或一组触点的控制，可节省存储器单元。

2 MCR：主控复位指令，也就是对MC主控指令进行复位的指令，使用时应与MC主控指令成对使用。

划重点

在图10-21中，主控指令即为借助辅助继电器M100，在其常开触点后新加一条子母线，该子母线后的所有触点与M100之间都用LD或LDI连接，当M100控制的逻辑行执行结束后，应用主控复位指令MCR结束子母线，后面的触点仍与主母线连接。从图中可看出，当X1闭合时，执行MC与MCR之间的指令，当X1断开后，将跳过MC主控指令控制的梯形图语句模块，直接执行下面的语句。

图10-21为主控和主控复位指令的应用。

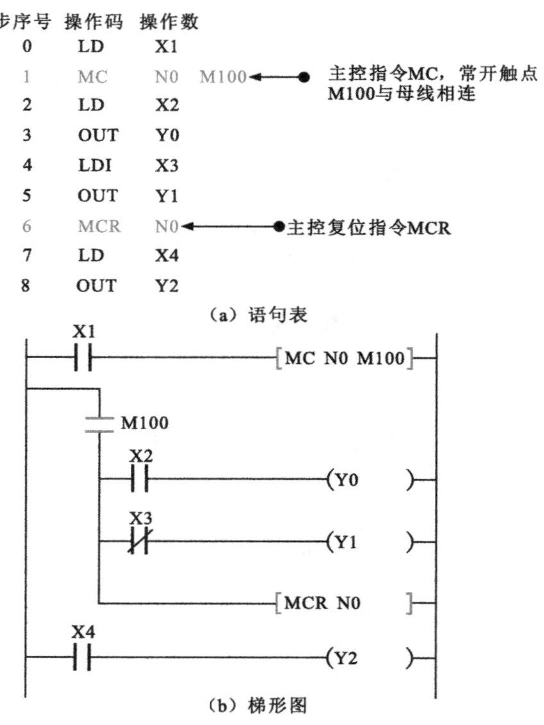

步序号	操作码	操作数	
0	LD	X1	
1	MC	N0 M100	主控指令MC，常开触点M100与母线相连
2	LD	X2	
3	OUT	Y0	
4	LDI	X3	
5	OUT	Y1	
6	MCR	N0	主控复位指令MCR
7	LD	X4	
8	OUT	Y2	

（a）语句表

（b）梯形图

图10-21　主控和主控复位指令的应用

操作数*N*为嵌套层数（0～7层），是指在MC主控指令区内嵌套MC主控指令，根据嵌套层数的不同，嵌套层数*N*的编号逐渐增大，使用MCR主控复位指令进行复位时，嵌套层数*N*的编号逐渐减小，如图10-22所示。

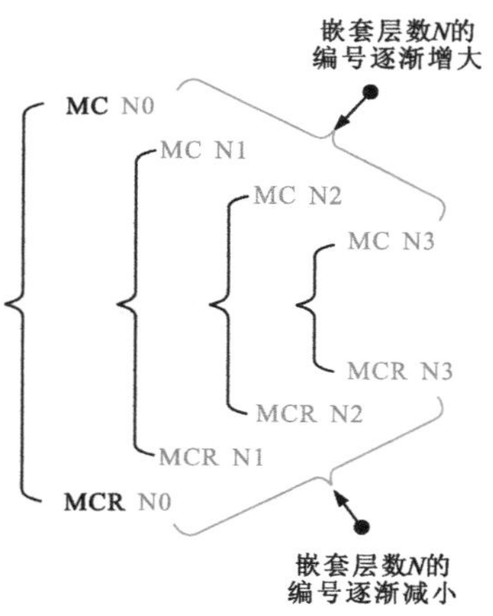

（a）嵌套关系

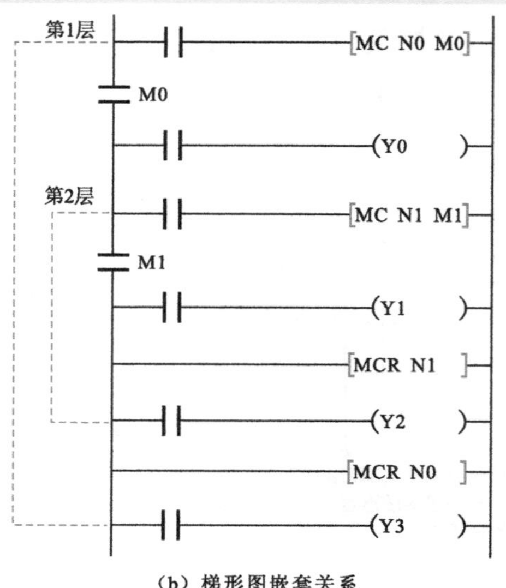

（b）梯形图嵌套关系

图10-22　主控指令的嵌套

在编写梯形图时，新加两个主控指令触点M10和M11是为了更加直观地识别主控指令触点及梯形图的嵌套层数，如图10-23所示。

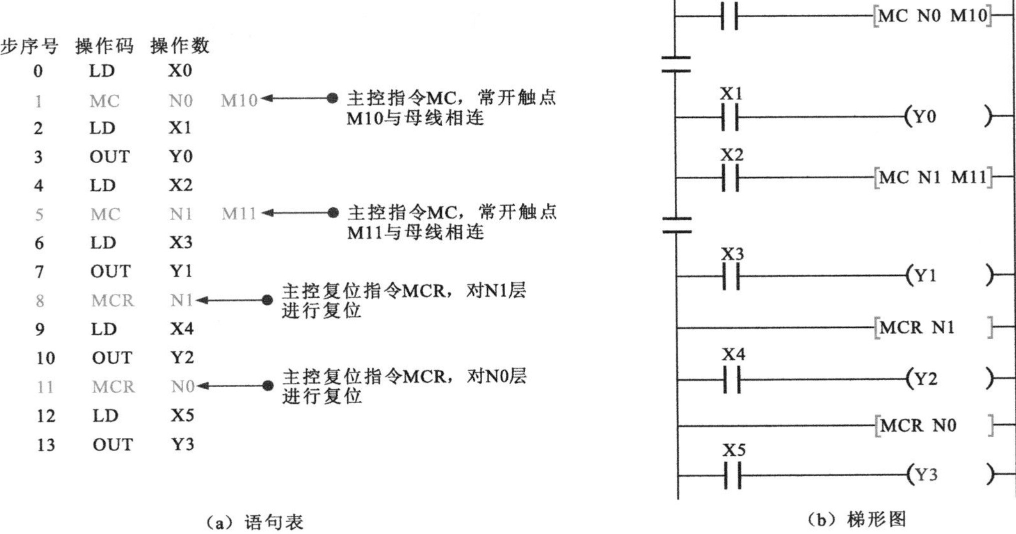

图10-23 主控和主控复位指令的嵌套应用

需要注意的是，在实际的PLC编程软件中输入图10-23中的梯形图时，不需要输入主控指令触点M10和M11，如图10-24所示。

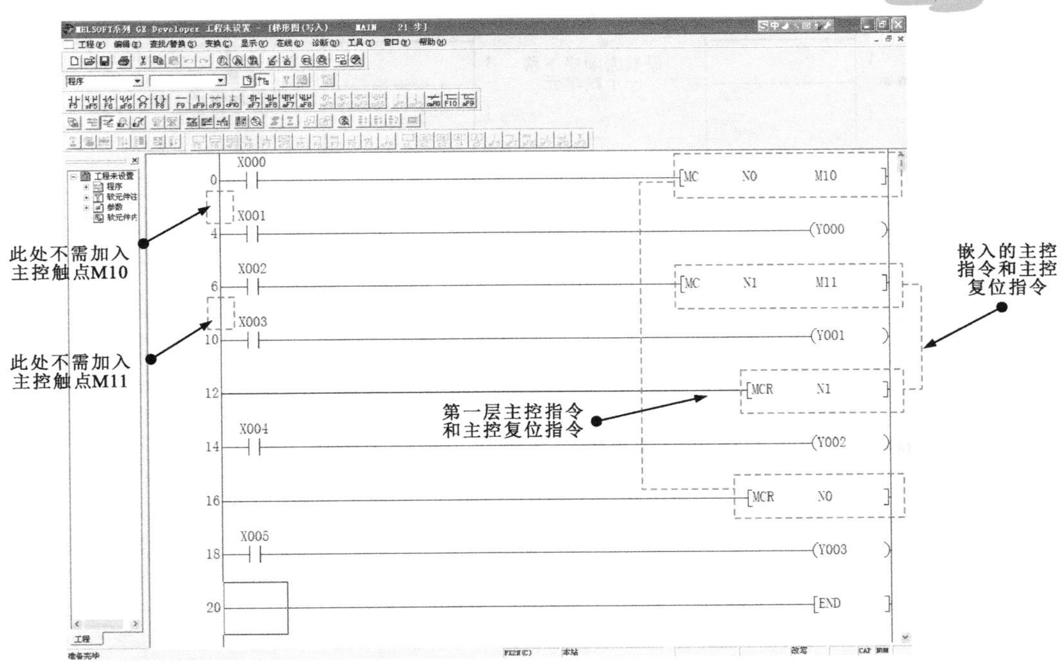

图10-24 在编程软件中主控指令触点M10和M11的表现形式

10.2 三菱PLC的实用逻辑指令

10.2.1 进栈、读栈、出栈指令

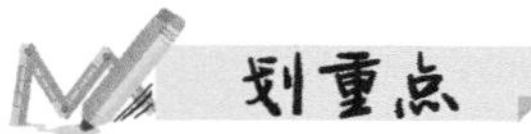

栈存储器采用先进后出的数据存储方式。

三菱FX系列PLC有11个存储运算中间结果的存储器，被称为栈存储器，如图10-25所示。

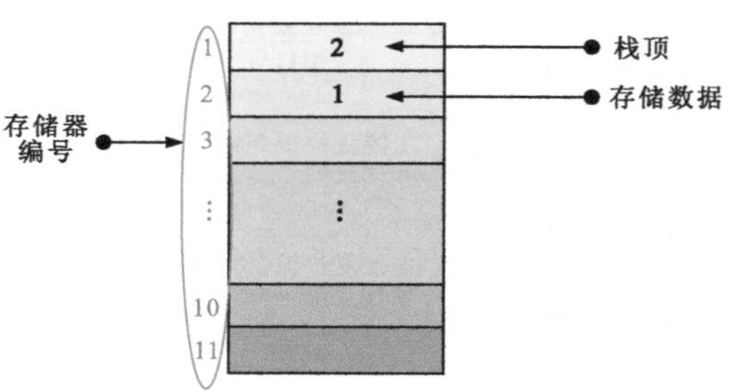

图10-25　栈存储器

如图10-26所示，栈存储器指令包括进栈指令MPS、读栈指令MRD和出栈指令MPP。这三种指令也称为多重输出指令。

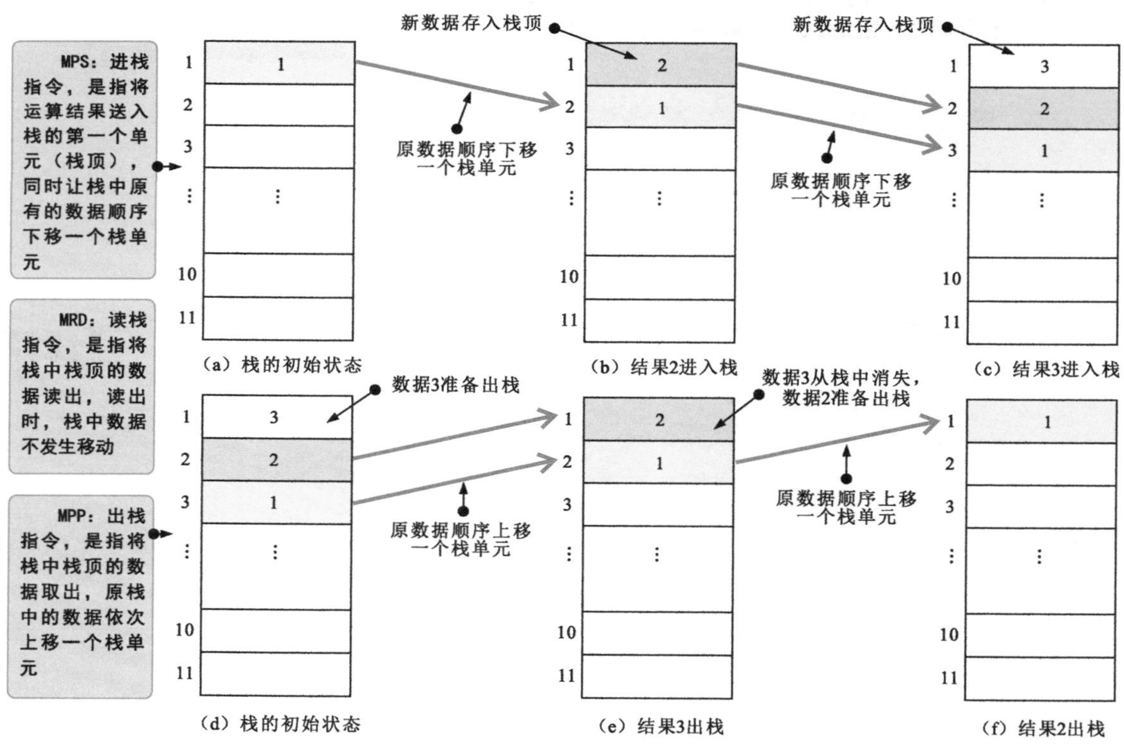

图10-26　多重输出指令

进栈指令MPS先将多重输出电路中的连接点处的数据先存储在栈中，再使用读栈指令MRD将连接点处的数据从栈中读出，最后使用出栈指令MPP将连接点处的数据读出，如图10-27所示。

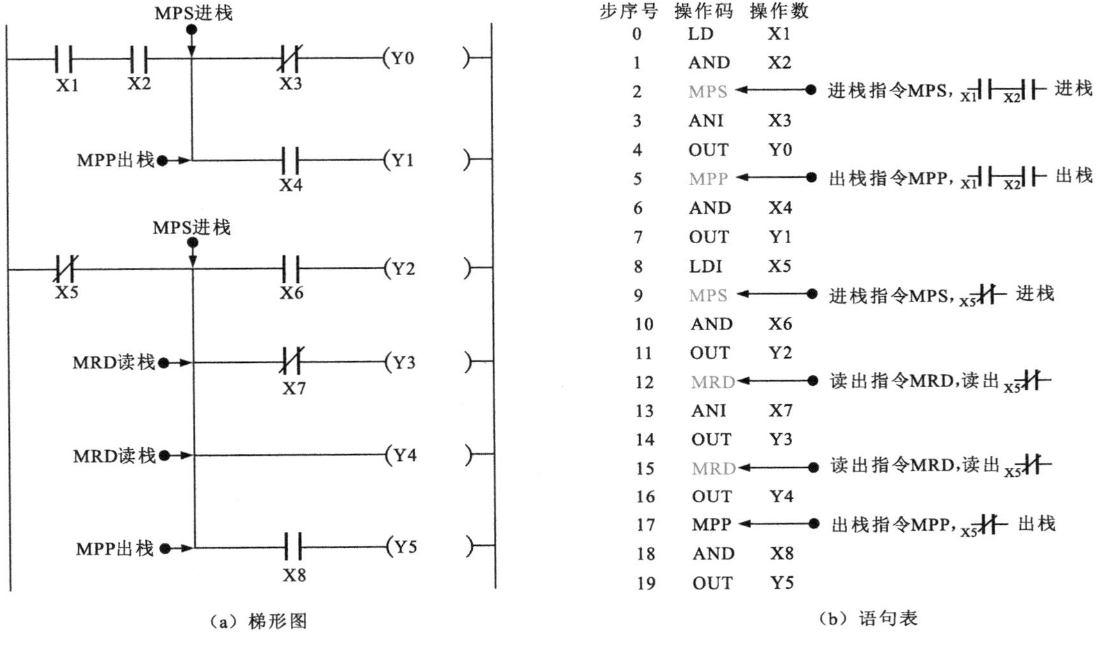

图10-27 多重输出指令的应用

图10-28为多重输出指令的特点。

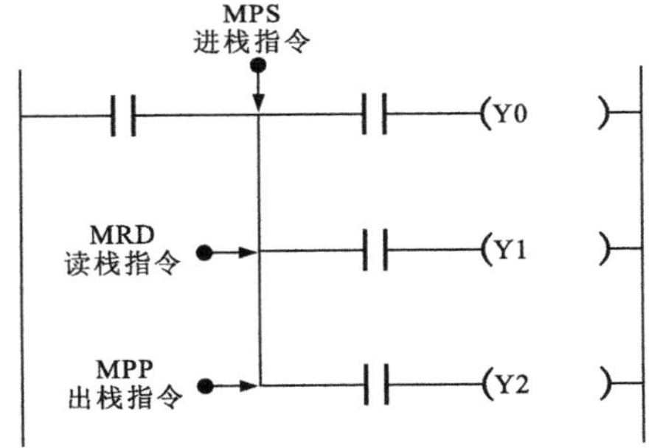

图10-28 多重输出指令的特点

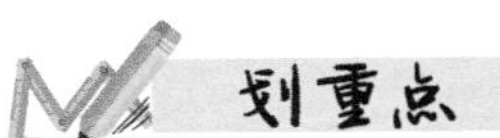

多重输出指令是一种无操作元件号的指令，MPS指令和MPP指令必须成对使用，而且连续使用次数应少于11。

10.2.2 取反指令

取反指令（INV）的主要功能是将执行指令之前的运算结果取反，如图10-29所示。

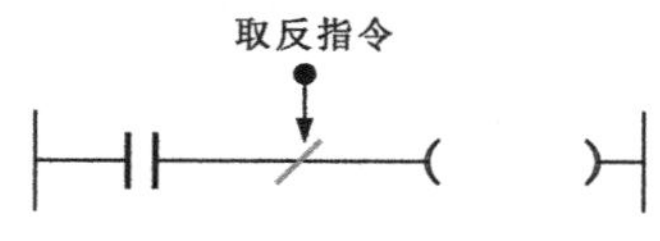

图10-29　取反指令

图10-30为取反指令的应用。

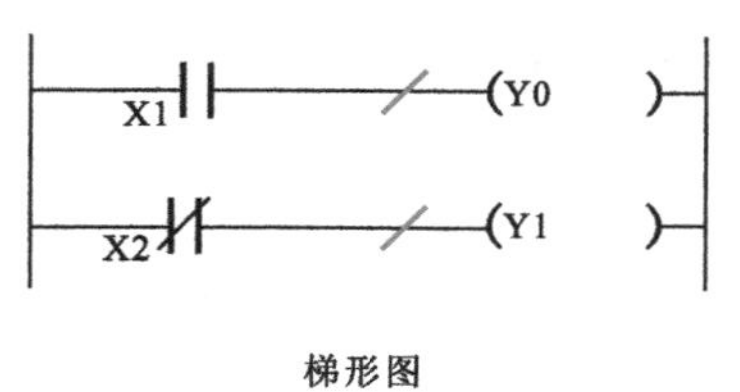

梯形图

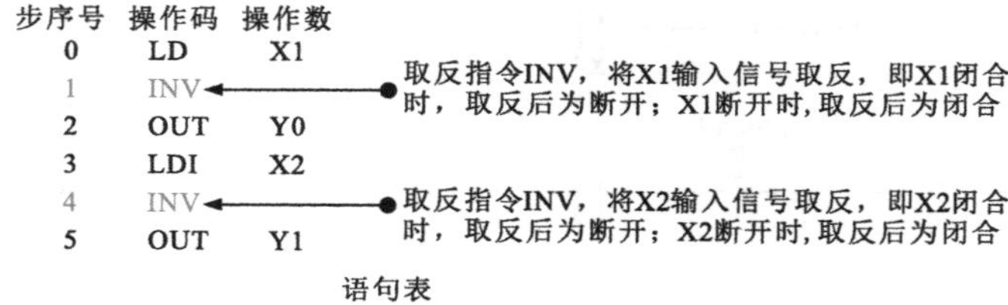

步序号	操作码	操作数
0	LD	X1
1	INV	
2	OUT	Y0
3	LDI	X2
4	INV	
5	OUT	Y1

语句表

图10-30　取反指令的应用

使用取反指令INV后，当X1闭合（逻辑赋值为1）时，取反后为断开状态（0），线圈Y0不得电；当X1断开时（逻辑赋值为0），取反后为闭合状态（1），线圈Y0得电；当X2闭合（逻辑赋值为0）时，取反后为断开状态（1），线圈Y1不得电；当X2断开时（逻辑赋值为1），取反后为闭合状态（0），线圈Y1得电。

10.2.3 空操作和结束指令

如图10-31所示，空操作指令（NOP）是一条无动作、无目标元件的指令，主要用于改动或追加程序时使用。

原始语句表

步序号	操作码	操作数
0	LD	X0
1	ANI	X1
2	AND	X2
3	OUT	Y0

执行空操作指令后的语句表

步序号	操作码	操作数
0	LD	X0
1	NOP	
2	AND	X2
3	OUT	Y0

空操作指令，将串联的常闭触点X1执行空操作

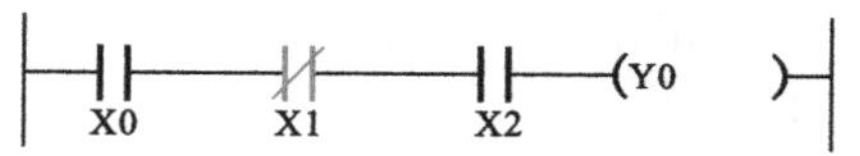

三菱PLC使用NOP空操作指令可将程序中的触点短路、输出短路或将某点前部分的程序全部短路，不再执行，占据一个程序步，当在程序中加入空操作指令NOP时，可适当改动或追加程序

X0　X1　X2　(Y0　)

图10-31　空操作指令

结束指令（END）也是一条无动作、无目标元件的指令，如图10-32所示。

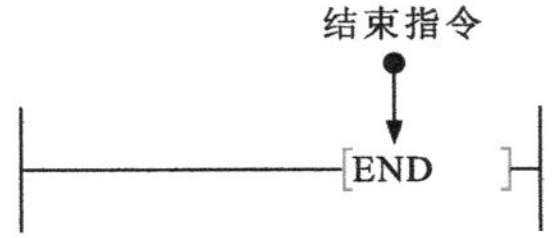

图10-32 结束指令

END：结束指令，无动作、无目标元件的指令，对于复杂的PLC程序，若在一段程序后写入END指令，则END以后的程序不再执行，可将END前面的程序结果输出。

结束指令多应用于复杂程序的调试，将复杂程序划分为若干段，每段后写入END后，可分别检验程序执行是否正常，当所有程序段执行无误后，再依次删除END。当程序结束时，应在最后一条程序的下一条加上END结束指令。

10.3 三菱PLC的运算指令

10.3.1 加法指令

加法指令ADD（功能码为FNC20）的主要功能是将源操作数中的二进制数相加，结果送到指定的目标地址中。图10-33为加法指令的应用示例。

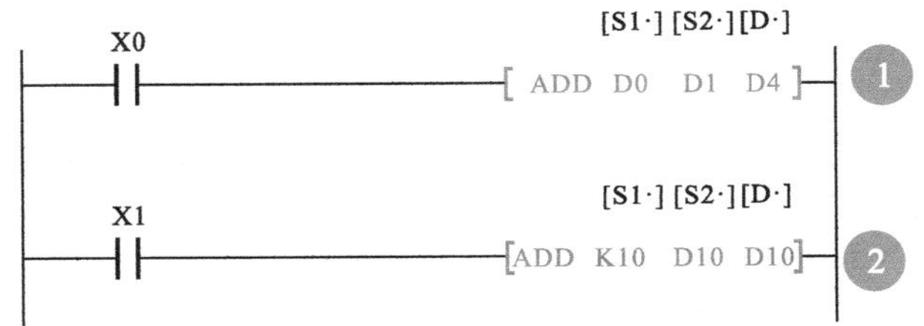

图10-33 加法指令的应用示例

源操作数与目标操作数可以使用相同的元件号。当元件号相同，且采用连续执行方式的ADD（16位）/DADD（32位）指令时，加法的结果在每个扫描周期都会改变。

1 当常开触点X0置1时，将D0与D1中的数据相加后存入D4。

2 当常开触点X1置1时，将常数10与D10中的数据相加后存入D10。

加法指令的格式见表10-1。

表10-1 加法指令的格式

指令名称	助记符			功能码（处理位数）	源操作数		目标操作数[D·]	占用程序步数
					[S1·]	[S2·]		
加法	16位指令	ADD（连续执行型）	ADDP（脉冲执行型）	FNC20（16/32）	K、H、K*n*X、K*n*Y、K*n*M、K*n*S、T、C、D、V、Z		K*n*Y、K*n*M、K*n*S、T、C、D、V、Z	7步
	32位指令	DADD（连续执行型）	DADDP（脉冲执行型）					13步

10.3.2 减法指令

减法指令SUB（功能码为FNC21）的主要功能是将第1个源操作数指定的内容和第2个源操作数指定的内容相减（二进制数的形式），结果送到指定的目标地址中。

减法指令的格式见表10-2。

表10-2 减法指令的格式

指令名称	助记符			功能码（处理位数）	源操作数		目标操作数[D·]	占用程序步数
					[S1·]	[S2·]		
减法	16位指令	SUB（连续执行型）	SUBP（脉冲执行型）	FNC21（16/32）	K、H、KnX、KnY、KnM、KnS、T、C、D、V、Z		KnY、KnM、KnS、T、C、D、V、Z	7步
	32位指令	DSUB（连续执行型）	DSUBP（脉冲执行型）					13步

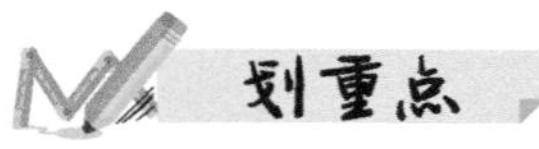

① 当常开触点X0置1时，将D0与D2中的数据相减后存入D4。

② 当常开触点X1置1时，将常数100与D10中的数据相减后存入D10。

图10-34为减法指令的应用示例。

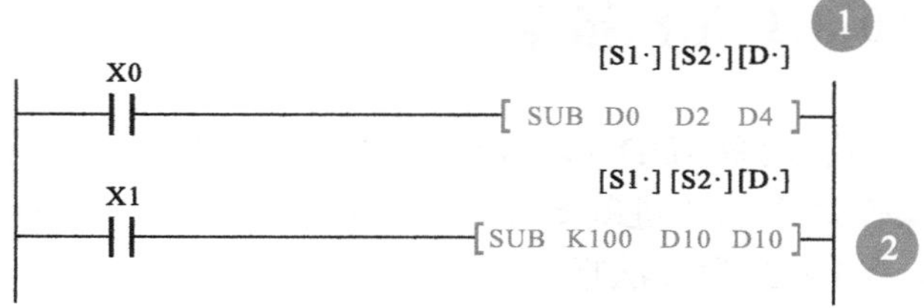

图10-34 减法指令的应用示例

加法指令ADD和减法指令SUB会影响PLC的3个特殊辅助继电器（标志位）：零标志M8020、借位标志M8021和进位标志M8022。

若运算结果为0，则M8020=1。

若运算结果小于-32767（16位运算）或-2147483647（32位运算），则M8021=1。

若运算结果大于32767（16位运算）或2147483647（32位运算），则M8022=1。

另外，需要注意的是，运算数据的结果为二进制数，最高位为符号位，0代表正数，1代表负数。

10.3.3 乘法指令

乘法指令MUL（功能码为FNC22）的主要功能是将指定源操作数相乘（二进制数的形式），结果送到指定的目标地址中，数据均为有符号数。

乘法指令的格式见表10-3。

表10-3 乘法指令的格式

<table>
<tr><th rowspan="2">指令名称</th><th colspan="3" rowspan="2">助记符</th><th rowspan="2">功能码（处理位数）</th><th colspan="2">源操作数</th><th rowspan="2">目标操作数[D·]</th><th rowspan="2">占用程序步数</th></tr>
<tr><th>[S1·]</th><th>[S2·]</th></tr>
<tr><td rowspan="2">乘法</td><td>16位指令</td><td>MUL（连续执行型）</td><td>MULP（脉冲执行型）</td><td rowspan="2">FNC22（16/32）</td><td colspan="2">K、H、KnX、KnY、KnM、KnS、T、C、D、V、Z</td><td rowspan="2">KnY、KnM、KnS、T、C、D、V、Z</td><td>7步</td></tr>
<tr><td>32位指令</td><td>DMUL（连续执行型）</td><td>DMULP（脉冲执行型）</td><td colspan="2">K、H、KnX、KnY、KnM、KnS、T、C、D</td><td>13步</td></tr>
</table>

图10-35为乘法指令的应用示例。

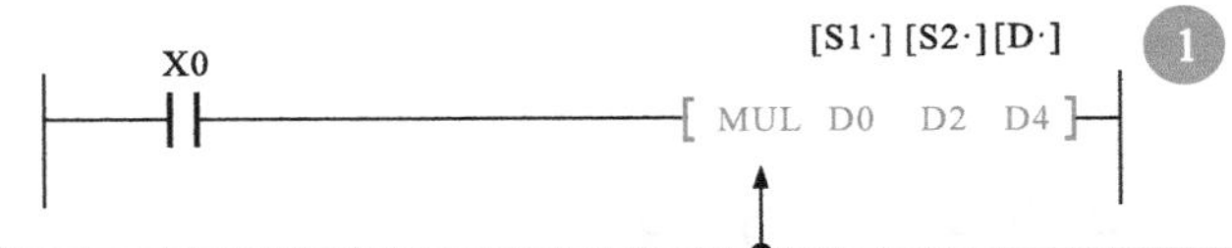

16位数据相乘，以32位数据形式存入目标地址中。其中，目标地址指定的软元件存低位，紧邻指定软元件后的软元件存高位。例如，D0=7，D2=8，则D5、D4=56

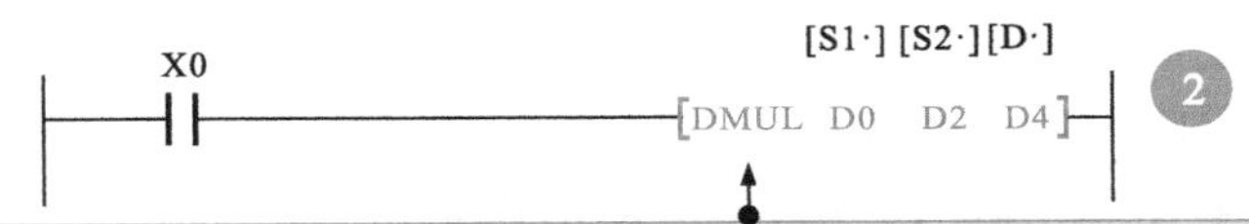

32位数据相乘，以64位数据形式存入目标地址中。其中，目标地址指定的软元件存低32位，但只能得到低32位，不能得到高32位，需要将数据移入字元件中再进行计算

图10-35 乘法指令的应用示例

划重点

1 当常开触点X0置1时，将D0与D2中的数据相乘后存入D4。

2 当常开触点X0置1时，将D0与D2中的数据相乘后存入D4中，即（D1、D0）×（D3、D2）=（D7、D6、D5、D4）。

10.3.4 除法指令

除法指令DIV（功能码为FNC23）的主要功能是将第1个源操作数作为被除数，第2个源操作数作为除数，将商送到指定的目标地址中。图10-36为除法指令的应用示例。

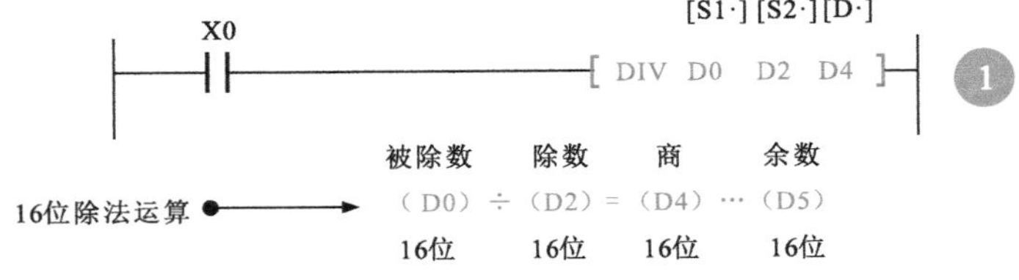

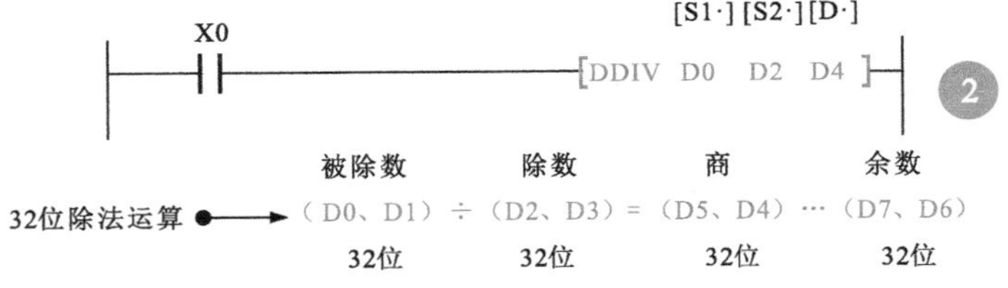

图10-36 除法指令的应用示例

1 当常开触点X0置1时，将D0与D2中的数据相除后存入D4。

2 商和余数的最高位为符号位，0为正，1为负，当被除数或除数中有一个为负数时，商为负数；被除数为负数时，余数为负数。

除法指令的格式见表10-4。

表10-4 除法指令的格式

指令名称	助记符			功能码（处理位数）	源操作数 [S1·]、[S2·]	目标操作数 [D·]	占用程序步数
除法	16位指令	DIV（连续执行型）	DIVP（脉冲执行型）	FNC23（16/32）	K、H、KnX、KnY、KnM、KnS、T、C、D、V、Z	KnY、KnM、KnS、T、C、D、V、Z	7步
	32位指令	DMOV（连续执行型）	DMOVP（脉冲执行型）		K、H、KnX、KnY、KnM、KnS、T、C		13步

10.3.5 加1、减1指令

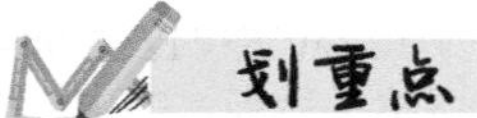

加1指令INC（功能码为FNC24）和减1指令DEC（功能码为FNC25）的主要功能是当满足一定条件时，将指定软元件中的数据加1或减1。

图10-37为加1、减1指令的应用示例。

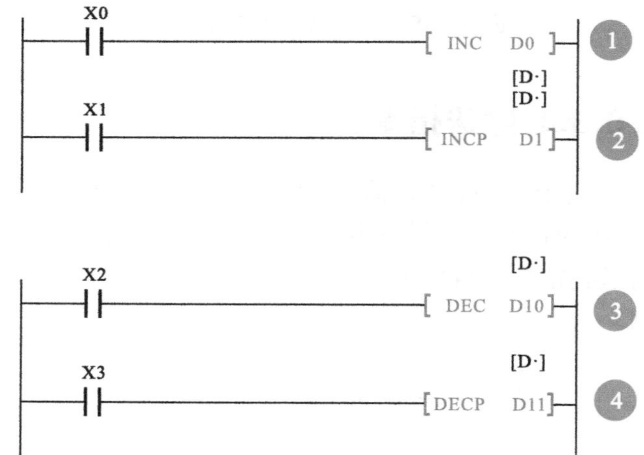

图10-37 加1、减1指令的应用示例

① 当常开触点X0置1时，将D0+1结果存入D0，且每个扫描周期都要执行一次+1运算。

② 当常开触点X1置1时，将D1+1结果存入D1，该指令为脉冲执行型，只执行一次。

③ 当常开触点X2置1时，将D10-1结果存入D10，且每个扫描周期都要执行一次-1运算。

④ 当常开触点X3置1时，将D11-1结果存入D11，该指令为脉冲执行型，只执行一次。

加1运算，当为16位运算时，+32767加1就变为-32768，标志位不动作；当为32位运算时，+2147483647加1就变为-2147483648，标志位不动作。

减1运算，当为16位运算时，-32768减1就变为32767，标志位不动作；当为32位运算时，-2147483648减1就变为2147483647，标志位不动作。

加1、减1指令的格式见表10-5。

表10-5 加1、减1指令的格式

指令名称	助记符			功能码（处理位数）	目标操作数[D·]	占用程序步数
加1	16位指令	INC（连续执行型）	INCP（脉冲执行型）	FNC24（16/32）	K*n*Y、K*n*M、K*n*S、T、C、D、V、Z	3步
	32位指令	DINC（连续执行型）	DINCP（脉冲执行型）			5步
减1	16位指令	DEC（连续执行型）	DECP（脉冲执行型）	FNC25（16/32）		3步
	32位指令	DDEC（连续执行型）	DDECP（脉冲执行型）			5步

10.4 三菱PLC的数据传送指令

10.4.1 传送指令

传送指令（MOV）的功能是将源数据传送到指定的目标地址中。图10-38为传送指令的应用示例。

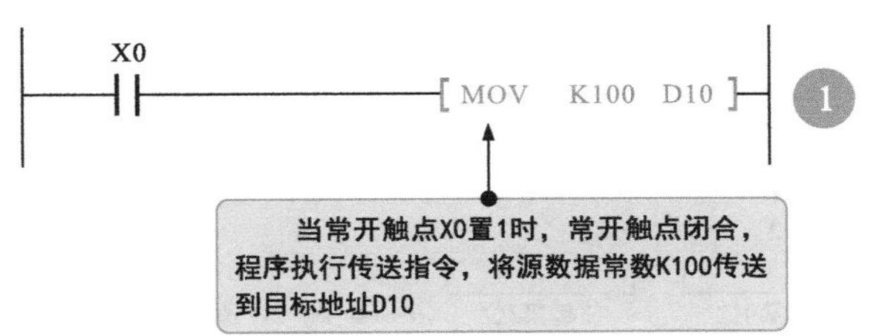

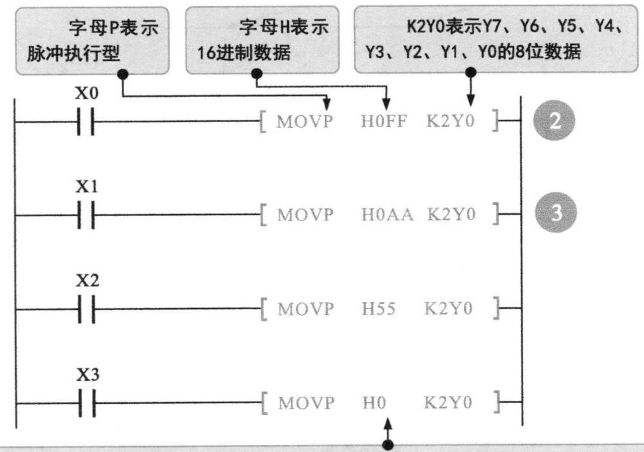

16进制数据00FF转换为二进制1111 1111，即将1111 1111送入Y7、Y6、Y5、Y4、Y3、Y2、Y1、Y0。
16进制数据00AA转换为二进制1010 1010，即将1010 1010送入Y7、Y6、Y5、Y4、Y3、Y2、Y1、Y0。
16进制数据0055转换为二进制0101 0101，即将0101 0101送入Y7、Y6、Y5、Y4、Y3、Y2、Y1、Y0。
16进制数据0000转换为二进制0000 0000，即将0000 0000送入Y7、Y6、Y5、Y4、Y3、Y2、Y1、Y0。
该程序可应用于8盏指示灯的控制电路，即当X0接通时，8盏指示灯均亮；当X1接通时，奇数指示灯点亮；当X2接通时，偶数指示灯点亮；当X3接通时，指示灯全部熄灭。

图10-38 传送指令的应用示例

划重点

1 在指令执行过程中，常数K100自动转换为二进制数。

2 在指令执行过程中，常数H00FF自动转换为二进制数。

3 在指令执行过程中，常数H00AA自动转换为二进制数。

传送指令的格式见表10-6。

表10-6 传送指令的格式

指令名称	助记符			功能码（处理位数）	源操作数[S·]	目标操作数[D·]	占用程序步数
传送	16位指令	MOV（连续执行型）	MOVP（脉冲执行型）	FNC12（16/32）	K、H、KnX、KnY、KnM、KnS、T、C、D、V、Z	KnY、KnM、KnS、T、C、D、V、Z	5步
	32位指令	DMOV（连续执行型）	DMOVP（脉冲执行型）				9步

10.4.2 移位传送指令

移位传送指令SMOV（功能码为FNC13）的主要功能是将二进制源数据自动转换为4位BCD码，再经移位传送后，传送至目标地址，传送后的BCD码数据自动转换为二进制数。

图10-39为移位传送指令的应用示例。

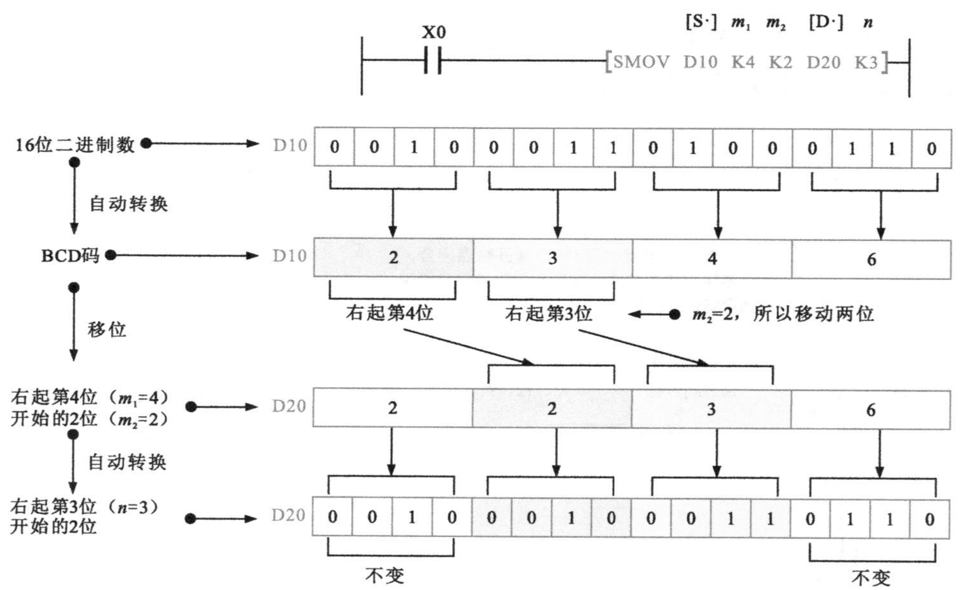

图10-39 位移传送指令的应用示例

移位传送指令的格式见表10-7。

表10-7 移位传送指令的格式

指令名称	助记符	功能码（处理位数）	操作数范围					占用程序步数
			源操作数[S·]	m_1	m_2	目标操作数[D·]	n	
移位传送	SMOV（连续执行型）	FNC13（16）	K、H、KnX、KnY、KnM、KnS、T、C、D、V、Z	K、H =1～4	K、H =1～4	KnY、KnM、KnS、T、C、D、V、Z	K、H =1～4	11步
	SMOVP（脉冲执行型）							

10.4.3 取反传送指令

取反传送指令CML（功能码为FNC14）的主要功能是将源操作数中的数据逐位取反后，传送到目标地址中。

取反传送指令的格式见表10-8。

表10-8 取反传送指令的格式

指令名称	助记符			功能码（处理位数）	源操作数[S·]	目标操作数[D·]	占用程序步数
取反传送	16位指令	CML（连续执行型）	CMLP（脉冲执行型）	FNC14（16/32）	K、H、K*n*X、K*n*Y、K*n*M、K*n*S、T、C、D、V、Z	K*n*Y、K*n*M、K*n*S、T、C、D、V、Z	5步
	32位指令	DCML（连续执行型）	DCMLP（脉冲执行型）				13步

图10-40为取反传送指令的应用示例。

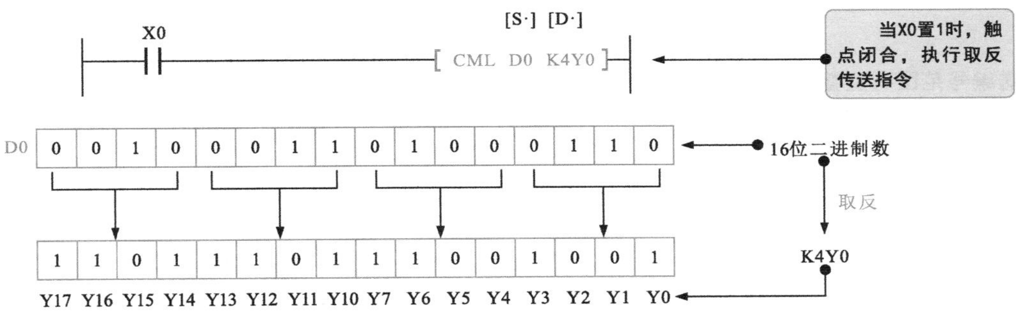

图10-40 取反传送指令的应用示例

10.4.4 块传送指令

块传送指令BMOV（功能码为FNC15）的主要功能是将源操作数指定的由*n*个数据组成的数据块传送到指定的目标地址。图10-41为块传送指令的应用示例。

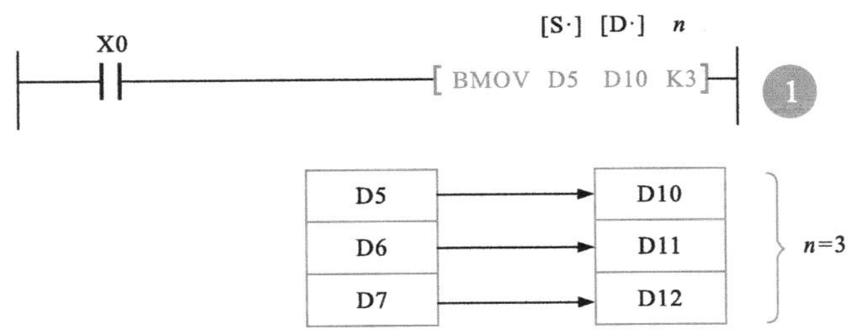

图10-41 块传送指令的应用示例

1 当X0置1时，触点闭合，执行块传送指令。

划重点

② 位元件组合K1M0是4位数据（M0、M1、M2、M3），该位元件组合开始的两位（n=2）应为两组4位数据，即后面的数据应为M4、M5、M6、M7。

③ 传送编号范围有重叠时，为了防止输送源数据未传送就改写，应根据①～③的顺序自动传送。

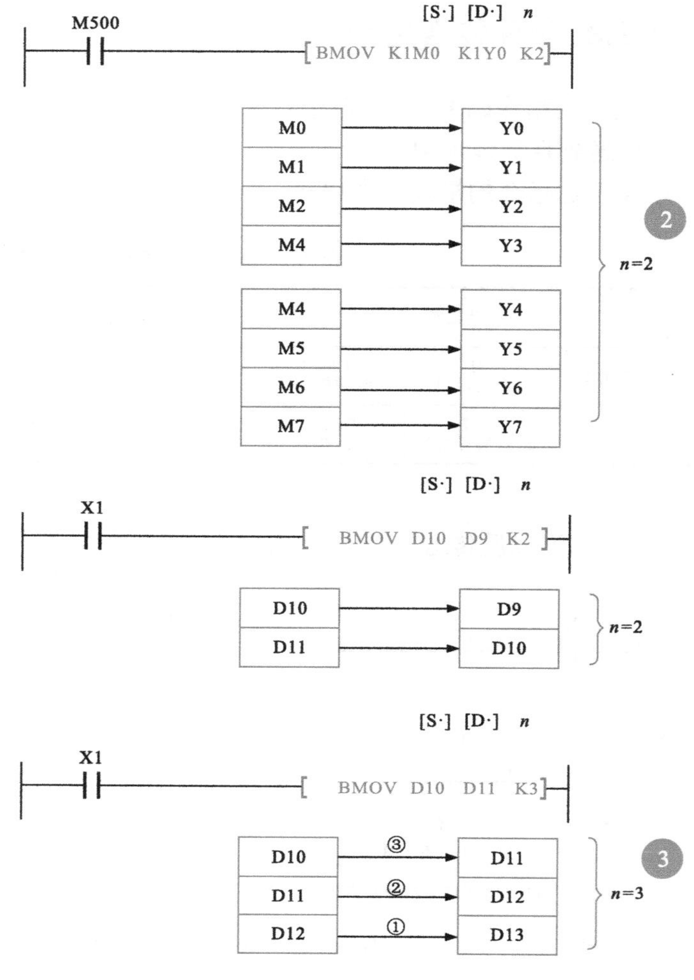

图10-41 块传送指令的应用示例（续）

三菱PLC的传送指令还包括多点传送指令FMOV（功能码为FNC16）、数据交换指令XCH（功能码为FNC17）等。块传送指令的格式见表10-9。

表10-9 块传送指令的格式

指令名称	助记符	功能码（处理位数）	源操作数[S·]	目标操作数[D·]	n	占用程序步数
块传送	BMOV（连续执行型）	FNC15（16）	KnX、KnY、KnM、KnS、T、C、D	KnY、KnM、KnS、T、C、D	≤512	7步
	BMOVP（脉冲执行型）					

10.5 三菱PLC的数据比较指令

10.5.1 比较指令

比较指令CMP（功能码为FNC10）用于比较两个源操作数的数值（带符号比较）大小，并将比较结果送至目标地址。比较指令的格式见表10-10。

表10-10 比较指令的格式

指令名称	助记符			功能码（处理位数）	源操作数[S1·]	源操作数[S2·]	目标操作数[D·]	占用程序步数
比较	16位指令	CMP（连续执行型）	CMPP（脉冲执行型）	FNC10（16/32）	K、H、KnX、KnY、KnM、KnS、T、C、D、V、Z		Y、M、S	7步
	32位指令	DCMP（连续执行型）	DCMPP（脉冲执行型）					13步

图10-42为比较指令的应用示例。

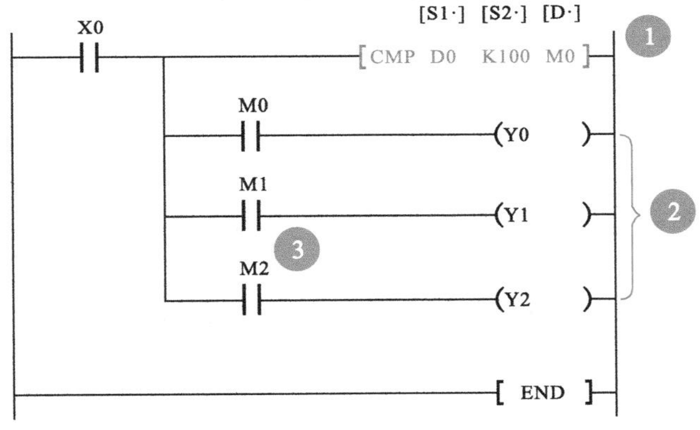

图10-42 比较指令的应用示例

划重点

1 将D0中的内容与常数100进行比较。

2 所有源操作数均按二进制处理；当D0<100时，M0置1；当D0>100时，M1置1；当D0=100时，M2置1。

3 在比较指令中，目标软元件指定M0，则M1、M2被自动占用。

10.5.2 区间比较指令

区间比较指令ZCP（功能码为FNC11）的主要功能是将由源操作数[S·]与两个源操作数[S1·]和[S2·]组成的数据区间进行代数比较（带符号比较），并将比较结果送到目标操作数[D·]。区间比较指令的格式见表10-11。

表10-11 区间比较指令的格式

指令名称	助记符			功能码（处理位数）	源操作数[S1·]、[S2·]、[S·]	目标操作数[D·]	占用程序步数
区间比较	16位指令	ZCP（连续执行型）	ZCPP（脉冲执行型）	FNC11（16/32）	K、H、KnX、KnY、KnM、KnS、T、C、D、V、Z	Y、M、S	9步
	32位指令	DZCP（连续执行型）	DZCPP（脉冲执行型）				17步

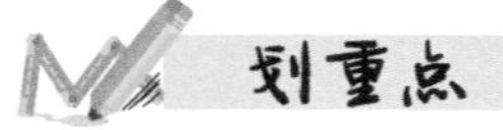

图10-43为区间比较指令的应用示例。

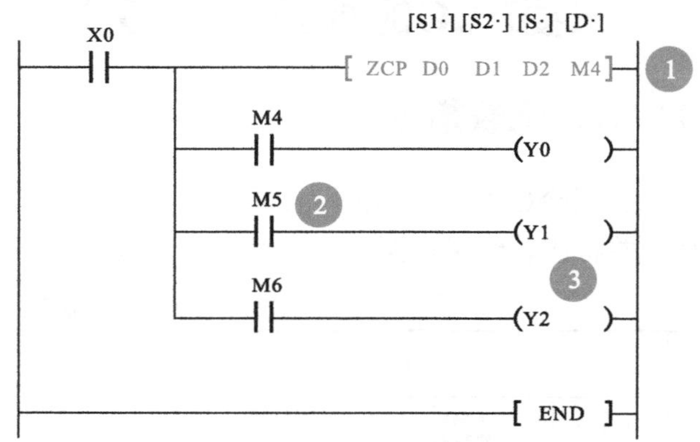

图10-43　区间比较指令的应用示例

1 将D2中的数据与D0和D1中的数据进行比较。

2 所有源操作数均按二进制处理；当D2＜D0时，M4置1；当D0＜D2＜D1时，M5置1；当D2＞D1时，M6置1。

3 在比较指令中，目标软元件指定M4，则M5、M6被自动占用。例如，当D0=30，D1=80，D2=70时，M5置1，线圈Y1得电；当D0=30，D1=80，D2=100时，M6置1，线圈Y2得电。

10.6 三菱PLC的数据处理指令

10.6.1 全部复位指令

全部复位指令ZRST（功能码为FNC40）的主要功能是将指定范围内（[D1·]～[D2·]）的同类元件全部复位。

图10-44为全部复位指令的应用示例。

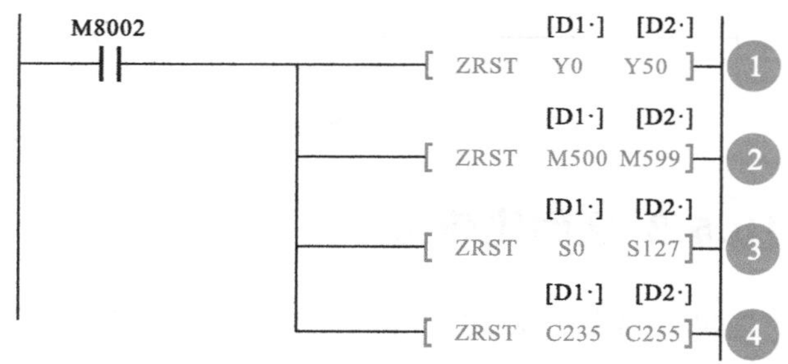

图10-44　全部复位指令的应用示例（字右循环指令示例）

1 Y0～Y50之间的所有位元件全部复位。

2 M500～M599之间的所有位元件全部复位。

3 S0～S127之间的所有状态全部复位。

4 C235～C255之间的所有字元件全部复位。

全部复位指令的格式见表10-12。

表10-12　全部复位指令的格式

指令名称	助记符	功能码（处理位数）	操作数范围[D1·]～[D2·]	占用程序步数
全部复位	ZRST ZRSTP	FNC40 （16）	Y、M、S、T、C、D [D1·]元件号≤[D2·]元件号	5步

[D1·]、[D2·]需指定同一类型元件，且[D1·]元件号≤[D2·]元件号，若[D1·]元件号>[D2·]元件号，则只有[D1·]指定的元件被复位。

10.6.2 译码指令和编码指令

译码指令DECO（功能码为FNC41）也称为解码指令，主要功能是根据源操作数控制位元件ON或OFF。

图10-45为译码指令的应用示例。

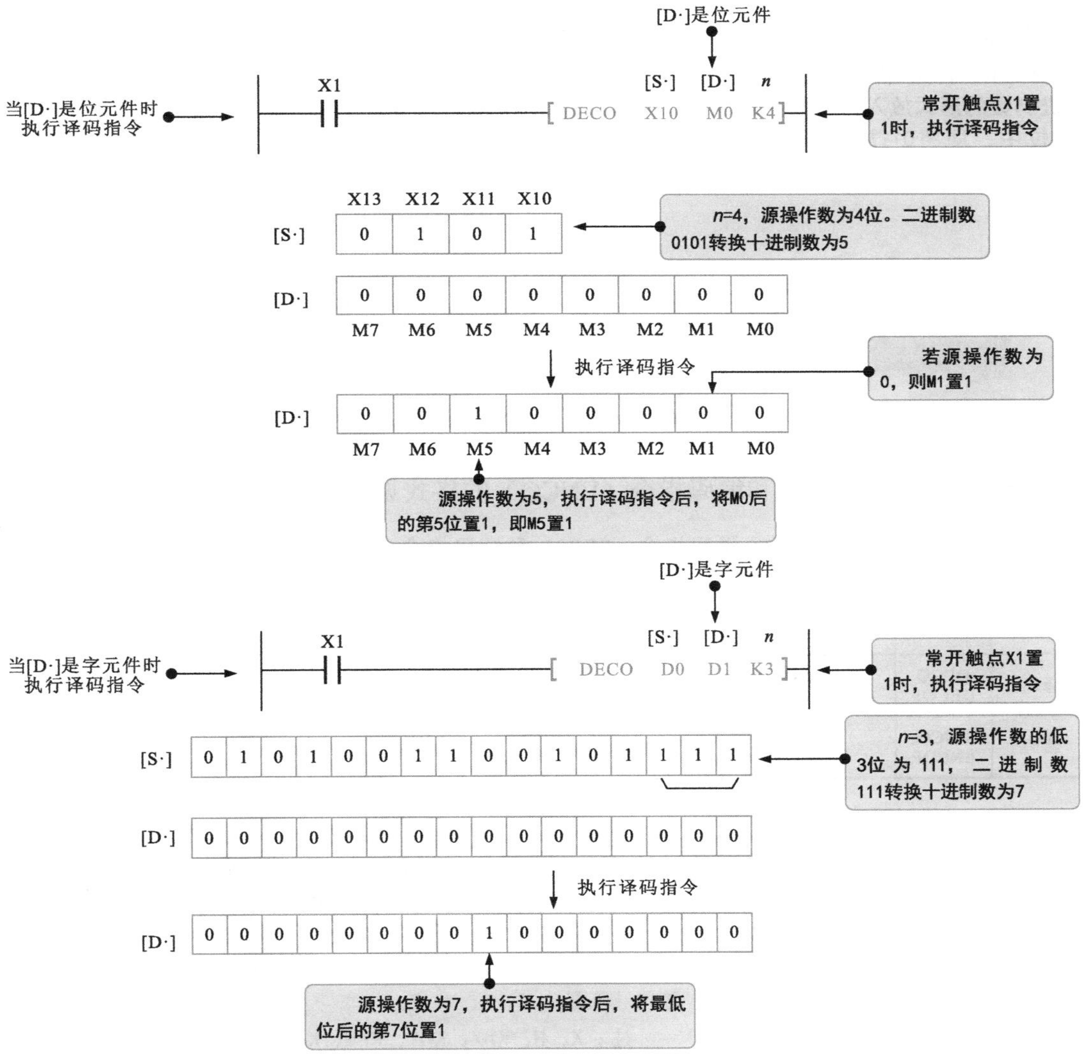

[D·]是位元件

当[D·]是位元件时执行译码指令 → X1 —[DECO X10 M0 K4]（[S·] [D·] n） ← 常开触点X1置1时，执行译码指令

	X13	X12	X11	X10
[S·]	0	1	0	1

n=4，源操作数为4位。二进制数0101转换十进制数为5

	M7	M6	M5	M4	M3	M2	M1	M0
[D·]	0	0	0	0	0	0	0	0

↓ 执行译码指令

若源操作数为0，则M1置1

	M7	M6	M5	M4	M3	M2	M1	M0
[D·]	0	0	1	0	0	0	0	0

源操作数为5，执行译码指令后，将M0后的第5位置1，即M5置1

[D·]是字元件

当[D·]是字元件时执行译码指令 → X1 —[DECO D0 D1 K3]（[S·] [D·] n） ← 常开触点X1置1时，执行译码指令

[S·]	0	1	0	1	0	0	1	1	0	0	1	0	1	1	1	1

n=3，源操作数的低3位为111，二进制数111转换十进制数为7

[D·]	0	0	0	0	0	0	0	0	0	0	0	0	0	0	0	0

↓ 执行译码指令

[D·]	0	0	0	0	0	0	0	0	1	0	0	0	0	0	0	0

源操作数为7，执行译码指令后，将最低位后的第7位置1

图10-45 译码指令的应用示例

在译码指令中，当[D·]是位元件时，1≤*n*≤8；当*n*=0时，程序不执行；当*n*>8或*n*<1时，出现运算错误；当*n*=8时，[D·]的位数为2^8=256。

当[D·]是字元件时，*n*≤4；当n=0时，程序不执行；当*n*>4或*n*<1时，出现运算错误；当*n*=4时，[D·]的位数为2^4=16。

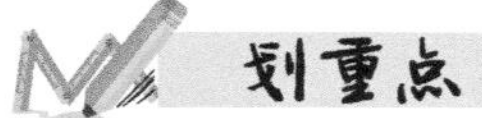

编码指令ENCO（功能码为FNC42）的主要功能是根据源操作数中的十进制数编码为目标元件中二进制数。图10-46为编码指令的应用示例。

1 常开触点X2置1时，执行编码指令。

2 在[S·]源操作数中，最高置1的位是M3，即第3位，将数据3以二进制数的形式放入目标元件的低3位中，即将011放入D10的低3位。

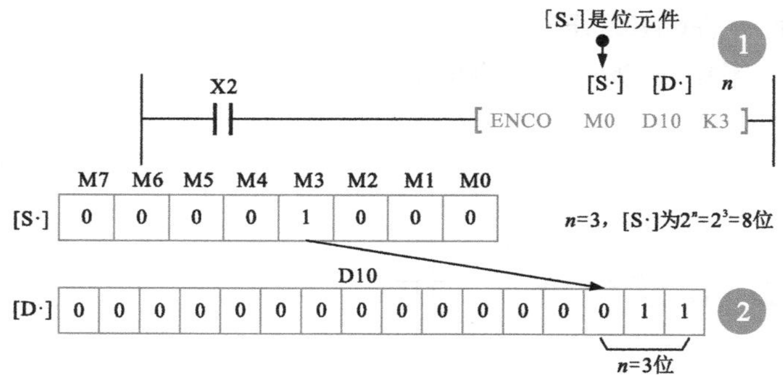

图10-46 编码指令的应用示例

在编码指令中，当[S·]是位元件时，1≤*n*≤8；当*n*=0时，程序不执行；当*n*>8或*n*<1时，出现运算错误；当*n*=8时，[S·]的位数为2^8=256。

当[S·]是字元件时，*n*≤4；当*n*=0时，程序不执行；当*n*>4或*n*<1时，出现运算错误；当*n*=4时，[S·]的位数为2^4=16。

译码指令（DECO）和编码指令（ENCO）的格式见表10-13。

表10-13 译码指令（DECO）和编码指令（ENCO）的格式

指令名称	助记符	功能码（处理位数）	操作数范围			占用程序步数
			源操作数[S·]	目标操作数[D·]	*n*	
译码	DECO DECOP	FNC41（16）	K、H、X、Y、M、S、T、C、D、V、Z	Y、M、S、T、C、D	K、H：1≤*n*≤8	7步
编码	ENCO ENCOP	FNC42（16）	X、Y、M、S、T、C、D、V、Z	T、C、D、V、Z		7步

在译码指令中，若源操作数[S·]为位元件，可取X、Y、M、S，则目标操作数[D·]可取Y、M、S；若源操作数[S·]为字元件，可取K、H、T、C、D、V、Z，则目标操作数[D·]可取T、C、D。

在编码指令中，若源操作数[S·]为位元件，可取X、Y、M、S；若源操作数[S·]为字元件，可取T、C、D、V、Z，则目标操作数[D·]可取T、C、D、V、Z。

注：K、H、K*n*X、K*n*Y、K*n*M、K*n*S、T、C、D、V、Z属于字软元件；X、Y、M、S属于位软元件。

10.6.3 ON位数指令

ON位数指令SUM（功能码为FNC43）也称置1总数统计指令，用于统计指定软元件中置1位的总数。

图10-47为ON位数指令的应用示例。

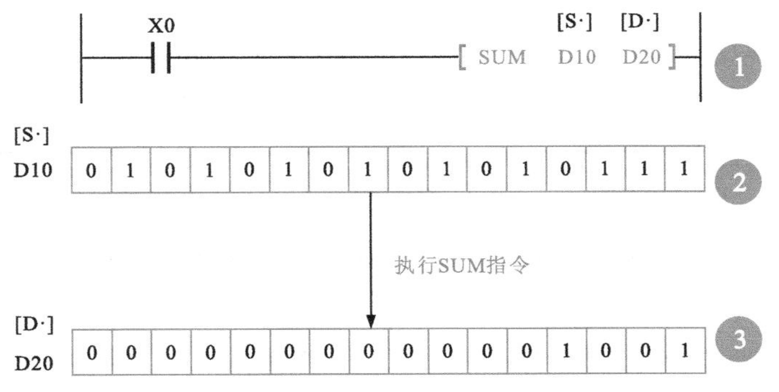

图10-47 ON位数指令的应用示例

划重点

1 常开触点X0置1时，执行ON位数指令。

2 源操作数中1的位数为9，数据9转为二进制数为1001。

3 将1001存入到目标地址D20。

ON位数指令的格式见表10-14。

表10-14 ON位数指令的格式

指令名称	助记符			功能码（处理位数）	源操作数[S·]	目标操作数[D·]	占用程序步数
ON位数	16位指令	SUM（连续执行型）	SUMP（脉冲执行型）	FNC43（16/32）	K、H、K*n*X、K*n*Y、K*n*M、K*n*S、T、C、D、V、Z	K*n*Y、K*n*M、K*n*S、T、C、D、V、Z	5步
	32位指令	DSUM（连续执行型）	DSUMP（脉冲执行型）				9步

10.6.4 ON位判断指令

ON位判断指令BON（功能码为FNC44）的主要功能是用来检测指定软元件中指定的位是否为1。

图10-48为ON位判断指令的应用示例。

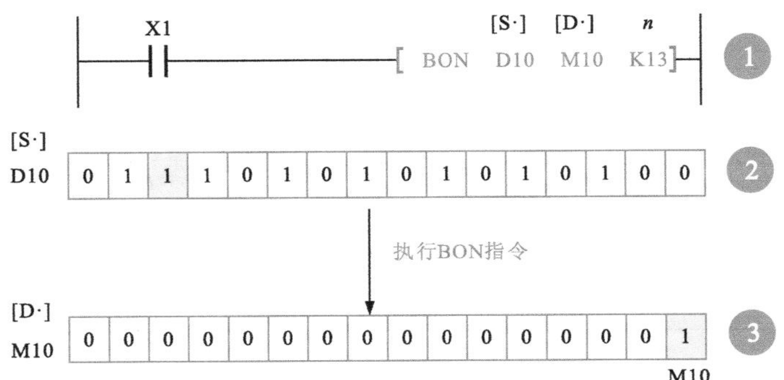

图10-48 ON位判断指令的应用示例

1 常开触点X1置1时，执行SUM指令。

2 源操作数中第13位数据（*n*=13）为1。

3 检测到[S·]第13位数据为1时，M10最低位置1；若检测到[S·]第13位数据为0，则M10最低位置0。

ON位判断指令的格式见表10-15。

表10-15　ON位判断指令的格式

指令名称	助记符			功能码（处理位数）	操作数范围			占用程序步数
					源操作数 [S1·]	目标操作数 [D·]	n	
ON位判断	16位指令	BON（连续执行型）	BONP（脉冲执行型）	FNC44（16/32）	K、H、K*n*X、K*n*Y、K*n*M、K*n*S、T、C、D、V、Z		16位运算：0≤*n*≤15 32位运算：0≤*n*≤31	7步
	32位指令	DBON（连续执行型）	DBONP（脉冲执行型）					13步

10.6.5 信号报警置位指令和复位指令

信号报警置位指令ANS（功能码为FNC46）和信号报警复位指令ANR（功能码为FNC47）用于指定报警器（状态继电器S）的置位和复位操作。图10-49为信号报警置位指令（ANS）和复位指令（ANR）的应用示例。

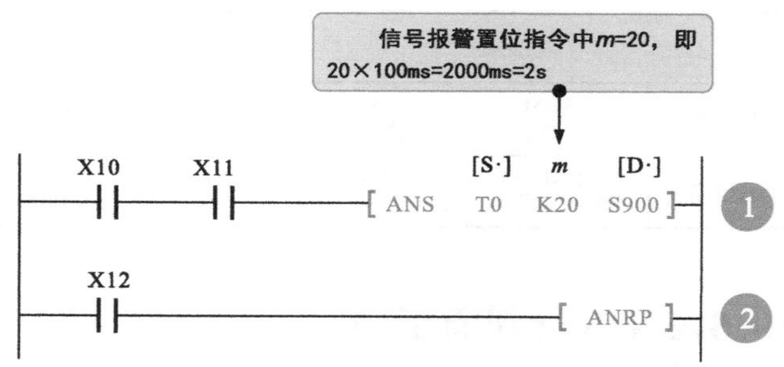

图10-49　信号报警置位指令（ANS）和复位指令（ANR）的应用示例

划重点

① 当X10、X11接通2s以上时，S900被置位，以后即使X10或X11变为OFF，S900仍保持动作状态，此时定时器置位。

若X10或X11接通不足2s，则定时器复位。

② 当X12接通时，信号报警器S900～S999中正在动作的报警点被复位。若同时有多个报警点动作，则复位最新的一个报警点。

信号报警置位指令（ANS）和复位指令（ANR）的格式见表10-16。

表10-16　信号报警置位指令（ANS）和复位指令（ANR）的格式

指令名称	助记符	功能码（处理位数）	操作数范围			占用程序步数
			源操作数 [S·]	目标操作数 [D·]	*m*（单位100ms）	
信号报警置位	ANS	FNC46（16）	T0～T199	S900～S999	K：1≤*m*≤32767	7步
	ANSP					
信号报警复位	ANR	FNC47（16）	无			1步
	ANRP					

10.6.6 平均值指令

平均值指令MEAN（功能码为FNC45）的主要功能是将n个源操作数的平均值送到指定的目标地址。平均值是由n个源操作数的代数和除以n得到的商，余数省略。

图10-50为平均值指令的应用示例。

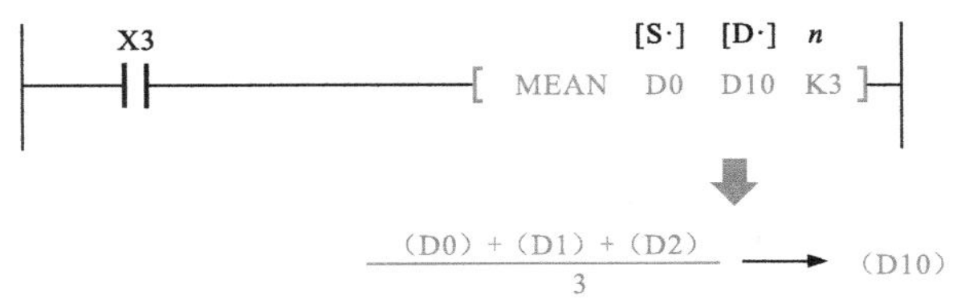

图10-50 平均值指令的应用示例

常开触点X3置1时，执行MEAN指令。

平均值指令的格式见表10-17。

表10-17 平均值指令的格式

指令名称	助记符			功能码（处理位数）	操作数范围			占用程序步数
					源操作数[S1·]	目标操作数[D·]	n	
平均值	16位指令	MEAN（连续执行型）	MEANP（脉冲执行型）	FNC45（16/32）	KnX、KnY、KnM、KnS、T、C、D、V、Z	KnY、KnM、KnS、T、C、D、V、Z	K、H: 1≤n≤64	7步
	32位指令	DMEAN（连续执行型）	DMEANP（脉冲执行型）					13步

三菱FX_{2N}系列PLC常见的数据处理指令还包括二进制数据开方运算指令（SQR）、整数-浮点数转换指令（FLT）。

二进制数据开方运算指令SQR（功能码为FNC48）的主要功能是将源操作数开平方运算后送到指定的目标地址。源操作数[S·]可取K、H、D，目标操作数[D·]可取D。

整数-浮点数转换指令FLT（功能码为FNC49）的主要功能是将二进制整数转换为二进制浮点数。源操作数[S·]和目标操作数[D·]均为D。

10.7 三菱PLC的程序流程指令

10.7.1 条件跳转指令

条件跳转指令CJ（功能码为FNC00）的主要功能是在有条件的前提下，跳过顺序程序中的一部分，直接跳转到指令的标号处，用来控制程序的流向，可有效缩短程度扫描时间。

表10-18为条件跳转指令的格式。

表10-18 条件跳转指令的格式

指令名称	助记符	功能码（处理位数）	操作数范围[D·]	占用程序步数
条件跳转	CJ（16位指令，连续执行型）	FNC00	P0～P127	3步
	CJP（脉冲执行性）			3步

① 当常开触点X0置1时，常开触点闭合，程序执行条件跳转指令，从0步跳转到23步（标号P0的后一步）。当X0置0时，触点保持断开状态，不执行条件跳转指令，程序将顺序执行。

② 当常闭触点X6置0时，常闭触点保持闭合状态，程序执行条件跳转指令，从23步跳转到30步（标号P1的后一步）。当X6置1时，触点断开，不执行条件跳转指令，程序将顺序执行。

图10-51为条件跳转指令的应用示例。

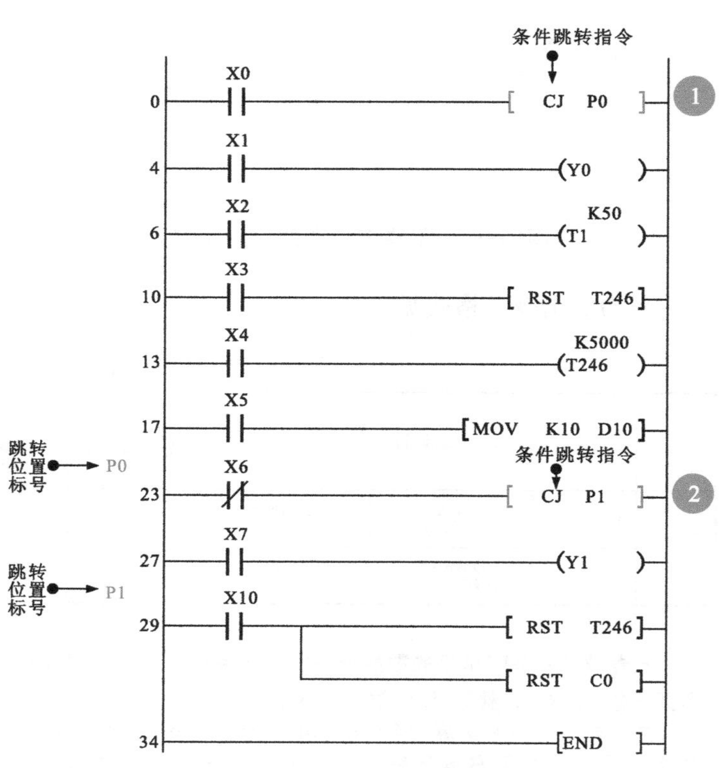

图10-51 条件跳转指令的应用示例

在三菱PLC的编程指令中，程序流程指令及传送与比较指令、四则逻辑运算指令、循环与移位指令、浮点数运算指令、接点比较指令均被称为三菱PLC的功能指令。功能指令由计算机通用助记符来表示，且都有其对应的功能码。

功能指令有通用的表达形式，如图10-52所示。

功能指令的具体类型不同，相应的指令助记符也不同。

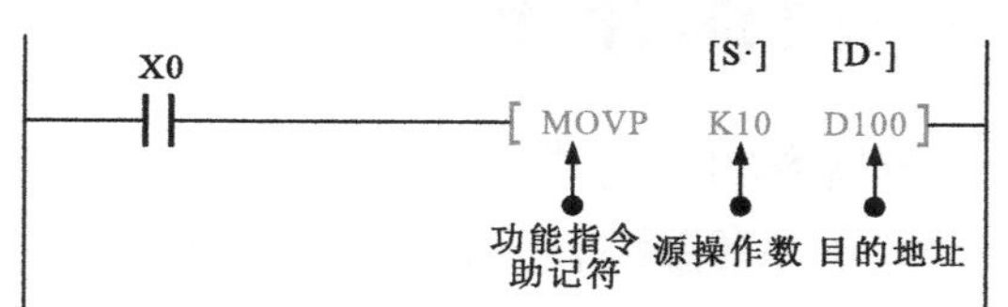

图10-52 三菱PLC功能指令通用的表达形式

功能指令一般都带有操作数，操作数可以取K、H、K*n*X、K*n*Y、K*n*M、K*n*S、T、C、D、V、Z。常数K表示十进制常数，常数H表示十六进制常数。

功能指令可以处理PLC内部的16位数据和32位数据。当处理16位数据时，不加字母；当处理32位数据时，在指令助记符前面加字母D。

图10-53为功能指令的应用示例。

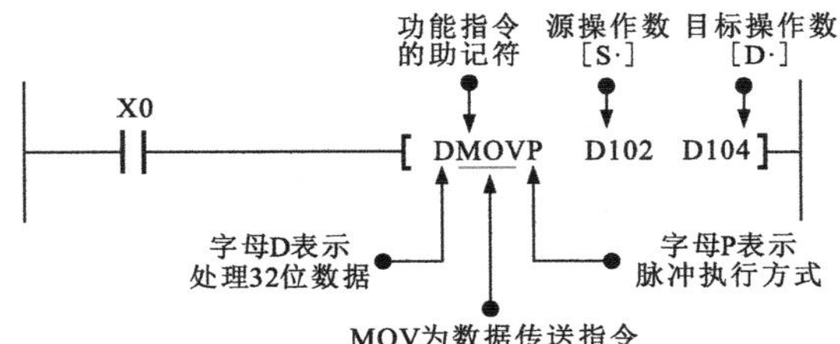

图10-53 功能指令的应用示例

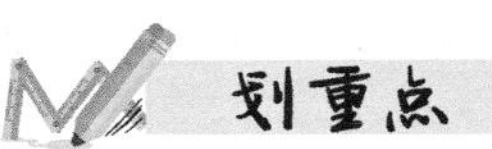

功能指令有连续执行和脉冲执行两种执行方式。采用脉冲执行方式的功能指令，在指令助记符后要加字母P，表示该指令仅在执行条件接通时执行一次。采用连续执行方式的功能指令不需要加字母P，表示该指令在执行条件接通的每一个扫描周期都要被执行。

在功能指令的源操作数中，K*n*X（输入位组件）、K*n*Y（输出位组件）、K*n*M（辅助位组件）、K*n*S（状态位组件）表示位元件的组合，即多个元件按一定规律组合。例如在K*n*Y0中，K表示十进制，*n*表示组数，取值为1～8，每组有4个位元件。位元件的组合特点见表10-19。

表10-19 位元件的组合特点

位元件组合中*n*的取值范围		例如K*n*X0	包含的位元件	位元件个数
1～8	1～4（适用于32位指令）	K1X0	X3～X0	4
		K2X0	X7～X0	8
		K3X0	X13～X10、X7～X0	12
		K4X0	X17～X10、X7～X0	16
	5～8（只可用于32位指令）	K5X0	X23～X20、X17～X10、X7～X0	20
		K6X0	X27～X20、X17～X10、X7～X0	24
		K7X0	X33～X30、X23～X20、X17～X10、X7～X0	28
		K8X0	X37～X30、X23～X20、X17～X10、X7～X0	32

K1Y0，表示Y3、Y2、Y1、Y0的4位数据，Y0为最低位。

K2M10，表示M17、M16、M15、M14、M13、M12、M11、M10的8位数据，M10为最低位。

K4X30，表示X47、X46、X45、X44、X43、X42、X41、X40、X37、X36、X35、X34、X33、X32、X31、X30的16位数据，X30为最低位。

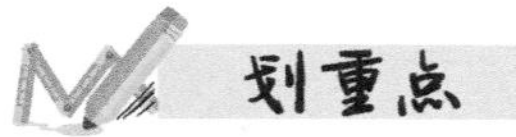

子程序是指可实现特定控制功能的相对独立的程序段，可在主程序中通过调用指令直接调用，可有效简化程序和提高编程效率。

10.7.2 子程序调用和子程序返回指令

子程序调用指令CALL（功能码为FNC01）可执行指定标号位置P的子程序，操作数为P指针P0～P127。子程序返回指令SRET（功能码为FNC02）用于返回原CALL下一条指令位置，无操作数。

子程序调用指令（CALL）和子程序返回指令（SRET）的格式见表10-20。

表10-20 子程序调用指令（CALL）和子程序返回指令（SRET）的格式

指令名称	助记符	功能码（处理位数）	操作数范围[D·]	占用程序步数
子程序调用	CALL（连续执行型）	FNC01 （16）	P0～P127，可嵌套5层	3步
	CALLP（脉冲执行型）			3步
子程序返回	SRET	FNC02	无	1步

图10-54为子程序调用指令和子程序返回指令的应用示例。

① 当常开触点X0置1时，程序执行调用子程序指令，从0步跳转到13步（标号P1的后一步）。子程序执行完成后，执行子程序返回指令，返回到主程序继续执行。

当X0置0时，触点保持断开状态，不执行调用子程序指令，程序将顺序执行。

② 当常开触点X1置1时，程序执行调用子程序指令，从6步跳转到16步（标号P2的后一步）。子程序执行完成后，执行子程序返回指令，返回到主程序继续执行。

当X1置0时，触点保持断开状态，不执行调用子程序指令，程序将顺序执行。

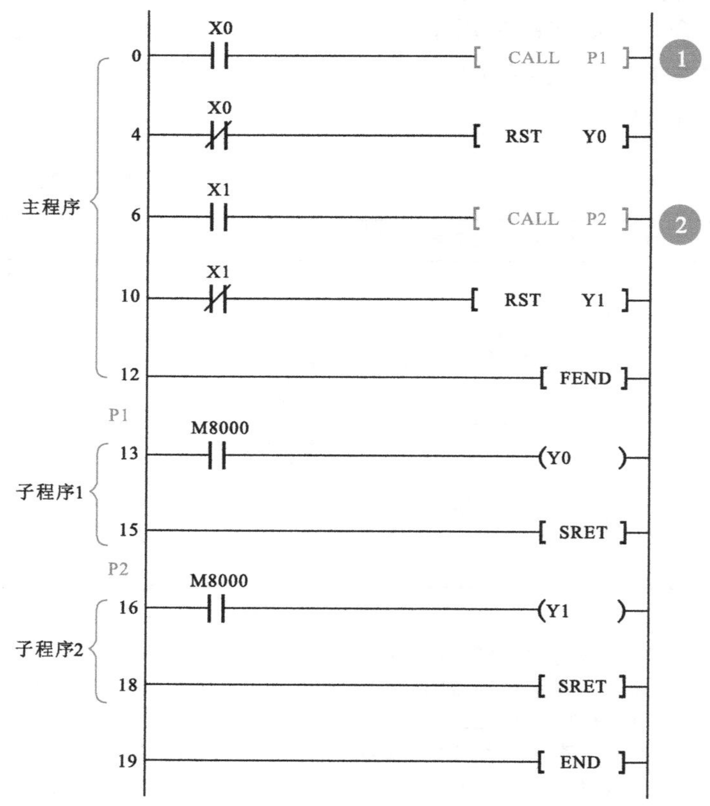

图10-54 子程序调用指令和子程序返回指令的应用示例

主程序结束指令FEND（功能码为FNC06）表示主程序结束，子程序开始，无操作数。子程序和中断服务程序应写在FEND与END指令之间。

10.7.3 循环范围开始和循环范围结束指令

FOR指令和NEXT指令必须成对使用，且FOR指令与NEXT指令之间的程序被循环执行，循环的次数由FOR指令的操作数决定。循环指令完成后，执行NEXT指令后面的程序。

循环指令包括循环范围开始指令FOR（功能码为FNC08）和循环范围结束指令NEXT（功能码为FNC09）。

循环范围开始指令（FOR）和循环范围结束指令（NEXT）的格式见表10-21。

表10-21 循环范围开始指令（FOR）和循环范围结束指令（NEXT）的格式

指令名称	助记符	功能码（处理位数）	源操作数[S]	占用程序步数
循环范围开始	FOR	FNC08	K、H、KnX、KnY、KnM、KnS、T、C、D、V、Z	3步
循环范围结束	NEXT	FNC09	无	1步

循环范围开始指令（FOR）和循环范围结束指令（NEXT）可循环嵌套5层。指令的循环次数N=1～32767。循环指令可利用CJ指令在循环没有结束时跳出循环。FOR指令应用在NEXT指令之前，NEXT指令应用在FEND和END指令之前，否则会发生错误。

图10-55为循环范围开始指令（FOR）和循环范围结束指令（NEXT）的应用示例。

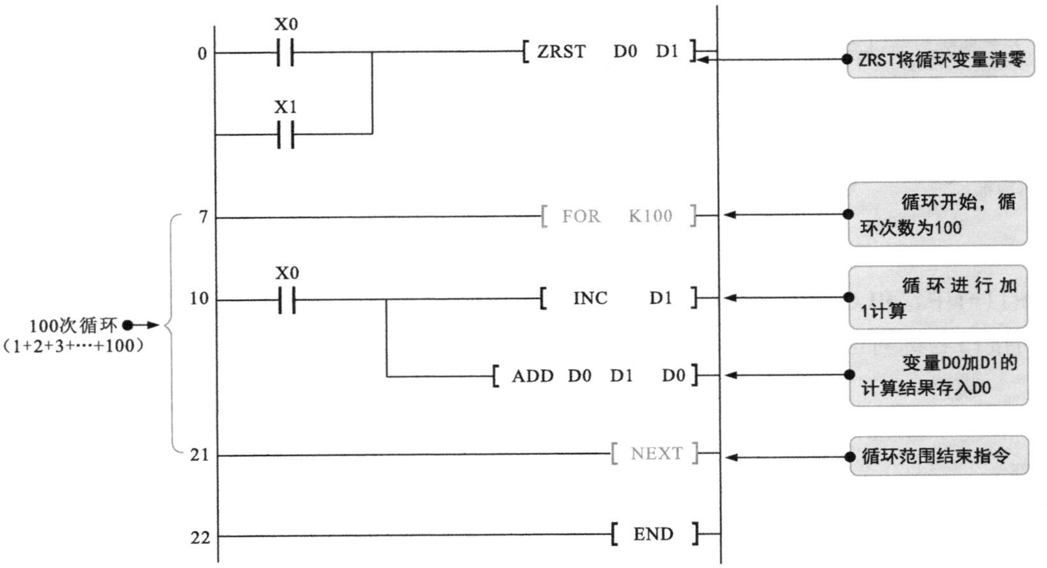

图10-55 循环范围开始指令（FOR）和循环范围结束指令（NEXT）的应用示例

第11章 三菱PLC控制应用

11.1 三菱PLC在电动机启/停控制电路中的应用

11.1.1 电动机启/停PLC控制电路的结构

图11-1为由三菱PLC控制的电动机启/停控制电路。该电路主要由三菱FX_{2N}-32MR PLC，输入设备SB1、SB2、FR，输出设备KM、HL1、HL2及电源总开关QF、三相交流电动机M等构成。

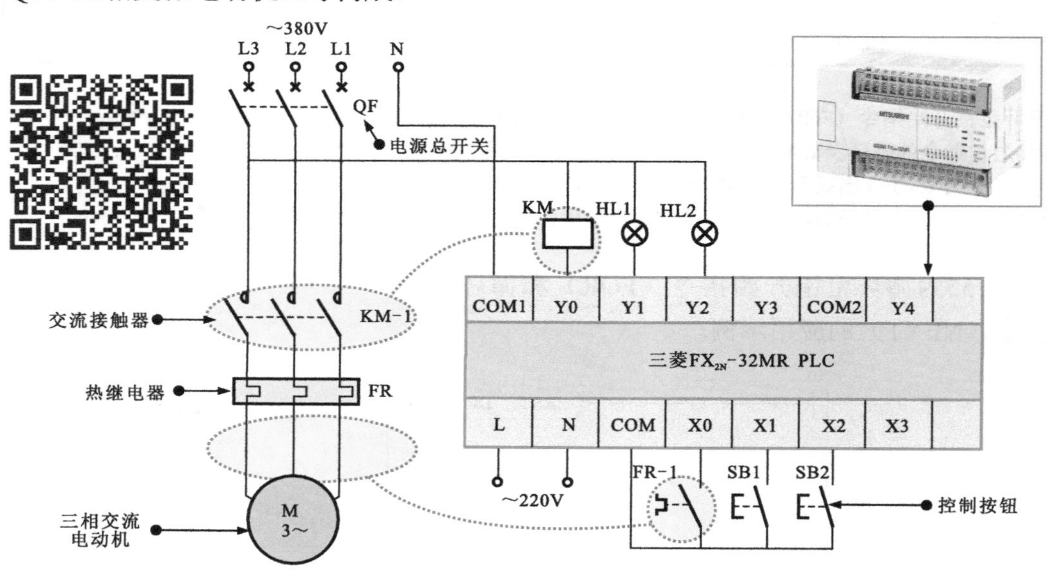

图11-1　由三菱PLC控制的电动机启/停控制电路

图11-1中，PLC控制部件和执行部件根据设计之初建立的I/O分配表连接分配，所连接的接口名称对应PLC程序的地址编号，见表11-1。

表11-1　由三菱FX_{2N}-32MR PLC控制的电动机启/停控制电路的I/O地址编号

输入部件及地址编号			输出部件及地址编号		
部件	代号	输入地址编号	部件	代号	输出地址编号
热继电器	FR	X0	交流接触器	KM	Y0
启动按钮	SB1	X1	运行指示灯	HL1	Y1
停止按钮	SB2	X2	停机指示灯	HL2	Y2

11.1.2 电动机启/停PLC控制电路的控制过程

由三菱PLC控制的电动机启/停控制电路的控制过程如图11-2所示。

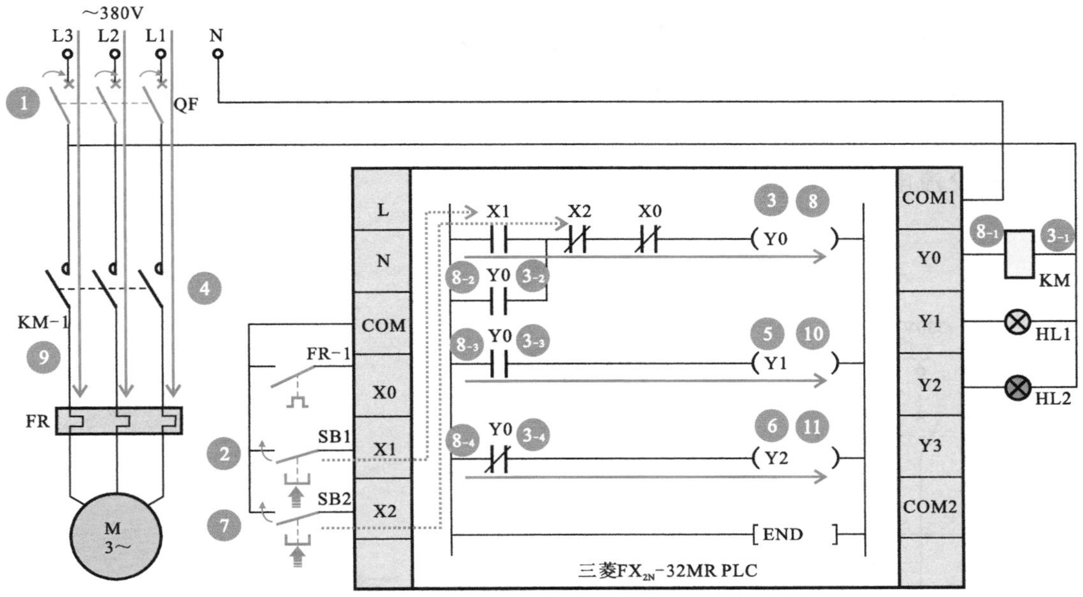

图11-2 由三菱PLC控制的电动机启/停控制电路的控制过程

图11-2电路分析

1 合上电源总开关QF，接通三相电源。

2 按下启动按钮SB1，触点闭合，常开触点X1置1，即常开触点X1闭合。

2 → 3 输出继电器Y0得电。

3-1 控制PLC外接交流接触器KM线圈得电。

3-2 自锁常开触点Y0（KM-2）闭合自锁。

3-3 控制输出继电器Y1的常开触点Y0（KM-3）闭合。

3-4 控制输出继电器Y2的常闭触点Y0（KM-4）断开。

3-1 → 4 主电路中的主触点KM-1闭合，接通三相交流电动机M的电源，三相交流电动机M启动运转。

3-3 → 5 输出继电器Y1得电，运行指示灯HL1点亮。

3-4 → 6 输出继电器Y2失电，停机指示灯HL2熄灭。

7 当需要停机时，按下停机按钮SB2，触点闭合，输入继电器常开触点X2置0，即常闭触点X2断开。

7 → 8 输出继电器Y0失电。

8-1 控制PLC外接交流接触器KM线圈失电。

8-2 自锁常开触点Y0（KM-2）复位断开，解除自锁。

8-3 控制输出继电器Y1的常开触点Y0（KM-3）复位断开。

8-4 控制输出继电器Y2的常闭触点Y0（KM-4）复位闭合。

8-1 → 9 主电路中的主触点KM-1复位断开，切断三相交流电动机M的电源，三相交流电动机M失电停转。

8-3 → 10 输出继电器Y1失电，运行指示灯HL1熄灭。

8-4 → 11 输出继电器Y2得电，停机指示灯HL2点亮。

11.2 三菱PLC在电动机反接制动控制电路中的应用

11.2.1 电动机反接制动PLC控制电路的结构

图11-3为由三菱PLC控制的电动机反接制动控制电路。该电路主要由三菱FX_{2N}-16MR PLC，输入设备SB1、SB2、KS-1、FR-1，输出设备KM1、KM2及电源总开关QF、三相交流电动机M等构成。

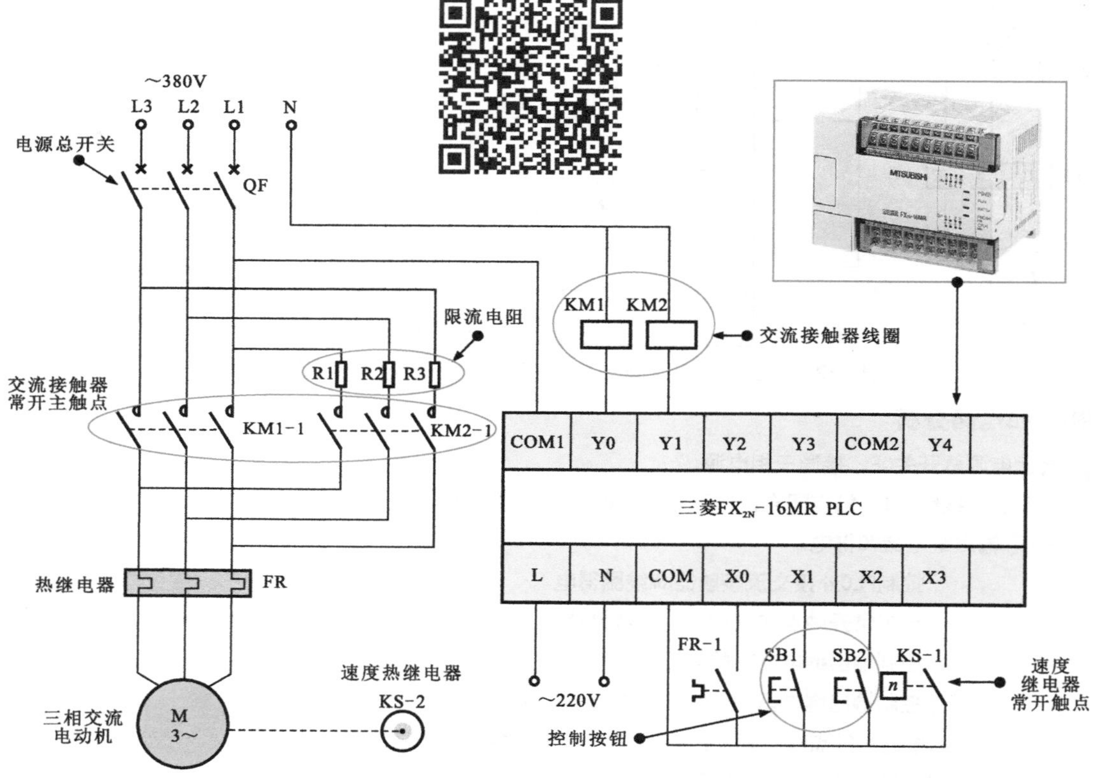

图11-3　由三菱PLC控制的电动机反接制动控制电路

图11-3中，PLC控制部件和执行部件根据设计之初建立的I/O分配表连接，所连接的接口名称对应PLC程序的地址编号，见表11-2所示。

表11-2　由三菱FX_{2N}-16MR PLC控制的电动机反接制动控制电路的I/O地址编号

输入部件及地址编号			输出部件及地址编号		
部件	代号	输入地址编号	部件	代号	输出地址编号
热继电器常闭触点	FR-1	X0	交流接触器	KM1	Y0
启动按钮	SB1	X1	交流接触器	KM2	Y1
停止按钮	SB2	X2			
速度继电器常开触点	KS-1	X3			

11.2.2 电动机反接制动PLC控制电路的控制过程

图11-4为由三菱PLC控制的电动机反接制动控制电路的控制过程。

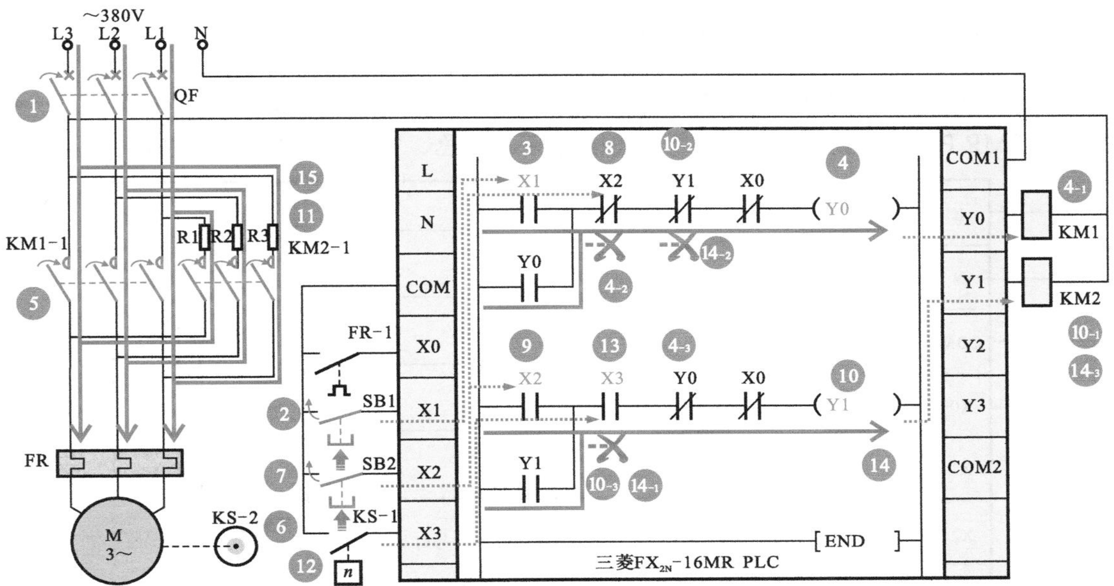

图11-4 由三菱PLC控制的电动机反接制动控制电路的控制过程

图11-4电路分析

1 闭合QF，接通三相电源。

2 按下启动按钮SB1，常开触点闭合。

3 将PLC内的X1置1，该触点接通。

4 输出继电器Y0得电。

4-1 控制PLC外接交流接触器线圈KM1得电。

4-2 自锁常开触点Y0闭合自锁，使松开的启动按钮仍保持接通。

4-3 常闭触点Y0断开，防止Y1得电，即防止接触器KM2线圈得电。

4-1 → 5 主电路中的常开主触点KM1-1闭合，接通三相交流电动机的电源，三相交流电动机启动运转。

4-1 → 6 速度继电器KS-2与三相交流电动机连轴同速运转，KS-1接通，PLC内部触点X3接通。

7 按下停止按钮SB2，常闭触点断开，控制PLC内输入继电器X2触点动作。

7 → 8 控制输出继电器Y0线圈的常闭触点X2断开，输出继电器Y0线圈失电，控制PLC外接交流接触器线圈KM1失电，带动主电路中主触点KM1-1复位断开，三相交流电动机断电惯性运转。

7 → 9 控制输出继电器Y1线圈的常开触点X2闭合。

10 输出继电器Y1线圈得电。

10-1 控制PLC外接KM2线圈得电。

10-2 自锁常开主触点Y1接通，实现自锁功能。

10-3 控制Y0线圈的常闭触点Y1断开，防止Y0得电，即防止接触器KM1线圈得电。

10-1 → 11 带动主电路中主触点KM2-1闭合，三相交流电动机串联限流电阻器R1～R3后反接制动。

12 由于制动作用使三相交流电动机转速减小到0时，速度继电器常开触点KS-1断开。

13 将PLC内输入继电器X3置0，即控制输出继电器Y1线圈的常开触点X3断开。

14 输出继电器Y1线圈失电。

14-1 常开触点Y1断开，解除自锁。

14-2 常闭触点Y1接通复位，为Y0下次得电做好准备。

14-3 PLC外接的交流接触器KM2线圈失电。

14-3 → 15 常开主触点KM2-1断开，三相交流电动机切断电源，制动结束，三相交流电动机停止运转。

11.3 三菱PLC在交通信号灯控制系统中的应用

11.3.1 交通信号灯PLC控制电路的结构

图11-5为由三菱PLC控制的交通信号灯控制电路。该电路主要是由启动开关、三菱FX_{2N}-32MR PLC、南北和东西两组交通信号灯（绿色、黄色、红色）等构成的。

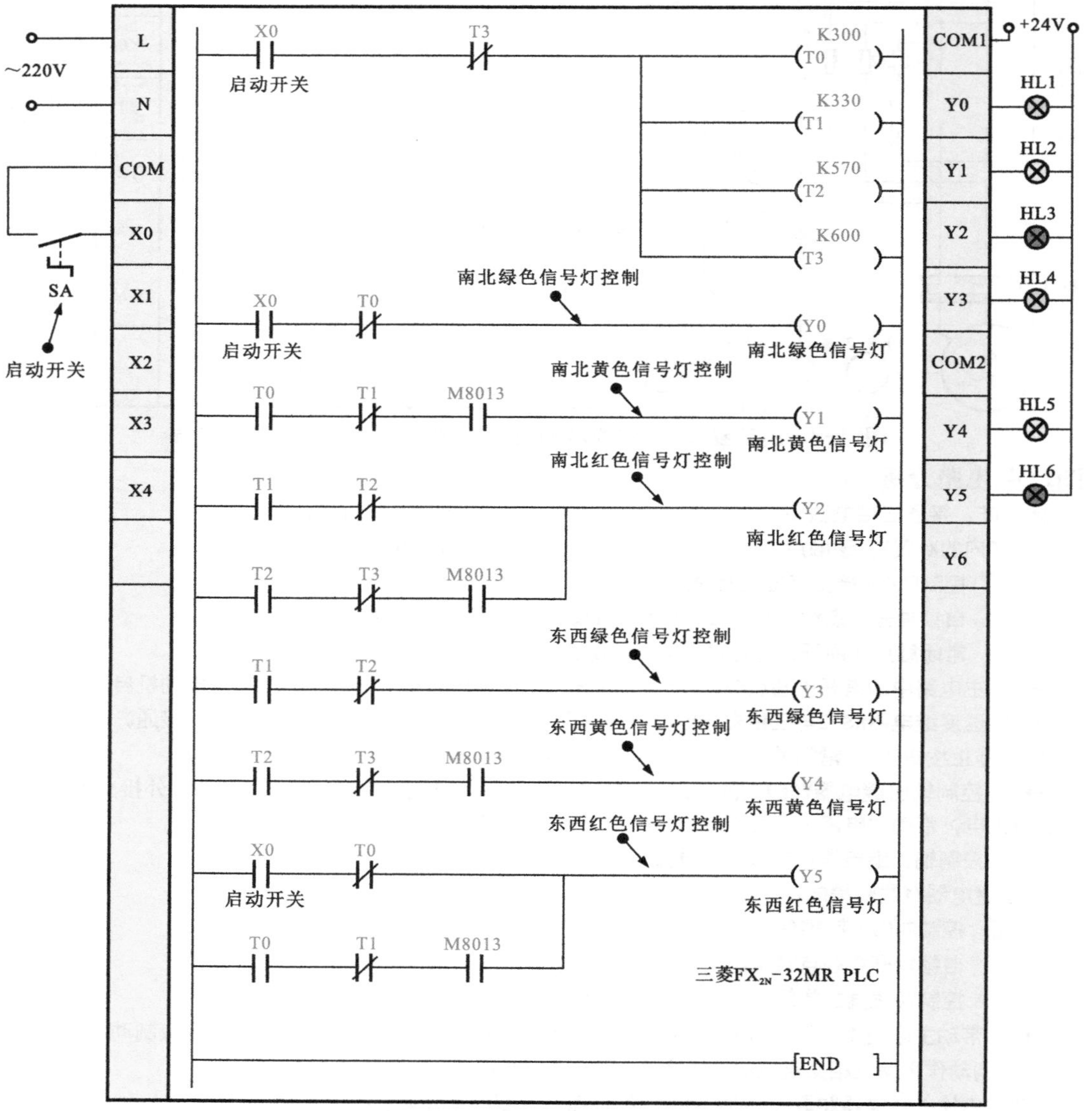

图11-5　由三菱PLC控制的交通信号灯控制电路

图11-5可实现的功能：当按下启动开关SA时，交通信号灯控制系统启动，南北绿色信号灯点亮，红色信号灯熄灭；东西绿色信号灯熄灭，红色信号灯点亮，南北方向车辆通行。

30s后，南北黄色信号灯和东西红色信号灯同时以5Hz频率闪烁3s后，南北黄色信号灯熄灭，红色信号灯点亮；东西绿色信号灯点亮，红色信号灯熄灭，东西方向车辆通行。

24s后，东西黄色信号灯和南北红色信号灯同时以5Hz频率闪烁3s后，又切换成南北车辆通行。如此往复，南北和东西的信号灯以60s为周期循环，控制车辆通行。

表11-3为由三菱PLC控制的交通信号灯控制电路的I/O地址编号。

表11-3 由三菱PLC控制的交通信号灯控制电路的I/O地址编号

输入部件及地址编号			输出部件及地址编号		
部件	代号	输入地址编号	部件	代号	输出地址编号
启动开关	SA	X0	南北绿色信号灯	HL1	Y0
			南北黄色信号灯	HL2	Y1
			南北红色信号灯	HL3	Y2
			东西绿色信号灯	HL4	Y3
			东西黄色信号灯	HL5	Y4
			东西红色信号灯	HL6	Y5

图11-6为由三菱PLC控制的交通信号灯控制电路的时序关系。

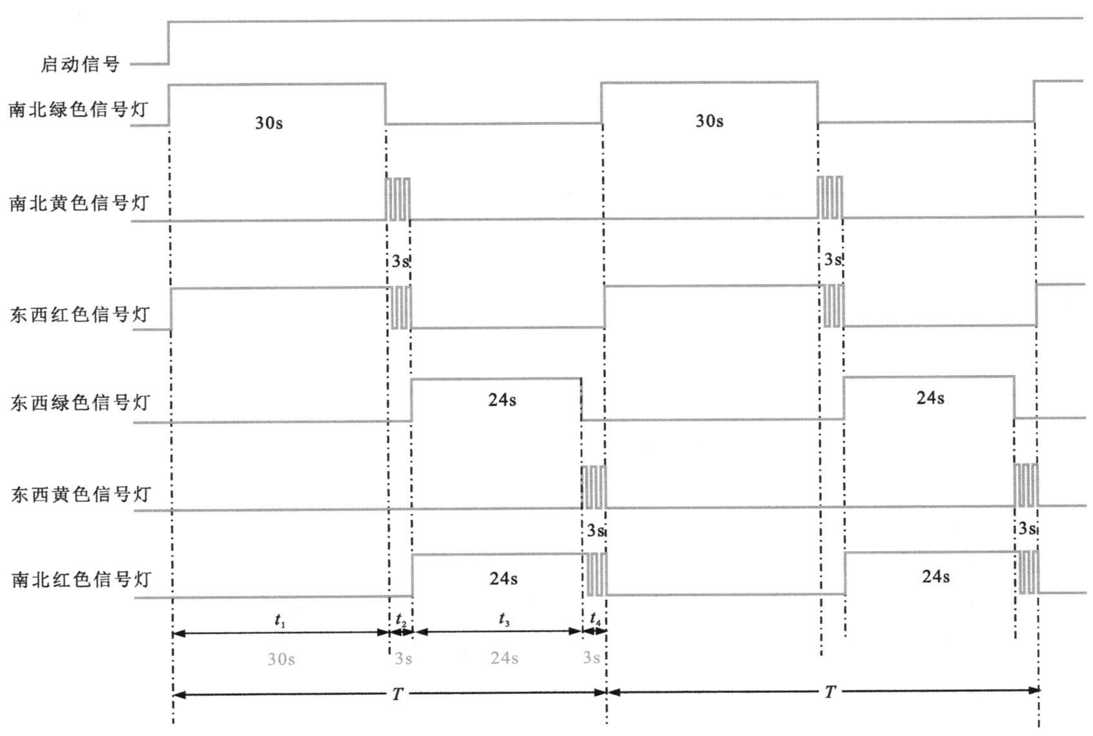

图11-6 由三菱PLC控制的交通信号灯控制电路的时序关系

11.3.2 交通信号灯PLC控制电路的控制过程

由三菱PLC控制的交通信号灯控制电路的控制过程如图11-7所示。

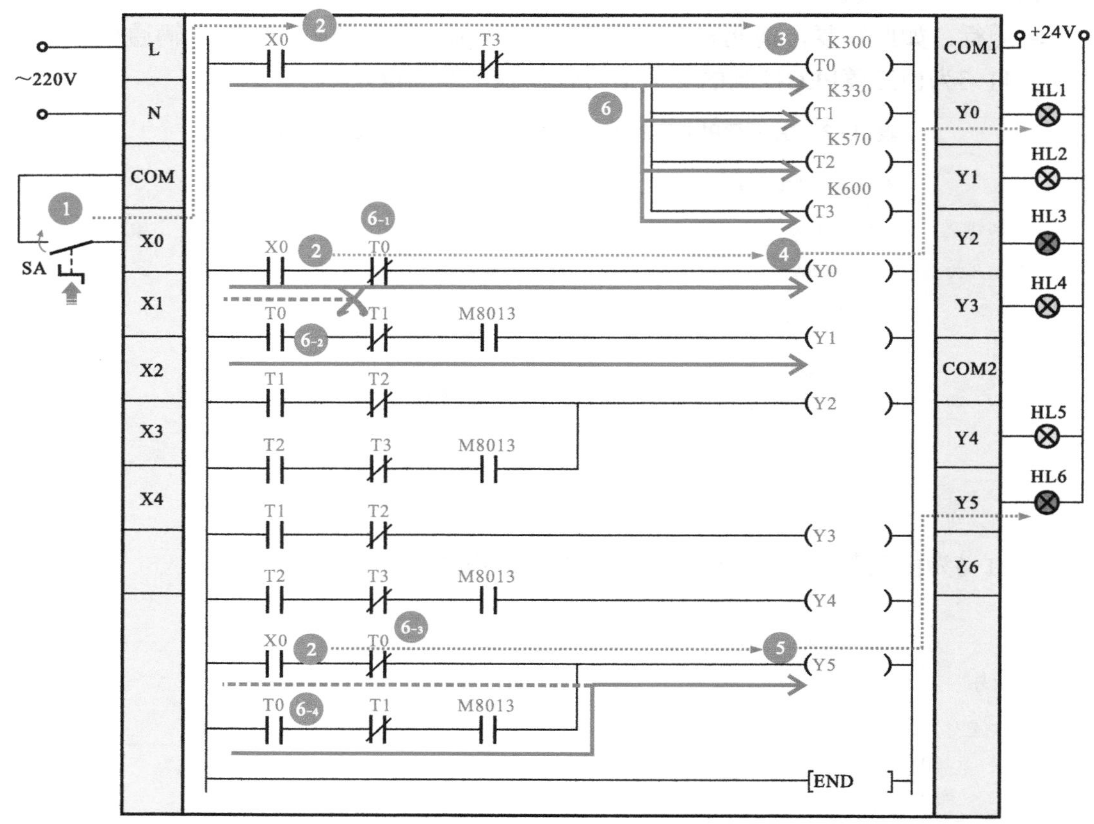

图11-7　由三菱PLC控制的交通信号灯控制电路的控制过程

图11-7电路分析

① 将启动开关SA转换到启动位置，即常开触点闭合。

② 经PLC接口向内部送入启动信号，输入继电器X0的常开触点闭合。

② → ③ 四个定时器T0、T1、T2、T3的线圈均得电开始计时。

② → ④ 控制输出继电器Y0的线圈得电，南北绿色信号灯HL1点亮。

② → ⑤ 控制输出继电器Y5的线圈得电，东西红色信号灯HL6同时点亮。

此时，南北方向车辆通行。

⑥ 当南北绿色信号灯点亮30s后，T0计时时间到， 常开触点闭合，常闭触点断开。

⑥-1 控制输出继电器Y0的线圈的常闭触点T0断开，南北绿色信号灯HL1熄灭。

⑥-2 控制输出继电器Y1的线圈的常开触点T0闭合，南北黄色信号灯HL2以5Hz频率闪烁。

⑥-3 控制输出继电器Y5的线圈的常闭触点T0断开。

⑥-4 控制输出继电器Y5的线圈的常开触点T0闭合，东西红色信号灯HL6由点亮变为以5Hz频率闪烁。

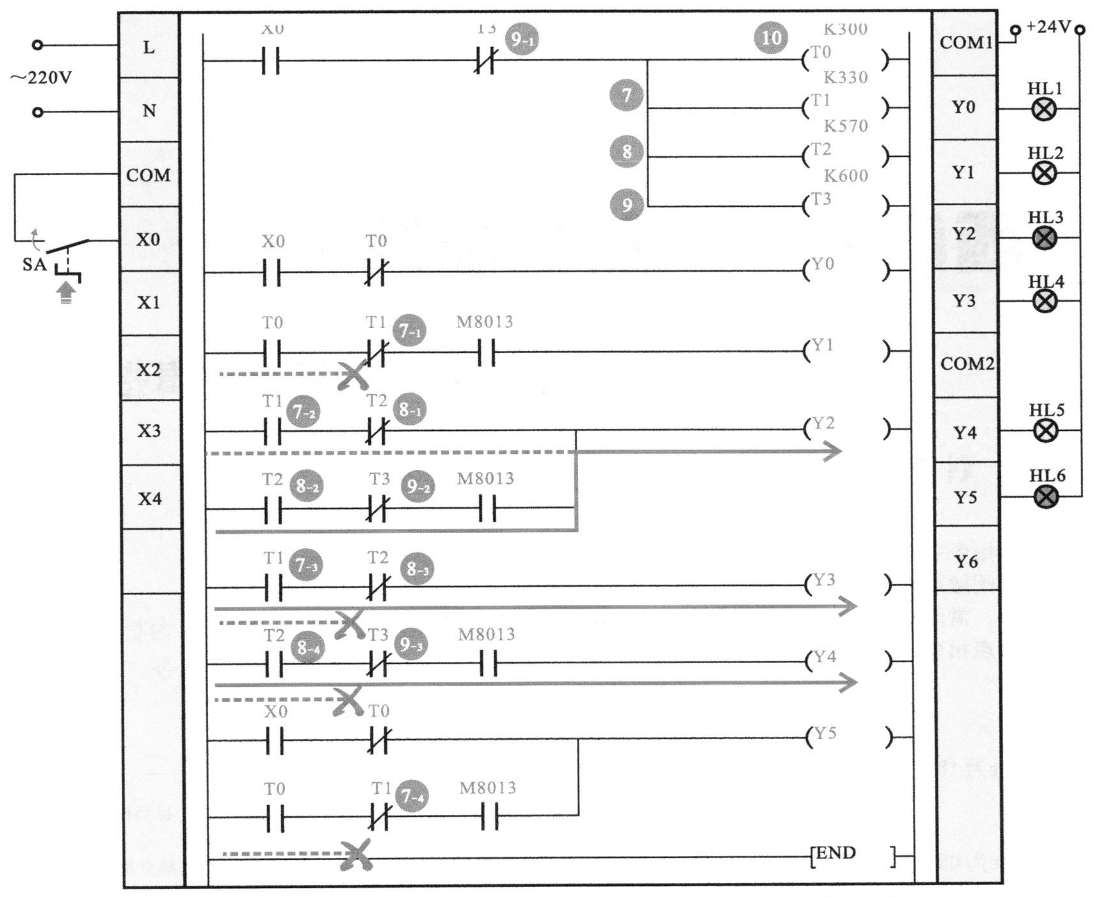

图11-7 由三菱PLC控制的交通信号灯控制电路的控制过程（续）

图11-7电路分析

7 经过3s后，定时器T1计时时间到，常开触点闭合，常闭触点断开。

- 7-1 控制输出继电器Y1的线圈的常闭触点T1断开，南北黄色信号灯HL2熄灭。
- 7-2 控制输出继电器Y2的线圈的常开触点T1闭合，南北红色信号灯HL3点亮。
- 7-3 控制输出继电器Y3的线圈的常开触点T1闭合，东西绿色信号灯点亮。
- 7-4 控制输出继电器Y5的线圈的常闭触点T1断开，东西红色信号灯HL6熄灭。

此时，东西方向车辆通行。

8 经过24s后，定时器T2计时时间到，常开触点闭合，常闭触点断开。

- 8-1 控制输出继电器Y2的线圈的常闭触点T2断开。
- 8-2 控制输出继电器Y2的线圈的常开触点T2闭合，南北红色信号灯HL3开始闪烁。
- 8-3 控制输出继电器Y3的线圈的常闭触点T2断开，东西绿色信号灯熄灭。
- 8-4 控制输出继电器Y4的线圈的常开触点T2闭合，东西黄色信号灯开始闪烁。

9 经过3s后，定时器T3计时时间到，常开触点闭合，常闭触点断开。

- 9-1 控制四个定时器复位的常闭触点T3断开。
- 9-2 控制输出继电器Y2的线圈的常闭触点T3断开，南北红色信号灯熄灭。
- 9-3 控制输出继电器Y4的线圈的常闭触点T3断开，东西黄色信号灯熄灭。

9-1 → 10 所有定时器复位并重新开始定时，一个新的循环周期开始。

第12章 西门子PLC的控制指令

12.1 西门子PLC的基本逻辑指令

12.1.1 触点指令

划重点

触点指令主要包括常开触点指令、常闭触点指令、常开立即触点指令、常闭立即触点指令、上升沿触点指令、下降沿触点指令等。

1 常开触点指令和常闭触点指令

常开触点指令和常闭触点指令被称为标准输入指令。图12-1为常开触点指令和常闭触点指令。

（a）常开触点指令 （b）常闭触点指令

图12-1 常开触点指令和常闭触点指令

1 位bit为1时，常开触点闭合。

2 位bit为0时，常闭触点闭合。

在梯形图中，常开触点和常闭触点通过符号表示。当常开触点位置1（图中bit位为1）时，常开触点闭合；当常闭触点位置0（图中bit位为0）时，常闭触点闭合。

2 常开立即触点指令和常闭立即触点指令

立即指令的功能是读取物理输入值，不更新过程映像寄存器。立即触点不会等待PLC扫描周期进行更新，而是立即更新。图12-2为常开立即触点指令和常闭立即触点指令。

（a）常开立即触点指令 （b）常闭立即触点指令

图12-2 常开立即触点指令和常闭立即触点指令

1 物理输入点（位）状态为1时，常开立即触点闭合（接通）。

2 物理输入点（位）状态为0时，常闭立即触点闭合（接通）。

常开立即触点通过LDI（立即装载）、AI（立即与）和 OI（立即或）指令表示，使用逻辑堆栈顶部的值对物理输入值执行装载、“与”运算、“或”运算。

常闭立即触点通过LDNI（取反后立即装载）、ANI（取反后立即与）和ONI（取反后立即或）指令表示，使用逻辑堆栈顶部的值对物理输入值的逻辑非运算值执行立即装载、“与”运算、“或”运算。

12.1.2 线圈指令

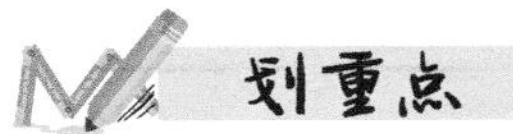

线圈指令也称输出指令，用于将输出位的新值写入过程映像寄存器。图12-3为线圈指令。

（a）线圈指令梯形图符号　（b）线圈指令语句表符号

图12-3　线圈指令

当有能流时，??.?线圈得电；能流消失后，??.?线圈失电。

??.?为输出继电器标识，常见如Q0.0、Q0.1、Q0.2等。

图12-4为线圈指令的应用示例。

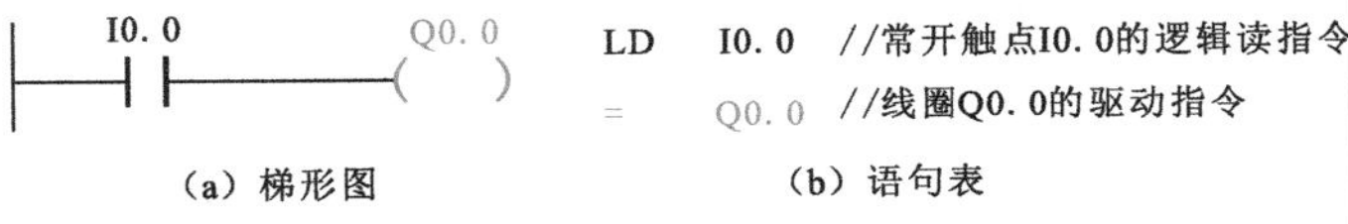

（a）梯形图　（b）语句表

图12-4　线圈指令的应用示例

当I0.0置1时，常开触点动作，即I0.0闭合，Q0.0得电输出；当I0.0置0时，常开触点复位，即I0.0断开，Q0.0失电无输出。

 西门子PLC的定时器指令

定时器是一种根据设定时间动作的继电器，相当于继电器控制系统中的时间继电器。定时器定时时间T = PT × S（T为定时时间，PT为预设值，S为分辨率等级）。预设值PT根据编程需要输入设定值数值；分辨率等级一般有1ms、10ms和100ms三种，由定时器类型和编号决定。

表12-1为西门子S7-200系列PLC中定时器所对应的分辨率等级及最大值。

西门子S7-200系列PLC中的定时器指令主要有三种，即TON（接通延时定时器指令）、TONR（记忆接通延时定时器指令）和TOF（断开延时定时器指令）。

表12-1　西门子S7-200系列PLC中定时器所对应的分辨率等级及最大值

定时器	编号	分辨率等级/ms	最大值/s
接通延迟定时器（TON） 断开延时定时器（TOF）	T32、T96	1	32.767
	T33～T36，T97～T100	10	327.67
	T37～T63，T101～T255	100	3277.7
记忆接通延时定时器（TONR）	T0，T64	1	32.767
	T1～T4，T65～T68	10	327.67
	T5～T31，T69～T95	100	3277.7

12.2.1 接通延时定时器指令

接通延时定时器指令TON的主要功能是定时器得电后，延时一段时间（由设定值决定），其所对应的常开触点或常闭触点才执行闭合或断开动作；当定时器失电后，触点立即复位。

图12-5为接通延时定时器指令的应用示例。

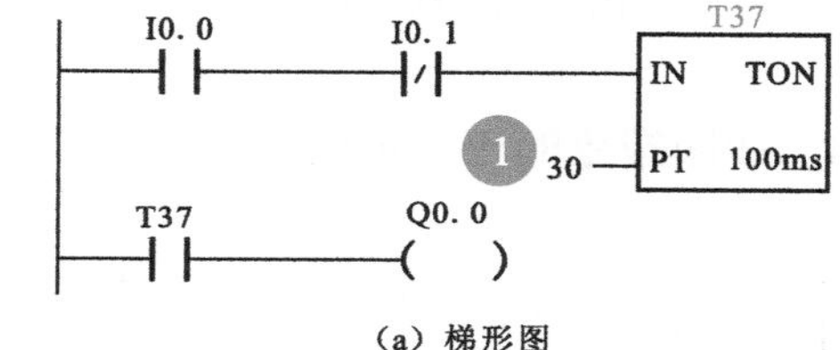

（a）梯形图

②
```
LD     I0. 0       //常开触点I0. 0的逻辑读指令
AN     I0. 1       // 常闭触点I0. 1的串联指令
TON    T37, 30     // 接通延时定时器指令
LD     T37         //常开触点T37的逻辑读指令
=      Q0. 0       //线圈Q0. 0的输出指令
```

（b）语句表

图12-5　接通延时定时器指令的应用示例

图12-6为接通延时定时器指令TON的时序图。

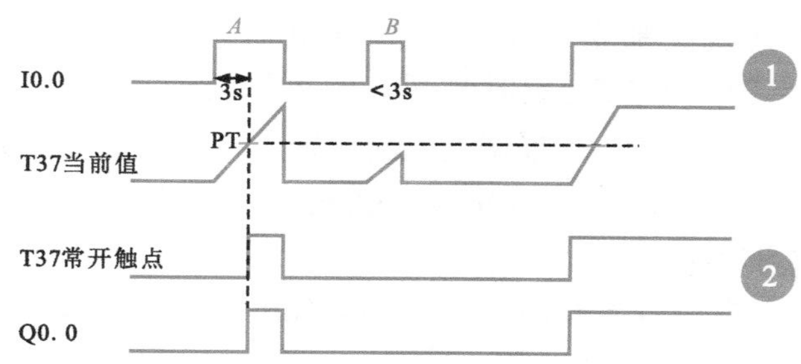

图12-6　接通延时定时器指令TON的时序图

① 定时器编号为T37，预设值PT为30，定时分辨率为100ms，可以计算定时时间为30×100ms=3000ms=3s。

② 当常开触点I0.0闭合后，定时器T37得电，开始定时，定时时间到设定值30（延时3s后）时，常开触点T37闭合，Q0.0线圈得电输出。此时定时器仍继续计时，直到最大值。

当I0.0断开时，计时器T37复位，当前值清零，常开触点T37复位断开，线圈Q0.0失电无输出。

若I0.0闭合的时间未到达设定值就断开，则定时器T37也清零复位，线圈Q0.0不会得电输出。

① *A*点：当I0.0的闭合时间大于3s时，T37闭合，Q0.0得电输出。

② *B*点：当I0.0断开，再次闭合时间不足3s时，定时器未到达设定值PT，T37不动作，Q0.0未得电，无输出。

12.2.2 记忆接通延时定时器指令

图12-7为记忆接通延时定时器指令的应用示例。

```
LD      I0.0       //常开触点I0.0的逻辑读指令
AN      I0.1       // 常闭触点I0.1的串联指令
TONR    T3，120    // 记忆接通延时定时器指令
LD      T3         //常开触点T3的逻辑读指令
=       Q0.0       //线圈Q0.0的输出指令

LD      I0.2       //常开触点I0.2的逻辑读指令
R       T3，1      //定制器T3的复位指令
```

（a）语句表

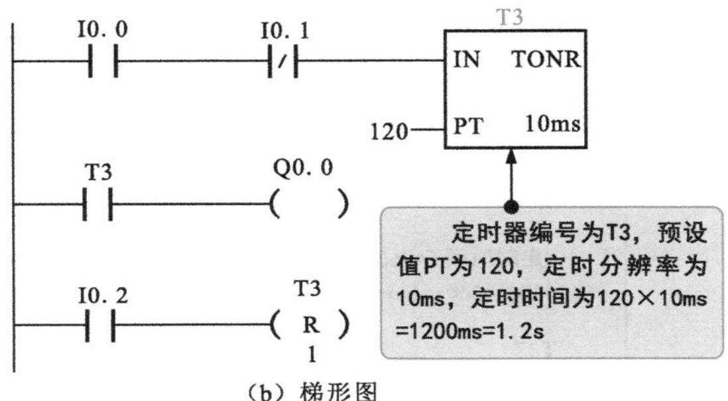

（b）梯形图

图12-7 记忆接通延时定时器指令的应用示例

记忆接通延时定时器指令（TONR）在定时时间内未达到预设值前，断电后，可保留当前值，当再次得电后，从当前值的基础上继续定时，并可多间隔累加定时，当达到预设值时，其触点相应动作（常开触点闭合，常闭触点断开）。

当常开触点I0.0闭合后，定时器T3得电开始定时。若未达到设定值120，I0.0断开，则定时器会保留当前值，直到I0.0再次闭合，定时器在当前值的基础上开始累计定时，当定时到设定值120（延时1.2s后）时，常开触点T3闭合，Q0.0线圈得电输出。

当定时器T3得电后，即使I0.0断开，T3也不会复位。

当I0.2闭合时，向定时器T3发送复位指令，此时定时器T3才可复位清零，同时，常开触点T3复位断开，Q0.0失电。

12.2.3 断开延时定时器指令

断开延时定时器指令（TOF）的主要功能是在得电后，其常开触点或常闭触点立即执行闭合或断开动作；失电后，需延时一段时间（由设定值决定），对应的常开触点或常闭触点才执行复位动作。

图12-8为断开延时定时器指令。

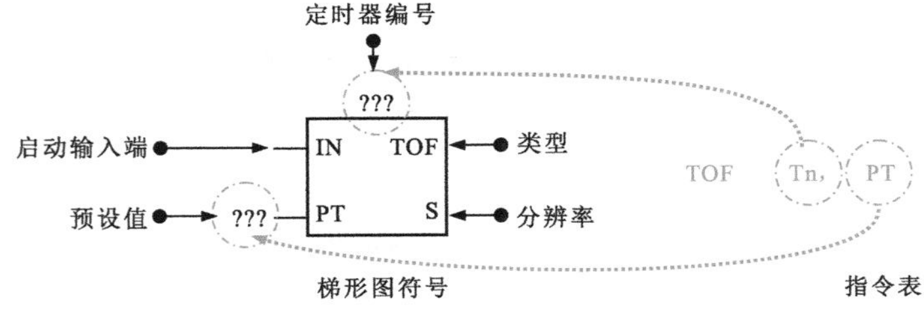

图12-8 断开延时定时器指令

当输入端（IN）接通时，断开延时定时器（TOF）立即得电，其常开触点闭合，常闭触点断开，对电路进行控制。

当输入端（IN）断开时，断开延时定时器开始计时，当定时时间达到设定值时，相应的触点复位，起到断电延时的作用。

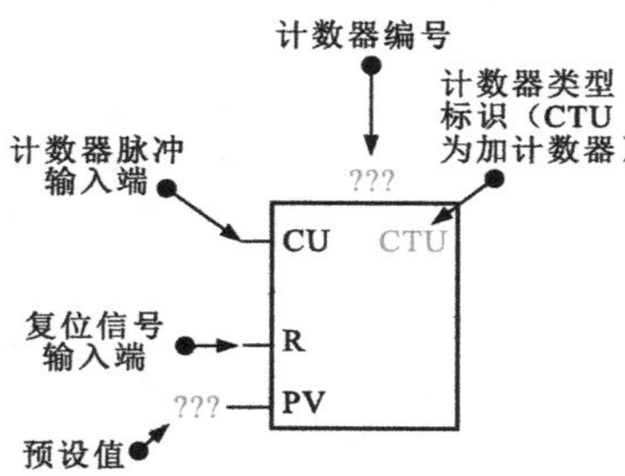

加计数器指令框

在初始状态下，输出继电器Q0.0的常闭触点闭合，即计数器复位端为1，计数器不工作；当PLC外部输入开关信号使输入继电器I0.0闭合后，输出继电器Q0.0的线圈得电，常闭触点Q0.0断开，计数器复位端信号为0，计数器开始工作；同时输出继电器Q0.0的常开触点闭合，定时器T37得电。

在定时器T37控制下，其常开触点T37每6min闭合一次，即每6min向计数器C1脉冲输入端输入一个脉冲信号，计数器当前值加1，当计数器当前值等于80（历时时间为8小时）时，计数器触点动作，即控制输出继电器Q0.0的常闭触点在接通8小时后自动断开。

12.3 西门子PLC的计数器指令

12.3.1 加计数器指令

加计数器指令（CTU）的主要功能是指在计数过程中，当计数端输入一个脉冲时，当前值加1，当脉冲数累加到大于或等于计数器的预设值时，计数器的相应触点动作（常开触点闭合，常闭触点断开）。

图12-9为加计数器指令应用示例。

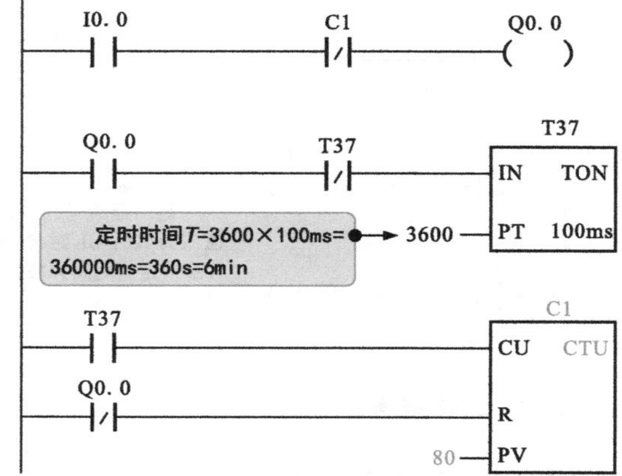

（a）梯形图

```
LD     I0.0          //常开触点I0.0的逻辑读指令
AN     C1            //常闭触点C1的串联指令
=      Q0.0          //线圈Q0.0的输出指令

LD     Q0.0          //常开触点Q0.0的逻辑读指令
AN     T37           //常闭触点T37的串联指令
TON    T37，3600     //通电延时定时器指令

LD     T37           //常开触点T37的逻辑读指令
LDI    Q0.0          //常闭触点Q0.0的逻辑读反指令
CTU    C1，80        //加计数器指令
```

（b）语句表

图12-9　加计数器指令应用示例

与定时器相似，计数器的累加脉冲数一般也用16位有符号整数来表示，最大计数值为32767，最小计数值为-32767，加计数器在进行脉冲累加过程中，当累加数与预设值相等时，计数器的相应触点动作，这时若再送入脉冲，计数器的当前值仍不断累加，直到32767，停止计数，复位端R再次变为1，计数器被复位。

12.3.2 减计数器指令

减计数器指令（CTD）的主要功能是在计数过程中，将预设值装入计数器当前值寄存器，当计数端输入一个脉冲时，当前值减1，当计数器的当前值等于0时，计数器相应触点动作（常开触点闭合、常闭触点断开），停止计数。

图12-10为减计数器指令的应用示例。

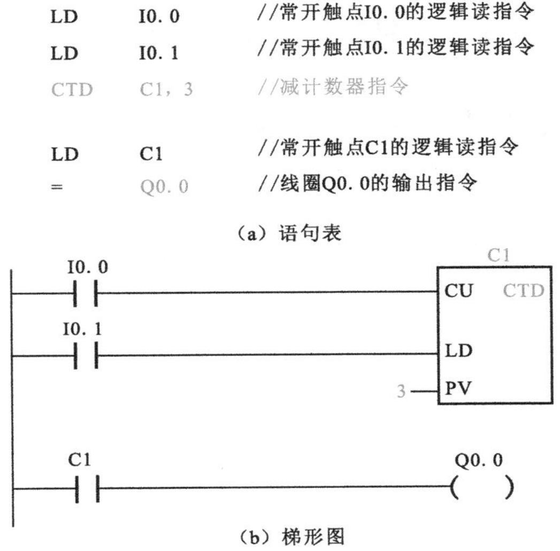

```
LD    I0.0     //常开触点I0.0的逻辑读指令
LD    I0.1     //常开触点I0.1的逻辑读指令
CTD   C1，3    //减计数器指令

LD    C1       //常开触点C1的逻辑读指令
=     Q0.0     //线圈Q0.0的输出指令
```

（a）语句表

（b）梯形图

图12-10　减计数器指令的应用示例

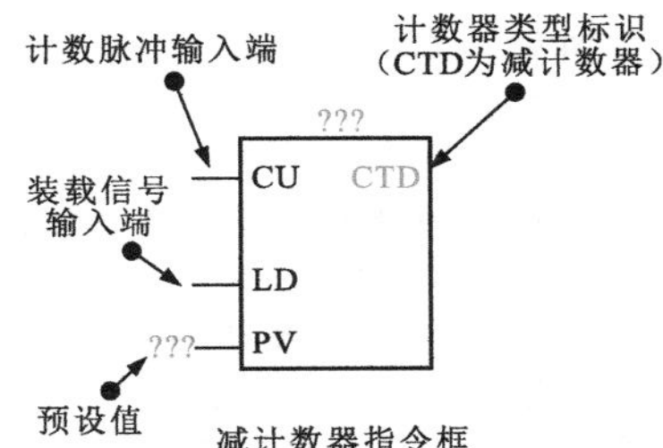

图12-10程序中，由输入继电器常开触点I0.1控制计数器C1的装载信号输入端。

输入继电器常开触点I0.0控制计数器C1的脉冲信号，I0.1闭合，将计数器的预设值3装载到当前值寄存器中，此时计数器当前值为3，I0.0闭合一次，计数器脉冲信号输入端输入一个脉冲，计数器当前值减1，当计数器当前值减为0时，计数器常开触点C1闭合，控制输出继电器Q0.0的线圈得电。

12.3.3 加/减计数器指令

加/减计数器（CTUD）有两个脉冲信号输入端，在计数过程中，可进行计数加1，也可进行计数减1。

图12-11为加/减计数器指令的应用示例。

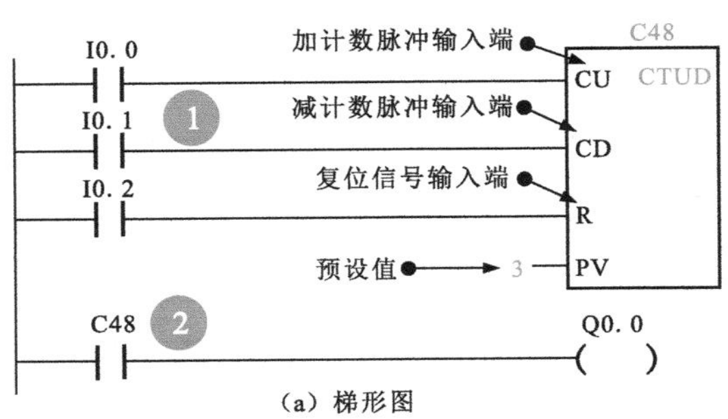

（a）梯形图

图12-11　加/减计数器指令的应用示例

① I0.0控制向上计数。I0.1控制向下计数。I0.2为复位端，重设当前值。

② 当计数器C48向上计数达到4或大于4时，计数器动作，常开触点C48闭合；当计数器C48向下计数且小于4时，计数器动作，常开触点C48闭合。

加/减计数器在计数过程中，当当前值大于或等于设定值PV时，计数器动作，若加计数器的脉冲输入端再输入脉冲，则加计数器的当前值仍不断累加，直到达到最大值32767后，下一个CU脉冲将使计数器的当前值跳变为最小值-32767并停止计数。

同样，当计数器进行减1操作，当前值小于设定值PV时，计数器动作，减计数器脉冲输入端再输入脉冲时，当前值仍不断递减，直到达到最大值-32767后，下一个CD脉冲将使计数器当前值跳变为最大值32767并停止计数。

```
LD      I0.0      //常开触点I0.0的逻辑读指令
LD      I0.1      //常开触点I0.1的逻辑读指令
LD      I0.2      //常开触点I0.2的逻辑读指令
CTUD    C48, 3    //加/减计数器指令

LD      C48       //常开触点C48的逻辑读指令
=       Q0.0      //线圈Q0.0的输出指令
```

（b）语句表

图12-11　加/减计数器指令的应用示例（续）

12.4 西门子PLC的比较指令

12.4.1 数值比较指令

数值比较指令用于比较两个相同数据类型的有符号数或无符号数（两个操作数）。若比较条件满足，则触点闭合；若比较条件不满足，则触点断开。

图12-12为数值比较指令。

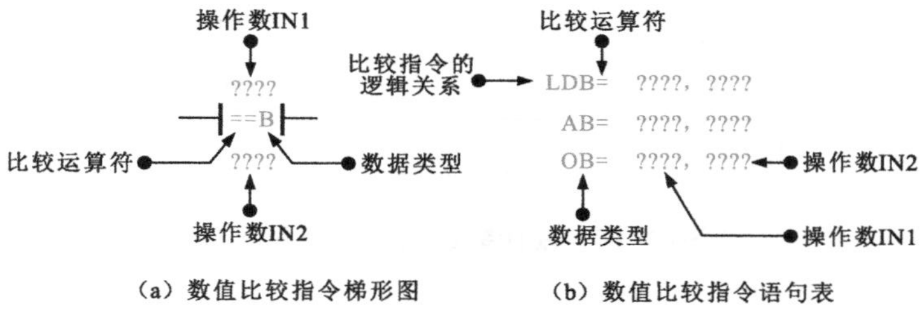

（a）数值比较指令梯形图　（b）数值比较指令语句表

图12-12　数值比较指令

数值比较指令的逻辑关系有LD、A、O。其中，LD表示该指令直接与左母线连接，逻辑读该数值比较指令；A表示该指令与其他触点串联；O表示该比较指令与其他触点并联。

数值比较运算符有=（等于）、>=（大于等于）、<=（小于等于）、>（大于）、<（小于）和<>（不等于）。用于比较的数据类型有字节B（无符号数）、整数I（有符号数）、双字整数D（有符号数）和实数R（有符号数）四种。

数值比较指令中的有效操作数见表12-2。

表12-2　数值比较指令中的有效操作数

类型	说明	操作数
BYTE	字节（无符号数）	IB、QB、VB、MB、SMB、SB、LB、AC、*VD、*LD、*AC、常数
INT	整数（16#8000～16#7FFF）	IW、QW、VW、MW、SMW、SW、LW、T、C、AC、AIW、*VD、*LD、*AC、常数
DINT	双字整数（16#80000000～16#7FFFFFFF）	ID、QD、VD、MD、SMD、SD、LD、AC、HC、*VD、*LD、*AC、常数
REAL	负实数（-1.175495e-38～-3.402823e+38） 正实数（+1.175495e-38～+3.402823e+38）	ID、QD、VD、MD、SMD、SD、LD、AC、*VD、*LD、*AC、常数

图12-13为数值比较指令的应用示例。

```
LDB=     MB0，6          //字节比较指令的逻辑读指令
=        Q0. 0           //线圈Q0. 0的输出指令
  程序含义：当内部标志位寄存器MB0中的数据与常数6相等时，触
           点闭合，线圈Q0. 0得电输出。

LDB<>    MB1，5          //字节比较指令的逻辑读指令
=        Q0. 1           //线圈Q0. 1的输出指令
  程序含义：当内部标志位寄存器MB1中的数据与常数5不相等时，
           触点闭合，线圈Q0. 1得电输出。

LDW>=    C10，+15        //整数比较指令的逻辑读指令
=        Q0. 2           //线圈Q0. 2的输出指令
  程序含义：当计数器C10中的当前值大于或等于15时，触点闭合，
           线圈Q0. 2得电输出。

LD       I0. 0           //常开触点I0. 0的逻辑读指令
AD<      VD100，4000     //双字整数比较指令与I0. 0串联
=        Q0. 3           //线圈Q0. 3的输出指令
  程序含义：当I0. 0闭合，且VD100中的当前值小于常数4000时，触
           点闭合，线圈Q0. 3得电输出。

LD       I0. 1           //常开触点I0. 1的逻辑读指令
OR<=     LD20，36. 8     //实数比较指令与I0. 1并联
=        Q0. 4           //线圈Q0. 4的输出指令
  程序含义：当I0. 1闭合，或LD20中的当前值小于或等于常数36. 8
           时，触点闭合，线圈Q0. 4得电输出。

LDB>     IB10，8         //字节比较指令的逻辑读指令
AW<      VW1，VW2        //整数比较指令与字节比较指令串联
=        Q0. 5           //线圈Q0. 5的输出指令
  程序含义：当IB10中的当前值大于常数8，且VW1中的当前值小于
           VW2中的当前值时，触点闭合，线圈Q0. 4得电输出。

LD       I0. 2           //常开触点I0. 2的逻辑读指令
LPS                      //逻辑入栈指令
AB<=     SWB12，20       //字节比较指令与常开触点I0. 2串联
=        Q0. 6           //线圈Q0. 6的输出指令
LPP                      //逻辑出栈指令
AB>=     SWB12，120      //字节比较指令与常开触点I0. 2串联
=        Q0. 7           //线圈Q0. 7的输出指令
  程序含义：当I0. 2闭合时，若SMB12中的当前值小于或等于20，则
           Q0. 6得电输出；若SMB12中的当前值大于或等于120，
           则Q0. 7得电输出。
```

（a）语句表

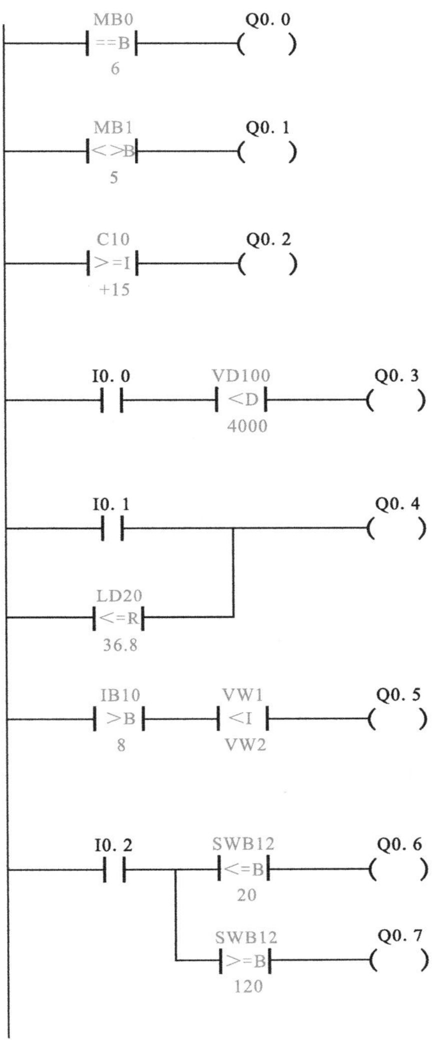

（b）梯形图

图12-13 数值比较指令的应用示例

12.4.2 字符串比较指令

字符串比较指令中的有效操作数见表12-3。

表12-3 字符串比较指令中的有效操作数

输入	数据类型	操作数
IN1	STRING（字符串）	VB、LB、*VD、*LD、*AC、常数
IN2	STRING（字符串）	VB、LB、*VD、*LD、*AC

字符串比较指令是用于比较两个ASCII字符串的指令。

字符串指令运算符包括=（相等）和<>（不相等）两种。当比较结果为真时，触点（梯形图）或输出（功能块图）接通。图12-14为字符串比较指令。

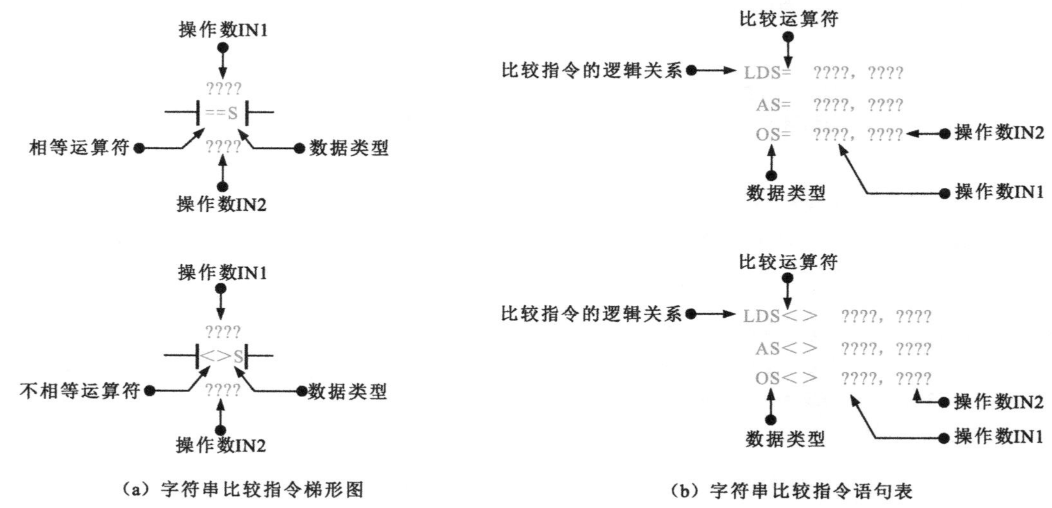

（a）字符串比较指令梯形图　　（b）字符串比较指令语句表

图12-14　字符串比较指令

图12-15为字符串比较指令的应用示例。

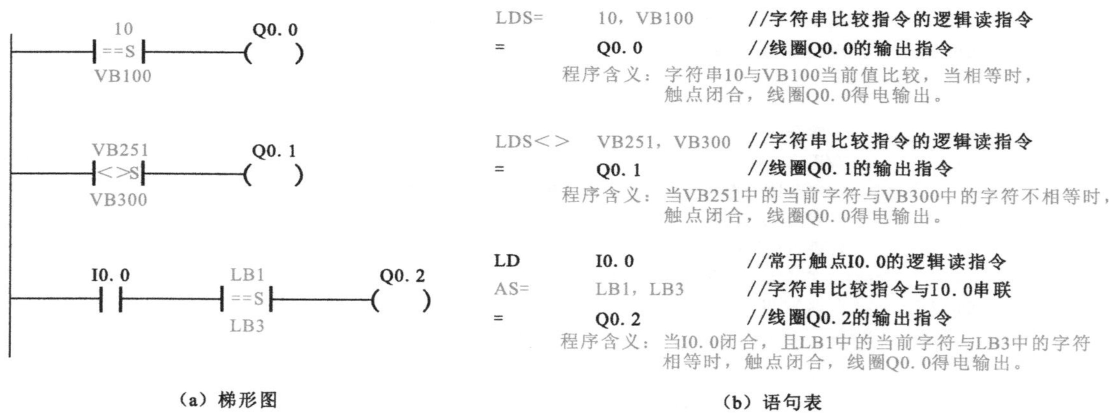

（a）梯形图　　（b）语句表

图12-15　字符串比较指令的应用示例

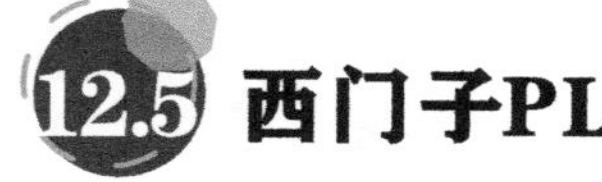

12.5 西门子PLC的运算指令

12.5.1 加法指令

加法指令是对两个有符号数相加的指令。根据数据类型不同，加法指令分为整数加法指令（ADD_I）、双精度整数加法指令（ADD_DI）和实数加法指令（ADD_R），如图12-16所示。

整数加法指令主要用于将两个（IN1、IN2）16位带符号的整数相加，并将相加后得到的16位带符号整数存储到输出端（OUT）指定的存储单元

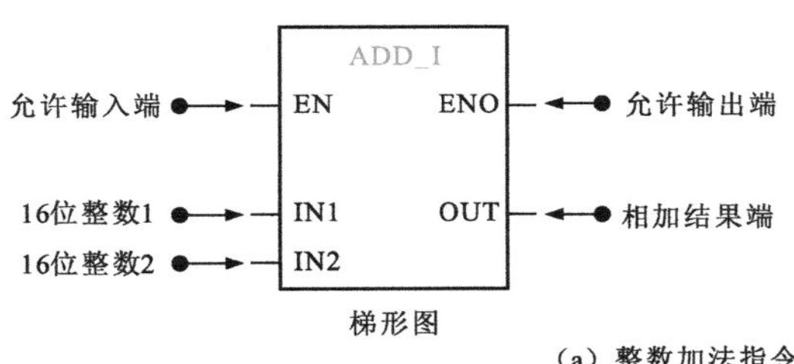

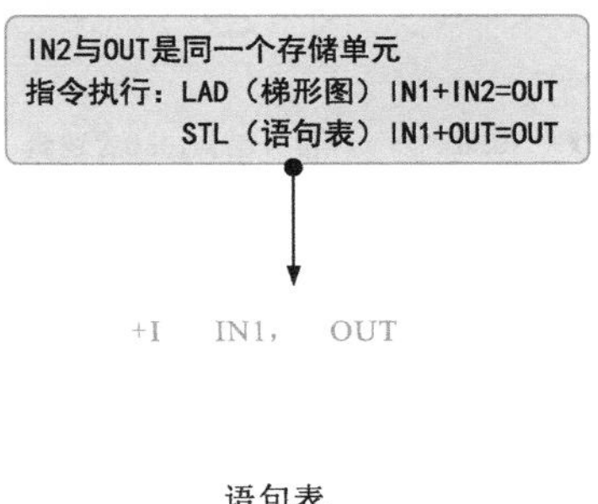

（a）整数加法指令

双精度整数加法指令主要用于将两个（IN1、IN2）32位带符号的整数相加，并将相加后得到的32位带符号整数存储到输出端（OUT）指定的存储单元

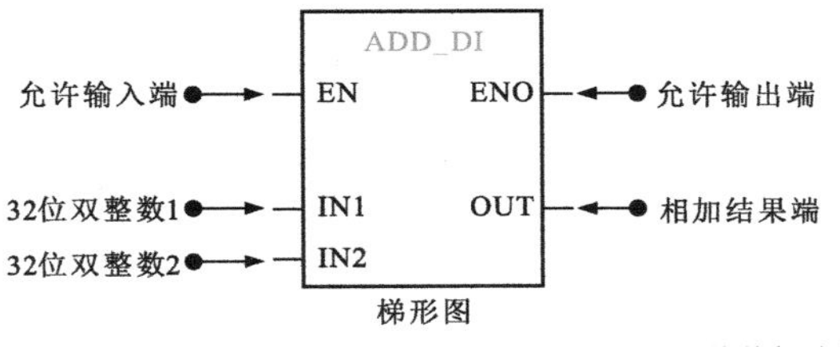

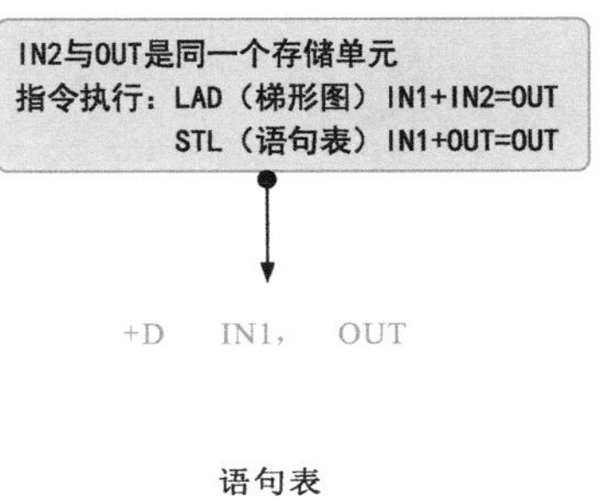

（b）双精度整数加法指令

实数加法指令主要用于将两个（IN1、IN2）32位实数相加，并将相加后得到的32位实数存储到输出端（OUT）指定的存储单元

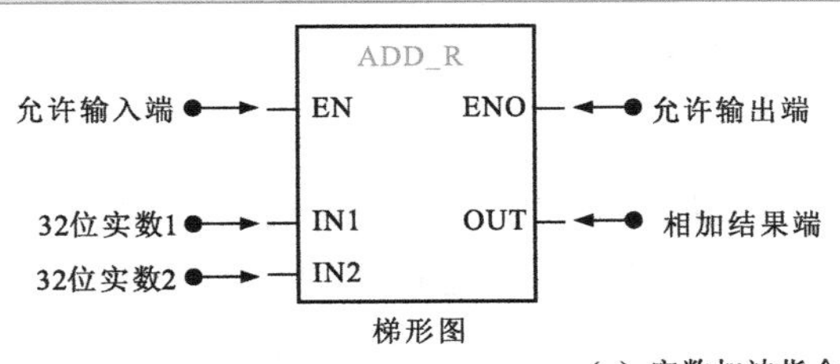

IN2与OUT是同一个存储单元。
指令执行：LAD（梯形图）IN1+IN2=OUT
STL（语句表）IN1+OUT=OUT

+R IN1, OUT

语句表

（c）实数加法指令

图12-16 加法指令

加法指令，包括后面的减法指令、乘法指令、触发指令，输入端和输出端的有效操作数（如上面三种加法指令中的操作数IW、AC、MD）见表12-4。

表12-4 输入端和输出端的有效操作数

输入/输出	数据类型	有效操作数
IN1、IN2	INT（整数）	IW、QW、VW、MW、SMW、SW、T、C、LW、AC、AIW、*VD、*AC、*LD、常数
	DINT（双整数）	ID、QD、VD、MD、SMD、SD、LD、AC、HC、*VD、*LD、*AC、常数
	REAL（实数）	ID、QD、VD、MD、SMD、SD、LD、AC、*VD、*LD、*AC、常数
OUT	INT（整数）	IW、QW、VW、MW、SMW、SW、LW、T、C、AC、*VD、*AC、*LD
	DINT（双整数）	ID、QD、VD、MD、SMD、SD、LD、AC、*VD、*LD、*AC
	REAL（实数）	ID、QD、VD、MD、SMD、SD、LD、AC、*VD、*LD、*AC

图12-17为加法指令的应用示例。

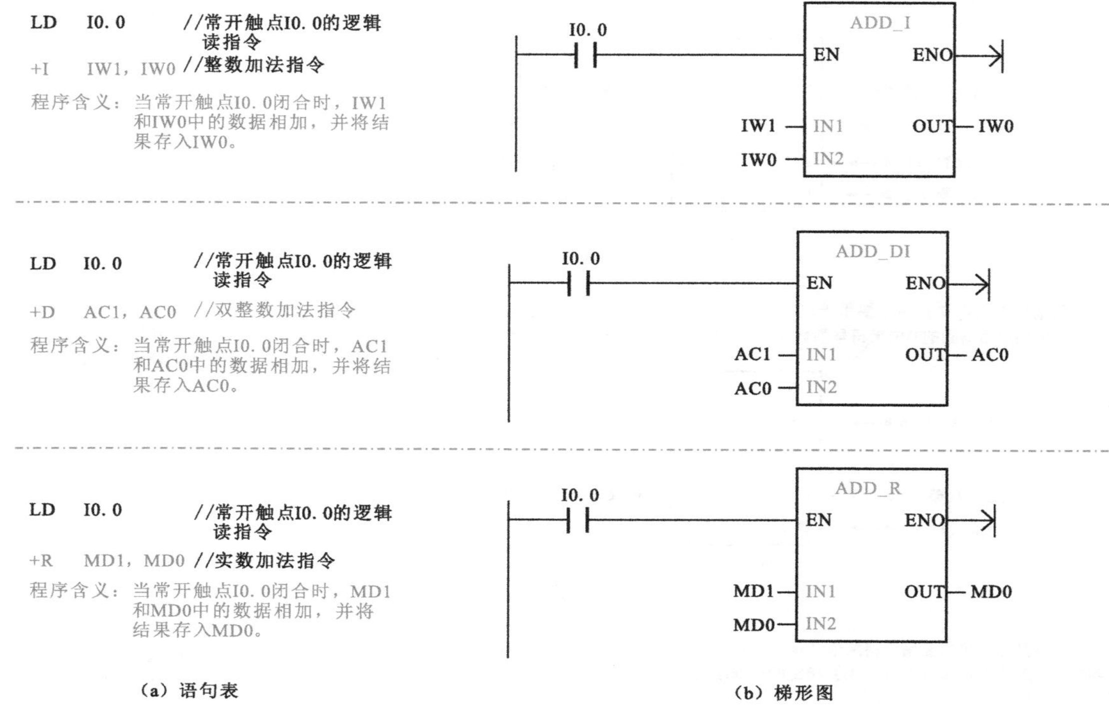

图12-17 加法指令的应用示例

当IN1、IN2和OUT操作数的地址不同时，在语句表指令中，首先用数据传送指令将IN1中的数值送入OUT，然后执行加法运算。为了节省内存，可以指定IN1或IN2=OUT，即IN1或IN2与OUT使用相同的存储单元，这样就可以不用数据传送指令。例如，如指定IN1=OUT，则语句表指令为+I IN2，OUT；如指定IN2=OUT，则语句表指令为+I IN1，OUT。

图12-18为加法指令中IN2与OUT存储单元相同和不同时的编程方式。

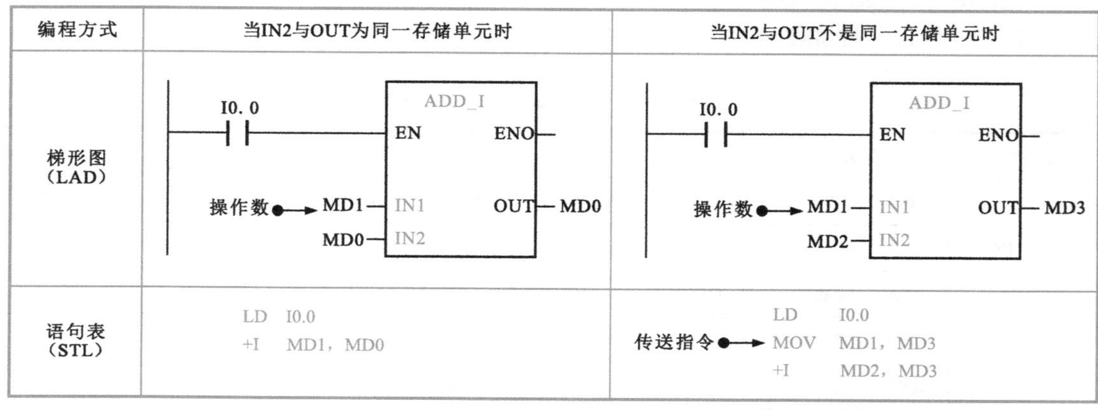

图12-18 加法指令中IN2与OUT存储单元相同和不同时的编程方式

PLC内部有很多存储单元，例如I、Q、V、M、SM、L、AI、AC、HC等。为了方便编程，各存储单元有不同的功能，如图12-19所示。

I：输入过程映像寄存器

▶▶ 该类型寄存器主要用于存放输入点的状态，即每一个输入端口（接口）与I的相应位相对应。

类型	有效地址范围	地址书写格式
位（bit）	I（0.0～15.7）	I【字节地址】.【位地址】 ➡ 书写案例：I1.0
字节（BYTE）	IB（0～15）	I【数据长度】【起始字节地址】 ➡ 书写案例：IB5
字（WORD）	IW（0～14）	I【数据长度】【起始字节地址】 ➡ 书写案例：IW10
双字（DWORD）	ID（1～12）	I【数据长度】【起始字节地址】 ➡ 书写案例：ID11

Q：输出过程映像寄存器

▶▶ 该类型寄存器主要用于存放CPU执行程序运行结果，即每一个输出端口（接口）与Q的相应位相对应。

类型	有效地址范围	地址书写格式
位（bit）	Q（0.0～15.7）	Q【字节地址】.【位地址】 ➡ 书写案例：Q1.7
字节（BYTE）	QB（0～15）	Q【数据长度】【起始字节地址】 ➡ 书写案例：QB10
字（WORD）	QW（0～14）	Q【数据长度】【起始字节地址】 ➡ 书写案例：QW0
双字（DWORD）	QD（1～12）	Q【数据长度】【起始字节地址】 ➡ 书写案例：QD1

M：内部标志位存储器

▶▶ 该类型存储器用于存放中间操作状态或相关数据，类似继电器控制系统中的中间继电器，也称为通用辅助继电器。

类型	有效地址范围	地址书写格式
位（bit）	M（0.0～31.7）	M【字节地址】.【位地址】 ➡ 书写案例：M21.3
字节（BYTE）	MB（0～31）	M【数据长度】【起始字节地址】 ➡ 书写案例：MB12
字（WORD）	MW（0～30）	M【数据长度】【起始字节地址】 ➡ 书写案例：MW1
双字（DWORD）	MD（1～28）	M【数据长度】【起始字节地址】 ➡ 书写案例：MD26

SM：特殊标志位存储器

▶▶ 该类型存储器为用户提供一些特殊的控制功能及系统信息，如用于读取程序中设备的状态和运算结果，根据读取信息实现控制需求等。

类型	有效地址范围	地址书写格式
位（bit）	SM（0.0～549.7）	SM【字节地址】.【位地址】 ➡ 书写案例：SM13.7
字节（BYTE）	SMB（0～549）	SM【数据长度】【起始字节地址】 ➡ 书写案例：SMB32
字（WORD）	SMW（0～548）	SM【数据长度】【起始字节地址】 ➡ 书写案例：SMW102
双字（DWORD）	SMD（1～546）	SM【数据长度】【起始字节地址】 ➡ 书写案例：SMD100

V：变量存储器

▶▶ 该类型存储器可用于存放程序执行过程中控制逻辑操作的中间结果等，可以分区访问同一个存储器的任意程序。

类型	有效地址范围	地址书写格式
位（bit）	V（0.0～5119.7）	V【字节地址】.【位地址】 ➡ 书写案例：V11.4
字节（BYTE）	VB（0～5119）	V【数据长度】【起始字节地址】 ➡ 书写案例：VB100
字（WORD）	VW（0～5118）	V【数据长度】【起始字节地址】 ➡ 书写案例：VW20
双字（DWORD）	VD（1～5116）	V【数据长度】【起始字节地址】 ➡ 书写案例：VD5

图12-19　PLC内部存储单元及其功能

L：局部变量存储器

▶▶ 该类型存储器用来存储局部变量，同一个存储器只和特定的程序相关，属于局部有效，即只能在某一程序分区中使用

类型	有效地址范围	地址书写格式
位（bit）	L（0.0～63.7）	L【字节地址】.【位地址】 ➡ 书写案例：L0.0
字节（BYTE）	LB（0～63）	L【数据长度】【起始字节地址】➡ 书写案例：LB23
字（WORD）	LW（0～62）	L【数据长度】【起始字节地址】➡ 书写案例：LW5
双字（DWORD）	LD（1～60）	L【数据长度】【起始字节地址】➡ 书写案例：LD46

S：顺序控制继电器存储器

▶▶ 该类型存储器用于顺序控制或步进控制，是一种特殊继电器存储器（顺序控制继电器指令SCR是基于顺序功能图SFC的编程语言）。

类型	有效地址范围	地址书写格式
位（bit）	S（0.0～31.7）	S【字节地址】.【位地址】 ➡ 书写案例：S0.0
字节（BYTE）	SB（0～31）	S【数据长度】【起始字节地址】➡ 书写案例：SB12
字（WORD）	SW（0～30）	S【数据长度】【起始字节地址】➡ 书写案例：SW3
双字（DWORD）	SD（1～28）	S【数据长度】【起始字节地址】➡ 书写案例：SD18

T：定时器存储器

▶▶ 该类型存储器模拟继电器控制系统中的时间继电器，有三种分辨率：1ms、10ms和100ms。

名称	有效地址范围	地址书写格式
T	T（0～255）	T【定时器号】 ➡ 书写案例：T37

C：计数器存储器

▶▶ 该类型存储器用来累计输入端脉冲的次数，包括加计数器、减计数器和加/减计数器三种。

名称	有效地址范围	地址书写格式
C	C（0～255）	C【计数器号】 ➡ 书写案例：C2

AI：模拟量输入映像寄存器

▶▶ 该类型寄存器用于存储模拟量输入信号，并实现模拟量的A/D转换，即外部输入的模拟信号通过模拟信号输入模块转成1个字长的数字量存放在模拟量输入寄存器中。

名称	有效地址范围	地址书写格式
AI	AIW（0～62）	AIW【起始字节地址】➡ 书写案例：AIW6 （注：地址必须为偶数）

AQ：模拟量输出映像寄存器

▶▶ 该类型寄存器用于模拟量输出信号的存储区，用于实现模拟量的D/A转换，即CPU运算的结果转换为模拟信号存放在模拟量输出寄存器中，驱动外部模拟量控制的设备。

名称	有效地址范围	地址书写格式
AQ	AQW（0～62）	AQW【起始字节地址】➡ 书写案例：AQW12（注：地址必须为偶数）

AC：累加器

▶▶ 累加器是一种暂存数据的寄存器，可用来存放运算数据、中间数据或结果数据，也可用于向子程序传递或返回参数等。

名称	有效地址范围	地址书写格式
AC	AC（0～3）	AC【累加器号】 ➡ 书写案例：AC1

HC：高速计数器

▶▶ 高速计数器与普通计数器基本相同，用于累计高速脉冲信号。若HC的当前寄存器为32位，则读取高速计数器的当前值应以32位（双字）来寻址。

名称	有效地址范围	地址书写格式
HC	HC（0～5）	HC【高速计数器号】 ➡ 书写案例：HC2

图12-19　PLC内部存储单元及其功能（续）

12.5.2 减法指令

减法指令是对两个有符号数相减的指令，即将两个输入端（IN1、IN2）指定的数据相减，把得到的结果送到输出端指定的存储单元。根据数据类型不同，减法指令分为整数减法指令（SUB_I）（16位数）、双精度整数减法指令（SUB _DI）（32位数）和实数减法指令（SUB _R）（32位数），如图12-20所示。

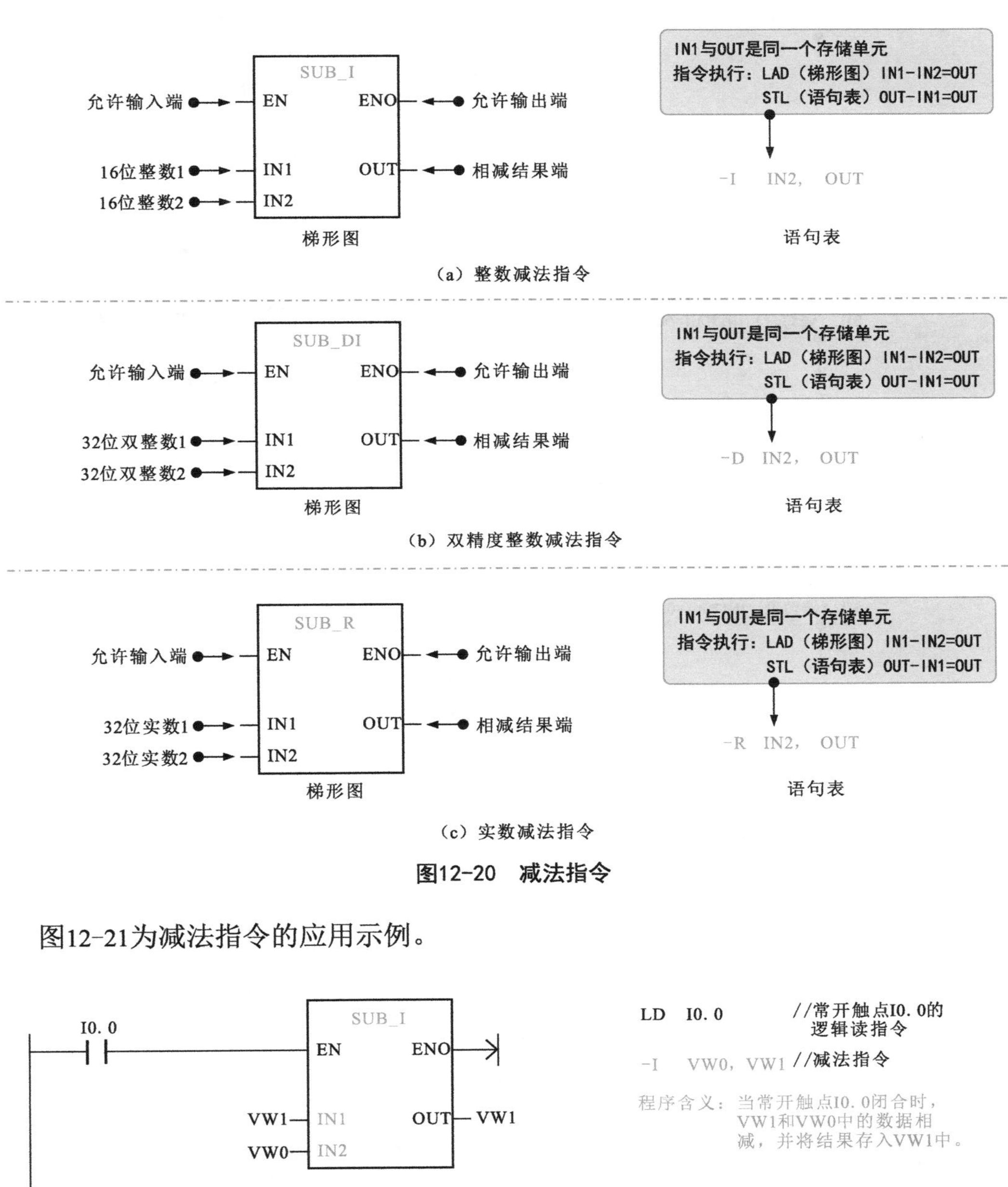

图12-20 减法指令

图12-21为减法指令的应用示例。

图12-21 减法指令的应用示例

12.5.3 乘法指令

乘法指令是将两个输入端（IN1、IN2）指定的数据相乘，把得到的结果送到输出端指定的存储单元，如图12-22所示。

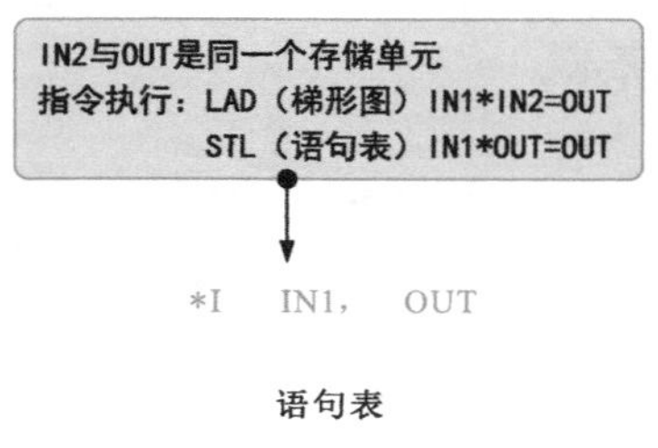

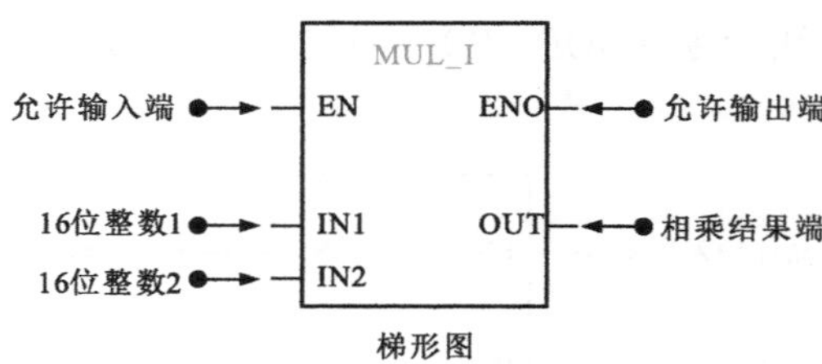

（a）整数乘法指令

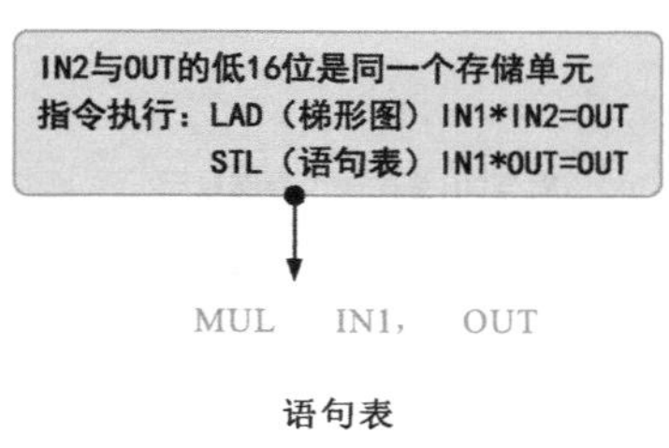

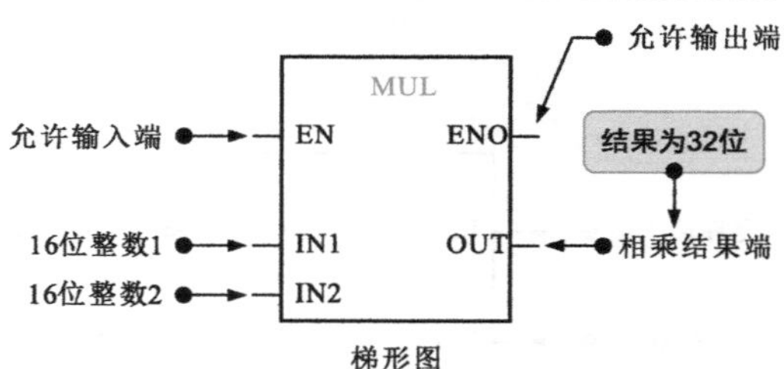

（b）整数乘法产生双精度整数指令

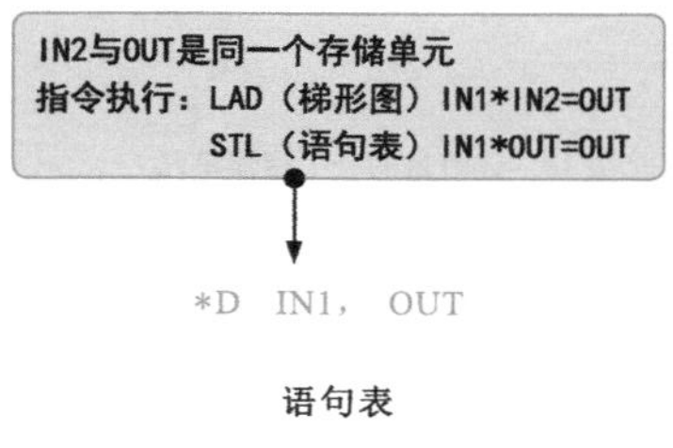

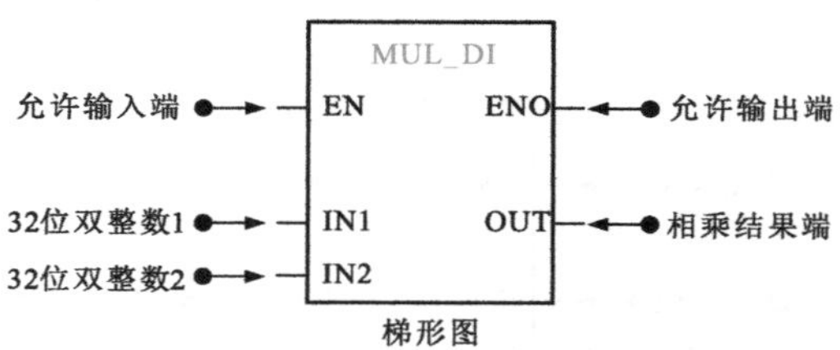

（c）双精度整数乘法指令

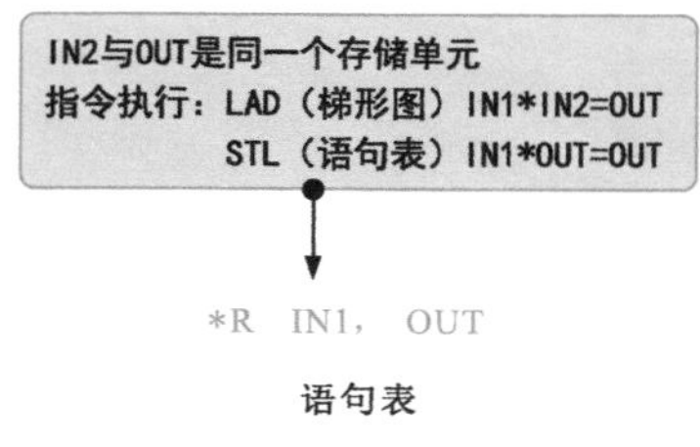

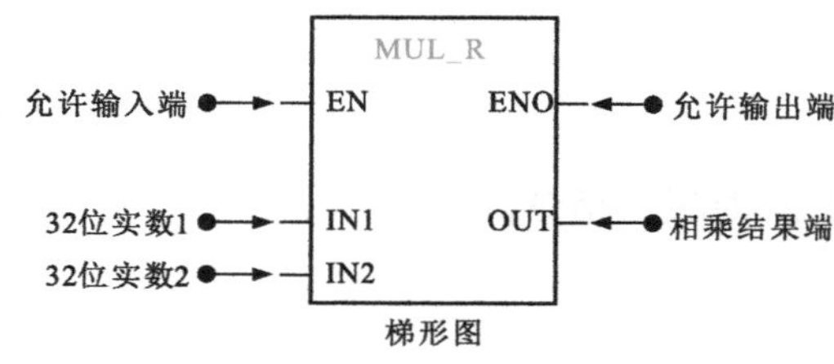

（d）实数乘法指令

图12-22 乘法指令

乘法指令可分为整数乘法指令（MUL_I）（16位数）、整数乘法产生双精度整数指令（MUL）（也称完全整数乘法指令）、双精度整数乘法指令（MUL _DI）（32位数）和实数乘法指令（MUL _R）（32位数）。

12.5.4 除法指令

除法指令是将两个输入端（IN1、IN2）指定的数据相除，把得到的结果送到输出端指定的存储单元，如图12-23所示。

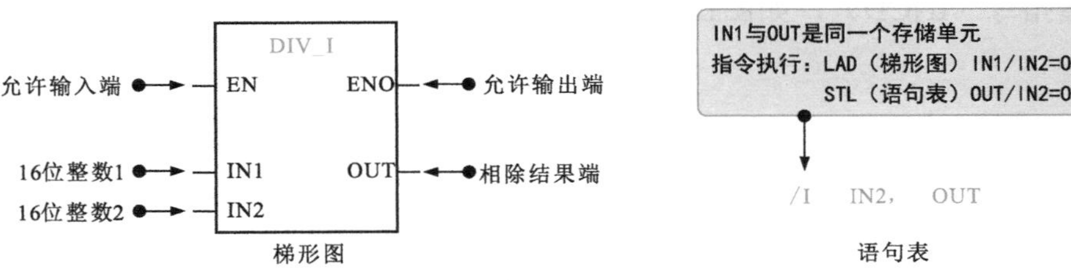

（a）整数除法指令

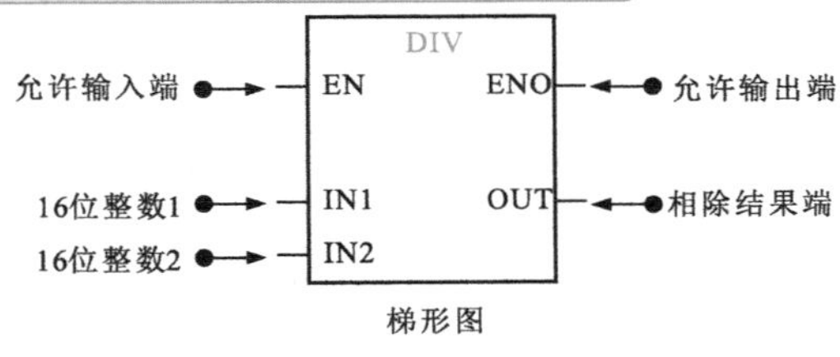

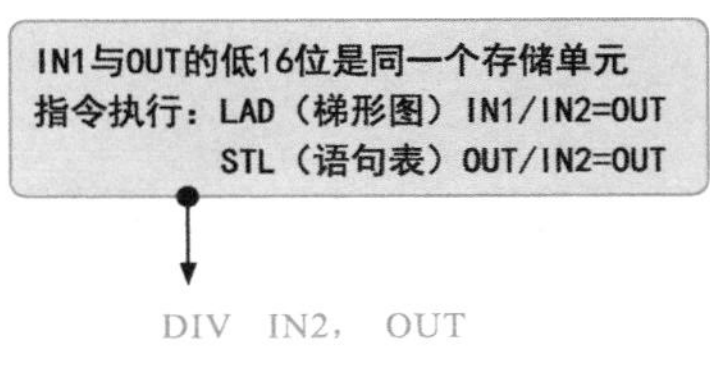

语句表

（b）整数相除得商/余数指令

DIV_DI

允许输入端 EN ENO 允许输出端

32位双整数1 IN1 OUT 相除结果端

32位双整数2 IN2

梯形图

IN1与OUT是同一个存储单元

指令执行：LAD（梯形图）IN1/IN2=OUT

STL（语句表）OUT/IN2=OUT

/D IN2, OUT

语句表

（c）双精度整数除法指令

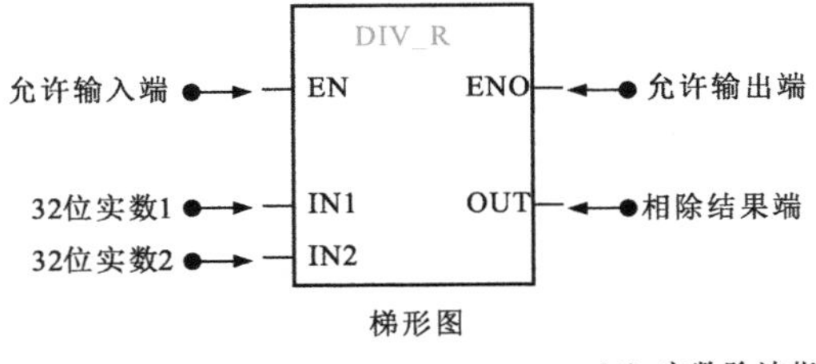

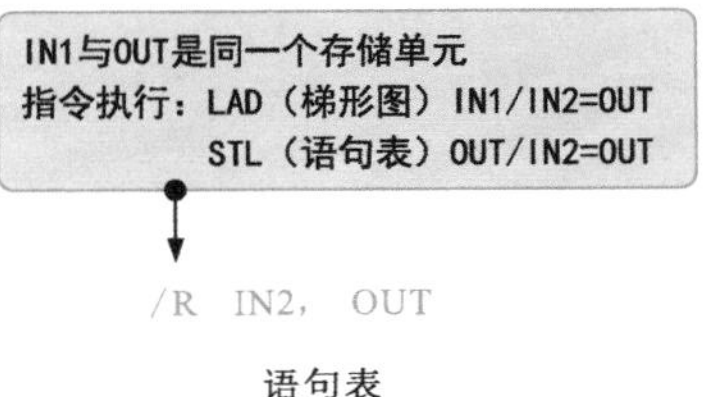

语句表

（d）实数除法指令

图12-23 除法指令

除法指令分为整数除法指令（DIV_I）（16位数，余数不被保留）、整数相除得商/余数指令（DIV）（带余数的整数除法，也称完全整数除法指令）、双精度整数除法指令（DIV_DI）（32位数，余数不被保留）和实数除法指令（DIV_R）（32位数）。

12.5.5 递增、递减指令

1 递增指令

递增指令根据数据长度不同有字节递增指令（INCB）、字递增指令（INCW）和双字递增指令（INCD），如图12-24所示。

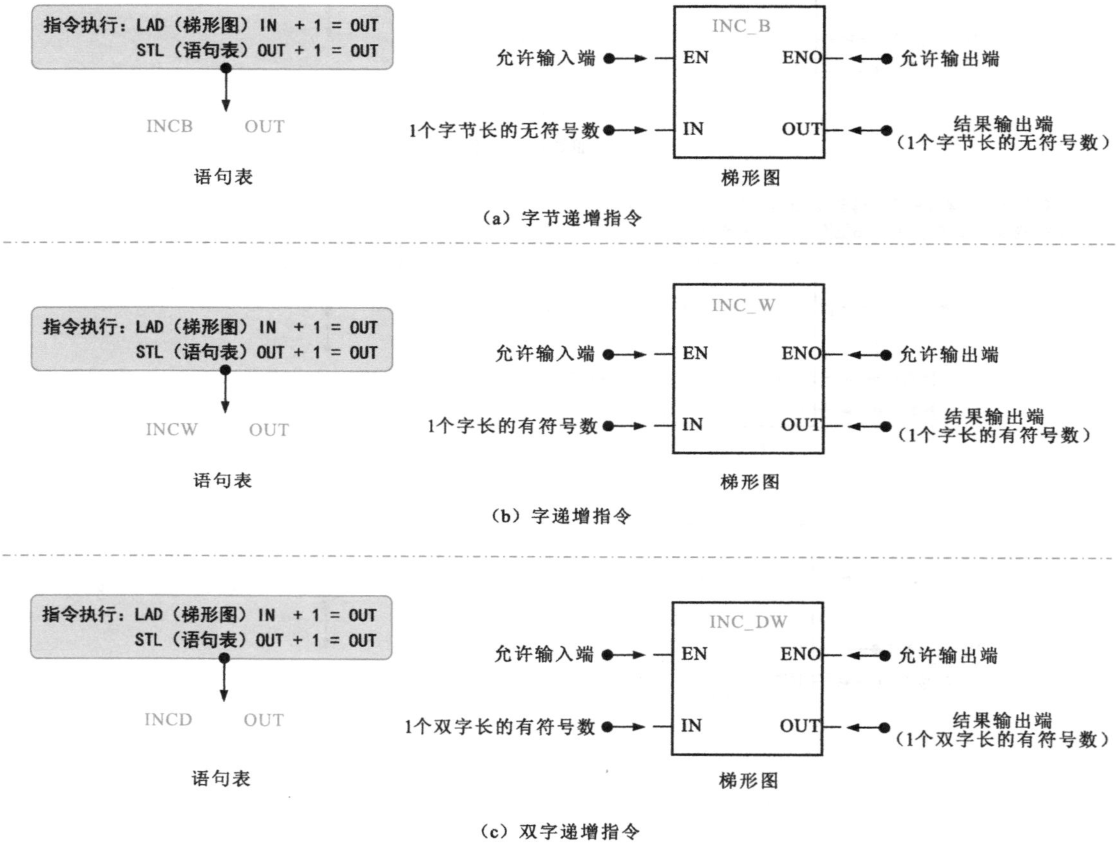

指令执行：LAD（梯形图）IN + 1 = OUT
STL（语句表）OUT + 1 = OUT

INCB OUT

语句表

INC_B
允许输入端 → EN ENO ← 允许输出端
1个字节长的无符号数 → IN OUT ← 结果输出端（1个字节长的无符号数）

梯形图

（a）字节递增指令

指令执行：LAD（梯形图）IN + 1 = OUT
STL（语句表）OUT + 1 = OUT

INCW OUT

语句表

INC_W
允许输入端 → EN ENO ← 允许输出端
1个字长的有符号数 → IN OUT ← 结果输出端（1个字长的有符号数）

梯形图

（b）字递增指令

指令执行：LAD（梯形图）IN + 1 = OUT
STL（语句表）OUT + 1 = OUT

INCD OUT

语句表

INC_DW
允许输入端 → EN ENO ← 允许输出端
1个双字长的有符号数 → IN OUT ← 结果输出端（1个双字长的有符号数）

梯形图

（c）双字递增指令

图12-24 递增指令

位（BIT）、字节（BYTE）、字（WORD）和双字（DWORD）的含义：

①位（BIT），表示二进制位，是计算机内部数据储存的最小单位，如11010100是一个8位二进制数。

②字节（BYTE）字节是计算机中数据处理的基本单位。计算机中以字节为单位存储和解释信息，规定1个字节由8位二进制数构成，即1个字节等于8比特（1BYTE=8BIT）。

③字（WORD）为16位，2个字节（1字=2BYTE=16BIT）。

④双字（DWORD）=2字=4个字节=32位。

2 递减指令

递减指令根据数据长度不同分为字节递减指令（EDCB）、字递减指令（EDCW）和双字递减指令（EDCD），如图12-25所示。

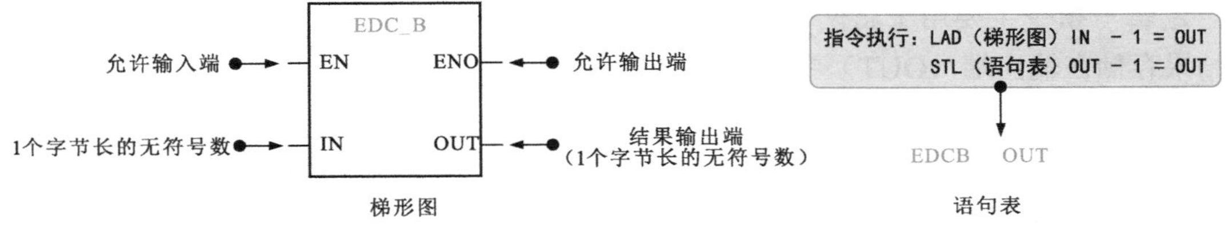

（a）字节递减指令

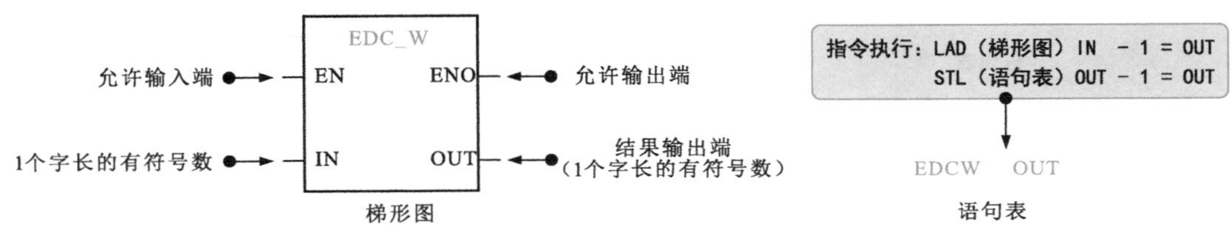

（b）字递减指令

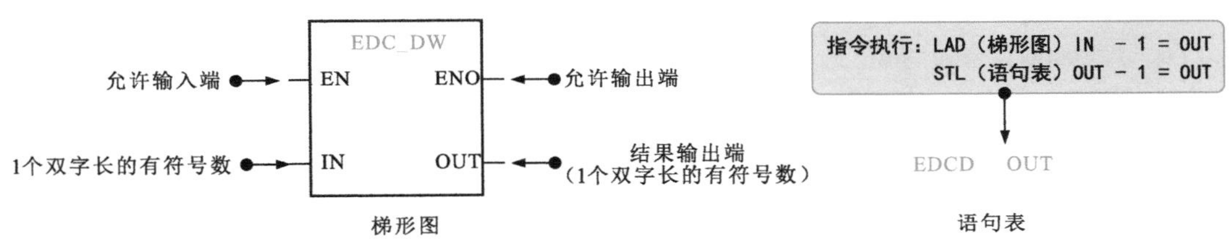

（c）双字递减指令

图12-25 递减指令

递增、递减指令中IN和OUT的有效操作数见表12-5。

表12-5 递增、递减指令中IN和OUT的有效操作数

输入/输出	数据类型	有效操作数
IN	BYTE（字节）	IB、QB、VB、MB、SMB、SB、LB、AC、*VD、*LD、*AC、常数
	WORD（字）	IW、QW、VW、MW、SMW、SW、LW、T、C、AC、AIW、*VD、*LD、*AC、常数
	DWORD（双字）	ID、QD、VD、MD、SMD、SD、LD、AC、HC、*VD、*LD、*AC、常数
OUT	BYTE（字节）	IB、QB、VB、MB、SMB、SB、LB、AC、*VD、*AC、*LD
	WORD（字）	IW、QW、VW、MW、SMW、SW、T、C、LW、AC、*VD、*LD、*AC
	DWORD（双字）	ID、QD、VD、MD、SMD、SD、LD、AC、*VD、*LD、*AC

12.6 西门子PLC的逻辑运算指令

12.6.1 逻辑与指令

逻辑与指令主要用于将两个输入端（IN1、IN2）的数据按位“与”，并将处理后的结果存储在输出端（OUT）中，如图12-26所示。

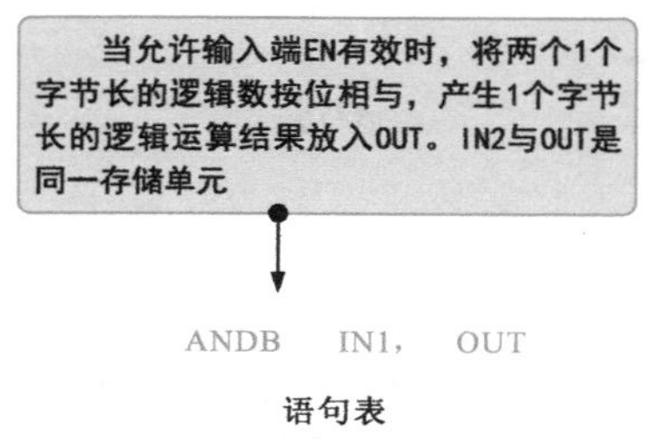

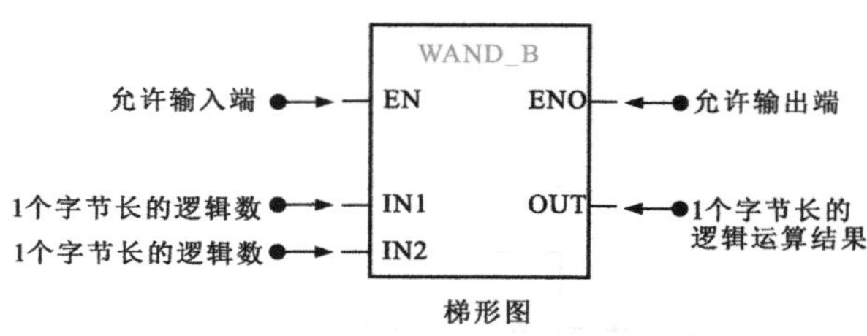

（a）字节逻辑与指令

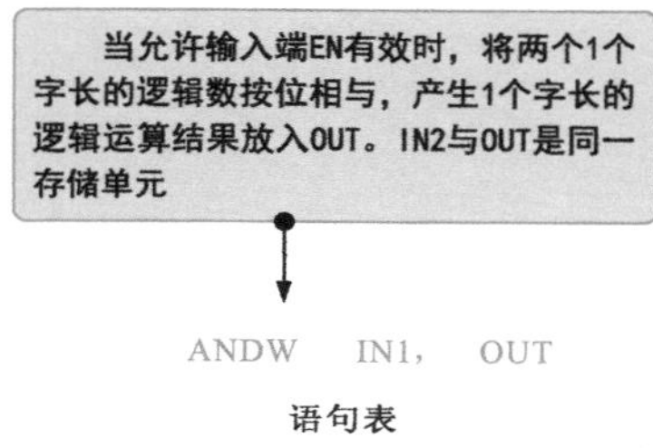

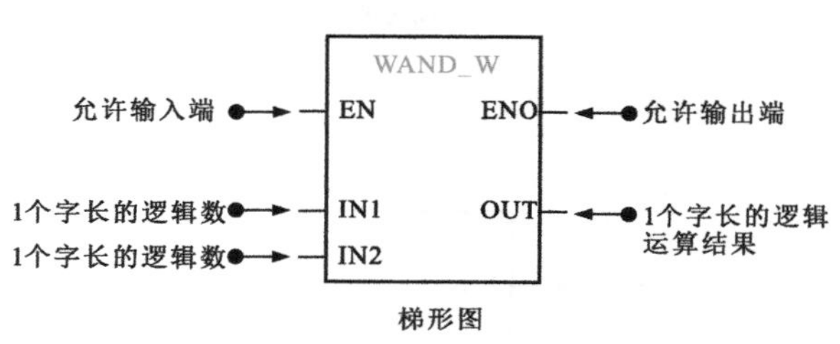

（b）字逻辑与指令

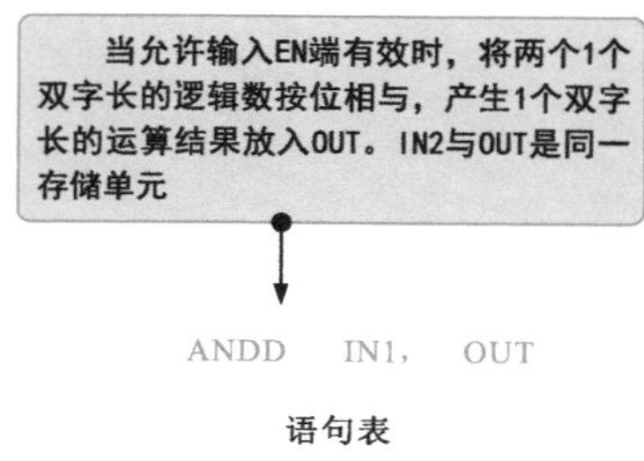

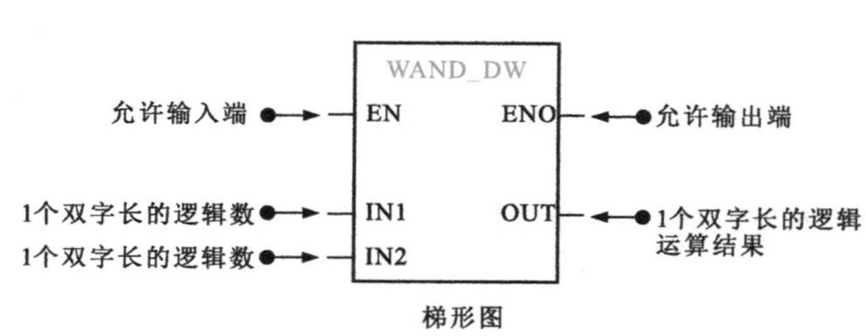

（c）双字逻辑与指令

图12-26 逻辑与指令

按位逻辑与操作是指当两个条件均为真时，输出结果才为真。

例如，0&0=0；0&1=0；1&0=0；1&1=1。

多位逻辑与：0010 & 0110 = 0010。

12.6.2 逻辑或指令

逻辑或指令主要用于将两个输入端（IN1、IN2）的数据按位“或”，并将处理后的结果存储在输出端（OUT），如图12-27所示。

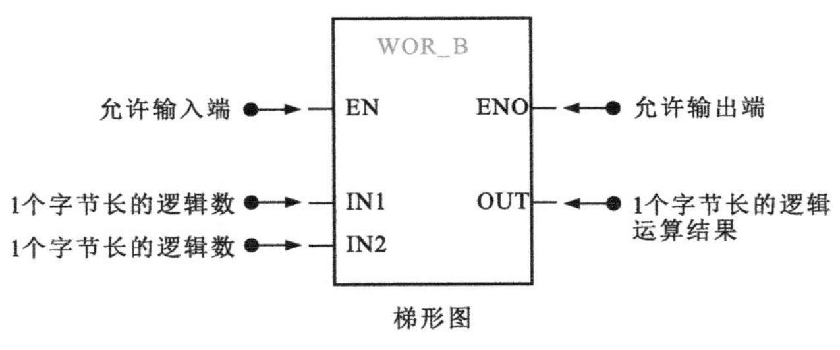

当允许输入端EN有效时，将两个1个字节长的逻辑数按位相或，产生1个字节长的逻辑运算结果放入OUT。IN2与OUT是同一存储单元

ORB IN1, OUT

语句表

（a）字节逻辑或指令

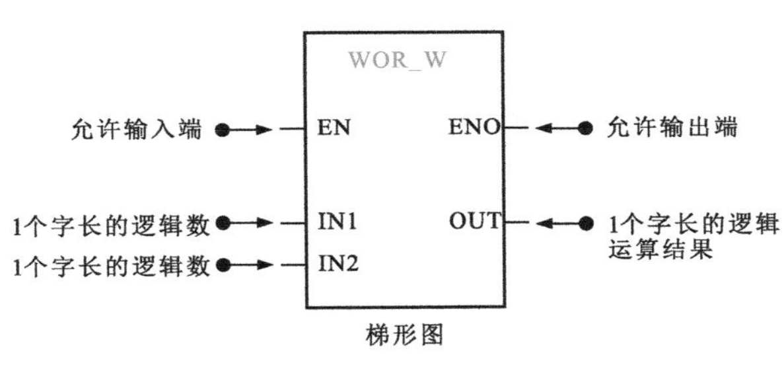

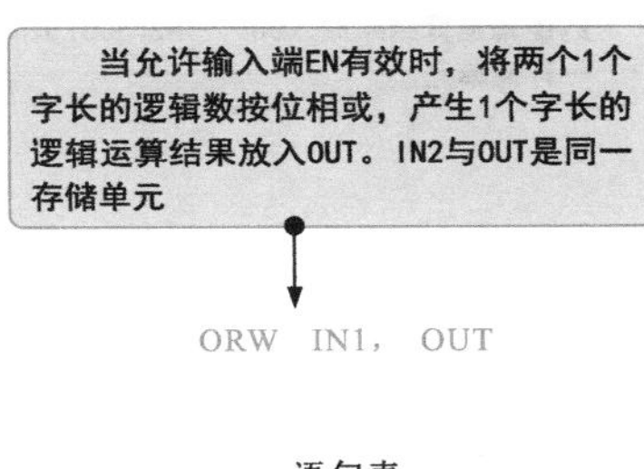

（b）字逻辑或指令

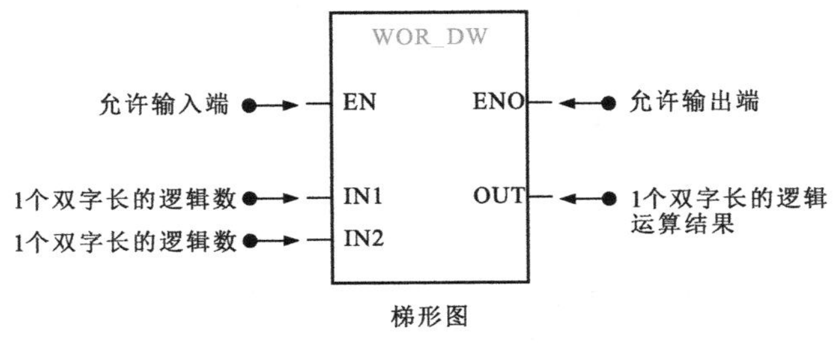

当允许输入端EN有效时，将两个1个双字长的逻辑数按位相或，产生1个双字长的逻辑运算结果放入OUT。IN2与OUT是同一存储单元

ORD IN1, OUT

语句表

（c）双字逻辑或指令

图12-27 逻辑或指令

按位逻辑或操作是指当两个条件中有一个为真时，输出结果即为真；只有两个条件均为假时，输出结果才为假。

例如，0|0=0；0|1=1；1|0=1；1|1=1。

多位逻辑或：0110 | 1100 = 1110。

12.6.3 逻辑异或指令

逻辑异或指令主要用于将两个输入端（IN1、IN2）的数据按位“异或”，并将处理后的结果存储在输出端（OUT），如图12-28所示。

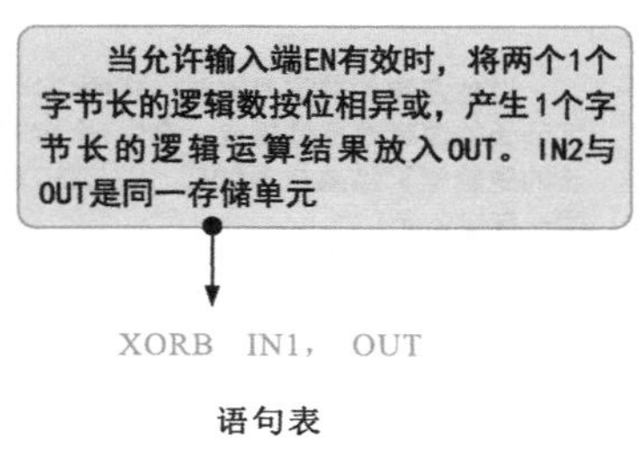

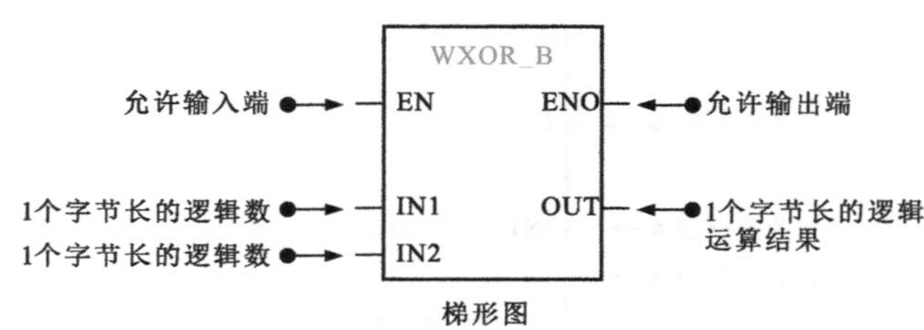

（a）字节逻辑异或指令

当允许输入端EN有效时，将两个1个字长的逻辑数按位相异或，产生1个字长的逻辑运算结果放入OUT。IN2与OUT是同一存储单元

XORW IN1， OUT

语句表

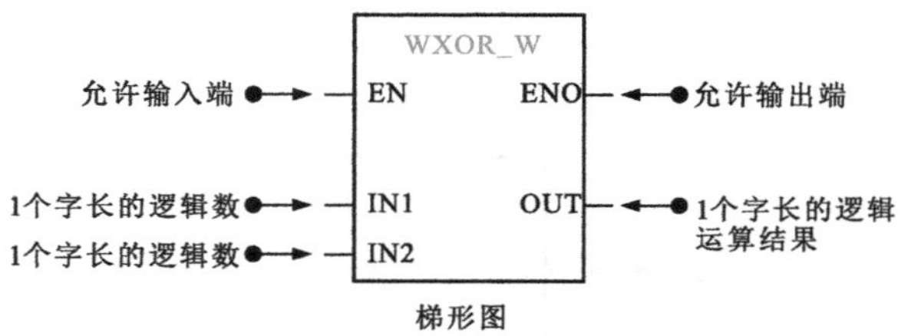

（b）字逻辑异或指令

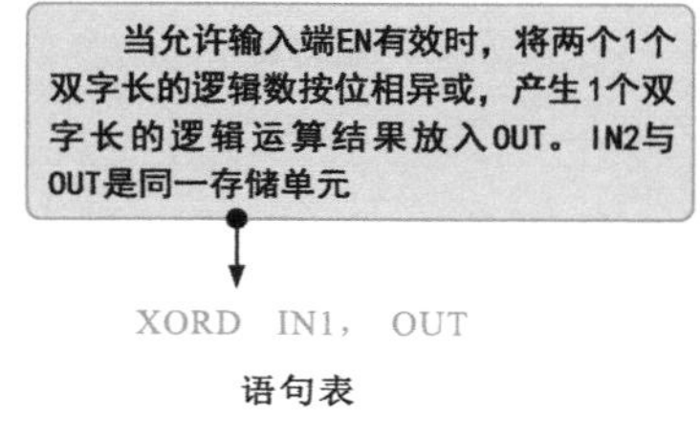

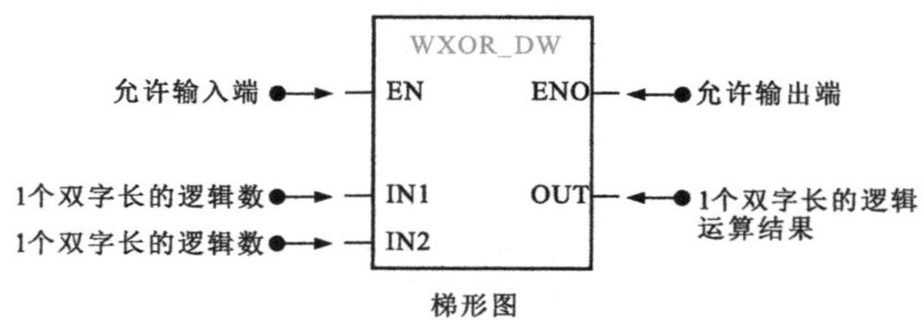

（c）双字逻辑异或指令

图12-28 逻辑异或指令

按位逻辑异或是指当两个条件不同时，异或结果为真；两个条件相同时，异或结果为假。

例如，0^0=0；0^1=1；1^0=1；1^1=0。

多位逻辑异或：0011^0101=0110。

逻辑与、逻辑或、逻辑异或指令应用时，为了节省内存，在梯形图中，当IN2与OUT是同一个存储单元时，可直接使用逻辑运算指令实现按位与、或、异或；当IN2与OUT不是同一个存储单元时，在语句表中，首先用数据传送指令将IN1中的数值送入OUT，然后执行逻辑运算，如图12-29所示。

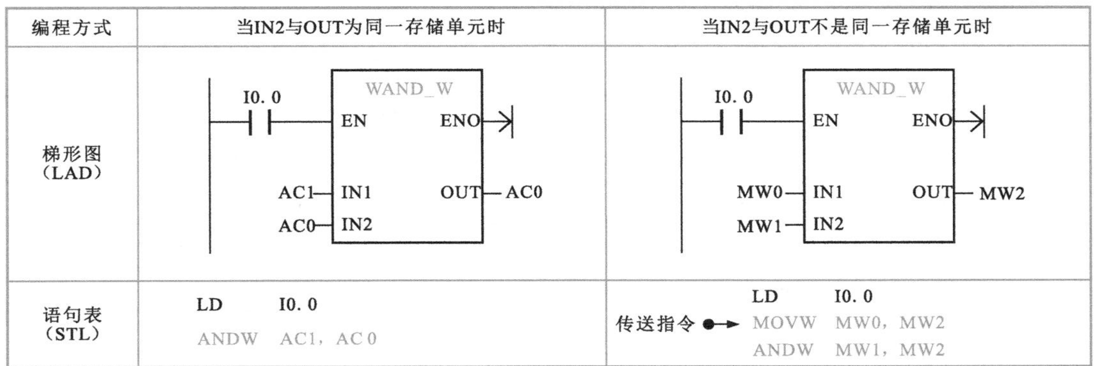

编程方式	当IN2与OUT为同一存储单元时	当IN2与OUT不是同一存储单元时
梯形图（LAD）	I0.0；WAND_W；EN、ENO；AC1—IN1、AC0—IN2；OUT—AC0	I0.0；WAND_W；EN、ENO；MW0—IN1、MW1—IN2；OUT—MW2
语句表（STL）	LD I0.0 ANDW AC1，AC0	LD I0.0 传送指令 MOVW MW0，MW2 ANDW MW1，MW2

图12-29 逻辑指令中IN2与OUT存储单元相同和不同时的编程方式

12.6.4 逻辑取反指令

逻辑取反指令主要用于将输入端（IN）的数据按位“取反”，并将处理后的结果存储在输出端（OUT）中，如图12-30所示。

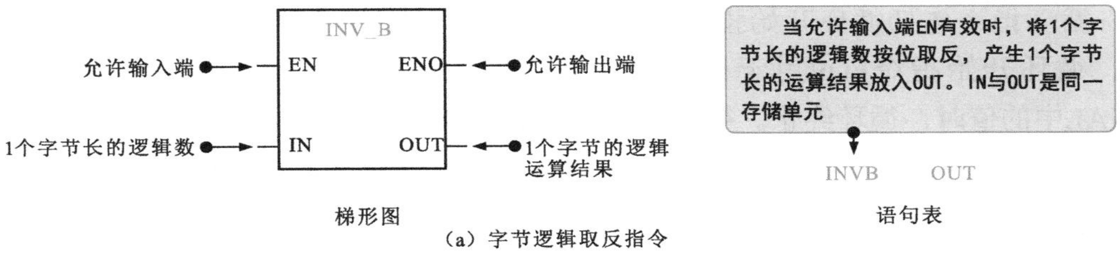

（a）字节逻辑取反指令

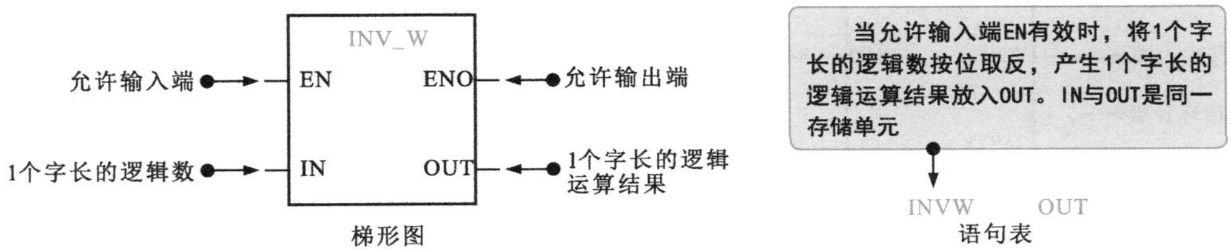

（b）字逻辑取反指令

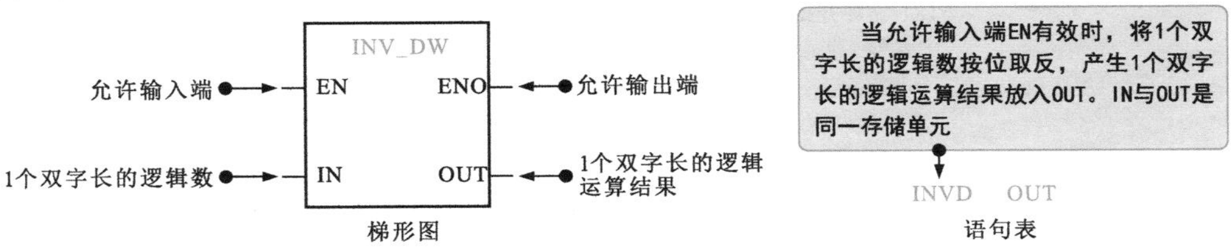

（c）双字逻辑取反指令

图12-30 逻辑取反指令

多说两句！

按位逻辑取反运算符为“～”，用来求一个位串信息按位的反，即为0的位，结果是1；为1的位，结果是0。

例如，～0=1；～1=0；多位逻辑取反：～0011=1100。

逻辑运算指令中IN和OUT的有效操作数见表12-6。

表12-6　逻辑运算指令中IN和OUT的有效操作数

输入/输出	数据类型	有效操作数
IN	BYTE（字节）	IB、QB、VB、MB、SMB、SB、LB、AC、*VD、*LD、*AC、常数
	WORD（字）	IW、QW、VW、MW、SMW、SW、LW、T、C、AC、AIW、*VD、*LD、*AC、常数
	DWORD（双字）	ID、QD、VD、MD、SMD、SD、LD、AC、HC、*VD、*LD、*AC、常数
OUT	BYTE（字节）	IB、QB、VB、MB、SMB、SB、LB、AC、*VD、*AC、*LD
	WORD（字）	IW、QW、VW、MW、SMW、SW、T、C、LW、AC、*VD、*LD、*AC
	DWORD（双字）	ID、QD、VD、MD、SMD、SD、LD、AC、*VD、*LD、*AC

12.7 西门子PLC的程序控制指令

12.7.1 循环指令

循环指令包括循环开始指令（FOR）和循环结束指令（NEXT），如图12-31所示。循环开始指令FOR用于标记需要循环执行程序的开始，当INDX中的值大于FINAL中的值时，循环终止。循环结束指令NEXT用于标记需要循环执行程序的结束。NEXT指令无操作数。循环指令用于对具有某种特定功能的程序段重复执行实现控制，极大地优化了程序结构。

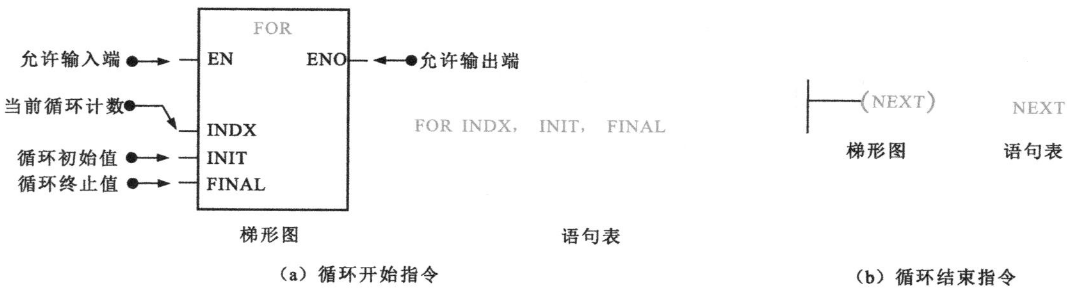

图12-31　循环指令

在使用循环指令（FOR、NEXT）时需要注意：

- 当某项功能程序段需要重复执行时，可使用循环指令。
- 循环开始指令FOR与循环结束指令NEXT必须配合使用。
- 循环指令FOR与NEXT之间的程序被称为循环体。
- 循环指令可以嵌套使用，嵌套层数不超过8层。
- 循环程序执行的时候，假设循环初始值INIT为1，循环终止值FINAL为5，则表示循环体要循环5次，且每循环一次，INDX（循环计数）值加1，当INDX的值大于FINAL时，循环结束。

循环指令的有效操作数见表12-7。

表12-7 循环指令的有效操作数

输入/输出	数据类型	有效操作数
INDX	INT	IW、QW、VW、MW、SMW、SW、T、C、LW、AIW、AC、*VD、*LD、*AC
INIT，FINAL	INT	VW、IW、QW、MW、SMW、SW、T、C、LW、AC、AIW、*VD、*AC、常数

12.7.2 跳转指令和标号指令

跳转指令（JMP）和标号指令（LBL）是一对配合使用的指令，必须成对使用，缺一不可，如图12-32所示。

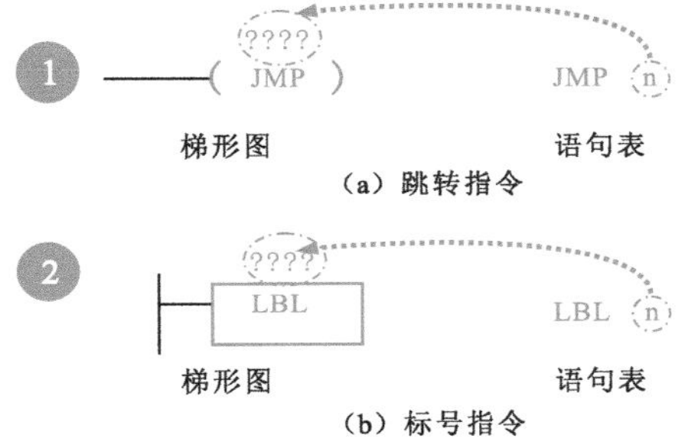

图12-32 跳转指令和标号指令

1 跳转指令（JMP），当指令前面的条件成立时，执行跳转，使程序跳转到标号（*n*）处执行。标号*n*类型为WORD（字），范围为0～255的常数。

2 标号指令（LBL）是标记跳转指令的目的地的位置（*n*）指令。位置*n*类型为WORD（字），范围为0～255的常数。

在使用跳转指令（JMP）和标号指令（LBL）时需要注意：

●跳转指令与标号指令必须配合使用。

●跳转指令与标号指令可以在主程序、子程序或中断程序中使用。跳转指令和与之相应的标号指令必须位于同一段程序(无论是主程序、子程序还是中断程序)。

●不能从主程序跳转到子程序或中断程序，同样，不能从子程序或中断程序跳出。

图12-33为跳转指令和标号指令的应用示例。

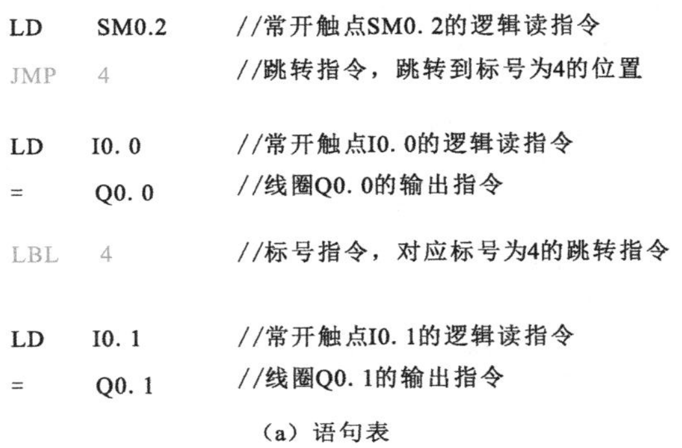

```
LD    SM0.2      //常开触点SM0.2的逻辑读指令
JMP   4          //跳转指令，跳转到标号为4的位置

LD    I0.0       //常开触点I0.0的逻辑读指令
=     Q0.0       //线圈Q0.0的输出指令

LBL   4          //标号指令，对应标号为4的跳转指令

LD    I0.1       //常开触点I0.1的逻辑读指令
=     Q0.1       //线圈Q0.1的输出指令
```

(a) 语句表

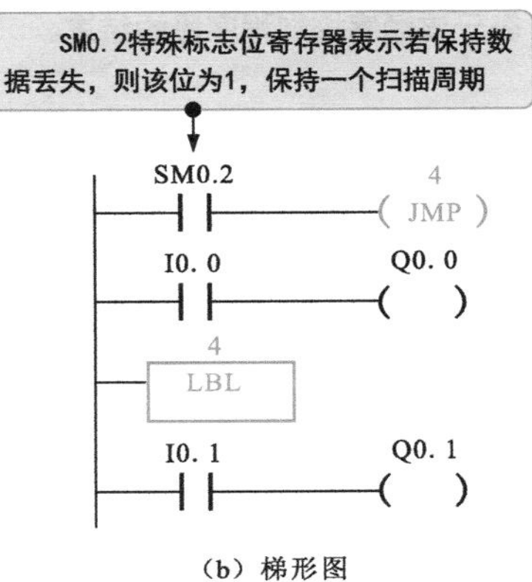

(b) 梯形图

图12-33 跳转指令和标号指令的应用示例

若保持数据丢失（SM0.2闭合），执行跳转指令，程序将跳转到LBL标号以后的指令开始执行，JMP与LBL之间的所有指令不再执行，即使I0.0闭合，Q0.0也不得电，即当SM0.2闭合时，程序跳转，若此时I0.1闭合，则Q0.1得电输出；若SM0.2不动作，即跳转条件不满足，则I0.0闭合，Q0.0得电输出。

12.7.3 顺序控制指令

顺序控制指令（SCR）是将顺序功能图（SFC）转换为梯形图的编程指令，主要包括段开始指令（LSCR）、段转移指令（SCRT）和段结束指令（SCRE），如图12-34所示。

1 段开始指令（LSCR）的功能是标记某一个顺序控制段或一个步的开始，操作数为状态继电器（Sx.y，如S0.2）。当Sx.y为1时，允许该顺序控制段工作，即该步变为活动步。

2 段转移指令（SCRT）的功能是将当前的顺序程序控制段或一个活动步切换到下一个程序控制段或下一个活动步，操作数为下一个顺序程序控制段（活动步）的标志位Sx.y，当输入有效时进行切换，即停止当前顺序程序控制段，启动下一个顺序程序控制段。

3 段结束指令（SCRE）的功能是标记一个顺序控制程序段或一个活动步的结束，每一个顺序控制程序段必须使用段结束指令来表示该顺序控制程序段的结束。

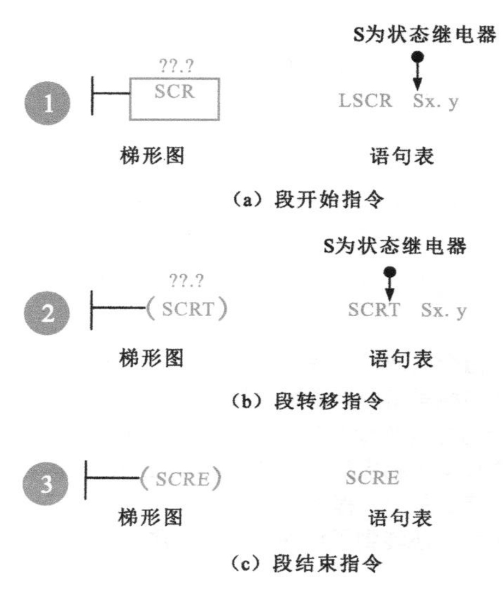

图12-34 顺序控制指令

使用顺序控制指令时需要注意：

● 在梯形图中，段开始指令为功能框形式，段转移指令和段结束指令均为线圈形式。

● 顺序控制指令仅对状态继电器S有效。

● 当S被置位后，顺序控制程序段中的程序才能够执行。

● 不能把同一个S位用于不同程序中。例如，如果在主程序中用了S0.0，则在子程序中就不能再使用。

● 在SCR段中不能使用FOR、NEXT和END指令。

● 无法跳转入或跳转出SCR段，可以使用跳转和标号指令（JMP、LBL）在SCR段附近跳转或在SCR段内跳转。

12.7.4 有条件结束指令和暂停指令

有条件结束指令（END）是结束程序的指令，只能结束主程序，不能在子程序和中断服务程序中使用。

暂停指令（STOP）主要用于当条件允许时，立即终止程序的执行，将当前的运行工作方式（RUN）转换到停止方式（STOP）。

图12-35为有条件结束指令（END）和暂停指令（STOP）。

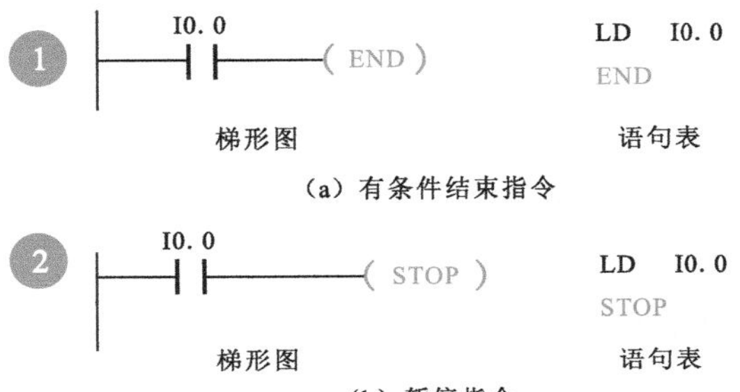

图12-35 有条件结束指令（END）和暂停指令（STOP）

1 END：有条件结束指令不直接连接左母线。当条件满足时，终止用户主程序的执行（终止扫描周期），返回主程序的第一条指令。

2 STOP：暂停指令用于实现CPU工作方式从RUN到STOP的转换：当I0.0闭合时，执行STOP指令，即终止用户程序。

当STOP指令在中断程序中执行时，该中断程序立即终止，并且忽略所有暂停执行（也称为挂起）的中断，继续扫描程序的剩余部分，完成当前周期的剩余动作，包括用户主程序的执行，并在当前扫描的最后，完成从RUN到STOP模式的转变。

图12-36为有条件结束指令（END）和暂停指令（STOP）的应用示例。

```
LD    SM5.0     //常开触点SM5. 0的逻辑读指令
STOP            //暂停指令
```
程序含义：当检测到I/O错误时，强制转换到STOP模式，即执行暂停指令。

```
LD    I0. 0     //常开触点I0. 0的逻辑读指令
=     Q0. 0     //线圈Q0. 0的输出指令
```
程序含义：当I0. 0闭合时，Q0. 0得电输出。

```
LD    I0. 1     //常开触点I0. 1的逻辑读指令
END             //有条件结束指令
```
程序含义：当I0. 1闭合时，终止用户程序，Q0. 0仍保持接通（注意需要在未检测到I/O错误时，即不执行STOP指令时），下面的程序不再执行。当I0. 0断开，I0. 2闭合时，Q0. 1才会得电输出。

```
LD    I0. 2     //常开触点I0. 2的逻辑读指令
=     Q0. 1     //线圈Q0. 1的输出指令
```
程序含义：当I0. 0断开，I0. 2闭合时，Q0. 1得电输出。

（a）语句表

SM5. 0 —(STOP)
I0. 0 —( ) Q0. 0
I0. 1 —(END)
I0. 2 —( ) Q0. 1

（b）梯形图

图12-36 有条件结束指令（END）和暂停指令（STOP）的应用示例

SM是特殊标志位存储器，有效地址范围为SM0.0～SM549.7。其中，SM5.0表示当有I/O错误时，置1。

12.7.5 看门狗定时器复位指令

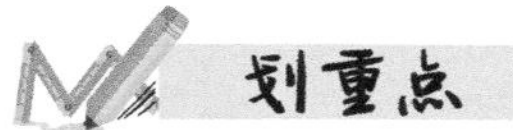

执行WDR指令，系统中的看门狗定时器（WDT）复位，重新开始计时，延长扫描周期，允许程序扫描周期超过监视定时器的预设时间。

看门狗定时器复位指令（WDR）用于触发系统中的看门狗定时器（WDT），如图12-37所示。

```
I0.0
─┤ ├────────( WDR )        LD   I0.0
                           WDR
```

（a）梯形图　（b）语句表

图12-37　看门狗定时器复位指令（WDR）

图12-38为看门狗定时器复位指令（WDR）的应用示例。

梯形图	语句表	
SM5.0 常开触点与SM4.3 常开触点并联 —(STOP)	LD　SM5.0	//常开触点SM5.0的逻辑读指令
	O　SM4.3	//常开触点SM4.3的并联指令
	STOP	//暂停指令

程序含义：当检测到I/O错误（SM5.0闭合）或在运行时刻，发现编程有问题（SM4.3闭合）时，将SM5.0置1，强制转换到STOP模式，即执行暂停指令。

梯形图	语句表	
I0.0 —(WDR)	LD　I0.0	//常开触点I0.0的逻辑读指令
	WDR	//看门狗定时器复位指令

程序含义：当I0.0闭合时，执行WDR指令，对看门狗定时器进行复位，增加一次扫描时间。

梯形图	语句表	
I0.1 —(END)	LD　I0.1	//常开触点I0.1的逻辑读指令
	END	//有条件结束指令

程序含义：当I0.1闭合时，终止用户程序，即使I0.2闭合，下面的程序也不再执行。

梯形图	语句表	
I0.2 —(Q0.1)	LD　I0.2	//常开触点I0.2的逻辑读指令
	=　Q0.1	//线圈Q0.1的输出指令

程序含义：当I0.0断开、I0.2闭合时，Q0.1得电输出。

（a）梯形图　（b）语句表

图12-38　看门狗定时器复位指令（WDR）的应用示例

看门狗定时器复位指令（WDR）是专门监视扫描周期的时钟，用于监视扫描周期是否超时。当程序正常扫描时，所需扫描时间小于看门狗定时器（WDT）的设定值，WDT被复位；当程序异常时，扫描周期大于WDT的设定值，WDT不能及时复位，将发出报警并停止CPU运行，防止因系统异常或程序进入死循环而引起扫描周期过长。

西门子PLC的传送指令

12.8.1 字节、字、双字、实数传送指令

字节、字、双字、实数传送指令称为单数据传送指令，主要用于将输入端指定的单个数据传送到输出端，在传送过程中数据保持不变，如图12-39所示。

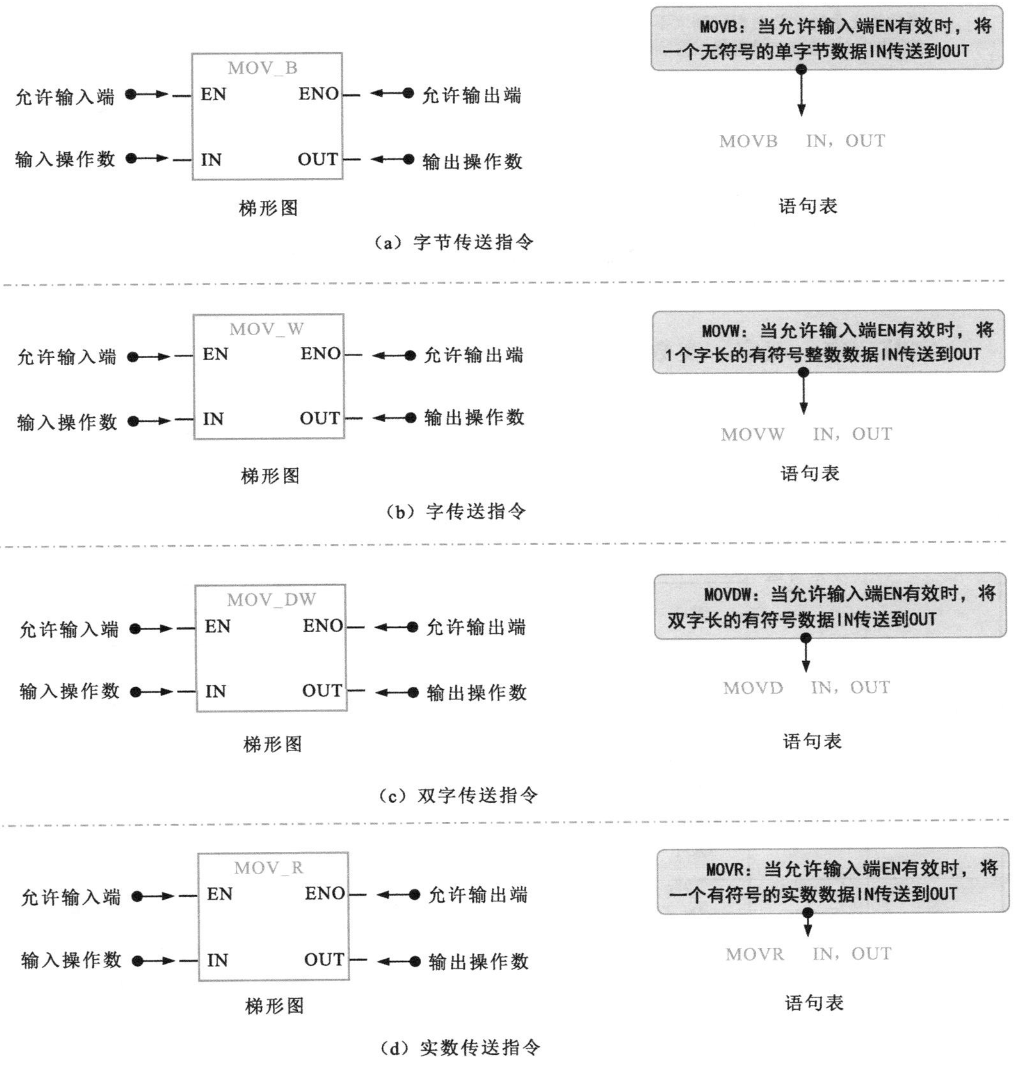

(a) 字节传送指令

(b) 字传送指令

(c) 双字传送指令

(d) 实数传送指令

图12-39 字节、字、双字、实数传送指令

单数据传送指令除上述4个基本指令外，还有两个立即传送指令，即字节立即读传送指令（MOV_BIR）和字节立即写传送指令（MOV_BIW），如图12-40所示。

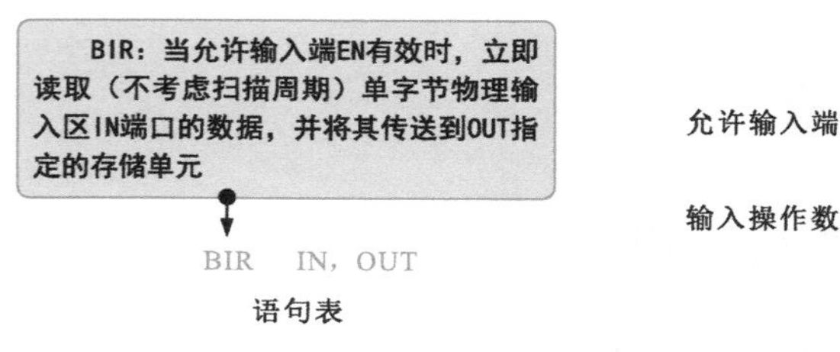

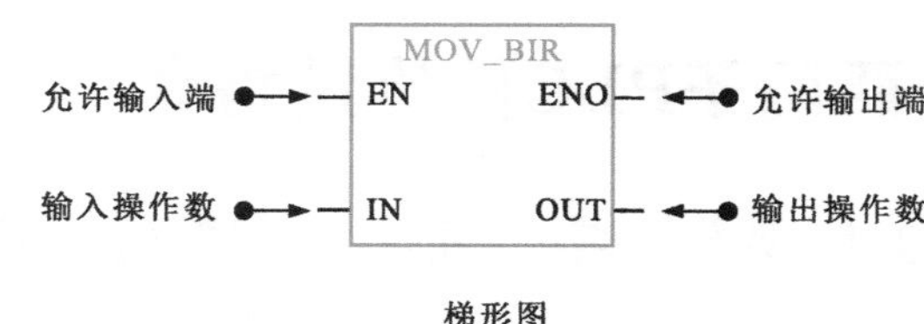

（a）字节立即读传送指令

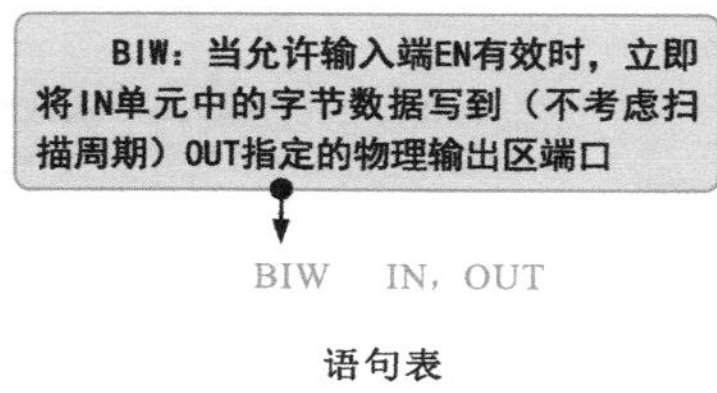

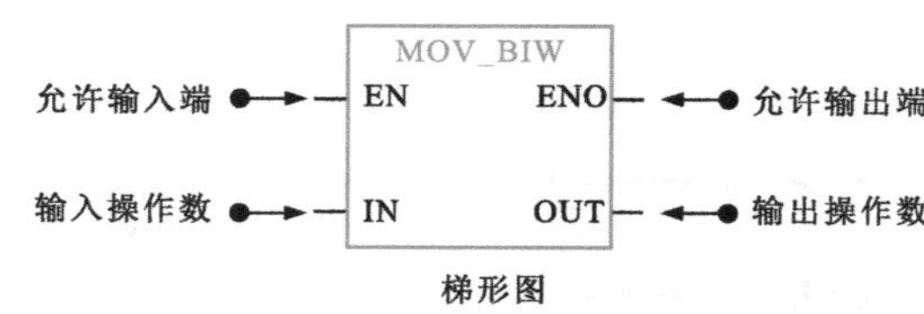

（b）字节立即写传送指令

图12-40 字节立即读传送指令（MOV_BIR）和字节立即写传送指令（MOV_BIW）

字节、字、双字、实数传送指令的有效操作数见表12-8。

表12-8 字节、字、双字、实数传送指令的有效操作数

数据类型	指令类型	输入/输出	有效操作数
字节（BYTE）	字节传送指令	IN	IB、QB、VB、MB、SMB、SB、LB、AC、*VD、*LD、*AC、常数
		OUT	IB、QB、VB、MB、SMB、SB、LB、AC、*VD、*LD、*AC
	字节立即读传送指令	IN	IB、*VD、*LD、*AC
		OUT	IB、QB、VB、MB、SMB、SB、LB、AC、*VD、*LD、*AC、常数
	字节立即写传送指令	IN	IB、QB、VB、MB、SMB、SB、LB、AC、*VD、*LD、*AC
		OUT	QB、*VD、*LD、*AC
字（WORD）	字传送指令	IN	IW、QW、VW、MW、SMW、SW、T、C、LW、AC、AIW、*VD、*AC、*LD、常数
		OUT	IW、QW、VW、MW、SMW、SW、T、C、LW、AC、AQW、*VD、*LD、*AC
双字（DWORD）	双字传送指令	IN	ID、QD、VD、MD、SMD、SD、LD、HC、&VB、&IB、&QB、&MB、&SB、&T、&C、&SMB、&AIW、&AQW、AC、*VD、*LD、*AC、常数
		OUT	ID、QD、VD、MD、SMD、SD、LD、AC、*VD、*LD、*AC
实数（REAL）	实数传送指令	IN	ID、QD、VD、MD、SMD、SD、LD、AC、*VD、*LD、*AC、常数
		OUT	ID、QD、VD、MD、SMD、SD、LD、AC、*VD、*LD、*AC

在单数据传送指令的应用中，以下条件将引起指令的允许输出端（ENO）出错，导致ENO=0。

- SM4.3（运行时间）。
- 0006（间接寻址）。
- 0091（操作数超界）。

图12-41为字节、字、双字、实数传送指令的应用示例。

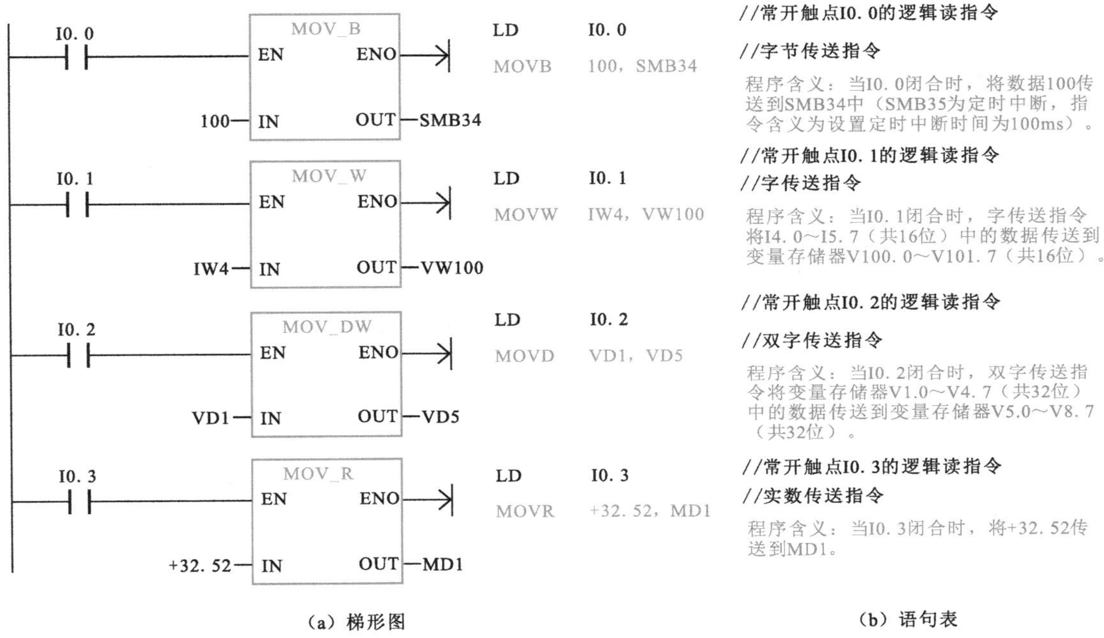

图12-41 字节、字、双字、实数传送指令的应用示例

12.8.2 数据块传送指令

数据块传送指令用于一次传输多个数据，即将输入端指定的多个数据（最多255个）传送到输出端。根据传送数据类型不同，数据块传送指令包括字节块传送指令（BLKMOV_B）、字块传送指令（BLKMOV_W）和双字块传送指令（BLKMOV_D），如图12-42所示。

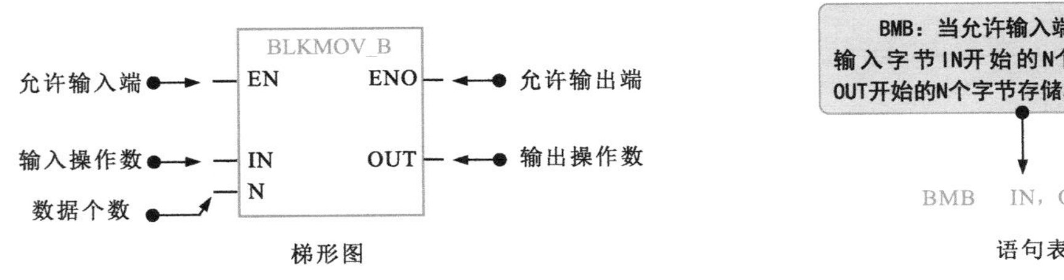

图12-42 数据块传送指令

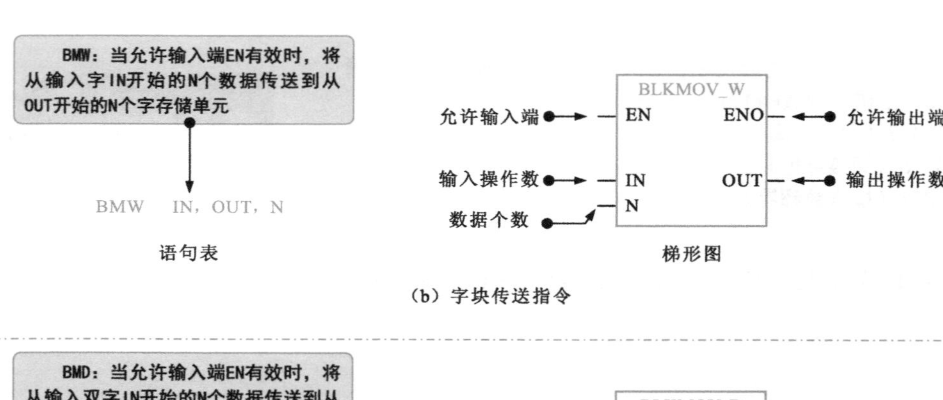

（b）字块传送指令

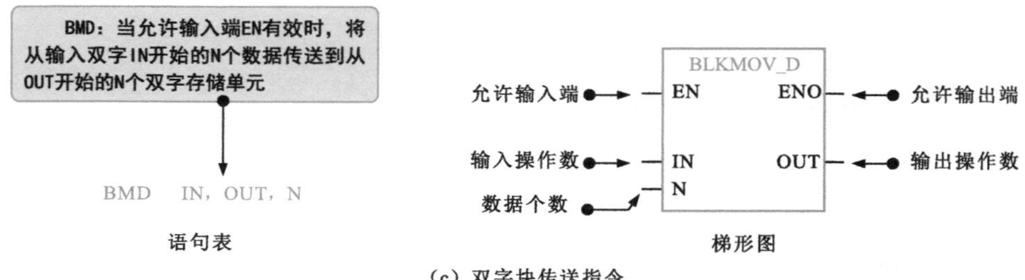

（c）双字块传送指令

图12-42 数据块传送指令（续）

图12-43为数据块传送指令的应用示例。

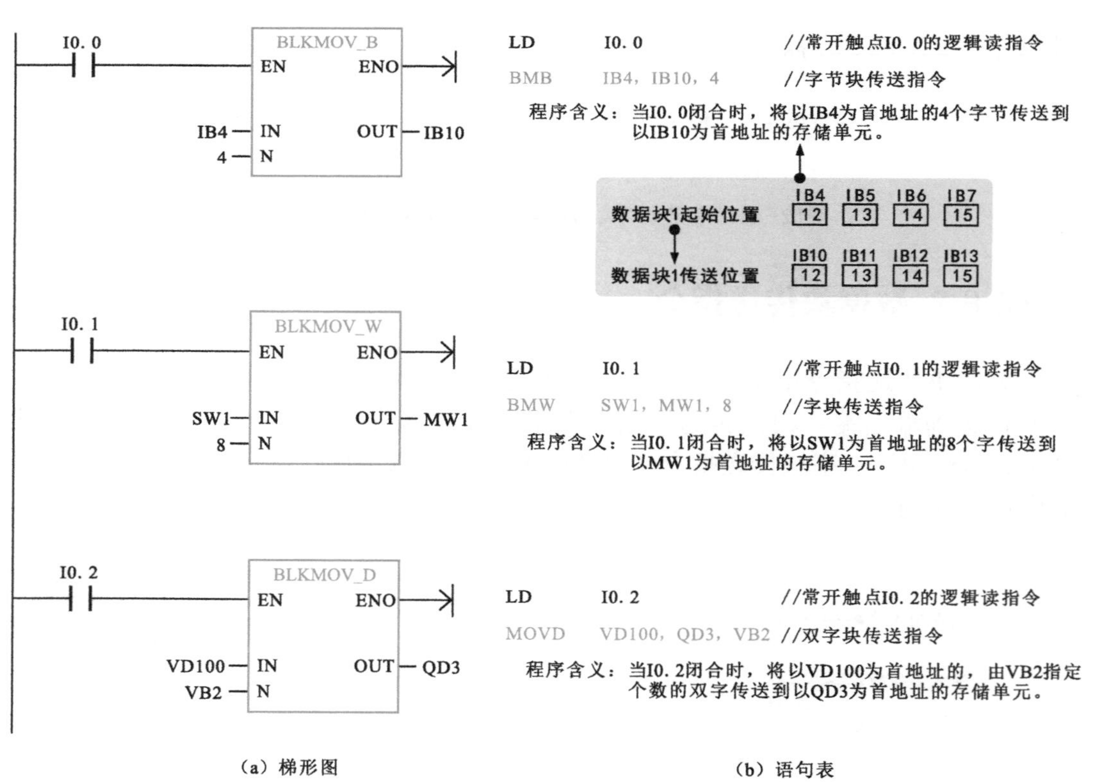

（a）梯形图　　（b）语句表

图12-43 数据块传送指令的应用示例

数据块传送指令的有效操作数见表12-9。

表12-9 数据块传送指令的有效操作数

数据类型	指令类型	输入/输出	有效操作数
字节（BYTE）	字节块传送指令	IN	IB、QB、VB、MB、SMB、SB、LB、*VD、*LD、*AC
		OUT	IB、QB、VB、MB、SMB、SB、LB、*VD、*LD、*AC
字（WORD）	字块传送指令	IN	IW、QW、VW、SMW、SW、T、C、LW、AIW、*VD、*LD、*AC
		OUT	IW、QW、VW、MW、SMW、SW、T、C、LW、AQW、*VD、*LD、*AC
双字（DWORD）	双字块传送指令	IN	ID、QD、VD、MD、SMD、SD、LD、*VD、*LD、*AC
		OUT	ID、QD、VD、MD、SMD、SD、LD、*VD、*LD、*AC
字节（BYTE）	传送数据个数	N	IB、QB、VB、MB、SMB、SB、LB、AC、常数、*VD、*LD、*AC

西门子PLC的移位/循环指令

12.9.1 移位指令

移位指令根据移动方向分为左移位指令和右移位指令。根据数据类型不同，每种移位指令又可细分为字节、字、双字左移位和右移位指令，共6种，如图12-44所示。

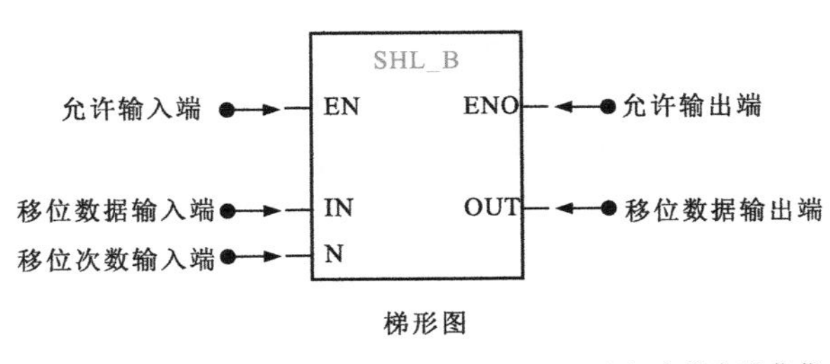

梯形图

当允许输入端有效时，将字节移位数据左移*N*位（*N*≤8），移出到OUT指定的字节存储单元。移位时，移出位进入SM1.1，另一端自动补0。SM1.1始终存放最后一次被移出的位

SLB OUT，N

语句表

（a）字节左移位指令

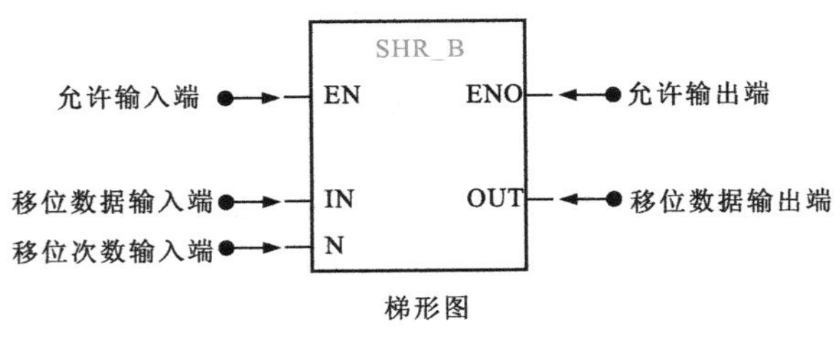

梯形图

当允许输入端有效时，将字节数据右移*N*位（*N*≤8），移出到OUT指定的字节存储单元。移位时，移出位进入SM1.1，另一端自动补0。SM1.1始终存放最后一次被移出的位

SRB OUT，N

语句表

（b）字节右移位指令

图12-44 移位指令

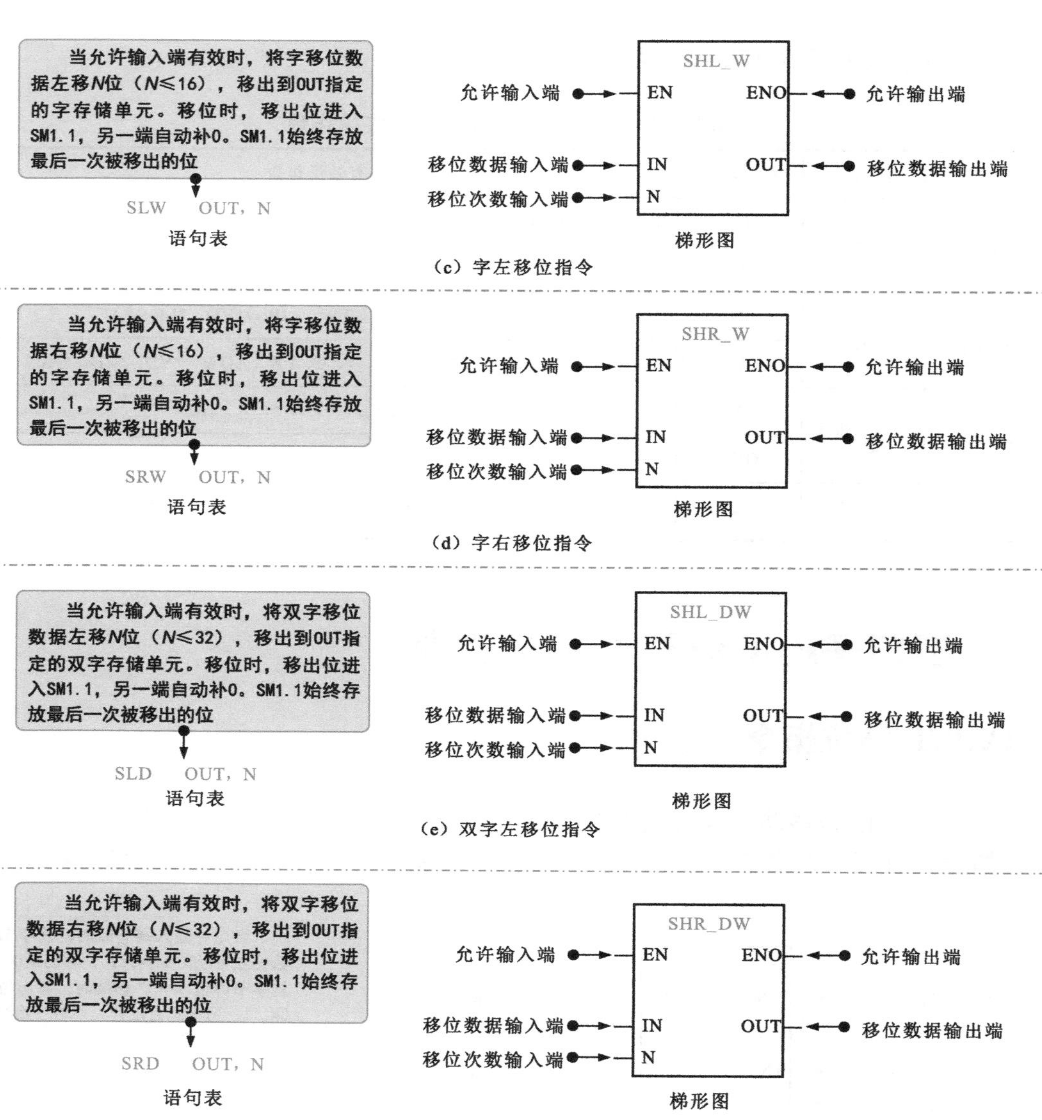

图12-44 移位指令（续）

使用移位指令时需要注意：

● 被移位的数据是无符号的。字节操作是无符号的。对于字和双字操作，当使用有符号数据类型时，符号位也被移动。

● 移位数据存储单元的移出端与SM1.1相连，最后被移出的位被放到SM1.1位存储单元，另一端自动补0。

● 移位指令对移出的位自动补0。如果位数N大于或等于最大允许值，那么移位操作的次数为最大允许值。如果移位次数大于0，那么溢出标志位(SM1.1)上就是最近移出的位。如果移位操作的结果为0，那么零存储器位(SM1.0)置位。

● 影响允许输出端ENO正常工作的条件是SM4.3（运行时间）、0006（间接寻址）。

● 在语句表中，IN与OUT使用同一个存储单元。若IN与OUT不是同一个存储单元，则需要先使用传送指令将IN中的数据传送到OUT。

图12-45为移位指令的应用示例。

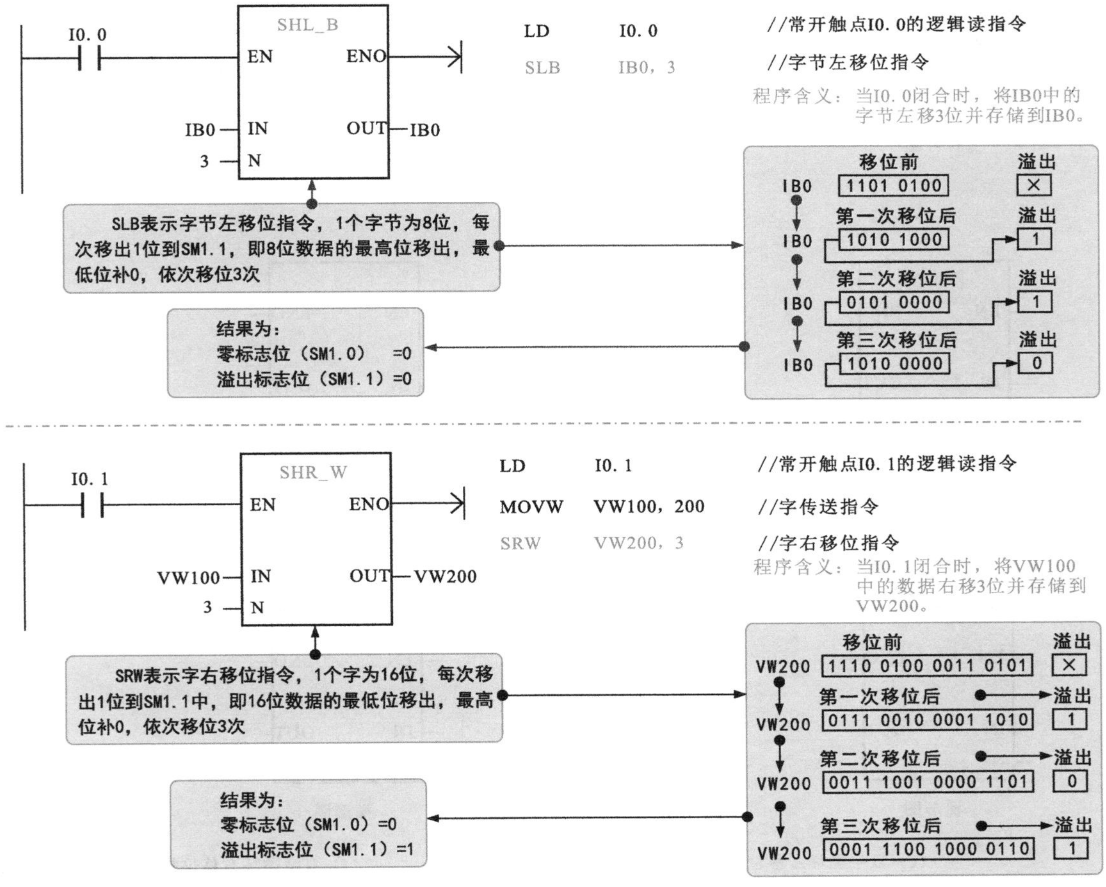

I0.0
SHL_B
EN ENO
IB0 IN OUT IB0
3 N
LD I0.0 //常开触点I0.0的逻辑读指令
SLB IB0，3 //字节左移位指令
程序含义：当I0.0闭合时，将IB0中的字节左移3位并存储到IB0。
SLB表示字节左移位指令，1个字节为8位，每次移出1位到SM1.1，即8位数据的最高位移出，最低位补0，依次移位3次
移位前 溢出
IB0 1101 0100 ×
第一次移位后 溢出
IB0 1010 1000 1
第二次移位后 溢出
IB0 0101 0000 1
第三次移位后 溢出
IB0 1010 0000 0
结果为：
零标志位（SM1.0） =0
溢出标志位（SM1.1）=0
I0.1
SHR_W
EN ENO
VW100 IN OUT VW200
3 N
LD I0.1 //常开触点I0.1的逻辑读指令
MOVW VW100，200 //字传送指令
SRW VW200，3 //字右移位指令
程序含义：当I0.1闭合时，将VW100中的数据右移3位并存储到VW200。
SRW表示字右移位指令，1个字为16位，每次移出1位到SM1.1中，即16位数据的最低位移出，最高位补0，依次移位3次
移位前 溢出
VW200 1110 0100 0011 0101 ×
第一次移位后 溢出
VW200 0111 0010 0001 1010 1
第二次移位后 溢出
VW200 0011 1001 0000 1101 0
第三次移位后 溢出
VW200 0001 1100 1000 0110 1
结果为：
零标志位（SM1.0）=0
溢出标志位（SM1.1）=1

（a）梯形图 （b）语句表

图12-45 移位指令的应用示例

12.9.2 循环移位指令

循环移位指令主要用于将输入值IN循环左移或循环右移*N*位，并将输出结果装载到OUT中，如图12-46所示。

ROL_B
允许输入端 EN
ENO 允许输出端
移位数据输入端 IN
OUT 移位数据输出端
移位次数输入端 N
当允许输入端有效时，将字节移位数据IN循环左移N位（N≤8），移出到OUT指定的字节存储单元，并将最后一次移出位送入SM1.1
RLB OUT，N
梯形图
语句表

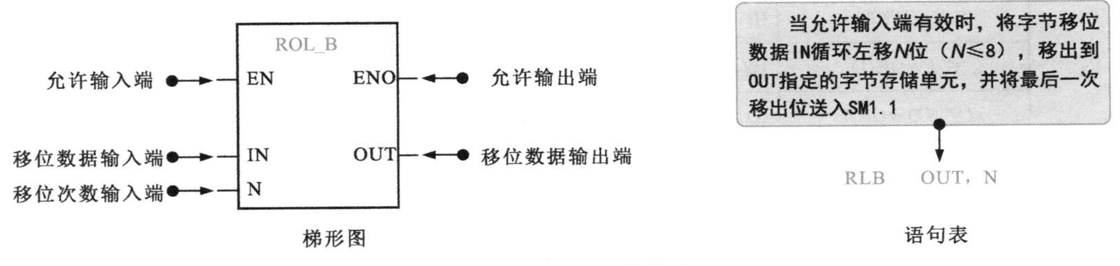

（a）字节循环左移位指令

图12-46 循环移位指令

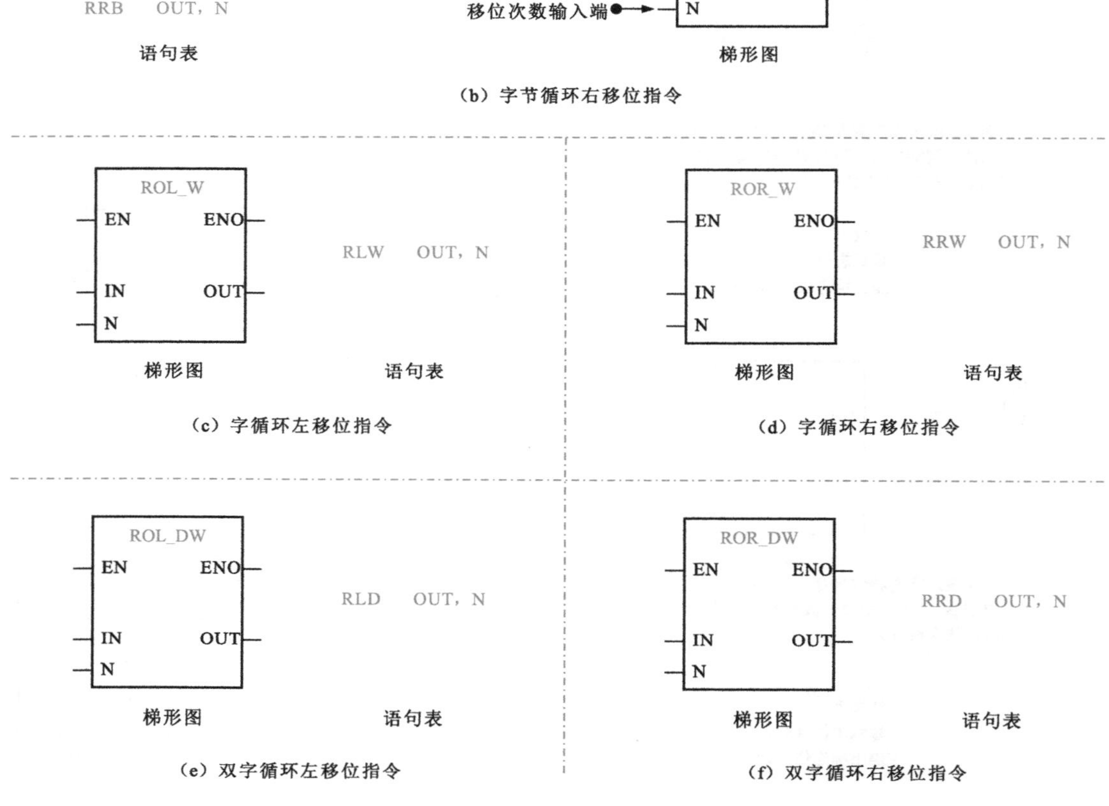

（b）字节循环右移位指令

（c）字循环左移位指令

（d）字循环右移位指令

（e）双字循环左移位指令

（f）双字循环右移位指令

图12-46 循环移位指令（续）

移位指令和循环移位指令的有效操作数见表12-10。

表12-10 移位指令和循环移位指令的有效操作数

输入/输出	数据类型	有效操作数
IN	字节（BYTE）	IB、QB、VB、MB、SMB、SB、LB、AC、*VD、*LD、*AC、常数
	字（WORD）	IW、QW、VW、MW、SMW、SW、LW、T、C、AC、AIW、*VD、*LD、*AC、常数
	双字（DWORD）	ID、QD、VD、MD、SMD、SD、LD、AC、HC、*VD、*LD、*AC、常数
OUT	字节（BYTE）	IB、QB、VB、MB、SMB、SB、LB、AC、*VD、*LD、*AC
	字（WORD）	IW、QW、VW、MW、SMW、SW、T、C、LW、AIW、AC、*VD、*LD、*AC
	双字（DWORD）	ID、QD、VD、MD、SMD、SD、LD、AC、*VD、*LD、*AC
N	字节（BYTE）	IB、QB、VB、MB、SMB、SB、LB、AC、*VD、*LD、*AC、常数

图12-47为循环移位指令的应用示例。

I0. 0
ROL_B
EN
ENO
VB10
IN
OUT
VB10
2
N
LD I0. 0 //常开触点I0. 0的逻辑读指令
RLB VB10，2 //字节循环左移位指令
程序含义：当I0. 0闭合时，将VB10中的字节循环左移2位并存储到VB10中，溢出的位存入SM1. 1。
溢出
移位前
VB10 × 0110 0111
溢出 第一次循环左移位后
VB10 0 1100 1110
溢出 第二次循环左移位后
VB10 1 1001 1101
结果为：
零标志位（SM1. 0）=0
溢出标志位（SM1. 1）=1
I0. 1
ROR_W
EN
ENO
VW100
IN
OUT
VW102
3
N
LD I0. 1 //常开触点I0. 1的逻辑读指令
MOVW VW100，VW102 //字传送指令
RRW VW102，3 //字循环右移位指令
程序含义：当I0. 1闭合时，字传送指令将变量存储器V100. 0～V101. 7（共16位）中的数据传送到变量存储器V102. 0～V103. 7（共16位）中，并由字循环右移位指令将数据循环右移3次。
移位前 溢出
VW102 1100 0101 0011 1010 ×
第一次循环右移位后 溢出
VW102 0110 0010 1001 1101 0
第二次循环右移位后 溢出
VW102 1011 0001 0100 1110 1
第三次循环右移位后 溢出
VW102 0101 1000 1010 0111 0
结果为：
零标志位（SM1. 0）=0
溢出标志位（SM1. 1）=0

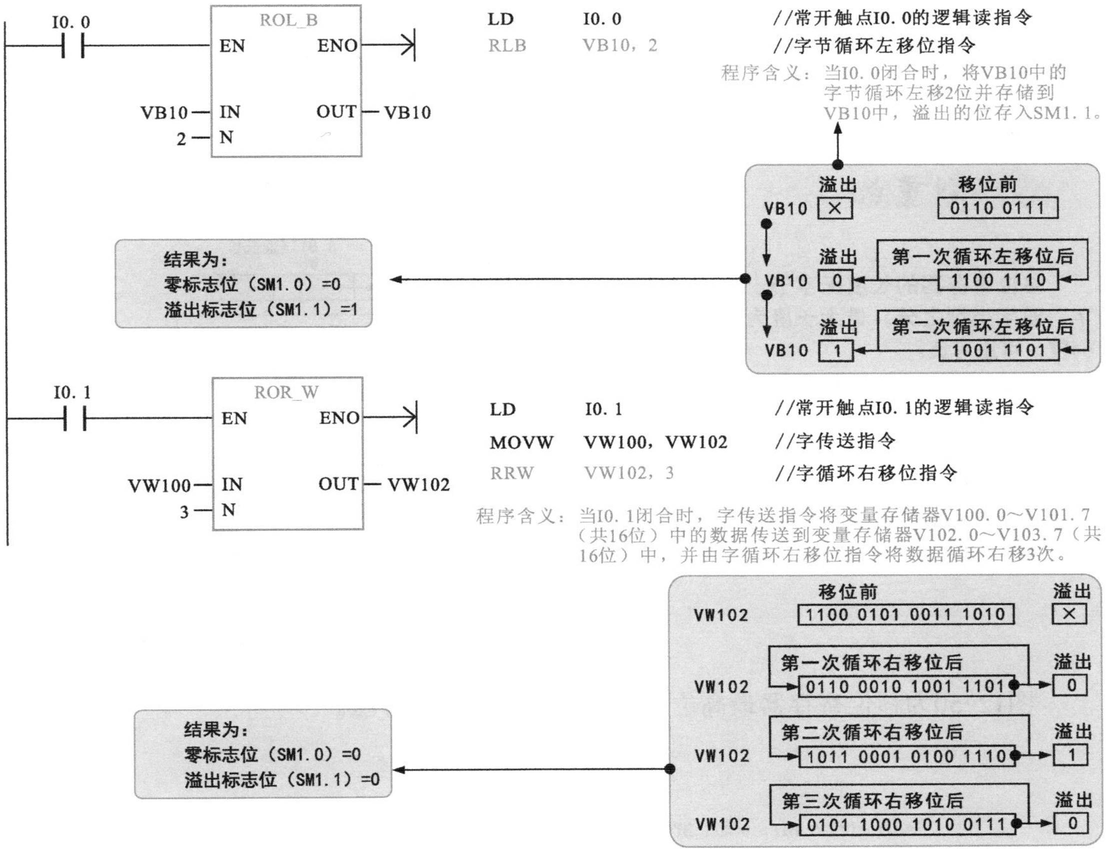

图12-47 循环移位指令的应用示例

12.9.3 移位寄存器指令

移位寄存器（SHRB）指令用于将数值移入寄存器，如图12-48所示。

允许输入端
移位寄存器的数据输入端
移位寄存器的最低位端
移位寄存器的长度和方向
SHRB
EN
ENO
DATA
S_BIT
N
允许输出端
当允许输入端EN有效时，若N为正，则在每个EN上升沿将DATA的输入值移入移位寄存器的最低位S_BIT；若N为负，则在每个EN上升沿将DATA的输入值移入移位寄存器的最高位。移位寄存器的其他位则按照N指定的方向（正向或反向），依次串行移位
SHRB DATA，S_BIT，N

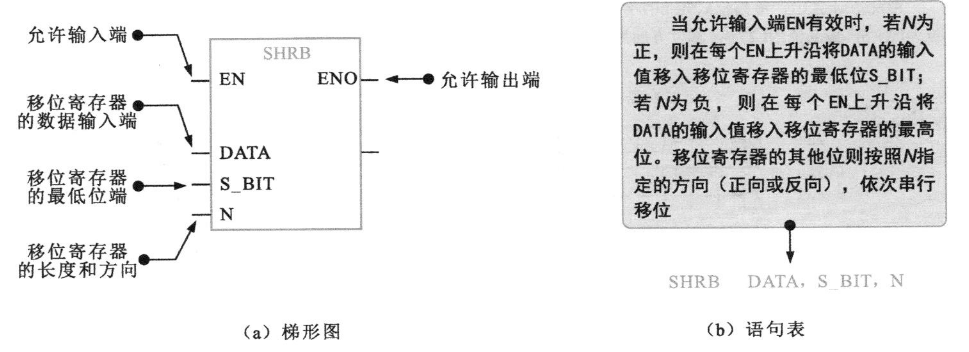

（a）梯形图　　（b）语句表

图12-48 移位寄存器指令

移位寄存器的有效操作数见表12-11。

表12-11　移位寄存器的有效操作数

输入/输出	数据类型	有效操作数
DATA、S_BIT	布尔（BOOL）	I、Q、V、M、SM、S、T、C、L
N	字节（BYTE）	IB、QB、VB、MB、SMB、SB、LB、AC、*VD、*LD、*AC、常数

移位寄存器的长度无字节、字、双字类型之分，最大长度为64位，可正可负。

当*N*为正值时，正向移位，移位从最低字节的最低位S_BIT移入，从最高字节的最高位移出；当*N*为负值时，反向移位，移位从最高字节的最高位移入，从最低字节的最低位S_BIT移出。

图12-49为移位寄存器（SHRB）指令的特点。

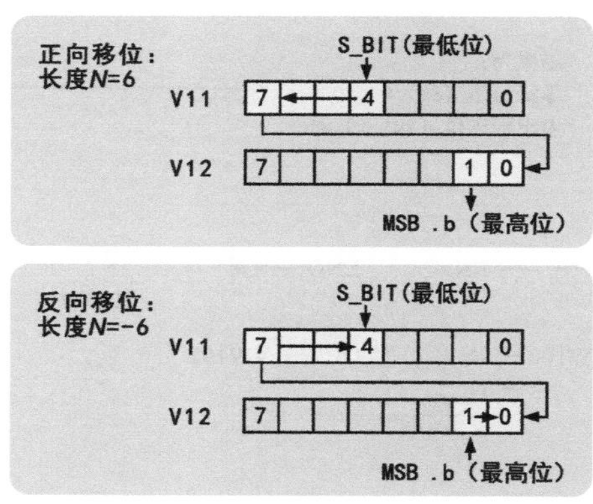

图12-49　移位寄存器（SHRB）指令的特点

图12-50为移位寄存器最高位字节号和位号的计算方法。

最低位字节号：31

已知最低位为S_BIT，例如S_BIT = V31.4。

最低位字位号：4

移位寄存器长度为*N*。

移位寄存器的最高有效位地址（MSB.b）的计算公式为：*A*=[｜*N*｜-1+（S_BIT的位号）]/8。

最高位MSB.b的字节号MSB：S_BIT字节号+*A*的商（不包括余数）。

最高位MSB.b的位号b：*A*的余数。

例如，S_BIT=V31.4，*N*=14，可知S_BIT的字节号为31，位号为4，则*A*=(14-1+4)/8=2，余数为1。

由此可计算出，最高位MSB.b的字节号MSB为31+2=33，位号b为1，即MSB.b=V33.1，即该移位寄存器的最低位为V31.4，最高位为V33.1，移位方向为正向。

又如，S_BIT=L21. 5，*N*=-16，可知S_BIT的字节号为21，位号为5，则*A*=(16-1+5)/8=2，余数为4。

由此可计算出，最高位MSB.b的字节号MSB为21+2=23，位号b为4，即MSB.b=L23.4，即该移位寄存器的最低位为L21.5，最高位为L23.4，移位方向为反向。

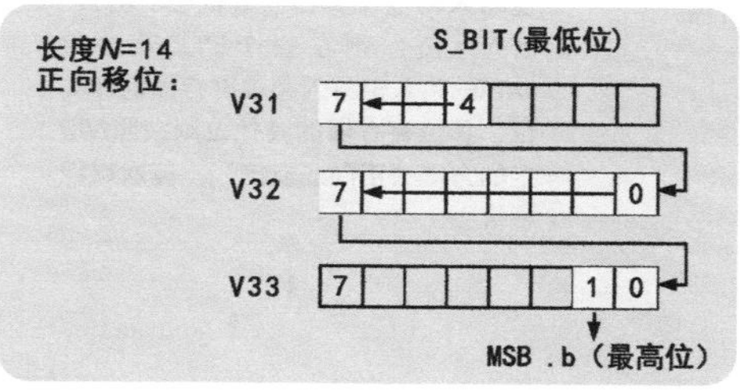

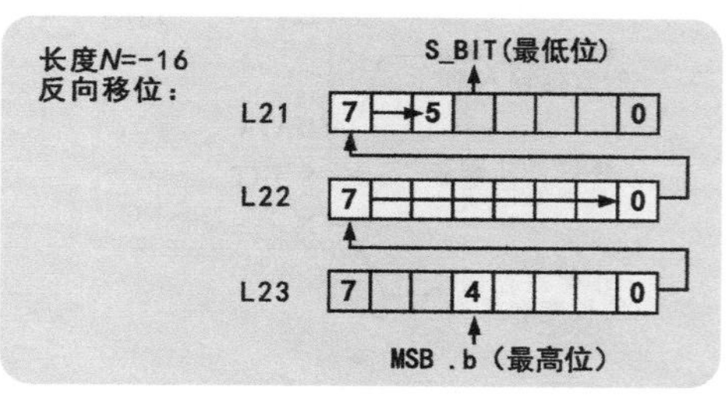

图12-50　移位寄存器最高位字节号和位号的计算方法

图12-51为移位寄存器指令的应用示例。

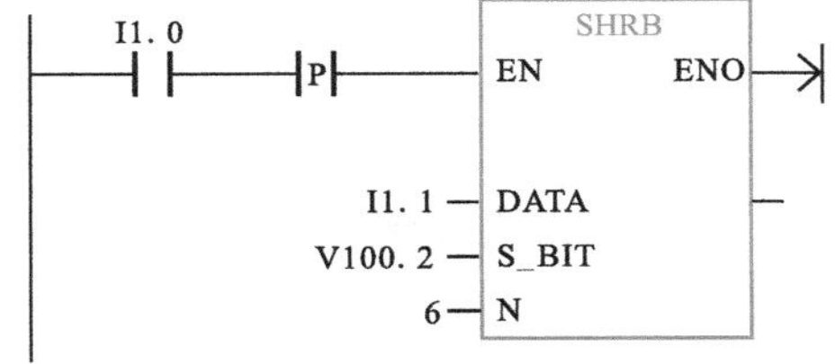

①梯形图

LD	I1. 0	//常开触点I1. 0的逻辑读指令
EU		//上升沿脉冲指令
SHRB	I1.1，V100.2，6	//移位寄存器指令

程序含义：每当I1. 0闭合一次，I1. 1的状态从V100. 2开始移入移位寄存器。移位寄存器的长度为6，移动方向为正向。

移位寄存器最低位为V100. 2，移位寄存器的长度N=6，可计算移位寄存器的最高位为V100. 7，即从最低位V100. 2移入，从最高位V100. 7移出，每次移出的位都存储在SM1. 1中

②语句表

若在程序执行过程中I0. 1闭合3次，则I1. 1在第一次移位时由其他程序控制处于闭合状态；第二次移位时处于断开状态；第三次移位也处于断开状态，时序图如下

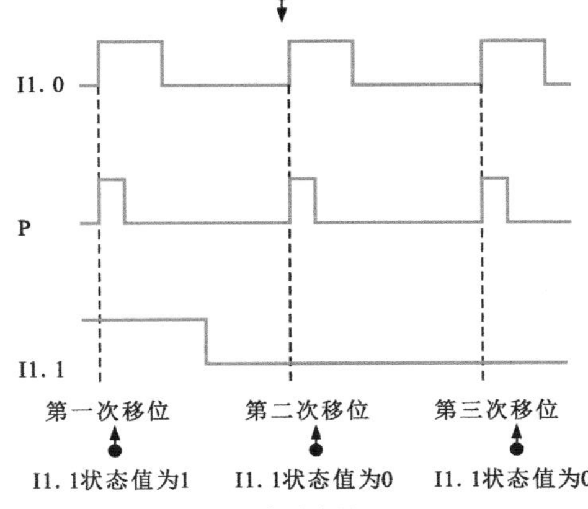

③时序图

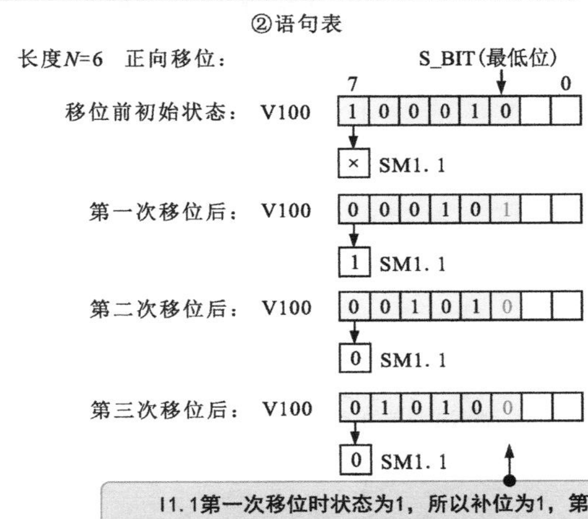

I1. 1第一次移位时状态为1，所以补位为1，第二、三次状态为0，所以补位为0

④移位过程

(a) 移位寄存器指令应用示例1

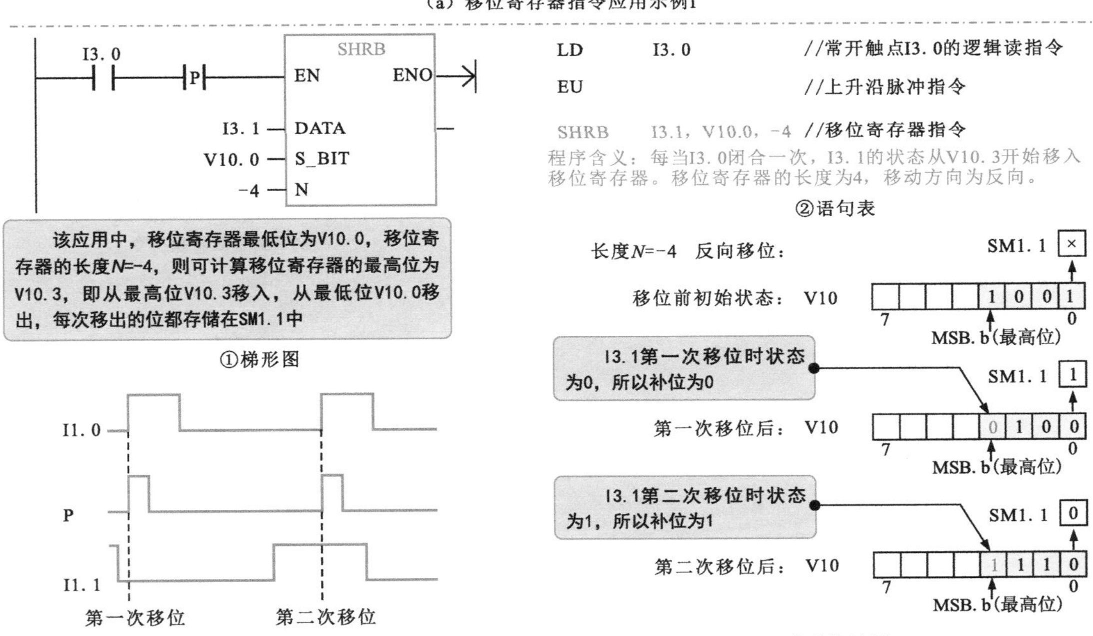

(b) 移位寄存器指令应用示例2

图12-51 移位寄存器指令的应用示例

12.9.4 数据类型转换指令

1 字节与整数转换指令

字节与整数转换指令包括字节到整数转换指令（BTI）和整数到字节（ITB）转换指令，如图12-52所示。

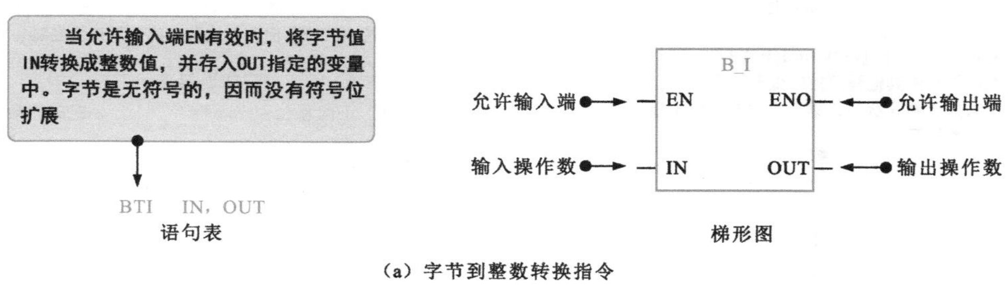

（a）字节到整数转换指令

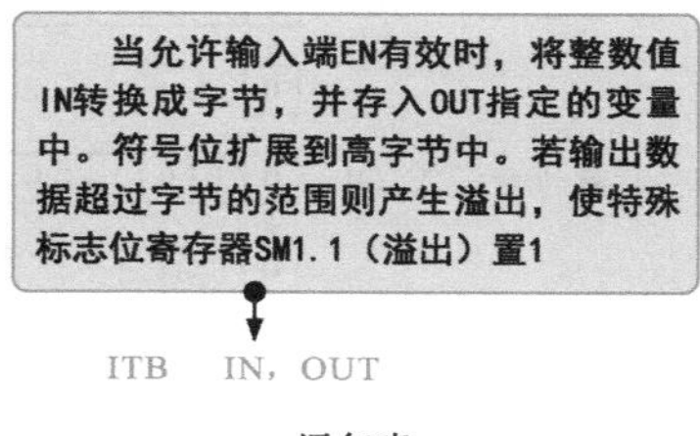

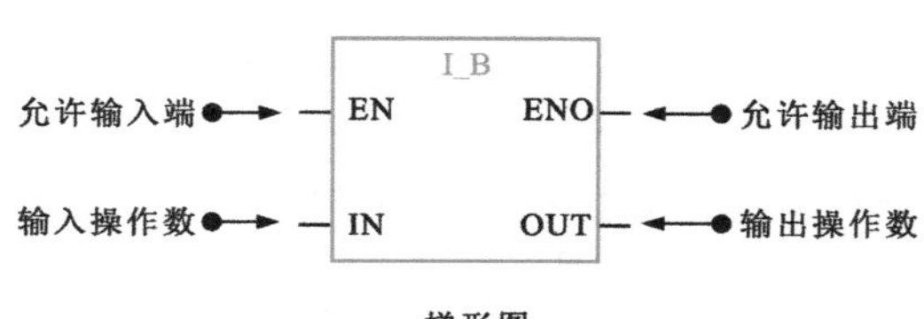

（b）整数到字节转换指令

图12-52 字节与整数转换指令

图12-53为字节与整数转换指令的应用示例。

（a）梯形图　　（b）语句表

图12-53 字节与整数转换指令的应用示例

2 整数与双精度整数转换指令

整数与双精度整数转换指令包括整数到双整数转换指令（ITD）和双整数到整数（DTI）转换指令，如图12-54所示。

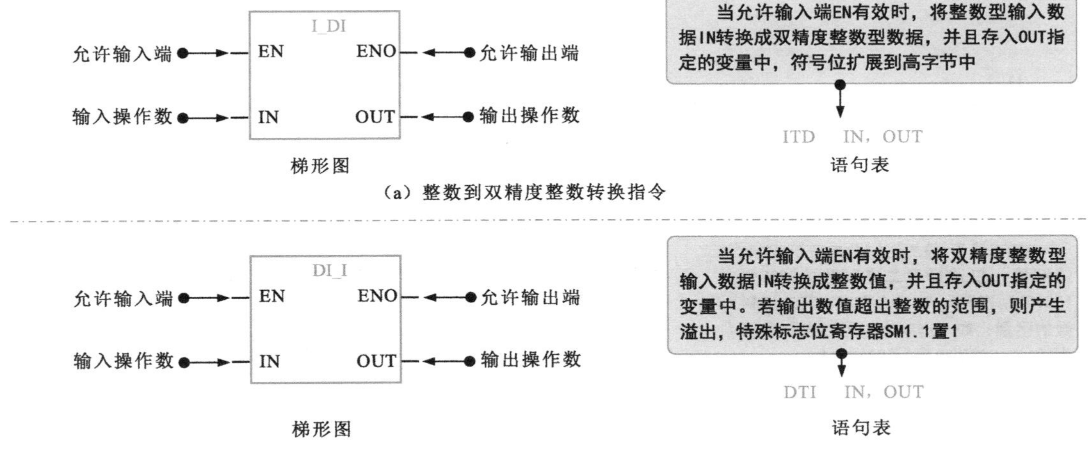

图12-54 整数与双精度整数转换指令

3 双精度整数与实数转换指令

双精度整数与实数转换指令包括双精度整数到实数转换指令（DTR）、取整（小数部分四舍五入，也称为实数到双精度整数转换）指令（ROUND）和截断（舍去小数部分，也称为实数到双精度整数转换）指令（TRUNC），如图12-55所示。

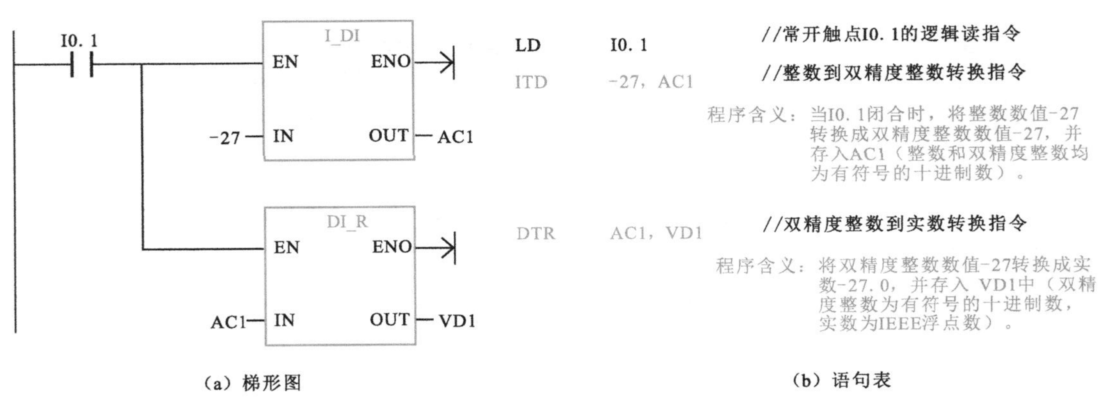

图12-55 双精度整数与实数转换指令

4 整数与BCD码转换指令

整数与BCD码转换指令包括整数到BCD码转换指令（IBCD）和BCD码到整数转换指令（BCDI）。

图12-56为整数与BCD码转换指令的应用示例。

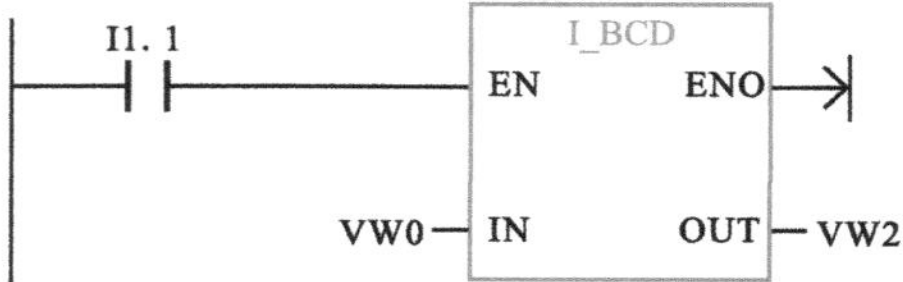


```
LD      I1.1         //常开触点I1.1的逻辑读指令
MOVW    VW0, VW2     //字传送指令
IBCD    VW2          //整数到BCD码转换指令
```

程序含义：当I1.1闭合时，先将V0.0～V1.7（共16位）中的整数数据送至V2.0～V2.7（共16位）中，再将该整数转换为BCD码。

BCD码是用4位二进制数来表示1位十进制数。仅选择了二进制数的0000～1001分别表示0～9 10个数字。与二进制数的区别：如十进制数11用二进制表示为1011，BCD码表示为00010001

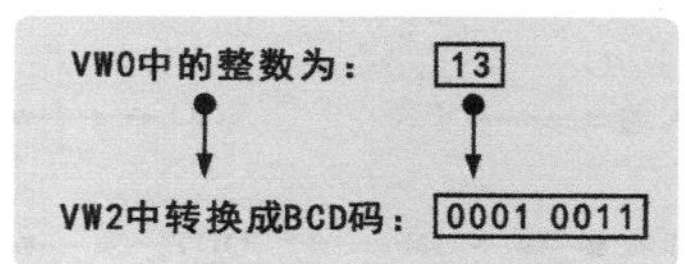

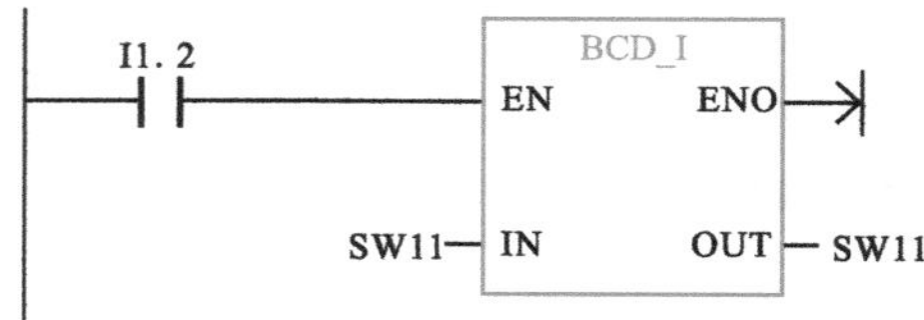


```
LD      I1.2          //常开触点I1.2的逻辑读指令
BCDI    SW11, SW11    //BCD码到整数转换指令
```

程序含义：当I1.2闭合时，先将SW11中的BCD码转换为整数，再将结果存储到SW11中。

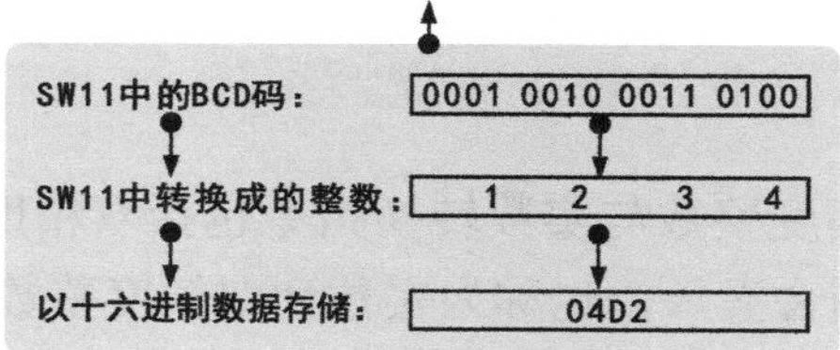

图12-56 整数与BCD码转换指令的应用示例

使用数据类型转换指令时需要注意：如果想将一个整数转换成实数，则可先用整数到双整数转换指令（ITD），再用双整数到实数转换指令（DTR）。各个数据类型转换指令中的有效操作数见表12-12。

表12-12 各个数据类型转换指令中的有效操作数

输入/输出	数据类型	有效操作数
IN	字节（BYTE）	IB、QB、VB、MB、SMB、SB、LB、AC、*VD、*LD、*AC、常数
	字（WORD）、整数（INT）	IW、QW、VW、MW、SMW、SW、T、C、LW、AIW、AC、*VD、*LD、*AC、常数
	双整数（DINT）	ID、QD、VD、MD、SMD、SD、LD、HC、AC、*VD、*LD、*AC、常数
	实数（REAL）	ID、QD、VD、MD、SMD、SD、LD、AC、*VD、*LD、*AC、常数
OUT	字节（BYTE）	IB、QB、VB、MB、SMB、SB、LB、AC、*VD、*LD、*AC
	字（WORD）、整数（INT）	IW、QW、VW、MW、SMW、SW、T、C、LW、AIW、AC、*VD、*LD、*AC
	双整数（DINT）	ID、QD、VD、MD、SMD、SD、LD、AC、*VD、*LD、*AC
	实数（REAL）	ID、QD、VD、MD、SMD、SD、LD、AC、*VD、*LD、*AC

12.9.5 ASCII码转换指令

1 ASCII码与十六进制数之间的转换指令

ASCII码与十六进制数之间的转换指令包括ASCII码转换为十六进制数指令（ATH）和十六进制数转换为ASCII码指令（HTA），如图12-57所示。

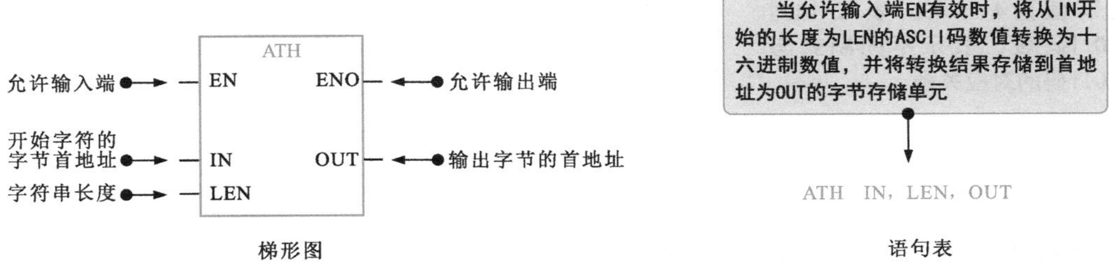

（a）ASCII码转换为十六进制数指令

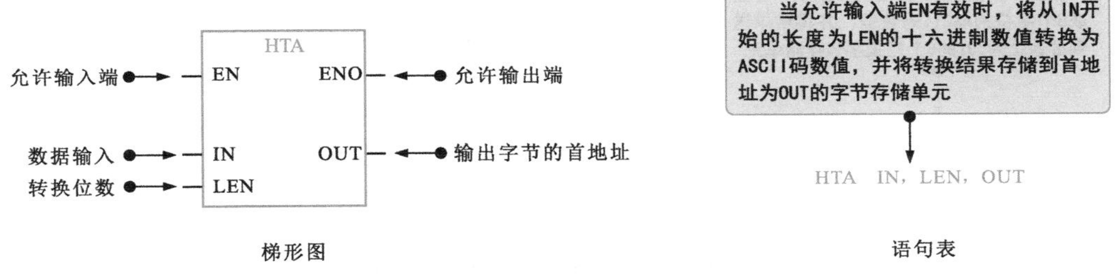

（b）十六进制数转换为ASCII码指令

图12-57 ASCII码与十六进制数之间的转换指令

ASCII码转换指令的有效操作数见表12-13。

表12-13 ASCII码转换指令的有效操作数

输入/输出	数据类型	有效操作数
IN	字节（BYTE）	IB、QB、VB、MB、SMB、SB、LB、*VD、*LD、*AC
	整数（INT）	IW、QW、VW、MW、SMW、SW、LW、T、C、AC、AIW、*VD、*LD、*AC、常数
	双整数（DINT）	ID、QD、VD、MD、SMD、SD、LD、AC、HC、*VD、*LD、*AC、常数
	实数（REAL）	ID、QD、VD、MD、SMD、SD、LD、AC、*VD、*LD、*AC、常数
LEN	字节（BYTE）	IB、QB、VB、MB、SMB、SB、LB、AC、*VD、*LD、*AC、常数
OUT	字节（BYTE）	IB、QB、VB、MB、SMB、SB、LB、*VD、*LD、*AC

在ASCII码转换指令中，有效的ASCII码输入字符0～9对应的十六进制数代码值为30～39，大写字符A～F对应的十六进制数代码值为41～46。表12-14为ASCII码表，表示不同制式与ASCII码的对应关系。

表12-14　ASCII码表

二进制	十六进制	ASCII码字符	二进制	十六进制	ASCII码字符
00110000	30	0	00111000	38	8
00110001	31	1	00111001	39	9
00110010	32	2	01000001	41	A
00110011	33	3	01000010	42	B
00110100	34	4	01000011	43	C
00110101	35	5	01000100	44	D
00110110	36	6	01000101	45	E
00110111	37	7	01000110	46	F

2　整数转换成ASCII码指令

整数转换成ASCII码指令（ITA）是将一个整数转换成ASCII码的数值，并将结果存储到OUT指定的8个连续字节存储单元中，如图12-58所示。

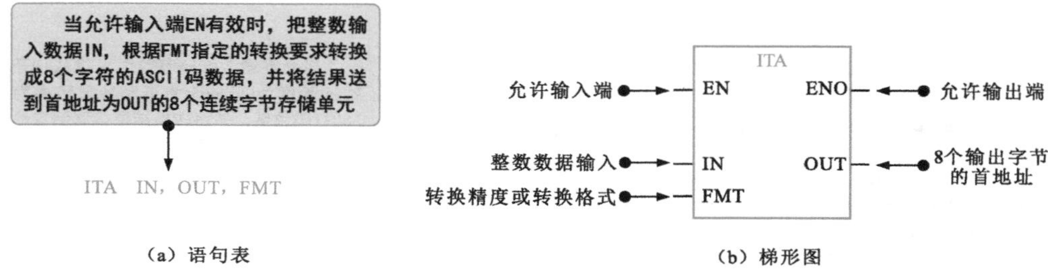

图12-58　整数转换成ASCII码指令

图12-59为整数转换成ASCII码指令的应用示例。

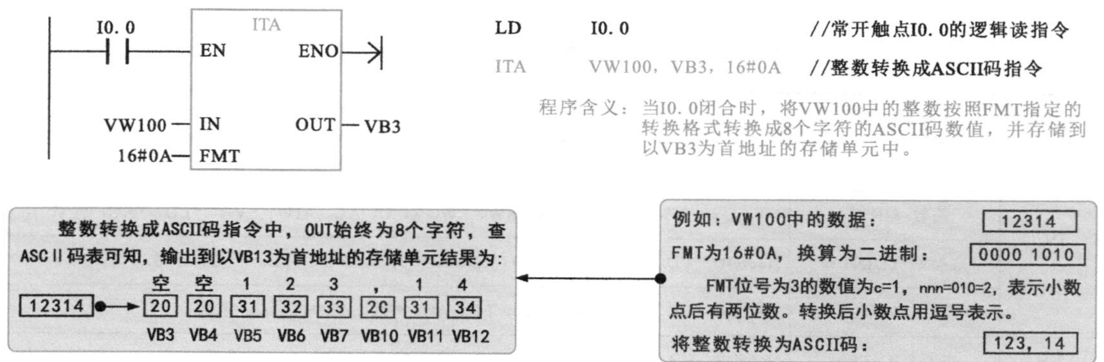

图12-59　整数转换成ASCII码指令的应用示例

3 双精度整数转换成ASCII码指令

双精度整数转换成ASCII码指令（DTA）是将一个双精度整数转换成ASCII码字符串，并将结果存储到OUT指定的12个连续字节存储单元中，如图12-60所示。

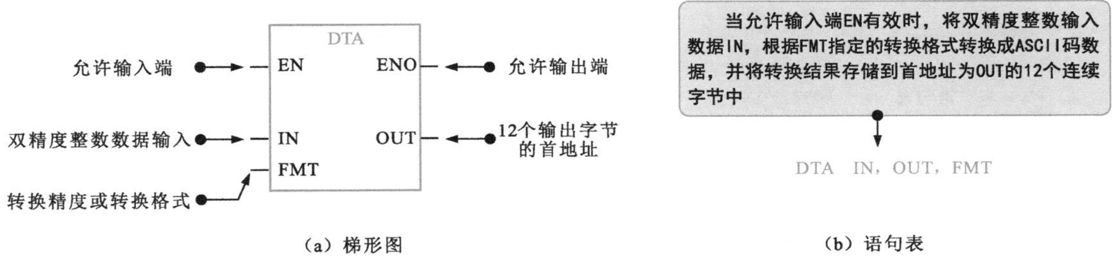

（a）梯形图　　（b）语句表

图12-60 双精度整数转换成ASCII码指令

4 实数转换成ASCII码指令

实数转换成ASCII码指令（RTA）是将一个实数转换成ASCII码字符串，并将结果存储到OUT指定的3～15个连续字节存储单元中，如图12-61所示。

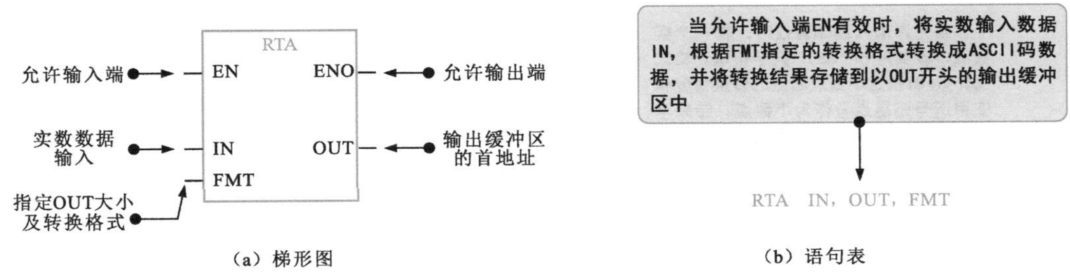

（a）梯形图　　（b）语句表

图12-61 实数转换成ASCII码指令

12.9.6 字符串转换指令

字符串转换指令包括数值（整数、双精度整数、实数）转换成字符串和字符串转换成数值（整数、双精度整数、实数）指令。

1 数值转换成字符串指令

数值转换成字符串指令包括整数转换成字符串指令（ITS）、双精度整数转换成字符串指令（DTS）和实数转换成字符串指令（RTS），如图12-62所示。

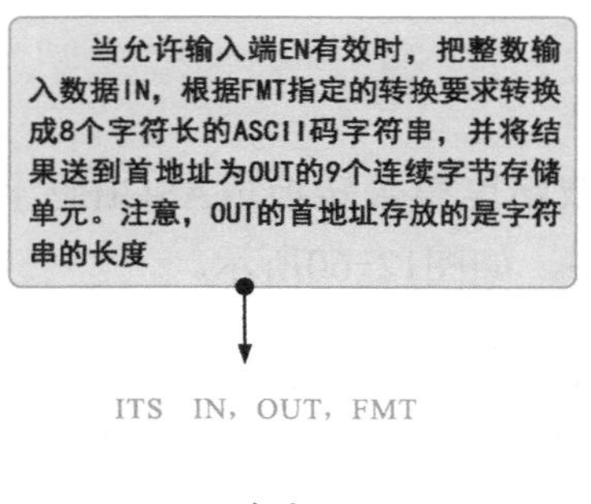

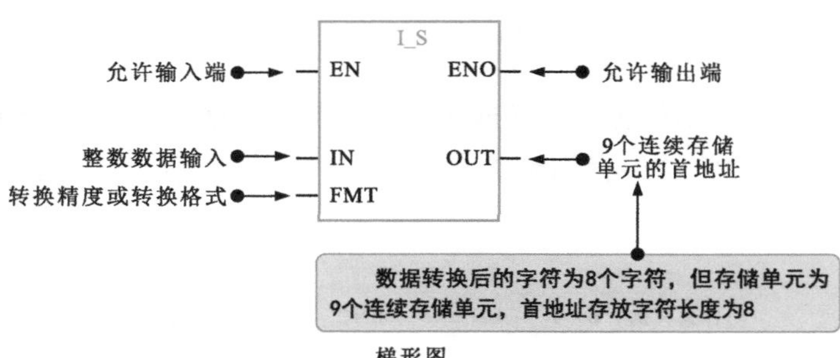

（a）整数转换成字符串指令

当允许输入端EN有效时，把双精度整数输入数据IN，根据FMT指定的转换要求转换成长度为12个字符的ASCII码字符串，并将结果送到首地址为OUT的13个连续字节存储单元。注意，OUT的首地址存放的是字符串的长度

DTS　IN，OUT，FMT

语句表

DI_S

允许输入端　EN　ENO　允许输出端

双精度整数数据输入　IN　OUT　13个连续存储单元的首地址

转换精度或转换格式　FMT

数据转换后的字符为12个字符，但存储单元为13个连续存储单元，首地址存放字符长度为12

梯形图

（b）双精度整数转换成字符串指令

当允许输入端EN有效时，将一个实数值IN转换为一个ASCII码字符串。格式操作数FMT指定小数点右侧的转换精度和使用逗号还是点号作为小数点。结果字符串的长度由格式操作数中前四位ssss给出，可以是3～15个字符。转换结果存放在从OUT开始的ssss+1个存储区中

RTS　IN，OUT，FMT

语句表

R_S

允许输入端　EN　ENO　允许输出端

实数数据输入　IN　OUT　9个连续存储单元的首地址

转换精度或转换格式　FMT

梯形图

（c）实数转换成字符串指令

图12-62　数值转换成字符串指令

数值转换成字符串指令的有效操作数见表12-15。

表12-15　数值转换成字符串指令的有效操作数

输入/输出	数据类型	有效操作数
IN	整数（INT）	IW、QW、VW、MW、SMW、SW、T、C、LW、AIW、*VD、*LD、*AC、常数
	双整数（DINT）	ID、QD、VD、MD、SMD、SD、LD、AC、HC、*VD、*LD、*AC、常数
	实数（REAL）	ID、QD、VD、MD、SMD、SD、LD、AC、*VD、*LD、*AC、常数
FMT	字节（BYTE）	IB、QB、VB、MB、SMB、SB、LB、AC、*VD、*LD、*AC、常数
OUT	字符串（STRING）	VB、LB、*VD、*LD、*AC

2 字符串转换成数值指令

字符串转换成数值指令包括字符串转换成整数指令（STI）、字符串转换成双整数指令（STD）和字符串转换成实数指令（STR），如图12-63所示。

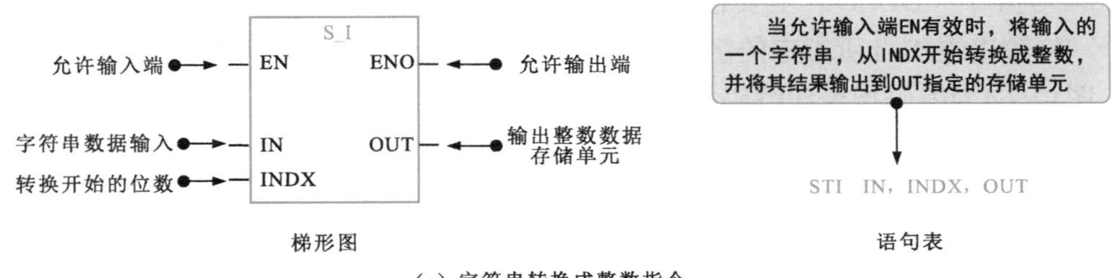

（a）字符串转换成整数指令

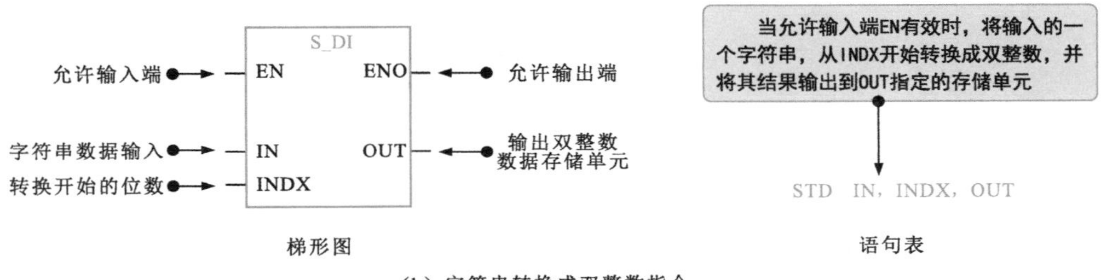

（b）字符串转换成双整数指令

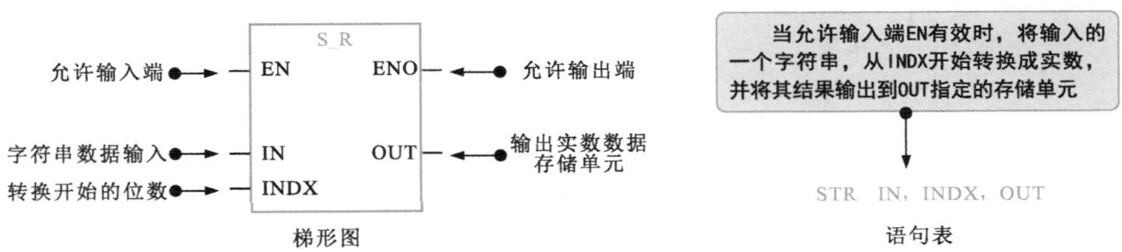

（c）字符串转换成实数指令

图12-63 字符串转换成数值指令

字符串转换成数值指令的有效操作数见表12-16。

表12-16 字符串转换成数值指令的有效操作数

输入/输出	数据类型	有效操作数
IN	字符串（STRING）	IB、QB、VB、MB、SMB、SB、LB、*VD、*LD、*AC、常数
INDX	字节（BYTE）	VB、IB、QB、MB、SMB、SB、LB、AC、*VD、*LD、*AC、常数
OUT	整数（INT）	VW、IW、QW、MW、SMW、SW、T、C、LW、AC、AQW、*VD、*LD、*AC
	双整数（DINT）	VD、ID、QD、MD、SMD、SD、LD、AC、*VD、*LD、*AC
	实数（REAL）	VD、ID、QD、MD、SMD、SD、LD、AC、*VD、*LD、*AC

12.9.7 编码和解码指令

编码指令（ENCO）主要用于将输入端IN字型数据的最低有效位（数值为1的位）的位号（0～15）编码成4位二进制数，并存入OUT指定存储器的低4位。

解码指令（DECO）主要根据输入端IN字节型数据的低四位所表示的位号（0～15），将输出端OUT所指定的字单元中的相应位号上的数值置1，其他位置0。

图12-64为编码指令和解码指令。

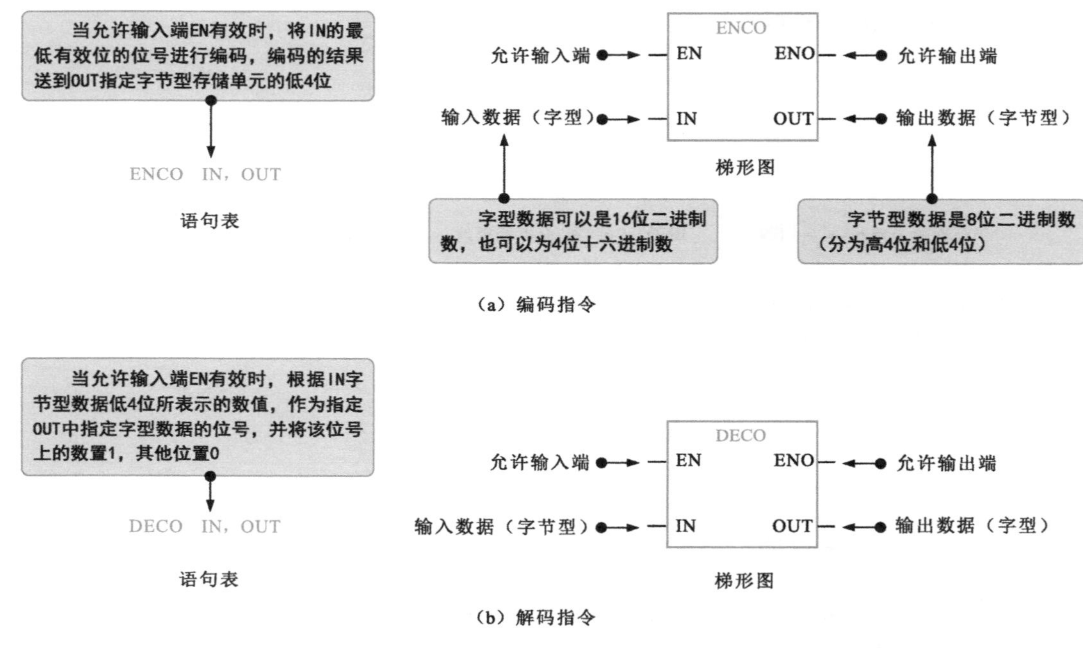

图12-64 编码指令和解码指令

编码指令和解码指令的有效操作数见表12-17。

图12-17 编码指令和解码指令的有效操作数

输入/.输出	数据类型	有效操作数
IN	字节（BYTE）	IB、QB、VB、MB、SMB、SB、LB、AC、*VD、*LD、*AC、常数
	字（WORD）	IW、QW、VW、MW、SMW、SW、LW、T、C、AC、AIW、*VD、*LD、*AC、常数
OUT	字节（BYTE）	IB、QB、VB、MB、SMB、SB、LB、AC、*VD、*LD、*AC
	字（WORD）	IW、QW、VW、MW、SMW、SW、T、C、LW、AC、AQW、*VD、*LD、*AC

西门子PLC控制应用

13.1 西门子PLC在电动机Y-△降压启动控制电路中的应用

13.1.1 电动机Y-△降压启动PLC控制电路的结构

图13-1为由西门子S7-200 PLC控制电动机Y-△减压启动控制电路。该电路主要实现的功能：启动时，三相交流异步电动机M的绕组按Y（星形）连接，减压启动；启动后，三相交流异步电动机M的绕组自动转换成△（三角形）连接进行全压运行。

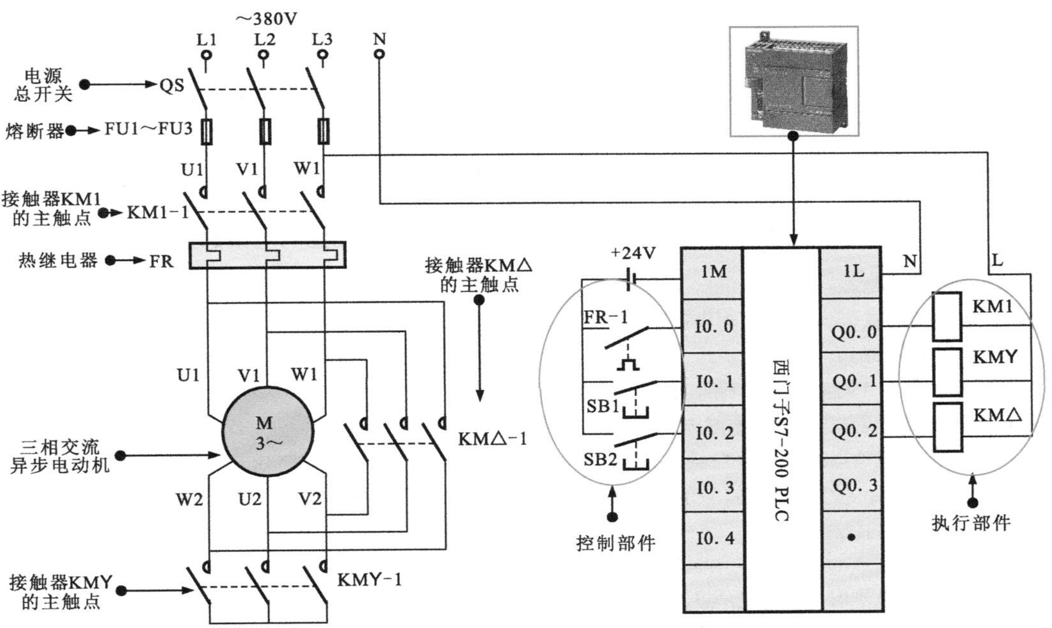

图13-1 由西门子S7-200 PLC控制电动机Y-△减压启动控制电路

表13-1为由西门子S7-200 PLC控制电动机Y-△减压启动控制电路的I/O地址编号。

表13-1 由西门子S7-200 PLC控制电动机Y-△减压启动控制电路的I/O地址编号

输入部件及地址编号			输出部件及地址编号		
部件	代号	输入地址编号	部件	代号	输出地址编号
热继电器	FR-1	I0.0	电源供电主接触器	KM1	Q0.0
启动按钮	SB1	I0.1	Y连接接触器	KMY	Q0.1
停止按钮	SB2	I0.2	△连接接触器	KM△	Q0.2

13.1.2 电动机Y-△降压启动PLC控制电路的控制过程

图13-2为由西门子S7-200 PLC控制电动机Y-△减压启动控制电路的控制过程。

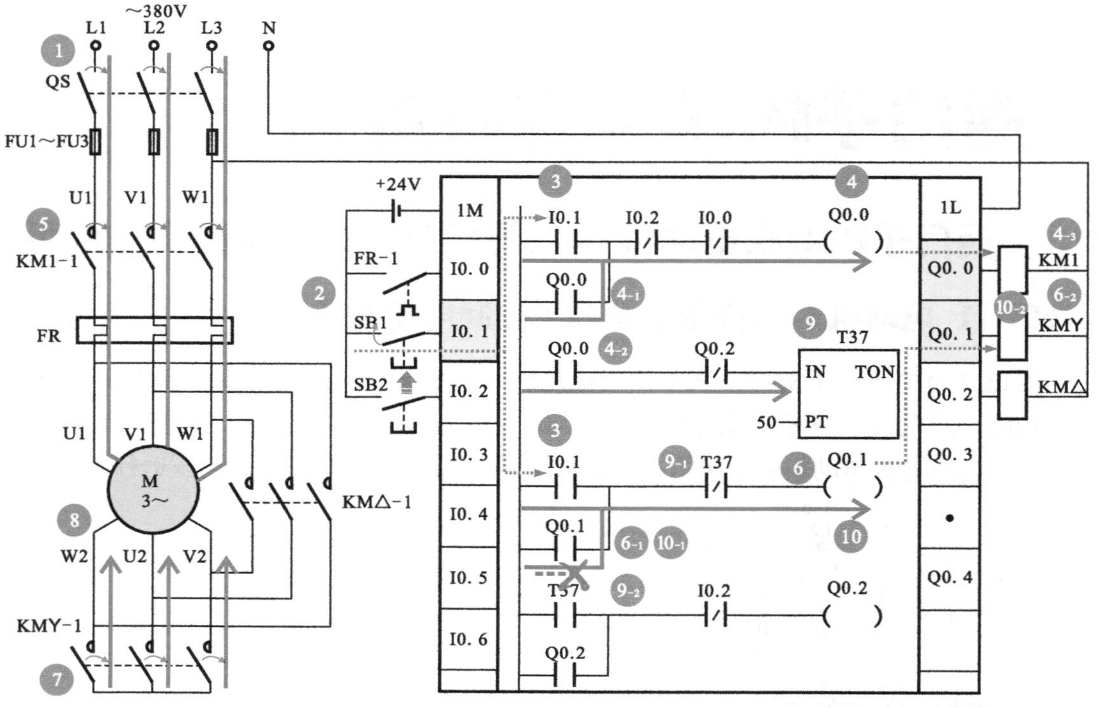

图13-2 由西门子S7-200 PLC控制电动机Y-△减压启动控制电路的控制过程

图13-2电路分析

① 合上电源总开关QS，接通三相电源。

② 按下启动按钮SB1。

③ 输入继电器I0.1的常开触点置1，即常开触点I0.1闭合。

③→④ 输出继电器Q0.0的线圈得电。

4-1 自锁触点Q0.0闭合自锁。

4-2 同时，控制定时器T37的常开触点Q0.0闭合，T37的线圈得电，开始计时。

4-3 KM1的线圈得电。

4-3→⑤ 带动主触点KM1-1闭合，接通主电路供电电源。

③→⑥ 输出继电器Q0.1的线圈同时得电。

6-1 自锁触点Q0.1闭合自锁。

6-2 KMY的线圈得电。

6-2→⑦ 主触点KMY-1闭合。

⑦→⑧ M的三相绕组Y连接，接通电源，开始减压启动。

⑨ 定时器T37计时时间到（延时5s）。

9-1 控制输出继电器Q0.1延时断开的常闭触点T37断开。

9-2 控制输出继电器Q0.2延时闭合的常开触点T37闭合。

9-1→⑩ 输出继电器Q0.1的线圈失电。

10-1 自锁常开触点Q0.1复位断开，解除自锁。

10-2 KMY的线圈失电。

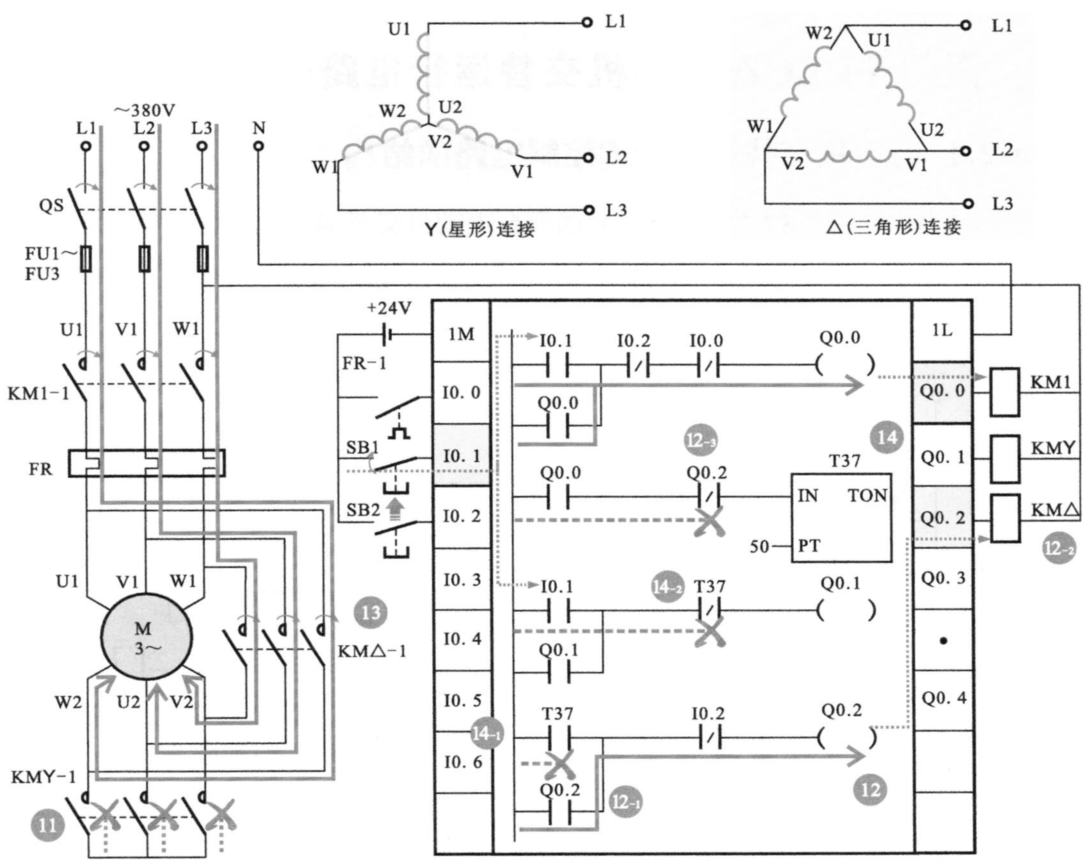

图13-2 由西门子S7-200 PLC控制电动机Y-△减压启动控制电路的控制过程(续)

图13-2电路分析

10-2 → 11 主触点KMY-1复位断开，M的三相绕组取消Y连接方式。

9-2 → 12 输出继电器Q0.2的线圈得电。

- 12-1 自锁常开触点Q0.2闭合，实现自锁功能。
- 12-2 KM△的线圈得电。
- 12-3 控制T37延时断开的常闭触点Q0.2断开。

12-2 → 13 主触点KM△-1闭合，M的绕组接成△，开始全压运行。

12-3 → 14 定时器T37的线圈失电。

- 14-1 控制Q0.2延时闭合的常开触点T37复位断开，由于Q0.2自锁，故仍保持得电状态。
- 14-2 控制Q0.1延时断开的常闭触点T37复位闭合，为Q0.1下一次得电做好准备。

当需要M停转时，按下停止按钮SB2，常闭触点I0.2置0，即常闭触点I0.2断开，输出继电器的Q0.0线圈失电，自锁常开触点Q0.0复位断开，解除自锁；控制定时器T37的常开触点Q0.0复位断开；KM1的线圈失电，带动主触点KM1-1复位断开，切断主电路电源。

同时，输出继电器Q0.2的线圈失电，自锁常开触点Q0.2复位断开，解除自锁；控制定时器T37的常闭触点Q0.2复位闭合，为定时器T37下一次得电做好准备，KM△的线圈失电，带动主触点KM△-1复位断开，M取消△连接，M停转。

13.2 西门子PLC在电动机交替运行电路中的应用

13.2.1 电动机交替运行PLC控制电路的结构

图13-3为由西门子S7-200 PLC控制的两台电动机交替运行控制电路。该电路主要由西门子S7-200 PLC，输入设备SB1、SB2、FR1-1、FR2-1，输出设备KM1、KM2，电源总开关QS，两台三相交流异步电动机M1、M2等构成。

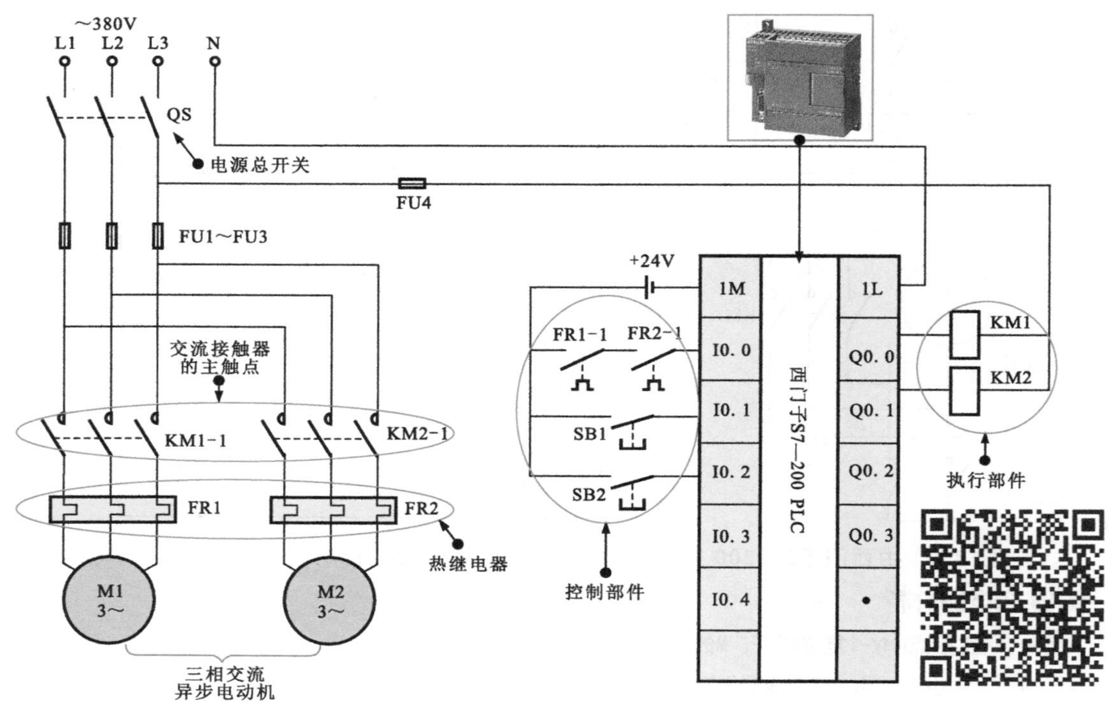

图13-3　由西门子S7-200 PLC控制的两台电动机交替运行控制电路

表13-2为由西门子S7-200 PLC控制的两台电动机交替运行控制电路的I/O地址编号。

表13-2　由西门子S7-200 PLC控制的两台电动机交替运行控制电路的I/O地址编号

输入部件及地址编号			输出部件及地址编号		
部件	代号	输入地址编号	部件	代号	输出地址编号
热继电器	FR1-1、FR2-1	I0.0	控制M1的接触器	KM1	Q0.0
启动按钮	SB1	I0.1	控制M2的接触器	KM2	Q0.1
停止按钮	SB2	I0.2			

13.2.2 电动机交替运行PLC控制电路的控制过程

由西门子S7-200 PLC控制的两台电动机交替运行控制电路的控制过程如图13-4所示。

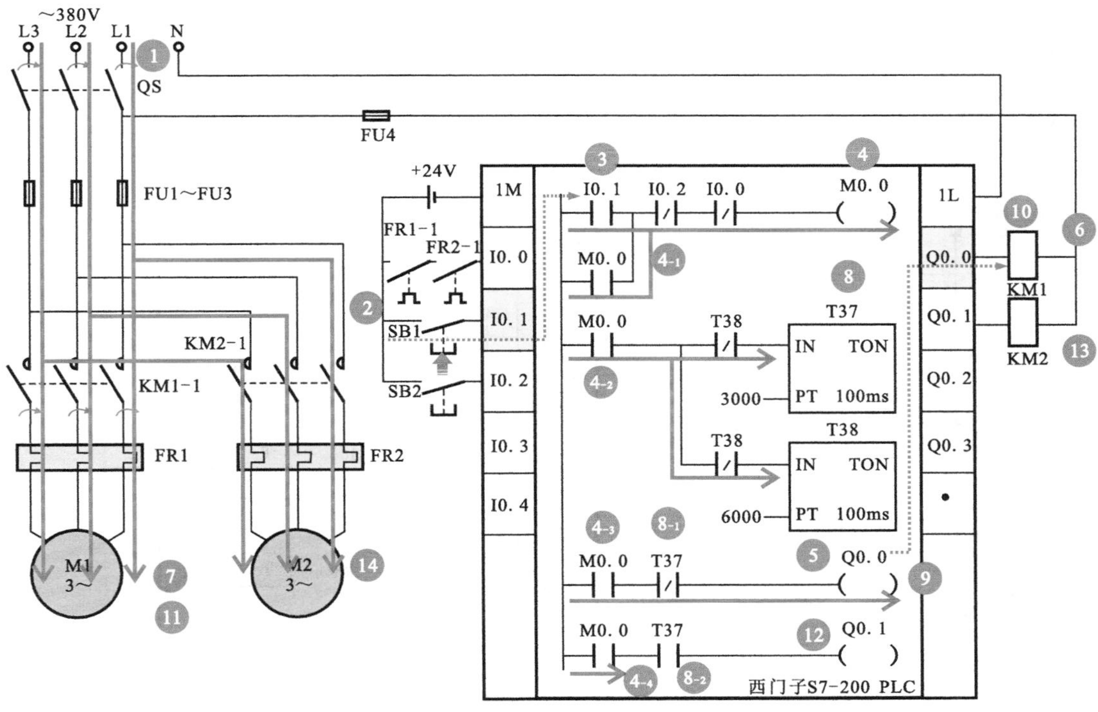

图13-4 由西门子S7-200 PLC控制的两台电动机交替运行控制电路的控制过程

图13-4电路分析

1 合上总电源开关QS，接通三相电源。

2 按下启动按钮SB1。

3 常开触点I0. 1置1，即常开触点I0. 1闭合。

4 辅助继电器M0. 0的线圈得电。

- 4-1 自锁常开触点M0. 0闭合实现自锁功能。
- 4-2 控制定时器T37、T38的常开触点M0. 0闭合。
- 4-3 控制输出继电器Q0. 0的常开触点M0. 0闭合。
- 4-4 控制输出继电器Q0. 1的常开触点M0. 0闭合。

4-3 → 5 输出继电器Q0. 0的线圈得电。

6 KM1的线圈得电，带动主触点KM1-1闭合。

7 接通M1电源，M1启动运转。

4-2 → 8 定时器T37的线圈得电，开始计时。

- 8-1 计时时间到，控制Q0. 0延时断开的常闭触点T37断开。
- 8-2 计时时间到，控制Q0. 1延时闭合的常开触点T37闭合。

8-1 → 9 输出继电器Q0. 0的线圈失电。

10 KM1的线圈失电，带动主触点KM1-1复位断开。

11 切断M1电源，M1停止运转。

8-2 → 12 输出继电器Q0. 1的线圈得电。

13 KM2的线圈得电，带动主触点KM2-1闭合。

14 接通M2电源，M2启动运转。

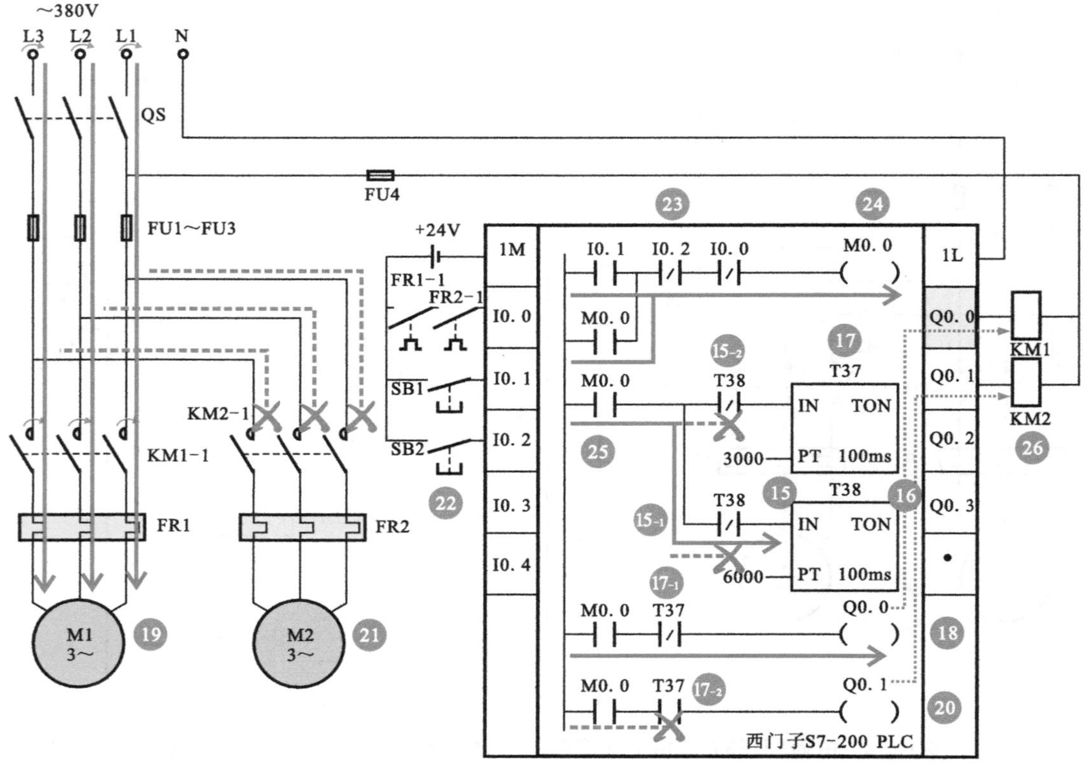

图13-4　由西门子S7-200 PLC控制的两台电动机交替运行控制电路的控制过程（续）

图13-4电路分析

⑮ 定时器T38的线圈得电，开始计时。

　　⑮-1 计时时间到（延时10min），定时器T38延时断开的常闭触点T38断开。

　　⑮-2 计时时间到（延时10min），定时器T37延时断开的常闭触点T38断开。

⑮-1 → ⑯ 定时器T38的线圈失电，将自身复位，进入下一次循环。

⑰ 定时器T37的线圈失电。

　　⑰-1 控制输出继电器Q0.0延时断开的常闭触点T37复位闭合。

　　⑰-2 控制输出继电器Q0.1延时闭合的常开触点T37复位断开。

⑰-1 → ⑱ 输出继电器Q0.0的线圈得电。

⑲ KM1的线圈再次得电，带动主触点KM1-1闭合，接通M1的电源，M1再次启动运转。

⑰-2 → ⑳ 输出继电器Q0.1的线圈失电。

㉑ KM2的线圈失电，带动主触点KM2-1复位断开，切断M2的电源，M2停止运转。

㉒ 当需要M1、M2同时停止运转时，按下停止按钮SB2。

㉓ 输入继电器I0.2的常闭触点置0，即常闭触点I0.2断开。

㉔ 辅助继电器M0.0的线圈失电，触点复位。

㉕ 定时器T37、T38的线圈失电，同时输出继电器Q0.0、Q0.1的线圈失电。

㉖ KM1、KM2的线圈失电，带动主触点KM1-1、KM2-1复位断开，切断M1、M2的电源，M1、M2同时停止循环运转。

触摸屏软件

14.1 GT Designer3触摸屏编程软件

14.1.1 GT Designer3触摸屏编程软件的安装、启动

1 GT Designer3触摸屏编程软件的安装

按如图14-1所示，使用解压缩软件对GT Designer3触摸屏编程软件的安装程序进行解压缩操作（解压缩时可根据需要指定解压缩文件的存储路径）。

GT Designer3触摸屏编程软件是针对三菱触摸屏的编程软件，用于触摸屏（图形操作终端）的画面设计，可在WindowsXP、WindowsVista、Windows7操作系统中运行。

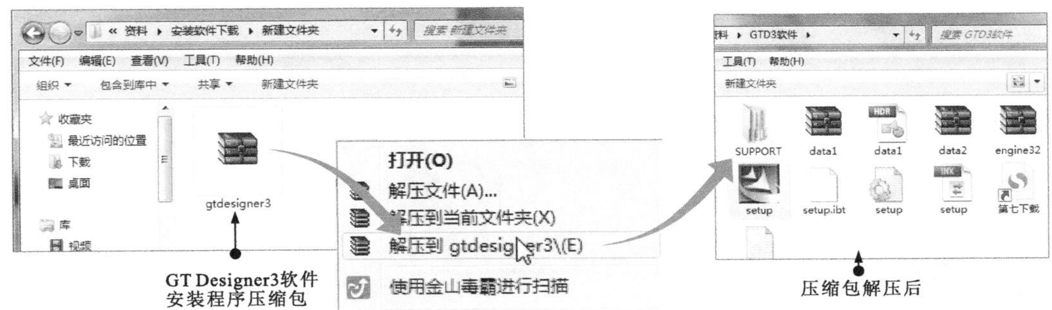

图14-1　GT Designer3触摸屏编程软件安装程序压缩包的解压操作

确认安装前的准备工作完成后，找到解压后文件中的setup文件，双击运行程序，开始安装，如图14-2所示。

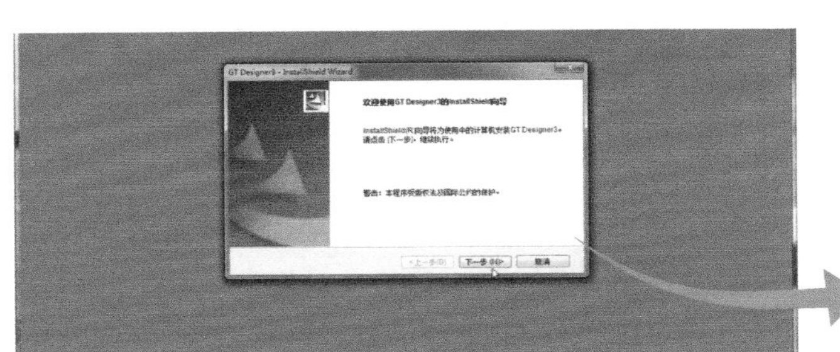

图14-2　安装界面

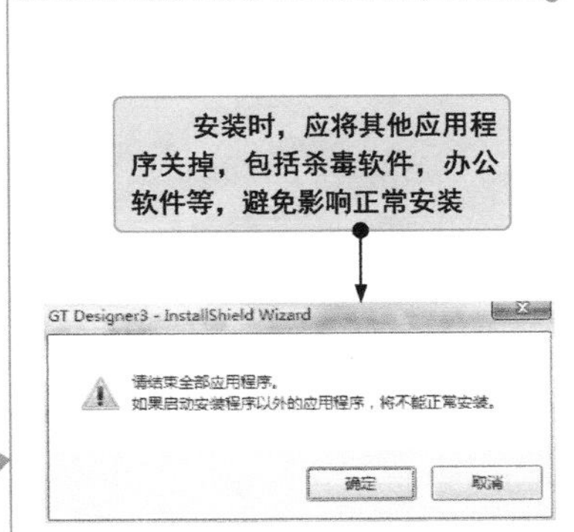

划重点

❶ 在出现的欢迎对话框中，单击"下一步"按钮。

❷ 正确填入用户信息和序列号后，单击"下一步"按钮，进入选择安装路径对话框。这里选择设置安装路径，设置好后，单击"下一步"按钮。

❸ 根据安装向导的提示，单击"下一步"按钮，完成整个安装过程。

图14-3为GT Designer3触摸屏编程软件的安装过程。

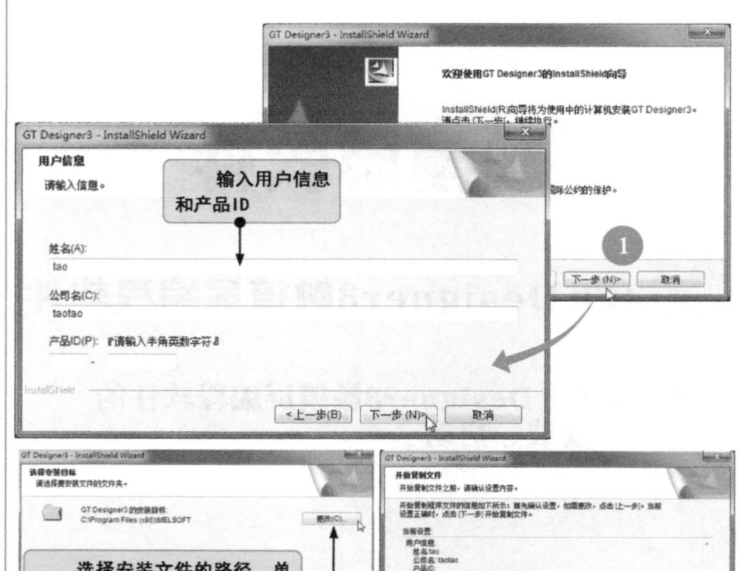

图14-3 GT Designer3触摸屏编程软件的安装过程

图14-4为GT Designer3触摸屏编程软件图标。

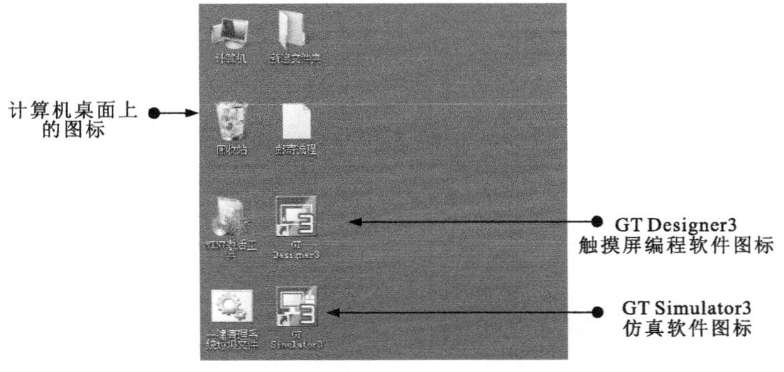

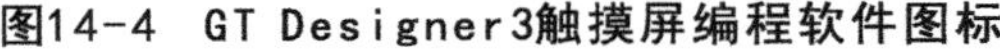

图14-4 GT Designer3触摸屏编程软件图标

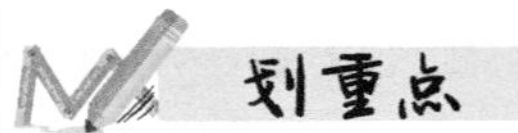

安装完成后，在计算机桌面上可看到GT Designer3触摸屏编程软件图标，同时，由于软件包含有GT Simulator3仿真软件部分，因此在计算机桌面上同时出现GT Simulator3仿真软件图标。

2 GT Designer3触摸屏编程软件的启动

安装完成后，双击桌面上的GT Designer3图标或执行“开始”→“所有程序”→“MELSOFT应用程序”→“GT Works3”→“GT Designer3”命令，启动编程软件，如图14-5所示。

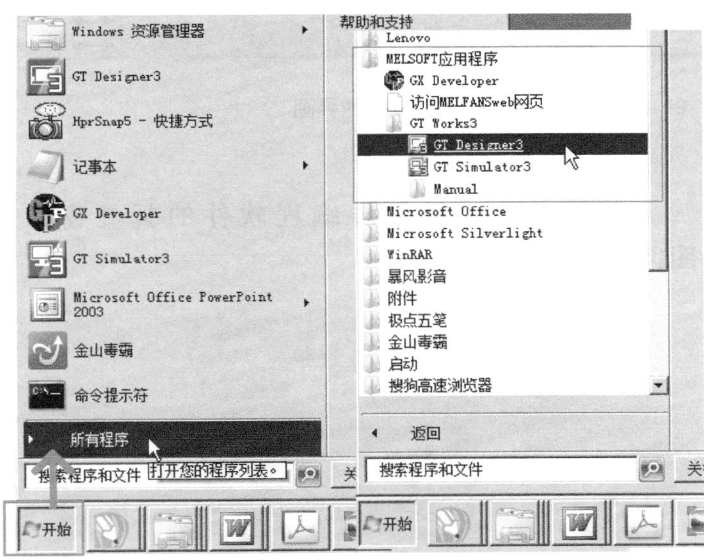

图14-5 启动编程软件

GT Designer3触摸屏编程软件用于设计三菱触摸屏画面和控制功能。GT Simulator3触摸屏仿真软件可以在没有三菱触摸屏实际主机的情况下，模拟触摸屏显示。

14.1.2 GT Designer3触摸屏编程软件的说明

图14-6为GT Designer3 触摸屏编程软件的界面。

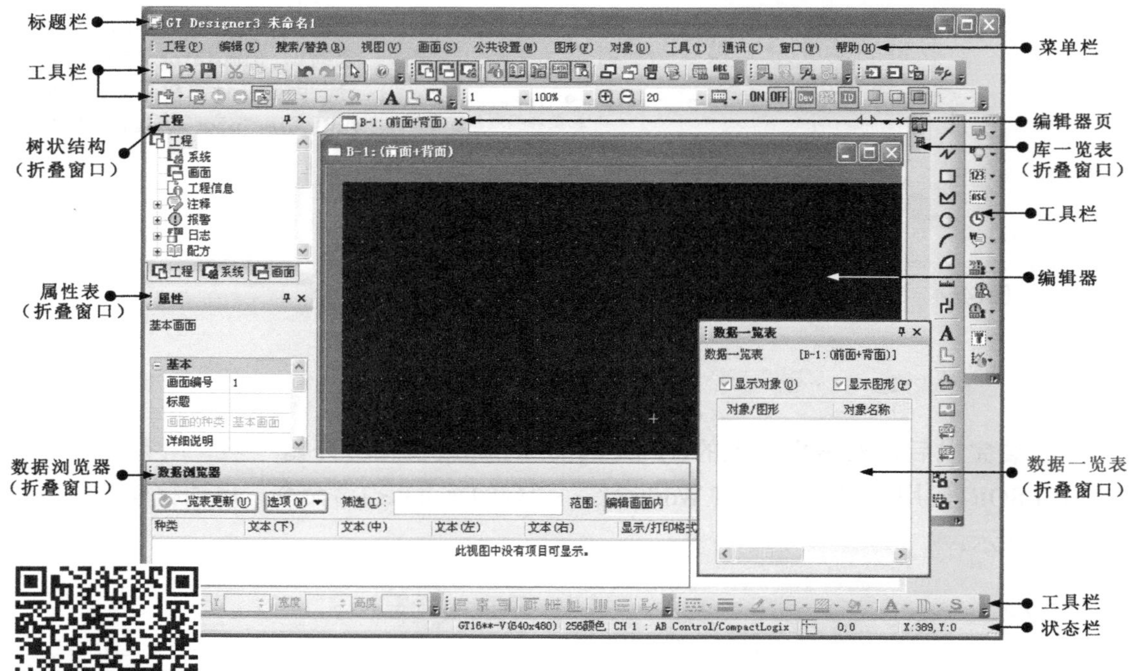

图14-6 GT Designer3 触摸屏编程软件的界画

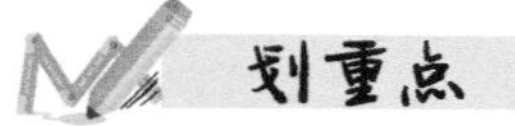

属性表：可显示画面或图形、对象的设置一览表，并可进行编辑。

库一览表：可显示作为库登录的图形、对象一览表。

数据一览表：可显示在画面上设置的图形、对象一览表。

画面图像一览表：可显示基本画面、窗口画面的缩略图或创建、编辑画面。

分类一览表：可分类显示图形、对象。

部件图像一览表：可显示作为部件登录的图形一览表，或者登录、编辑部件。

数据浏览器：可显示工程中正在使用的图形/对象一览表。

GT Designer3 触摸屏编程软件的折叠窗口如图14-7所示。

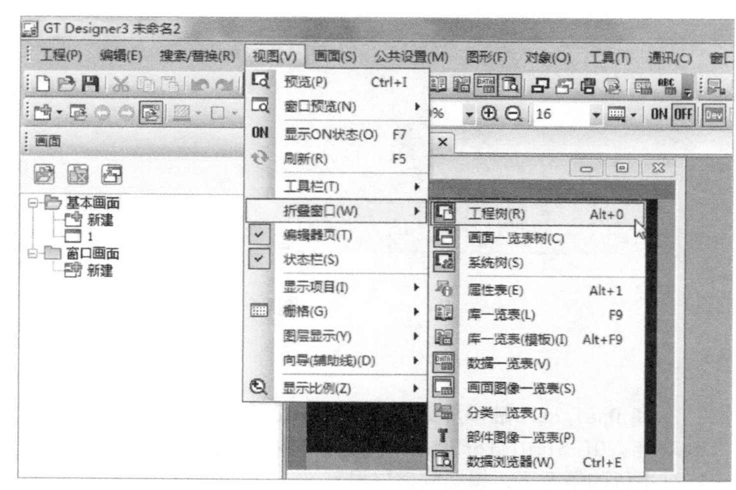

图14-7 GT Designer3 触摸屏编程软件的折叠窗口

1 菜单栏

图14-8为GT Designer3触摸屏编程软件的菜单栏。

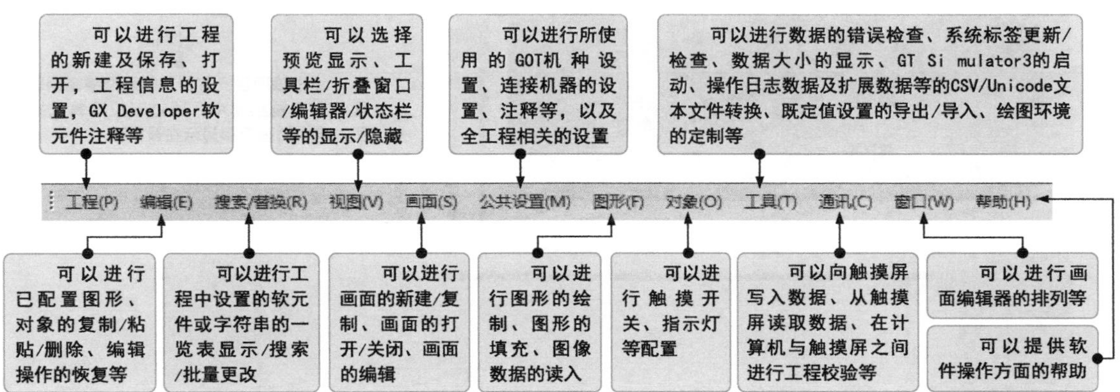

图14-8 GT Designer3触摸屏编程软件的菜单栏

2 工具栏

图14-9为GT Designer3触摸屏编程软件的工具栏。

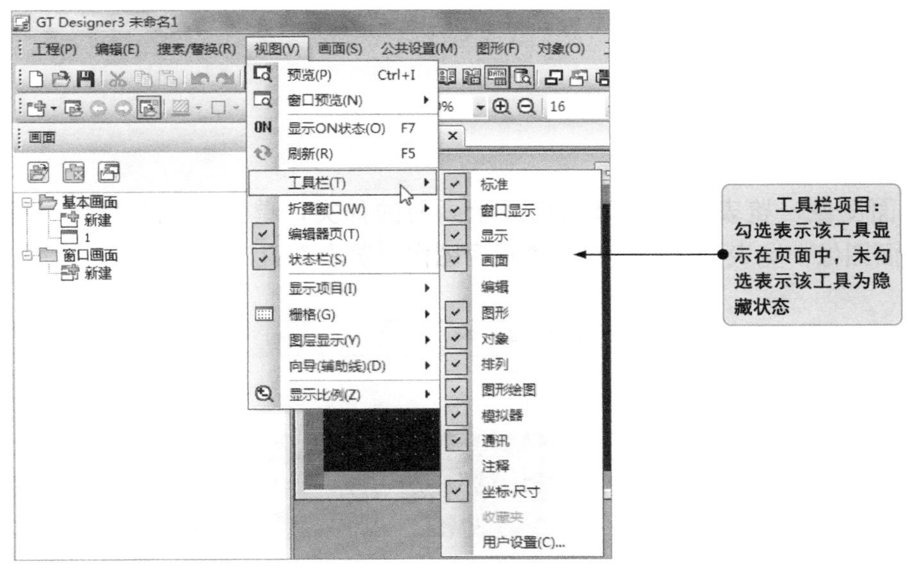

图14-9 GT Designer3触摸屏编程软件的工具栏

3 编辑器页

图14-10为GT Designer3触摸屏编程软件的编辑器页。编辑器页是设计触摸屏画面内容的主要部分，位于画面的中间，一般底色为黑色。

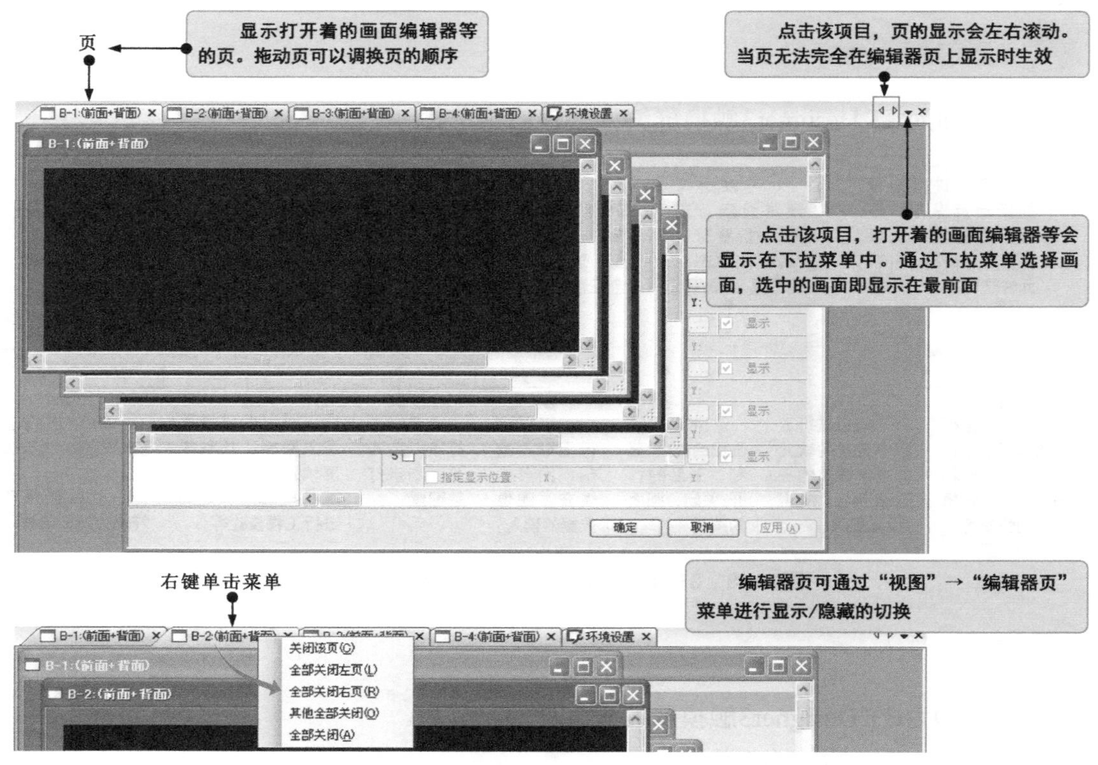

图14-10　GT Designer3触摸屏编程软件的编辑器页

4 画面图像一览表

画面图像一览表可以选择缩略显示画面的种类，单击“视图”→“折叠窗口”→“画面图像一览表”，即可弹出“画面图像一览表”窗口，如图14-11所示。

图14-11　“画面图像一览表”窗口

5 树状结构

树状结构是按照数据种类分别显示工程公共设置及已创建画面等，可以轻松进行全工程的数据管理和编辑。

树状结构包括工程树状结构、画面一览表树状结构、系统树状结构，如图14-12所示。

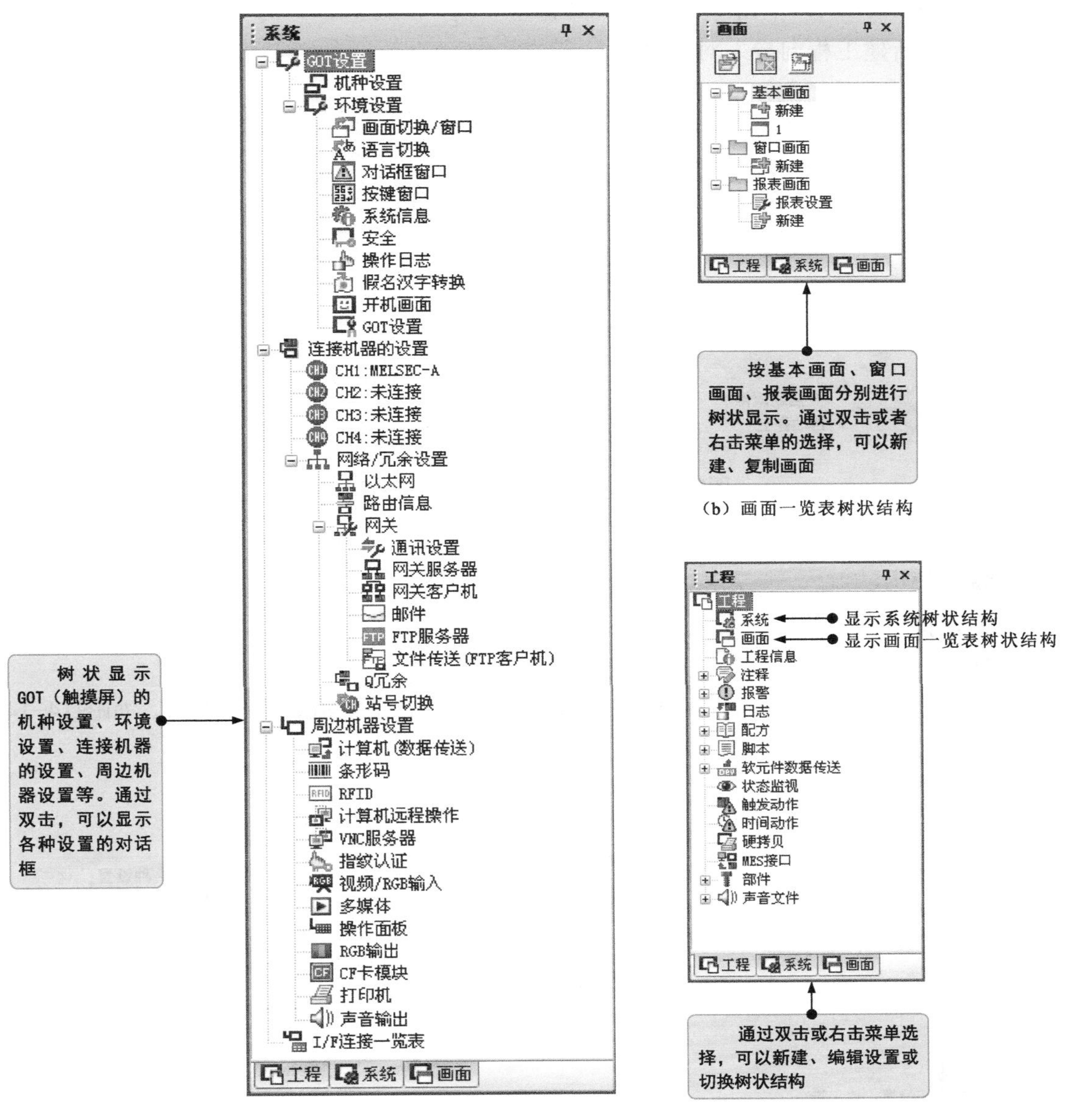

（a）系统树状结构

（b）画面一览表树状结构

（c）工程树状结构

图14-12 树状结构

14.1.3 GT Designer3触摸屏编程软件的使用

1 新建工程

使用GT Designer3触摸屏编程软件设计触摸屏画面，首先需要新建工程。

① 使用新建工程向导新建工程

如图14-13所示，单击“工程”→“新建”或“工程选择”对话框中的“新建”按钮，弹出“新建工程向导”对话框。

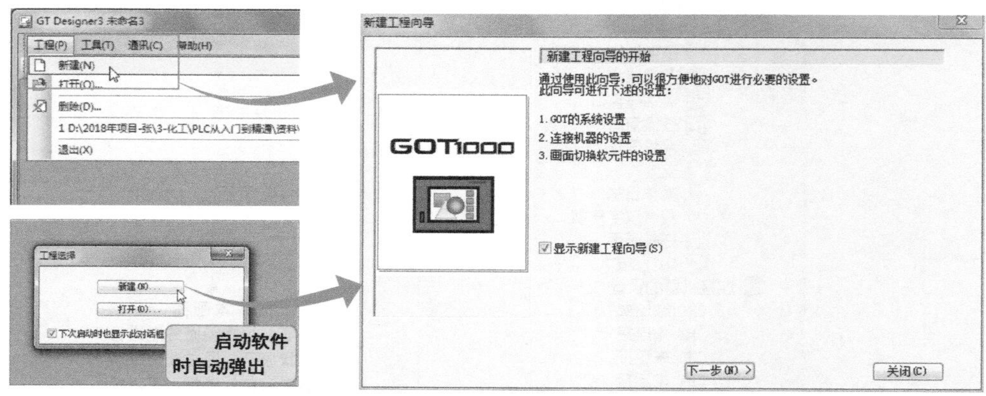

图14-13 “新建工程向导”对话框

新建工程时，需要进行以下设置（可以更改）：

● 所使用GOT（触摸屏）的机种设置；

● 连接机器的设置；

● 基本画面的画面切换软元件的设置。

使用新建工程向导新建工程时，可以根据必要的设置流程进行设置，如图14-14所示。

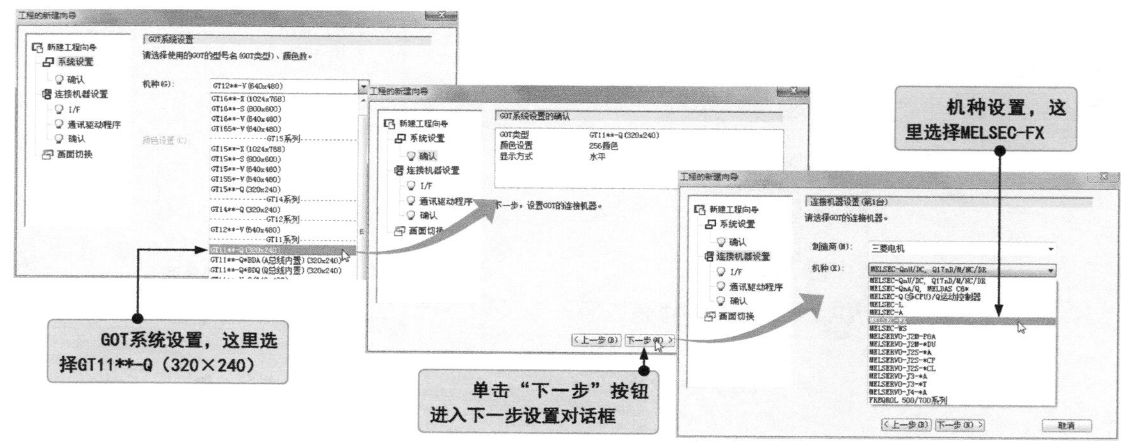

图14-14 新建工程的设置

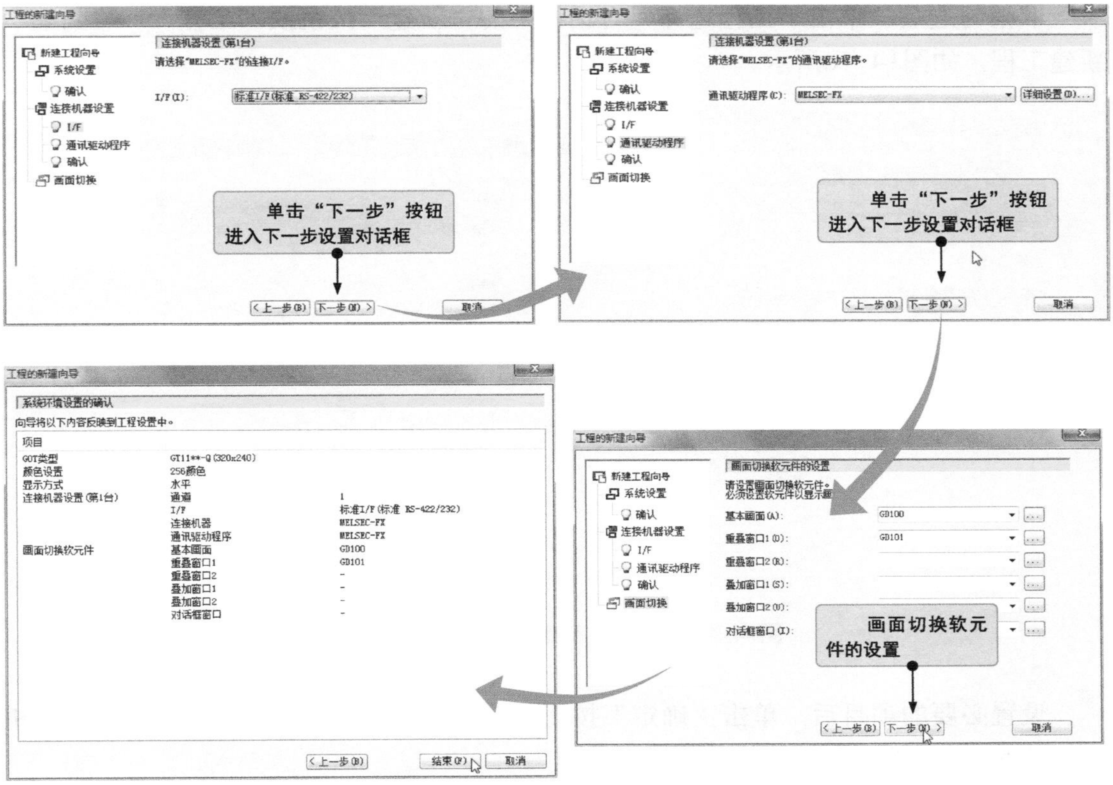

图14-14 新建工程的设置（续）

② 不使用新建工程向导新建工程

不使用新建工程向导也可以新建工程，在“选项”对话框的“操作”页上，取消“显示新建工程向导”复选框的勾选，如图14-15所示。

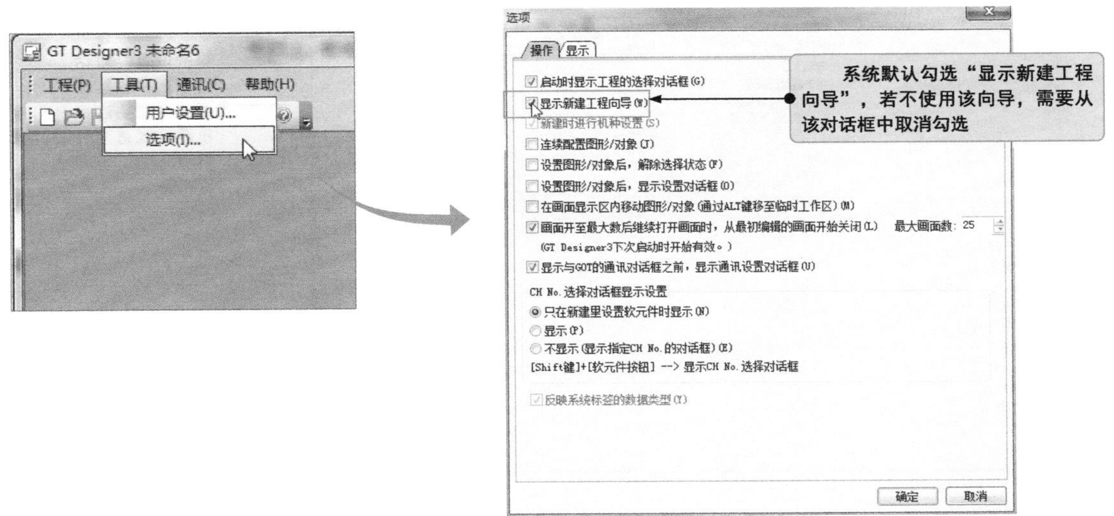

图14-15 取消“显示新建工程向导”复选框的勾选

取消勾选后，单击“工程选择”对话框中的“新建”按钮或“工程”→“新建”新建工程，如图14-16所示。

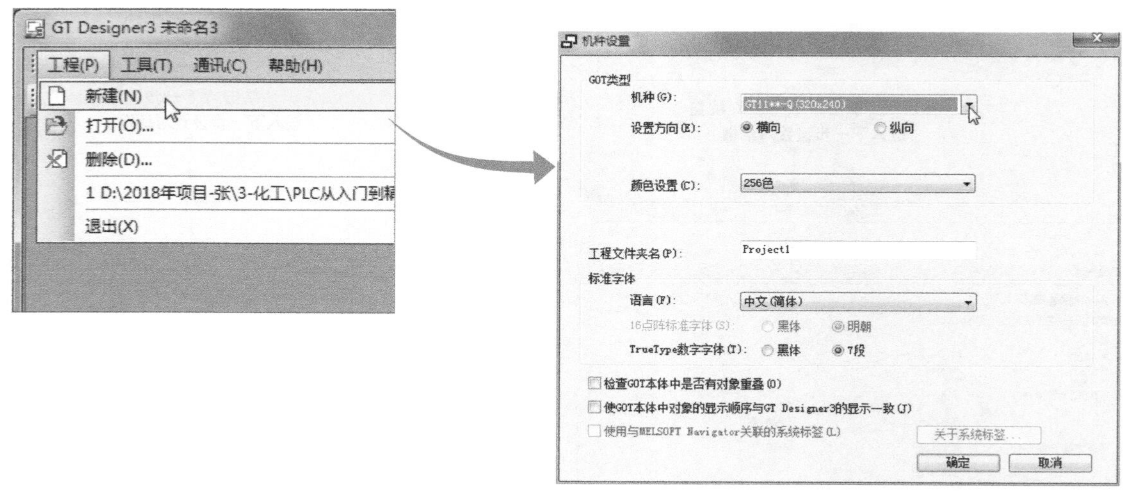

图14-16　不使用新建工程向导新建工程

设置必要的项目后，单击“确定”按钮，新建工程创建完成。随后弹出“连接机器的设置”对话框，如图14-17所示

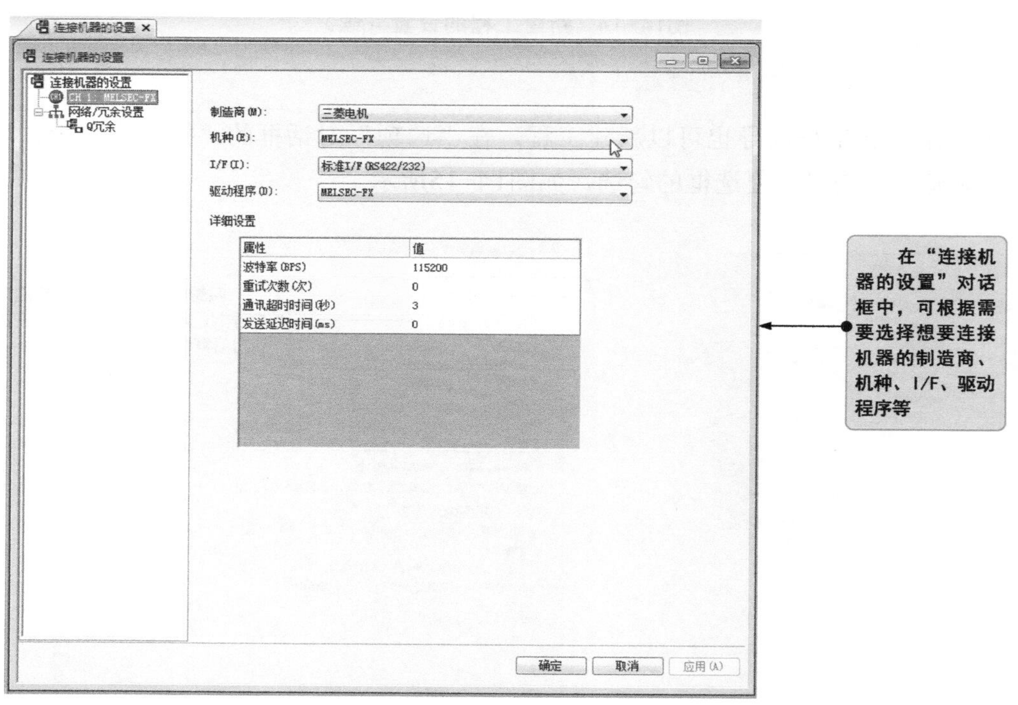

图14-17　“连接机器的设置”对话框

2 创建、打开和关闭画面

① 创建画面

画面是完成设计触摸屏控制功能的主要工作窗口，如图14-18所示，单击“画面”→“新建”→“基本画面”/“窗口画面”菜单，即可弹出“画面的属性”对话框。

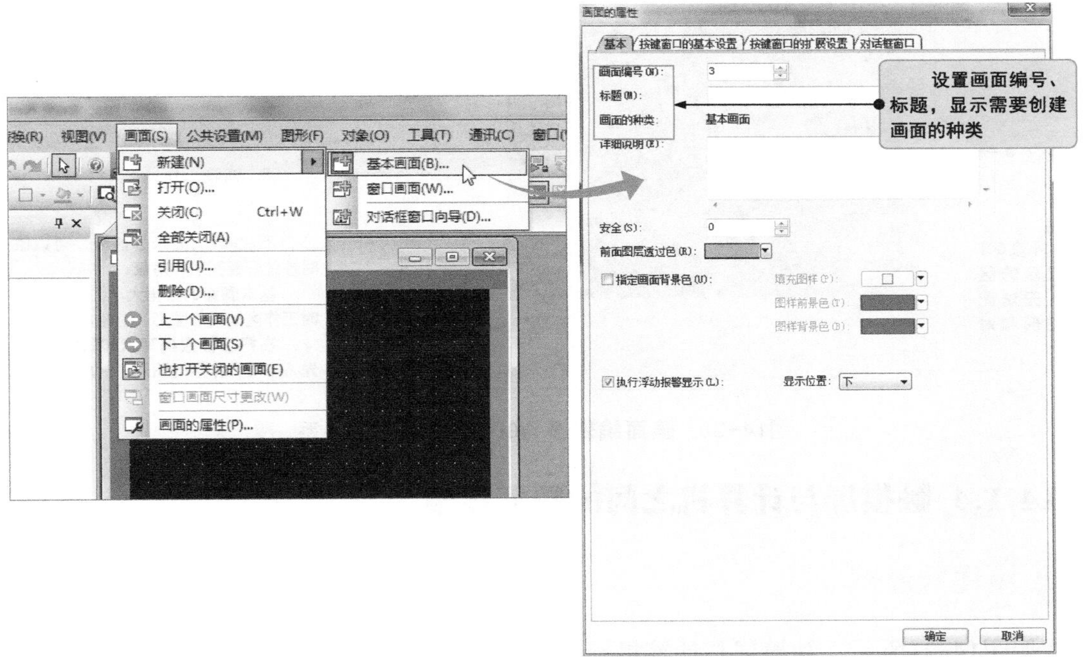

图14-18 创建画面

② 打开和关闭画面

图14-19为打开和关闭画面的操作。

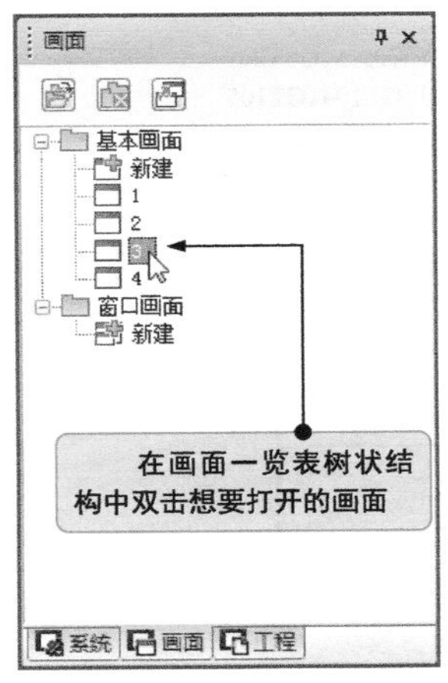

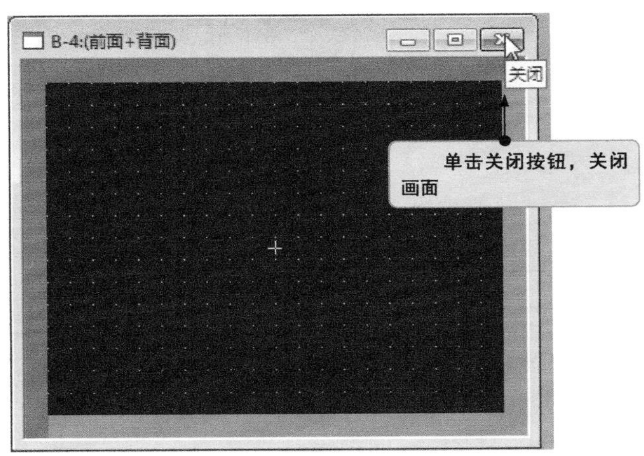

图14-19 打开和关闭画面的操作

3 画面编辑器与GOT显示画面的关系

画面编辑器中设计的内容将直接体现在触摸屏显示画面中。图14-20为画面编辑器与GOT显示画面的关系。

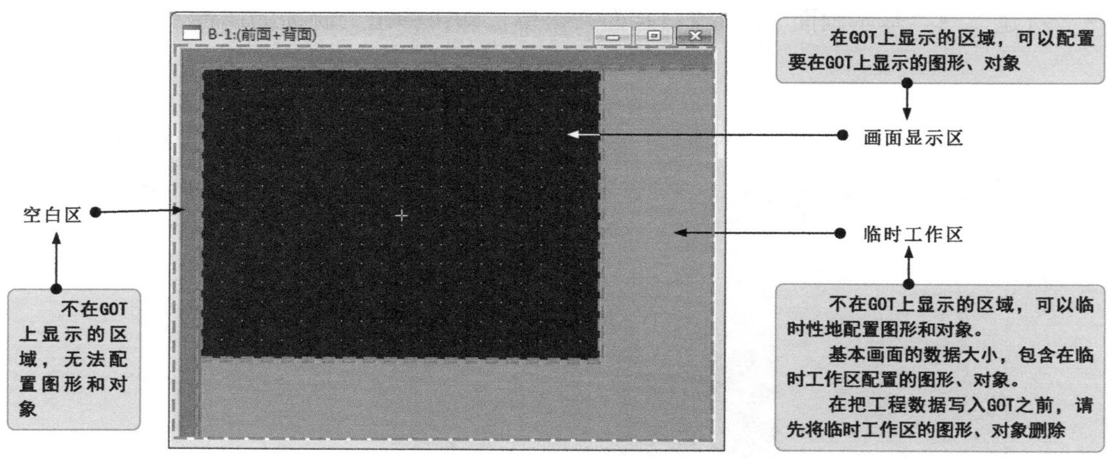

图14-20　画面编辑器与GOT显示画面的关系

14.1.4 触摸屏与计算机之间的数据传输

1 电缆的连接

如图14-21所示，触摸屏与计算机一般可通过USB电缆、RS-232电缆、以太网电缆（网线）进行连接。

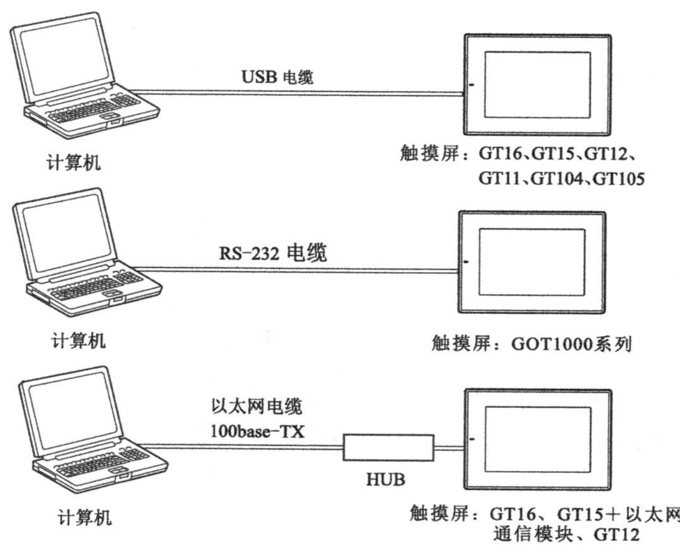

图14-21　电缆的连接

2 通信设置

触摸屏与计算机通过电缆连接后，需要进入GT Designer3触摸屏编程软件进行通信设置，如图14-22所示。

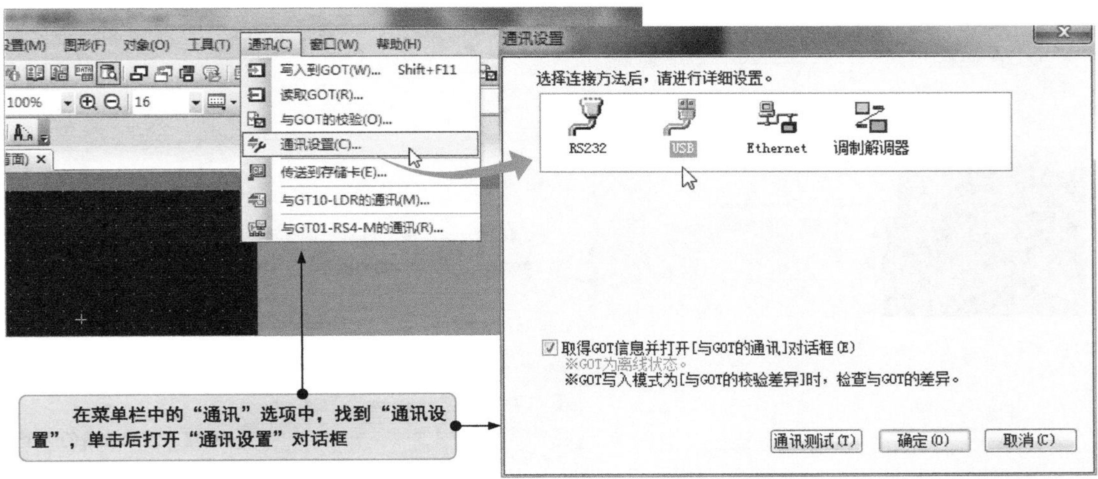

图14-22 GT Designer3触摸屏编程软件中的通信设置

通信设置的内容需要根据实际所连接电缆的类型选择，包括选择USB（USB电缆连接时）、选择RS-232（RS-232电缆连接时）、选择以太网（网线连接时）、选择调制解调器等，如图14-23所示。

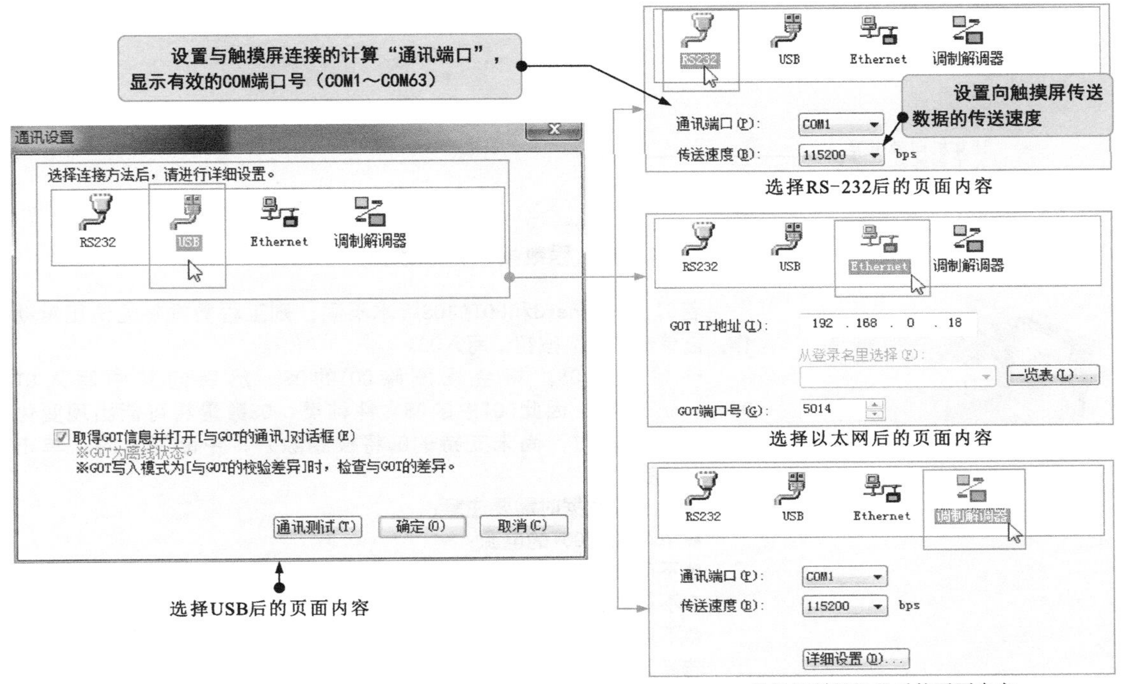

图14-23 通信设置相关项目

3 将工程数据写入触摸屏

从GT Designer3触摸屏编程软件向触摸屏写入工程数据，如图14-24所示。

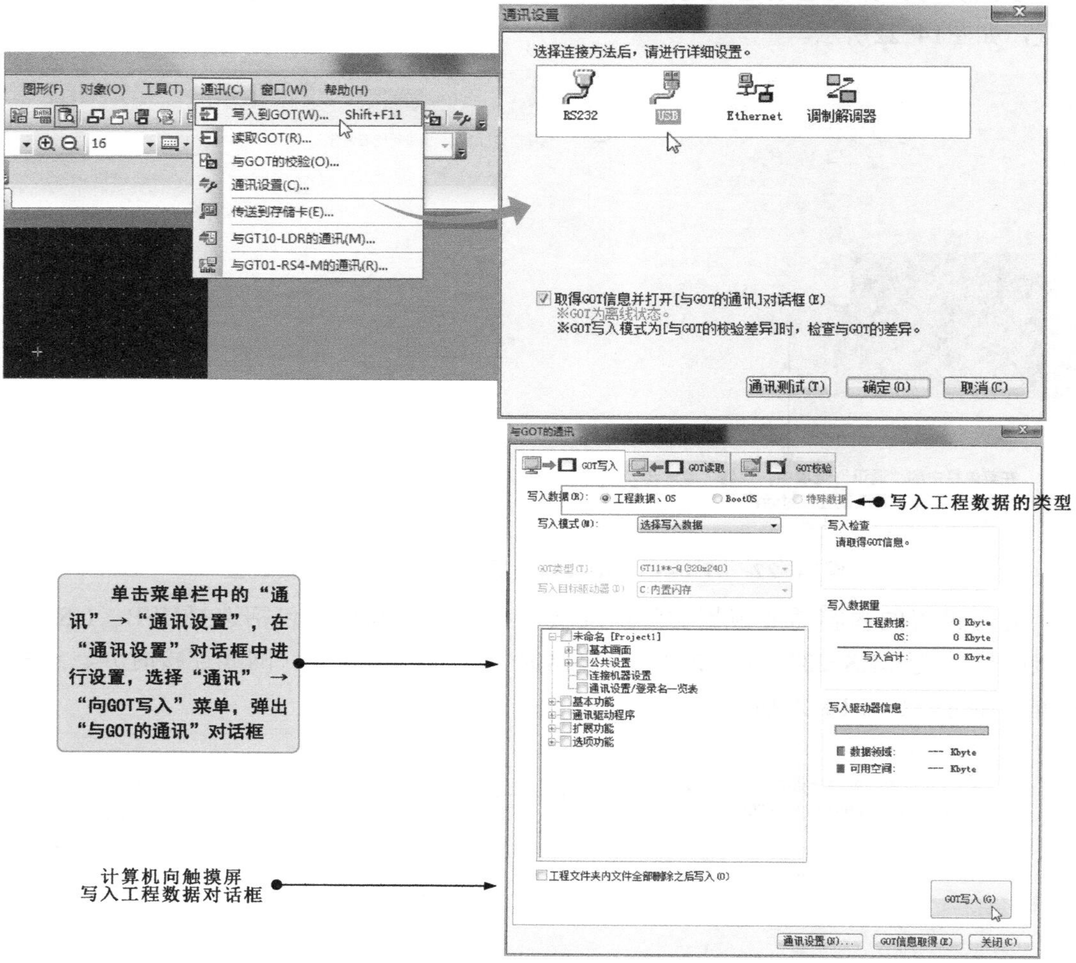

写入工程数据的类型

单击菜单栏中的“通讯”→“通讯设置”，在“通讯设置”对话框中进行设置，选择“通讯”→“向GOT写入”菜单，弹出“与GOT的通讯”对话框

计算机向触摸屏写入工程数据对话框

图14-24 将工程数据写入触摸屏

若GT Designer3和GOT的OS版本不同，则工程数据将无法正常动作，需单击“是”按钮，写入OS。

一旦写入OS，将会先删除GOT的OS，然后向其中写入GT Designer3的OS，因此GOT中的OS文件种类、OS数量将可能出现变化（降低OS版本时，尚未支持的OS将被删除），中断写入时，单击“否”按钮。

写入工程数据时需要注意：

●不可切断GOT的电源；

●不可按下GOT的复位按钮；

●不可拔出通信电缆；

●不可切断计算机的电源。

若写入工程数据失败，则需要通过GOT的实用菜单功能，先将工程数据删除，然后重新写入工程数据。

4 从触摸屏中读取工程数据

从触摸屏中读取工程数据的操作如图14-25所示。

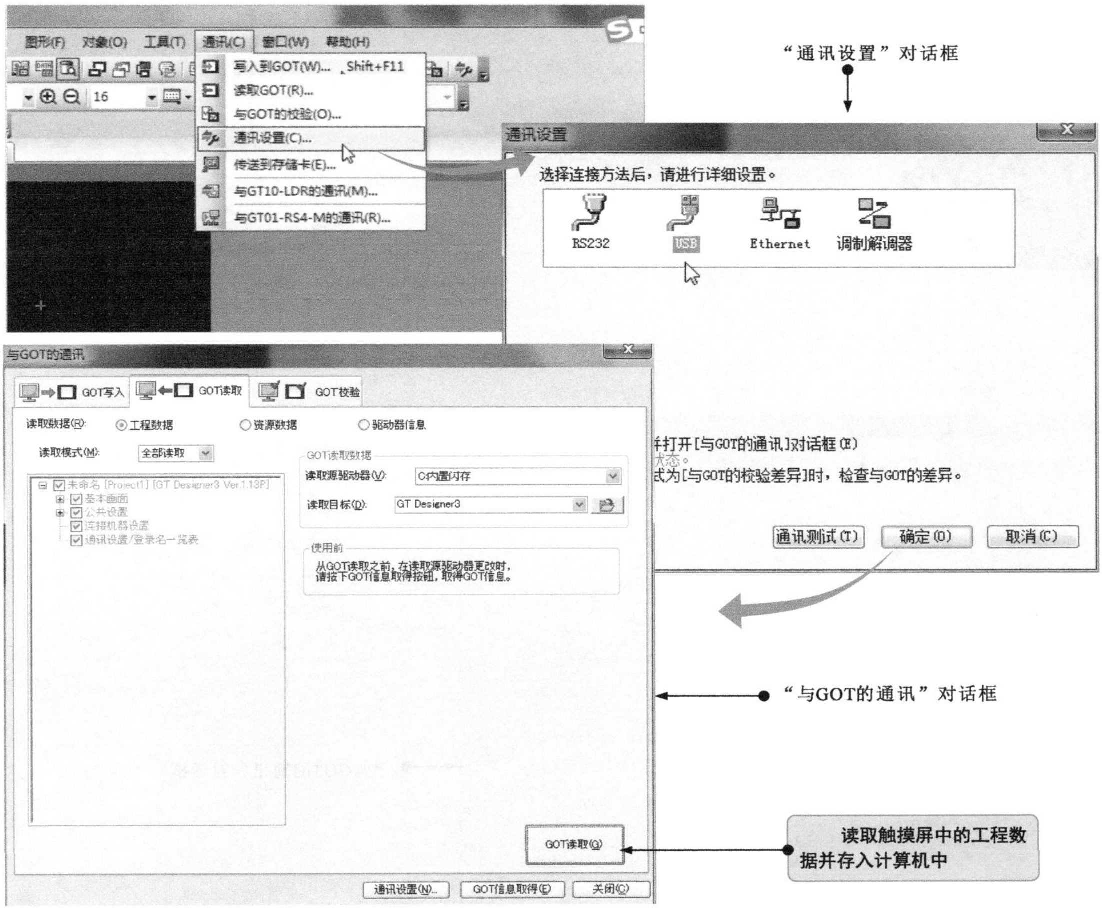

"通讯设置"对话框

"与GOT的通讯"对话框

读取触摸屏中的工程数据并存入计算机中

图14-25 从触摸屏中读取工程数据的操作

当需要对触摸屏中的工程数据进行备份时，应将触摸屏中的工程数据读取出来并保存在计算机的硬盘等。

读取工程数据时，单击菜单栏中的"通讯"，在下拉菜单中单击"通讯设置"，在"通讯设置"对话框中进行通讯设置，单击"通讯"→"读取GOT"，在弹出的"与GOT的通讯"对话框中，单击"GOT读取"按钮。

5 校验工程数据

校验工程数据是指对触摸屏本体中的工程数据和通过GT Designer3 打开的工程数据进行校验。

图14-26为工程数据的校验方法。

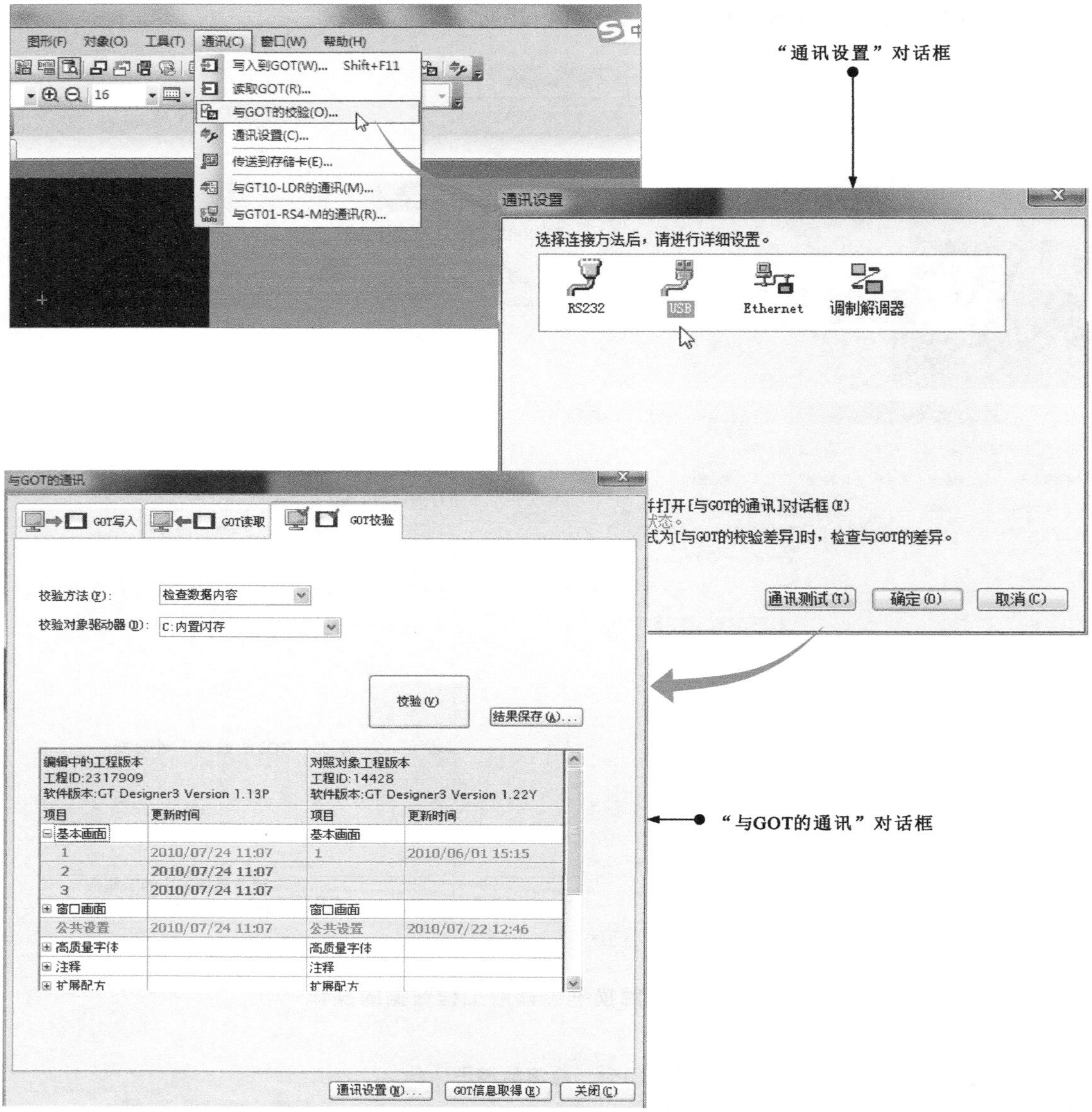

“通讯设置”对话框

“与GOT的通讯”对话框

图14-26　工程数据的校验方法

单击菜单栏中的“通讯”，在下拉菜单中单击“通讯设置”，在“通讯设置”对话框中进行通讯设置后，在“通讯”下拉菜单中选择“与GOT的校验”。

校验工程数据包括检查数据内容，用以判断工程数据是否存在差异；检查工程数据更新时间，用以判断工程数据的更新时间是否存在差异。

14.2 GT Simulator3触摸屏仿真软件

14.2.1 GT Simulator3触摸屏仿真软件的启动

GT Simulator3触摸屏仿真软件可以通过双击计算机桌面上的图标启动，也可以通过GT Designer3触摸屏编程软件启动，如图14-27所示。

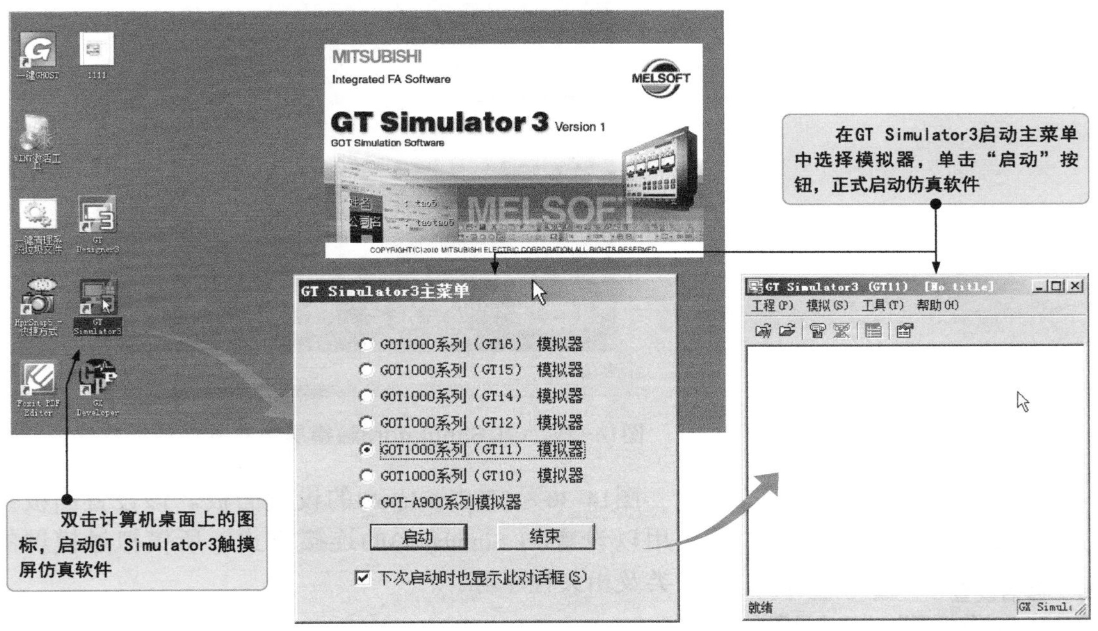

图14-27 GT Simulator3触摸屏仿真软件的启动

在启动仿真软件GT Simulator3时应注意，在计算机中必须安装有GX Simulator才可启动，否则会提示未安装GX Simulator，如图14-28所示。GX Simulator为GX Developer（PLC编程软件）中的一个插件，也称为PLC仿真软件。

多说两句！

图14-28 GT Simulator3启动不成功

14.2.2 GT Simulator3触摸屏仿真软件的操作

GT Simulator3触摸屏仿真软件支持对用GT Designer3创建的GOT1000系列的工程数据，也支持用GT Designer2/GT Designer3 Classic创建的GOT-A900系列工程数据。

图14-29为GT Simulator3触摸屏仿真软件的操作界面。

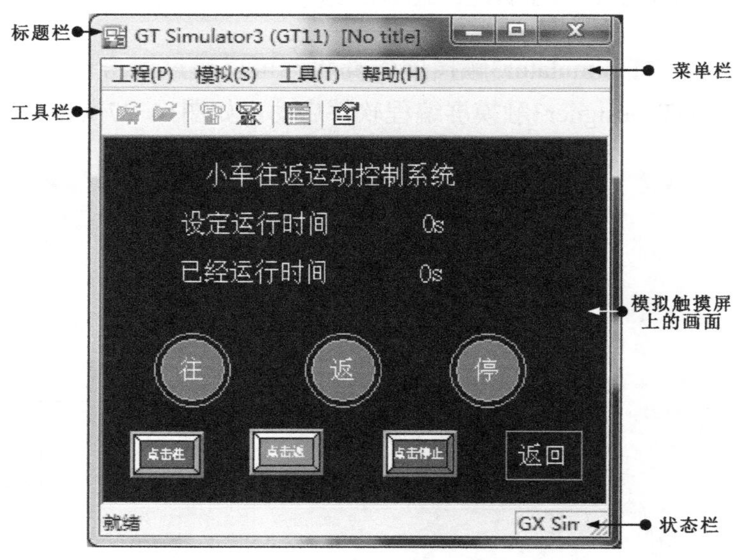

图14-29　GT Simulator3触摸屏仿真软件的操作界面

图14-30为GT Simulator3的设置面板。该设置面板主要用以设置GT Simulator3的连接方式、所模拟触摸屏的种类及相关程序等。

GT Simulator3的设置面板有“通信设置”“GX Simulator设置”“动作设置”“环境设置”四个选项。

1 “通信设置”用于设置触摸屏的连接方式、可编程控制器的类型、通信端口等。

2 “GX Simulator设置”主要完成对使用的GX Simulator进行模拟时所使用的程序设置。

3 “动作设置”主要实现对触摸屏类型、分辨率、字体等项目的设置。

4 “环境设置”用来完成对标题栏、结束对话框、主菜单的显示设置。

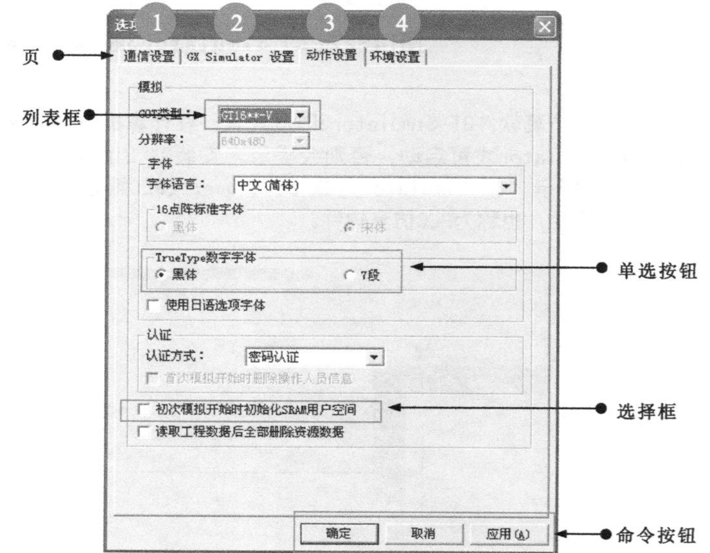

图14-30　GT Simulator3的设置面板

14.3 WinCC flexible Smart组态软件

14.3.1 WinCC flexible Smart组态软件的安装

在安装WinCC flexible Smart组态软件时，首先需要下载安装程序压缩包文件，如图14-31所示。

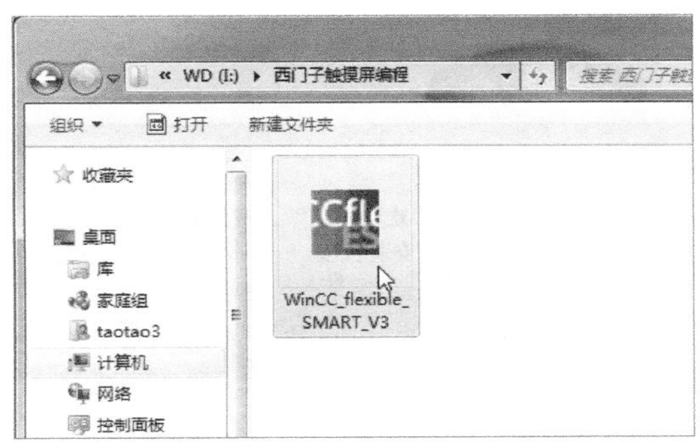

图14-31 下载的WinCC flexible Smart组态软件安装程序压缩包文件

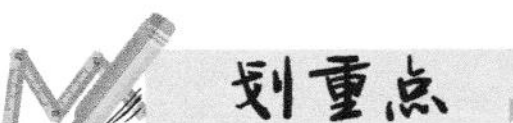

WinCC flexible Smart组态软件应满足一定的应用环境，要求计算机操作系统为Windows7，内存推荐2GB，CPU最低要求Pentium IV或同等1.6GHz的处理器。在计算机中安装一种语言时，要求硬盘空闲存储空间不低于2GB。

双击压缩包文件，开始安装，根据对话框提示单击“下一步”按钮安装，如图14-32所示，即可完成WinCC flexible Smart组态软件的安装。

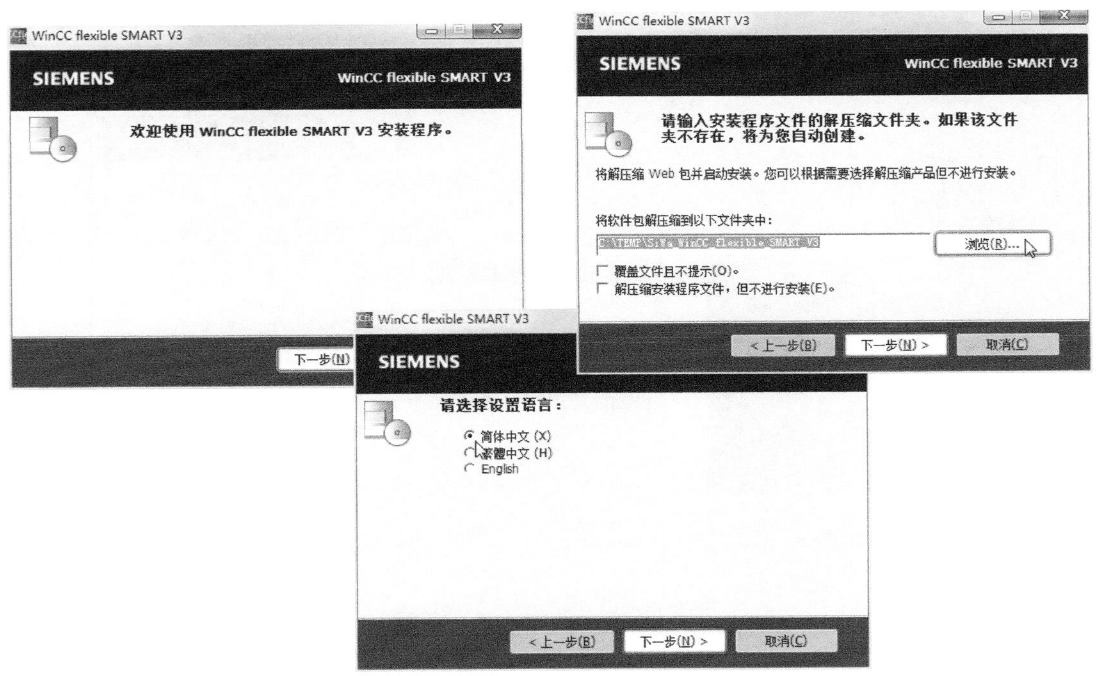

图14-32 WinCC flexible Smart组态软件的安装

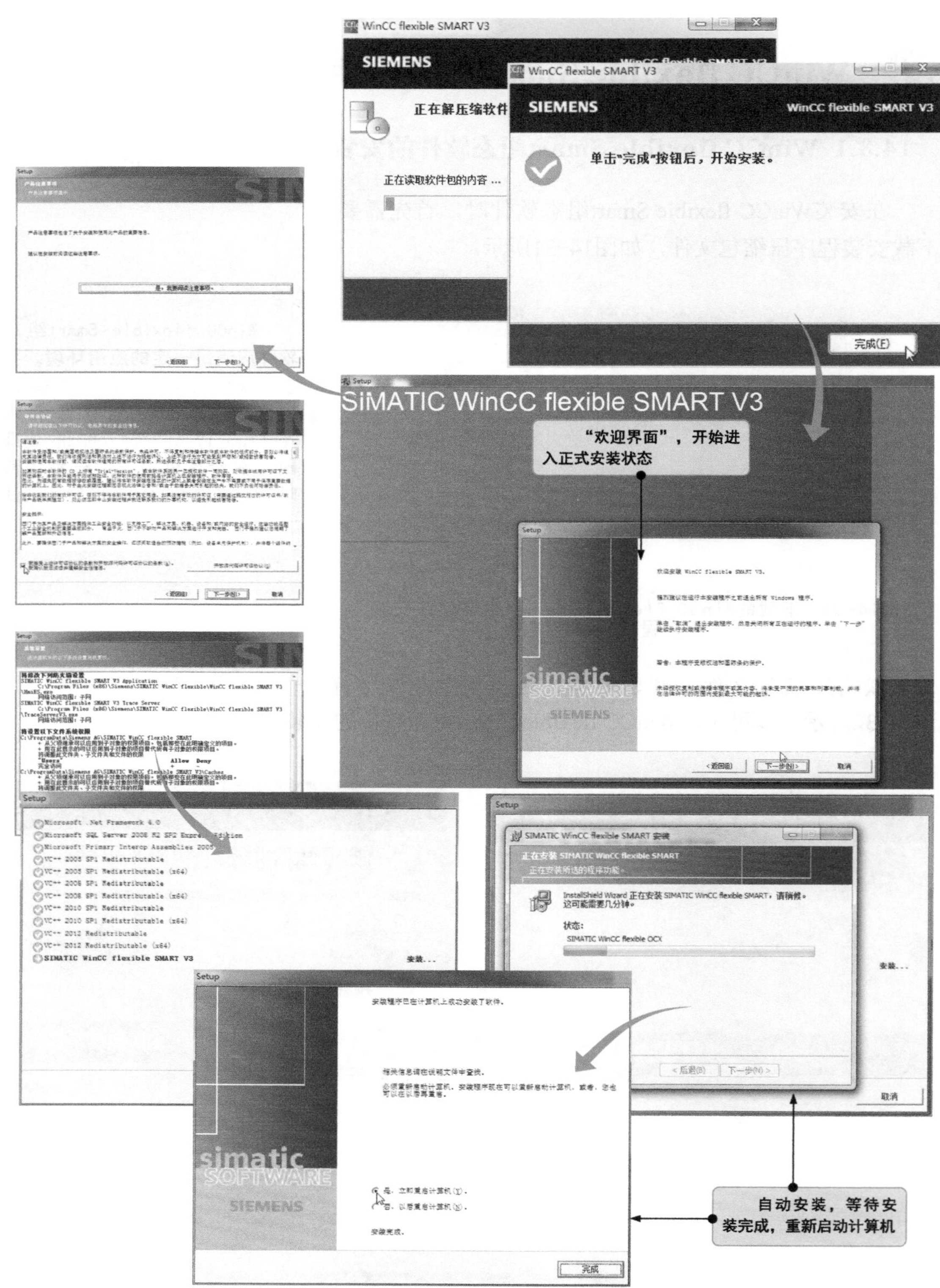

图14-32 WinCC flexible Smart组态软件的安装（续）

14.3.2 WinCC flexible Smart组态软件的启动

图14-33为WinCC flexible Smart组态软件的启动。

从“所有程序”中启动

双击桌面上的WinCC flexible Smart组态软件图标启动

WinCC flexible Smart启动界面

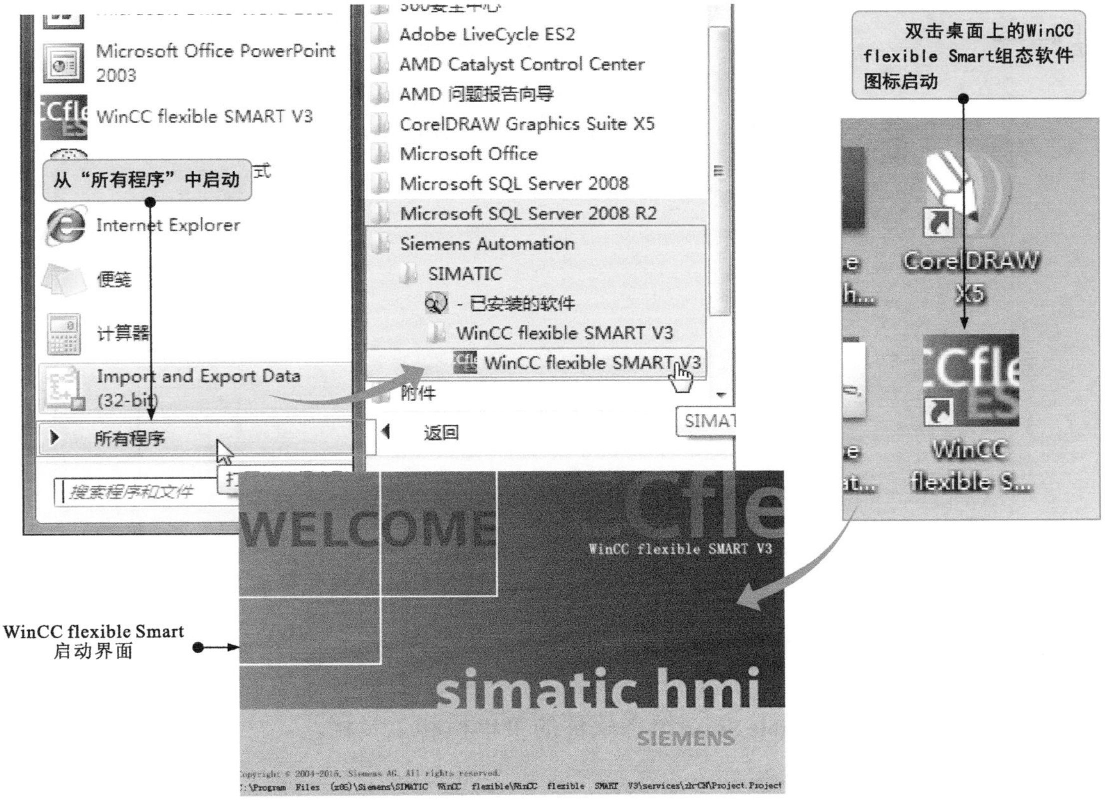

图14-33 WinCC flexible Smart组态软件的启动

WinCC flexible Smart组态软件用于设计西门子相关型号触摸屏的画面和控制功能。使用时，需要先将已安装好的WinCC flexible Smart启动运行，即双击桌面上的WinCC flexible Smart图标或执行“开始”→“所有程序”→“Siemens Automation”→“SIMATIC”→“WinCC flexible SMART V3”启动。

14.4 WinCC flexible Smart组态软件的使用

图14-34为WinCC flexible Smart组态软件的操作界面。由图可知，操作界面主要由菜单栏、工具栏、画面编辑器、项目视图、属性视图、工具箱等部分构成。

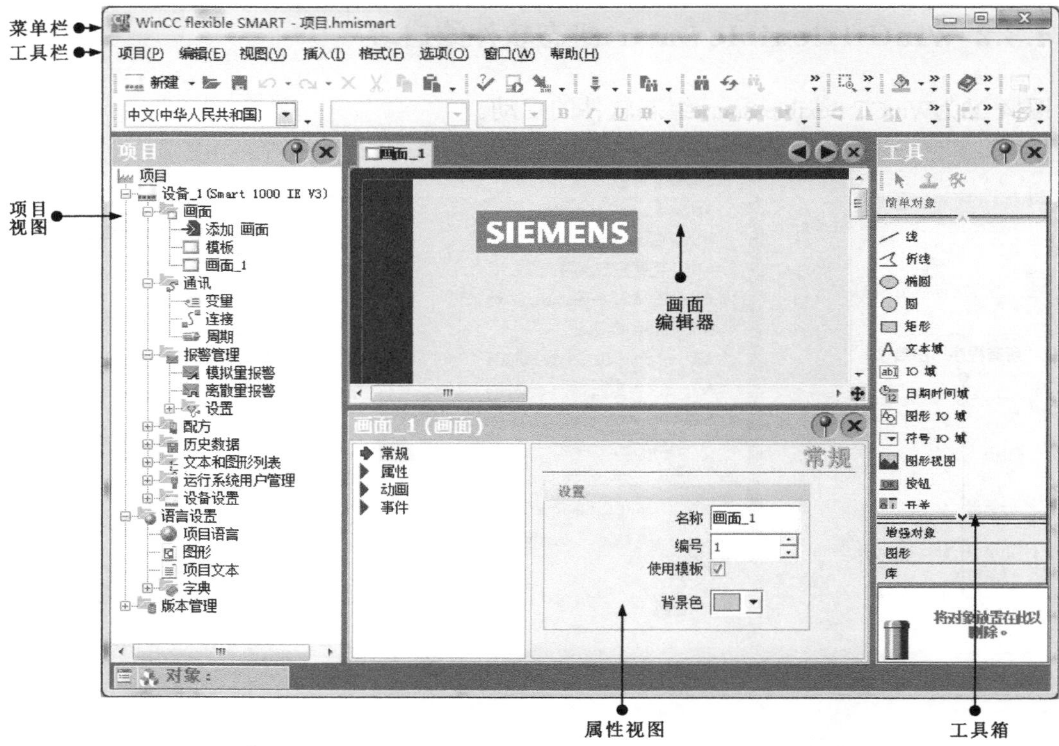

图14-34　WinCC flexible Smart组态软件的操作界面

14.4.1 菜单栏和工具栏

图14-35为WinCC flexible Smart组态软件的菜单栏和工具栏。

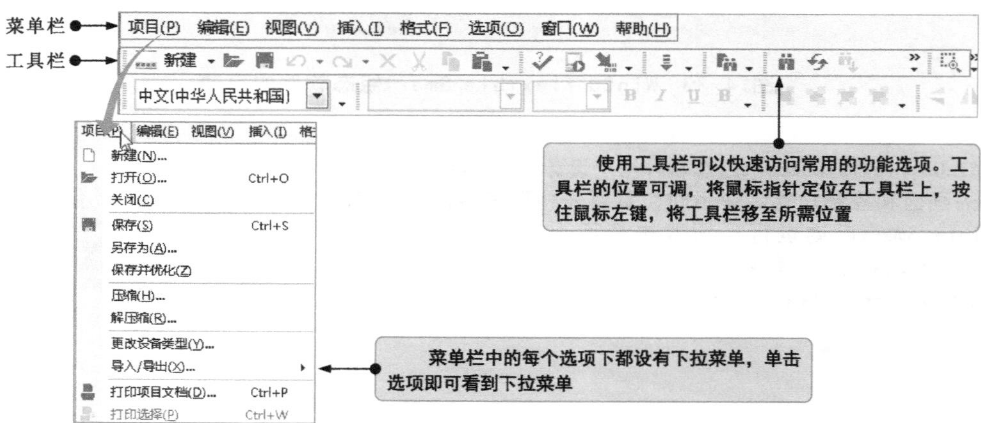

图14-35　WinCC flexible Smart组态软件的菜单栏和工具栏

菜单栏和工具栏位于WinCC flexible Smart组态软件的上部。通过菜单栏和工具栏可以访问组态HMI设备所需的全部功能。

14.4.2 工作区

图14-36为WinCC flexible Smart组态软件的工作区。

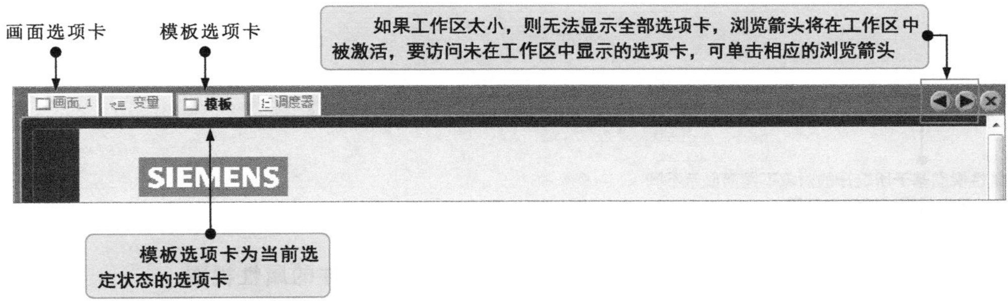

图14-36 WinCC flexible Smart组态软件的工作区

工作区是WinCC flexible Smart组态软件画面的中心部分。每个特定功能的编辑器在工作区中以单独的选项卡控件形式打开。例如，“画面”编辑器以单独的选项卡形式显示各个画面。同时打开多个编辑器时，只有一个选项卡处于激活状态。要选择一个不同的编辑器，在工作区单击相应的选项卡即可。

14.4.3 项目视图

图14-37为WinCC flexible Smart组态软件的项目视图。

项目视图是项目编辑的中心控制点，显示了项目的所有组件和编辑器，并且可用于打开这些组件和编辑器。

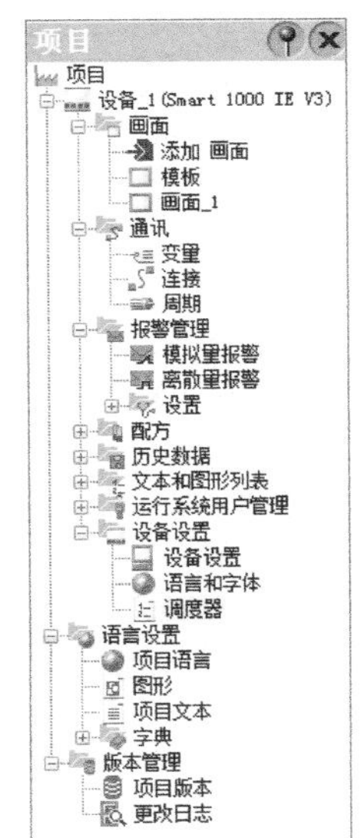

图14-37 WinCC flexible Smart组态软件的项目视图

14.4.4 属性视图

图14-38为 WinCC flexible Smart组态软件的属性视图。

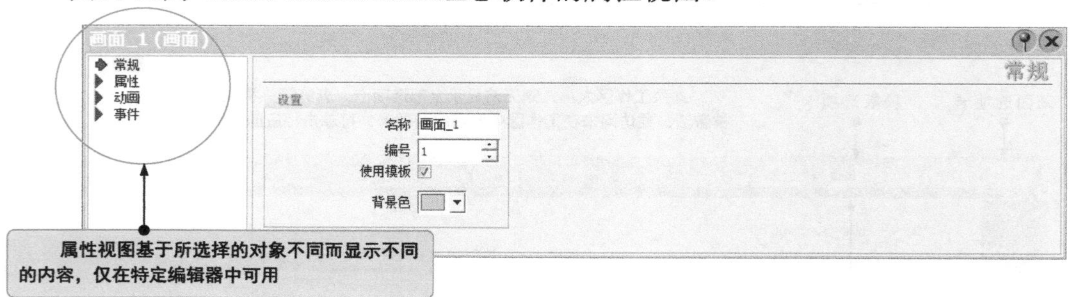

图14-38 WinCC flexible Smart组态软件的属性视图

属性视图位于WinCC flexible Smart组态软件工作区的下方，用于编辑从工作区中选择的对象的属性。

14.4.5 工具箱

图14-39为 WinCC flexible Smart组态软件的工具箱。工具箱包含可以添加到画面中的对象选项，用于在工作区编辑时添加各种元素，如图形对象或操作元素。

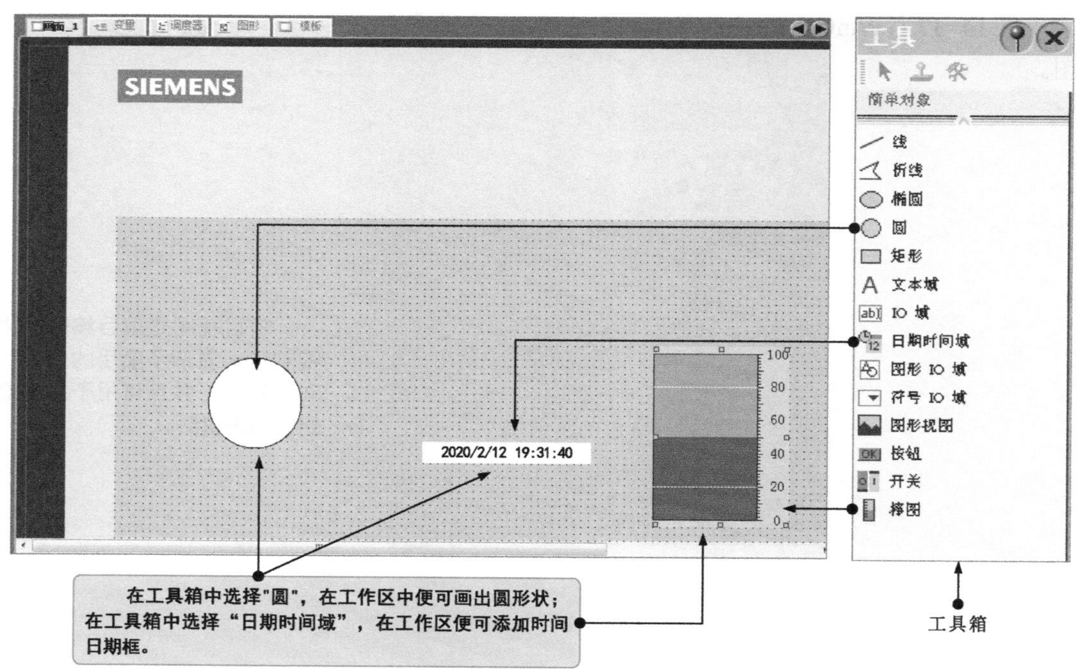

图14-39 WinCC flexible Smart组态软件的工具箱

14.5 使用 WinCC flexible Smart组态软件进行组态

14.5.1 新建项目

使用WinCC flexible Smart组态软件进行触摸屏画面组态时，首先要新建项目。

图14-40为在WinCC flexible Smart组态软件中新建项目。从“项目”菜单中选择“新建”，随即显示“设备列表”对话框。选择相关设备，然后单击“确定”按钮关闭对话框。

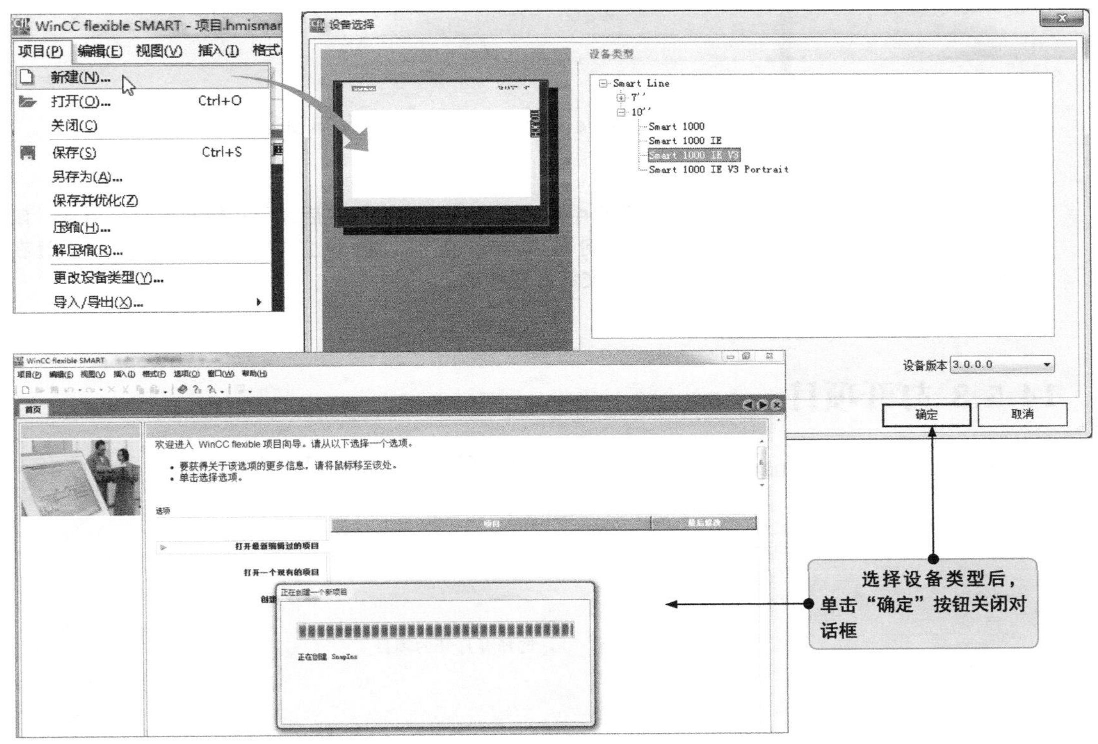

图14-40 在WinCC flexible Smart组态软件中新建项目

在WinCC flexible Smart组态软件中仅可打开一个项目。如果已在 WinCC flexible Smart组态软件中打开了一个项目，但又必须再创建一个新项目，那么系统会警告，询问用户是否保存当前项目，之后，当前项目将自动关闭。

14.5.2 保存项目

在WinCC flexible Smart组态软件中保存项目的操作如图14-41所示。

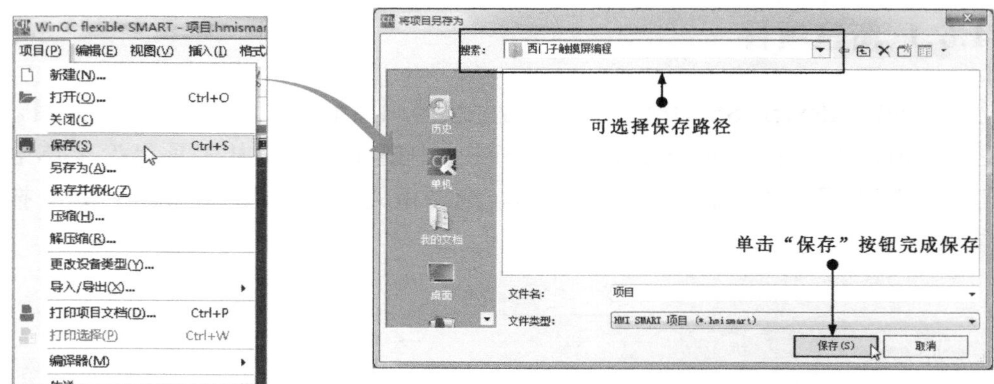

图14-41　在WinCC flexible Smart组态软件中保存项目的操作

项目中所做的更改只有在保存后才能生效。保存项目后，所有更改均写入项目文件。项目文件以扩展名*.hmi存储在Windows文件管理器中。

14.5.3 打开项目

在 WinCC flexible Smart组态软件中打开项目的操作，如图14-42所示。

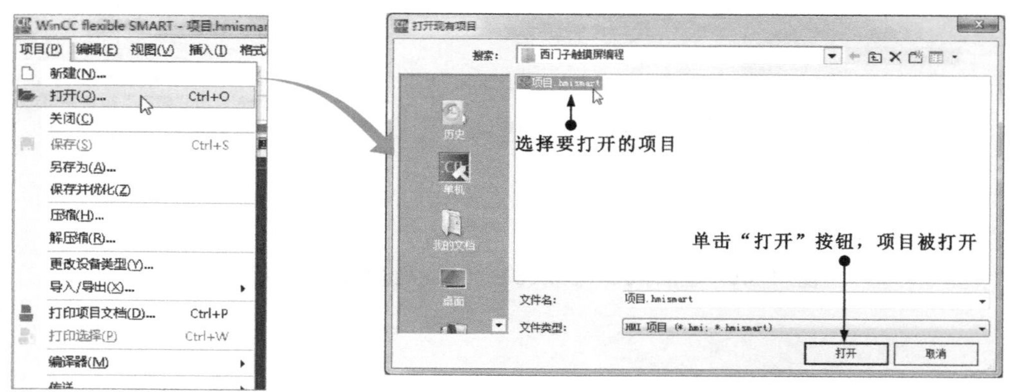

图14-42　在 WinCC flexible Smart组态软件中打开项目的操作

在WinCC flexible Smart组态软件中仅可打开一个项目。在每次并行打开另一个项目时，WinCC flexible Smart组态软件将关闭当前项目后再启动。不能在多个窗口打开同一个 WinCC flexible Smart 项目，打开网络驱动器上的项目时尤其要遵守这一原则。

14.5.4 创建和添加画面

在WinCC flexible Smart组态软件中可以创建画面，以便让操作员控制和监视被控设备。创建画面时，可使用预定义的对象实现过程可视化和设置过程值，一般在新建项目时即可创建一个画面。

添加画面就是在原有画面的基础上再添加另外的画面。也就是从项目视图中选择“画面”组，从其树形结构中选择“添加画面”，画面在项目中生成并出现在视图中，具体操作如图14-43所示。画面属性将显示在属性视图中。

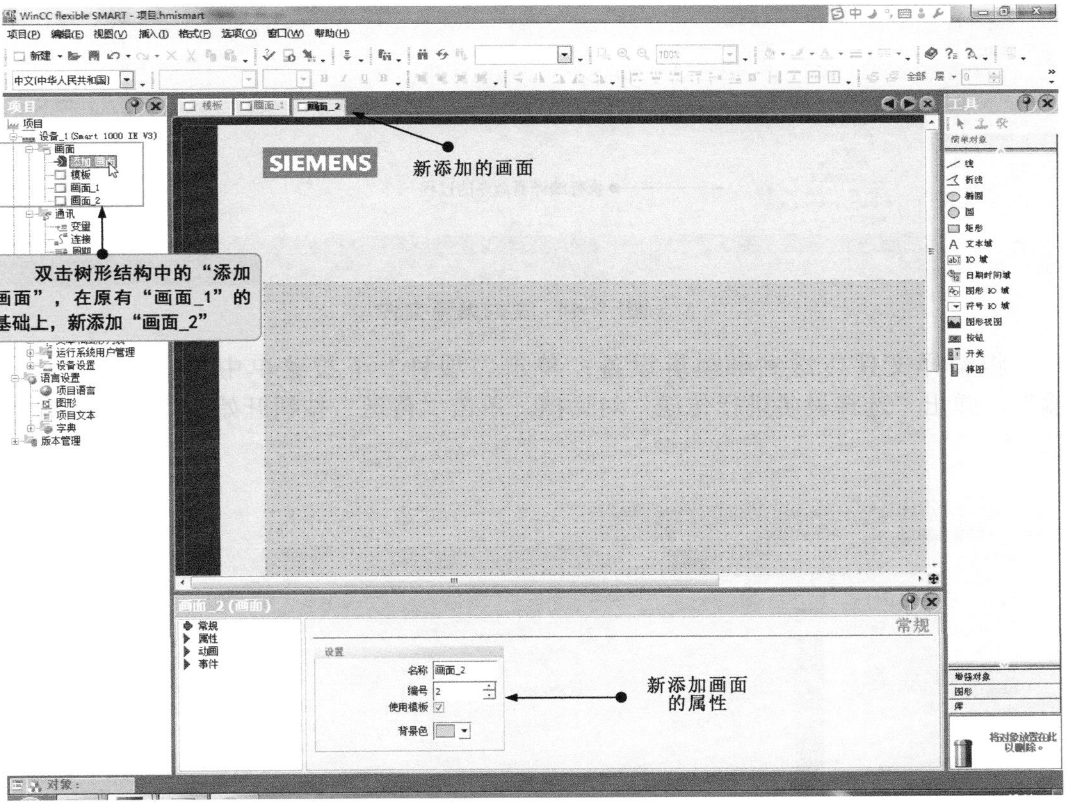

图14-43 创建和添加画面

14.6 WinCC flexible Smart组态软件中项目的传送与通信连接

14.6.1 传送项目

传送项目是将已编译的项目文件传送到要运行该项目的触摸屏设备上。在完成组态后，单击“项目”下拉菜单中的“编译器”→“生成”生成一个项目的编译文件（用于验证项目的一致性），如图14-44所示。

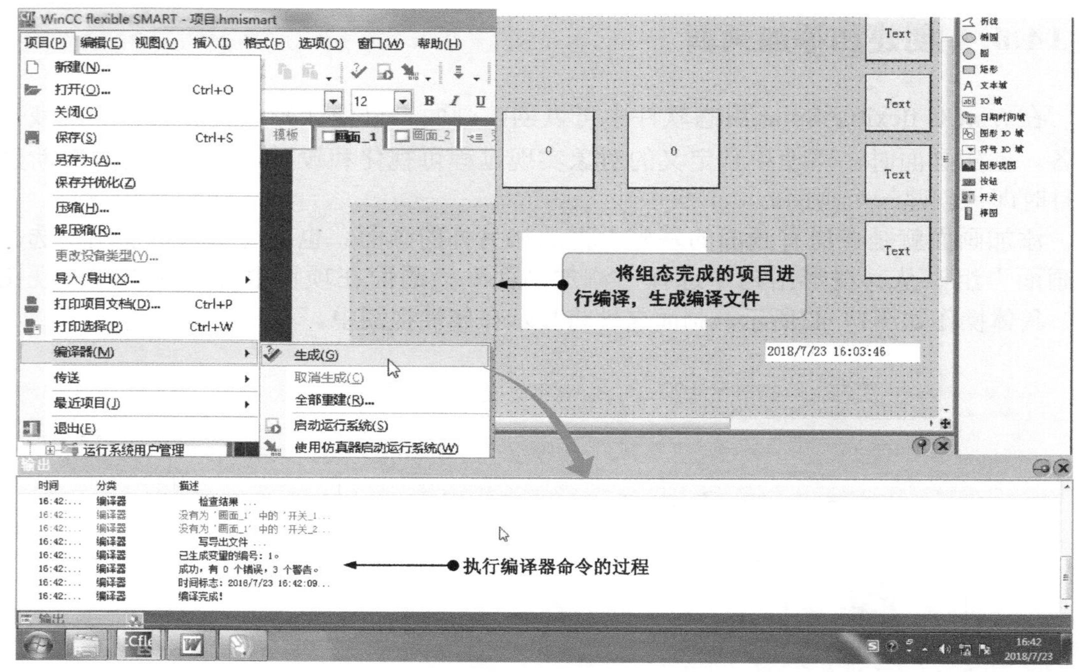

图14-44　生成编译文件

将编译文件传送到触摸屏设备：单击“项目”下拉菜单中的“传送”→“传输”，弹出“选择设备进行传送”对话框，单击“传送”按钮开始传送，如图14-45所示。

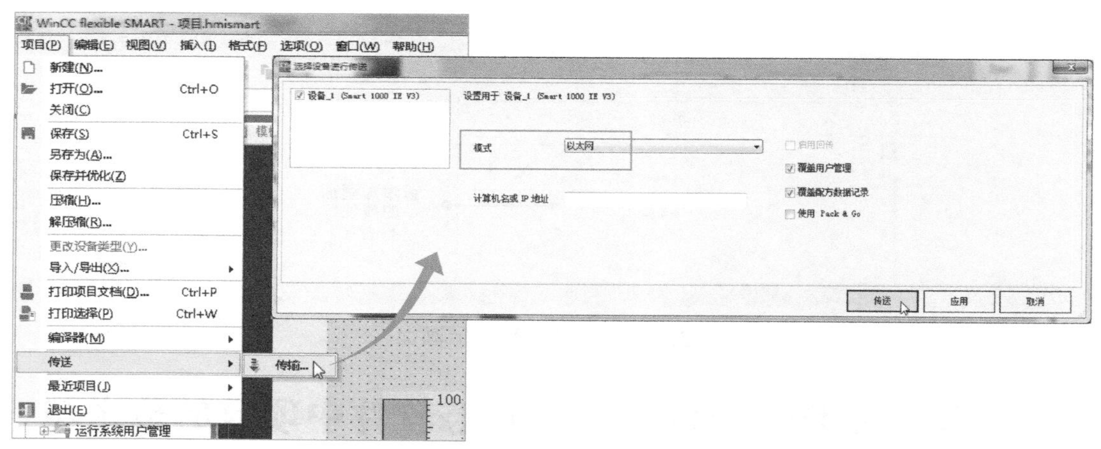

图14-45　向触摸屏传送编译文件

触摸屏必须处于"传送模式"才能进行传送操作。完成项目传送后，相应触摸屏上的运行系统将启动并显示起始画面。输出窗口将显示与传送过程对应的消息。传送项目时，系统会检查组态的操作系统版本与触摸屏上的版本是否一致。如果发现版本不一致，将中止传送，同时显示提醒消息。

14.6.2 通信连接

1 与PLC通信

WinCC flexible Smart组态软件使用变量和区域指针控制触摸屏和PLC之间的通信。

在WinCC flexible Smart组态软件中，变量包括外部变量和内部变量。外部变量用于通信，代表PLC上已定义内存位置的映像。触摸屏和PLC都可以对此存储位置进行读/写访问。图14-46为WinCC flexible Smart组态软件中的“变量”编辑器。

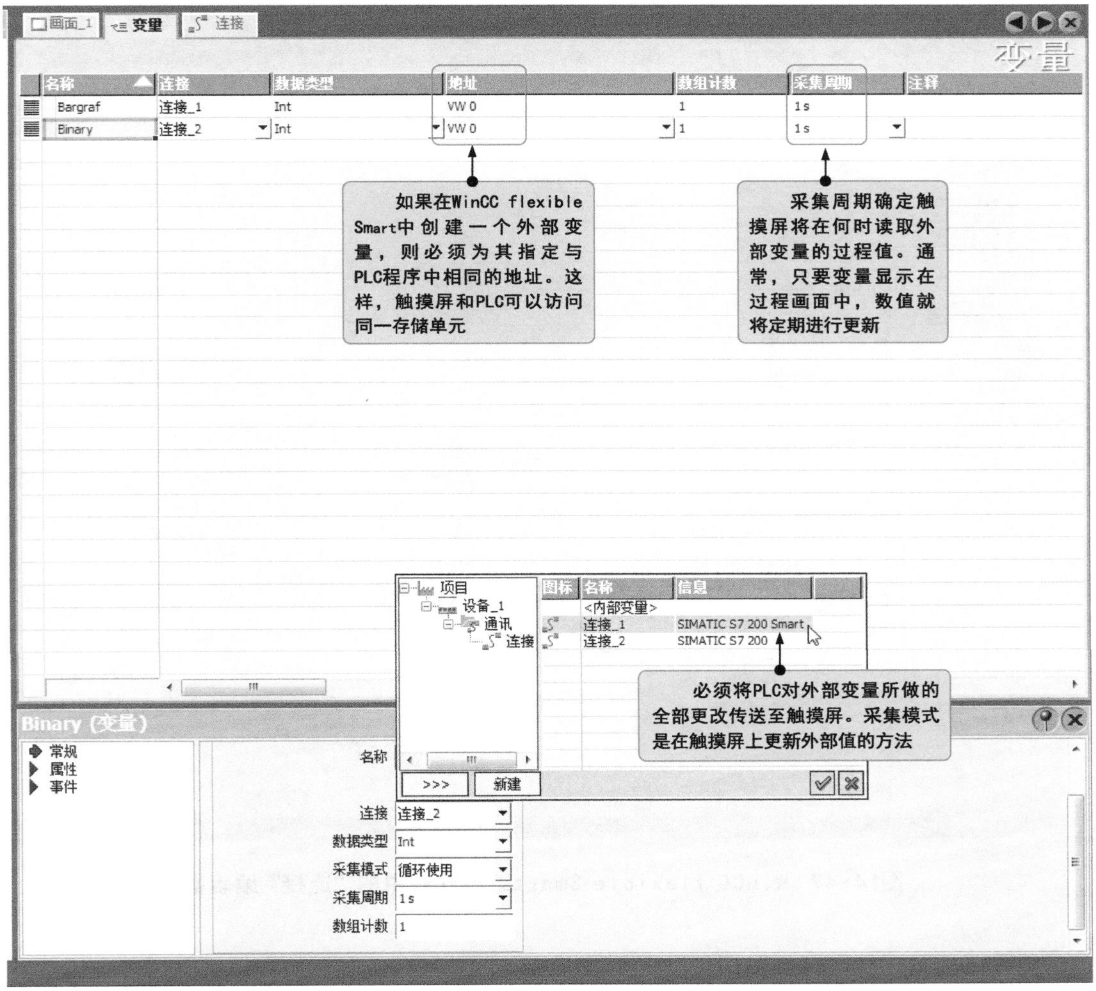

画面_1
变量
连接
变量
名称
连接
数据类型
地址
数组计数
采集周期
注释
Bargraf
连接_1
Int
VW 0
1
1 s
Binary
连接_2
Int
VW 0
1
1 s
如果在WinCC flexible Smart中创建一个外部变量，则必须为其指定与PLC程序中相同的地址。这样，触摸屏和PLC可以访问同一存储单元
采集周期确定触摸屏将在何时读取外部变量的过程值。通常，只要变量显示在过程画面中，数值就将定期进行更新
项目
设备_1
通讯
连接
图标
名称
信息
<内部变量>
连接_1
SIMATIC S7 200 Smart
连接_2
SIMATIC S7 200
必须将PLC对外部变量所做的全部更改传送至触摸屏。采集模式是在触摸屏上更新外部值的方法
>>>
新建
Binary (变量)
常规
属性
事件
名称
连接
连接_2
数据类型
Int
采集模式
循环使用
采集周期
1 s
数组计数
1

图14-46 WinCC flexible Smart组态软件中的“变量”编辑器

在组态中，须创建指向特定PLC地址的变量。与PLC相连的触摸屏将从已定义地址读取该值，然后将其显示出来。操作员还可以在触摸屏上输入变量值，以将其写入相关PLC地址。

多说两句!

2 与PLC连接

触摸屏必须与PLC连接才能进行操作。触摸屏和PLC之间的数据交换由连接的特定协议进行控制。每个连接都需要一个单独的协议。

在WinCC flexible Smart组态软件中，“连接”编辑器用于创建与PLC的连接。创建连接时，会为PLC分配基本组态。可以使用“连接”编辑器调整连接组态以满足项目要求。

图14-47为WinCC flexible Smart组态软件中的“连接”编辑器。

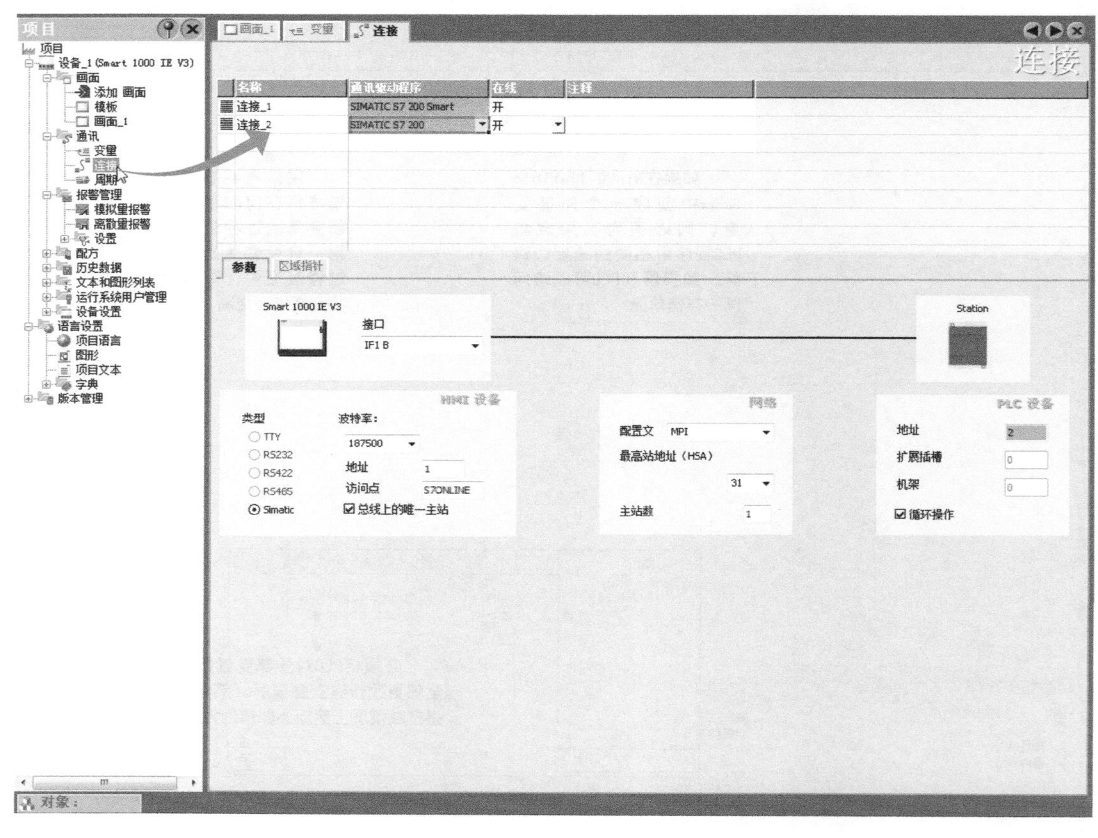

图14-47 WinCC flexible Smart组态软件中的“连接”编辑器

第15章 三菱触摸屏

15.1 三菱GT11型触摸屏

三菱触摸屏主要有GOT1000系列、GOT2000系列和GOTSIMPLE系列。其中，GOT1000系列中包含GT16型、GT15型、GT14型、GT12型、GT11型、GT10型。每种类型又可细分为多种型号，例如，GT11是GT1175、GT1165、GT1155-Q、GT1150-Q的简称。本章以GT11型、GT16型触摸屏为例进行介绍。

15.1.1 三菱GT11型触摸屏的结构

图15-1为三菱GT1175触摸屏的结构。

POWER LED
绿灯点亮：电源正常供给时；橙灯点亮：屏幕保护；橙色/绿色闪烁：背光灯熄灭；灭灯：电源未供给
触摸键
显示系统画面和用户制作画面
显示屏
在系统画面和用户制作画面内，可通过触摸触摸键操作

（a）触摸屏正面

硬件复位用开关（总线连接时无效）
复位开关
电池（电池盒）
CF卡接口
CF卡存取LED
CF卡存取开关
电源端子
USB接口
与个人计算机连接，连接器形状：Mini-B

（b）触摸屏背面

与PLC、个人计算机连接，连接器形状：D-Sub 9针(公)
RS-232接口
RS-422接口
与PLC连接，连接器形状：D-Sub 9针(母)

（c）触摸屏侧面

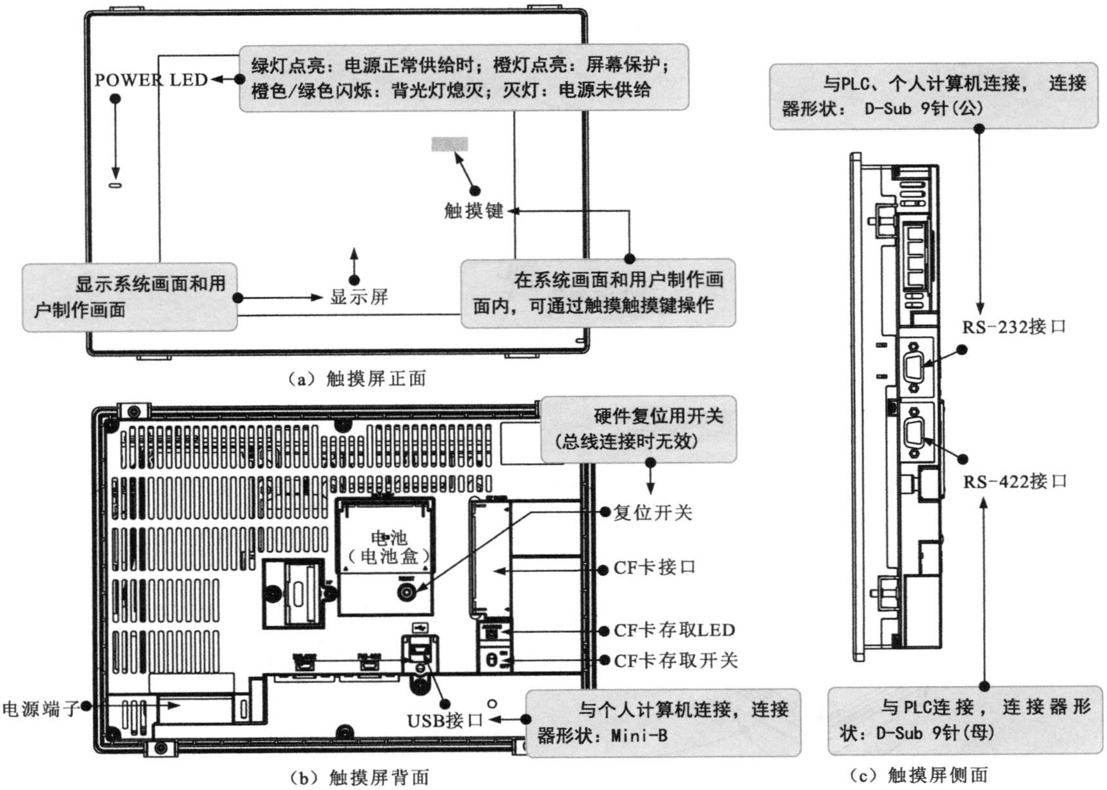

图15-1 三菱GT1175触摸屏的结构

15.1.2 三菱GT11型触摸屏的安装连接

1 三菱GT11型触摸屏的安装位置要求

图15-2为三菱GT11型触摸屏与其他设备或控制柜之间的安装位置要求。

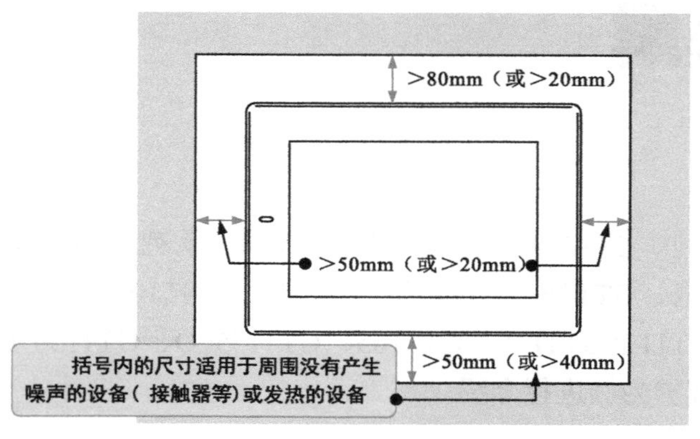

（a）上、下、左、右安装距离要求

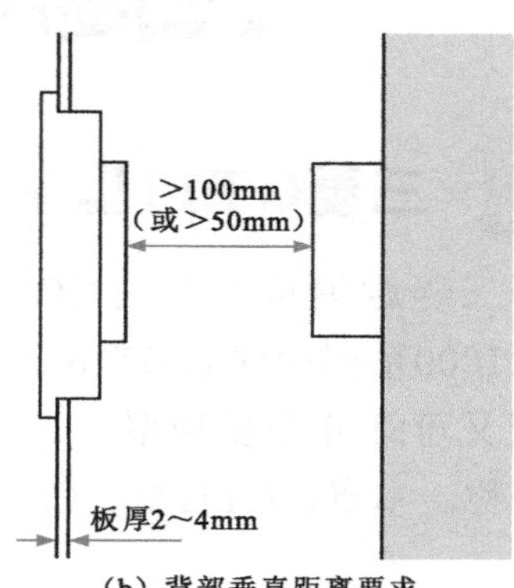

（b）背部垂直距离要求

图15-2 三菱GT11型触摸屏与其他设备或控制柜之间的安装位置要求

如果三菱GT11型触摸屏安装在控制盘内，则安装角度如图15-3所示。控制盘内的温度应控制在4～55℃范围内，安装角度为60°～105°。

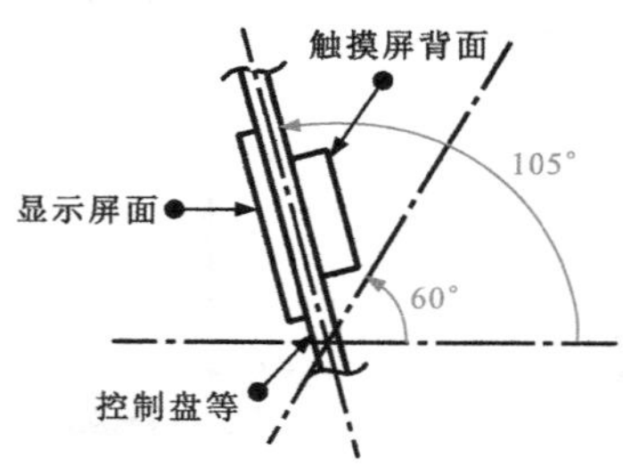

图15-3 三菱GT11型触摸屏的安装角度

2 三菱GT11型触摸屏的安装

在安装三菱GT11型触摸屏时，首先需要将密封垫安装到三菱GT11型触摸屏背面的密封垫安装槽中，操作时，要将细的一侧压入安装槽，如图15-4所示。

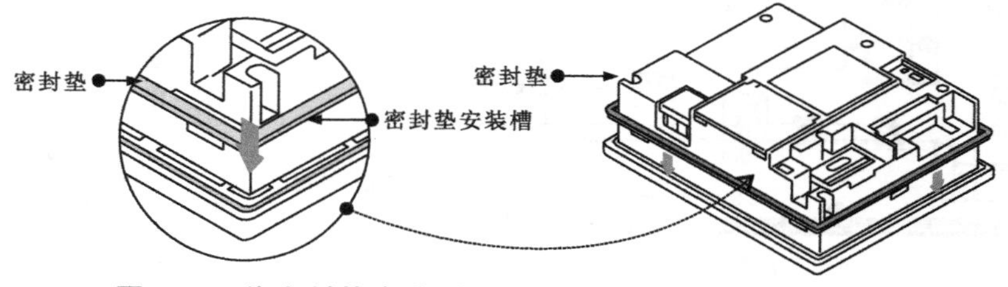

图15-4 将密封垫安装到三菱GT11型触摸屏背面的密封垫安装槽中

三菱GT11型触摸屏的固定如图15-5所示，将安装螺栓插入三菱GT11型触摸屏背部对应安装配件的固定孔内，拧紧即可。

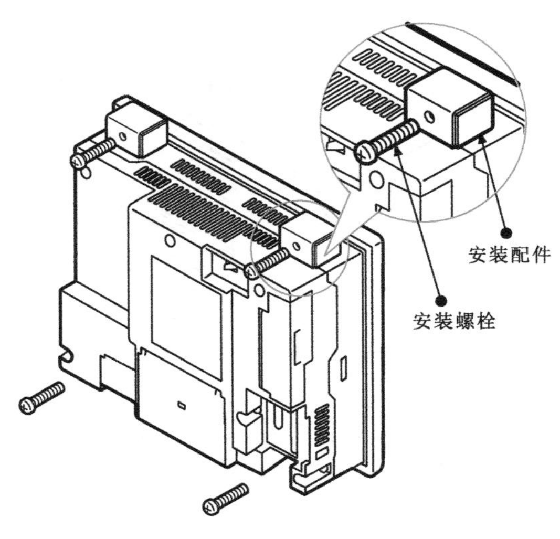

图15-5 三菱GT11型触摸屏的固定

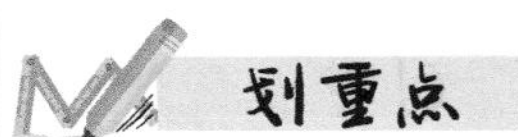

注意，安装螺栓要垂直插入固定孔中，不可歪斜。

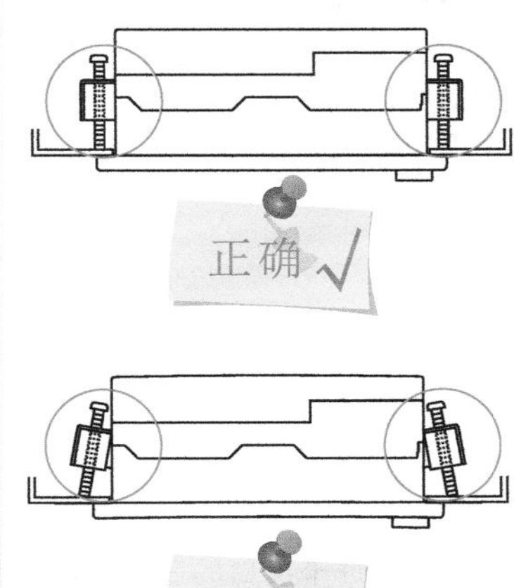

3 CF卡的装卸方法

CF卡是三菱GT11型触摸屏非常重要的外部存储部件，主要用来存储程序及数据信息。

图15-6为安装CF卡的操作。

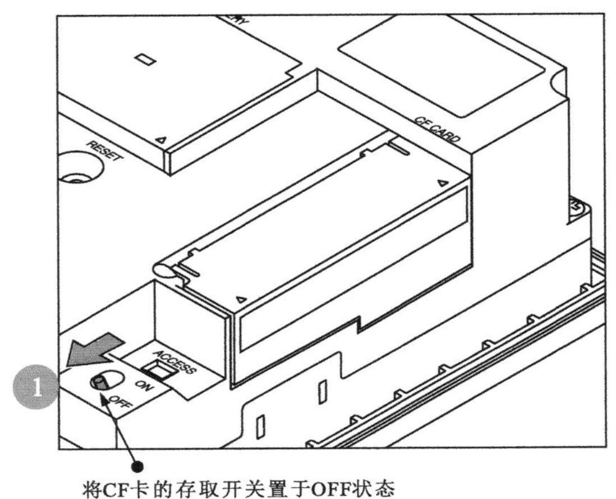

图15-6 安装CF卡的操作

1 在安装CF卡时，应先确认三菱GT11型触摸屏的电源处于OFF状态。

划重点

2 确认CF卡存取开关置于OFF，此时即使触摸屏的电源未关闭，也可以安装CF卡，打开CF卡接口的盖板，将CF卡的表面朝外压入卡槽中。

3 扣上CF卡接口的盖板，再将CF卡的存取开关置于ON状态。

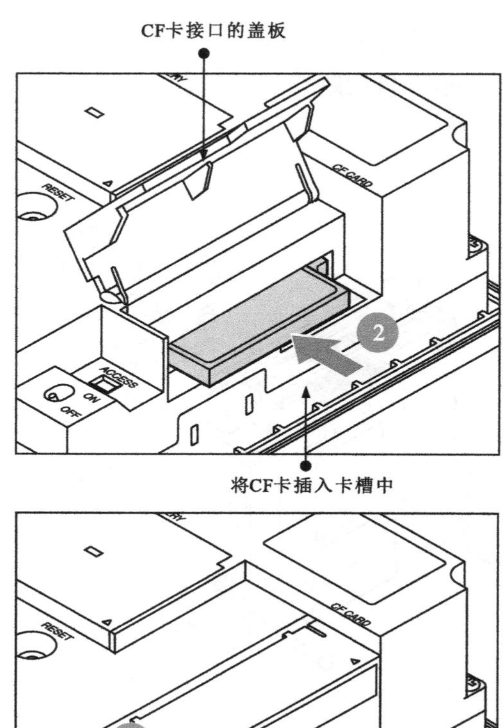

图15-6 安装CF卡的操作（续）

图15-7为取出CF卡的操作。

1 当需要取出CF卡时，先将CF卡的存取开关置于OFF状态，确认显示CF卡存取的LED熄灭，再打开CF卡接口的盖板。

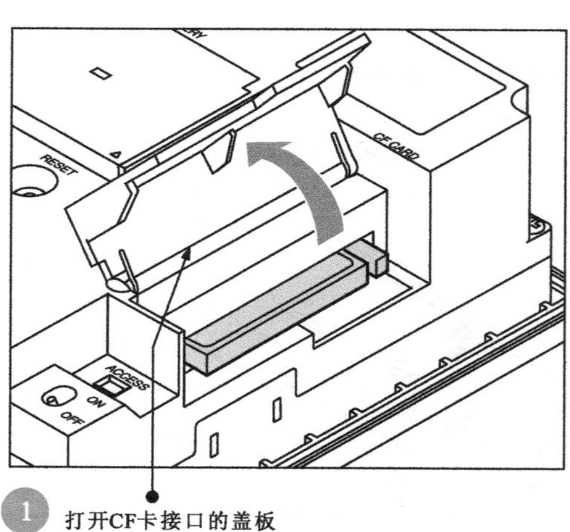

图15-7 取出CF卡的操作

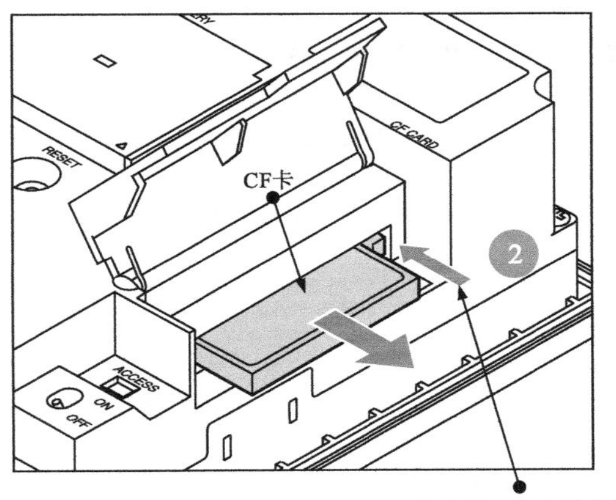

图15-7 取出CF卡的操作（续）

2 将CF卡弹出按钮竖起，向内按下，CF卡便会从卡槽中弹出。

在安装或取出CF卡时，应将CF卡存取开关置为OFF（CF卡存取LED熄灭），否则可能导致CF卡内的数据损坏或运行错误。

4 电池的装卸方法

电池可确保三菱GT11型触摸屏的电能供给，用于保持或备份触摸屏中的时钟数据、报警历史及相关参数。图15-8为电池的安装操作。

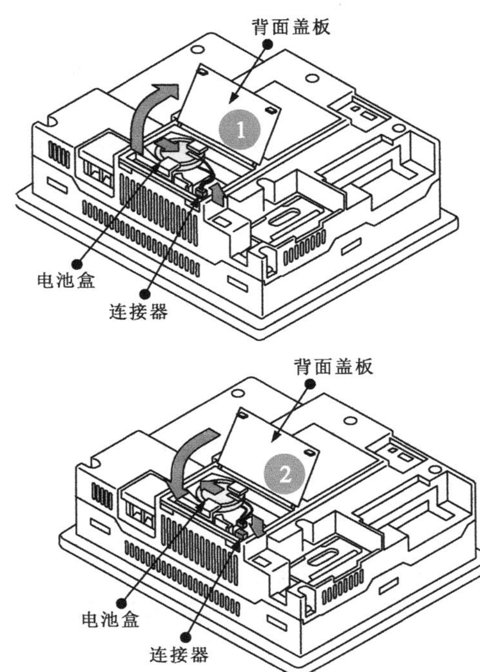

图15-8 电池的安装操作

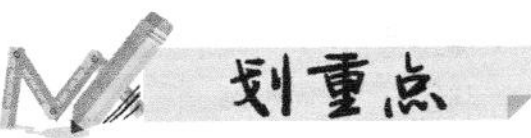

1 在安装电池时，应先确认三菱GT11型触摸屏的电源处于OFF，然后打开背面盖板。

2 将电池插入电池盒中，关闭背面盖板，接通电源。

在环境温度（25℃）下，电池的寿命为5年，在使用过程中，应注意检查电池电量是否充足。

在一般情况下，电池的更换期限为4～5年。由于电池存在自然放电现象，具体更换周期可以根据实际使用情况确定。一般可以在触摸屏的应用程序画面中确认电池的状态。

5 电源接线

图15-9为三菱GT11型触摸屏背部电源端子的配线连接图。

在连接GT11型触摸屏背部电源端子的配线时，AC100V/110V配线、DC24V配线应使用线径为0.75～2mm² 的线缆，并将配线从连接端子开始进行双绞扭，以最短距离连接设备，并且不要将AC100V/110V配线、DC24V配线与主电路（高电压、大电流）电缆、输入/输出信号线捆扎在一起，且保持间隔在100mm以上。

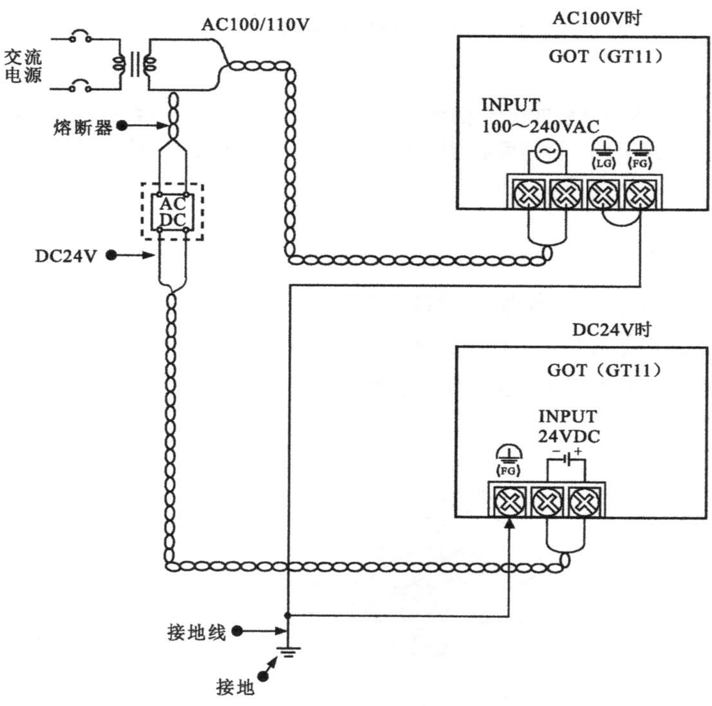

图15-9 三菱GT11型触摸屏背部电源端子的配线连接图

在连接三菱GT11型触摸屏背部电源端子的电源线、接地线时，若连接了LG端和FG端，则必须接地。若不接地，则抗噪声性能将变弱。

由于LG端的电压为输入电压的1/2，因此触摸该部分可能会造成触电。

在连接电源前，必须明确是否与三菱GT11型触摸屏的额定电压匹配，并确保配线正确，否则可能导致火灾故障。

在配线作业时，必须切断所有外部供给电源，否则可能会引起触电、损坏产品。

图15-10为防雷涌对策的连接方案。

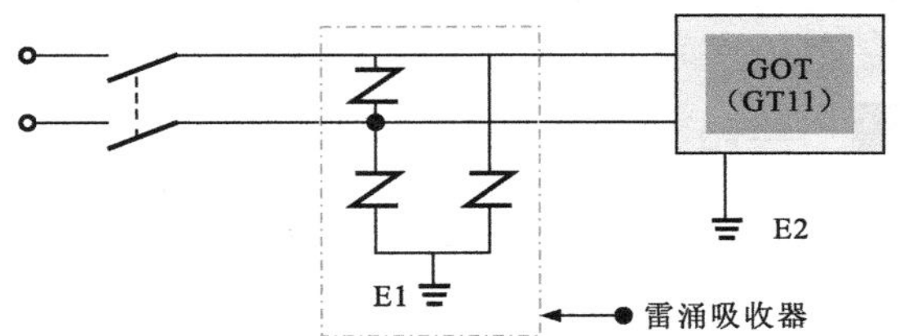

图15-10 防雷涌对策的连接方案

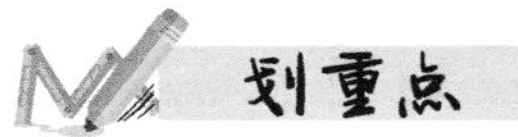

将雷涌吸收器接入系统，注意雷涌吸收器的接地（E1）和触摸屏的接地（E2）应分开。另外，选用的雷涌吸收器的最大允许电压应大于最大电源电压。

6 接地

图15-11为三菱GT11型触摸屏的接地示意图。接地应尽可能使用专用接地方式。当无法进行专用接地时，可采用共用接地方案，但不可采用公共接地方案。

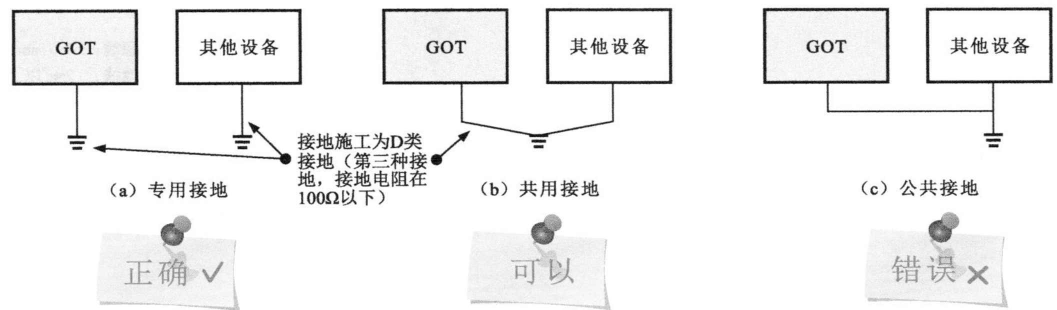

图15-11 三菱GT11型触摸屏的接地示意图

图15-12为专用接地的连接方式。

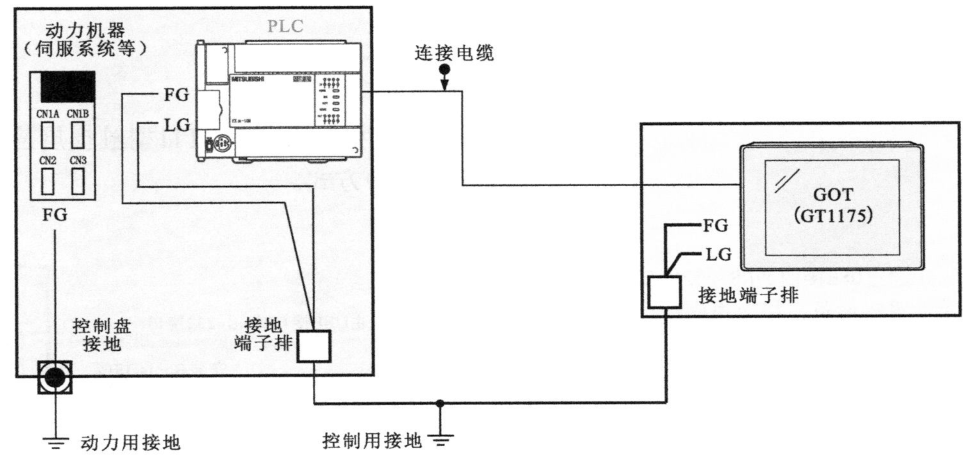

图15-12 专用接地的连接方式

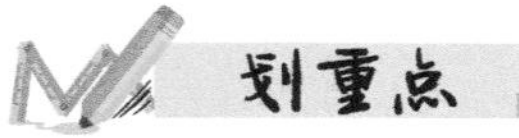

接地所用电线的横截面积应在2mm²以上，并尽可能使接地点靠近GOT，从而最大限度地缩短接地线的长度。

图15-13为共用接地的连接方式。

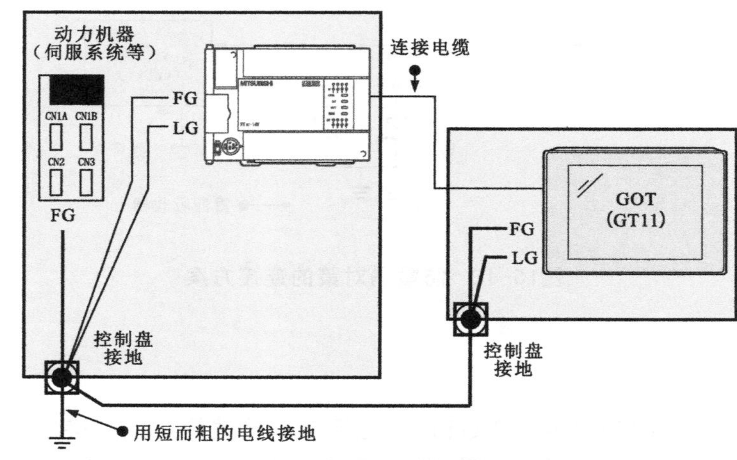

图15-13　共用接地的连接方式

图15-14为连接端子的规格及连接要求。

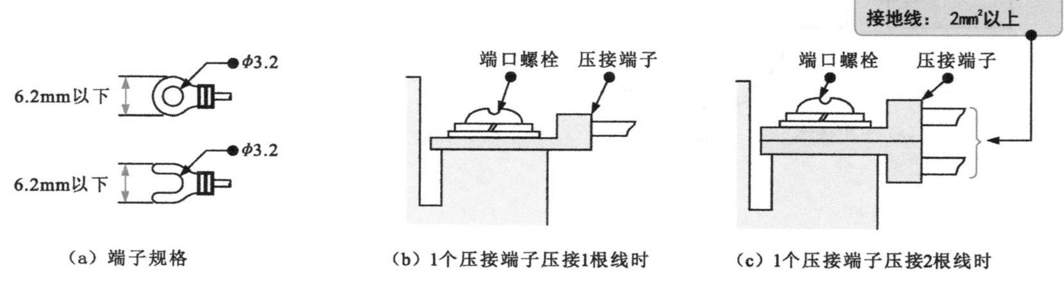

图15-14　连接端子的规格及连接要求

15.1.3 三菱GT11型触摸屏应用程序的安装

1 应用程序的安装

如图15-15所示，三菱GT11型触摸屏应用程序的安装可以通过三种方式。

① 通过USB接口或RS-232接口连接计算机设备，将应用程序直接安装到触摸屏中。

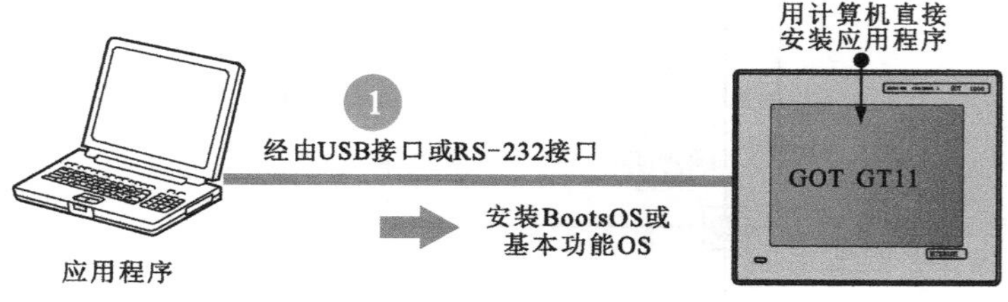

（a）计算机（应用程序）→GOT GT11

图15-15　三菱GT11型触摸屏应用程序的安装

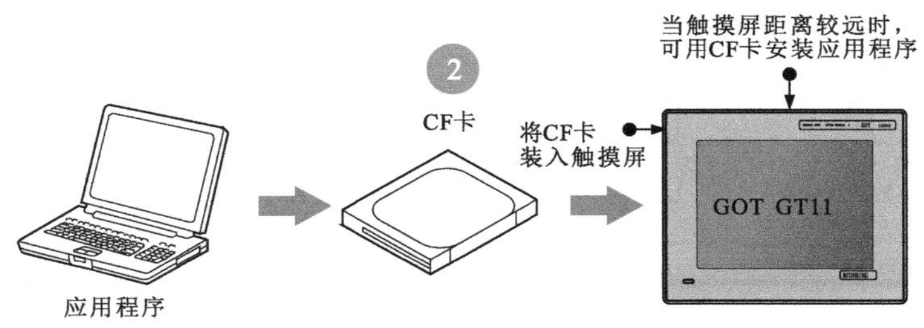

(b) 计算机（应用程序）→CF卡→GOT GT11

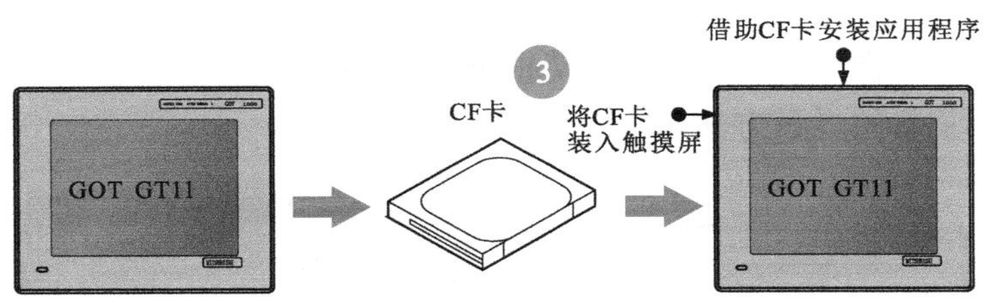

(c) GOT GT11（应用程序）→CF卡→GOT GT11

图15-15 三菱GT11型触摸屏应用程序的安装（续）

2 应用程序主菜单的显示

为了显示功能，需要事先显示应用程序主菜单。通常，应用程序主菜单有三种显示方式。图15-16为在未下载工程数据时应用程序主菜单的显示方法。

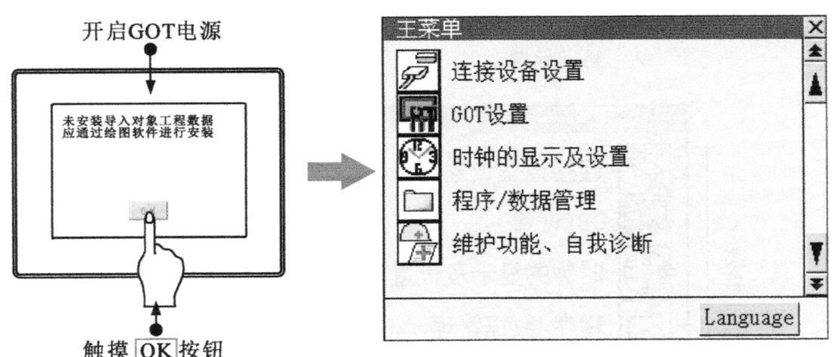

图15-16 在未下载工程数据时应用程序主菜单的显示方法

图15-17为通过应用程序调用键显示应用程序主菜单的显示方法。

划重点

2 先通过计算机将应用程序装入CF卡，再将装有应用程序的CF卡装入触摸屏，通过CF卡安装应用程序。

3 通过CF卡将一台触摸屏中的应用程序安装到另一台触摸屏中。

在该状态下，GOT的电源一旦开启，通知工程数据不存在的对话框就会弹出。触摸OK按钮就会显示主菜单。

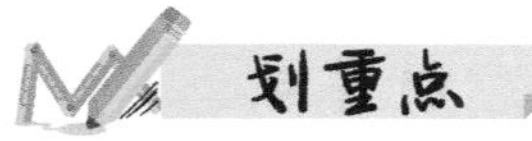

通过应用程序画面或GT Designer2 可以设置应用程序调用键（出厂时，设置为同时按下左右上方两点）。

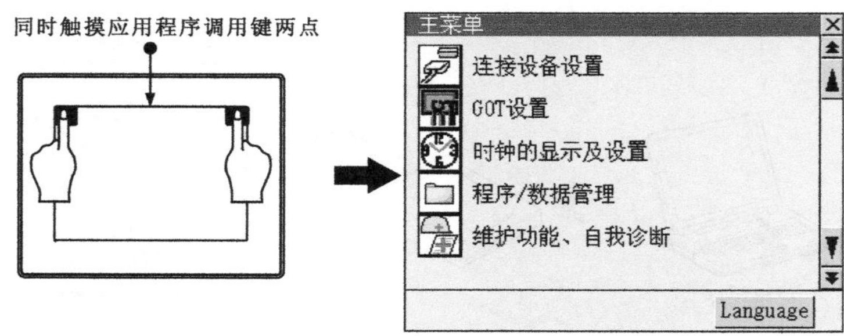

图15-17　通过应用程序调用键显示应用程序主菜单的显示方法

图15-18为通过触摸扩展功能开关显示应用程序主菜单的显示方法。

可以通过GT Designer3软件将扩展功能开关（应用程序）设置为用户创建画面中显示的触摸开关。

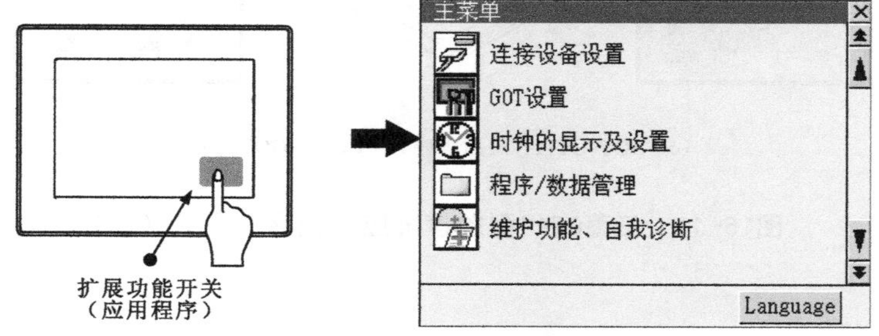

图15-18　通过触摸扩展功能开关显示应用程序主菜单的显示方法

3 应用程序的基本构成

图15-19为三菱GT1175触摸屏应用程序主菜单界面。

1 主菜单显示应用程序中可以设置的菜单项。触摸各菜单项就会显示相应的画面。

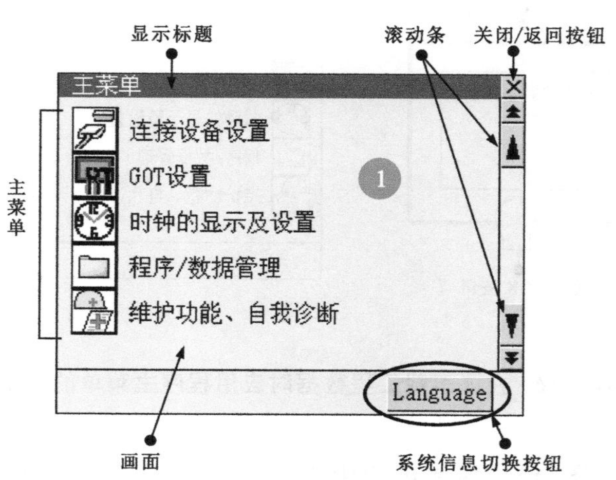

图15-19　三菱GT1175触摸屏应用程序主菜单界面

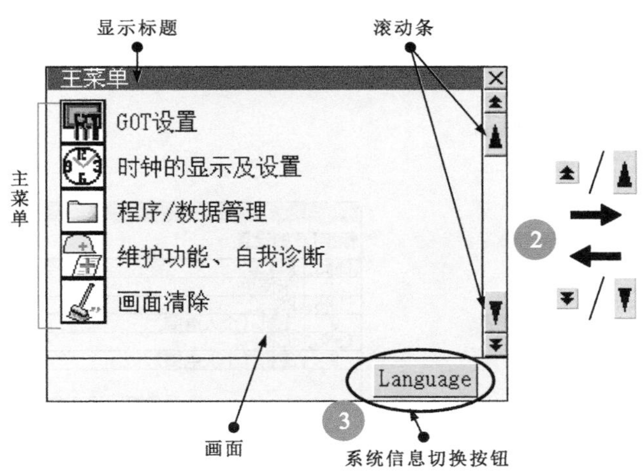

图15-19 三菱GT1175触摸屏应用程序主菜单界面（续）

15.1.4 三菱GT11型触摸屏通信接口的设置

1 通信接口设置界面

按图15-20所示，在应用程序主菜单界面中，触摸“连接设备设置”选项，即会弹出“连接设备设置”子菜单界面。

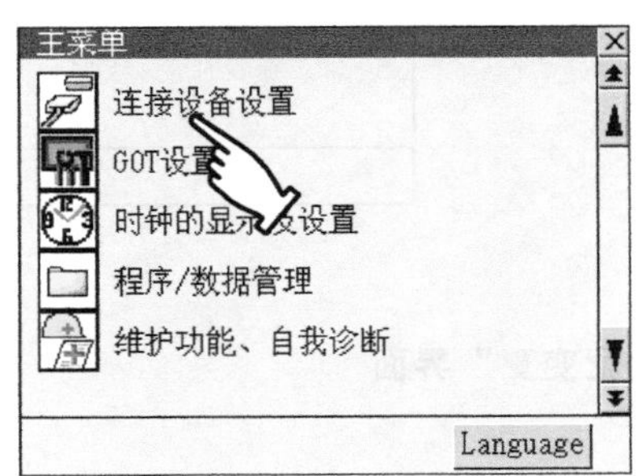

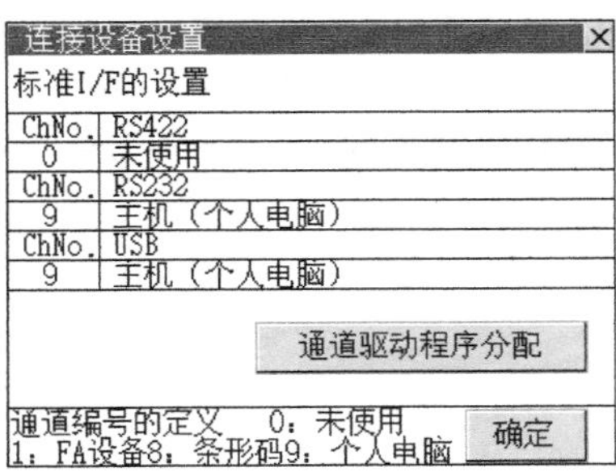

图15-20 “连接设备设置”子菜单界面

划重点

② 通过滚动条可以显示主菜单界面中未显示的其他菜单项。

③ “Language”按钮用来切换不同的语言模式。

“连接设备设置”子菜单界面显示了三种接口类型，分别是RS422、RS232和USB。如需对连接设备通道号进行分配或变更设置，可触摸“通道驱动程序分配”按钮，进入“通道驱动程序分配”界面进行设置。

2 通道驱动程序分配界面

“通道驱动程序分配”界面如图15-21所示。

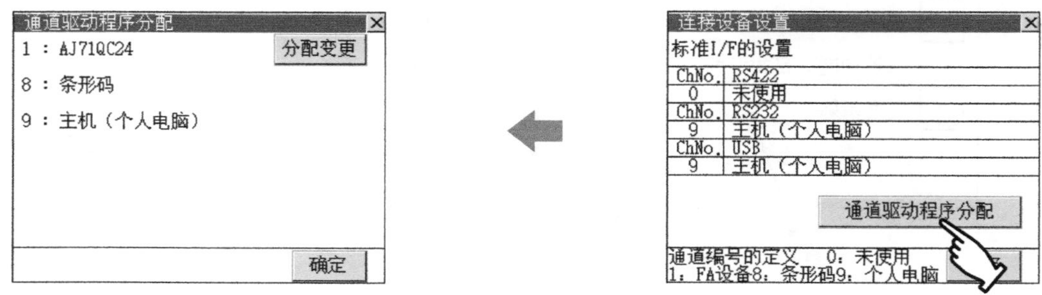

图15-21 “通道驱动程序分配”界面

在“通道驱动程序分配”界面中，按下位于右上方的“分配变更”按钮，即可进入“分配变更”界面，如图15-22所示。

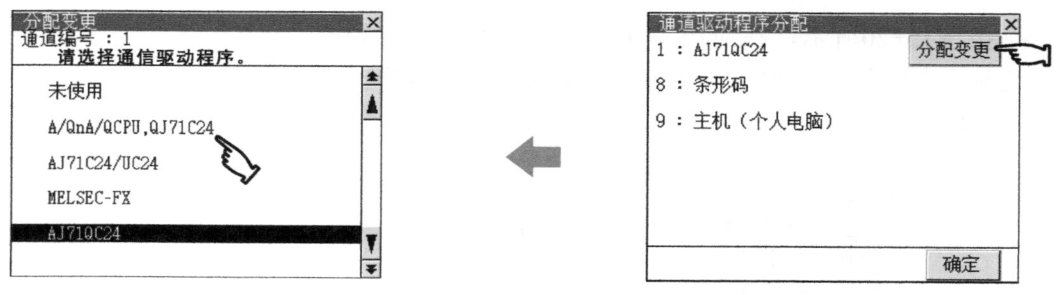

图15-22 “分配变更”界面

图15-22中，可根据设置需要触摸安装在GOT-GT1175中的通信驱动程序（这里选择A/QnA/QCPU，QJ71C24），即会返回到上一级“通道驱动程序分配”界面。触摸位于右下方的"确定"按钮即完成设置。

如图15-23所示，可以看到，在返回的“连接设备设置”界面中，所选择的通信驱动程序已被分配。

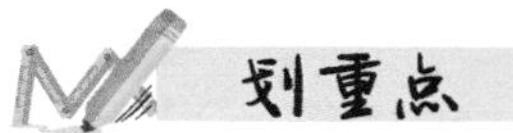

按下"确定"按钮便完成"通道驱动程序"的分配设置。

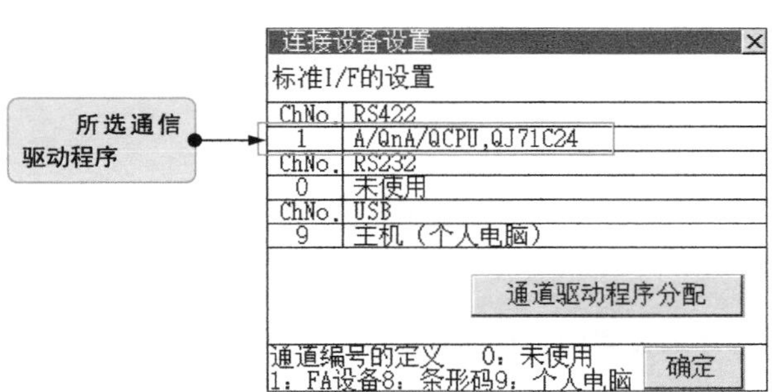

图15-23 “连接设备设置”界面中通信驱动程序的分配情况

3 通道号的设置操作

图15-24为通道号的设置操作。

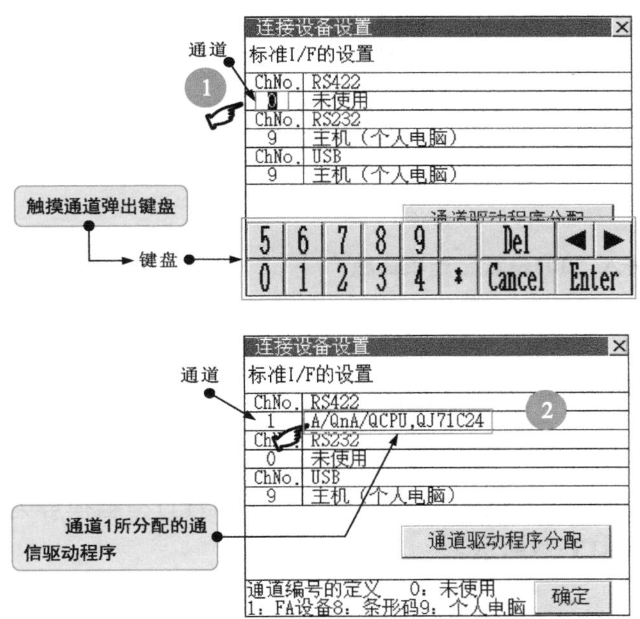

图15-24 通道号的设置操作

1 在“连接设备设置”界面中，触摸需要设置的通道，相应通道便会显示光标，同时在界面下方会弹出键盘。

2 通过键盘按下相应的数字即可完成通道号的设置。这里将通道号设置为1，直接按键盘上的1，按Enter键确认。通道1所分配的通信驱动程序名称就会显示在方框中。

4 连接设备详细设置的切换操作

图15-25为连接设备详细设置的切换操作。在“连接设备设置”界面中，触摸需要设置的驱动程序，便会切换到“连接设备详细设置”界面。用户便可根据实际情况完成连接设备驱动程序的详细设置。

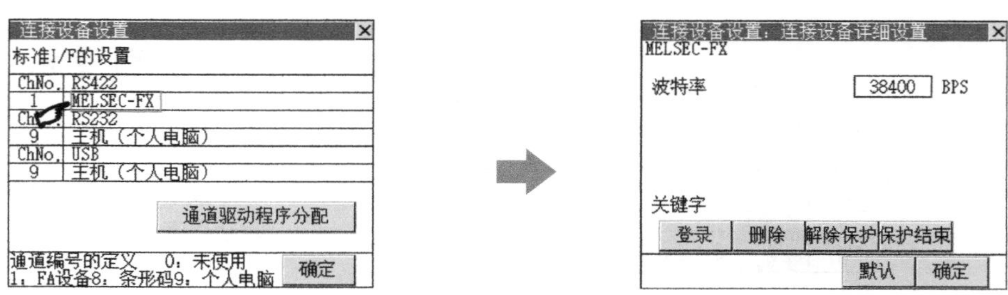

图15-25 连接设备详细设置的切换操作

15.1.5 三菱GT11型触摸屏属性的设置

如图15-26所示，在应用程序主菜单界面中，触摸“GOT设置”即会弹出“GOT设置”选项面板，GOT设置主要包括“显示的设置”和“操作的设置”。

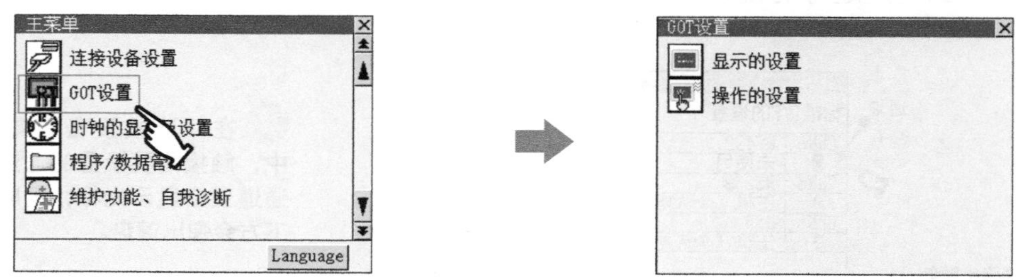

图15-26 进入“GOT设置”选项面板

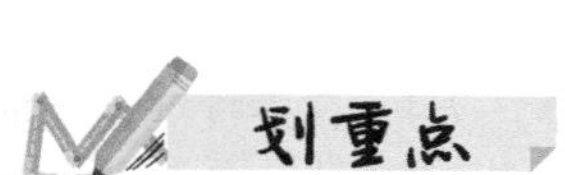

1 设置标题显示时间前，首选需要触摸GOT设置窗口中的“显示的设置”。

1 标题显示时间的设置

标题显示时间的设置就是可以设置触摸屏启动时的标题显示时间，范围为0～60s。以三菱GT11型触摸屏为例，如图15-27所示。

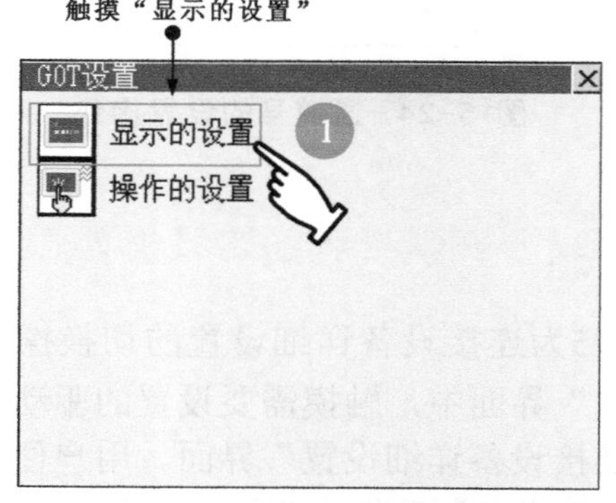

图15-27 标题显示时间的设置操作

图15-27 标题显示时间的设置操作（续）

2 在弹出的“GOT设置：显示的设置”对话框中，触摸“标题显示时间”后面的设置项目对话框，在弹出的键盘上输入相应的数字后，按Enter键确认即可。

3 “屏幕保护时间”的设置可以设置从用户不操作触摸屏开始到屏幕保护功能启动时的时间，范围为0～60min（注意，若设置为0，则表明该功能无效）。

4 “屏幕保护背景灯”的设置可指定背光灯为OFF（关闭）还是ON（打开）。

亮度、对比度的设置主要用来完成对触摸屏亮度和对比度的调节。当触摸亮度、对比度调节后面的设置项目对话框后，便会切换到“亮度、对比度调节”界面，即可进行设置。

亮度调节共有4个阶段，如图15-28所示，通过触摸亮度调节两端的“+”“-”即可调节亮度。

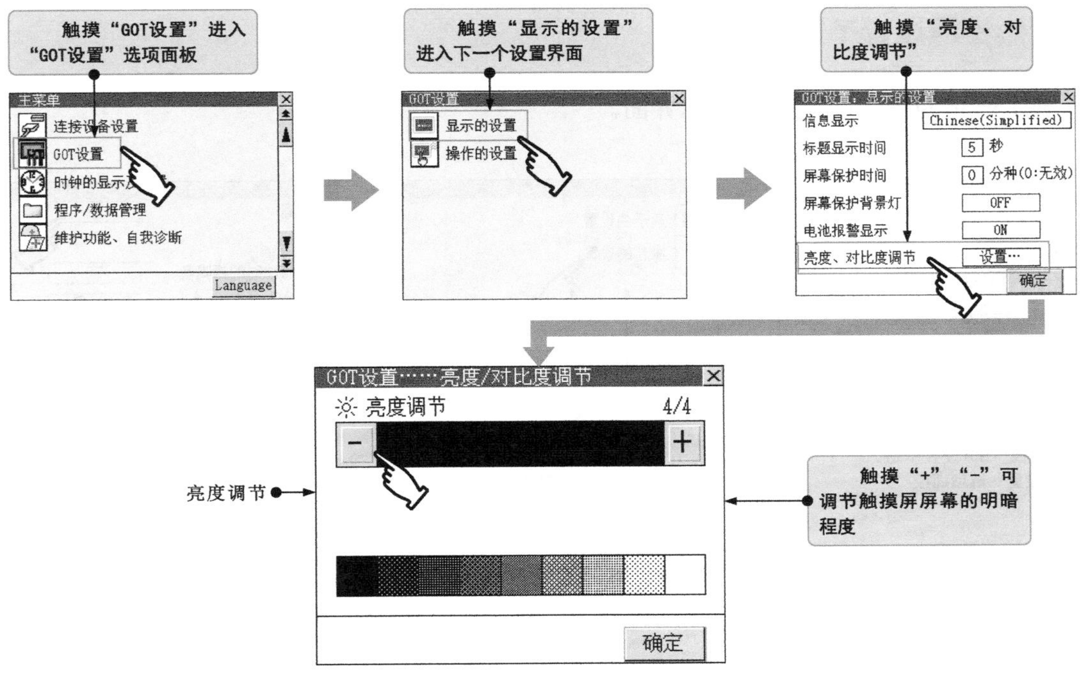

图15-28 亮度调节操作

对比度调节共有16个阶段，如图15-29所示，同样方法，通过触摸对比度调节两端的“+”“-”即可调节对比度。

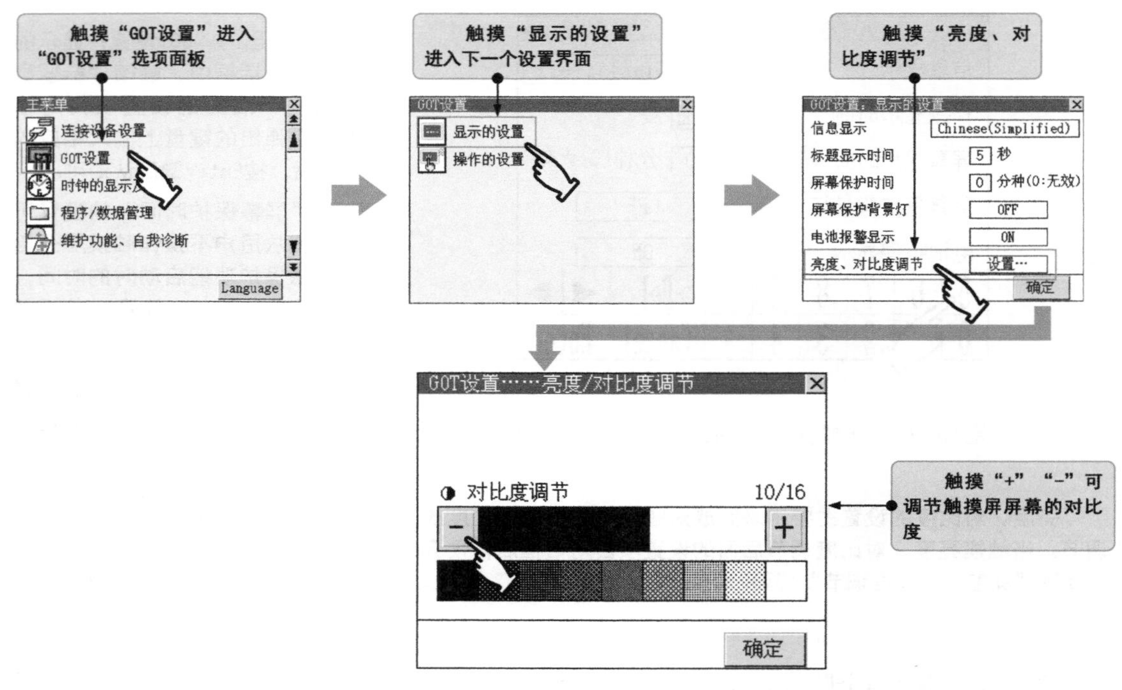

图15-29　对比度调节操作

2 操作的设置子菜单界面

图15-30为操作的设置子菜单界面。

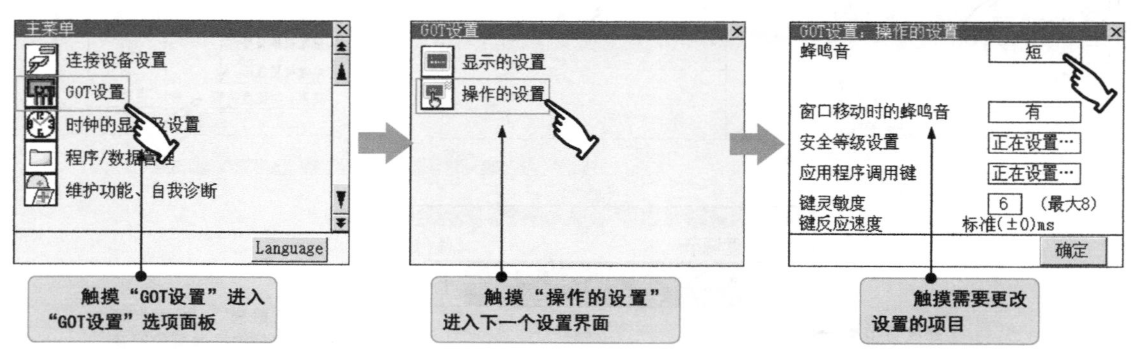

图15-30　操作的设置子菜单界面

操作的设置主要包括蜂鸣音、窗口移动时的蜂鸣音、安全等级设置、应用程序调用键、键灵敏度、键反应速度的设置。

3 应用程序调用键的设置

图15-31为应用程序调用键的设置。

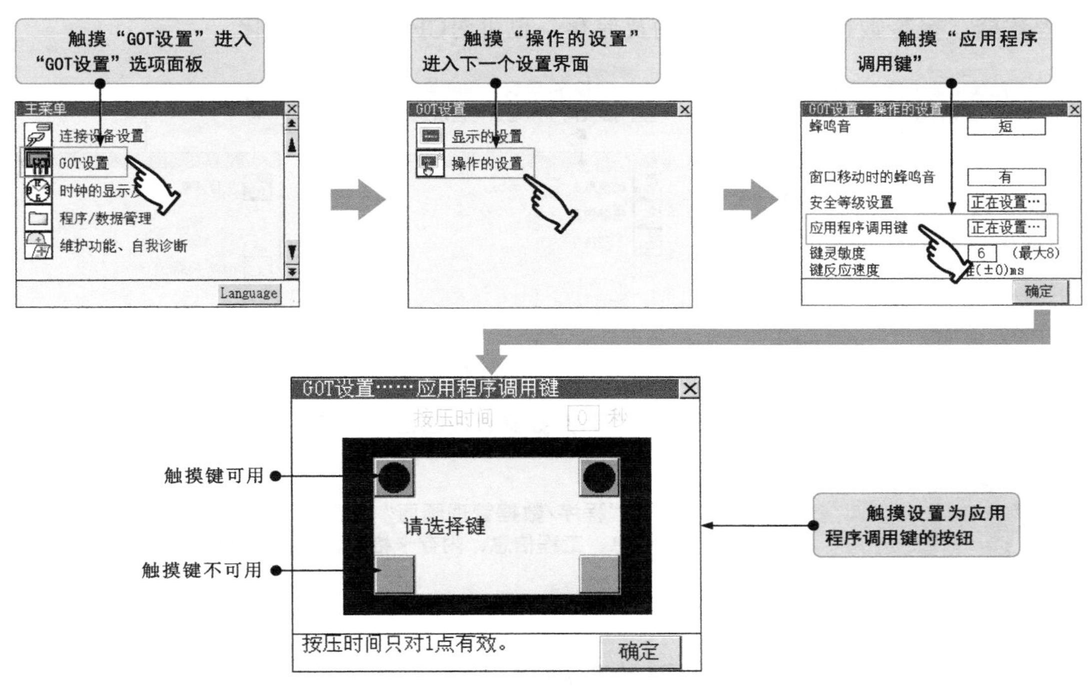

图15-31 应用程序调用键的设置

4 键灵敏度的设置

图15-32为键灵敏度的设置。

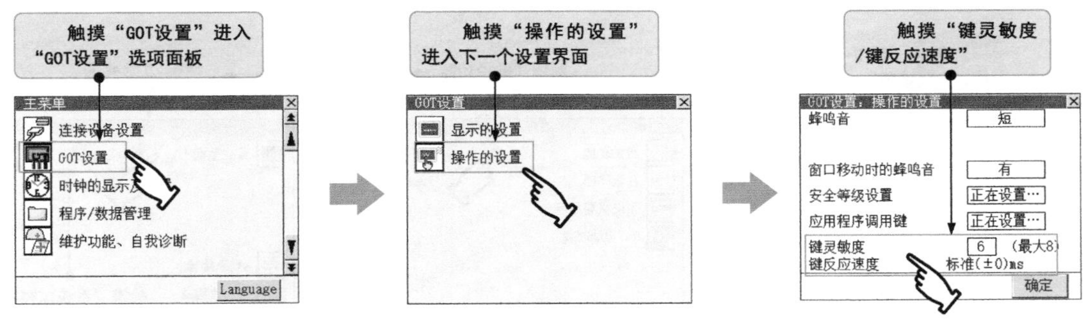

图15-32 键灵敏度的设置

键灵敏度的设置可以设置触摸画面时的灵敏度，设置范围为1～8，数值越大，触摸屏反应时间越短。也就是说，设置为1最灵敏。

5 程序/数据管理

图15-33为“程序/数据管理画面”界面。程序/数据管理功能可以实现应用程序、工程数据、报警数据的显示、传输及保存，也可对CF卡进行格式化。

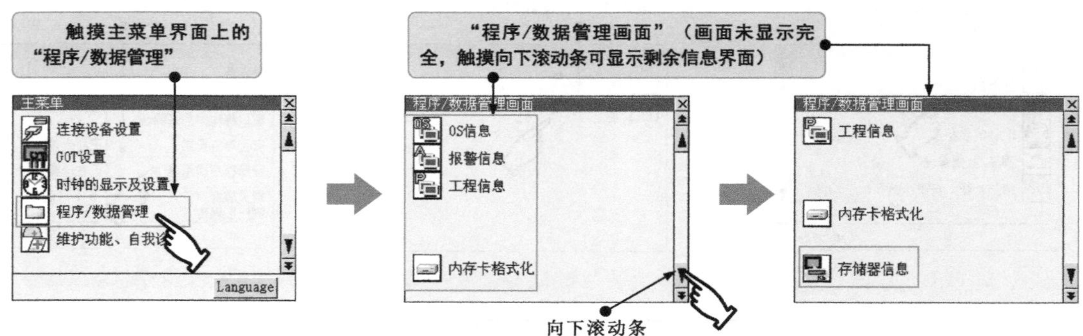

图15-33 “程序/数据管理画面”界面

“程序/数据管理画面”界面有五个功能选项：OS信息、报警信息、工程信息、内存卡格式化和存储器信息。

15.1.6 三菱GT11型触摸屏的监视和诊断功能

1 触摸屏的监视功能

在应用程序主菜单界面中，触摸“维护功能、自我诊断”，即可进入“维护功能、自我诊断”界面，触摸“维护功能”进入维护功能界面，触摸“系统监视”进入系统监视功能界面，如图15-34所示。

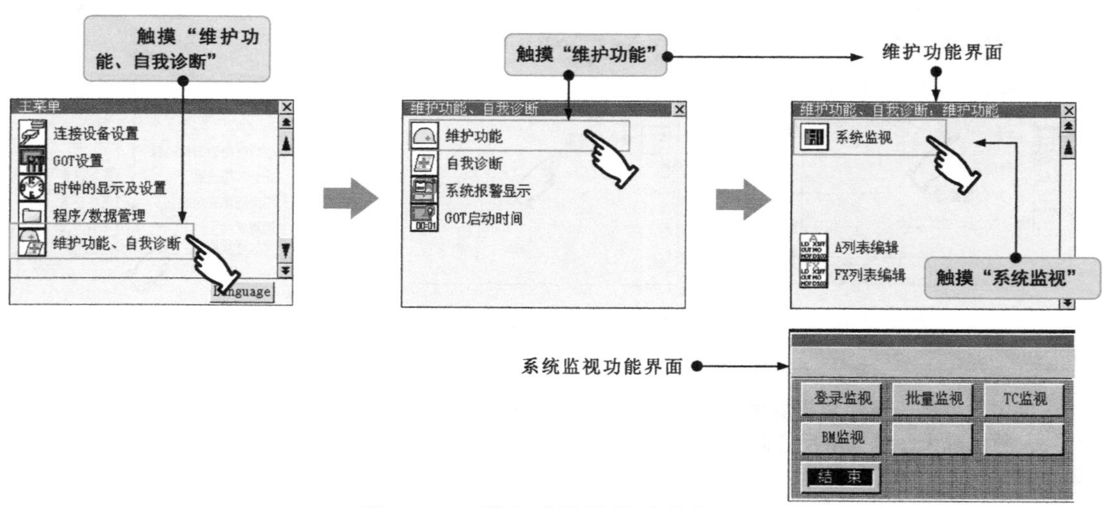

图15-34 进入系统监视功能界面

2 触摸屏的自我诊断功能

自我诊断界面如图15-35所示。

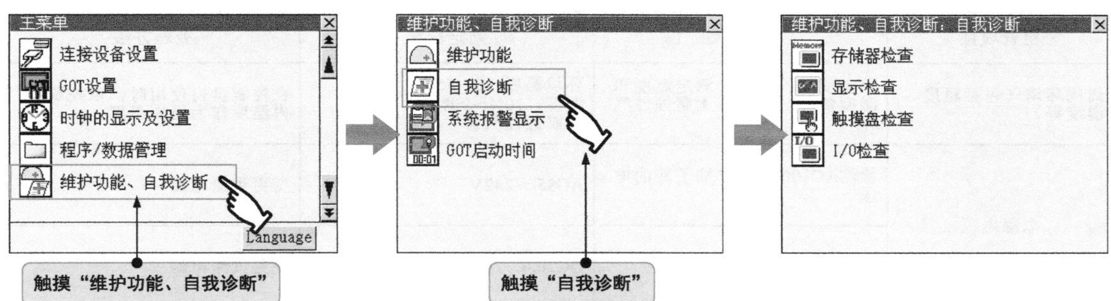

图15-35　自我诊断界面

自我诊断功能包括存储器检查、显示检查、触摸盘检查和I/O检查。触摸相应的选项可完成相应的检查。

15.1.7 三菱GT11型触摸屏的维护

1 触摸屏的日常巡检

触摸屏的日常巡检主要包括对触摸屏安装状态的检查、触摸屏连接状态的检查及触摸屏外观的检查。具体日常巡检项目见表15-1。

表15-1　具体日常巡检项目

检查项目		检查方法	判定标准	处理方法
触摸屏的安装状态		确认安装螺栓的松紧	安装牢固	拧紧螺栓
触摸屏的连接状态	端子螺栓的松紧	拧紧螺栓	无松动	拧紧端子螺栓
	压接端子的间距	观察检测	间距适中	矫正间距
	连接器的松紧	观察检测	无松动	拧紧连接器固定螺栓
触摸屏的外观状态	保护膜的脏污	观察	无明显脏污	更换
	异物的附着	观察	应无附着物	清洁异物

2 触摸屏的定期点检

除日常巡检外，建议每隔一段时间对触摸屏进行一次定期点检。定期点检包括对周围环境的检查、对电源电压的检查、对安装及连接状态的检查等。

定期点检具体检查项目见表15-2。

表15-2　定期点检具体检查项目

检查项目		检查方法	判定标准	处理方法
周围环境（包括温度、湿度等）		用温度计、湿度计测定温度和湿度情况；测定有无腐蚀性气体	环境温度：0～55℃； 湿度：10%～90%RH 无腐蚀性气体	在控制盘内使用时，以控制盘内温度作为周围温度
电源电压		检测AC100～240V端子间的电压	AC85～242V	变更供给电源
		检测DC24V端子间的电压	DC20.4～26.4V	变更供给电源
安装状态		轻轻摇动检查有无松动	安装牢固无松动	拧紧螺栓
		有无异物附着	没有脏污及附着物	去除异物、清洁脏污
连接状态	检查端口螺栓的松紧程度	用螺钉旋具拧紧	应无松动	拧紧端子螺栓
	检查压接端子的间距	观察	符合规定的间距	矫正
	检查连接器的松紧程度	观察	无松动	拧紧连接器固定螺栓
电池		报警信息画面确认系统报警(错误代码:500)的通知	未提示电池过低错误代码，且未超过电池使用有效期	即使没有显示电池电压过低，超过规定寿命也应更换

3 背光灯的检测与更换

触摸屏内置背光灯。当背光灯熄灭时，POWER LED将橙色/绿色交替闪烁。背光灯随着使用时间的增加，亮度会逐渐变暗。如果背光灯熄灭或很暗，应及时更换背光灯。图15-36为拆卸背光灯的操作。更换后，重新安装即可。

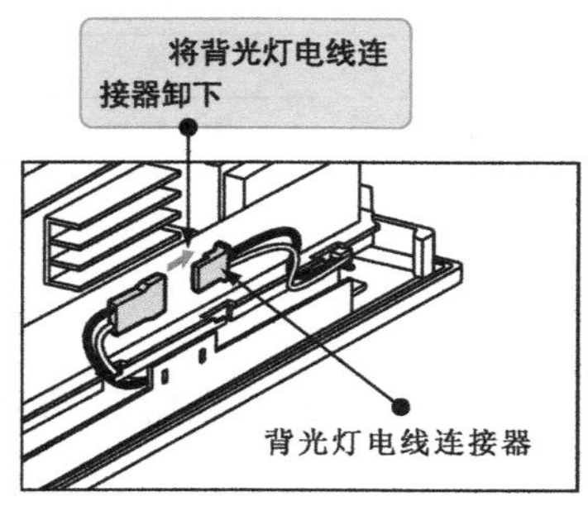

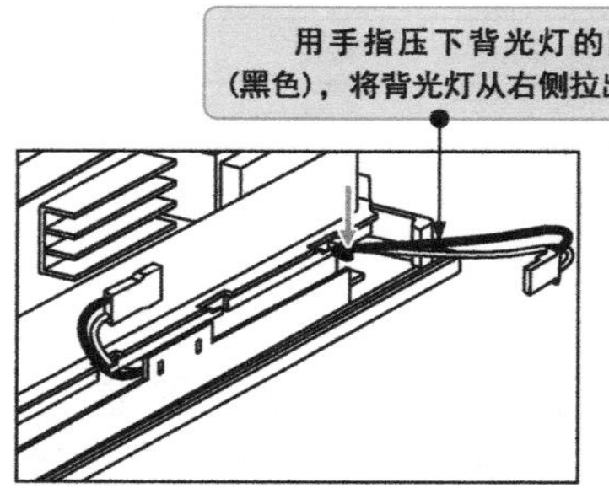

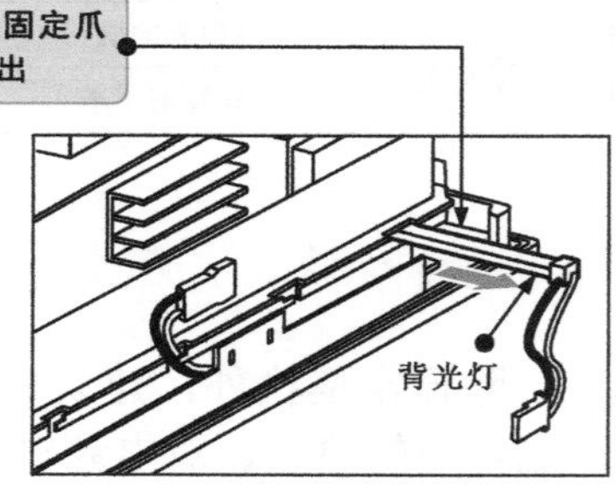

图15-36　拆卸背光灯的操作

在更换背光灯之前，最好进行数据备份。更换时，首先关闭触摸屏的电源，然后卸下电源线及通信电缆。若安装有CF卡，需取出。

15.2 三菱GT16型触摸屏

15.2.1 三菱GT16型触摸屏的结构

图15-37为三菱GT16型（GT1695）触摸屏的结构。

人体感应器
电源LED
USB接口（软元件）
USB接口（主机）
显示屏为触摸屏，开机后，画面中有触摸键

（a）触摸屏正面

扩展接口2
复位开关
OS安装开关
CF卡接口
CF卡访问LED
CF卡访问开关
电池盖
视频/RGB接口
散热口
扩展接口1
选项功能板接口
外壳
模块安装配件孔

（b）触摸屏背面

（c）触摸屏侧面

模块安装配件孔
RS-232接口
以太网接口
RS-422/485接口
电源端子

（d）触摸屏底部

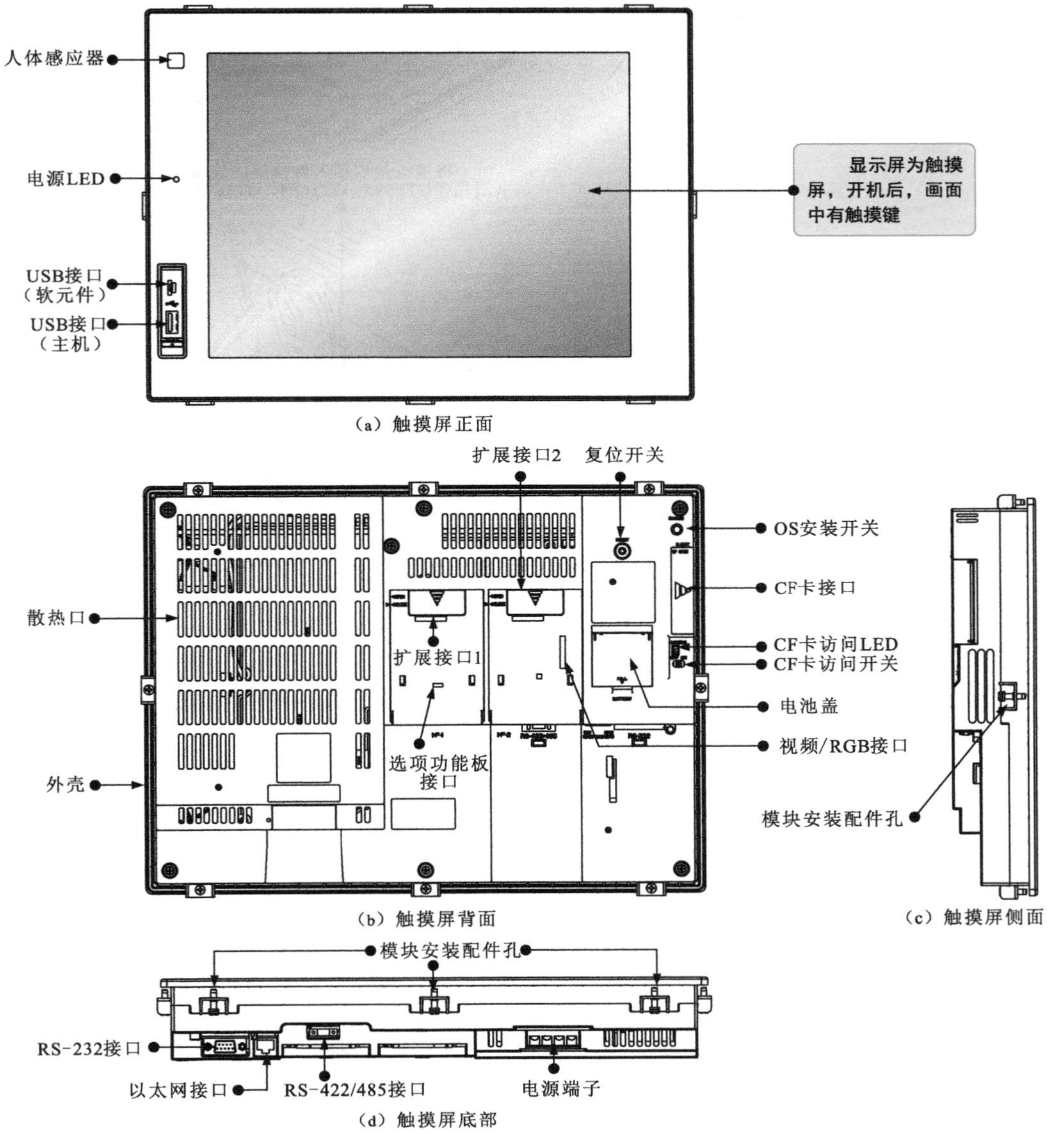

图15-37 三菱GT16型（GT1695）触摸屏的结构

15.2.2 三菱GT16型触摸屏的安装连接

1 电池的安装

图15-38为电池的安装操作。

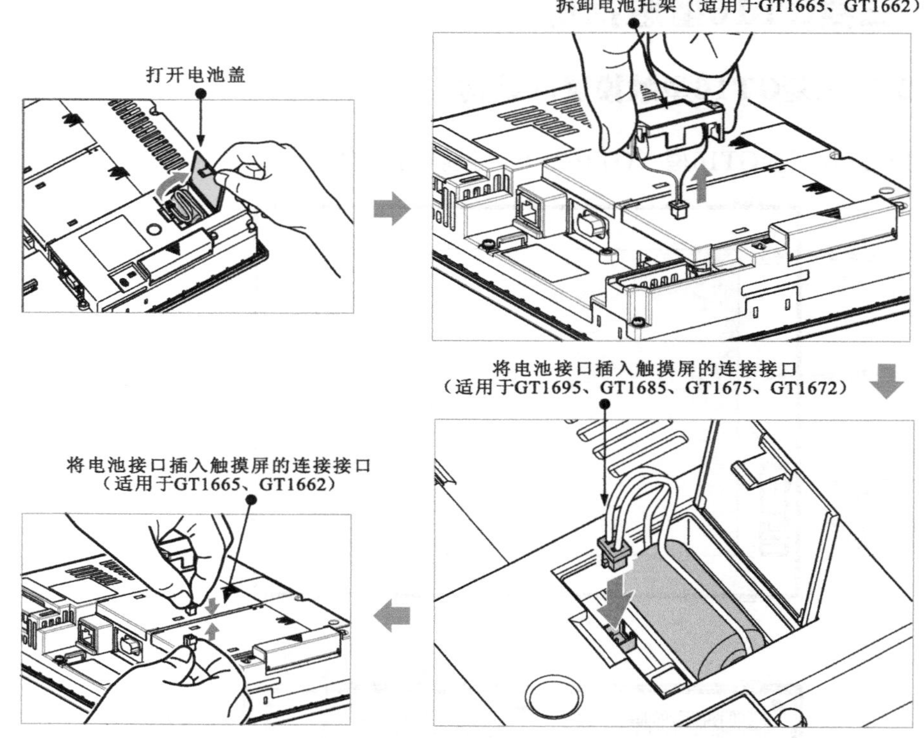

图15-38 电池的安装操作

2 主机的安装

图15-39为主机的安装。将安装配件的挂钩挂入固定孔，用固定螺栓拧紧固定。

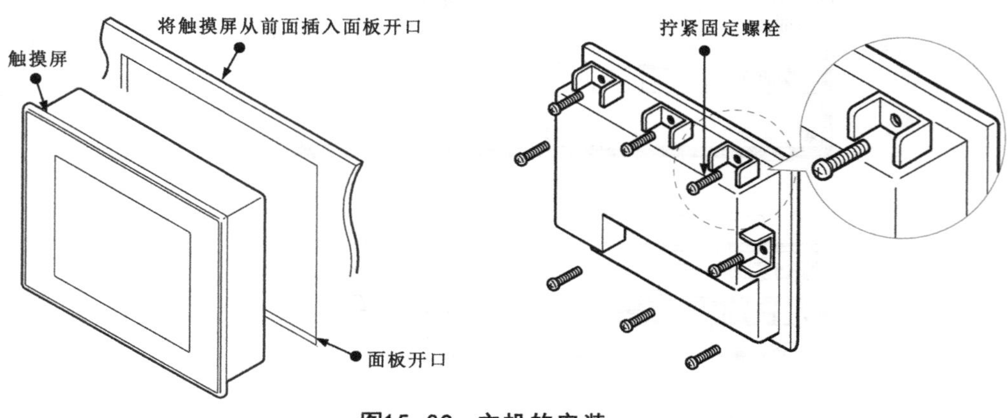

图15-39 主机的安装

3 电源接线

图15-40为电源线、接地线的连接。

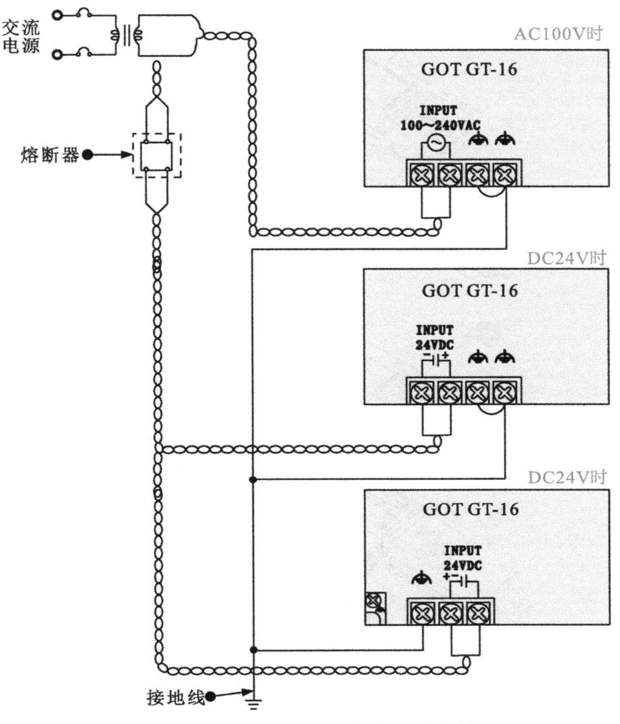

图15-40 电源线、接地线的连接

4 控制柜的配线

图15-41为控制柜内的配线。

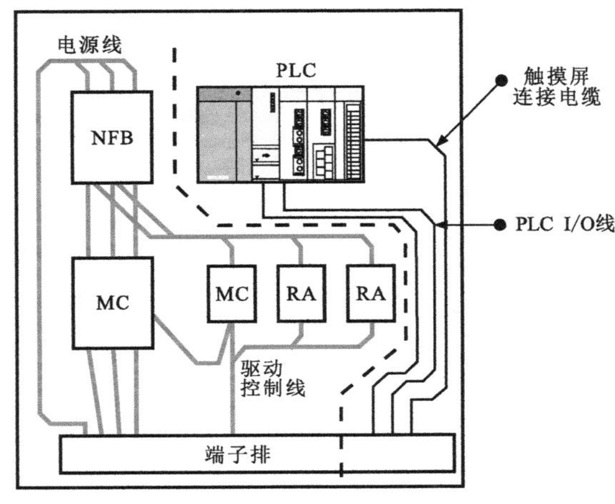

图15-41 控制柜内的配线

连接时，AC100V/AC200V配线、DC24V配线应使用线径较大的线缆（0.75～2mm²），将配线拧成麻花状，以最短距离连接设备。

不要将AC100V/AC200V配线、DC24V配线与主电路（高电压、大电流）线缆、输入/输出信号线缆捆扎在一起，且保持间隔在100mm以上。

控制柜内的配线不要与电源线及伺服放大器驱动控制线、I/O线等混在一起，否则容易因干扰而引发误动作。

此外，在控制柜内安装有断路器(NFB)、电磁接触器(MC)、继电器（RA）、电磁阀、感应电动机等会产生浪涌噪声的部件时，应使用浪涌电压抑制器。

5 CF卡的装卸

图15-42为CF卡的装卸。

划重点

① 将CF卡访问开关置于OFF。

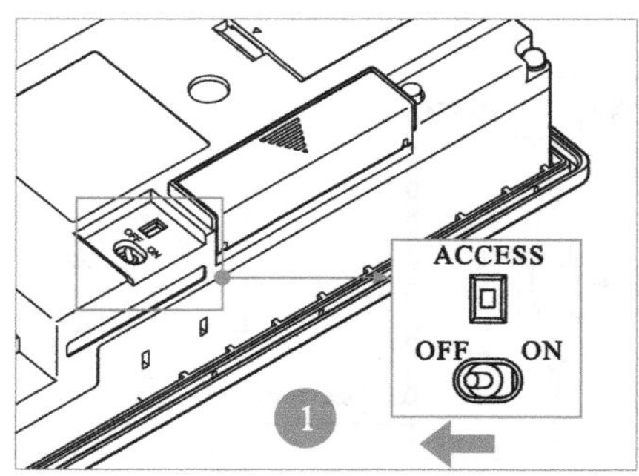

② 打开CF卡接口的护盖，将CF卡正面朝外插入卡槽。

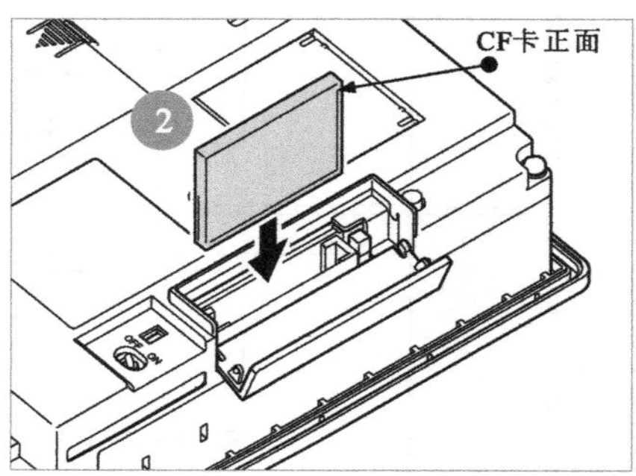

③ CF卡插入到位后，合上CF卡接口的护盖，将CF卡访问开关置于ON。

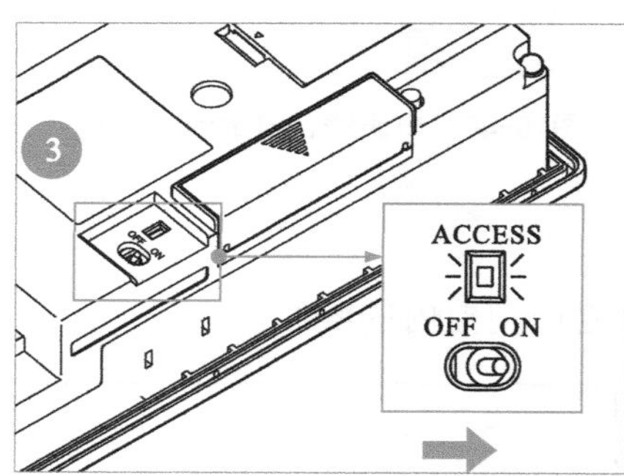

④ 拆卸CF卡时，先将CF卡访问开关置于OFF，再打开CF卡接口的护盖，按下CF卡弹出按钮，弹出CF卡，拔出即可。

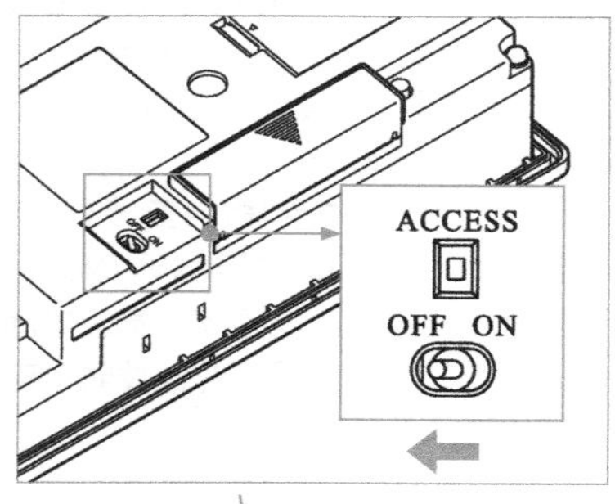

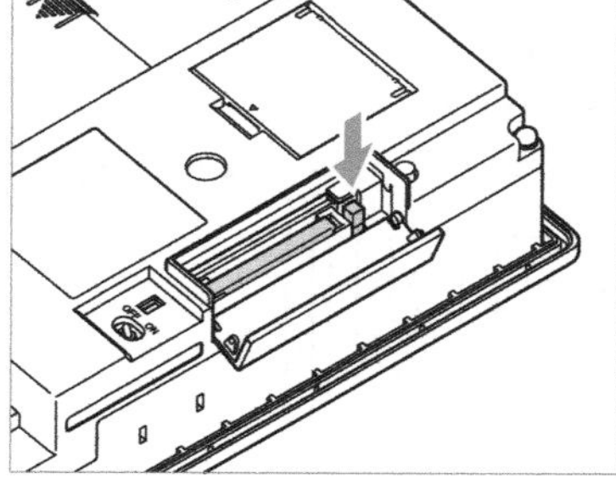

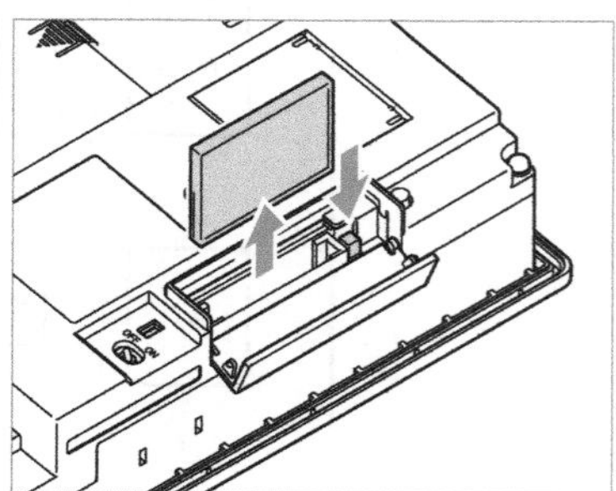

4

图15-42 CF卡的装卸

15.2.3 三菱GT16型触摸屏通信接口的设置

 1 “连接机器设置”界面

图15-43为“连接机器设置”界面。在“连接机器设置”界面中，可以实现通信接口的名称及与之相关联的通信通道、通道驱动程序名称的显示和通道编号的设置。

通道编号指定菜单栏 标准接口显示栏 标准接口显示栏 通道驱动程序分配

连接机器设置
标准I/F的设置
Ethernet I/F分配 通道驱动程序分配
ChNo. RS232 5V电源供给 ChNo. USB
1 A/QnA/L/QCPU,L/QJ71C24 9 主机（个人电脑）
ChNo. RS422/485 ChNo. Ethernet
0 未使用 未使用
扩展I/F的设置
驱动程序显示栏
扩展接口显示栏
扩展I/F-1 扩展I/F-2
1段 ChNo. GT16M-MMR ChNo. 未使用
* 多媒体 0 未使用
2段 ChNo. 未使用 ChNo. 未使用
0 未使用 0 未使用
3段 ChNo. 未使用 ChNo. 未使用
0 未使用 0 未使用
通道编号指定菜单栏 驱动程序显示栏
通道编号的定义
0:未使用 5-8:外部机器连接 *:其他连接
1-4:连接FA设备 9:连接PC
OK Cancel

图15-43 “连接机器设置”界面

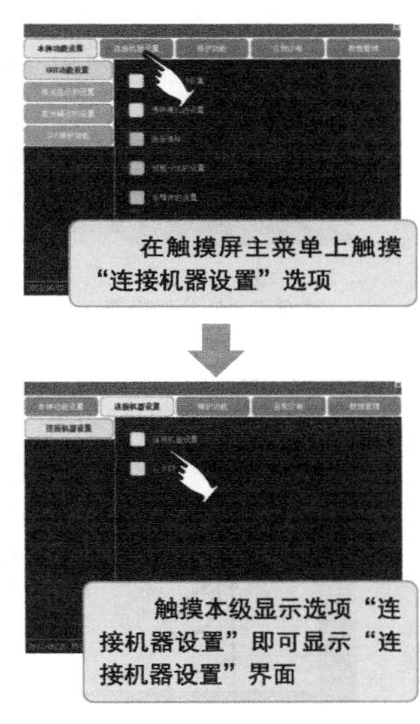

 2 “以太网设置”界面

图15-44为“以太网设置”界面，可以实现对网络系统的设置。

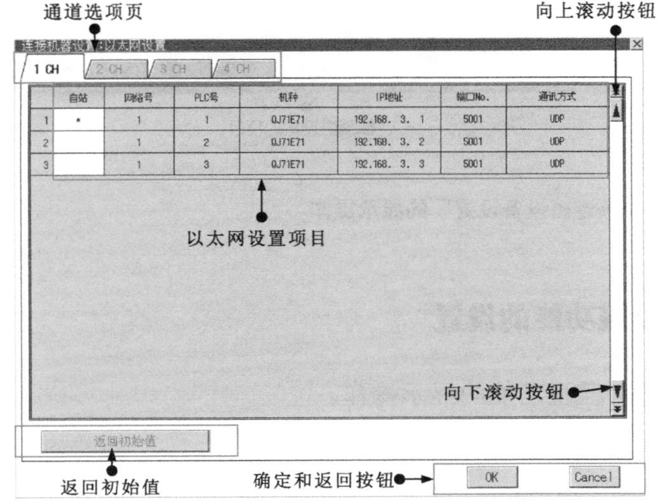

图15-44 “以太网设置”界面

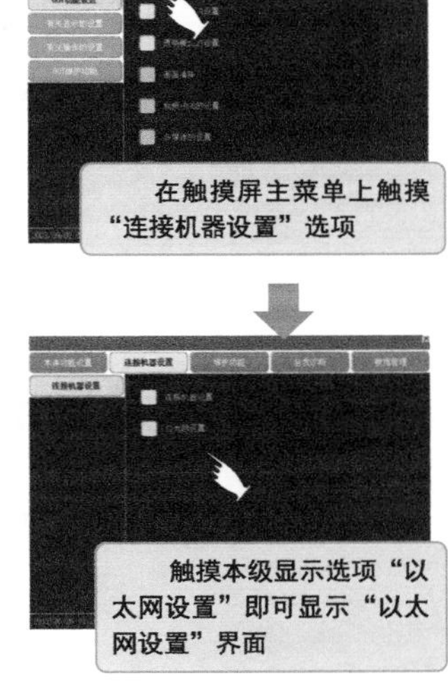

15.2.4 三菱GT16型触摸屏的设置

三菱GT16型触摸屏连接好后，需要对其进行相应的设置方可正常使用。图15-45为“视频连接设备设置”的显示操作。

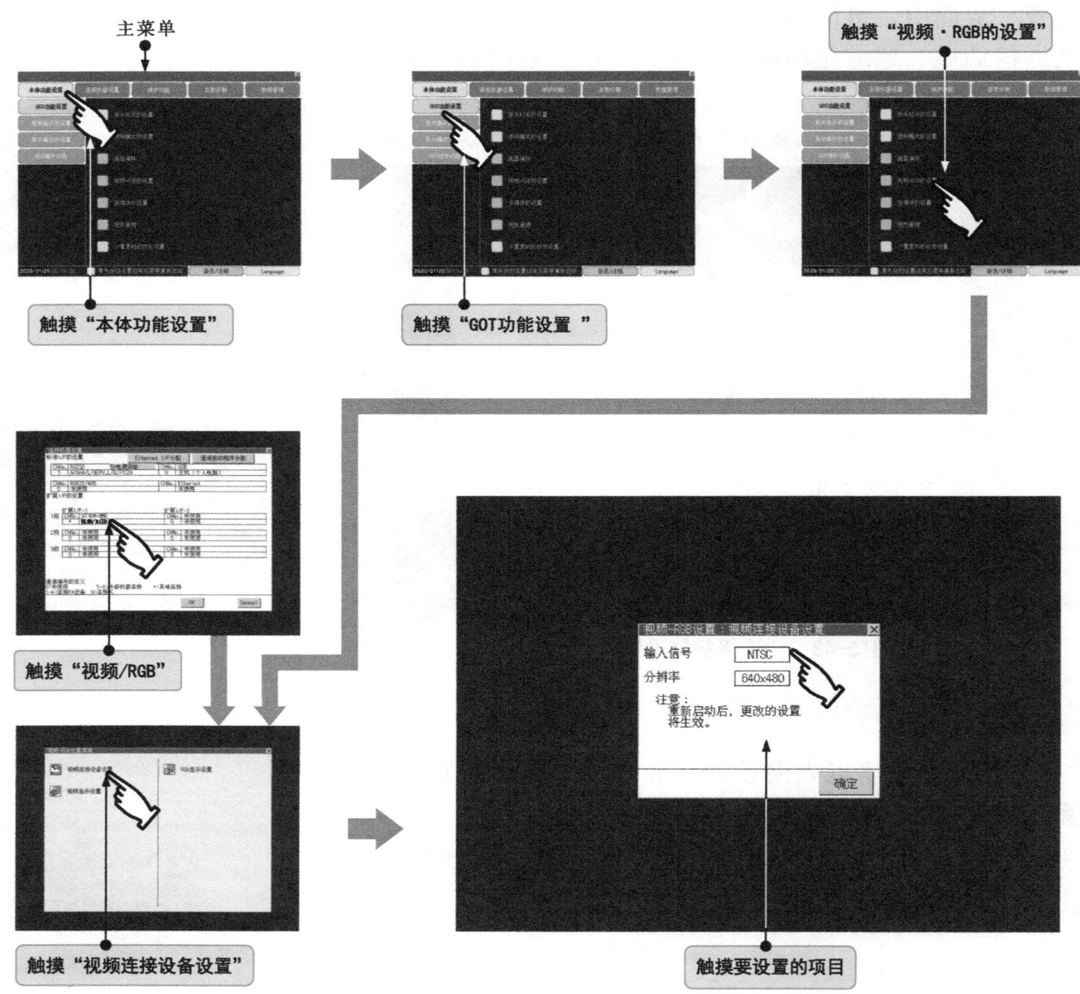

图15-45 “视频连接设备设置”的显示操作

15.2.5 三菱GT16型触摸屏监视功能的设置

图15-46为三菱GT16型触摸屏各种监视功能的显示操作。

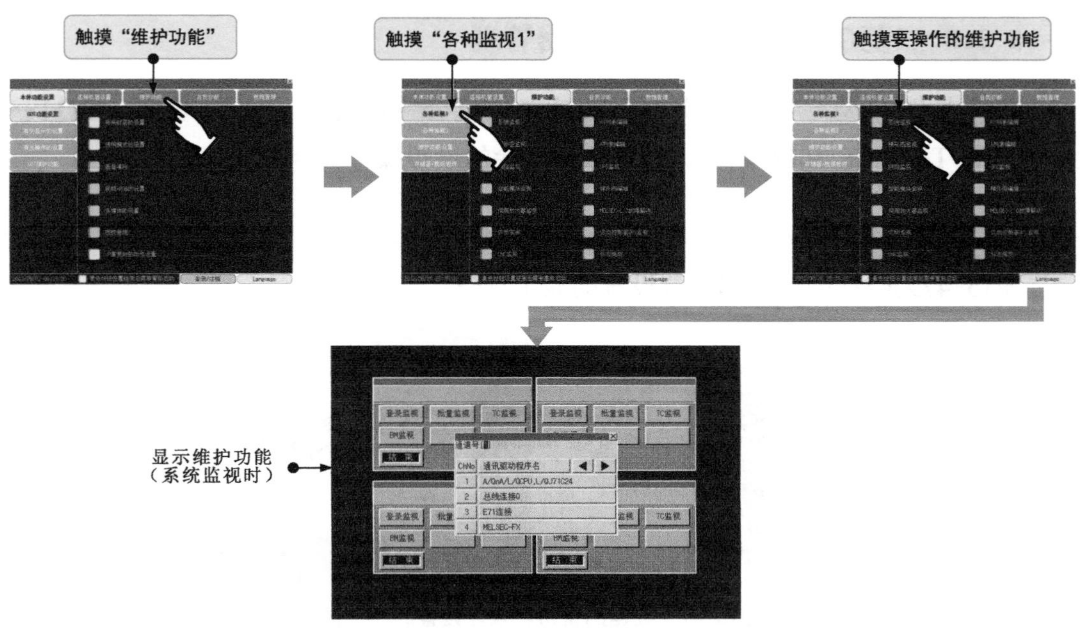

图15-46 三菱GT16型触摸屏各种监视功能的显示操作

三菱GT1695触摸屏所支持的各种监视功能见表15-3。

表15-3 三菱GT1695触摸屏所支持的各种监视功能

监视项目	功能
系统监视	可以对PLC的CPU 软元件、智能功能模块的缓冲存储器进行监视、测试
梯形图监视	可以通过梯形图对PLC的CPU 程序进行监视
网络监视	可以监视MELSECNET/H、MELSECNET(II)、CC-Link IE 控制网络、CC-Link IE 现场网络的网络状态
智能模块监视	可以在专用画面中监视智能功能模块的缓冲存储器并更改数据，还可以监视输入/输出模块的信号状态
伺服放大器监视	可以完成伺服放大器的各种监视功能、参数更改、测试运行等
运动控制器监视	可以进行运动控制器CPU （Q 系列）的伺服监视、参数设置
CNC 监视	可以进行与MELDAS 专用显示器相当的位置显示监视、报警诊断监视、工具修正参数、程序监视等
A 列表编辑	可以对ACPU 的顺控程序进行列表编辑
FX 列表编辑	可以对FXCPU 的顺控程序进行列表编辑
SFC 监视	可以通过SFC对（MELSAP3 格式、MELSAP-L 格式）PLC的CPU 的SFC进行监视
梯形图编辑	可以对PLC的CPU 顺控程序进行编辑
MELSEC-L 故障排除	显示MELSEC-L CPU 的状态显示和与故障排除有关的功能按钮
日志阅览	可以阅览通过高速数据记录模块、LCPU 获取的日志数据，经由触摸屏 获取日志数据
运动控制器SFC 监视	可以监视运动控制器CPU （Q 系列）内的运动控制器SFC 程序、软元件值
运动控制器程序（SV43）编辑	对应运动控制器的特殊本体OS （SV43）的功能

15.2.6 三菱GT16型触摸屏的数据管理

在“备份/恢复”界面可实现备份功能（机器→GOT）、恢复功能（GOT→机器）、GOT数据统一取得功能、备份数据删除的设置操作。

1 数据的备份和恢复

图15-47为数据的备份和恢复设置的显示操作。

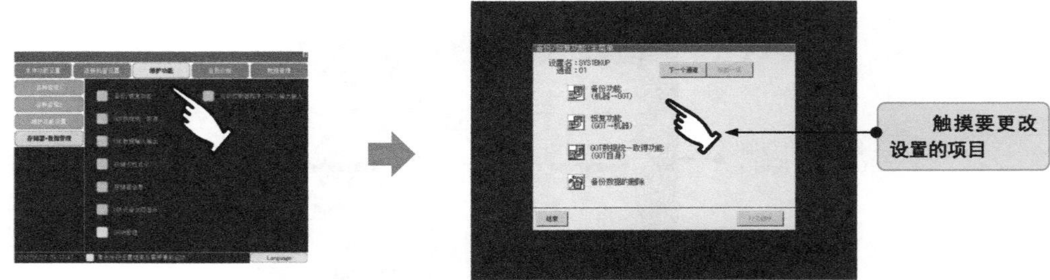

图15-47 数据的备份和恢复设置的显示操作

2 存储器和数据管理

三菱GT16型触摸屏可通过存储器和数据管理功能对所使用的CF卡或USB存储器进行数据备份、恢复及格式化操作。图15-48为存储器和数据管理的显示及格式化操作。

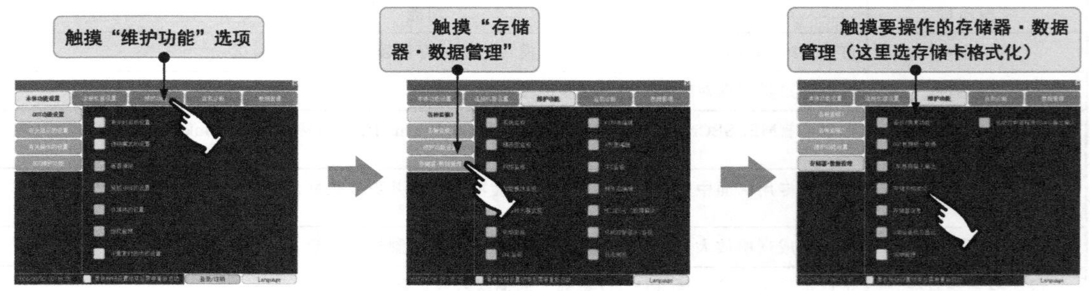

图15-48 存储器和数据管理的显示及格式化操作

15.2.7 三菱GT16型触摸屏的保养与维护

三菱GT16型触摸屏的日常检查见表15-4。

表15-4 三菱GT16型触摸屏的日常检查

检查项目		检查方法	判断标准	处理方法
安装状态		确认安装螺栓有无松动	安装牢固	以规定的扭矩加固螺栓
连接状态	端子螺栓的松动	使用螺钉旋具紧固	无松动	加固端子螺栓
	压接端子的靠近	目测观察	间隔适当	矫正
	接口的松动	目测观察	无松动	加固接口固定螺栓
外观状态	保护膜的污损	目测观察	污损不严重	更换
	灰尘、异物的附着	目测观察	无附着	清洁灰尘，去除异物

三菱GT16型触摸屏的定期检查见表15-5。

表15-5 三菱GT16型触摸屏的定期检查

检查项目		检查方法	判断标准	说明或处理方法
周围环境	环境温度	测量温度和湿度	显示部分：0～40℃ 其他部分：0～55℃	在控制柜内使用时，控制柜内温度就是环境温度
	环境湿度		10%～90%RH	
	环境气体类型	测量有无腐蚀性气体	无腐蚀性气体	
电源	电源为AC100～240V	检测AC100～240V端子间电压	AC85～242V	更改供给电源
	电源为DC24V	检测DC24V端子间电压	左：－ 右：＋	更改配线
安装状态	检查有无松动、晃动	适当用力摇动	安装牢固	加固螺栓
	检查有无灰尘、异物的附着	目测观察	无附着	清洁灰尘，去除异物
连接状态	检查端子螺栓有无松动	使用螺钉旋具紧固	无松动	加固端子螺栓
	检查压接端子间距	目测观察	间隔适当	矫正
	检查接口有无松动	目测观察	无松动	加固接口固定螺栓
电池		在菜单"时间相关设置"的本体内置电池电压状态选项中查看	未发生报警	即使没有电池电压过低显示，到了规定寿命也应进行更换

15.2.8 三菱GT16型触摸屏的故障排查

三菱GT16型触摸屏出现故障时，应先根据具体的故障表现分析可能的故障原因，通过排查、替换逐步缩小故障范围，最终排除故障。

图15-49为三菱GT16型触摸屏故障排查流程图。

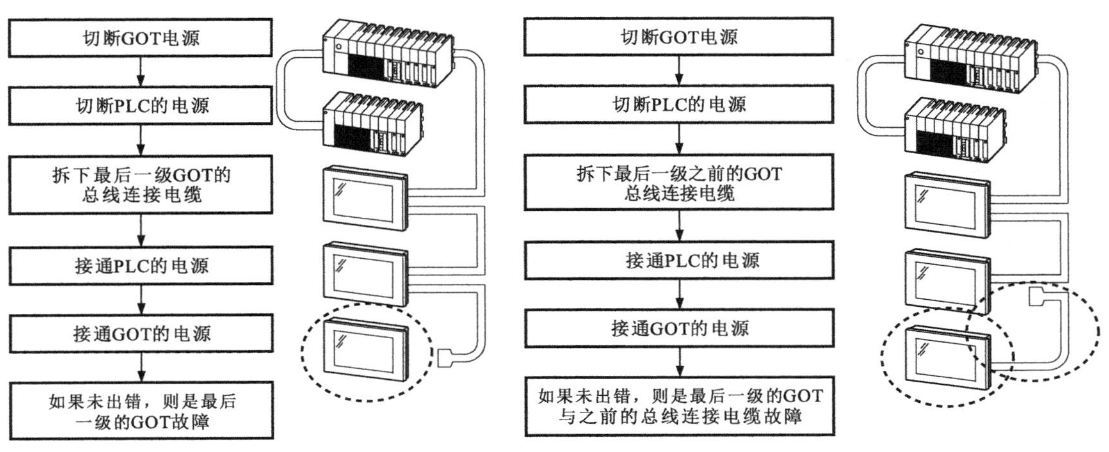

（a）案例1　　（b）案例2

图15-49 三菱GT16型触摸屏故障排查流程图

当GOT、连接机器、网络发生故障时，可通过系统报警功能显示出错代码和出错信息，如图15-50所示。

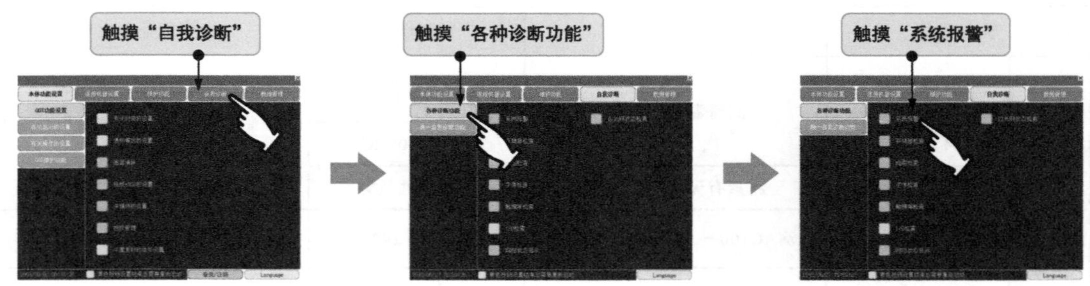

图15-50　系统报警的显示操作

如图15-51所示，出错代码和出错信息会通过两种方式显示在触摸屏上。工作人员即可根据出错代码和出错信息查找故障线索。

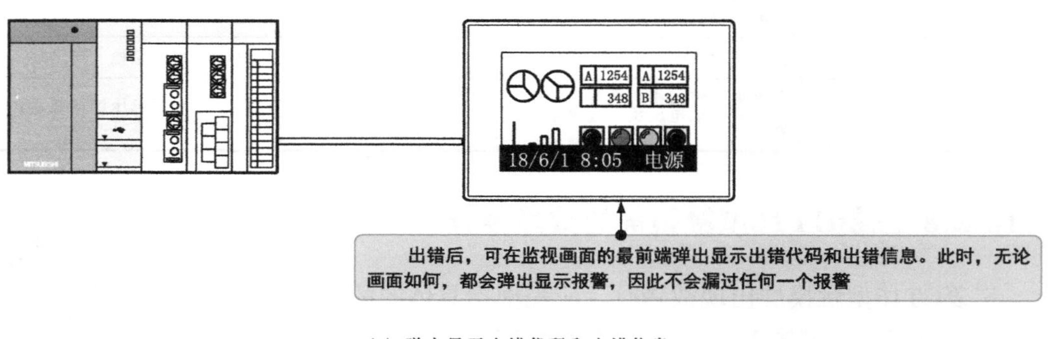

（a）弹出显示出错代码和出错信息

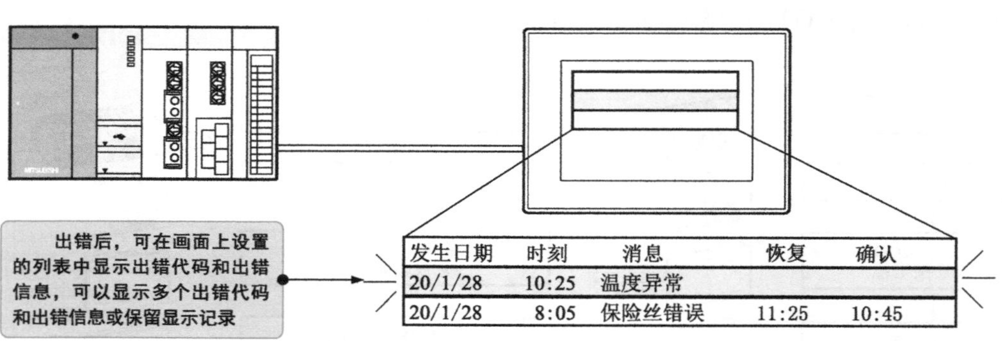

（b）列表显示出错代码和出错信息

图15-51　出错代码和出错信息的两种显示方式

第16章

西门子触摸屏

16.1 西门子Smart 700 IE V3触摸屏的特点

16.1.1 西门子Smart 700 IE V3触摸屏的结构

图16-1为西门子Smart 700 IE V3触摸屏的结构。

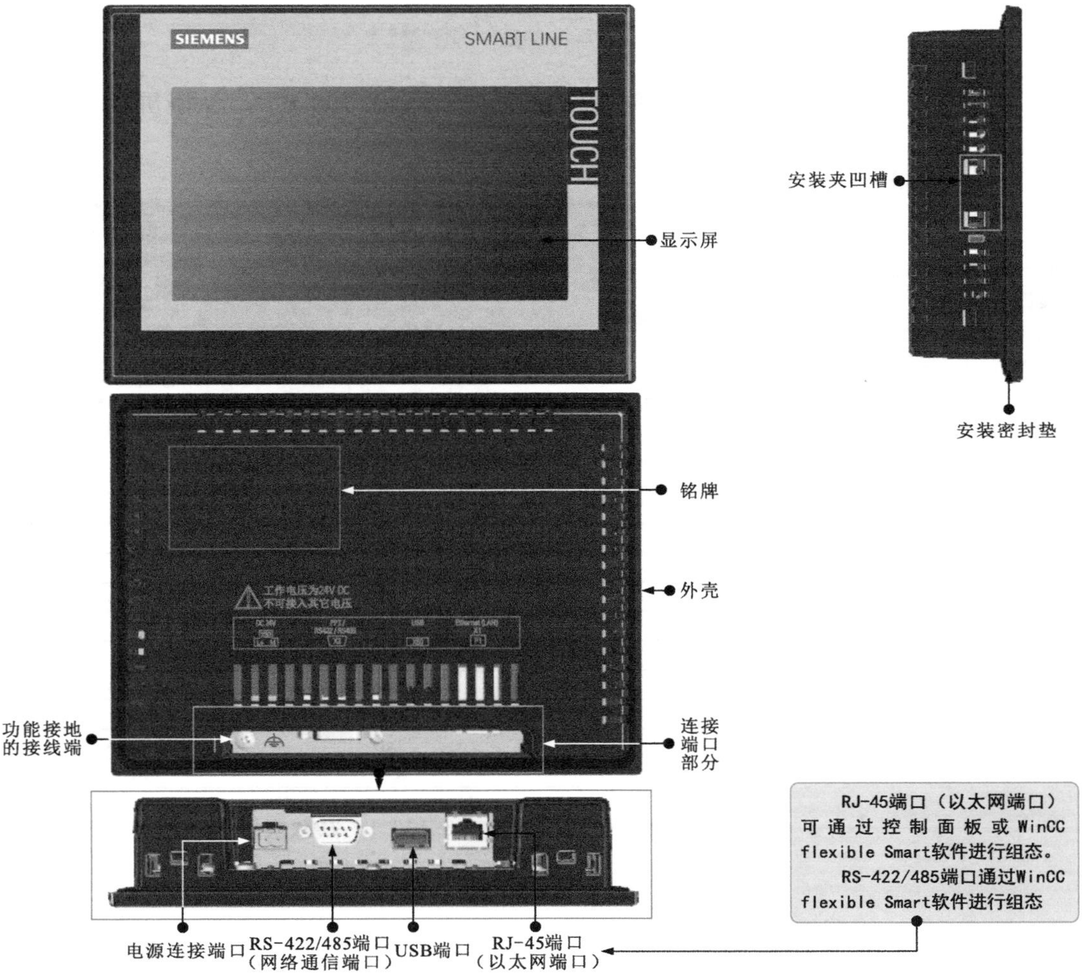
SIEMENS
SMART LINE
TOUCH
显示屏
安装夹凹槽
安装密封垫
铭牌
外壳
功能接地的接线端
连接端口部分
RJ-45端口（以太网端口）可通过控制面板或WinCC flexible Smart软件进行组态。
RS-422/485端口通过WinCC flexible Smart软件进行组态
电源连接端口
RS-422/485端口（网络通信端口）
USB端口
RJ-45端口（以太网端口）

图16-1　西门子Smart 700 IE V3触摸屏的结构

16.1.2 西门子Smart 700 IE V3触摸屏的接口

1 电源连接端口

图16-2为西门子Smart 700 IE V3触摸屏的电源连接端口。

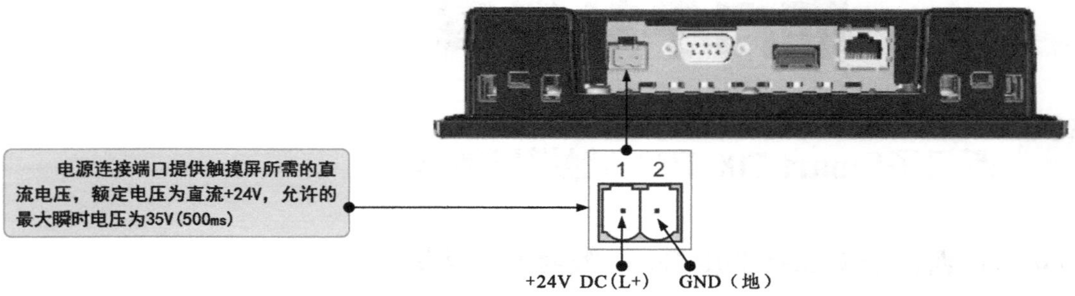

图16-2　西门子Smart 700 IE V3触摸屏的电源连接端口

2 RS-422/485端口

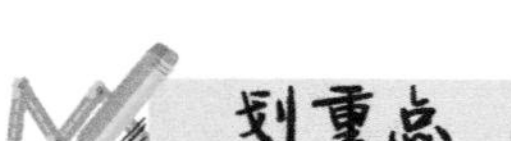

划重点

RS-422/485端口是串行数据标准接口。

RS-422是一种单机发送、多机接收的单向、平衡传输规范。

为扩展应用范围，在RS-422基础上制定了RS-485标准，增加了多点、双向通信能力，即允许多个发送器连接在同一条总线上。

图16-3为西门子Smart 700 IE V3触摸屏的RS-422/485端口。

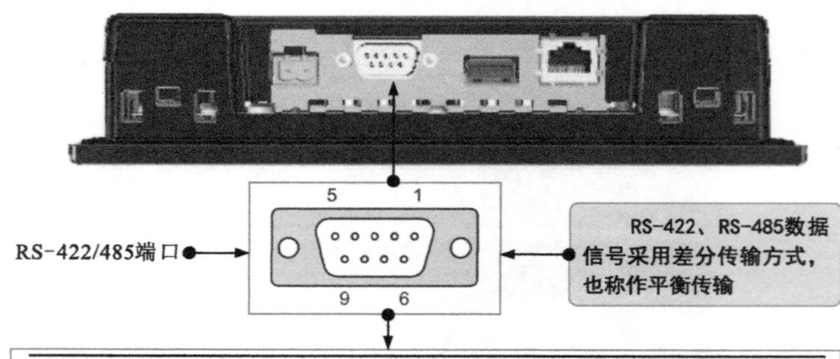

针脚	RS-422的分配	RS-485的分配
1	未连接	未连接
2	未连接	未连接
3	TxD+	数据通道B(+)
4	RXD+	RTS
5	GND 5 V，浮地	GND 5 V，浮地
6	+5 V DC，浮地	+5 V DC，浮地
7	未连接	未连接
8	TxD -	数据通道A(-)
9	RxD -	NC

图16-3　西门子Smart 700 IE V3触摸屏的RS-422/485端口

3 RJ-45端口

图16-4为西门子Smart 700 IE V3触摸屏的RJ-45端口。

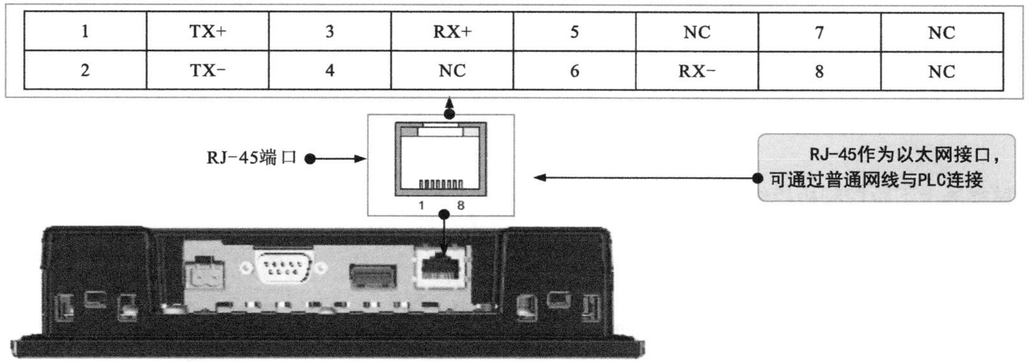

1	TX+	3	RX+	5	NC	7	NC
2	TX-	4	NC	6	RX-	8	NC

图16-4 西门子Smart 700 IE V3触摸屏的RJ-45端口

4 USB端口

图16-5为西门子Smart 700 IE V3触摸屏的USB端口。

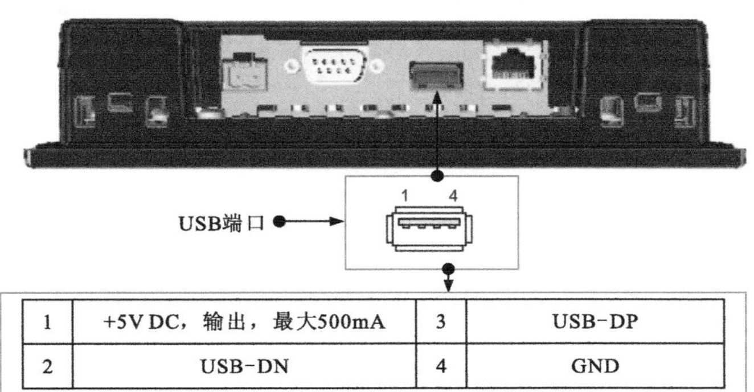

1	+5V DC，输出，最大500mA	3	USB-DP
2	USB-DN	4	GND

图16-5 西门子Smart 700 IE V3触摸屏的USB端口

划重点

USB端口是一种即插即用接口，支持热插拔，现已支持127种硬件设备的连接。触摸屏中的USB接口可通过USB数据线与其他设备连接，如外接鼠标、外接键盘、USB记忆棒、USB集线器等。

16.1.3 西门子Smart 700 IE V3触摸屏的安装

1 安装环境温度

图16-6为西门子Smart 700 IE V3触摸屏的安装环境温度。

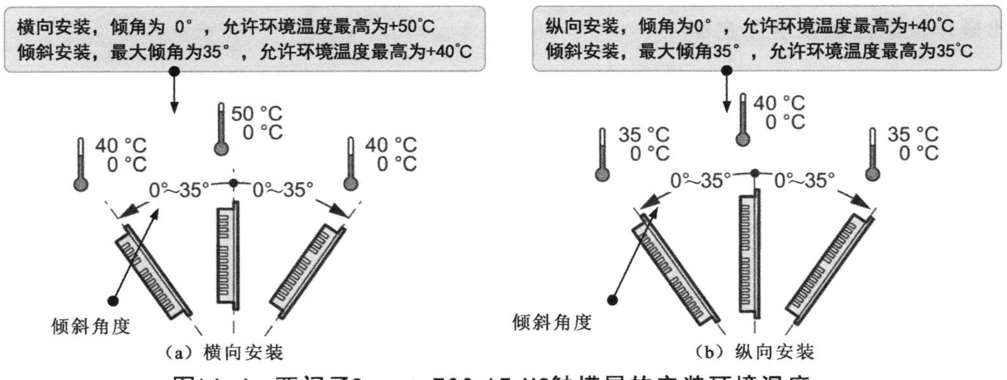

图16-6 西门子Smart 700 IE V3触摸屏的安装环境温度

划重点

① 触摸屏上下距控制柜柜体的距离y至少为50mm。

② 触摸屏左右距控制柜柜体的距离x至少为15mm。

③ 触摸屏背部距控制柜柜体的距离z至少为10mm。

2 安装距离

图16-7为西门子Smart 700 IE V3触摸屏的安装距离。

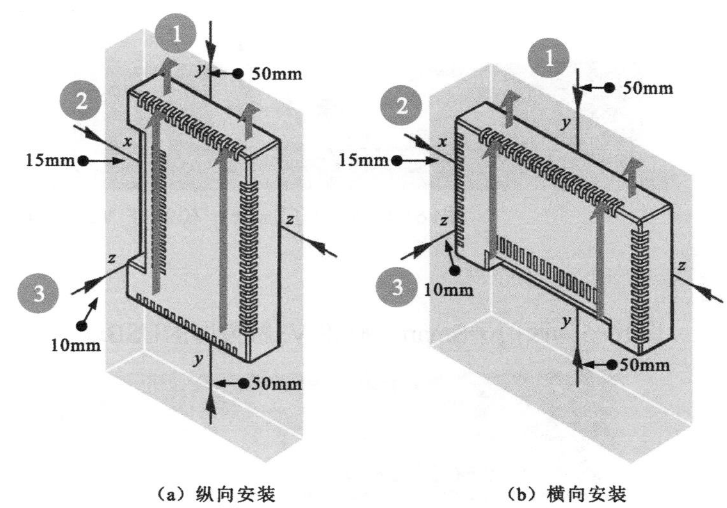

图16-7　西门子Smart 700 IE V3触摸屏的安装距离

3 固定

图16-8为西门子Smart 700 IE V3触摸屏的固定。

将埋头螺钉插入安装夹孔中并转动数次，将安装夹固定在触摸屏的开孔处，使用螺钉旋具拧紧安装夹，其他部位的安装夹重复此操作，确保触摸屏固定牢固。

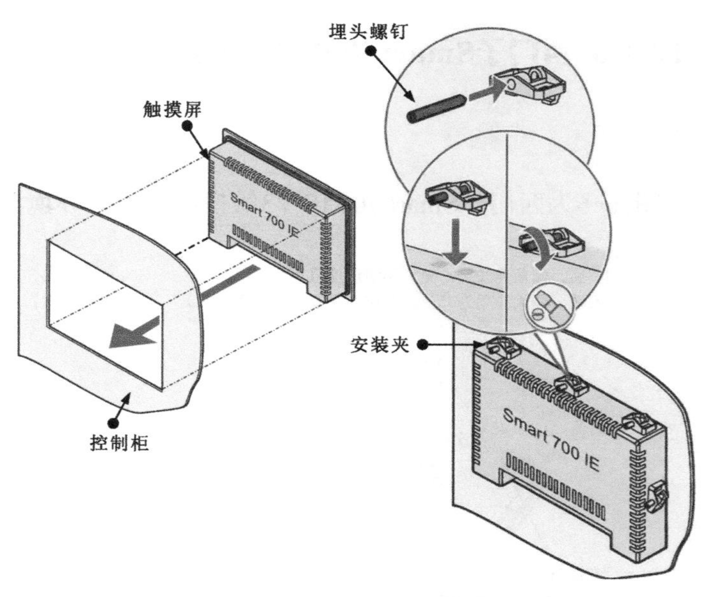

图16-8　西门子Smart 700 IE V3触摸屏的固定

16.1.4 西门子Smart 700 IE V3触摸屏的连接

划重点

1 等电位电路的连接

图16-9为西门子Smart 700 IE V3触摸屏等电位电路的连接。

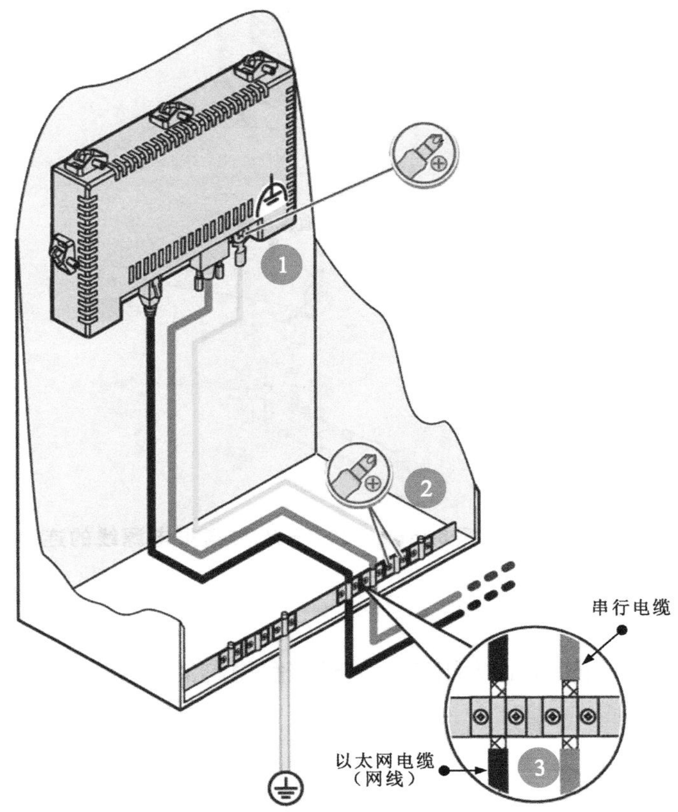

图16-9 西门子Smart 700 IE V3触摸屏等电位电路的连接

1 使用横截面积为4mm²的等电位连接导线连接触摸屏的功能接地端。

2 将等电位连接导线连接在等电位连接导轨上。

3 将以太网电缆和串行电缆连接在等电位连接导轨上。

2 电源线的连接

图16-10为西门子Smart 700 IE V3触摸屏电源线的连接。

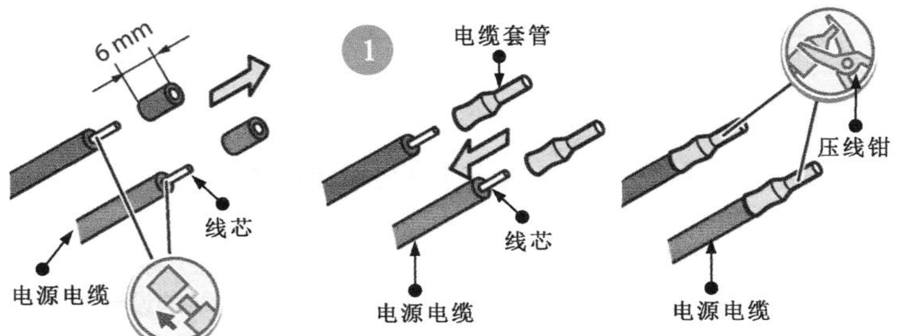

图16-10 西门子Smart 700 IE V3触摸屏电源线的连接

1 将两根电源电缆（线芯横截面积为1.5mm²）的末端剥去6mm长的绝缘外皮，电缆套管套在裸露的线芯上，使用压线钳压紧。

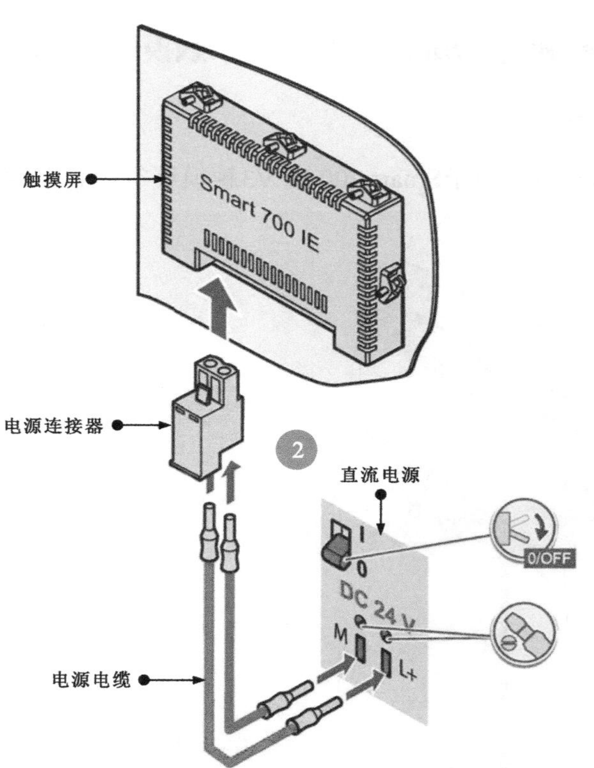

图16-10　西门子Smart 700 IE V3触摸屏电源线的连接（续）

② 通过电源连接器将电源电缆与触摸屏连接，并将电源连接器固定。在连接前，应确保直流电源处于关闭状态。

3 连接组态计算机

图16-11为组态计算机与触摸屏的连接。

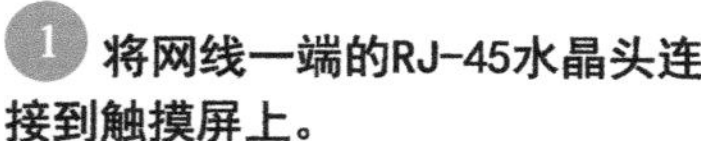

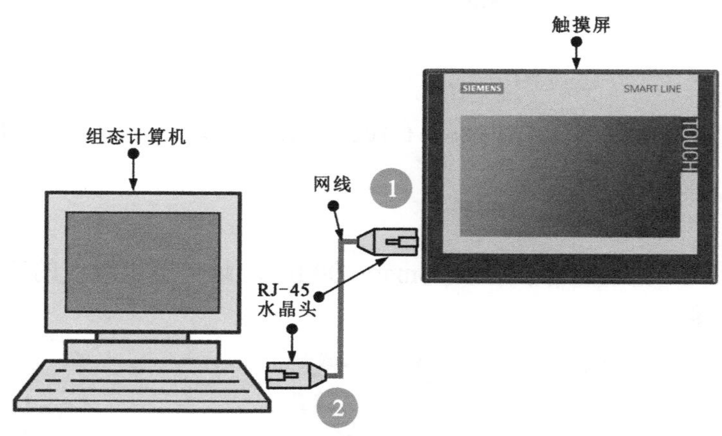

图16-11　组态计算机与触摸屏的连接

① 将网线一端的RJ-45水晶头连接到触摸屏上。

② 将网线另一端的RJ-45水晶头连接到组态计算机上。

在组态计算机中安装有触摸屏的编程软件，通过编程软件可组态触摸屏，实现对触摸屏显示画面内容和控制功能的设计。

4 连接PLC

触摸屏与PLC的输入端连接，可代替按钮等物理部件向PLC输入指令信息。图16-12为触摸屏与PLC的连接。

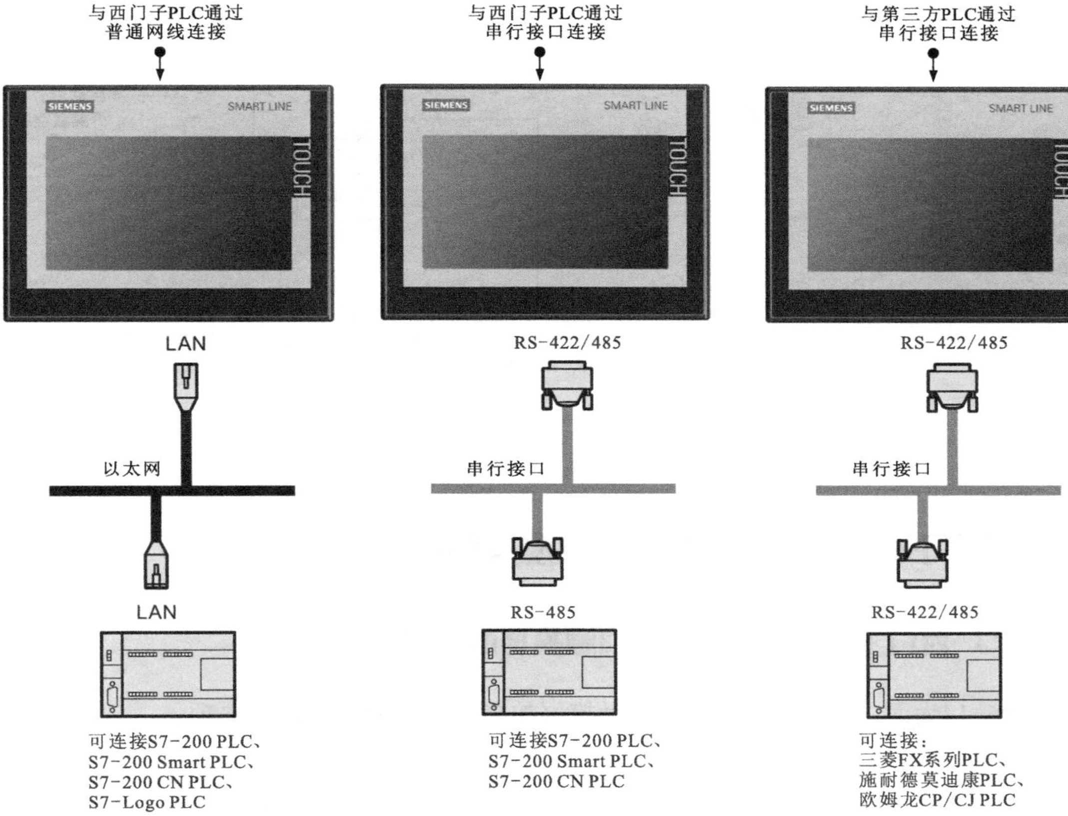
与西门子PLC通过
普通网线连接
与西门子PLC通过
串行接口连接
与第三方PLC通过
串行接口连接
SIEMENS
SMART LINE
TOUCH
LAN
RS-422/485
RS-422/485
以太网
串行接口
串行接口
LAN
RS-485
RS-422/485
可连接S7-200 PLC、
S7-200 Smart PLC、
S7-200 CN PLC、
S7-Logo PLC
可连接S7-200 PLC、
S7-200 Smart PLC、
S7-200 CN PLC
可连接：
三菱FX系列PLC、
施耐德莫迪康PLC、
欧姆龙CP/CJ PLC

图16-12 触摸屏与PLC的连接

西门子Smart 700 IE V3触摸屏设有USB接口，可连接鼠标、键盘、USB记忆棒、USB集线器等。

连接鼠标和键盘仅供调试和维护，连接线缆的长度不可超过1.5m，否则不能确保安全传输数据。

多说两句!

16.1.5 西门子Smart 700 IE V3触摸屏的启动

西门子Smart 700 IE V3触摸屏连接好电源后可进行启动。图16-13为西门子Smart 700 IE V3触摸屏的启动操作。

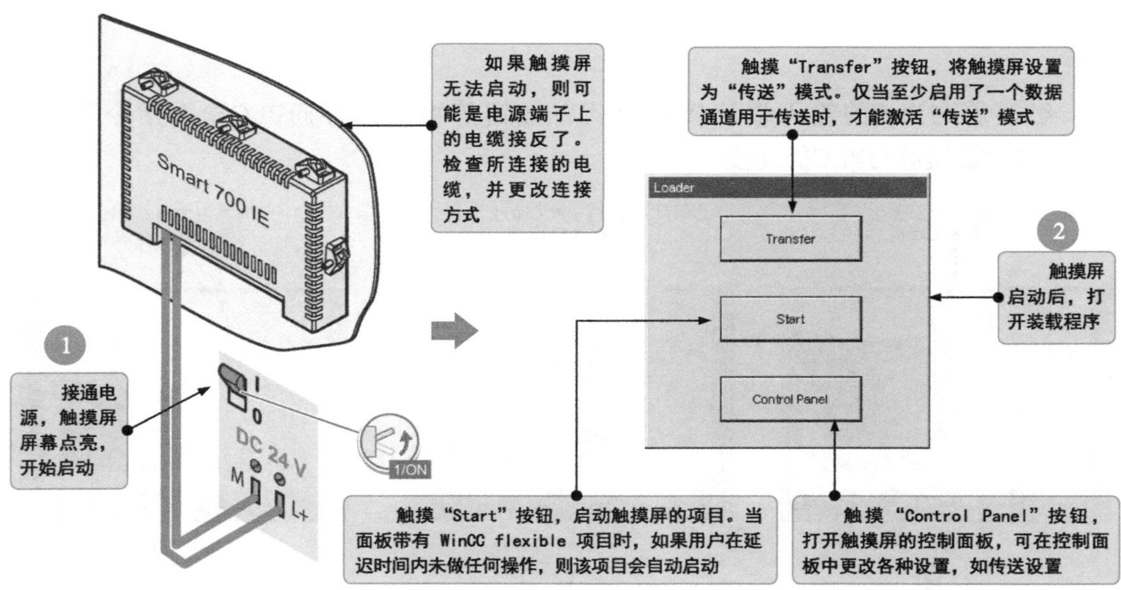

图16-13　西门子Smart 700 IE V3触摸屏的启动操作

16.2 西门子Smart 700 IE V3触摸屏的操作

16.2.1 西门子Smart 700 IE V3触摸屏的设置

图16-14为西门子Smart 700 IE V3触摸屏控制面板中的参数配置选项。

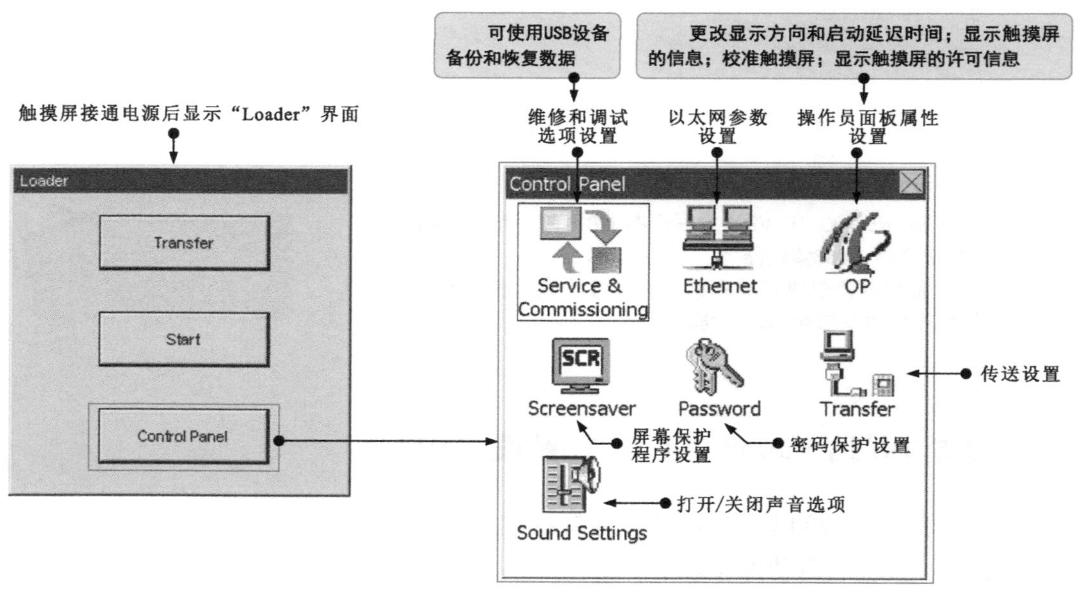

图16-14　西门子Smart 700 IE V3触摸屏控制面板中的参数配置选项

1 维修和调试选项设置

图16-15为触摸屏数据的备份操作。

备份
恢复
Control Panel
Service & Commissioning
Ethernet
OP
Screensaver
Password
Transfer
Sound Settings
Service & Commissioning
Backup
Restore
Choose Backup Type
Complete backup
Recipe backup
User Administration backup
Next
Cancel
表示在PSB格式的文件中生成项目、配方数据和触摸屏映像的备份副本
表示以PSB格式生成触摸屏配方数据记录的备份副本
表示以PSB格式生成触摸屏用户数据的备份副本
Backup
Select Storage Device
Refresh
USB Storage Devices:
Next
Cancel
在“USB Storage Devices”列表中选择一个USB设备。如果该列表为空，则将一个USB存储设备连接到Smart Panel并触摸“Refresh”按钮
Backup
备份文件名
Backup Filename: Smart700_IEV3-20150721
Compatible backup files:
Details
Delete
Next
Cancel
指定备份文件名或选择一个已存在的备份文件覆盖，触摸“Next”按钮完成数据备份，并进行下一步操作

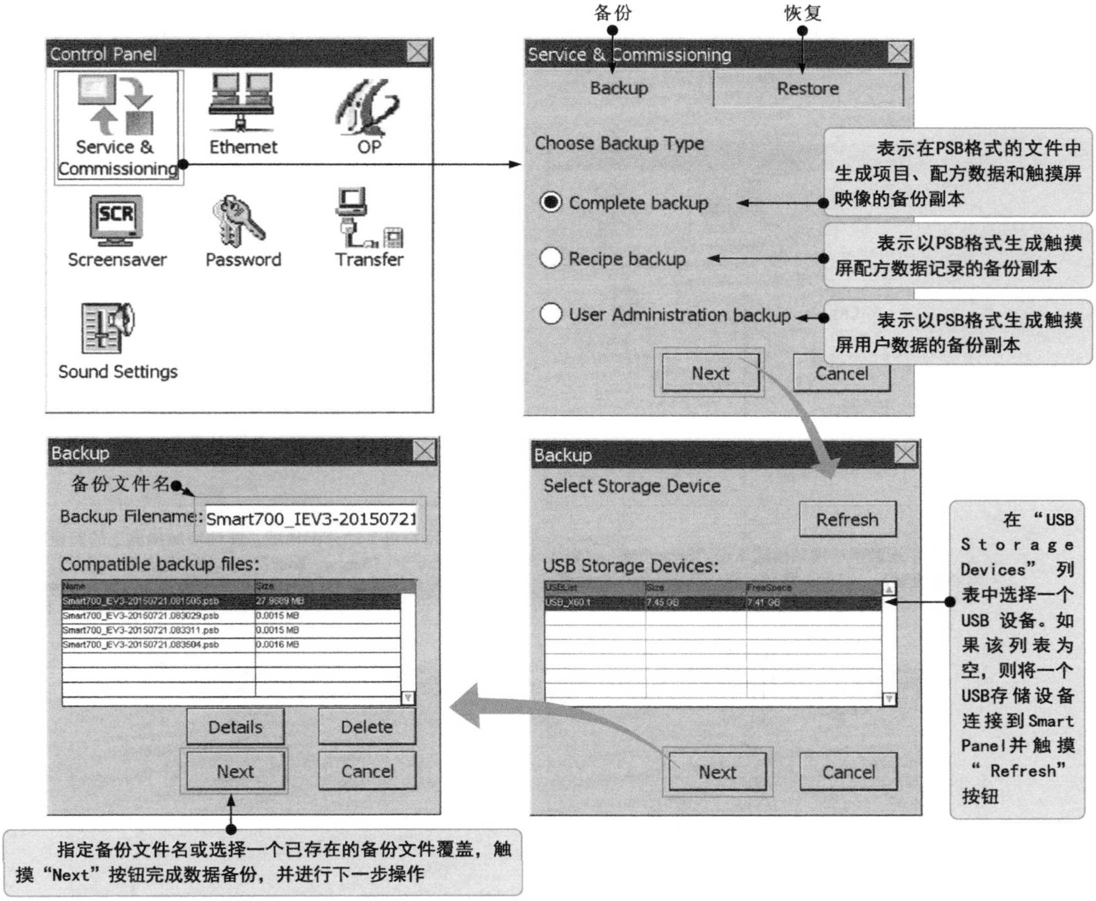

图16-15 触摸屏数据的备份操作

图16-16为触摸屏数据的恢复操作。

恢复
Control Panel
Service & Commissioning
Ethernet
OP
Screensaver
Password
Transfer
Sound Settings
Service & Commissioning
Backup
Restore
Restore File Operation
选择“Restore”选项卡，触摸“Next”继续
Next
Cancel
Restore
Select Storage Device
Refresh
USB Storage Devices:
Next
Cancel
Restore
Select File
Compatible backup files:
Details
Delete
Next
Cancel
触摸“Service&Commissioning”，打开“Service&Commissioning”对话框
从“USB Storage Devices”列表中选择一个USB设备，触摸“Next”继续
从“Compatible backup files”列表中选择要下载的备份文件

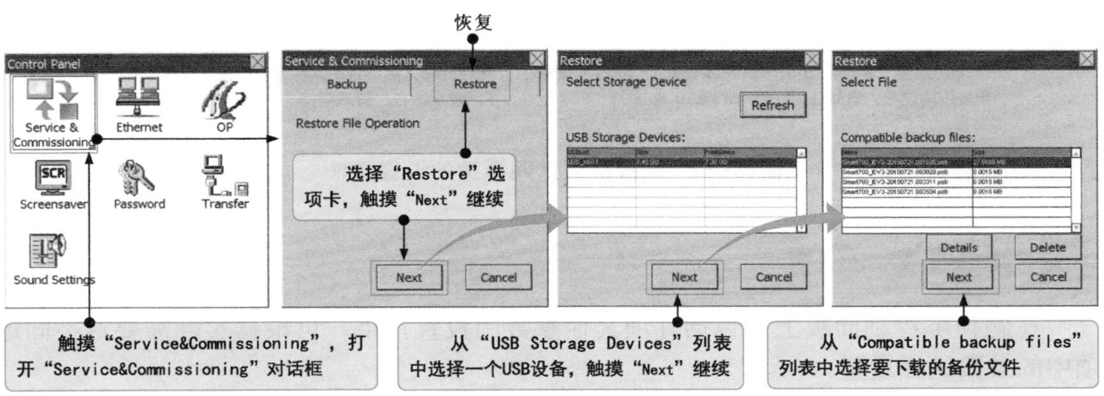

图16-16 触摸屏数据的恢复操作

2 以太网参数设置

在多个触摸屏的联网应用中，如果共享一个IP地址，则可能会因IP地址冲突而发生通信错误。此时，可在触摸屏控制面板的第二个选项“以太网参数设置”中，为网络中的每一个触摸屏分配一个唯一的IP地址。图16-17为触摸屏以太网参数的设置方法。

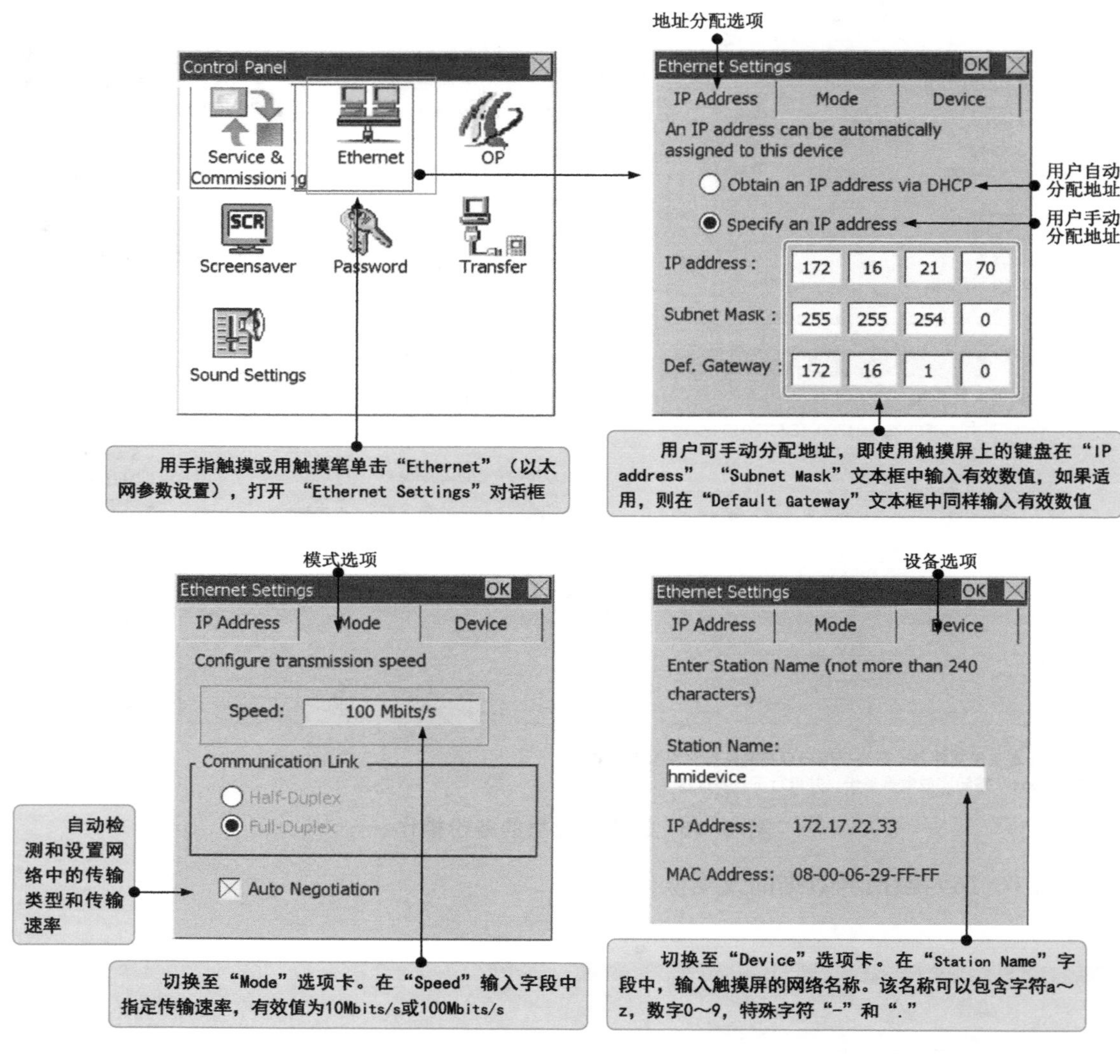

图16-17 触摸屏以太网参数的设置方法

3 其他参数的设置

在触摸屏控制面板上还包括几项其他参数的设置，用户可根据实际需要对不同选项中的参数进行设置。

图16-18为其他参数的设置。

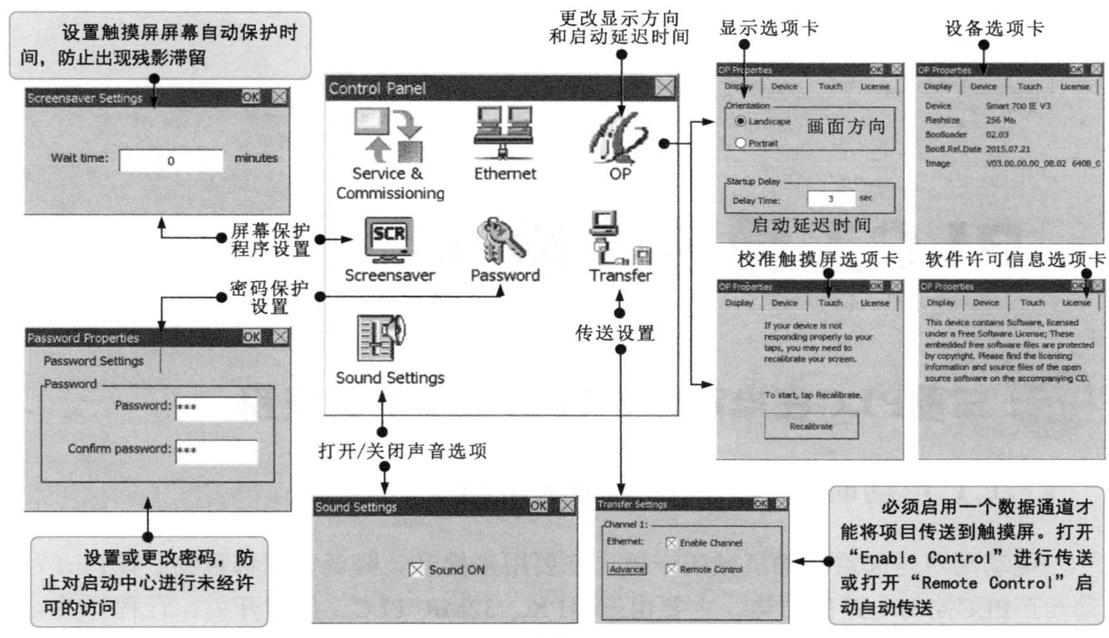

图16-18 其他参数的设置

16.2.2 西门子Smart 700 IE V3触摸屏的数据传送

数据传送是将已编译的项目文件传送到要运行该项目的触摸屏上。

西门子Smart 700 IE V3触摸屏与组态计算机之间的数据传送类型：备份/恢复包含项目数据、配方数据、用户管理数据的映像文件；操作系统更新；使用“恢复为出厂设置”更新操作系统；传送项目。图16-19为西门子Smart 700 IE V3触摸屏与组态计算机之间通过手动进行数据传送的操作。

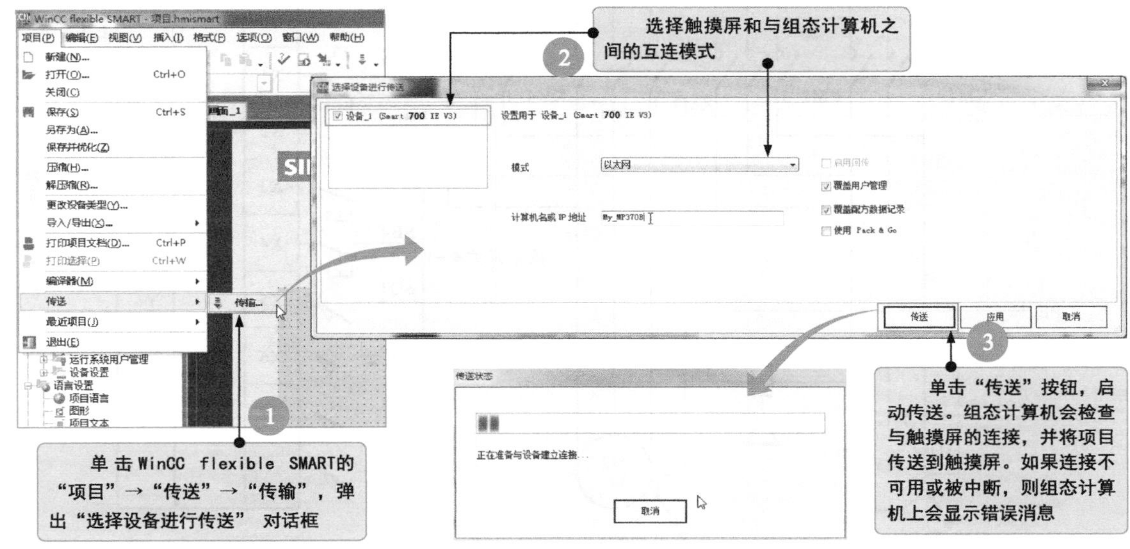

图16-19 西门子Smart 700 IE V3触摸屏与组态计算机之间通过手动进行数据传送的操作

第17章

PLC工程应用案例

17.1 三菱PLC在电动葫芦控制系统中的应用

17.1.1 电动葫芦PLC控制电路的结构

电动葫芦是起重运输机械的一种，主要用来提升、降低、平移重物。图17-1为电动葫芦PLC控制电路的结构，主要由三菱FX_{2N}-32MR PLC、按钮开关、行程开关、交流接触器、交流电动机等构成。

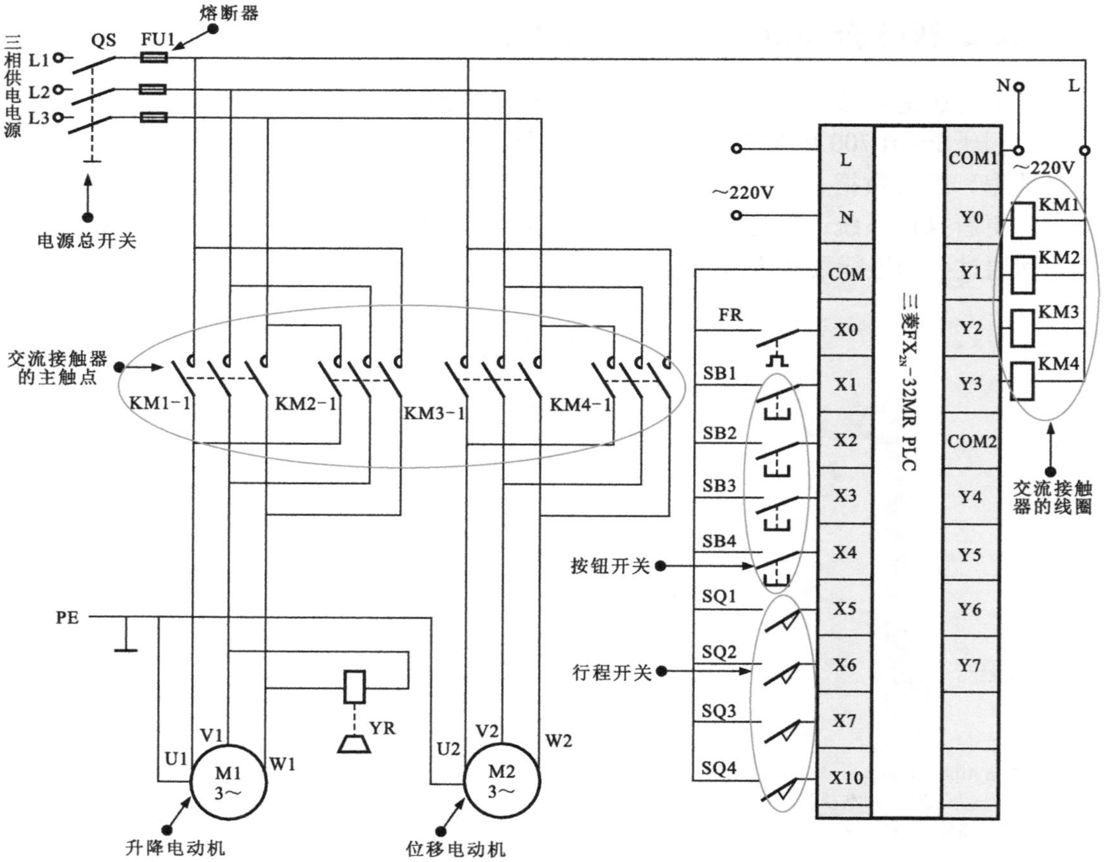

图17-1 电动葫芦PLC控制电路的结构

图17-1中，PLC为三菱FX_{2N}-32MR PLC，与外部的控制部件和执行部件均通过预留的I/O接口连接，各部件之间没有复杂的连接关系。

表17-1为电动葫芦PLC控制电路I/O地址编号。

表17-1　电动葫芦PLC控制电路I/O地址编号

输入部件及地址编号			输出部件及地址编号		
部件	代号	输入地址编号	部件	代号	输出地址编号
上升按钮开关	SB1	X1	上升交流接触器	KM1	Y0
下降按钮开关	SB2	X2	下降交流接触器	KM2	Y1
左移按钮开关	SB3	X3	左移交流接触器	KM3	Y2
右移按钮开关	SB4	X4	右移交流接触器	KM4	Y3
上升限位行程开关	SQ1	X5			
下降限位行程开关	SQ2	X6			
左移限位行程开关	SQ3	X7			
右移限位行程开关	SQ4	X10			

电动葫芦的具体控制过程由PLC控制。图17-2为电动葫芦PLC控制电路中PLC的梯形图。

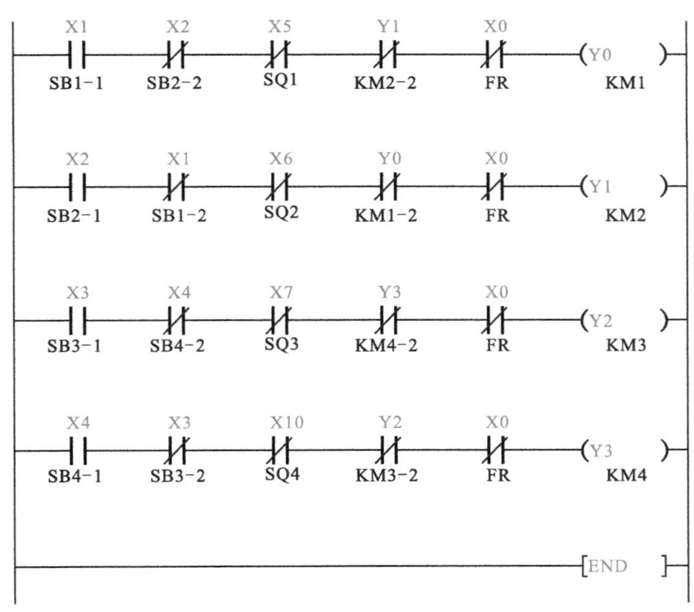

图17-2　电动葫芦PLC控制电路中PLC的梯形图

17.1.2 电动葫芦PLC控制电路的控制过程

图17-3为电动葫芦PLC控制电路的控制过程。

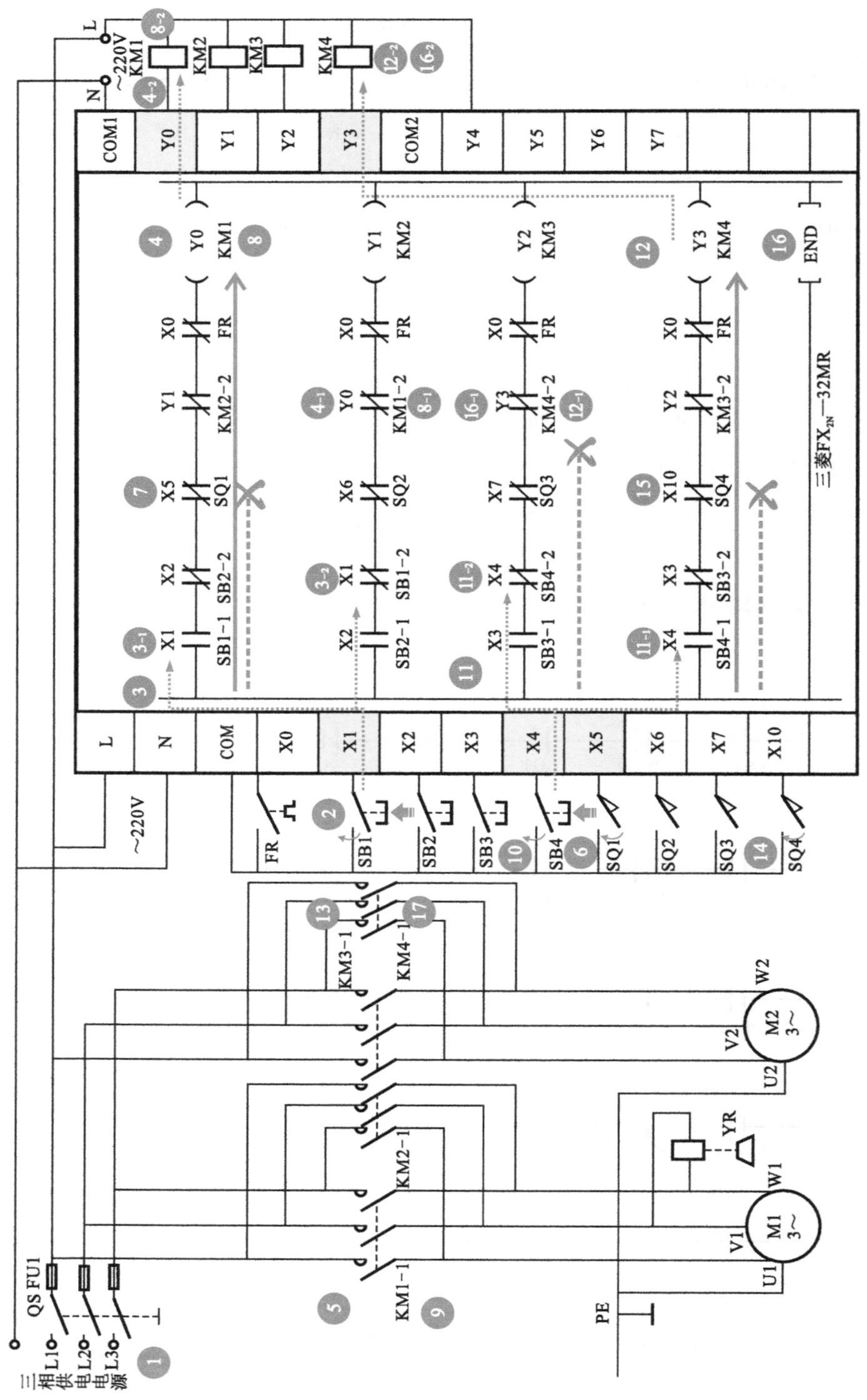

图17-3 电动葫芦PLC控制电路的控制过程

图17-3电路分析

1 闭合电源总开关QS，接通三相电源。

2 按下上升按钮开关SB1，其常开触点闭合。

3 将输入继电器常开触点X1置1，常闭触点X1置0。

3-1 控制输出继电器Y0的常开触点X1闭合。

3-2 控制输出继电器Y1的常闭触点X1断开，实现输入继电器互锁。

3-1 → 4 输出继电器Y0线圈得电。

4-1 常闭触点Y0断开实现互锁，防止输出继电器Y1线圈得电。

4-2 控制外接交流接触器KM1线圈得电。

4-1 → 5 带动主电路中的常开主触KM1-1点闭合，接通升降电动机M1正向电源，M1正向启动运转，开始升降重物。

6 当M1上升到上升限位行程开关SQ1位置时，SQ1动作。

7 将输入继电器常闭触点X5置1，即常闭触点X5断开。

8 输出继电器Y0失电。

8-1 控制Y1线路中的常闭触点Y0复位闭合，解除互锁，为输出继电器Y1得电做好准备。

8-2 控制外接交流接触器线圈KM1失电。

8-2 → 9 带动主电路中常开主触点断开，断开升降电动机M1正向电源，M1停转，停止升降重物。

10 按下右移按钮开关SB4。

11 将输入继电器常开触点X4置1，常闭触点X4置0。

11-1 控制输出继电器Y3的常开触点X4闭合。

11-2 控制输出继电器Y2的常闭触点X4断开，实现输入继电器互锁。

11-1 → 12 输出继电器Y3线圈得电。

12-1 常闭触点Y3断开实现互锁，防止输出继电器Y2线圈得电。

12-2 控制外接交流接触器KM4线圈得电。

12-2 → 13 带动主电路中的常开主触点KM4-1闭合，接通位移电动机M2正向电源，M2正向启动运转，开始带动重物左右平移。

14 当M2右移到右移限位行程开关SQ4位置时，SQ4动作。

15 将输入继电器常闭触点X10置1，即常闭触点X10断开。

16 输出继电器Y3线圈失电。

16-1 控制输出继电器Y3的常闭触点Y3复位闭合，解除互锁，为输出继电器Y2得电做好准备。

16-2 控制外接交流接触器KM4线圈失电。

16-2 → 17 带动常开主触点KM4-1断开，断开位移电动机M2正向电源，M2停转，停止平移重物。

17.2 三菱PLC在混凝土搅拌机控制系统中的应用

17.2.1 混凝土搅拌机PLC控制电路的结构

混凝土搅拌机PLC控制电路的结构如图17-4所示，主要由三菱FX_{2N}系列PLC、控制按钮、交流接触器、搅拌电动机、水泵电动机、热继电器等部分构成。

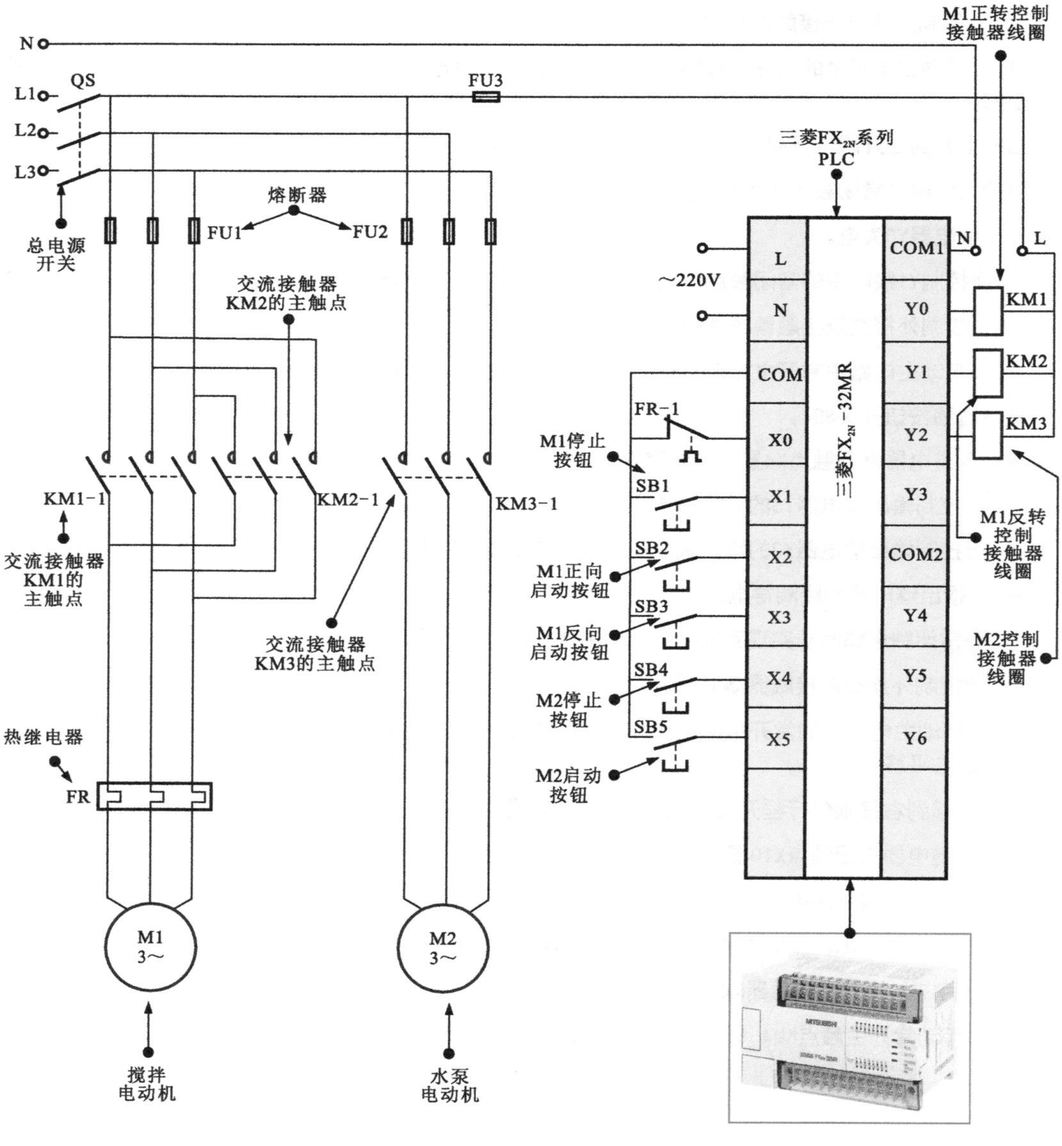

图17-4 混凝土搅拌机PLC控制电路的结构

表17-2为混凝土搅拌机PLC控制电路的I/O地址编号。

表17-2 混凝土搅拌机PLC控制电路的I/O地址编号

输入部件及地址编号			输出部件及地址编号		
部件	代号	输入地址编号	部件	代号	输出地址编号
热继电器	FR	X0	M1正转控制接触器	KM1	Y0
M1停止按钮	SB1	X1	M1反转控制接触器	KM2	Y1
M1正向启动按钮	SB2	X2	M2控制接触器	KM3	Y2
M1反向启动按钮	SB3	X3			
M2停止按钮	SB4	X4			
M2启动按钮	SB5	X5			

混凝土搅拌机的具体控制过程由PLC控制。图17-5为混凝土搅拌机PLC控制电路中的PLC梯形图。

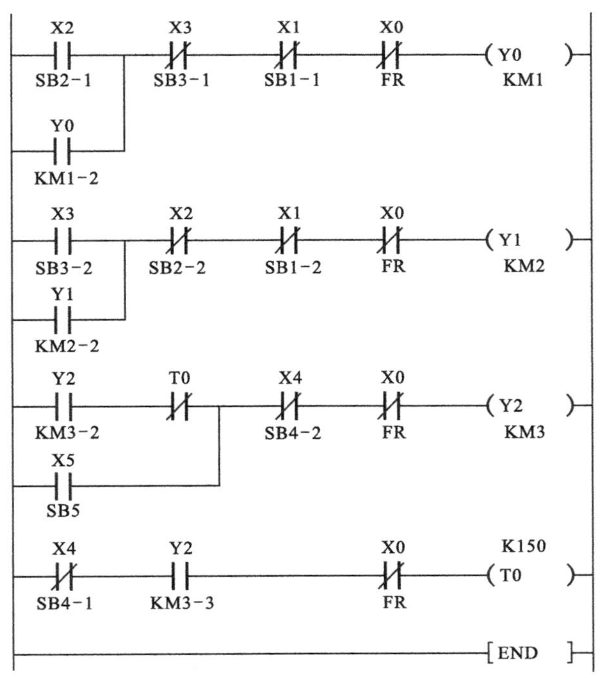

图17-5 混凝土搅拌机PLC控制电路中的PLC梯形图

17.2.2 混凝土搅拌机PLC控制电路的控制过程

图17-6为混凝土搅拌机PLC控制电路的控制过程。

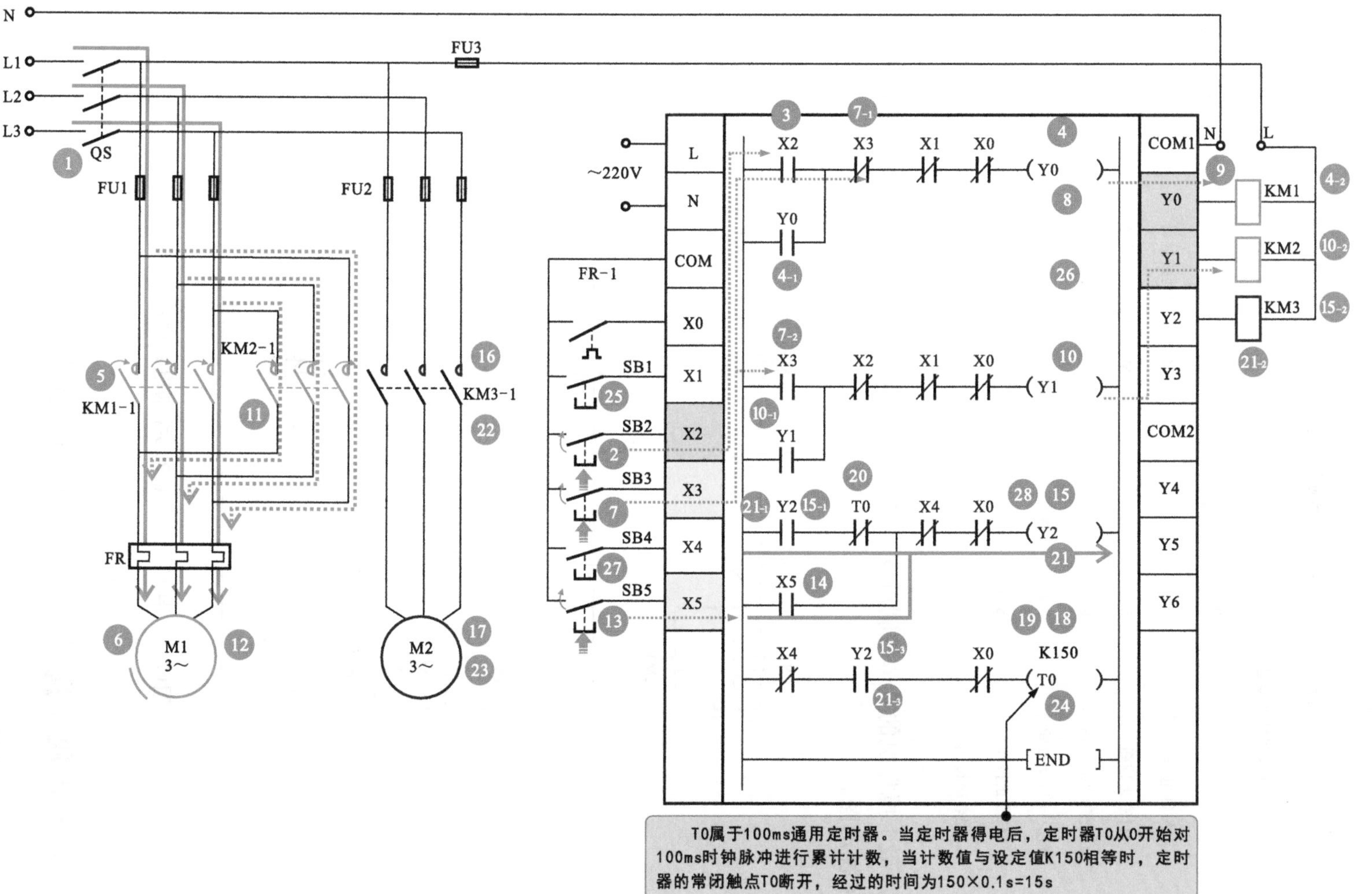

图17-6 混凝土搅拌机PLC控制电路的控制过程

图17-6电路分析

1 合上电源总开关QS，接通三相电源。

2 按下M1正向启动按钮SB2，其触点闭合。

3 将X2的常开触点置“1”，即该触点闭合。

4 输出继电器Y0线圈得电。

4-1 输出继电器Y0的常开自锁触点Y0闭合自锁，确保在松开M1正向启动按钮SB2时，Y0仍保持得电。

4-2 控制外接交流接触器KM1线圈得电。

4-2 → 5 带动主电路交流接触器KM1主触点KM1-1闭合。

6 接通相序为L1、L2、L3，M1正向启动运转。

7 当需要M1反向运转时，按下M1反向启动按钮SB3，其触点闭合。

7-1 将X3的常闭触点置“0”，即该触点断开。

7-2 将X3的常开触点置“1”，即该触点闭合。

7-1 → 8 输出继电器Y0线圈失电。

9 KM1线圈失电，其触点全部复位。

7-2 → 10 输出继电器Y1线圈得电。

10-1 输出继电器Y1的常开自锁触点Y1闭合自锁，确保松开M1正向启动按钮SB1时，Y1仍保持得电。

10-2 控制外接交流接触器KM2线圈得电。

10-2 → 11 带动主电路中交流接触器KM2主触点KM2-1闭合。

12 接通相序为L3、L2、L1，M1反向启动运转。

13 按下M2启动按钮SB5，其触点闭合。

14 将X5的常开触点置“1”，即该触点闭合。

15 输出继电器Y2线圈得电。

15-1 输出继电器Y2的常开自锁触点Y2闭合自锁，确保松开M2启动按钮SB5时，Y2仍保持得电。

15-2 控制外接交流接触器KM3线圈得电。

15-3 控制时间继电器T0的常开触点Y2闭合。

15-1 → 16 带动主电路中交流接触器KM3主触点KM3-1闭合。

17 M2接通三相电源，启动运转，开始注水。

15-3 → 18 时间继电器T0线圈得电。

19 定时器开始为注水时间计时，计时15s后，计时时间到。

20 定时器控制输出继电器Y2的常闭触点断开。

21 输出继电器Y2线圈失电。

21-1 输出继电器Y2的常开自锁触点Y2复位断开，解除自锁，为下一次启动做好准备。

21-2 控制外接交流接触器KM3线圈失电。

21-3 控制时间继电器T0的常开触点Y2复位断开。

21-2 → 22 交流接触器KM3主触点KM3-1复位断开。

23 水泵电动机M2失电，停转，停止注水操作。

21-3 → 24 时间继电器T0线圈失电，所有触点复位，为下一次计时做好准备。

25 当按下M1停止按钮SB1时，将X1置“0”，即该触点断开。

26 输出继电器线圈Y0或Y1失电，同时常开触点复位断开，外接交流接触器线圈KM1或KM2失电，主电路中的主触点复位断开，切断M1电源，M1停止运转。

27 当按下M2停止按钮SB4时，将X4置“0”，即该触点断开。

28 输出继电器线圈Y2失电，同时其常开触点复位断开，外接交流接触器线圈KM3失电，主电路中的主触点复位断开，切断M2电源，停止注水，同时定时器T0失电复位。

17.3 三菱PLC在通风报警系统中的应用

17.3.1 通风报警PLC控制电路的结构

图17-7为由三菱PLC控制的通风报警控制电路。该电路主要是由风机运行状态检测传感器A、B、C、D，三菱FX_{2N}-32MR PLC，红灯、绿灯、黄灯三个指示灯等构成的。

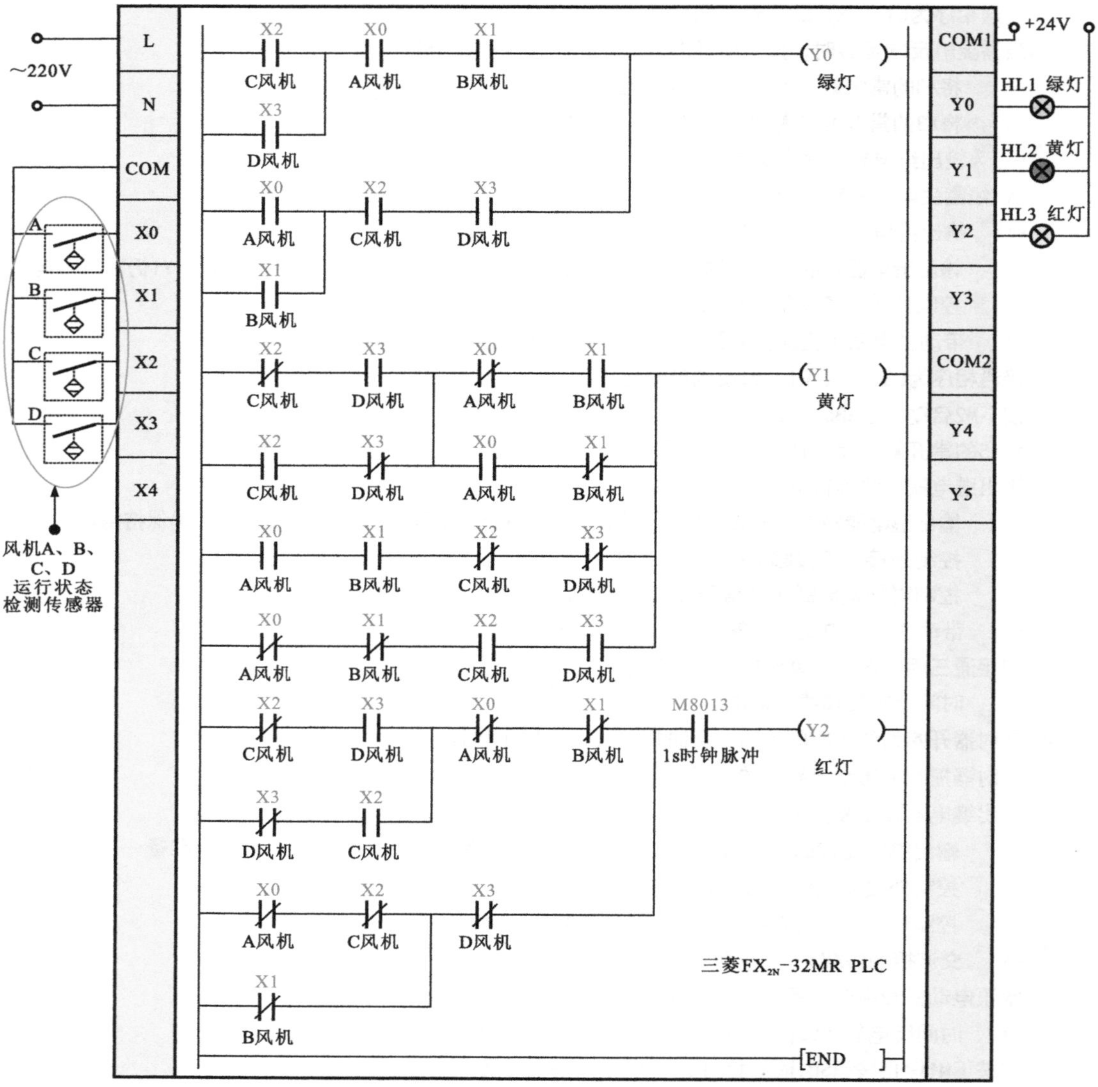

图17-7　由三菱PLC控制的通风报警控制电路

风机A、B、C、D运行状态检测传感器和指示灯分别连接在PLC相应的I/O接口上，所连接的接口名称对应PLC程序的地址编号，由设计之初确定的I/O分配表设定，见表17-3。

表17-3 由三菱FX_{2N}-32MR PLC控制的通风报警控制电路的I/O地址编号

输入部件及地址编号			输出部件及地址编号		
部件	代号	输入地址编号	部件	代号	输出地址编号
风机A运行状态检测传感器	A	X0	通风良好指示灯（绿灯）	HL1	Y0
风机B运行状态检测传感器	B	X1	通风不佳指示灯（黄灯）	HL2	Y1
风机C运行状态检测传感器	C	X2	通风太差指示灯（红灯）	HL3	Y2
风机D运行状态检测传感器	D	X3			

17.3.2 通风报警PLC控制电路的控制过程

在通风系统中，由4台三相交流电动机驱动4台风机运转，为了确保通风状态良好，设有通风报警系统，即由绿灯、黄灯、红灯对三相交流电动机的运行状态进行指示。当3台以上风机同时运转时，绿灯亮，表示通风状态良好；当两台风机同时运转时，黄灯亮，表示通风不佳；当仅有1台风机运转时，红灯亮，并闪烁发出报警指示，警告通风太差。图17-8为由三菱PLC控制的通风报警控制电路中绿灯点亮的控制过程。

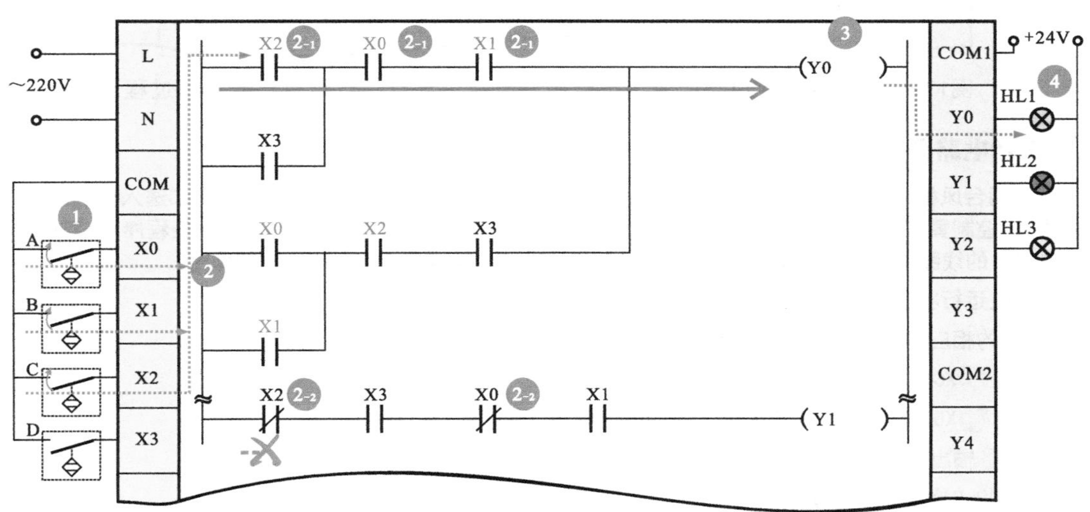

图17-8 由三菱PLC控制的通风报警控制电路中绿灯点亮的控制过程

图17-8电路分析

当3台以上风机均运转时，风机A、B、C、D运行状态检测传感器中至少有3个动作，向PLC中送入传感信号。根据PLC内控制绿灯的梯形图可知，X0～X3任意三个输入继电器触点闭合，总有一条程序能控制输出继电器Y0的线圈得电，使HL1得电点亮。例如，当A、B、C获得运转信息而同时动作时。

1 风机运行状态检测传感器A、B、C动作。

2 PLC内相应输入继电器触点动作。

2-1 X0、X1、X2的常开触点闭合。

2-2 X0、X1、X2的常闭触点断开，使输出继电器Y1的线圈不可得电。

2-1 → 3 输出继电器Y0的线圈得电。

4 控制PLC外接绿灯HL1点亮，指示目前通风状态良好。

图17-9为由三菱PLC控制的通风报警控制电路中黄灯、红灯点亮的控制过程。

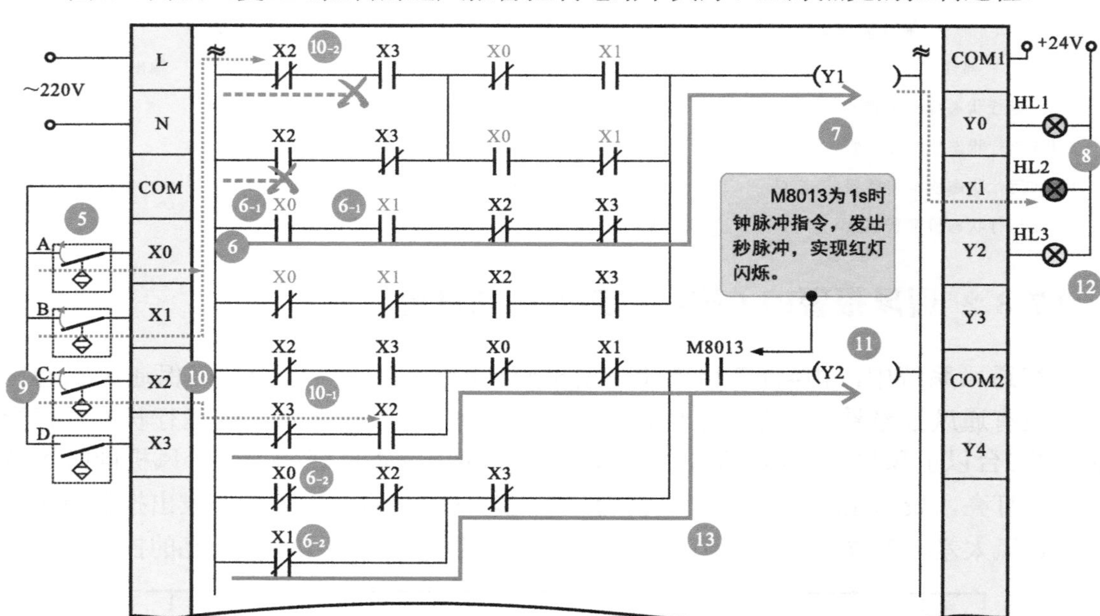

图17-9　由三菱PLC控制的通风报警控制电路中黄灯、红灯点亮的控制过程

图17-9电路分析

当两台风机运转时，风机运行状态检测传感器A、B、C、D中至少有两个动作，向PLC送入传感信号。根据PLC控制黄灯的梯形图可知，X0～X3中任意两个输入继电器的触点闭合，总有一条程序能控制输出继电器Y1的线圈得电，从而使HL2得电点亮。例如，当A、B获得运转信息而同时动作时。

5 风机运行状态检测传感器A、B动作。

6 PLC的相应输入继电器触点动作。

6-1 X0、X1的常开触点闭合。

6-2 X0、X1的常闭触点断开，使输出继电器Y2的线圈不可得电。

6-1 → 7 输出继电器Y1的线圈得电。

7 控制PLC外接黄灯HL2点亮，指示目前通风状态不佳。

8 当风机运转少于两台时，风机运行状态检测传感器A、B、C、D均不动作或仅有1个动作，向PLC送入传感信号。根据PLC控制红灯的梯形图可知，X0～X3中任意1个输入继电器触点闭合或无触点闭合，总有一条程序能控制输出继电器Y2的线圈得电，使HL3得电点亮。例如，当仅C获得运转信息而动作时：

9 风机运行状态检测传感器C动作。

10 PLC的相应输入继电器触点动作。

10-1 X2的常开触点闭合。

10-2 X2的常闭触点断开，使输出继电器Y0、Y1的线圈不可得电。

10-1 → 11 输出继电器Y2的线圈得电。

12 控制PLC外接红灯HL3点亮。同时，在M8013的作用下发出1s时钟脉冲，使红灯闪烁，发出报警，指示目前通风太差。

13 当无风机运转时，A、B、C、D都不动作，输出继电器Y2的线圈得电，控制红灯HL3点亮，在M8013的控制下闪烁并发出报警。

17.4 西门子PLC在双头钻床中的应用

17.4.1 双头钻床PLC控制电路的结构

双头钻床是指用于对加工工件进行钻孔操作的工控机床设备，由PLC及其外接电气部件配合完成对该设备双头钻的自动控制，实现自动钻孔功能。

图17-10为双头钻床控制电路中PLC的梯形图。


```
LD    I0. 1
A     I0. 3
EU
=     M0. 0

LD    I0. 0
A     I0. 1
A     I0. 3
O     Q0. 4
AN    M0. 0
=     Q0. 4

LD    I0. 5
EU
=     M0. 1

LD    M0. 1
S     Q0. 1,  1
S     Q0. 3,  1

LD    I0. 2
R     Q0. 1,  1
S     Q0. 0,  1

LD    I0. 4
R     Q0. 3,  1
S     Q0. 2,  1

LD    I0. 1
R     Q0. 0,  1

LD    I0. 3
R     Q0. 2,  1
```

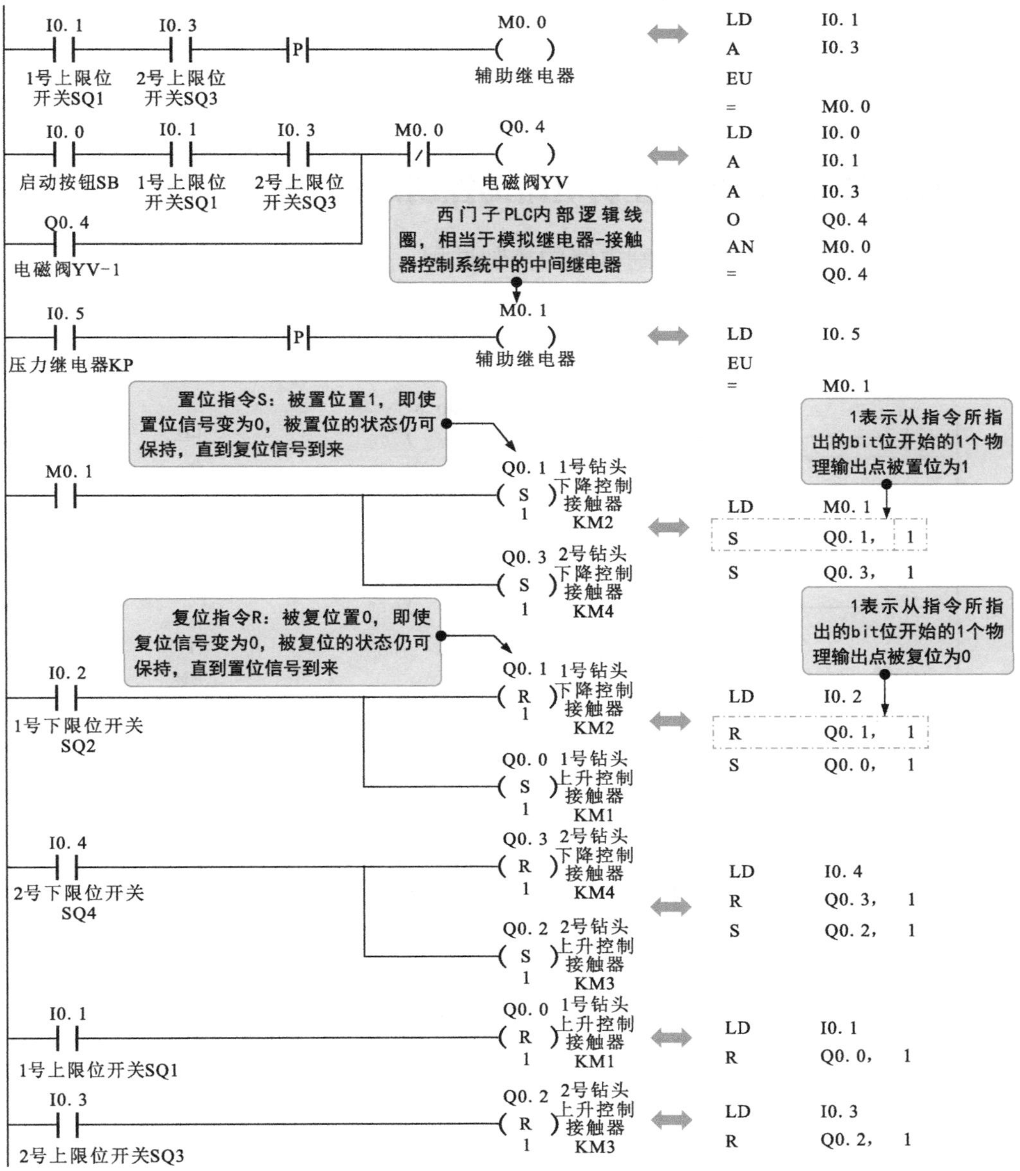

图17-10 双头钻床控制电路中PLC的梯形图

表17-4为双头钻床PLC控制电路的I/O地址编号。

表17-4　双头钻床PLC控制电路的I/O地址编号

输入部件及地址编号			输出部件及地址编号		
部件	代号	输入地址编号	部件	代号	输出地址编号
启动按钮	SB	I0.0	1号钻头上升控制接触器	KM1	Q0.0
1号上限位开关	SQ1	I0.1	1号钻头下降控制接触器	KM2	Q0.1
1号下限位开关	SQ2	I0.2	2号钻头上升控制接触器	KM3	Q0.2
2号上限位开关	SQ3	I0.3	2号钻头下降控制接触器	KM4	Q0.3
2号下限位开关	SQ4	I0.4	电磁阀YV	YV	Q0.4
压力继电器KP	KP	I0.5			

17.4.2 双头钻床PLC控制电路的控制过程

图17-11为双头钻床PLC控制电路的控制过程。

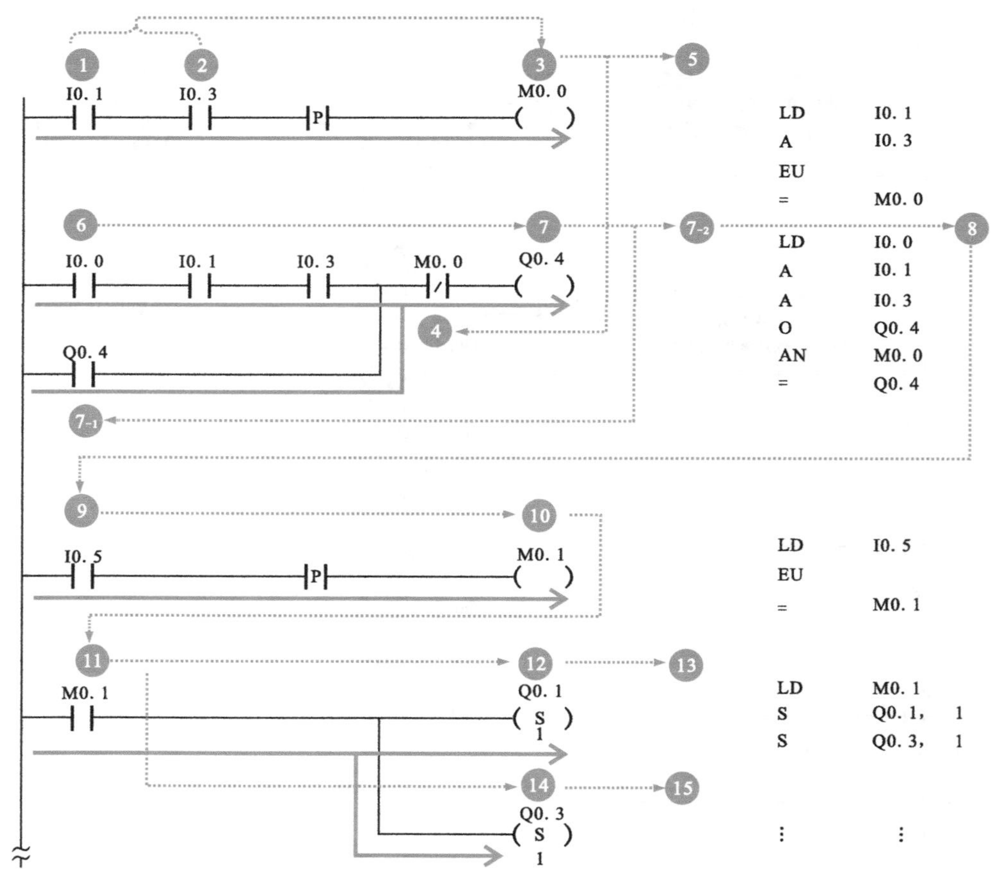

图17-11　双头钻床PLC控制电路的控制过程

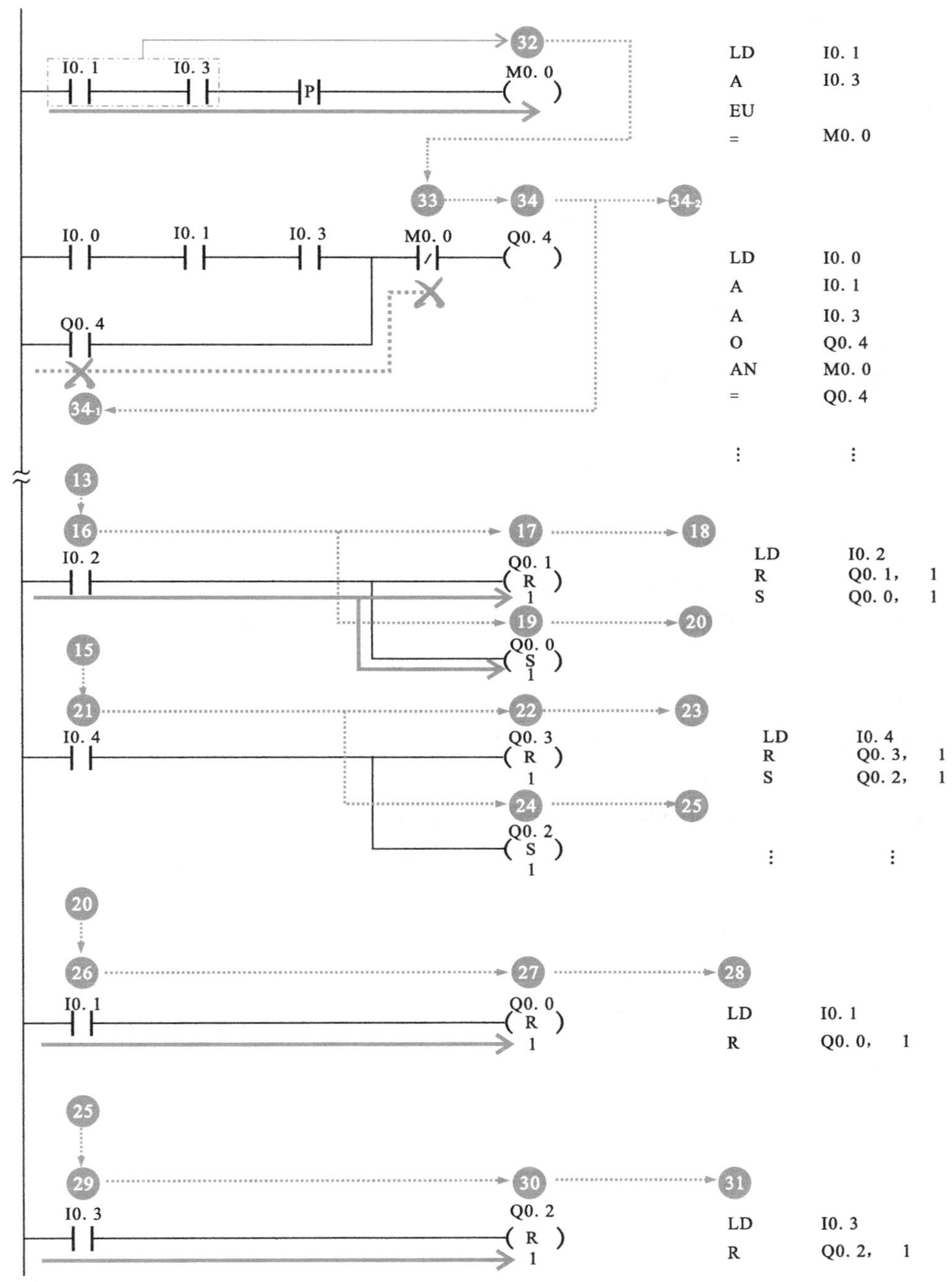

图17-11 双头钻床PLC控制电路的控制过程(续)

图17-11电路分析

1 1号钻头位于原始位置，其上限位开关SQ1处于被触发状态，将输入继电器常开触点I0.1置1，即常开触点I0.1闭合。

2 2号钻头位于原始位置，其上限位开关SQ3处于被触发状态，将输入继电器常开触点I0.3置1，即常开触点I0.3闭合。

图17-11电路分析

1 + 2 → 3 上升沿使辅助继电器M0.0线圈得电1个扫描周期。

4 控制输出继电器Q0.4的常闭触点M0.0断开。

3 → 5 在下一个扫描周期辅助继电器M0.0线圈失电，辅助继电器M0.0的常闭触点复位闭合。

6 按下启动按钮SB，将输入继电器常开触点I0.0置1，即常开触点I0.0闭合。

1 + 2 + 5 + 6 → 7 输出继电器Q0.4线圈得电。

7-1 自锁常开触点Q0.4闭合，实现自锁功能。

7-2 控制电磁阀YV线圈得电。

7-2 → 8 电磁阀YV主触点闭合，控制钻床夹紧工件。

9 工件夹紧到设定压力值后，压力继电器KP动作，输入继电器常开触点I0.5闭合。

10 上升沿使辅助继电器M0.1线圈得电1个扫描周期。

11 控制输出继电器Q0.1、Q0.3的常开触点M0.1闭合。

11 → 12 输出继电器Q0.1置位并保持。

13 外接1号钻头下降控制接触器KM2得电，带动主触点闭合，1号钻头开始下降。

11 → 14 输出继电器Q0.3置位并保持。

15 外接2号钻头下降控制接触器KM4得电，带动主触点闭合，2号钻头开始下降。

13 → 16 1号钻头下降到位，1号下限位开关SQ2动作，输入继电器常开触点I0.2闭合。

16 → 17 输出继电器Q0.1复位。

18 1号钻头下降控制接触器KM2线圈失电，1号钻头停止下降。

16 → 17 输出继电器Q0.0置位并保持。

20 1号钻头上升控制接触器KM1线圈得电，1号钻头开始上升。

15 → 21 2号钻头下降到位，2号下限位开关SQ4动作，输入继电器常开触点I0.4闭合。

21 → 22 输出继电器Q0.3复位。

23 2号钻头下降控制接触器KM4线圈失电，2号钻头停止下降。

21 → 24 输出继电器Q0.2置位并保持。

25 2号钻头上升控制接触器KM3线圈得电，2号钻头开始上升。

20 → 26 1号钻头上升到位，1号上限位开关SQ1动作，输入继电器常开触点I0.1闭合。

27 输出继电器Q0.0复位。

28 1号钻头上升控制接触器KM1线圈失电，1号钻头停止上升。

25 → 29 2号钻头上升到位，2号上限位开关SQ3动作，输入继电器常开触点I0.3闭合。

30 输出继电器Q0.2复位。

31 2号钻头上升控制接触器KM3线圈失电，2号钻头停止上升。

26 + 29 → 32 I0.1或I0.3的上升沿使辅助继电器M0.0线圈得电1个扫描周期。

33 辅助继电器常闭触点M0.0断开。

34 输出继电器Q0.4线圈失电。

34-1 自锁常开触点Q0.4复位断开，解除自锁。

34-2 控制外接电磁阀YV线圈失电，松开工件，钻床完成一次循环作业。

17.5 西门子PLC在汽车自动清洗电路中的应用

17.5.1 汽车自动清洗PLC控制电路的结构

汽车自动清洗系统是由PLC、喷淋器、刷子电动机、车辆检测器等部件组成的。当有汽车等待冲洗时，车辆检测器将检测信号送入PLC，PLC便会控制相应的清洗机电动机、喷淋器电磁阀及刷子电动机动作，实现自动清洗、停止的控制。

图17-12为汽车自动清洗控制电路中PLC的梯形图和语句表。

I0. 0 启动按钮SB1　M0. 1 辅助继电器的常闭触点　I0. 3 紧急停止按钮SB2　M0. 0 辅助继电器线圈
M0. 0 辅助继电器的常开触点

M0. 0 辅助继电器的常开触点　I0. 2 轨道终点限位开关SQ2　Q0. 2 清洗机接触器KM2

I0. 1 车辆检测器SK　M0. 0 辅助继电器的常开触点　M0. 1 辅助继电器的常闭触点　Q0. 1 刷子接触器KM1　Q0. 0 喷淋器电磁阀YV
Q0. 1 KM1-2

Q0. 1 KM1-3　I0. 1 车辆检测器SK　M0. 1 辅助继电器线圈

1s脉冲发生器
I0. 2 轨道终点限位开关SQ2　SM0. 5 特殊标志位存储器　Q0. 3 清洗机报警蜂鸣器HA

(a) 梯形图

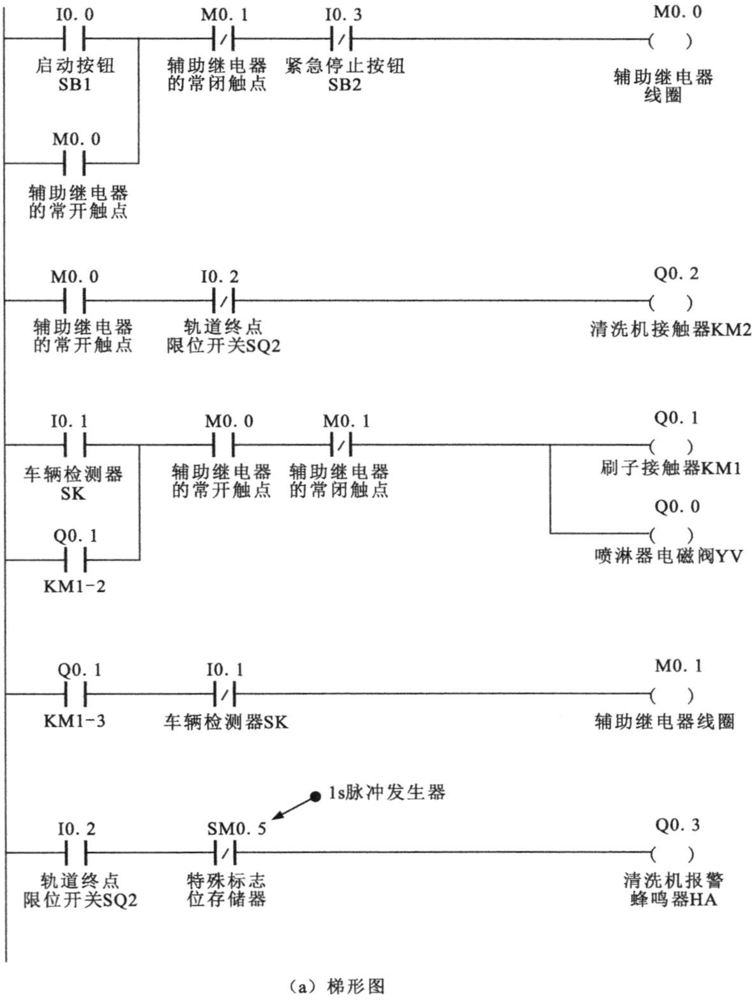

```
LD    I0. 0
O     M0. 0
AN    M0. 1
AN    I0. 3
=     M0. 0

LD    M0. 0
AN    I0. 2
=     Q0. 2

LD    I0. 1
O     Q0. 1
A     M0. 0
AN    M0. 1
=     Q0. 1
=     Q0. 0

LD    Q0. 1
AN    I0. 1
=     M0. 1

LD    I0. 2
AN    SM0. 5
=     Q0. 3
```

(b) 语句表

图17-12　汽车自动清洗控制电路中PLC的梯形图和语句表

表17-5为汽车自动清洗PLC控制电路的I/O地址编号。

表17-5 汽车自动清洗PLC控制电路的I/O地址编号

输入部件及地址编号			输出部件及地址编号		
部件	代号	输入地址编号	部件	代号	输出地址编号
启动按钮	SB1	I0.0	喷淋器电磁阀	YV	Q0.0
车辆检测器	SK	I0.1	刷子接触器	KM1	Q0.1
轨道终点限位开关	SQ2	I0.2	清洗机接触器	KM2	Q0.2
紧急停止按钮	SB2	I0.3	清洗机报警蜂鸣器	HA	Q0.3

17.5.2 汽车自动清洗PLC控制电路的控制过程

1 汽车清洗的控制过程

图17-13为汽车清洗的控制过程。

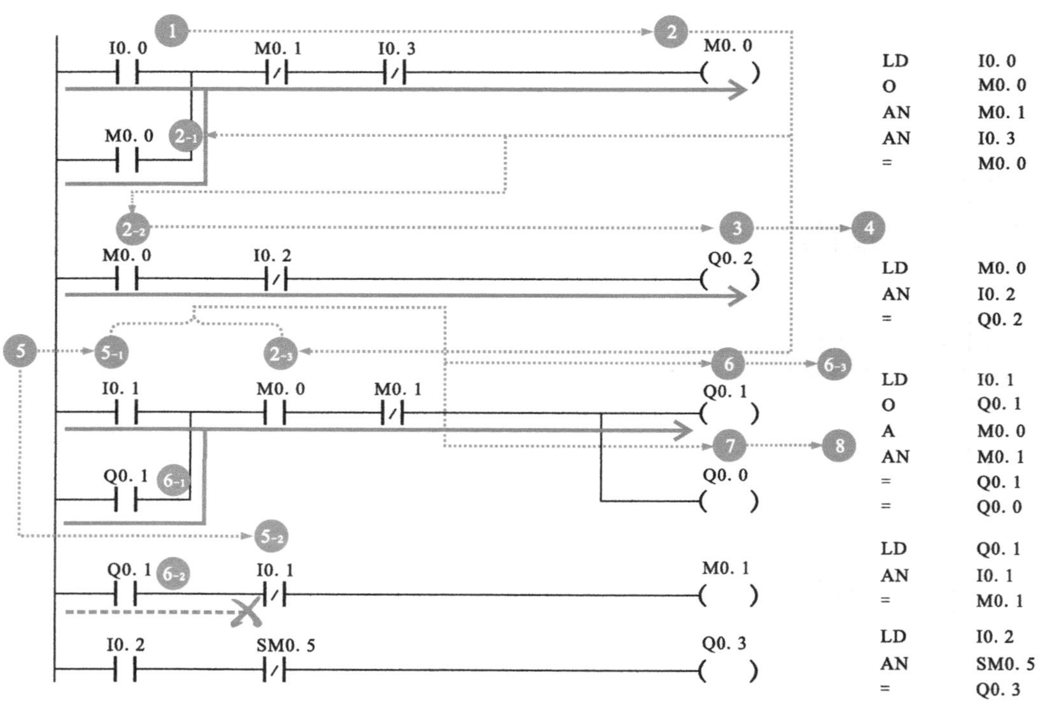

图17-13 汽车清洗的控制过程

图17-13电路分析

1 按下启动按钮SB1，将输入继电器常开触点I0. 0置1，即常开触点I0. 0闭合。

2 辅助继电器M0. 0线圈得电。

2-1 自锁常开触点M0. 0闭合实现自锁功能。

2-2 控制输出继电器Q0. 2的常开触点M0. 0闭合。

2-3 控制输出继电器Q0. 1、Q0. 0的常开触点M0. 0闭合。

2-2 → 3 输出继电器Q0. 2线圈得电。

4 控制外接清洗机接触器KM2线圈得电，带动主电路中的主触点闭合，接通清洗机电动机电源，清洗机电动机开始运转，带动清洗机沿导轨移动。

5 当车辆检测器SK检测到有待清洗的汽车时，将输入继电器常开触点I0.1置1，常闭触点I0.1置0。

5-1 常开触点I0.1闭合。

5-2 常闭触点I0.1断开。

2-3 + 5-1 → 6 输出继电器Q0.1线圈得电。

6-1 自锁常开触点Q0.1闭合实现自锁功能。

6-2 控制辅助继电器M0.1的常开触点Q0.1闭合。

6-3 控制外接刷子接触器KM1线圈得电，带动主电路中的主触点闭合，接通刷子电动机电源，刷子电动机开始运转，并带动刷子进行刷洗操作。

2-3 + 5-1 → 7 输出继电器Q0.0线圈得电。

8 控制外接喷淋器电磁阀YV线圈得电，打开喷淋器电磁阀进行喷水操作，使清洗机一边移动，一边进行清洗操作。

2 汽车清洗完成的控制过程

汽车清洗完成后，车辆检测器没有检测到待清洗的汽车，控制电路便会自动停止系统工作。图17-14为汽车清洗完成的控制过程。

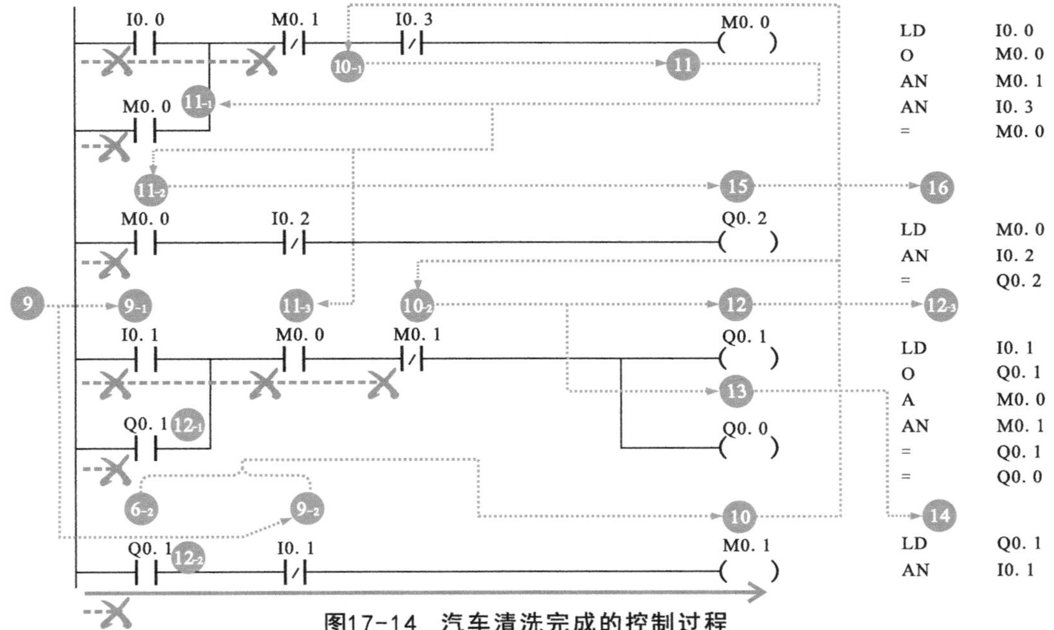

图17-14 汽车清洗完成的控制过程

图17-14电路分析

9 汽车清洗完成后，移出清洗机，车辆检测器SK检测到没有待清洗的汽车时，输入继电器常开触点I0.1复位置0，常闭触点I0.1复位置1。

9-1 常开触点I0.1复位断开。

9-2 常闭触点I0.1复位闭合。

6-2 + 9-2 → 10 辅助继电器M0.1线圈得电。

10-1 控制辅助继电器M0.0的常闭触点M0.1断开。

10-2 控制输出继电器Q0.1、Q0.0的常闭触点M0.1断开。

10-1 → 11 辅助继电器M0.0失电。

11-1 自锁常开触点M0.0复位断开。

11-2 控制输出继电器Q0.2的常开触点M0.0复位断开。

11-3 控制输出继电器Q0.1、Q0.0的常开触点M0.0复位断开。

10-2 → 12 输出继电器Q0.1线圈失电。

12-1 自锁常开触点Q0.1复位断开。

12-2 控制辅助继电器M0.1的常开触点Q0.1复位断开。

12-3 控制外接刷子接触器KM1线圈失电，带动主电路中的主触点复位断开，切断刷子电动机电源，刷子电动机停止运转，刷子停止刷洗操作。

10-2 → 13 输出继电器Q0.0线圈失电。

14 控制外接喷淋器电磁阀YV线圈失电，喷淋器电磁阀关闭，停止喷水操作。

11-2 → 15 输出继电器Q0.2线圈失电。

16 控制外接清洗机接触器KM2线圈失电，带动主电路中的主触点复位断开，切断清洗机电动机电源，清洗机电动机停止运转，清洗机停止移动。

3 汽车清洗过程中的报警控制过程

若汽车清洗过程发生异常，则控制电路将自动停止工作，并发出报警声音。图17-15为汽车清洗过程中的报警控制过程。

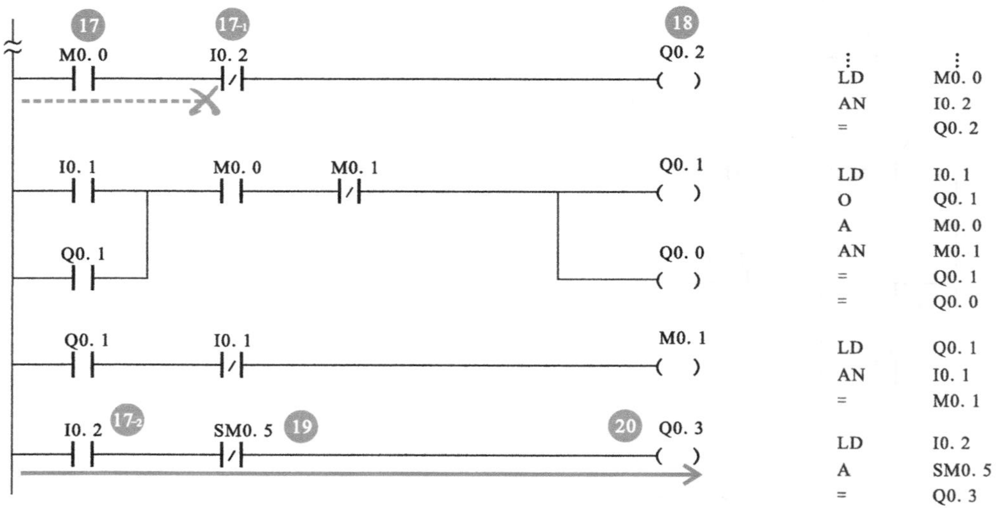

图17-15　汽车清洗过程中的报警控制过程

图17-15电路分析

17 若汽车在清洗过程中碰到轨道终点限位开关SQ2，则输入继电器常闭触点I0.2置“0”，常开触点I0.2置“1”。

17-1 常闭触点I0.2断开。

17-2 常开触点I0.2闭合。

17-1 → 18 输出继电器Q0.2线圈失电，控制外接清洗机接触器KM2线圈失电，带动主电路中的主触点复位断开，切断清洗机电动机电源，清洗机电动机停止运转，清洗机停止移动。

19 1s脉冲发生器SM0.5响应。

17-2 + 19 → 20 输出继电器Q0.3间断接通，控制外接清洗机报警蜂鸣器HA间断发出报警声音。

 西门子PLC在C650型卧式车床控制电路中的应用

17.6.1 C650型卧式车床PLC控制电路的结构

图17-16为由西门子S7-200 PLC控制的C650型卧式车床控制电路。该电路主要以西门子S7-200 PLC为控制核心，配合外围的操作部件（控制按钮、传感器等）、执行部件（继电器、接触器、电磁阀等）和机床的机械部分实现自动化控制功能。

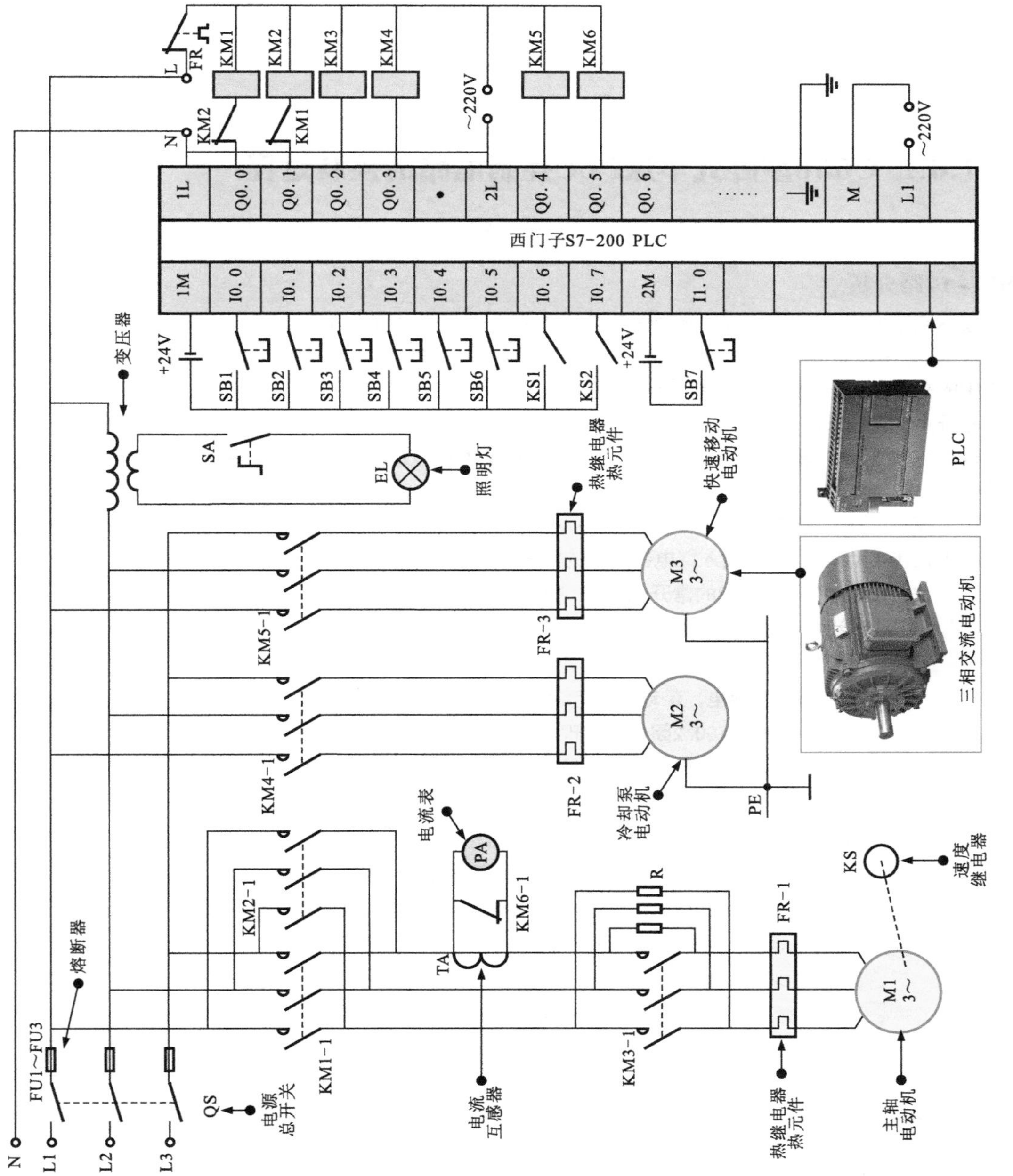

图17-16 由西门子S7-200 PLC控制的C650型卧式车床控制电路

表17-6为由西门子S7-200 PLC控制的C650型卧式车床控制电路的I/O地址分配。

表17-6 由西门子S7-200 PLC控制的C650型卧式车床控制电路的I/O地址分配

输入部件及地址编号			输出部件及地址编号		
部件	代号	输入地址编号	部件	代号	输出地址编号
停止按钮	SB1	I0.0	主轴电动机M1正转接触器	KM1	Q0.0
点动按钮	SB2	I0.1	主轴电动机M1反转接触器	KM2	Q0.1
正转启动按钮	SB3	I0.2	切断电阻接触器	KM3	Q0.2
反转启动按钮	SB4	I0.3	冷却泵接触器	KM4	Q0.3
冷却泵启动按钮	SB5	I0.4	快速移动电动机M3接触器	KM5	Q0.4
冷却泵停止按钮	SB6	I0.5	电流表接入接触器	KM6	Q0.5
速度继电器正转触点	KS1	I0.6			
速度继电器反转触点	KS2	I0.7			
刀架快速移动点动按钮	SB7	I1.0			

17.6.2 C650型卧式车床PLC控制电路的控制过程

图17-17为由西门子S7-200 PLC控制的C650型卧式车床控制电路的控制过程。

图17-17路分析

① 按下点动按钮SB2，输入继电器常开触点I0.1置1，即常开触点I0.1闭合。

① → ② 输出继电器Q0.0的线圈得电，控制PLC外接主轴电动机M1的正转接触器KM1线圈得电，带动主电路中的主触点KM1-1闭合，接通M1正转电源，M1正转启动。

③ 松开点动按钮SB2，输入继电器常开触点I0.1复位置0，即常开触点I0.1断开。

③ → ④ 输出继电器Q0.0的线圈失电，控制PLC外接主轴电动机M1的正转接触器KM1线圈失电释放，M1停转。

上述控制过程使主轴电动机M1完成一次点动控制循环。

⑤ 按下正转启动按钮SB3，输入继电器I0.2的常开触点置1。

⑤-1 控制输出继电器Q0.2的常开触点I0.2闭合。

⑤-2 控制输出继电器Q0.0的常开触点I0.2闭合。

⑤-1 → ⑥ 输出继电器Q0.2的线圈得电。

⑥-1 KM3的线圈得电，带动主触点KM3-1闭合。

⑥-2 自锁常开触点Q0.2闭合，实现自锁功能。

⑥-3 控制输出继电器Q0.0的常开触点Q0.2闭合。

⑥-4 控制输出继电器Q0.0的常闭触点Q0.2断开。

⑥-5 控制输出继电器Q0.1的常开触点Q0.2闭合。

⑥-6 控制输出继电器Q0.1制动线路中的常闭触点Q0.2断开。

⑤-1 → ⑦ 定时器T37的线圈得电，开始5s计时。计时时间到，定时器延时闭合常开触点T37闭合。

⑤-2 + ⑥-3 → ⑧ 输出继电器Q0.0的线圈得电。

⑧-1 KM1线圈得电吸合。

⑧-2 自锁常开触点Q0.0闭合，实现自锁功能。

⑧-3 控制输出继电器Q0.1的常闭触点Q0.0断开，实现互锁，防止Q0.1得电。

⑥-1 + ⑧-1 → ⑨ M1短接电阻器R正转启动。

⑦ → ⑩ 输出继电器Q0.5的线圈得电，KM6的线圈得电吸合，带动主电路中常闭触点KM6-1断开，电流表PA投入使用。

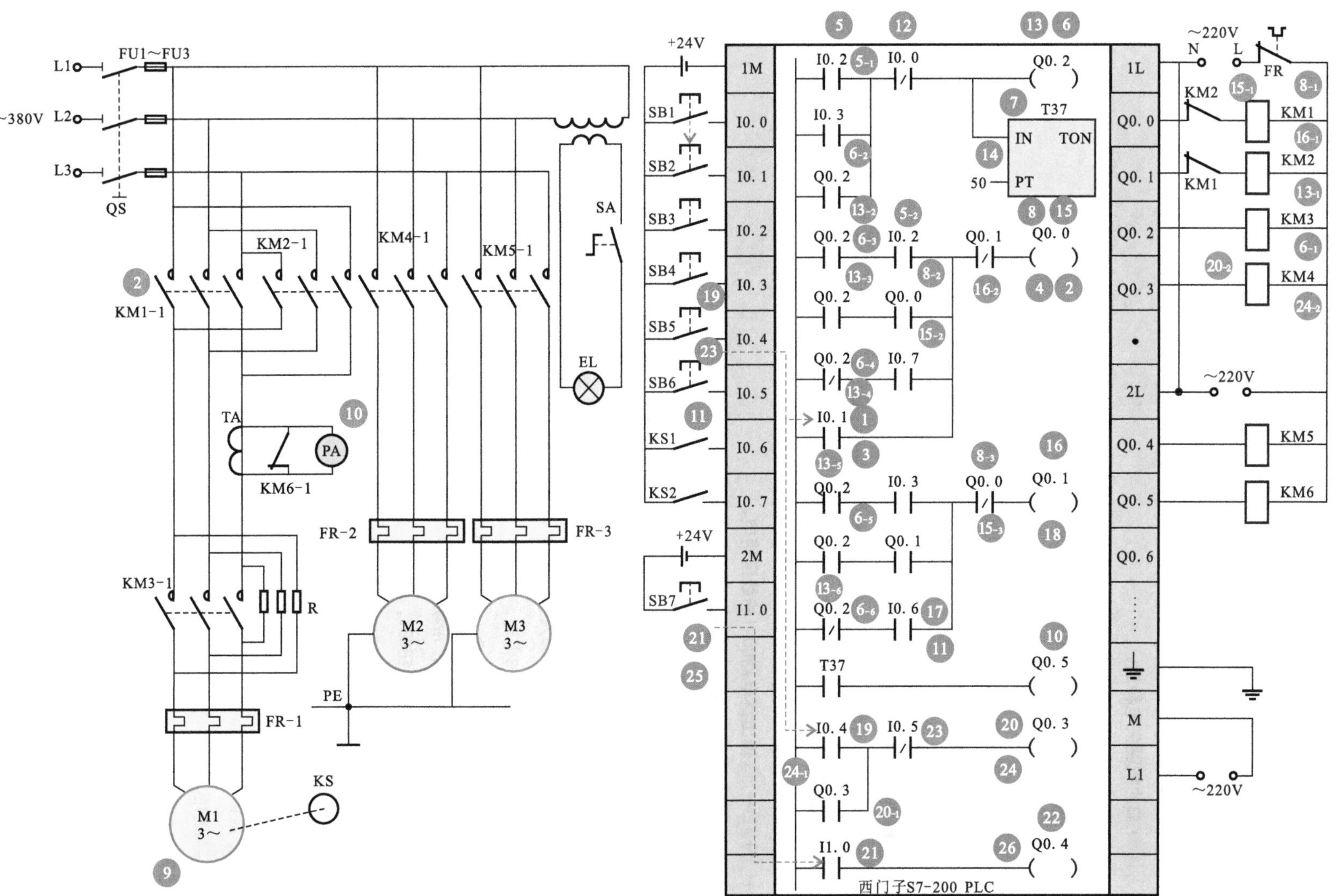

图17-17 由西门子S7-200 PLC控制的C650型卧式车床控制电路的控制过程

图17-17电路分析

⑪ 主轴电动机M1正转启动，转速上升至130r/min后，速度继电器KS的正转触点KS1闭合，输入继电器I0.6的常开触点置1，即常开触点I0.6闭合。

⑫ 按下停止按钮SB1，输入继电器常闭触点I0.0置0，即常闭触点I0.0断开。

⑫→⑬ 输出继电器Q0.2的线圈失电。

13-1 KM3的线圈失电释放。

13-2 自锁常开触点Q0.2复位断开，解除自锁。

13-3 控制输出继电器Q0.0中的常开触点Q0.2复位断开。

13-4 控制输出继电器Q0.0制动线路中的常闭触点Q0.2复位闭合。

13-5 控制输出继电器Q0.1中的常开触点Q0.2复位断开。

13-6 控制输出继电器Q0.1制动线路中的常闭触点Q0.2复位闭合。

⑫→⑭ 定时器线圈T37失电。

13-3→⑮ 输出继电器Q0.0的线圈失电。

15-1 KM1线圈失电释放，带动主电路中常开触点KM1-1复位断开。

15-2 自锁常开触点Q0.0复位断开，解除自锁。

15-3 控制输出继电器Q0.1的互锁常闭触点Q0.0闭合。

⑪+13-6+15-3→⑯ 输出继电器Q0.1的线圈得电。

16-1 控制KM2线圈得电，M1串电阻R反接启动。

16-2 控制输出继电器Q0.0的互锁常闭触点Q0.1断开，防止Q0.0得电。

16-1→⑰ 当电动机转速下降至130r/min时，速度继电器KS的正转触点KS1断开，输入继电器I0.6的常开触点复位置0，即常开触点I0.6断开。

⑰→⑱ 输出继电器Q0.1的线圈失电，KM2的线圈失电释放，M1停转，反接制动结束。

⑲ 按下冷却泵启动按钮SB5，输入继电器I0.4的常开触点置1，即常开触点I0.4闭合。

⑲→⑳ 输出继电器线圈Q0.3得电。

20-1 自锁常开触点Q0.3闭合，实现自锁功能。

20-2 KM4的线圈得电吸合，带动主电路中主触点KM4-1闭合，冷却泵电动机M2启动，提供冷却液。

㉑ 按下刀架快速移动点动按钮SB7，输入继电器I1.0的常开触点置1，即常开触点I1.0闭合。

㉑→㉒ 输出继电器线圈Q0.4得电，KM5的线圈得电吸合，带动主电路中主触点KM5-1闭合，快速移动电动机M3启动，带动刀架快速移动。

㉓ 按下冷却泵停止按钮SB6，输入继电器I0.5的常闭触点置0，即常闭触点I0.5断开。

㉓→㉔ 输出继电器Q0.3的线圈失电。

24-1 自锁常开触点Q0.3复位断开，解除自锁。

24-2 KM4的线圈失电释放，带动主电路中主触点KM4-1断开，冷却泵电动机M2停转。

㉕ 松开刀架快速移动点动按钮SB7，输入继电器I1.0的常闭触点置0，即常闭触点I1.0断开。

㉕→㉖ 输出继电器Q0.4的线圈失电，KM5的线圈失电释放，带动主触点KM5-1断开，快速移动电动机M3停转。

三菱PLC常用指令

表A-1为三菱FX_{2N}、FX_{2NC}系列PLC的基本逻辑指令。

表A-1　三菱FX_{2N}、FX_{2NC}系列PLC的基本逻辑指令

助记符	名称	功能	助记符	名称	功能
LD	取	常开触点逻辑运算开始	OUT	输出	线圈驱动指令
LDI	取反转	常闭触点逻辑运算开始	SET	置位	线圈接通保持指令
LDP	取脉冲上升沿	上升沿检出运算开始	RST	复位	线圈接通清除指令
LDF	取脉冲下降沿	下降沿检出运算开始	PLS	脉冲	上升沿检出指令
AND	与	常开触点串联连接	PLF	下降沿脉冲	下降沿检出指令
ANI	与反转	常闭触点串联连接	MC	主控	公共串联点的连接线圈指令
ANDP	与脉冲上升沿	上升沿检出串联连接	MCR	主控复位	公共串联点的清除指令
ANDF	与脉冲上升沿	上升沿检出串联连接	MPS	进栈	运算存储
OR	或	常开触点并联连接	MRD	读栈	存储读出
ORI	或反转	常闭触点并联连接	MPP	出栈	存储读出与复位
ORP	或脉冲上升沿	上升沿检出并联连接	INV	反转	运算结果的反转
ORF	或脉冲下降沿	下降沿检出并联连接	NOP	空操作	无动作
ANB	回路块与	并联回路块的串联连接	END	结束	顺控程序结束
ORB	回路块或	串联回路块的并联连接			

表A-2为三菱FX_{2N}、FX_{2NC}系列PLC的常见功能指令。

表A-2　三菱FX_{2N}、FX_{2NC}系列PLC的常见功能指令

分类	助记符	功能	分类	助记符	功能	分类	助记符	功能
程序流程	CL	条件跳转	四则逻辑运算	WOR	逻辑字或	接点比较	LD=	（S1）=（S2）
	CALL	子程序调用		WXOR	逻辑字异或		LD＞	（S1）＞（S2）
	SRET	子程序返回		NEG	求补码		LD＜	（S1）＜（S2）
	FEND	主程序结束	循环移位	ROR	循环右移		LD＜＞	（S1）≠（S2）
	WDT	监控定时器		ROL	循环左移		LD≤	（S1）≤（S2）
	FOR	循环范围开始		RCR	带进位循环右移		LD≥	（S1）≥（S2）
	NEXT	循环范围结束		RCL	带进位循环左移		AND=	（S1）=（S2）
传送与比较	CMP	比较	浮点数运算	ECMP	二进制浮点数比较		AND＞	（S1）＞（S2）
	ZCP	区域比较		EZCP	二进制浮点数区间比较		AND＜	（S1）＜（S2）
	MOV	传送		EBCD	二进制浮点数—十进制浮点数转换		AND＜＞	（S1）≠（S2）
	CML	倒转传送					AND≤	（S1）≤（S2）
	BCD	BCD转换		EBIN	十进制浮点数—二进制浮点数转换		AND≥	（S1）≥（S2）
	BIN	BIN转换					OR=	（S1）=（S2）
四则逻辑运算	ADD	BIN加法		EADD	二进制浮点数加法		OR＞	（S1）＞（S2）
	SUB	BIN减法		ESUB	二进制浮点数减法		OR＜	（S1）＜（S2）
	MUL	BIN乘法		EMUL	二进制浮点数乘法		OR＜＞	（S1）≠（S2）
	DIV	BIN除法		EDIV	二进制浮点数除法		OR≤	（S1）≤（S2）
	INC	BIN加1		ESOR	二进制浮点数开方		OR≥	（S1）≥（S2）
	DEC	BIN减1		INT	二进制浮点数—BIN整数转换			
	WAND	逻辑字与		FLT	BIN整数转二进制浮点数			

西门子PLC常用指令

表B-1为西门子S7-200 Smart系列PLC的常见基本指令。

表B-1　西门子S7-200 Smart系列PLC的常见基本指令

分类	助记符	功能	分类	助记符	功能	分类	助记符	功能
位逻辑	LD	常开触点指令	比较数值	LDR=	比较两个有符号实数值（=、＞、＜、≥、≤、＜＞）	逻辑运算	INVB	字节取反
	LDN	常闭触点指令		OR=			INVW	字取反
	LDI	常开立即触点指令		AR=			INVD	双字取反
	LDNI	常闭立即触点指令	比较字符串	LDS=	比较两个STRING数据类型的字符串（=、＞、＜、≥、≤、＜＞）		ANDB	字节与
	=	输出指令		OS=			ANDW	字与
	=I	立即输出指令		AS=			ANDD	双字与
	ALD	与装载指令	转换	BTI	字节转换为整数		ORB	字节或
	OLD	或装载指令		ITB	整数转换为字节		ORW	字或
	LPS	逻辑入栈指令		ITD	整数转换为双整数		ORD	双字或
	LRD	逻辑读栈指令		DTI	双整数转换为整数		XORB	字节异或
	LPP	逻辑出栈指令		DTR	双整数转换为实数		XORW	字异或
	LDS	载入堆栈指令		BCDI	BCD码转换为整数		XORD	双字异或
	NOT	取反指令		IBCD	整数转换为BCD码	传送指令	MOVB	字节传送
	EU	上升边沿脉冲指令		ATH	ASCⅡ转换为十六进制数		MOVW	字传送
	ED	下降边沿脉冲指令		HTA	十六进制数转换为ASCⅡ		MOVD	双字传送
	S、R	置位、复位指令		ITA	整数转换为ASCⅡ		MOVR	实数传送
	SI、RI	立即置位、复位指令		DTA	双整数转换为ASCⅡ		BMB	字节块传送
	NOP	空操作指令		RTA	实数转换为ASCⅡ		BMW	字块传送
	A、AN	与、与非指令		ITS	整数转换为ASCⅡ字符串		BMD	双字块传送

表B-1　西门子S7-200 Smart系列PLC的常见基本指令　　（续）

分类	助记符	功能
位逻辑	O、ON	或、或非指令
	OLD	串联电路块的并联指令
	ALD	并联电路块的串联指令
时钟	TODR	读取实时时钟指令
	TODW	设置实时时钟指令
	TODRX	读取扩展实时时钟指令
	TODWX	设置扩展实时时钟指令
定时器	TON	接通延时定时器
	TORN	记忆接通延时定时器
	TOF	断开延时定时器
比较数值	LDB=	比较两个无符号字节值（=、＞、＜、≥、≤、＜＞）
	OB=	
	AB=	
	LDW=	比较两个有符号整数值（=、＞、＜、≥、≤、＜＞）
	OW=	
	AW=	
	LDD=	比较两个有符号双整数（=、＞、＜、≥、≤、＜＞）
	OD=	
	AD=	

分类	助记符	功能
转换	DTS	双整数转换为ASCⅡ字符串
	RTS	实数转换为ASCⅡ字符串
	STI	ASCⅡ字符串转换为整数值
	STD	ASCⅡ字符串转换为双整数
	STR	ASCⅡ字符串转换为实数值
计数器	CTU	加计数器
	CTD	减计数器
	CTUD	加/减计数器
运算指令	+I、-I、*I、/I	整数加、减、乘除、法
	+D、-D、*D、/D	双精度整数加、减、乘、除法
	+R、-R、*R、/R	实数加、减、乘、除法
递增和递减指令	INCB	字节递增
	INCW	字递增
	INCD	双字递增
	DECB	字节递减
	DECW	字递减
	DECD	双字递减

分类	助记符	功能
程序控制	FOR	循环开始
	NEXT	循环结束
	JMP	跳转
	LBL	标号
	END	有条件结束
	STOP	暂停
	WDR	看门狗定时器复位
移位指令	SLB	左移字节
	SLW	左移字
	SLD	左移双字
	SRB	右移字节
	SRW	右移字
	SRD	右移双字
	RLB	循环左移字节
	RLW	循环左移字
	RLD	循环左移双字
	RRB	循环右移字节
	RRW	循环右移字
	RRD	循环右移双字